製菓用油脂
ハンドブック

著 者
Ralph E. Timms

監 修
佐藤清隆

翻 訳
蜂屋 巖

幸 書 房

CONFECTIONERY FATS HANDBOOK
by Ralph E. Timms

Published by The Oily Press
an imprint of PJ Barnes & Associates
Copyright ©2003 PJ Barnes & Associates

Japanese translation rights arranged
with PJ Barnes & Associates, Bridgewater, UK
through Tuttle - Mori Agency, Inc., Tokyo

序　文

　製菓用油脂は食用油脂の世界でのプリマドンナであり，その特徴は製菓用油脂の典型であるココアバターで遺憾なく示されている．ココアバターの研究とその特性をなぞる試みは，油脂の化学的，物理的な特性を理解する推進力になっている．そうした研究や開発のほとんどは，ここ50年間に実施されたものであり，核磁気共鳴分光法での固体脂含量測定や，ガスクロマトグラフィーでの脂肪酸とトリグリセリド分析といった近代的な分析技法の完成をみた1970年代と1980年代に，そうした研究開発が頂点に達した．一方，コンピュータの利用も進み，データの解釈と扱いが著しく容易になった．1世代前の研究者がやり遂げるのに数日間，あるいは，数週間さえ費やしたことを，数分，あるいは，数時間でやれる時代になった．

　私が製菓用油脂の神秘に足を踏み入れたのは，ユニリーバ社のウェルウィン研究所[1] (Welwyn research laboratories) に若手物理化学者として加わったことが切っ掛けであった．多くの読者が本文中で馴染みになる同僚達（マイク・ダラス (Mike Dallas)，ウルフ・ハム (Wolf Hamm)，シャムズ・ケーリー (Shams Kheiri)，フレッド・パドレー (Fred Padley)，ジェフ・トールボット (Geoff Talbot)，デーヴィッド・トレーサー (David Tresser) やデーヴィッド・ウォーディントン (David Waddington)，名前を挙げたのはごくわずかな人達）と一緒にやったHut 6での研究はエキサイティングな時間だった．本書の基礎づくりが始まり，そして，嬉しいことには，今まで長い間忘れられなかった未発表の相図の再制作が許可された．ユニリーバ社を退社したのはウェルウィン研究所の閉鎖が現実となった時で，その後，私の製菓用油脂の勉強は，オーストラリアのメルボルンにあるオーストラリア連邦科学産業研究機構 (CSIRO) 食品部門の研究所，そして，その後，マレーシアのパシールグダンにあるケンパス・エディブル・オイル社で続いた．1987年より，コンサルタントとしての仕事が始まったが，この仕事を通して，私は，特に油脂工業と製菓用油脂工業の知見を拡げることができた．1995年に，私は3名の同僚と新たな製菓用油脂の企業，ブリタニア・フード・イングリーディエンツ社を設立し，私のこれまでの25年間の経験をこの事業に活用している．こうした経過から，オイリー・プレス出版社のピーター・バーンズ (Peter Barnes) から本書の出版を持ちかけられた時，読者諸君に広く複雑なこの課題を理解しやすく利用しやすいものにすることの責任で押しつぶされそうになったが，この仕事に適しているのは正に私だと思った．

　この仕事で自分を手伝ってくれた数人の友人や以前の同僚は，親切にも，色々な項

---

[1] The Frythe, Welwyn, Hertfordshire, UK. ここは悲しいことに現在閉鎖されている．

を最後まで読んでくれた．本書は彼らの努力のお陰で素晴らしく良くなっており，私はコリン・クリューズ (Colin Crews)，デーブ・クリックシャンク (Dave Cruickshank)，ボブ・イーグル (Bob Eagle)，ディック・ハミルトン (Dick Hamilton)，ウルフ・ハム (Wolf Hamm)，イェンス・クリストット (Jens Kristott)，フレッド・パドレー (Fred Padley)，キヨ・サトウ (Kyo Sato)，そして，イアン・スチュワート (Ian Stewart) の助力に深く感謝を申し上げたい．また，本書に提供された，いくつかのデータと情報で助けていただいたブリタニア・フード・イングリーディエンツ社の同僚にお礼を申し上げます．他の各社や個人の方々にも有益な情報を提供していただいており，それらの皆様にはしかるべき時点でお礼を申し上げさせていただきました．

本書は，ピーター・バーンズの支援がなかったら，世に出ることがなかったでしょう．編集者のビバリー・ホワイト (Beverley White) の配慮で本書は著しく良くなりました．お2人に感謝致します．

私の本書執筆の目的は，製菓用油脂についての全情報の入手を可能にする1冊を提供することです．製菓用油脂の研究は油脂の物理的，そして，分析的な化学の基礎を築いているので，私はより一般的な読者にも役立つ製菓用油脂の物理的，そして，分析的な化学を包括的に取り上げました．法律と政府の規制にもふれたのは，チョコレートの製造と販売が全ての国々における法的な枠内で実施されているからです．読者が将来の技術的，商業的な進展につながる最新情報を継続的に入手できるようにするため，補遺を付け，これに商業的な情報と製品情報，そして，有用な組織のウェブ・アドレスを載せました．

オイリー・プレス社の脂質シリーズの最初の本で，著者ビル・クリスティー (Bill Christie) が，目的は "図書館の書棚にではなく，研究室の作業台にある" ことを願う "現実的で読みやすい本" を提供することだと明言していました．この目的が達成されれば，これに勝る幸せはありません．

最後になりますが，本書を執筆している間だけでなく，共に多くの国々で過ごした30年以上にもなる "油脂" の年月を，絶えず支えてくれた妻のメアリー (Mary) に感謝したい．

ラルフ E. ティムス (Ralph E. Timms)
ノックトン，リンカーン (Nocton, Lincoln)
2002年11月

目　次

序　文　　iii

第1章　序　論　　1

第2章　物理化学　　9

A節　多形現象　　9
1. 緒　言　　9
2. 構造的な要素　　10
3. 構造的な要素の組み立て　　17
4. トリアシルグリセロール（TAG）の微細構造　　19

B節　相挙動　　24
1. 緒　言　　24
2. 理想混合と溶解度　　24
3. 固溶体　　26
4. 相の概念　　26
5. 相図の概念　　27
6. 実際の油脂の相図　　29
7. 等固体図　　32
8. 製菓用油脂の混合系での相図と等固体図の作成　　33

C節　結晶化と相変化　　36
1. 緒　言　　36
2. 過飽和　　38
3. 核形成　　39
4. 結晶成長　　41
5. 成長後の事象　　44
6. 多形転移　　46
7. その他の要因　　48

D節　個々の脂質（アシルグリセロール）　　50
1. 緒　言　　50
2. 飽和脂肪酸だけを有するTAG　　50

目　次

　　　3. 飽和-不飽和混酸型 TAG　　　52
　　　4. トランス脂肪酸を有する TAG　　　57
　　　5. ジアシルグリセロール (DAG)　　　57

第3章　分析方法　　　61

　A 節　固体脂含量 (SFC)　　　61
　　　1. 方法論　　　61
　　　2. テンパリング　　　64
　　　3. 測定の手順　　　66
　　　4. 実験誤差　　　70
　　　5. 自動化　　　73
　　　6. チョコレートでの SFC 測定　　　75
　B 節　脂肪酸組成　　　76
　　　1. ルーチン分析　　　76
　　　2. トランス酸　　　78
　　　3. 結果の精度　　　79
　C 節　TAG 組成　　　81
　　　1. 計　算　　　81
　　　2. 薄層クロマトグラフィー (TLC)　　　81
　　　3. 高速液体クロマトグラフィー (HPLC)　　　82
　　　4. ガス-液体クロマトグラフィー (GLC)　　　82
　D 節　DAG 含量　　　86
　E 節　示差走査熱量分析 (DSC) と示差熱分析 (DTA)　　　89
　F 節　X 線回折測定法 (XRD)　　　93
　G 節　冷却曲線　　　96
　　　1. SFC 冷却曲線　　　96
　　　2. シュコッフ冷却曲線 (SCC)　　　97
　　　3. イェンセン冷却曲線 (JCC)　　　99
　H 節　サーモ-レオグラフィー　　　101
　I 節　ブルーバリュー (Blue Value)　　　103

第4章　加工法　　　105

　A 節　採油と未精製油脂の取り扱い　　　105

B節　精　製　　　　　　　　　　　　　　　　　107
    1.　脱ガム，中和／脱酸，脱色　　　　　107
    2.　脱　臭　　　　　　　　　　　　　108
C節　分　別　　　　　　　　　　　　　　　　　111
    1.　緒　言　　　　　　　　　　　　　111
    2.　ドライ分別　　　　　　　　　　　112
    3.　溶剤分別　　　　　　　　　　　　115
    4.　母液の捕捉　　　　　　　　　　　116
D節　水素添加　　　　　　　　　　　　　　　　120
    1.　高トランス酸型油脂　　　　　　　120
    2.　ラウリン酸型油脂　　　　　　　　121
E節　エステル交換　　　　　　　　　　　　　　124
    1.　ランダムエステル交換　　　　　　124
    2.　ディレクテッドで非ランダムなエステル交換　　125
F節　ブレンディング　　　　　　　　　　　　　129
    1.　緒　言　　　　　　　　　　　　　129
    2.　タイプ1のパラメーター　　　　　131
    3.　タイプ2のパラメーター　　　　　133
    4.　ブレンドの修正　　　　　　　　　137

第5章　原材料　　　　　　　　　　　　　　　　　　141

A節　カカオ製品　　　　　　　　　　　　　　　141
    1.　カカオ豆の生産と加工　　　　　　141
    2.　ココアリカー　　　　　　　　　　145
    3.　ココアバター　　　　　　　　　　146
    4.　ココアパウダー　　　　　　　　　148
    5.　シェル脂　　　　　　　　　　　　148
B節　乳製品　　　　　　　　　　　　　　　　　150
    1.　乳　脂　　　　　　　　　　　　　150
    2.　乾燥乳製品　　　　　　　　　　　151
C節　パーム油と画分　　　　　　　　　　　　　154
D節　ラウリン酸型油脂と画分　　　　　　　　　160
E節　エキゾチック油脂と画分　　　　　　　　　169
    1.　緒　言　　　　　　　　　　　　　169

目次

2. イリッペ脂	177
3. コクム脂	179
4. マンゴー核油	179
5. サル脂	180
6. シア脂	184
F節　液状油	187
G節　その他の原材料	188
1. 微生物的な合成	188
2. 現存する農作物の改質	188
3. 新たな品種の栽培化	189

第6章　製造と品質特性　　191

A節　ココアバター	191
1. 化学組成	191
2. 脱臭ココアバター	198
3. 分別ココアバター	202
4. 物性	203
B節　乳脂	212
1. 化学組成	212
2. 乳脂の画分とその他の改質乳脂	217
3. 物性	221
C節　SOS型製菓用油脂	224
1. ココアバター代用脂 (CBE)	224
2. ココアバター相溶脂 (CBC)	229
D節　高トランス酸型製菓用油脂	232
E節　ラウリン酸型製菓用油脂	237
F節　その他の製菓用油脂	242
1. 低カロリー油脂	242
2. ブルーム防止油脂	244
3. 乳脂の画分	245

第7章　油脂間の相互作用，ブルーム，変敗　　247

A節　類似と相溶性	247

B節	油脂移行	256
	1. 緒言	256
	2. 油脂移行のモニタリング	259
	3. 油脂移行の防止	262
C節	ブルーム	266
	1. シュガーブルーム	266
	2. ファットブルーム	267
	3. ファットブルームの防止	273
D節	変敗	280
	1. 酸化型変敗	281
	2. 加水分解型変敗	284
	3. ケトン型変敗	285

第8章　製品への応用　　287

A節	チョコレートの製造	287
	1. 緒言	287
	2. 粉砕	288
	3. コンチング	289
	4. レオロジー	291
	5. テンパリング	293
	6. 被覆，型成形，釜掛け	300
	7. 冷却と固化	301
B節	チョコレートの配合	307
	1. リーガル・チョコレート	307
	2. SOS型コンパウンドチョコレート	311
	3. 高トランス酸型コンパウンドチョコレート	312
	4 ラウリン酸型コンパウンドチョコレート	313
C節	トフィーや他の砂糖菓子	316
D節	フィリング	318
	1. センターフィリングクリーム	318
	2. トラッフル	319

目　次

第9章　チョコレート中の製菓用油脂の分析　321

- A節　一般的な原則　321
    1. 緒　言　321
    2. 信憑性　322
    3. 物性測定　324
    4. マスバランス方程式と化学組成　324
    5. 標識化合物　325
    6. ココアバター中の非カカオ植物性油脂測定法の基礎　325
    7. その他の可能性　326
    8. チョコレートからの油脂の抽出　327
- B節　脂肪酸組成　329
- C節　TAG組成：パドレー–ティムス法　332
    1. 一般的な原理　332
    2. ココアバターの自然変動　333
    3. データの解析　335
    4. ミルクチョコレートの分析　339
    5. ココアバター代用脂（CBE）の概算値の精度　340
    6. その後の展開　342
- D節　ステロールと他の微量非脂質成分　347
    1. 緒　言　347
    2. ステロールの種類　348
    3. ステロールの組成　349
    4. ステレン　352
- E節　結　論　353

第10章　法律と規制　355

- A節　背景と基本原理　355
- B節　規　格　360
    1. 欧州連合　360
    2. コーデックス・アリメンタリウス　365
    3. 米　国　365
    4. 日　本　369
    5. その他の国々　369

C節　表　示　　　　　　　　　　　　　　372

第11章　油脂改質技術の新たな潮流とその応用　　375
　　　　　　　　　　　　（佐藤清隆・蜂屋　巖）

　1.　緒　言　　　　　　　　　　　　　　375
　2.　生化学的な改質技術とその応用　　　377
　　　2.1　固定化リパーゼ法　　　　　　377
　　　2.2　粉末リパーゼ法　　　　　　　378
　3.　物理的な改質技術とその応用　　　　383
　　　3.1　分子間化合物結晶　　　　　　383
　　　3.2　圧力晶析マーガリン　　　　　385
　　　3.3　トランス酸フリーの可塑性油脂　386
　　　3.4　高融点油脂のゲル化と乳化能　388
　4.　終わりに　　　　　　　　　　　　　391

参照文献　　　　　　　　　　　　　　　393
補遺1　用語解説　　　　　　　　　　　431
補遺2　製菓用油脂と原材料供給企業　　438
補遺3　製菓用油脂のブランド名と特性　441
補遺4　さらなる情報入手に役立つウェブサイト　449
監修者あとがき　　　　　　　　　　　453
訳者あとがき　　　　　　　　　　　　455
索　引　　　　　　　　　　　　　　　457

第1章　序　　論

　菓子とはおおまかにくくった用語であり，焼き菓子，砂糖菓子，そして，チョコレート菓子を包含している．

　焼き菓子とは，焼き菓子屋で，あるいは，多分今日では，スーパーマーケットで手に入る各種のケーキやペーストリーである．これらの製品は広い温度範囲にわたって融解する可塑性油脂を必要とする．こうした油脂のテクスチャーは非常に重要であり，通常，納入された状態，つまり，融かさずに使われる．固体の油脂に可塑性を付与する液状脂のブレンディングは，油脂の化学組成と同じほどに重要である．本書では焼き菓子用の油脂を掘り下げて考察しないが，それらの詳細な内容はフラック (Flack, 1997) やポドモア (Podmore, 2002) の最近の総説にある．

　砂糖菓子の場合，仕上げられた製品の特性は主に糖の組成で決まる．実際のところ，油脂を使う砂糖菓子は，ある種のカテゴリーのものだけであり，その油脂含量は通常20％以下である．もともと，この油脂はバターや練乳の形態で添加された乳脂だった．今日，これのほとんどが加工された植物性油脂になっている．この油脂は使用時に完全に融かされ，融解／煮詰められた糖と完全に混合される．一般的にこうした油脂に必要とされるのは，体温に近い融点を有し適度にシャープな融解特性を持つことだけである．最近のエドワーズ (Edwards, 2000) の論文は砂糖菓子とそれに内在する科学的な原理への優れた入門書である．ジャクソン (Jackson, 1995) が編集した本は砂糖菓子を網羅している．

　チョコレート菓子はカカオ豆に由来する原料の1つ，あるいは，それ以上を含有する菓子製品を包含している．カカオ豆由来原料を含有することがその特性を決めることだとしても，砂糖は依然としてほとんどのチョコレート製品のおおよそ半分を占める原料である．しかし，砂糖菓子とは異なり，チョコレートは油脂が連続相となっている製品であり，他の非油脂性成分と同様，砂糖も融解／煮詰めをされずに油脂と単に混ぜられるだけである．したがって，チョコレート菓子の特性は主に油脂で決定され，油脂は普通のチョコレートの配合で約26〜35％にされる．チョコレート菓子の油脂は30℃と35℃との間でシャープに融解し，これで製品が口中で完全に融けるのだが，それと一緒に，"パチンと割れる"特性をもたらす20℃での十分な固体脂（結晶）量が特徴である．

　チョコレートは唯一の油脂としてココアバター（および，ミルクチョコレートの乳脂）だけを使って伝統的に製造されており，そして，チョコレートと表示する場合，多くの

1

第1章 序　論

国々ではココアバター（カオカ脂）だけの使用，また，いくつかの国々ではココアバターに類似した油脂（SOS型油脂；以下と第10章を参照）を少量任意で添加することも含めて，ココアバターの使用が法的に義務付けられている．本書では，これを"リーガル・チョコレート（legal chocolate）"と称し，また，他の油脂でつくられたチョコレートを"コンパウンドチョコレート（compound chocolate）"と呼んでいる．もっと詳細な内容は第8章に記載してある．とりわけ必要な場合には，チョコレートのタイプがココアバターあるいは他の油脂の含有量に関係することを本文中で示す．

チョコレート製造企業に供給された時にもともと油脂にあった結晶性，あるいは，テクスチャーは，チョコレートの製造過程で油脂が融解されるので，消失する．チョコレート菓子の最終製品の物性は，チョコレートの製造工程中で発現しなければならない．したがって，チョコレート菓子用油脂の結晶化特性は非常に重要である．結晶化速度と形成される結晶のタイプや性質が決定的なポイントになるのは，それが表面の光沢や輝き，そして，型成形（moulding）の容易さや型離れ（demoulding）に影響を及ぼすからである．ほぼ間違いなく，チョコレート菓子の外観は，風味と同じ位に重要である．

本書は砂糖菓子やチョコレート菓子の製造に使われる油脂を取り扱うが，上に述べた理由から，とりわけチョコレート用油脂に重点を置く．筆者の目的は製菓用油脂の全ての側面に関して分かりやすく有益な，そして，バランスの良い決め手となる概説を提供することである．ウォン・スーン（Wong Soon, 1991）は，パーム油，パーム核油，イリッペ脂をベースにした製品や，マレーシアやインドネシアで1980年代中に起こった，そうした油脂産業の目ざましい発展に重点を置いて集めた膨大な量のデータを収載した製菓用油脂の偉大な研究を発表している．この論文で学ぶべきものは多いが，この論文の表や図の数は，たとえ専門家向けとしても少し多過ぎる．

油脂のほとんどは，90〜99%のトリグリセリド（系統的な名称：トリアシルグリセロール）[A]と少量（1〜8%）のジグリセリド（ジアシルグリセロール）[B]，および，もっと少量のモノグリセリド（モノアシルグリセロール）[C]，リン脂質，トコフェロール，そして，ステロールのような成分で構成されている．室温で固まる製菓用油脂は，飽和脂肪酸，あるいは，トランス（trans）脂肪酸を豊富に含有する傾向がある．油脂の特性は主としてその構成TAGで決まるので，製菓用油脂の特性を理解するうえで，TAGにしっかりと注意を向けねばならない．DAGもまた，重要な役割を演じる．他の成分は物性の決定にほとんど，あるいは全く関与しないが，酸化の安定性のような化学的な特性には重要である．補遺1に脂肪酸やTAGの命名法の詳細を示している．

A,B,C：日本ではトリアシルグリセロール（A），ジアシルグリセロール（B），モノアシルグリセロール（C）が正式呼称として使われている．以下，本文中では省略形の（A）：TAG，（B）：DAG，（C）：MAGで表記する（訳注）．

チョコレート菓子を定義づける特徴は，それがカカオを含有することなので，カカオ豆の生産と加工が不可欠の最初の段階となる．カカオ豆はテオブロマ・カカオ (*Theobroma cacao*) の木の種子である．カカオの生産と商取引の詳細は，国際貿易センター (ITC) UNCTAD/WTO (2001) の最近の出版物にある．ミニフィ (Minifie, 1989) やベケット (Beckett, 1999a) は加工処理について多くの情報を発表している．図 1.1 は，カカオ豆をココアパウダー，ココアリカー[1]，および，カカオ豆由来の純粋な油脂であるココアバターに加工する概念図である．

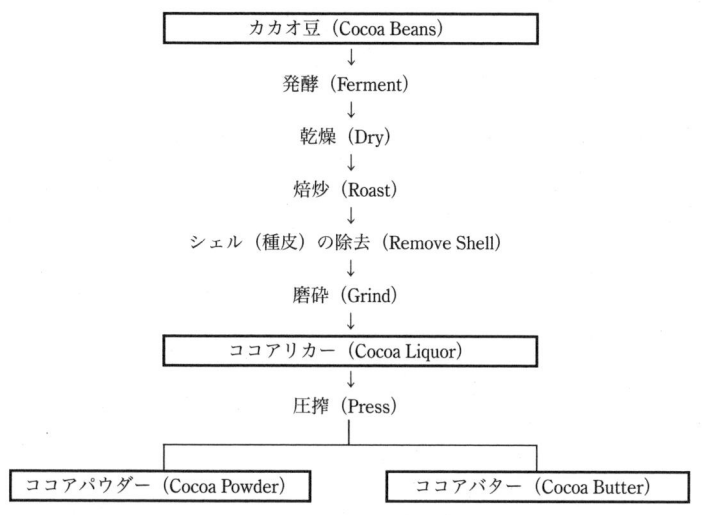

図 1.1　カカオ豆からココアパウダー，ココアリカー，ココアバターの製造を示す概念図

油脂の物性は主に 3 つの要因に影響される (Sato, 1999)：
・TAG 成分の分子構造と結晶構造．
・相間の相挙動や相転移，これらには結晶化と融解が含まれる．
・レオロジー的，そして組織構造的な特性，つまり，巨視的なレベルでの結晶と液状油のマトリックスの相互作用であり，それは主として油脂結晶の網目構造に支配される．

製菓用油脂の場合，初めの 2 つが最も重要な要因であり，この 2 つは，その化学組成で決まる．チョコレートの場合，組織構造が食感，スナップ性（訳注：パチンと割れ

1　カカオマス (cocoa mass) とも呼ばれる．例えばウェインライト (Wainwright, 1996) のような米国の文献中では，チョコレートリカー (chocolate liquor) と言う用語も使われているが，これは米国の法規にそう定義されているからである．チョコレートリカーはココアリカーと同じでなく，この段階での製品はいかなる定義でもチョコレートでないので，この用語は混乱を引き起こしてしまう．それ故，米国以外では，この用語の使用は避けねばならない．

る硬さ），そして，表面の外観を左右する．チョコレートのレオロジー的，組織構造的な特性は，チョコレート中の他の原料や製造条件だけでなく，初めの2つ要因にも強く影響される．

ココアバターは典型的な製菓用油脂であり，上述した重要な融解特性を持っている．この油脂には悩ましい2つの欠点がある．つまり，他の油脂に比べて価格が高いことと，その複雑な結晶構造がチョコレートの特別な加工処理（テンパリング）を必要とすることである．結果として，多くのココアバター代用油脂が開発されている．

乳脂もチョコレートや砂糖菓子で一般的に使われる．ココアバターと違って，乳脂は，風味を別にすれば，いかなる独特な特性も持たないので，現在，とりわけ砂糖菓子の分野ではその代用油脂が一般的に使われている．

第10章にあるとおり，乳脂とココアバターは全ての国々で法律によって保護されている．法律は，チョコレート菓子で使わなければならない最低限度のココアバターと乳脂の量を指定し，そして同時に，代用油脂の使用を制限あるいは禁止している．こうした法規制がなく，チョコレートの組成が市場に任されるなら，消費者やチョコレート製造企業の要求がココアバターを代替する製菓用油脂の使用量を現在の状況以上に大幅に拡大させることは間違いないだろう．

ココアバターの経済的な重要性やその独特な興味深い物性と化学組成のため，ココアバターの特性研究は，ここ50年間における油脂研究で最も重要なテーマになっている．この研究はTAG，油脂，油脂混合物の物性のすっきりとした理解をもたらし，そして，それはココアバターに匹敵する油脂の開発につながっている．実は，この分野で発表されている素晴らしい研究の多くは欧州のユニリーバ (Unilever)，日本の不二製油 (Fuji Oil)，そして，米国のグリデン-ダーキー (Glidden-Durkee) のような製造企業の研究所で実施されているのである．

乳脂はココアバターと同じ種類の関心を大いに引きつけている，もう1つの油脂である．ここでの研究の焦点は，乳脂の途方もなく複雑な化学組成の理解である．世界中で政府の支援を受けた酪農研究機関[2]が急増したので，乳脂の組成，そして，それが地域，気候，季節，および，乳牛の品種でどの程度変動するかに関する膨大な量の比較データが集められ，発表されている．しかし，乳脂の単純で比較的平凡な物性とこの複雑な化学組成との組合せは，多くの製品に使われる乳脂を模造すること，あるいは，それ以上のものをつくることが比較的容易で安価にできることを意味している（広くバターに取って代わっているマーガリンやスプレッドを考えよ）．したがって，現代の製菓用油脂の開発に影響を及ぼしている乳脂の特性研究はほとんどない．

ココアバター代用油脂は，通常，例えばココアバター代用脂，ココアバター代替脂，

---

[2] 特に酪農研究機関だけというよりもむしろ，現在はほとんど閉鎖されたり，併合されたり，および／または，食品に拡大されたりしている．

ココアバター置換脂のように，利用の点から説明されている．一般的に使われているいくつかの定義を**表1.1**に示した．多分，ココアバター代用脂の場合を除き，こうした用語は明瞭な定義ではなく，油脂の基本的な特性についてはほとんど何も語っていない．適切な科学的理解のために，製菓用油脂を概ねそれの化学的性質に基づいて3つのカテゴリーに分けることはより有効である．3つに区分けされる代用油脂のタイプはSOS型または対称型，高トランス酸型あるいは硬化／分別型，そして，ラウ

表1.1 いろいろなタイプのチョコレート菓子用油脂の定義

名 称*	定 義
チョコレート用油脂 Chocolate fat	チョコレート製造に使われる全ての油脂．
ココアバター Cocoa butter（CB）	カカオ豆から取り出された油脂．
ココアバター代用油脂 Cocoa butter alternative（CBA）	ココアバターを置き換えるのに使われる全ての油脂．
ココアバター相溶脂 Cocoa butter compatible fat（CBC）	ココアバターと相溶性を有する油脂，すなわち，ココアバターと有害な相互作用をしない油脂．
ココアバター代用脂 Cocoa butter equivalent（CBE）	化学的性質と物性の両面で，ココアバターと等価な油脂．ココアバターとはいかなる割合ででも使える．時折，ココアバターの増量脂（CBX）の意味で使われることもある．
ココアバター増量脂 Cocoa butter extender（CBX）	ココアバターをより経済的に使うため，ココアバターを水増し，あるいは，希釈する油脂．
ココアバター改善脂 Cocoa butter improver（CBI）	チョコレート／ココアバターの特性を改善できる油脂．通常は，高融点のCBE．
ココアバター代替脂 Cocoa butter replacer（CBR）	水素添加された液状油から製造される油脂．CBSより物性が劣るが，ココアバターとの相溶性はより良い．
ココアバター置換脂 Cocoa butter substitute（CBS）	パーム核油あるいはヤシ油から製造される油脂．素晴らしい物性を有するが，ココアバターとの相溶性が乏しい．
ハードバター Hard butter	ココアバターを置き換えるのに使われる全ての油脂．この言葉は主に北米で使われている．CBAと同じ．
乳脂代替脂 Milk fat replacer（MFR）	チョコレート中の乳脂を置き換えるために設計された油脂．MFRは乳脂よりココアバターとの相溶性が良い．

*『第二版 日本油化学辞典』日本油化学会編（丸善，2006年）では，CBEをカカオバター類似物，CBSをカカオ（バター）代用脂＝カカオ代替脂，CBXをカカオバターエクステンダーとしている．本書ではまず，カカオバターは国産のチョコレート製品にある原材料名でココアバターと表示されている一般性に倣った．また，CBEは製菓・油脂業界で慣用的に呼称されるココアバター代用脂に，CBRも同様にココアバター代替脂とした．なお，これまでラウリン酸型CBRと呼ばれていたものを指すCBSは比較的新しい用語であり，業界の慣用語は定まっていないので，本書ではココアバター置換脂とした．カカオバターエクステンダー（CBX）も業界ではなじみがない呼称なので，ココアバター増量脂とした（訳注）．

リン酸型である（Gordon, Padley & Timms, 1979; Timms, 2001）：
- SOS 型あるいは対称型は POP，POSt などのような TAG を含有する．
- ラウリン酸型は主として飽和 TAG を含有し，とりわけ，例えば LLM，LPM，PPM のようにラウリン酸やミリスチン酸を持つ．
- 高トランス酸型は PEP，StEE，EEE のようなトランス型オレイン酸（例えばエライジン酸）を持つ TAG を含有する．

単純にするため，筆者はこれらを SOS 型，高トランス酸型，ラウリン酸型の油脂と呼ぶことにする．こうした油脂は SUS^3 を基本としており，その組成がより不飽和度の高い SUU＋UUU の場合は高トランス酸型であり，より不飽和度の低い SSS の TAG が多い場合はラウリン酸型であると考えることができる．

　SOS 型油脂は，ココアバター中で見出されるのと同じ TAG，すなわち POP，POSt，StOSt で構成されている．不飽和のオレイン酸は 2-位にあり，飽和のパルミチン酸やステアリン酸は 1-位と 3-位にあるので，これらの TAG は一般的に対称的に説明されている．こうした TAG はこれらを含有する天然油脂を選択することで得られる．SOS は飽和脂肪酸（S）とオレイン酸（O）で構成された対称的な構造を持つ油脂の略称である．

　SUS/SOS から SUU＋UUU の TAG に目を転じると，油脂の融点は低下して液状油になる．この場合に融点のより高い油脂を望むなら，不飽和脂肪酸をシス（*cis*）からトランスの立体配置に変換しなければならない．例えば，トリオレイン（OOO）の融点は 5℃で，トリエライジン（EEE）の融点は 42℃である．高トランス酸型油脂は炭素数（CN）16 と 18 の脂肪酸を含有する TAG の複雑な混合物であり，その不飽和脂肪酸は主にトランス立体配置の二重結合を持つ．これらの TAG は非常に選択的なトランス化促進条件での液状油の硬化（水素添加）によって製造される．

　SUS/SOS から SSS の TAG に注目すると，油脂の融点は上昇してワックス状の食べられない油脂になる．この場合に融点のより低い油脂を望むなら，少ない炭素数／より短い鎖長の飽和脂肪酸を使わねばならない．例えば，トリステアリン（StStSt）の融点は 73℃で，トリラウリン（LLL）の融点は 46℃である．ラウリン酸型油脂は主に炭素数 8〜18 の飽和脂肪酸の組合せからなる TAG の複雑な混合物である．ラウリン酸は全脂肪酸中の約 50％になる．こうした TAG はラウリン酸を含有する 2 つの主要な油脂であるヤシ油とパーム核油から得られる．

　菓子の栄養学的な側面は本書の主要なテーマの範囲から外れている．この件に関して書かれた論文の数は多い．読者は英国栄養財団（British Nutrition Foundation）から出版されたチョコレートの栄養学的，生理学的な特性に関する明解で簡潔な総説を読んで

3　TAG と脂肪酸の命名法は補遺 1 を参照．

みると良いだろう（Schenker, 2000）．ハーザー（Harzer, 1999）の短い論文はチョコレート菓子中の砂糖の栄養学的な側面を強調している．健康と栄養学に関連した砂糖の短い総説（Anon., 1998a）は，心臓病，糖尿病，そして，他の病気の主たる原因を砂糖とした初期の多くの研究に疑問を投げかけている．そして，食べものにおける砂糖菓子の役割の総説もある（Edmondson & Lambert, 1995）．

　一般的に，現在，栄養学者はチョコレート菓子が50％の砂糖と30％の油脂から予測されるより高い栄養学的な効果をもつと考えている．ちなみに，この場合の油脂は主として飽和脂肪酸あるいはトランス脂肪酸の濃度が高いことを前提にしている．カカオ豆はポリフェノール（抗酸化機能を有する一群の化合物）を6〜8％（乾物換算で）含有している．カカオ豆の発酵の後に，ポリフェノールは約20％が残存している．したがって，45gのミルクチョコレートはおおよそ赤ワイン1杯分（150mL）と同じ量のポリフェノールを含有している．1枚のダークチョコレート（dark chocolate）は赤ワイン2杯分以上の量を含有するだろう．こうしたポリフェノールは試験管内でヒト血液中の低密度リポタンパク質（LDL）であるコレステロールの酸化を阻害することが見出されたので，心臓病を防ぐと信じられている（Waterhouse, Shirley & Donovan, 1996; Hammerstone, Lazarus, Mitchell, Rucker & Schmitz, 1999）．チョコレートはまた，メチルキサンチンのテオブロミンをかなり高濃度に，そして，少量のカフェインやその他のメチルキサンチンも含有している．したがって，インスタントコーヒーの大型カップ1杯（260g）の摂取でテオブロミン3mg，カフェイン55〜75mgだったのに比べて，ミルクチョコレートの1回40gの摂取では64mgのテオブロミンと10mgのカフェインだった（Schenker, 2000）．

　この先，本書で，筆者は製菓用油脂の特性，分析法，原材料，製菓用油脂の製造と特性，そして砂糖菓子やチョコレート菓子への応用を理解するのに必要不可欠な物理化学を記述する．製菓用油脂を検出し定量する分析法についての章並びに，菓子製造，そして乳脂，ココアバターや代用油脂の使い方についての法律や規定の考察で本書を締めくくる．

　最後に，4つの補遺，つまり，(1) 用語や略語の解説，(2) 製菓用油脂製造企業の詳細，(3) こうした製造企業が生産する製菓用油脂製品の詳細，(4) 読者が情報を探すのに役立つその他の関連する組織のウェブサイトの一覧表を収載した．

第2章 物 理 化 学

A節 多形現象

1. 緒　　言

　TAG が複数の融点を示すことは，約 150 年も前から知られていた（Chapman, 1962; Hagemann, 1988）．1849 年に，ハインツ（Heintz）はトリステアリン（結晶化の繰り返しで羊脂から調製された"ステアリン"）がおおよそ 52℃ と 62℃ の 2 つの融点を持つと報告した．1853 年，ダッフィー（Duffy）はハインツの研究を知らずに，おおよそ 52℃，64℃，70℃ の 3 つの融点を見出した．ダッフィーは異なる融点が不純物，混合物，あるいは，分解に起因するものでないことを多くの実験で確認した．この複融点挙動は多形現象（polymorphism）[1]として知られている．それぞれの結晶型（form），あるいは，多形（polymorph）は TAG（あるいは，他の脂質）分子を固体または結晶状態にするパッキング（packing）様式の違いに由来している．TAG あるいは油脂の多形現象の理解と知見は，チョコレートのような食品の相挙動や機能性を正確に把握するのに不可欠である．

　油脂の多形現象は，一般向けとしては非常に複雑なテーマであり，したがって，これは通常敬遠されるだろう．実際，面間隔の空間群（space group）や副格子（subcell）のパッキングという詳細な結晶学のレベルで論じれば，この問題は複雑である．しかし，製菓用油脂の機能性を真に理解するのには，多形現象や相挙動の把握が不可欠であり，そして，TAG や油脂の基礎的な原理や共通する結晶構造が十分に理解されねばならないと筆者は信じている．

　脂質（アシルグリセロール）の多形現象は，チャップマン（Chapman, 1962），ラットン（Lutton, 1950）ラルソン（Larsson, 1965, 1972），ティムス（Timms, 1984），ヘルンクヴィスト（Hernqvist, 1988），そして，佐藤（Sato, 1996）によって概説されている．近年，とりわけ佐藤のグループが急激に研究を発展させているので，目下の所，佐藤の総説だけが最新の知見と考えられる．ただし，彼の総説はこのテーマを包括的に取り上げたものではない．チャップマン，ラットンやラルソンの総説は，現在，歴史的な重要性を持つものであり，その中で，命名法，そして，マルキンと共同研究者らによって仮定されたようなガラス状結晶型の存在についての初期の論争を取り上げている．ヘルンクヴィストの総説は脂肪酸と脂質の両方に及んでいる．広範なテーマを扱った本の中

---

[1]　この用語はギリシャ語に由来する：*poly*＝many，*morphos*＝form．

で，ラルソン（Larsson, 1994）は脂質の多形現象と固体状態挙動をより一般的に概説している．この本は，このテーマに生化学的な興味を強く感じている読者に勧めたい．

結晶中の TAG の分子構造は 5 つの構造的な要素で特徴付けられる（Sato, 1996, 2001a）：

- 脂肪族（炭化水素）鎖のパッキング，あるいは，副格子構造．
- オレフィン系炭化水素鎖の相互作用，あるいは，二重結合の立体配置．
- グリセロールの立体配座（conformation）．
- 末端メチル基の配列（stacking）．
- 鎖長構造．

これらの要素の 4 つが図 2.1 に概念図として示されている．

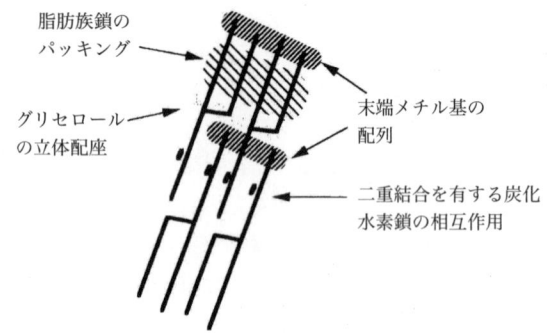

図 2.1　油脂結晶構造の安定性に影響する要素（Sato, 2001a より）

2. 構造的な要素

脂肪族（炭化水素）鎖のパッキング，あるいは，副格子構造

脂肪酸は，一方の端にメチル基を，そして，もう一方の端に極性のカルボキシル基を持つ長鎖の炭化水素と考えて良い．両末端基間の炭化水素鎖は，CH_2 基が四面体的に配向された C–C 結合で連結されているので，規則的なジグザグを示す．不飽和脂肪酸の場合，ジグザグの規則性が二重結合で中断される．

炭化水素鎖の一般的な側面のパッキングは，アブラハムソンら（Abrahamsson, Dahlén, Löfgren & Pascher, 1978）によって詳細に考察されており，また，デ・ジョン（de Jong, 1980）がそれを TAG に適用することを入念に考察している．鎖が短い場合，固体状態のパッキングに規則性は見られない．炭化水素鎖が長くなり，両末端基までの部分が長くなると，炭化水素鎖は，通常，その軸と平行に，そして，限られた数のパッキン

グ様式で配列する．こうしたパッキングあるいは構造は副格子と呼ばれる．副格子はジグザグ鎖の横断面的な配列様式を示している．副格子は TAG 分子全体を取り囲む真の単位胞 (unit cell) の中の小さな格子である．

副格子は，並進 (translation)，移動 (shift)，あるいは，c_s や隣接の a_s と b_s の炭素鎖[2]の範囲内での等価な位置間の距離を示す．記号の T，O，M，H が，それぞれに三斜晶系 (triclinic)，斜方晶系 (orthorhombic)，単斜晶系[3] (monoclinic)，六方晶系 (hexagonal) の対称性を示すため使われ，また各晶系に添えられる ∥ と ⊥ の記号は，平行と直交する炭化水素鎖の面 (plane) を示す．

TAG で見られる通常の副格子は H，$O_\perp$，$T_\parallel$ である．TAG の命名法で，こうした副格子はそれぞれ α (アルファ)，β' (ベータプライム) および β (ベータ) と呼ばれている．単斜晶系や他のタイプのハイブリッド斜方晶系も見出されている (例えば Hernqvist, 1988; Sato, Goto, Yano, Honda, Kodali & Small, 2001) が，とまどう必要はない．これら3つの副格子構造を図 2.2〜2.4 に示した．図 2.3(b) と (c)，および，図 2.4(b) と (c) は互いに一対の立体図 (stereoscopic pair) であることに注意して欲しい．明瞭な3次元像を得るには，1枚の紙 (125×75mm の綴じ込みカードが理想的) を鼻の前に置いてみることである．すると，左目は右の像を見ることができず，右目も左の像を見ることができない．そして，像に集中すると3次元像となる．実際には，3次元像が紙を取り除いた後でも見ることができる．像の中で，4つの CH_2 基の断面が中央の副格子と一緒に示される．

H あるいは α の副格子で，炭化水素鎖は互いに特別な配向をしていない．炭化水素鎖は分子自由度が高いので振動していると思われている．したがって，図 2.2 で概念図的に示したように，基底 (末端基) 面に垂直に円筒状の棒が接近して配列していると想像される．

β あるいは $T_\parallel$ の副格子での重要な特徴は，図 2.4 のように，全てのジグザグが平行であり，また，基底面に対して傾斜していることである．β' あるいは $O_\perp$ の副格子

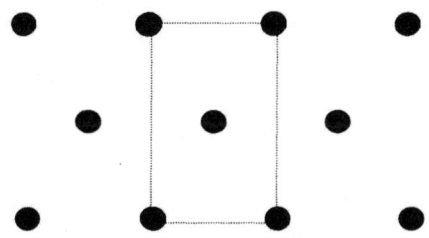

図 2.2 六方晶系の副格子パッキング，H

---

[2] 慣例に従い，a, b, c は結晶の単位胞の軸を表し，そして，a_s, b_s, c_s は対応する副格子のサイズを表す．

[3] 斜方晶系：3本の軸が互いに直角．単斜晶系：1本の軸の角度が直角でない．三斜晶系：3本の軸全部が互いに異なる角度．

第2章 物理化学

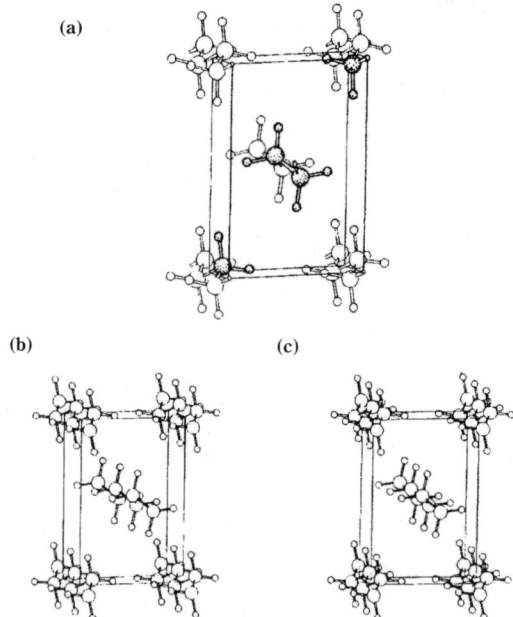

図 2.3 斜方晶系副格子配列，$O_\perp$（Abrahamsson, Dahlén, Löfgren & Pascher, 1978 より）

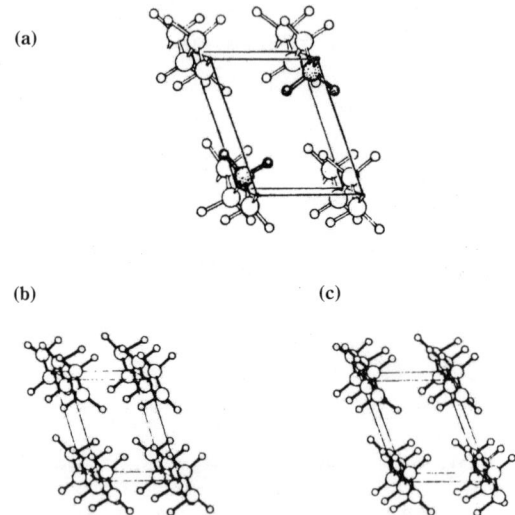

図 2.4 三斜晶系副格子配列，$T_\parallel$（Elsevier Science の許可で Abrahamsson, Dahlén, Löfgren & Pascher, 1978 からの複写）

では，図 2.3 のように，全ての鎖が近隣のジグザグ面に直交するジグザグ面を持ち，傾斜もしている．この繰り返しは多形 β' の赤外線吸収スペクトルでの CH_2 の横揺れ変角振動形式に対応する約 719cm^{-1} と 727cm^{-1} での二重線で確認される．α と β はそれぞれ 720cm^{-1} と 717cm^{-1} での単線だけを示す (Chapman, 1962)．

最後に，副格子の対称性は主要な単位胞の対称性と同じである必要がなく (Chapman, 1962)，実際に，1 つの単位胞に 2 つの副格子があるかも知れないこと (Yano & Sato, 1999) に注意せねばならない．

オレフィン系炭化水素鎖の相互作用，あるいは，二重結合の立体配置

多くの製菓用油脂は 1 種類あるいは多種類の不飽和脂肪酸，とりわけオレイン酸を含有する TAG で構成されている．二重結合，特にシス型結合の導入は炭化水素鎖の立体配置に大きな影響を与える．初期の研究でも，炭化水素鎖での屈曲，あるいは，ねじれ挿入の影響は十分に説明されており，その影響はシス型二重結合のある脂肪酸鎖が飽和の"真っ直ぐな"脂肪酸鎖の隣にパッキングすることを難しくする．デ・ジョンら (de Jong, van Soest and van Schaick, 1991) は，二重結合に近接する CH_2 基の可能な立体配置を非常に詳しく解析している．彼らは個々の炭素–炭素結合の角度に基づいた炭化水素鎖の立体配置を説明している．可能なねじれ角度とそれに対応する名称を図 2.5 に示した．

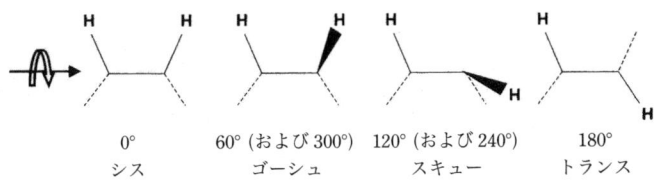

図 2.5　ねじれ角度のある C–C 結合での炭化水素鎖の立体配置

不飽和脂肪酸鎖は 3 種の炭素–炭素結合を示す．つまり，$-CH_2-CH_2-$，$-CH_2-CH=$，$-CH=CH-$ である．最初の種類は，通常～180°のねじれ角度を持つトランス (あるいはアンチ (anti)) 立体配置に適合する．これは前項でふれたジグザグである．もう 1 つは，可能性はほとんどないのだが，ゴーシュ立体配置である．シス (あるいはシン (syn)) の二重結合にねじれ角度がない (0°) と定義されている．

$C-CH_2-CH=C$ 部分が $C-CH_2-CH_2-C$ 部分と異なるという多くの実験的な証拠がある．安定な立体配置はトランスあるいはゴーシュよりもむしろ，スキュー (skew) やシスであることが見出されている．デ・ジョンら (de Jong, van Soest & van Schaick, 1991) はオレイン酸の二重結合付近の可能な全立体配置を解析し，結論として 3 つの可能性を示した．すなわち，...ttsCs'tt...，...ttsCstt...，...ttsCsgt... である．ここで C はシス

型二重結合であり，小文字はトランス (t) やスキュー (s) などを表す．こうした立体配座は**図 2.6** に示されている．立体配座の I と II は，これまでに理解した炭化水素鎖の屈曲を再現している．立体配座 III は，中央での小さな変位で全体が直鎖になる可能性を示唆しており，興味深い．

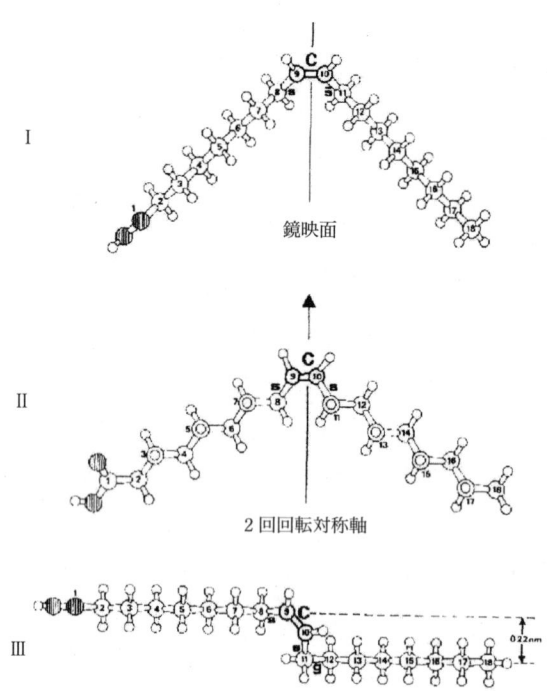

図 2.6 オレイン酸の立体配座：（ I ）...ttsCs'tt....，（ II ）...ttsCstt...，（ III ）...ttsCsgt.... (de Jong, van Soest & van Schaick, 1991 より)

グリセロールの立体配座

脂肪酸はグリセロール分子の 1-，2- および 3-位で結合される．TAG 分子の基本的構造は脂肪酸鎖が椅子の脚と背もたれになり，グリセロールが座部で，それが脚と背もたれに連結する 2 次元の椅子になぞらえられる．この様子は，**図 2.7** に提唱された COC の結晶構造で図示されている．1-位と 3-位のカプリン酸 ($C_{10:0}$) 鎖が脚になり，特徴的に屈曲した 2-位のオレイン酸 ($C_{18:1}$) 鎖が背もたれになっている．この図はグリセロール部分での数種の可能な立体配置の中の 1 つだけを示している (Kodali, Atkinson, Redgrave & Small, 1984)．つまり，この場合，グリセロールの背骨 C-C-C が椅子の座部にするため曲げられている．もう 1 つの可能な立体配置は，背もたれと後脚の始点となるため直線になるものである．こうした 2 つの主要な立体配置が**図 2.8** に

示されている．立体配置 A は"音叉(tuning fork)"あるいは"非対称音叉"配座と呼ばれ，そして，立体配置 B は"椅子配座（chair conformation）"と呼ばれることもある（van Langevelde, van Malssen, Sonneveld, Peschar & Schenk, 1999）．しかし，この立体配座は 2 つの椅子に見えるので，筆者はこれらの区別に役立つ説明ができない．"椅子"の用語は，もともと，支配的な認識となっている真ん中の脂肪酸鎖が外側の 2 本の脂肪酸鎖と明らかに対称的に配置された（真の／対称的な）音叉配座と，この椅子配座を区別するために導入されたのである（Chapman, 1962）．本書で，この 2 つの立体配座を区別せねばならない場合，筆者は立体配置 A に"椅子 2"を，立体配置 B に"椅子 3"を使うこととする．この場合の数字は，どの位置の脂肪酸あるいは脂肪酸鎖が椅子の背もたれになっているかを示している．

末端メチル基の配列

椅子の脚が同じカプリン酸鎖であっても，末端のメチル基は直線（3 次元的な平面）

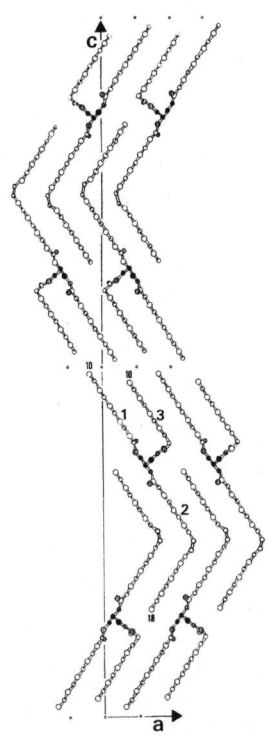

図 2.7 SOS 型の 1 不飽和 TAG に提唱された β-3 構造．ここに示すのは COC（de Jong, van Soest & van Schaick, 1991 より）

第2章 物理化学

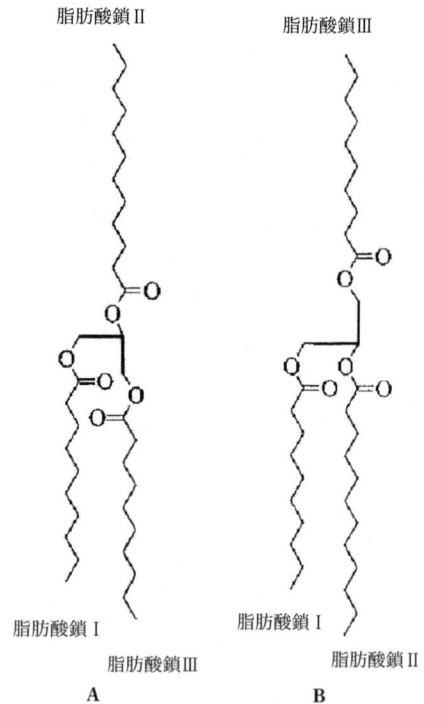

図 2.8 グリセロール部分と脂肪酸鎖の可能性のある2つの立体配座：(A) 椅子2，(B) 椅子3（van Langevelde, van Malssen, Sonneveld, Peschar & Schenk, 1999 より）

にならずに規則的な凹凸を繰り返しているのが図2.7から分かる．こうしたメチル基はメチルテラス（terrace）と呼ばれている．デ・ジョンら（de Jong, van Soest & van Schaick, 1991）やウェスドルプ（Wesdorp, 1990）はメチルテラスの配列を解析した．後でそれが個々のTAGの構造に重要なことを学んでもらう．

鎖長構造

TAG分子は，図2.9に示したように，完全に2分子一対で配列する．図2.9にあるように，二通りの2分子一対形式が可能であり，単位胞は脂肪酸鎖の2本あるいは3本分の長さになる．2分子一対は2鎖長面間隔（double spacing）あるいは3鎖長面間隔（triple spacing）と言われ，例えば β-3 や β'-2 のように，基本的な多形記号に -2 あるいは -3 を付けて示される．

A節 多形現象

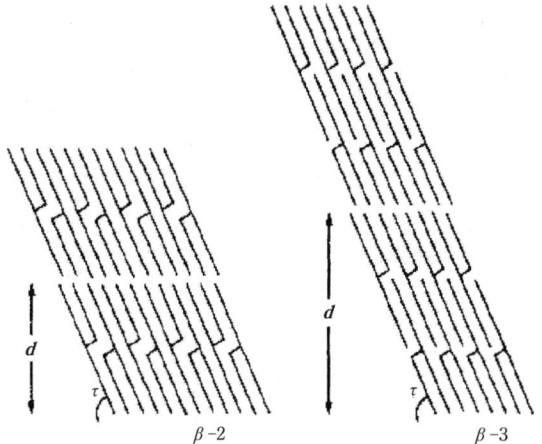

図 2.9 多形 β-2 と β-3 での TAG 配列の概念図(Timms, 1984 より)

3. 構造的な要素の組み立て

TAG の結晶構造を決める唯一絶対的な方法は,X 線回折測定法(X-ray diffractometry: XRD)を使うことである.単結晶での研究が 2〜3 なされている.しかし,研究のほとんどは,粉末回折測定法を使って単位胞と副格子のサイズだけを測定している.したがって,詳細な分子配列については推論が必要となる.XRD を使っての多形の命名と短面間隔(short spacing)の特定を表 2.1 に示し,StOSt の多形を図 2.32 で図説している.これらはヘルとパウリッカ(Hoerr and Paulicka, 1967)に部分修正されたチャップマン(Chapman, 1962)やラルソン(Larsson, 1965)の最初の提案をベースにしている.

表 2.1 X 線回折データからの多形の命名,説明および特定

多 形	副格子	説明と X 線回折短面間隔の特徴
α	H	約 0.414nm に 1 本の強い短面間隔.最も安定性に欠ける結晶型.
β'	$O_\perp$	通常約 0.38nm と 0.42nm に 2 本の強い短面間隔,あるいは,約 0.427nm,0.397nm および 0.371nm の 3 本の強い短面間隔.α よりは安定だが,β よりは安定性に欠ける結晶型.
β	$T_\parallel$	α あるいは β' の規準を満たさずに,約 0.46nm に非常に強い短面間隔を示す結晶型.最安定な結晶型.
サブ-フォーム:β' (sub-α)	$O_\perp$?	β' 型は通常 α 型の融点以下で融け,異常に大きな値を示す長面間隔を持つ.
γ (sub-β)	M	α あるいは β' の規準を満たさず,約 0.474nm の強い短面間隔と約 0.45nm,0.39nm および 0.36nm に数本の中間的な強度の短面間隔を示す結晶型.これは α より安定だが,β' より安定性に欠ける.

X線回折パターンは異なる回折角での一連のピークを示す．広角，つまり"短面間隔"での回折は副格子についての情報をもたらし，α，β'あるいはβ配列の特定を可能にさせる．低角，つまり"長面間隔 (long spacing)"での回折は結晶の層の厚さであるdに関する情報である．図2.7や図2.9で分かったように，TAGはそれぞれの層の中で並んで配列している．この層の厚さ，つまり，長面間隔は分子の長さ（脂肪酸鎖中の炭素数）と，脂肪酸鎖の軸と基底面との間の傾斜角度に左右される．dが分かれば，副格子の種類と脂肪酸の鎖長の知見から，2鎖長あるいは3鎖長が決められる．

1853年にダッフィー (Duffy) が発見したトリステアリン (StStSt) の3つの多形の主要な配列の特徴を図2.10に概念図で示している．トリステアリンの融液を急冷すると，最初に多形αが得られる．αをゆっくり加熱すると，αは融けるが，再度，熱の発生を伴って固化し多形β'になる．さらにゆっくり加熱すると，β'は融解し，再固化して最終の安定な多形βになる．ほとんどの油脂やTAGは通常，非常に不安定な多形のαを持っている．いくつかの油脂やTAGはβ'とβの両多形も持っている．他の油脂やTAGは安定なβ'だけでβを持たないか，あるいは，安定なβだけでβ'を

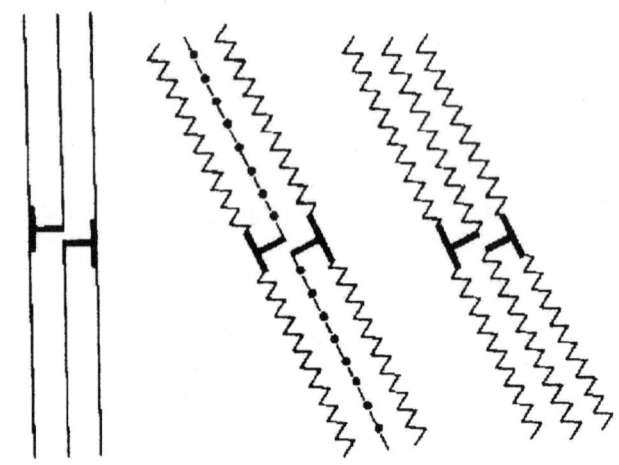

	α	β'	β
	垂直で振動する脂肪酸鎖	近接の異なるジグザグ面を持つ傾斜脂肪酸鎖	同一のジグザグ面を持つ傾斜脂肪酸鎖
短面間隔	0.414nm	0.418nm 0.378nm	0.368nm 0.386nm 0.459nm
長面間隔 (d)	5.06nm	4.68nm	4.52nm
融　点	54℃	64℃	73℃

図2.10 トリステアリン (StStSt) で実証された多形α, β', βを比較する概念図 (Timms, 1984 より)

持たない．αからβ′へ，そして，βへの転移は常にこの順序で起こり，不可逆的である．

多形の名称を完全にするには，同じ種類の多形を区別するために下付数字が添えられる．例えば，StOSt は 2 つの β-3 を持つことが示されている．その 2 つは融点や安定性が低くなる順番で β_1-3, β_2-3 と区別される．

表 2.1 でふれた 2 つのサブ-フォームは α，β′ あるいは β の規準を正確に満たさない結晶型である．PLinP, StLinSt, StOSt, POSt および POP は γ あるいは sub-β を持つことが見出されており，γ は最初の 2 つの TAG，つまり，PLinP と StLinSt の安定な多形である．

文献にあるもう 1 つの結晶型は sub-α である．この多形は α よりももっと低い融点と安定性を持つ．いくつかの場合，sub-α/α の転移は可逆的であり，その他の多形転移は不可逆的である．ウィルとラットン (Wille and Lutton, 1966) は sub-α と α が同じ (2 鎖 あるいは 3 鎖) 長面間隔の場合に可逆性が生じることを示唆した．しかし，リーナー (Riiner, 1970) はこれが常に正しいとは限らないことを示している．StOSt と OStO の可逆的な sub-α/α の転移の詳細な解析が矢野らによって報告されている (Yano, Sato, Kaneko, Small & Kodali, 1999)．全ての場合，多形 sub-α は β′ の特徴的な XRD 短面間隔を持っている．そこで，リーナーに従って sub-α に β'_2 を割り当てるのが望ましいと思われる．多形 α に関連させて sub-α を位置付ける場合は，β'_2 (sub-α) の名称が提唱されている (Timms, 1984)．

4. トリアシルグリセロール (TAG) の微細構造

TAG 結晶中の詳細な分子や原子配列の知見は単結晶の X 線回折分析を必要とする．しかし，TAG を良好な単結晶に成長させることは難しいので，その詳細な構造はごくわずかな TAG だけでしか知られていない．提唱されている分子構造のほとんどは結晶中の原子位置を決める直接的な実験での証明に基づいていないことを認識することが大切である．β は安定であり，大きな結晶に成長するので，β の単結晶を成長させることは β′ の場合より容易である．TAG が純粋なら，この目的に適した単結晶を成長させることも容易である．この場合，飽和脂肪酸だけ，好ましくは 1 種類の飽和脂肪酸だけを含有する TAG なら，純粋な結晶を得ることがもっと容易である．結局，2000 年までに，原子レベルまで解明されたのはたった 3 つの結晶構造で，その全てが β-2 だった．つまり，LLL (Larsson, 1965)，CCC (Jensen & Mabis, 1966)，そして，CLC のアナログである 2-(11-ブロモウンデカノイル)-1,3-ジデカノイン (Doyne & Gordon, 1968) だけであった．

LLL の構造が **図 2.11** に示されている．この図は筆者が要約した多形 β-2 の重要な特徴を示している．つまり，TAG 分子の椅子 2 構造，2 分子が並んだパッキングの 2

第2章 物理化学

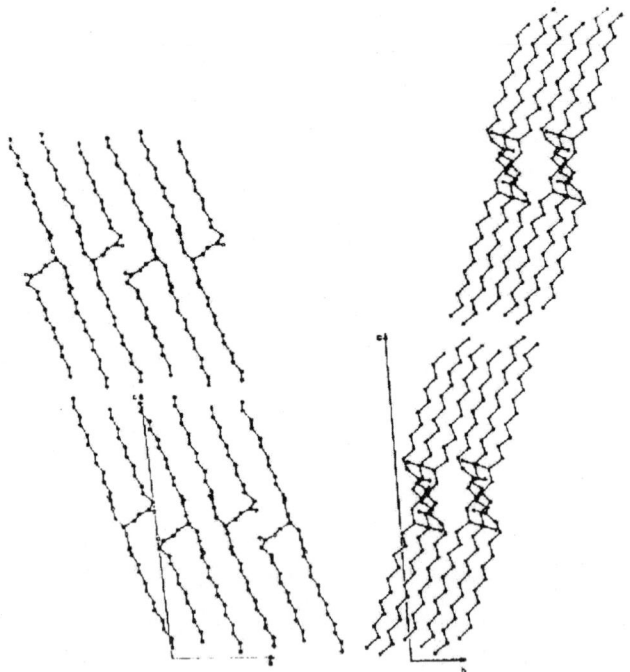

図 2.11 β-2 トリラウリン（LLL）における分子配列（Larsson, 1972 と同じで，Jensen & Mabis, 1966 より）

鎖長構造，傾斜した分子鎖，末端メチル基のテラス，そして，$T_\parallel$ 副格子のパッキング中での平行な炭化水素鎖である．CCC や CLC/2-(11-ブロモウンデカノイル)-1, 3-ジデカノインの構造も類似している（Larsson, 1972）．

コンピュータでのモデル化に基づいて提唱された COC の構造を**図 2.7** で既に見ている．これを重要な SOS 型 TAG の β-3 構造の優れたモデルとして採用することができる．

CCC や LLL の β-2 構造は，1963 年に初めて報告された（Jensen & Mabis, 1966）．2000 年や 2001 年まで，その他の TAG の結晶構造（上記した CLC のアナログを別として）が報告されていないことは，純粋な TAG の単結晶を多形 β'（あるいは，ともかくどのような多形の単結晶でも）で成長させることの難しさを示している．そして，2つの β-2 構造がほぼ同時に報告されたのと全く同じように，CLC（van Langevelde, van Malssen, Driessen, Goubits, Hollander, Peschar, Zwart & Schenk, 2000）と PPM（Sato, Goto, Yano, Honda, Kodali & Small, 2001）の2つの β' 構造が2〜3 か月以内に発表された．佐藤（Sato, 2001a）やマランゴニ（Marangoni, 2001）はこうした2つの β' 構造の主要な特徴を要約している．

CLC の β' 構造は**図 2.12** に示されている．分子の椅子構造が LLL の β-2 構造（図

A 節 多形現象

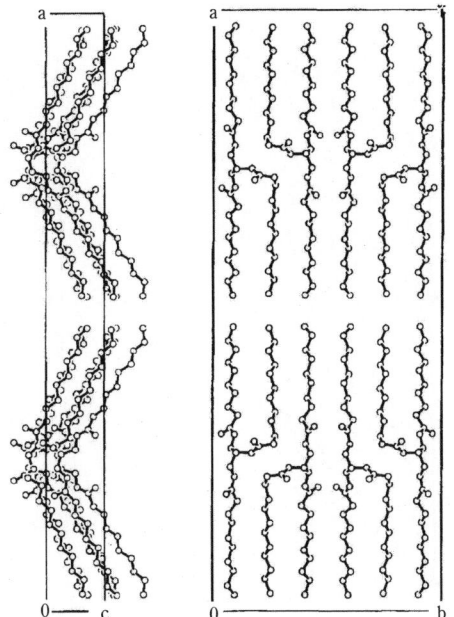

図 2.12 β' の CLC の単位胞（Sato, 2001a と同じで，van Langevelde, van Malssen, Driessen, Goubits, Hollander, Peschar, Zwart & Schenk, 2000 より）

2.11) と外見上類似しているが，3 つの重要な違いがある：
- β' CLC 中でメチルテラスが直線で水平である．
- $O_\perp$ 副格子で予測されるように，炭化水素鎖は交互にジグザグ面を変える．
- グリセロールと脂肪酸鎖は，β-2 の CCC や LLL のような椅子 2 よりもむしろ，椅子 3 の立体配置で配列されている．

この最後の特徴が**図 2.8** に概念的に図示されている．原子レベルでのグリセロール部の詳細な構造の描写は，バン・ランゲベルデら（van Langevelde, van Malssen, Driessen, Goubits, Hollander, Peschar, Zwart & Schenck, 2000）によって報告されている．佐藤（Sato, 2001a）はグリセロール部のわずかな屈曲で生じる過剰な格子エネルギーがメチルテラス配列の改善で相殺されていることを示唆している．

　β'_2 PPM の構造を**図 2.13** に示した．その主要な特徴は以下のとおりである：
- 単位胞は，ラメラ界面に対し交互に傾斜した脂肪酸鎖が端と端で結合された 2 つの"リーフレット（leaflet）"を持つ 4 鎖長構造で構成されている．
- メチルテラスは内側面（図 2.13 でのリーフレット I と II の間）で非常に段差のある構造を持ち，また，外側面ではその段差が緩和されている．これは，外側の脂肪酸

第2章 物理化学

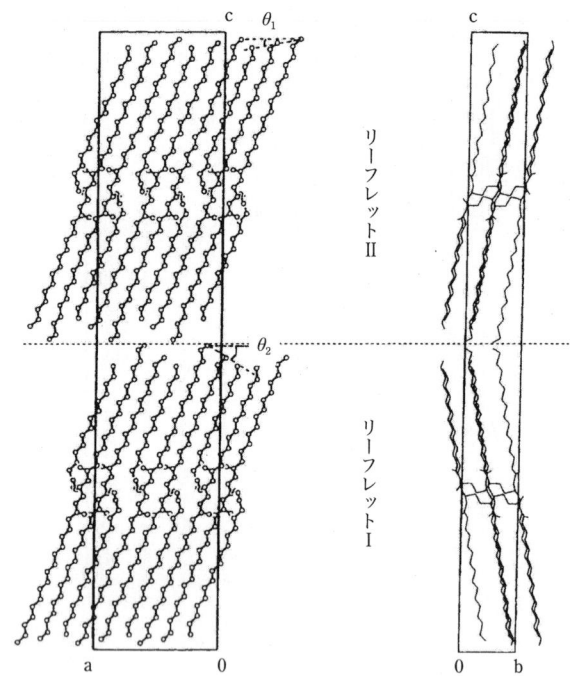

図2.13 β'_2 PPM の単位胞の構造（Sato, 2001a より）

層における–PPP–パターン（全て同じ脂肪酸）と，内面層での–PMM–パターンに関係している．
・副格子は，通常の斜方晶系の副格子よりもむしろ，ハイブリッド型である．
・グリセロールの立体配座は2鎖長のリーフレットにおける各々の非対称な PPM 単位で異なる．

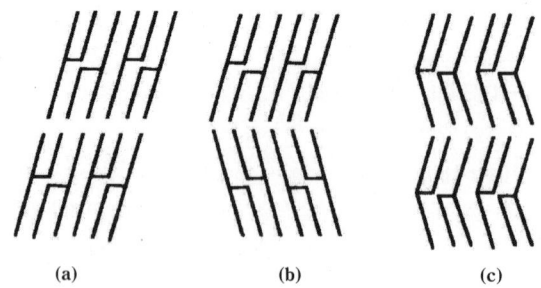

図2.14 2鎖長の TAG 結晶における脂肪酸鎖の傾斜：(a) β, (b) と (c) β'

この 2 つの β' 構造は明らかに異なり，同一 TAG 中の異なる種類の脂肪酸を適応させる β' の能力を示している．こうした混酸型 TAG は天然油脂中で一般的に見出される．

これら単結晶の研究で見出された 2 鎖長の可能性のある分子鎖傾斜が**図 2.14** に要約されている．**図 2.14(a)** は β 型の CCC と LLL，**(b)** は β' 型の PPM で，そして，**(c)** は β' 型の CLC で見出されたものである．

第2章 物理化学

B節 相挙動

1. 緒言

　天然の油脂は多くのTAGの混合系である．最も単純な化学組成の油脂の1つであるココアバターでさえ，少なくとも5つの重要なTAG (POP, POSt, StOSt, POO, StOO) で構成されており，そして油脂のほとんどはそれが10種以上のTAGになっている．したがって，実際の油脂とその混合系の複雑な物理化学的な挙動を把握するために，まず理解しなければならないのはTAGの混合系の挙動である．

　それぞれのTAGは固有の多形現象と融解挙動を示す．しかし，例えば，ココアバターあるいは乳脂と呼ぶ混合系においては，それぞれのTAGが勝手に振る舞うのではない．ココアバターあるいは乳脂をそれらの個々の成分TAGに基づくのではなく，それらの異なる相に基づいてのみ検討することが可能である．油脂の物性は油脂の相挙動 (phase behaviour) で決まると言うことができる．この概念を初めて明確に説明したのはムルダー (Mulder, 1953) だった．

2. 理想混合と溶解度

　液体状態では，TAGの相溶性 (miscibility) がほぼ"理想状態"であり，これは混合で熱や容積の変化が起きないということなので，理想溶解方程式，あるいは，ヒルデブラント (Hildebrand) の溶解方程式が適用される (Hannewijk, Haighton & Hendrikse, 1964; Knoester, de Bruijne & van den Tempel, 1972)．理想的な挙動からの逸脱が測定で検知されるのは，分子量が明らかに違う（したがって体積も違う）TAGの場合だけである (Timms, 1978)．ウェスドルプ (Wesdorp, 1990) は油脂混合系の平均炭素数から炭素数が10以上離れていない場合にこのTAGの理想挙動となることを確認した．

　図2.15に，トリパルミチン (PPP) とトリステアリン (StStSt) の溶解度が2種の液状TAGやパラフィン油中で比較されている．溶解度は対数でプロットすると直線になり，また，溶媒に左右されないことに注意して欲しい．溶解度は溶質のTAG，つまりPPPやStStStの特性だけで決まる．

　図2.16に，トリステアリンとトリオレイン (OOO) の混合系の相図 (phase diagram) が示されている．このデータは図2.15と本質的に同じであるが，図2.16では相図として描かれている．相図の特性は次で説明するが，さし当たり，トリステアリンとトリオレインは固体状態（水平線以下の領域）で混じり合わないことに気付けば十分である．これは，融点が少なくとも30℃異なるTAGに共通することである (Rossell, 1967)．したがって，OOOの融点以上でこの混合系から分離する結晶はどれも純粋なStStSt

である.

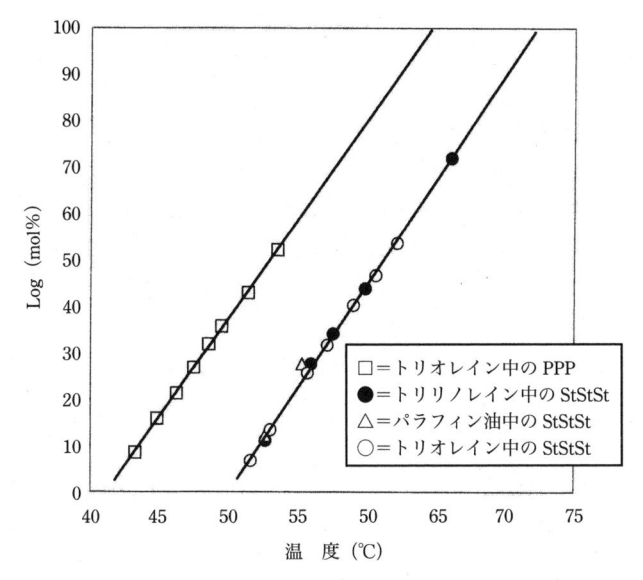

図 2.15 トリオレイン,トリリノレインおよびパラフィン油中での飽和 TAG の溶解度（Hannewijk, Haighton & Hendrikse, 1964 からの複製）

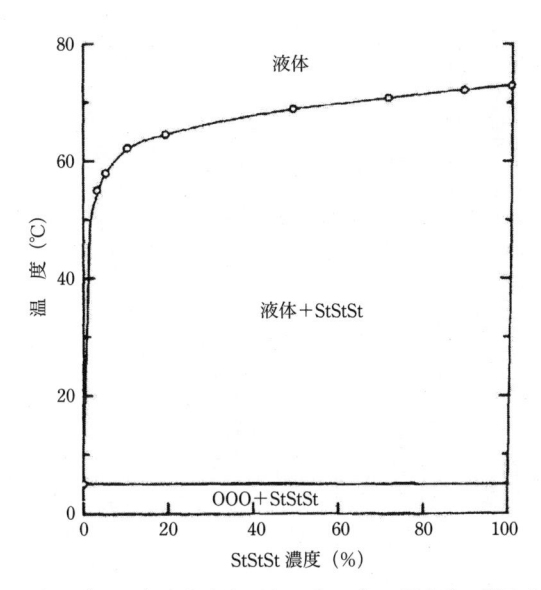

図 2.16 トリステアリン（StStSt）とトリオレイン（OOO）の混合系の相図（Timms, 1995 からの複製）

3. 固溶体

通常，実際の油脂中で，TAG は固体状態で混じり合って固溶体（混晶とも呼ばれる）を形成する．固溶体（solid solution）は固体状態中における 2 成分の親密な混合系であり，(液状) 塩溶液で水と塩の分子を識別できないのと同じく，固体溶体中の 2 成分の識別も不可能である．水に塩が添加されると，それに応じて水分子は塩イオンの取り込みや，密度と体積変化に順応するが，溶液は "水らしさ" のままである．同様に，A という 1 つの TAG を別の TAG B に添加すると，B 結晶の構造は A 分子を取り込むため若干大きくなるが，結晶は "B らしさ" のままである．

図 2.17 に，PPP の POP への溶解度を示した．全ての温度で，観察された溶解度は理想状態より大きい．冷却時に分離した結晶は純粋な PPP ではなく，PPP と POP の混合系（固溶体）である．

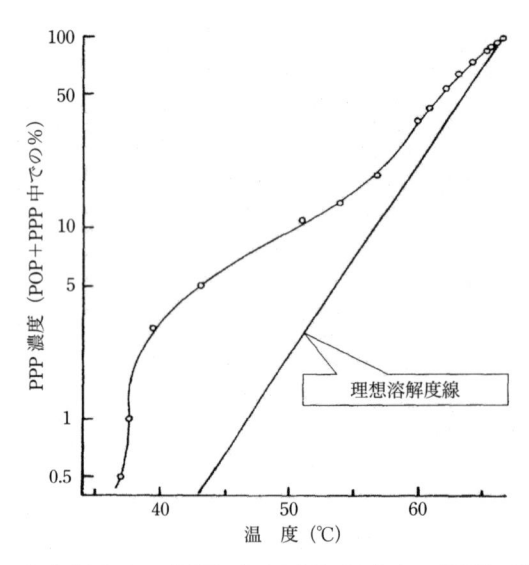

図 2.17 2-オレオジパルミチン（POP）中でのトリパルミチン（PPP）の溶解度（Timms, 1995 より）

4. 相の概念

相は物質の状態（この項では TAG の混合系）であり，それは均一で，また，明確な物理的な境界で別な相と分けられる．相はその組成，温度，そして，圧力で完全に定義される．食品におけるほとんどの実用的な用途では，圧力は無視して良い．**表 2.2** に相の事例を示す．

表 2.2 相の事例

相の系	事　例
固-液	氷と水 油脂
2つの固相	ココアバター中の β'-2 や β-3 のように，油脂中に共存する複数の多形 チョコレート中のカカオと砂糖
2つの液相	サラダドレッシング中の油と水 マーガリン中の油，固体脂，そして，水（3相系）

　油脂中の異なる固相の存在は微視的な特性に影響するかも知れないが，顕微鏡観察を除き，一般的にそれを識別できない．例えば，ショートニングのクリーミング性は固相と液相の量や β' あるいは β 相の有無に左右される．

　天然の油脂は常に少なくとも2つの相，すなわち，液相と固相を持っている．液体状態で完全に混和するので，液相は常に1つだけであるが，固相の場合は同時に数種が存在するかも知れない．

5. 相図の概念

　(定圧で) 相が温度と組成で定義されるので，1つの軸を温度，もう1つの軸を組成にした図は2成分系における全ての相と相挙動を明示できる．こうした図が相図と呼ばれる．

　相図の事例を図 2.18[4] に示す．注意せねばならないいくつかの特徴：

- 純粋な PPP は 66℃で融解する．
- 液相線 (liquidus line) は単一液相領域と固相＋液相領域を分ける線である．これは図 2.17 にある溶解度曲線と同じである．この線は融点の線にも一致している．
- ソリンデックス線 (solindex) と固相線 (solidus line) は，固体＋液体領域から固相を分離する．ソルバス線 (solvus line) は固溶体相のSをS＋POPの領域から分ける．
- 固溶体相のSは固体のPPPに溶解するPOPで形成される．溶け込めるPOPの最大量は約35％．もっと添加量を増やすと，過剰のPOPが"析出"する．つまり，Sと純粋なPOPの2つの固相が存在することになる．これは塩溶液の事例と同じで，塩をどんどん添加すると，塩がそれ以上溶けない点に達し，そこで，純粋の塩と塩＋水の溶液との混合物を得る．
- PPP は POP に溶けない．

---

[4] 湊ら (Minato, Ueno, Yano, Wang, Seto, Amemiya & Sato, 1996) がこの系のもっと新しい相図を発表している．しかし，本質的な特徴は，PPP に 40％まで大量の POP を溶かし込んだ場合と同じである．もう1つの研究 (Gibon, Blanpain, Durant & Deroanne, 1985) も類似の結果を示したが，ここでその結果を使うともっと混乱を招いてしまう．

第2章 物理化学

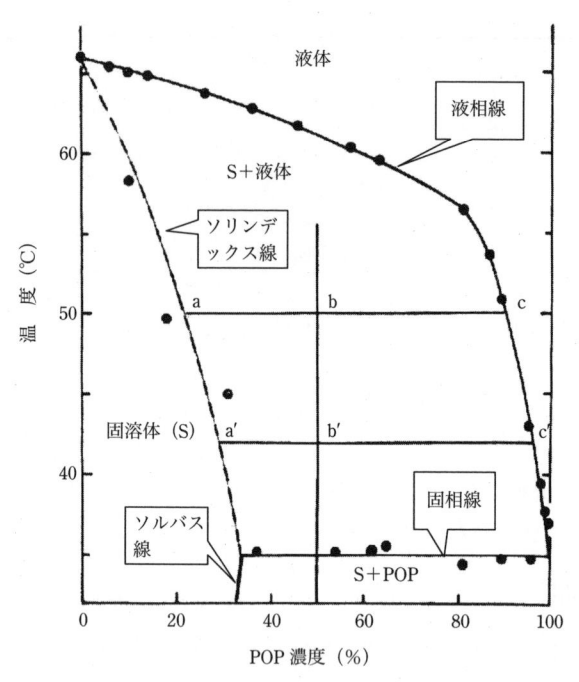

図2.18 POP中のPPPの相図（Rossell, 1967と同じで，Kerridgeからの複製）

- PPPへのPOPの添加を増やしていくと，液相線で示されるように，融点が低下するだけでなく，混合系が広い範囲にわたって融解する．例えば，POPが20％で，混合系はソリンデックス線と液相線の間となる51〜64.5℃の範囲で融ける．
- 50：50の混合比（縦線bb'）を50℃に保持すると，2相になる．この場合，固相はa点の組成となり，液相はc点の組成になる．液体に対する固体の割合は線abの長さに対する線bcの長さの比となる．
- もっと低い42℃では，線a' b' c'のそれぞれの組成で平衡になる．
- 水平な線abcとa' b' c'はタイライン (tie line) と呼ばれている．

図2.19[5]に，TAG (AとB) の2成分系で観察される主要な4つの相図を示した．図2.19(c)は図2.18と同じタイプである．図2.19(a)と(b)は，製菓用油脂と多くのTAGの2成分混合系で普通に見られるタイプである．図2.19(a)では，AとBが類似した性質であり，混じり合って連続的な固溶体を形成する．図2.19(b)では，AとBの類似性がなく，一方の他方中での溶解度が制限されて固溶体の混合系となり，共

---

[5] 5番目のタイプに包晶 (peritectic) もあるが，包晶は製菓用油脂やその混合系では見出されていない（Timms, 1984）．

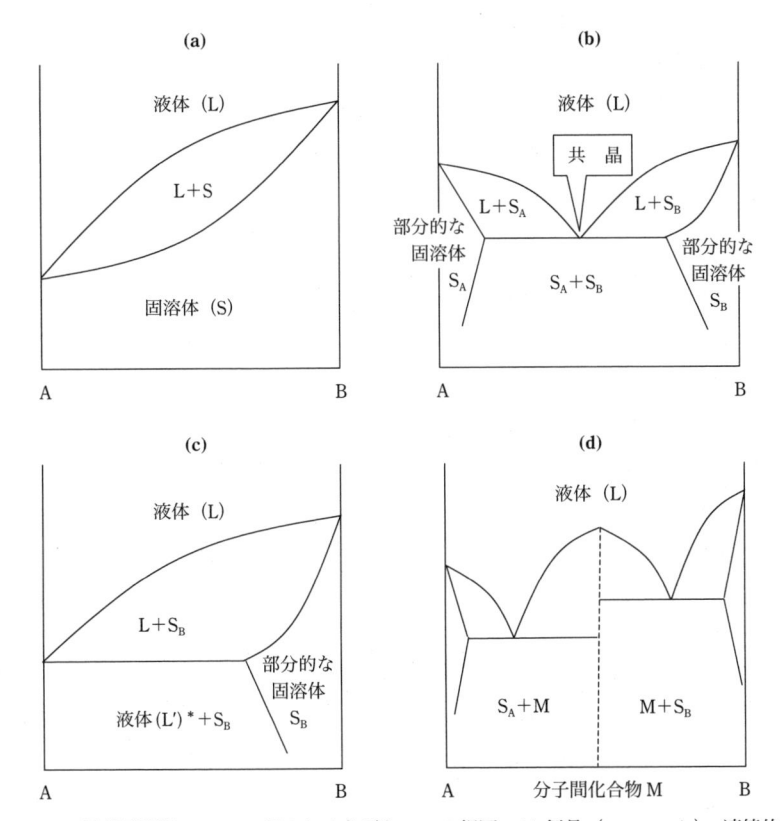

図 2.19 製菓用油脂の TAG で得られる主要な 4 つの相図：(a) 偏晶（monotectic），連続的な固溶体；(b) 共晶（eutectic）；(c) 偏晶，部分的な固溶体；(d) A：B＝1：1 の組成で形成される分子間化合物 M．＊ L とは異なる A と B の混合組成（訳注）

晶点（eutectic point）で液相線が急激に落ち込み，途切れる．図 2.19(d) では，A と B が結合して，分子間化合物（molecular compound）と呼ばれる特別な混合物を形成する．それは，その成分 TAG の A や B とは違う独自な特性を持ち，新しい純粋な TAG のように挙動する．それ故，この図は図 2.19(b) タイプの共晶の相図を 2 つ並べたものと似ている．

6. 実際の油脂の相図

2 成分系相図を考察したが，これによって 2 成分混合系の特性を全て示すことができる．製菓用油脂のような実際の油脂の特性を示すには，上記の 2 つの TAG 成分の軸にとどまらず，もっと多数の軸を持つ多成分相図を必要とする．この多成分相図の中では，個々の油脂を 1 成分と考えて良い．図中の小さな組成変化は，実際の油脂にある自然変動の範囲と見て良いが，大きく組成が変化した位置は全く違う油脂を示

している．

　たとえデータがあったとしても，こうした多成分の相図を描くことは不可能である．しかし，特別なタイプの2成分系相図をつくり，そして，その2成分系相図の特性を実際の油脂の特性に外挿することで油脂に内在する本質を理解することができる．ティムス (Timms, 1984) は2成分系相図から推定される天然油脂の特徴をまとめている：

- 常に幅広い融点領域が見られ，明瞭に定義される単一の融点ではない．したがって，経験上，ワイリー融点 (Wiley point)，上昇融点 (slip point)，あるいは，透明融点 (clear point) のように定義される融点が必要となる．
- 多くの油脂の場合，多形の型と数が温度で変化し，念入りなテンパリング後の平衡状態でも一般的に β' と β が観察される．例えばパーム核油のように，分子サイズとTAGの種類の変動が大きいと，固溶体の形成に必要な分子鎖のパッキングの歪みが生じやすくなるため，多形は β' が優勢になる．
- β' と β の両多形が油脂中に生じる場合，必ずしも最も融点の高い相が β になるとは限らないので，純粋なTAGの場合とは少し違う．

　図 2.20 は，油脂の2成分混合系で可能性があると推定される3タイプの相図を示している．Fp(AB)，Fq(CD)，Fs(CD)，そして Fr(CD) は，ただ2つのTAG，すなわちAとB，あるいは，CとDの混合系でつくられた違うタイプの油脂と考えること．完全に解析するためには，筆者の昔の総説 (Timms, 1984) を参照する方法もある．パウリッカ (Paulicka, 1973) もまた製菓用油脂とココアバターの混合系で一般的に見られる相図を描いている．

　油脂の混合系と純粋な成分の混合系における本質的な違いは以下のとおりである：

- 実際の油脂の場合，0％あるいは100％組成の所に，固有の温度 (融点) がない．本来，液相線と固相線あるいはソリンデックス線が一緒になる所が融点である．
- 通常，実際の油脂の混合系では一般的に明瞭な共晶点がない[6]．ただし，液相曲線，つまり融点曲線，または，透明融点曲線に共晶的な最小値がある．
- 2つの成分が純粋なTAGでない場合，固相と液相の2相領域で水平に引かれる線からは存在する固相と液相の比を求めることができない．

　相図は本質的に平衡状態での油脂の系を描写している．通常，相図では油脂とその

---

[6] この理由は，2成分以上の場合の相図理論から，温度範囲内で2つ以上の固溶体が共存できるからである．代わりに，図 2.20(b) が一連の2成分図を重ね合わせて構成されたと考えることができる．この場合，CとDが，例えば POP+PEP，POSt+PEP，POP+PESt などの可能な2成分の組合せの全てを代表するため，少し内容が変わる．共晶点の位置は各2成分図で若干変化し，これを重ね合わせると，液相線の落ち込みだけが残って共晶的な相互作用を示す (Timms, 1984)．

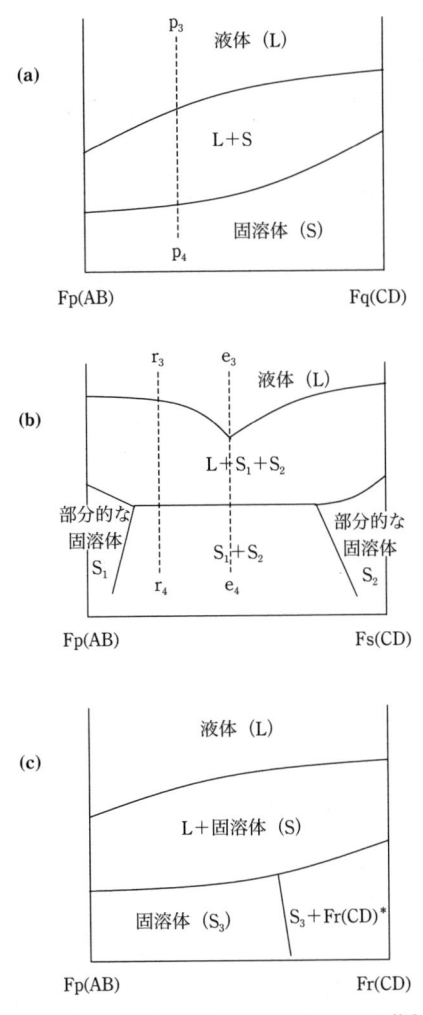

図 2.20 油脂の 2 成分系相図（Timms, 1984 からの複製）
* Fr(CD) が固体なのか液体なのか確認できないのでそのままとした（訳注）

混合系が最安定な多形で描かれる．実際には，固体状態での平衡に達するのに時間がかかるので，個々の相図は一定の時間における状態のスナップ写真と考えて良いだろう．さらに，2 つの油脂の相挙動は違う多形になれば変わる．ケレンズとレイナーズ (Kellens & Reynaers, 1992) は PPP と StStSt の 50：50 混合系を詳細に研究した．α と β' の固体状態で完全な相溶性が見られ，**図 2.19(a)** に示したタイプの相図になった．PPP と StStSt の多形が β に転移した時，固体状態での相溶性が低下し，**図 2.19(b)** に示したタイプの相図になった．

7. 等固体図

2つの油脂の混合系の相図にあるタイラインは固相と液相の比の算出には使えないので，この相図だけでは実用目的に不十分である．ロッセル (Rossell, 1973) はこの欠陥を克服する等膨張図 (isodilatation diagram) の利用を述べている．ディラトメトリー (dilatometry) に代わって，現在，固体脂含量 (Solid Fat Content：SFC) を定量する NMR (nuclear magnetic resonance：核磁気共鳴) の利用で，より適切に等固体図 (isosolid diagram) を作ることが可能である (Timms, 1979a)．

典型的な等固体図を**図 2.21** に示した．軸は相図と同じだが，線は SFC が同じ (10%, 20%など) ものを示す．コンピュータを使えば，色々な組成での SFC 値からこうした図を即座に作ることができる．**図 2.21** は，10%の組成比間隔で，11 の混合系で定量された SFC 値でつくられた．2つの油脂間の明らかな共晶的相互作用が，硬化乳脂の 20〜40%での線の落ち込みで示されている．

相図と等固体図の組合せもあり，それは等固体相図 (isosolid phase diagram) と呼ばれている (Gordon, Padley & Timms, 1979)．

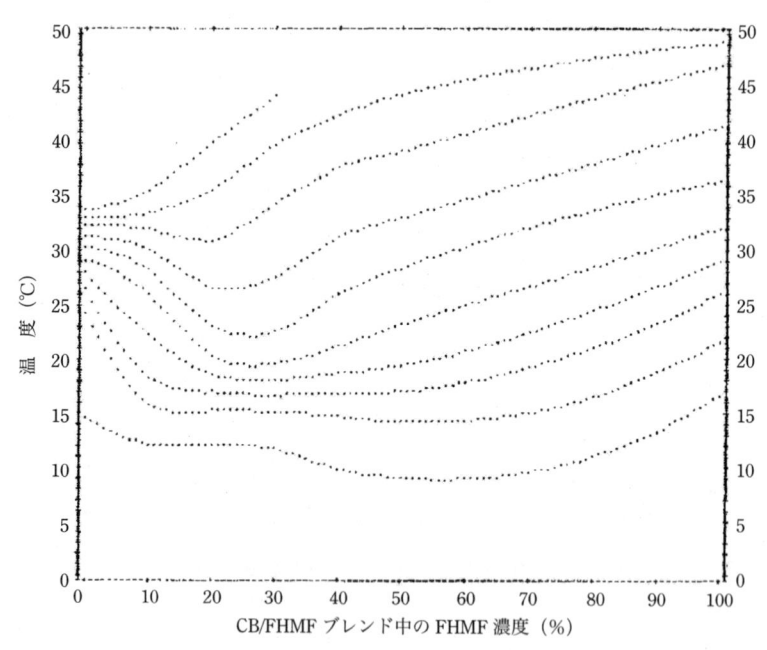

図 2.21 ココアバター (CB) と極度硬化乳脂 (FHMF) の混合系の等固体図．等固体線は上から下に向かって 5%, 10%, 20%, 30%, 40%, 60%, 80%の固体量がプロットされている (Timms, 1979a からの複製)

8. 製菓用油脂の混合系での相図と等固体図の作成

パウリッカ（Paulicka, 1970, 1973）はココアバターと製菓用油脂の混合系相図の制作と，その有効性を述べた最初の人であった．DSC（示差走査熱量分析）あるいは DTA（示差熱分析）は相境界の温度を決め，XRD は多形の種類や固溶体の境界を決め，そして，NMR は SFC 値を決めるのに利用されている．第 3 章ではこうした技法を説明する．固体状態における変化は遅いので，平衡になるまで数週間あるいは数か月かかり，そして，正しい，あるいは，目的の多形で測定を始めることが大切なため，系統的な試料調製方法，テンパリング方法および保管方法が必要となる．典型的なやり方を表 2.3 にまとめた．

表 2.3 製菓用油脂の相図や等固体図制作のための典型的な順を追って進むやり方

ステップ	やること
1	2（または 3）成分の混合系を，少なくとも 10%，望ましくは 5%の組成間隔でつくること．
2	DSC の分析用パンに充填（少なくとも，各組成で 5 個ずつ充填）．NMR の測定管に充填（少なくとも，各組成で 5 本ずつ充填）．XRD 用ホルダーに詰める（各組成で 1 つ）．
3	全ての試料を望ましい多形，あるいは，状態にするため，同時にテンパリングする．
4	予想される固相線（普通，固相線は 10〜15℃）より数度低い温度で保管する．理想的には，ソルバス線のより正確な位置を割り出すために，2 つの温度で保管せねばならない．
5	時間的な間隔を設けて DSC，XRD および NMR の測定を実施する．間隔の例； ・テンパリング直後（ゼロ時間） ・1 週間後 ・4 週間後 ・3 か月後 ・6 か月後 ・あるいは，変化が生じなくなるまで
6	XRD のデータから，多形–固相変化の位置を算定する．
7	DSC のデータで，液相と固相温度を決める．
8	ステップ 6 と 7 の結果から相図をつくる．
9	NMR 測定で求めた SFC のデータで，等固体図をつくる．

DSC 融解曲線の解釈は慎重に行わねばならない．その理由は，真の共晶点や融点は存在せず，そして，低い融点の TAG の融解が主要な固化した TAG の融解と重なり合う，あるいは，それをぼやけさせてしまうからである．図 2.22 は純粋な TAG と比

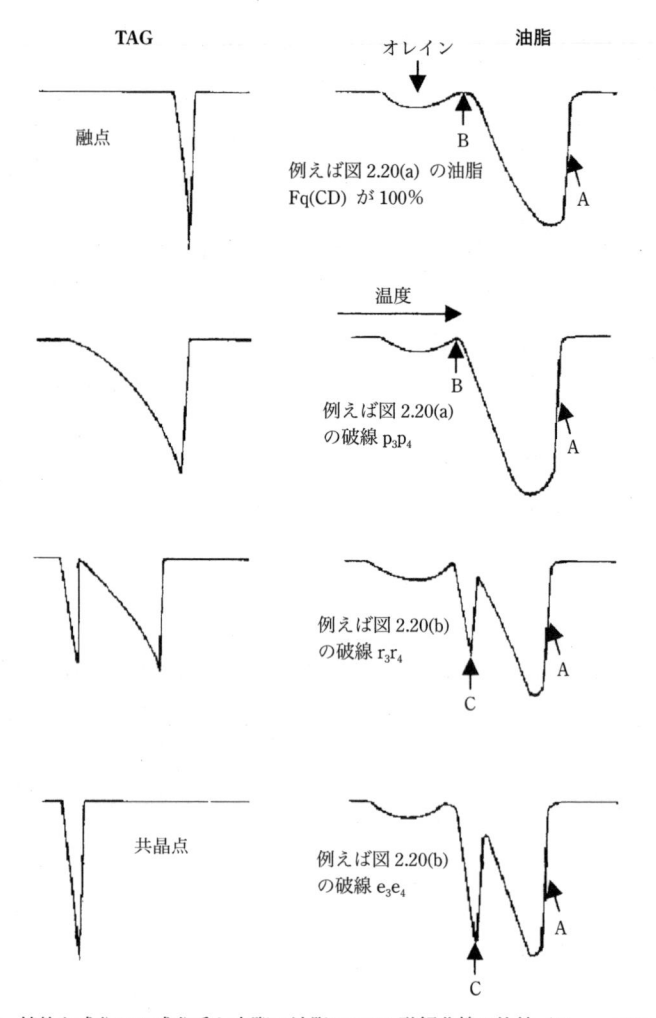

図 2.22 純粋な成分の 2 成分系と実際の油脂の DTA 融解曲線の比較（Timms, 1984 より）

較した実際の油脂の 2 成分系の概略的な DTA 融解曲線[7]を示している（Timms, 1984）。"オレイン"と標記された小さなピークは，通常の雰囲気温度で液体である TAG の低温融解相を示しており，これは実際には相挙動や相図に含めないものなので，無視して良い．

融け終わりの温度は，図 2.22 中の主要ピークの半分を過ぎた A 点とされる．この結果は，他の測定での結果から推定される融け終わりの温度と良く一致する（Timms, Carlton-Smith & Hilliard, 1976）．

---

7 DSC の融解曲線は類似しているが，吸熱量の向きを逆にする通常の表現では反転される．

融け始めの温度，あるいは，固相線ないしはソリンデックス線となる温度が主要ピークの始まる B 点とされる．

前述し，かつ，**図 2.20(b)** に示したように，油脂の混合系では単一の共晶点が見つからない．共晶の温度は，共晶のピークトップである C 点とされる．このピークの始まり，あるいは，共晶の温度となるピークの半分を検出すれば，データの精度が向上するだろう．しかし，オレインのピークが共晶のピークに重なり合うので，実験的に C 点を明瞭に検出するのは難しい．ノエスターら (Knoester, de Bruijne & van den Tempel, 1972) は DTA 曲線から純粋な TAG の相図をつくる場合の方法と問題を説明している．

XRD データは貯蔵温度のソルバス線を決めるのに利用される．通常，ソルバス線-固相線-ソリンデックス線の交差点の位置を正確に決めることは不可能であり，それ故，ソルバス線の傾斜やその位置の精度が低いことは明らかである．ともかく，ソルバス線は，せいぜい**表 2.3** のステップ 1 で採用される組成間隔でしかプロットできない．

この方法で作成される相図を**図 7.2～7.5** に示し，第 7 章で考察する．最後に，DSC や DTA の融解曲線を測定するのに，時間がある程度かかることに注意しなければならない．典型的な 5°C/分の昇温速度の場合でさえ，観察する相や多形が測定中に転移する可能性もある．こうした転移が起こらないことを確認しておく注意が必要である．

C節　結晶化と相変化

1. 緒　　言

　相変化や相転移は相図中の相境界を横切る動きで表現される．液相線（図2.18を参照）を横切る動きは，油脂の融解あるいは結晶化を意味する．ソルバス線を越える動きは，固溶体の形成（あるいは解消）を伴う固体状態の転移であり，通常，多形の変化が生じる．ソリンデックス線あるいは固相線を越える動きは，固体-液体変化と固体-固体変化を同時に起こす．

　こうした全ての相変化は製菓用油脂の特性，製造および利用に重要である．全ての相変化は熱と体積の変化を伴う．相変化で最も重要なのは，液相が固相に変化する結晶化であり，筆者は結晶化での個々の段階を詳しく説明するつもりである．結晶化は分別（第4章C節を参照）による製菓用油脂の製造やその利用での機能性にとって重要である（Timms, 1991a, 1995）．1つの多形からもう1つの多形への変化である多形転移も，個々のTAGや製菓用油脂の重要な一連の変化である．結晶化の一般的な原理はガーサイド（Garside, 1987）によって概説されており，ウォルストラ（Walstra, 1987）やブラウロック（Blaurock, 1999）は油脂の結晶化を概説している．

　液相は一般的に何の秩序もない分子の成り行きまかせの集合であると考えられる．結晶化が起こるには，分子が単位胞で説明される立体配置でのパッキングを実現するために秩序正しく整列しなければならない．今日，液状脂やTAGの液相中にある種の秩序があるという確かな証拠がある．ラルソン（Larsson, 1994）や佐藤（Sato, 1996）はこの液体状態を詳しく考察している．X線散乱（X-ray scattering）データに基づき，ヘルンクヴィストとラルソン（Hernqvist and Larsson, 1982）はTAG分子が二重層に会合す

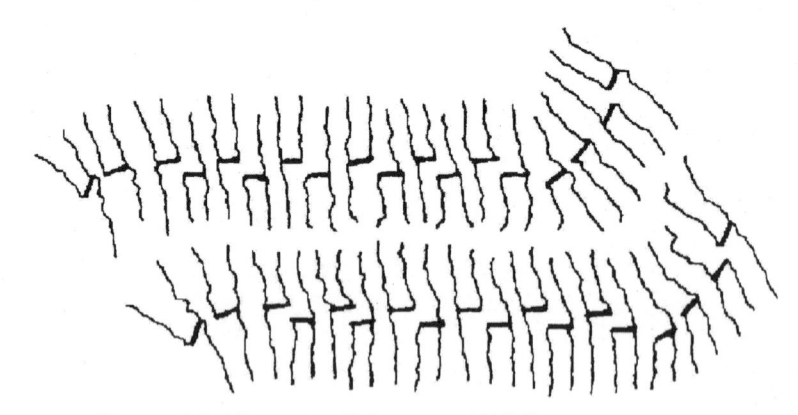

図2.23　液体状態のTAGに提唱された二重層配列（Larsson, 1994より）

C節　結晶化と相変化

ることを提唱し，そして図 2.23 に示すように，ヘルンクヴィスト（Hernqvist, 1984）がこの考えをさらに展開させた．このような構造は，油脂の製造や研究で普通に経験するメモリー効果（van Malssen, Peschar, Brito & Schenk, 1996）の説明になるだろう．ただし，メモリー効果のような現象は核として作用する目に見えない微小な結晶性物質が存在しても簡単に生じるのかも知れない（Sato, Ueno & Yano, 1999）．結晶が融かされて外見上残存結晶のない透明な液相になった後での再結晶化の時，油脂は液体状態に保持された温度や時間，そして以前の固体状態の多形に影響されていろいろな多形で結晶化する．

　液体状態の別な構造が，中性子散乱（neutron scattering）と XRD の実験に基づき，セブラら（Cebula, McClements & Povey, 1990; Cebula, McClements, Povey & Smith, 1992）によって提唱された．彼らは，図 2.24 に示すように，分子は二重層のラメラ構造ではなく，平行に配向すると結論した．彼らは，その構造を，ヘルンクヴィストとラルソンの提唱したスメクティック構造[A]（smectic）と対照的なネマティック構造[B]（nematic）であるとし，また，完全に無秩序にされた液体はアイソトロピック構造[C]（isotropic）であると説明した．

　佐藤は"液体状態の構造はいまも議論のロングランなテーマであり"，この不確実性を解決するのにさらなる研究が必要であると結論した．

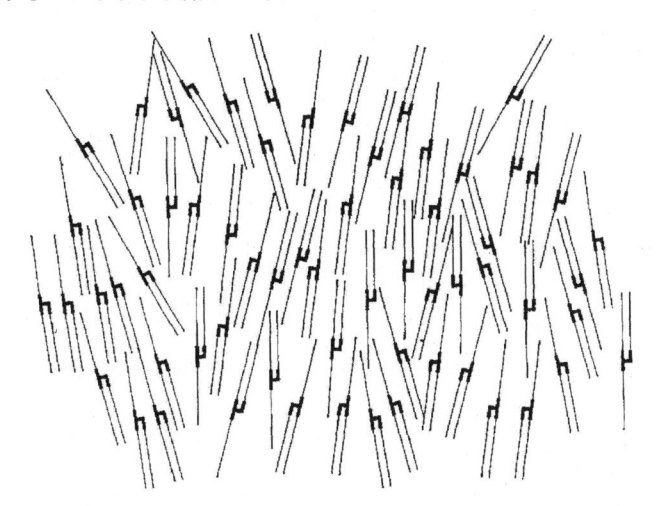

図 2.24　トリラウリン（LLL）の液体状態のネマティック様構造の概念図．脂肪酸分子が直線で描かれているが，そのことは脂肪酸分子に柔軟性がないことを示唆するものではない（Cebula, McClements, Povey & Smith, 1992）

A,B,C：スメクティック構造は 2 次元的（層状）な分子配向の秩序を持ち光学的な異方性（複屈折性）を示し，ネマティック構造は 1 次元的な分子配向の秩序を持ち光学的な異方性を示す．アイソトロピック構造は等方性であり分子配向に偏りがなく，光学的に複屈折性を示さず，実質的に液晶が消失した状態（訳注）．

おそらく，この問題のある種の解決はオレイン酸の液相構造の研究にヒントがあるのかも知れない (Iwahashi, Suzuki, Czarnecki, Liu & Ozaki, 1995; Sato, 1996)．こうした研究者らは液体の構造が30℃以下で準スメティック（quasi-smectic），30～50℃でネマティック，そして50℃以上でアイソトロピックであることを示唆している．

2. 過飽和

結晶化のためには，結晶化される溶質のTAGあるいは相の濃度が，所定の温度で飽和濃度を越えねばならない．濃度が決まっている場合，温度は液相線（図 2.18）より下，あるいは，溶解度曲線（図 2.17）より上でなければならない．これが必要な条件であるが，実際には，これが結晶化を引き起こすのに十分な条件ではなく，溶液は飽和濃度以上の条件でいかなる結晶も形成しないでいられる．こうした溶液は飽和状態を越えており，これを過飽和と呼んでいる．

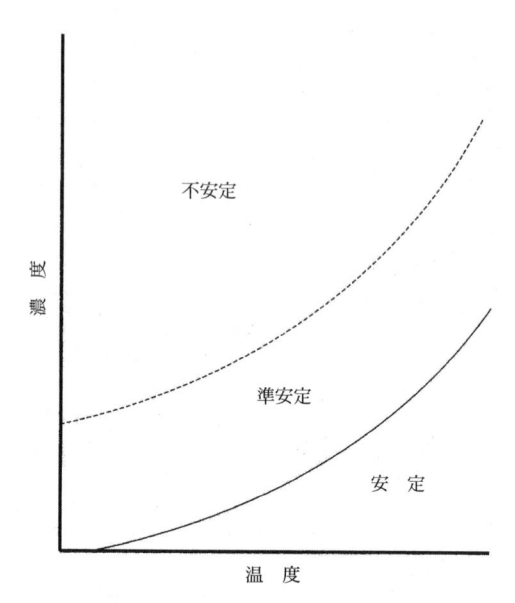

図 2.25　飽和−過飽和図．実線は溶解度曲線（Timms, 1991aからの複製）

いくつかの系の場合，図 2.25に概念的に示したように，飽和−過飽和図を描くことができる．実線は通常の溶解度であり，それ以下では，結晶化が熱力学的に不可能である．準安定領域の破線以下で結晶化の可能性はあるが，自然発生的な結晶化は起こらず，撹拌や種結晶を添加するシーディング（seeding）の助けを必要とする．不安定な領域では，結晶化が自然発生的に速やかに生じる．準安定と不安定領域の間にある破線の境界の位置では，冷却速度，撹拌，そして，シーディングの程度に左右される．

それはまた，結晶化する多形の種類にも左右される．バン・デン・テンペル（Van den Tempel, 1979, Hernqvist & Larsson, 1982 で引用されている）は α 型がその融点以下の温度で液状のままの過冷却にならないと報告しており，このことは POP の多形 α で確かめられた（Koyano, Hachiya, Arishima, Sato & Sagi, 1989）．

過飽和現象と準安定領域が存在することの理由は，結晶化が 2 段階のプロセス，つまり，核形成とその後の成長だと考えれば理解しやすい．

3. 核 形 成

結晶核は，ある濃度と温度の TAG 混合物に存在できる最小の結晶である．核より小さい分子の集合体は"胚（embryo）"と呼ばれ，それが形成しても，再び溶解してしまう（Boistelle, 1988）．胚は明らかにある種の液体構造の概念と関係しており，ヘルンクヴィスト（Hernqvist, 1984）は，図 2.26 に示すような，融解 TAG の結晶化の機構を提唱している．

乱暴に例えれば，結晶形成は風船をふくらますことに似ている．結晶（風船）の表面を大きくするのに，エネルギーが必要である．結晶化熱のエネルギーが克服すべき表面エネルギーを上回る場合にだけ，安定な結晶が形成する．ティムス（Timms, 1995）は典型的な TAG での臨界サイズ（結晶として存在できる最小半径），臨界サイズ結晶の溶解度（これは無限サイズ結晶に比べて大きくなる），そして，臨界サイズの結晶を結晶化させるのに必要な余分の冷却（過冷却度）を計算している（表 2.4）．ン（Ng, 1989）は，ト

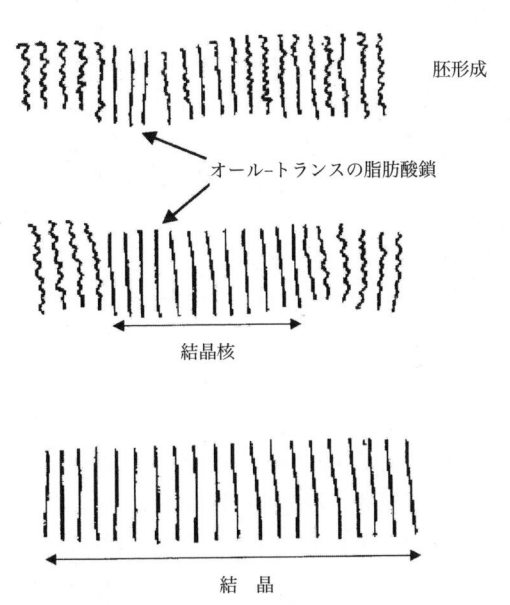

図 2.26 融解 TAG の結晶化で提唱されたメカニズム（Hernqvist, 1984 からの複製）

表2.4 TAGの結晶半径[a]で変化する溶解度と過冷却度* (Timms, 1995)

結晶半径		過冷却度	溶解度の増加[b]
(μm)	(Å)	(℃)	
10	100,000	0.004	1.001
1	10,000	0.036	1.007
0.1	1,000	0.36	1.1
0.01	100	3.6	2.1
0.001	10	7.2	1,380

a 仮定:モル体積≒$9×10^{-4}$m^3/mol, 温度≒300K, 表面張力≒$1×10^{-2}$J/m^2, 結晶化熱≒$1.5×10^5$J/mol.
b 無限サイズ結晶の溶解度に比べて.
* 融点以下に冷やされても液状を保つ温度と冷却された油脂 (TAG) の温度との差の程度 (訳注)

リオレイン溶液からのPPPの核形成研究において,表面エネルギーと結晶化熱との関係を詳細に考察している.彼はなぜ融解PPPの場合よりOOOの場合の核形成が遅く,より困難なのかを示した.

バン・デン・テンペル (Van den Tempel, 1968) は,TAG 10分子で形成される核が13Å×13Åの横断面を持つと概算している.**表2.4**は,こうした核サイズの場合,過冷却度が非常に大きくなること,また油脂の場合,実際に自然核形成あるいは均一核形成がごく稀にしか,あるいは,決して起こらないことを示している.実際には,不均一核形成が粉塵,容器の壁あるいは異分子のような固体粒子面で生じる.油脂中の遊離脂肪酸やMAGの (ほとんど避けられない) 存在が極性脂質の"自己会合"をもたらし,これが直接に不均一核形成の表面になる (Larsson, 1994).

しかし,不純物は,たとえこれが一般的に表面エネルギーを下げるとしても,ほとんど決まって核形成速度を遅くする.不純物は核/胚の成長場所を乱すと仮定されている.

結晶がいったん1次核形成 (primary nucleation) で生じると,2次核形成 (secondary nucleation) が起こる.2次核は,通常,機械的な撹拌の結果として,成長している結晶の表面から微小な結晶の破片が剥離するたびに形成される.この破片が臨界サイズより小さいなら,それは核にならずに再溶解する.

シーディングは意図的な2次核形成の方式である.蜂屋ら (Hachiya, Koyano & Sato, 1989a) はシーディングでのココアバターの結晶化を詳細に研究している.彼らは種結晶の添加後に頻繁に見られる遅延/誘導の時間を説明するメカニズムを示している.ココアバターの異なる多形は結晶化促進において違う有効性を示したが,種結晶の種類にかかわらず,シーディングで生じるココアバター結晶の多形は結晶化の温度だけで決定された.彼らは種結晶を多形改質剤よりもむしろ結晶化促進剤として説明して

いる.

油脂の最も不安定な多形 α は結晶化熱が最も小さいばかりでなく，表面エネルギーも最も小さい．安定な相ほど溶解度が低下して過飽和度が高くなるにもかかわらず，表面エネルギーでの小さな違いが核形成頻度に大きく影響するので，相が不安定なほど核形成頻度は大きくなる (Boistelle, 1988)．核形成頻度の $\alpha > \beta' > \beta$ という結果はパーム油の結晶化研究ではっきりと示されている (van Putte & Bakker, 1987). 図 2.27 はパーム油画分の β' と β 間の核形成頻度における大きな差を示している．したがって，油脂の急冷却は，不安定な α あるいは β' の結晶化をもたらす．

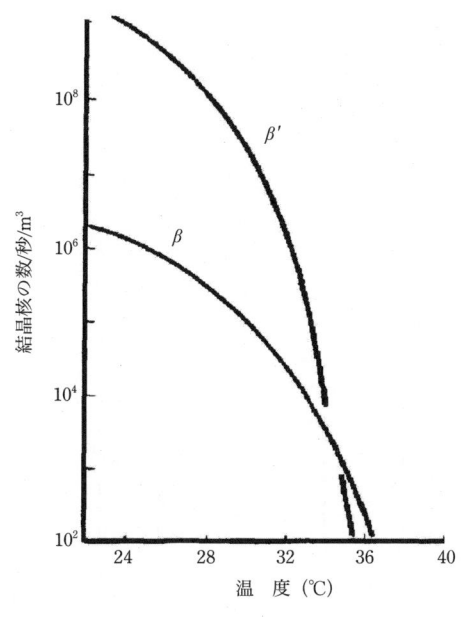

図 2.27 温度を関数とする精製パーム油中での 3 飽和 TAG の β' と β の 1 次核形成頻度 (Putte & Bakker, 1987 からの複製)

4. 結晶成長

結晶核がいったん形成されると，近接する液体からの分子の組み込みで結晶核の成長が始まる．律速段階は成長する結晶表面の正しい位置に新たな分子が正しい立体配置で組み込まれる過程である (van den Tempel, 1968)．成長速度は過冷却度に比例し，粘度に反比例する．ちなみに，粘度は分子の拡散速度に影響する．融液からの結晶化において，温度低下に伴って粘度は高くなる．一方，成長速度は最大値に達するが，過飽和／温度低下が進むと遅くなる．

大きな過冷却度は完全性に欠ける結晶を生じさせやすく (Timms, 1991a)，空隙の形

成を伴う (Cebula, McClements & Povey, 1990). 核形成の場合と同じように，成長速度は結晶化させる多形に影響される．成長速度は過飽和度に比例する．そして，安定な多形ほど常に所定の温度でより過飽和の状態になっているので，安定な多形ほど成長速度は速くなる．このことは，前にふれたパーム油の結晶化で実際に観察されている (van Putte & Bakker, 1987).

いくつかの素晴らしい放射光X線回折 (synchrotron radiation X-ray diffraction：SRXRD) の研究において，佐藤と共同研究者ら (Sato, 1999; Ueno, Minato, Seto, Amemiya & Sato, 1997; Ueno, Minato, Yano & Sato, 1999) はTAG分子の結晶化が2段階のプロセスで進行することを示している．図 2.28 に示すように，最初にTAG分子のラメラ配列が起こり，続いてその後に，詳細な副格子配列が起こった．この2段階の間の時間の隔たりは，β' のStOStの場合に数十秒で，β_2 のStOStの場合が500秒と概算された．

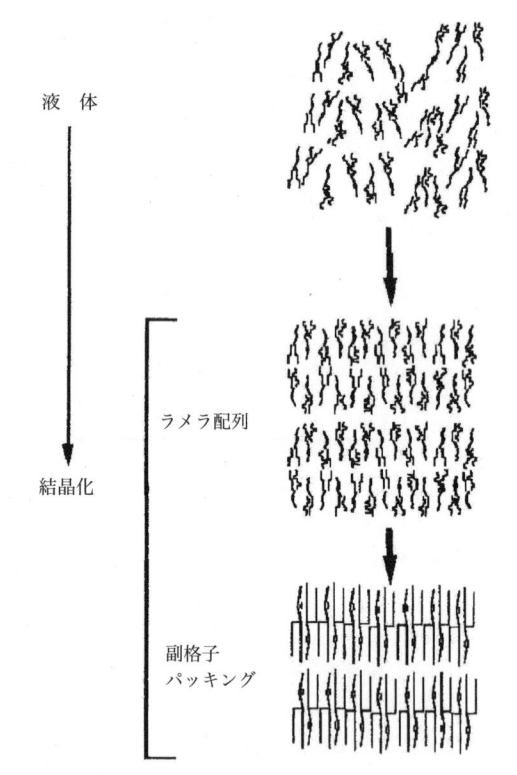

図 2.28 油脂の液体状態からの結晶化モデル (Sato, 1999 より)

成長が進行中なら，大量の熱発生がある．融解／結晶化の熱のいくつかの例を**表 2.5** に示した．StStSt場合，α, β' および β の順にこの値が大きくなることに注意して欲しい．比較のため，液状脂の比熱がおおよそ 2kJ/kg/°C であることを覚えておく

C節 結晶化と相変化

表 2.5 選択された TAG と油脂の結晶化／融解での熱量（Beckett, 2000; Hagemann, 1988; Timms, 1978; Timms, 1985 より）

TAG あるいは油脂	結晶化での熱量[a]（kJ/kg）
ココアバター（β, V型）	157
乳脂	91
パーム油	95
パーム核油	124
ヤシ油	109
LLL（β）	180
StStSt（α）	124
StStSt（β'）	160
StStSt（β）	213
StOSt（β）	188
POP（β）	180
PEP（β）	179

[a] 注意：天然油脂の値は代表的なものであり，油脂の由来や熱履歴／テンパリングで変動する．

と良い．特に撹拌をしない場合，局所的な温度上昇が著しく，成長している結晶表面に近接する部分は飽和状態でなくなる．したがって，核形成とそれに続いて起こる成長は不安定になる．工業的な結晶化工程の設計上の重要なポイントは熱の除去である．

油脂の結晶化が緩慢な冷却で進行する場合，"シェル（shell）"の形成が起こるだろう．結晶化過程での各瞬間に，成長する結晶の表面は平衡組成になる．温度の低下に伴い，前に説明したように（この章のB節を参照），平衡組成は変化するが，結晶の内部組成は固体状態での拡散速度が小さいので変わらない．その結果，結晶の中心から外側に向かって濃度勾配を持つ不均質な結晶になる（Wesdorp, 1990）．このシェルの形成を一定の冷却温度での等温的な結晶化で防ぐことができる．

結晶サイズは核形成と成長の相対的な速度で制御される．過飽和度が大きくなると核形成速度はおおよそ幾何級数的に増加するが，成長速度は比例的にしか増加しないので，結晶化がより低い温度で生じる場合，結晶の数は増えて，結晶サイズは小さくなる．したがって，強力な（2次核形成を促進する）撹拌を伴う急冷却は，例えばマーガリンの場合のように，微細な結晶をもたらす．穏やかな撹拌での緩慢冷却は，例えばパーム油の分別の場合のように，大きな結晶にする（Timms, 1991a）．

結晶の晶癖あるいは形態は，異なる結晶面の相対的な成長速度に支配されている．結晶の形態は結晶化された油脂の機能性や油脂の分画的な結晶化において重要な役割を演じる．結晶は平らで輪郭の明瞭な，あるいは，角の落ちた"粗い"結晶面を形成しながら成長するだろう．油脂の結晶化での一般的な中間段階は球晶（spherulitic crystal）（**図 4.5(a)** と第 4 章 C.4 項を参照）を形成する時である．そして，この結晶は輪郭の

43

不明瞭な核から生じた多くの結晶面を持つ結晶のように見える．結晶面が粗くなるかならないかは温度に左右される．臨界飽和温度以上での成長は結晶面を粗くする．この臨界温度以下の場合は，過飽和度が同じだとしても，平らで輪郭の明瞭な結晶面が形成される．この効果は"熱的ラフニング（thermal roughening）"として知られている．さらに，臨界的な過飽和以上で，平滑な結晶面は粗くなる．これは"速度論的ラフニング（kinetic roughening）"である．この複雑なテーマとその論理的な取り扱いを概説した素晴らしい総説が最近発表されている（Bennema, Hollander, Boerrigter, Grimbergen, van de Streek & Meekes, 2001）．このラフニング現象はエッジ自由エネルギー[D]（edge free energy）の概念で説明されている．つまり，エッジ自由エネルギーが低いほど，臨界ラフニング温度は低くなり，そして，速度論的ラフニングが生じないほどに過飽和は低下する．

最後に，核形成と成長は連続した事象として扱うのが便利であるが，核形成は成長が始まっても中止しないので，結晶化する油脂あるいはTAGにおいて，核形成や成長が同時に起きていることに注意しなければならない．これはトリパルミチンの結晶化の詳細な研究で説明されている（Desmedt, Culot, Deroanne, Durant & Gibon, 1990）．核形成頻度や成長速度が広い温度範囲で測定され，異なる条件で成長した α, β', β のみごとな光学顕微鏡写真がこの研究論文中にある．

各種の数学的な方法が結晶化の速度論に適用されているが，そうした方法が現実のアプリケーションにどれだけ応用可能なのか，あるいは，そうした方法が結晶化のメカニズムに新しい洞察を付け加えるかどうかは，未だにはっきりしていない．最近の総説やゴマ油中でのパームステアリンの結晶化へのアブラミ（Avrami）とフィッシャー–ターンブル（Fisher-Turnbull）のモデルの適用は，一般的な研究の方法論を示している（Toro-Vazquez, Dibildox-Alvarado, Herrera-Coronado & Charó-Alonso, 2001）．15℃で実験的に観察された γ-POP の球晶の核形成頻度や成長速度に基づいてのより基礎的な解析から，結晶化する POP の微細構造と熱の発生がシミュレートされた（Rousset & Rappaz, 1996）．もう1つの研究は油脂の結晶化がコロイドの凝集と凝析（flocculation）に似ていること（Berg & Brimberg, 1983），そして，油脂の融解がゲルの分散に似ていること（Brimberg, 1985）を示唆している．

5. 成長後の事象

収 縮

結晶化と同時に起こるのは，結晶化する油脂全体の収縮（contraction）である．トリ

[D]：結晶表面上に発生するステップ（1分子層の階段でここにTAGが吸着し，結晶が成長する）をつくるのに必要な自由エネルギーを表す（ステップ自由エネルギーとも言う）．エッジ自由エネルギーが小さいと結晶面上のステップが形成されやすくなり，結晶成長が速くなる（訳注）．

C節　結晶化と相変化

ステアリンの3つの多形の融解時での膨張は，αで0.119mL/g，β'で0.132mL/g，そしてβで0.167mL/gである (Hvolby, 1974). POP，POSt，StOStの全多形の密度も報告されている (Arishima, Sagi, Mori & Sato, 1995). POP，POSt，StOStのそれぞれの密度は，液体で0.8904，0.8887，0.8928であり，β'で0.9921，1.0057，0.98529，β_2で1.0057，—（訳注：POStではβ_2が存在しない．表2.7を参照），1.0102，β_1で1.0166，1.0235，1.0205であった（全ての数字の単位はg/cm³）．こうした数字はβ_2とβ_1の融解での平均膨張がそれぞれ約0.131mL/gと0.143mL/gになることを意味しているが，この値はトリステアリンの場合より多少小さい．ベック (Vaeck, 1951, Hannewijk, Haighton & Hendrikse, 1964に引用されている) は，（同じ10℃に外挿された）ココアバターの多形の比容をαで1.033，β'で1.015，βで1.003，そして，液体で1.095としている．したがって，こうした数字を使えば，ココアバターを含有するチョコレートの製造での最大線収縮率を予測できるだろう．つまり，$(SFC_T \times 0.084 \times F)/270$であり，Fはチョコレートの油脂分（%），$SFC_T$は結晶化温度Tでの油脂相の固体脂量である[8]．最大収縮となるのは，製品の外側のシェル（訳注：チョコレートの殻）が結晶化する液体を保持する固い容器としていったん形成される型成形の場合だけである．シェルが形成する前，チョコレートが冷えてくると，液状チョコレートは移動可能な所に流れ込み，収縮で表面は中央部に向かって次第にくぼむ（表面水準の低下）．プレーンチョコレート (plain chocolate) の典型的な値として，T＝20℃，SFC_T＝80%，F＝33の場合，線収縮率は0.82%となり，また，SFC_T＝65%のミルクチョコレートの場合の収縮率は0.67%である．こうした数字は観察と一致している (Subramaniam & Murphy, 2001). しかし，振動レオメーター (oscillating rheometer) を使った研究は，プレーンチョコレートで3.5%，ミルクチョコレートで2.2%の体積収縮率を示唆している (Schantz & Linke, 2001a). 線収縮率を得るため体積収縮率の値を3で割ると，1.17%と0.73%になる．プレーンチョコレートの値は上記計算値より著しく大きいが，ミルクチョコレートの値は近い．

フライア (Fryer, 2002) は，商業的な冷却トンネル中で冷却されるテンパリングされたチョコレートの表面水準と収縮を調べるため，レーザー散乱 (laser scanning) 技法を使った．観察された表面水準の低下は1.5～2%で，固化したチョコレートは型面から剥がれた．テンパリングをしないチョコレートも収縮したが型面から剥がれず，完全な収縮／表面水準の低下に達するまでの時間がより長かった．体積変化のほとんどは表面で起こってしまうと思われるので，こうした数字もまた上記計算値と一致しているように思える．

シーディングされたココアバターの固化研究で，20℃での線収縮率が約1.8%とされた．この値は上記のF＝100とした計算値で示唆される2.5%よりやや小さい

---

[8] 比容の温度依存性は小さく，そして，その分は無視されている．10℃でのココアバターのSFC値を90%と仮定している．

(Lovegren & Feuge, 1963). この場合, 冷却時間と固化までの時間が実際のチョコレート製造の場合より長く (90分まで), 型に流し込まれた油脂の外側のシェルがゆっくりと形成したことを示唆している.

ベックの β' ココアバターの数字が他の製菓用油脂に利用できると仮定すると, β' で安定な製菓用油脂の場合, 最大線収縮率の予測式 $(SFC_T \times 0.084 \times F)/270$ 中の数字 0.084 が 0.073 で置き換えられる. したがって, β' で安定な製菓用油脂, つまりコンパウンドチョコレートの製造に使われる高トランス酸型あるいはラウリン酸型油脂は, 同じ SFC 値の場合, β で安定な対称型油脂より多少収縮が悪いと予測される.

凝 集

穏やかな撹拌で, 結晶は数百 μm の粒子サイズを持つ球晶の凝集体あるいは会合体 (cluster) になる (van Putte & Bakker, 1987). 凝集は油脂の分画的な結晶化 (第4章C節) で非常に重要であるが, チョコレートや砂糖菓子の製造では全く重要でない. XRD を利用して測定された乳脂の結晶サイズは, 顕微鏡で観察されるサイズよりかなり小さいことが見出された (Martini & Herrera, 2002). XRD は真の (単) 結晶を測定するので, これは, 天然油脂で見る "結晶" が本当に多くの単結晶の凝集体であることの確かな裏づけである. さらに, この結果は, 急冷却と緩慢冷却は視覚的に小さい結晶と大きい結晶をつくるが, XRD 測定での結晶サイズは冷却速度で変わらないことを示した. マーチニとヘレラは, 製造条件は凝集のサイズを決定するが, 結晶サイズを本質的に決定しないと結論した.

熟 成

核形成, 成長, そして, 凝集が進行するに伴って, 全体の過飽和は必然的に低下し, 安定な結晶や核の臨界サイズが大きくなる. 高い過飽和状態で安定だったより小さな結晶は, 過飽和度の低下で, 不安定になり再溶解する. 理論上, この過程は, ほんの少し過飽和になった液体の中に, 最後に1つの大きな結晶が残るまで無限に続く. 実際には, 結晶が約 10μm まで成長すると, 表2.4 のデータが示すように, 溶解に向かう熱力学的な駆動力は非常に小さくなる. こうした過程はオストワルドの熟成 (Ostwald ripening) と呼ばれている. オストワルドの熟成は, ココアバター以外の油脂を含有するチョコレート被覆物における光沢消失の原因である. ただし, 光沢の消失には多形変化も関与することが多い.

6. 多形転移

1つの多形からもう1つの多形への転移は, 例えば, $\beta' \to$ 液体 (融解) $\to \beta$ での核形成と成長のような "融液媒介 (melt-mediated)" あるいは液体段階を経由しない $\beta' \to \beta$

のような"固相転移(solid-mediated)"で起こる．一般的に，不安定な多形の安定な多形への融液媒介転移速度は，液体から直接に安定な多形を結晶化する速度より速い (Sato, 1996; Koyano, Hachiya, Arishima, Sato & Sagi, 1989)．実際，いくつかの TAG や油脂の場合，液相からの直接的な結晶化で最安定多形にすることは不可能である．図 2.29 や図 2.30 で，StOSt の SRXRD データは融液媒介転移と固相転移との違いを示している (Sato, 1999)．図 2.29 において，多形 α は 10℃で結晶化され，次いで，10 分後，α の融点（α_m）以上で γ や β' の融点（γ_m と β'_m）以下である 30℃に上げられた．予測されたとおり，対応する短面間隔（下方の右図）と長面間隔（下方の左図）の消失で示されているように，α が消滅した．α の長面間隔に近い長面間隔が出現し，数分間持続したが，対応する短面間隔は見られなかった．これは液晶（liquid crystal：LC）相の LC1 によるものとされ，図に示されている．LC1 の出現後数分して，β' が現れ，LC1 を使って成長した．

一方，図 2.30 では，温度をすぐに 30℃にせず，α の融点直下の 22℃に 20 分間保持した．そして，その後，温度を 30℃に上げただけである．液相あるいは液晶相の

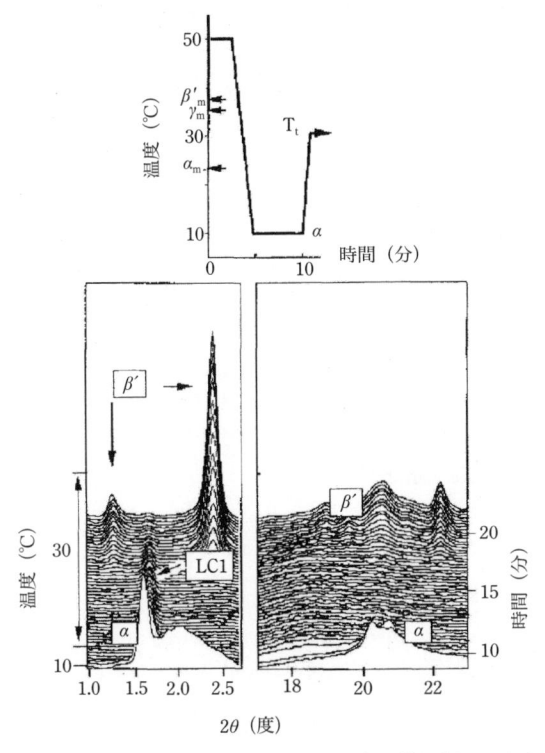

図 2.29 StOSt の α から β' への融液媒介転移中の放射光 X 線回折スペクトルと温度-時間変化（Sato, 1999 より）

第2章 物理化学

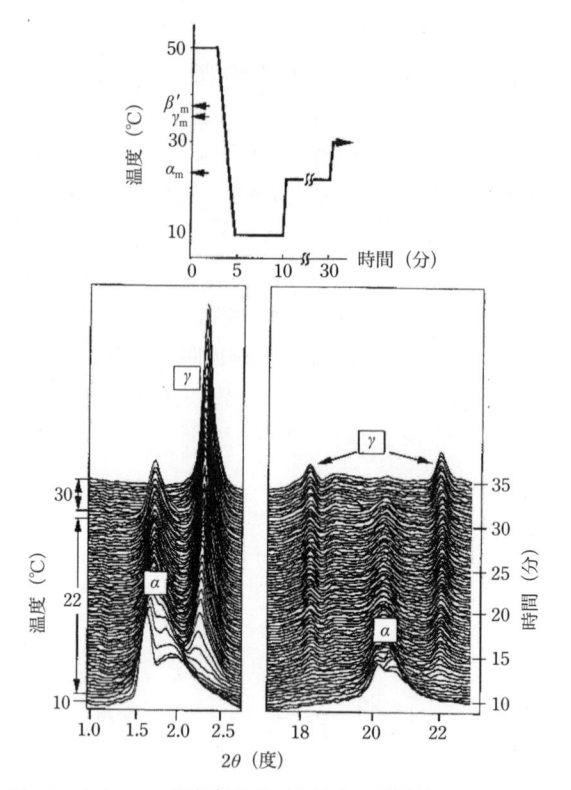

図2.30 StOStのαからγへの固相転移中の放射光X線回折スペクトルと温度–時間変化（Sato, 1999より）

出現する時間もなく，αの長面間隔と短面間隔がどんどんγの長面間隔と短面間隔に変化するのが分かる．

固化した油脂のテンパリングは，より安定に欠ける多形の融点付近で温度の上げ下げを繰り返すこと，あるいは保持することで，より安定な多形の形成を促す融液媒介結晶化の様式である（Sato, 2001b）．

7. その他の要因

多形変化は，高圧，機械的加工，剪断変形，超音波，そして多分，高磁場で促進されうる．

安定な多形ほど密なパッキングで小さな比容になるので，油圧法あるいは機械的加工での高圧の利用は，最安定多形への転移を促進すると期待される（クラウジウス–クラペイロンの式）．これは，実際に，約1,000〜5,000barの圧力を使ったブッフハイムら（Buchheim & Abou el-Nour, 1992）の乳脂エマルション研究で観察されており，また，フォ

C節　結晶化と相変化

イゲら (Feuge, Landmann, Mitcham & Lovegren, 1962) のココアバターやチョコレートの研究でも，機械的加工を利用した約 70bar の圧力がココアバター中で多形 β_2 (V型とも呼ばれる；第6章A.4項を参照) の発現を促進している．

ジーグリーダー (Ziegleder, 1985a) は，どの程度のずり速度 (shear rate) がココアバターの結晶化を促進するかを示している．20℃での強力な撹拌 ($50s^{-1}$ 以上) で，ココアバターの β_2 (V型) が形成された．類似した結果が SRXRD を使って見出された (van Gelder, Hodgson, Roberts, Rossi, Wells, Polgreen & Smith, 1996; MacMillan, Roberts, Rossi, Wells, Polgreen & Smith, 1998)．テューケスバリーとフライア (Tewkesbury & Fryer, 1999) は，試料に均一な剪断作用を与える特製のテンパリング装置を使い，ミルクチョコレートのテンパリングに必要な条件を調べた．彼らは次の3点の剪断作用が結晶化に影響を与えることを示唆した．つまり，(a) 結晶の粉砕，これで2次核形成を促す．(b) 剪断作用の場で TAG 分子を互いに平行に揃え，次いで，互いにすり抜けさせる．これで核形成を促進する．(c) ココアバター全体の混合．

ココアバターの結晶化研究は，超音波が α (II型) を形成する条件下でも，直接的に β_2 (V型) の形成を促すことを示している (Sato & Koyano, 2001)．もう1つの研究で，PPP とココアバターの結晶化挙動に及ぼす超音波の影響が報告されている (Higaki, Ueno, Koyano & Sato, 2001)．β' と β の核形成が促進されたが，その促進効果は β' の方で大きかった．ココアバターの場合，短時間の超音波処理が β_2 (V型) の結晶化を促進した．超音波照射の影響はいろいろあるが，この技法はチョコレートのテンパリングに実用できるだろう．

磁場がココアバター中で安定な β (V型あるいはVI型) の形成を促すことも主張されている (Societé des Produits Nestlé, 2000)．しかし，この効果は非常に小さいようであり，また，使われた磁場強度の表示はなかった．

結晶化は乳化剤に影響される．最近，ガルティと矢野 (Garti and Yano, 2001) は製菓用油脂やチョコレートにとりわけ関係する油脂の結晶化への乳化剤の影響を概説している．乳化剤は，乳化剤の優先的な結晶表面での吸着，あるいは，油脂結晶中への包接で，結晶成長や多形転移の速度をいくぶん変える．多形転移は乳化剤の疎水性の性質に左右されて遅延あるいは加速される．例えば，室温でのエージング (ageing) 中におけるトリステアリンの $\alpha \rightarrow \beta$ 転移は，ソルビタンモノステアレートやトリグリセロール-1-ステアレートで遅延され，これら乳化剤は α を安定化した．一方，グリセロール-1-ステアレートやラクテートグリセロール-1-ステアレートは転移を加速した (Garti, 1988)．

D節　個々の脂質（アシルグリセロール）

1. 緒言

製菓用油脂中に見出されるTAGを考察する前に，いくつかの"安定性のルール"を示すことは有益である．このルールは，期待される安定多形への道案内であり，そして，異なる多形や結晶構造の時折混乱させる複雑性の理解に役立つ．したがって，純粋なTAGであるABCの安定多形は次のように要約される：

(a) β-2が最安定で，かつ，最も可能性の高いパッキング．β-2は，全てのTAGがたった1種類の脂肪酸だけを含有する場合，すなわち，A＝B＝Cの場合に見出されている．β-2は，A，BおよびCが非常に似ている，つまり，鎖長のCH_2基が2つ以上違わない，あるいは多分4つ以上違わない場合，または，A，BあるいはCがトランス型オレイン酸の場合にも見出されている．β-2は図2.9(左)に概念図的に示されている．

(b) 脂肪酸が異なる場合，安定なパッキングへのルートは2つある：
  ・β-3は"脂肪酸鎖の並び替え"をさせるので，A＝CでBが違う場合のTAGは，例えば図2.7のCOCや図2.9(右)の概念図のように，違う鎖長のB脂肪酸を別なラメラに並び替えることができる．
  ・β'-2はこのB脂肪酸のジグザグ面をA/C鎖のジグザグ面に対して直交（直角）するパッキングを許容するので，例えば図2.12のCLC，図2.13のPPM，そして，図2.10(中央)のβ'-2 StStStの概念図のように，構造的な差異に最も容易に適応する．

(c) β'-3は3つの脂肪酸中の差異に最も寛容なパッキングであり，(b)で述べた2つのメカニズムを包含する．飽和–不飽和混酸型TAGにおいて，通常，非対称型TAG，つまりSSUはβ'-3，一方，SUSはβ-3となる．したがって，PPOとPOOは非対称であり，β'-3が安定である．OPOとPOPは対称であり，β-3が安定となる．

後で説明するが，上記の安定性のルールに1つ，あるいは，2つの例外がある．
表2.6は，第1章で考察した3タイプの製菓用油脂に関係するTAGを要約している．

2. 飽和脂肪酸だけを有するTAG

飽和TAGの多形現象に関する研究は，初期の総説（Lutton, 1948, 1950）から，一連の

D節 個々の脂質（アシルグリセロール）

表 2.6 製菓用油脂中で一般的に見られる TAG の最安定多形の種類（本書中で引用された参考文献から選択したデータ）

3 飽和 TAG	最安定多形	不飽和 TAG	最安定多形
CCC	β–2	POP	β–3
CCL	β–2	POSt	β–3
CLC	β'–2	StOSt	β–3
LLL	β–2	StOA	β–3
LMM	β–2	AOA	β–3
LPM	β'–2	BOB	β–3
LStP	β'–2	PPO	β–3
MPM	β'–2	PStO [a]	β'–2
PPC	β–3	StPO	β–3
PPL	β–2	StStO	β–3
PPM	β–2	POO	β–3
PPP	β–2	OPO	β–3
PPSt	β–2	PEP	β'–2
PStP	β'–2	StESt	β–2
PStSt	β–2	PEE	β–2
StPSt	β–2	EPE	β–2
StStSt	β–2	EEE	β–2

a 溶剤からの結晶化の場合だけ β'–3 が得られた．

PC_nP や StC_nSt（$n=2 \sim 18$）(Lovegren & Gray, 1978; Gray & Lovegren, 1978; Kodali, Atkinson, Redgrave & Small, 1984)，$C_nC_{n+2}C_n$ (van Langevelde, van Malssen, Driessen, Goubits, Hollander, Peschar, Zwart & Schenk, 2000) の構造についての系統的な研究にまで拡大している．

　デ・ジョン (de Jong, 1980) は飽和 TAG の可能な構造を詳細に解析しており，そして最近，佐藤ら (Sato, Ueno & Yano, 1999) はこのテーマを概説している．**表 2.6** や上記した安定性へのルール（D.1 項）から分かるように，飽和 TAG は，一般的に脂肪酸が類似している場合，β–2 が安定であり，脂肪酸が類似していない場合に β'–2 が安定となる．例えば PPC のように，鎖長間の差が大きく，そして，脂肪酸鎖の並び替えでエネルギー的に有利になる場合に β–3 になることも見出されている．

　例えば**表 2.6** の PPSt や PStSt と比べて PStP は安定性のルールから β–2 が安定と予測されるのだが，実際には β'–2 が安定となるので，$C_nC_{n+2}C_n$ タイプの TAG はとりわけ興味深い．ウェスドルプ (Wesdorp, 1990) は PPP，PPSt，PStSt のメチルテラス配列がどうして β–2 の場合に同じになるかを示している．**図 2.31** に示すように，これら 3 つの TAG のメチルテラス配列は–1–2–3–step–である．PStP 構造が図の右端に示すようだとしたら，テラス配列は非常に不均質な–1–step–2–step–3–になるに違いなく，これは β–2 パッキングが優先されないことを示唆する．さらに，β' が安定な飽和 TAG の結晶パッキングの研究 (van Langevelde, van Malssen, Sonneveld, Peschar & Schenk, 1999) で，β' の安定性がグリセロールの立体配座に関係付けられている．このグリセ

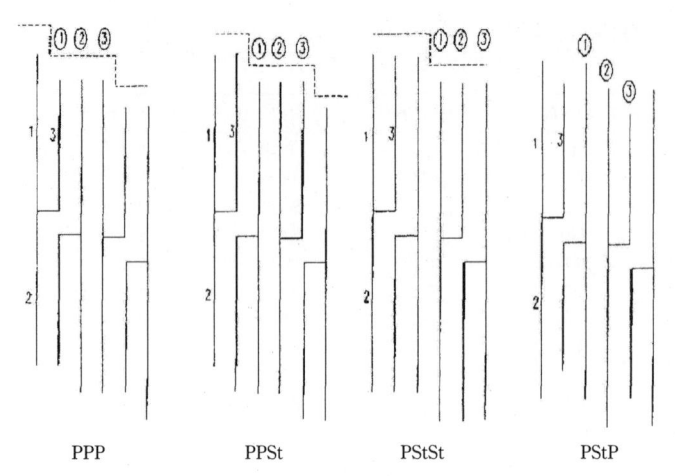

図 2.31 PPP, PPSt, PStSt のメチルテラスでの等価な位置（丸囲みの数字を付けた所）と PStP に存在するだろうとされる等価でない位置（Wesdorp, 1990 の図 8.2 に PStP を加えた）

ロールの立体配座は β への転移を不可能にする．なぜなら，β への転移は椅子 2 から椅子 3 の立体配座 (図 2.8) への変化を必要とするからである．

関係する TAG である CLC の詳細な構造は既に説明した．

3. 飽和-不飽和混酸型 TAG

個々の TAG

飽和 TAG の場合と同じく，飽和-不飽和混酸型 TAG の場合も，数多くの初期の研究がラットンと共同研究者らにより報告された (Lutton, 1951)．最近の研究，とりわけ佐藤と共同研究者らは以前の研究に非常に多くの詳細な知見を加えている．不飽和 TAG の多形 β の結晶構造に関する詳細な解析は既に A 節で行った (de Jong, van Soest & van Schaick, 1991)．表 2.7 に製菓用油脂に見出される SOS 型 TAG の多形現象が要約されている．安定な多形は上述の脂肪酸鎖の並び替えルールから予想されるように全て β-3 であり，一連の POP, StOS, AOA, BOB において，多形現象に類似性があり，飽和脂肪酸鎖が長くなると融点は確実に高くなっている．StOSt の 5 つの多形は，図 2.32 と図 2.33 の概念図にあるように，XRD で明確に区別される．こうした TAG に γ や 2 つの β があることは，SSS 型 TAG と比べて注目すべきことであり，それはオレイン酸鎖とステアリン酸鎖の異なる立体配座の秩序／無秩序と副格子配列に起因する (Sato, Ueno & Yano, 1999)．

意外な POP の β'-2 には，いくつかの解説が必要である．佐藤と共同研究者らは POP, POSt および StOSt の多形現象を広範に研究している (Koyano, Hachiya, Arishima,

表 2.7 SOS 型の対称型 TAG における多形現象の要約（Wang, Sato, Sagi, Izumi & Mori, 1987; Arishima, Sugimoto, Kiwata, Mori & Sato, 1996; Arakawa, Kasai, Okumura & Maruzeni, 1998; Koyano, Hachiya & Sato, 1990 より）

POP		POSt		StOSt		StOA		AOA		BOB	
P	MP	P	MP	P	MP	P	MP	P	MP	P	MP
α–2	15.2	α–2	19.5	α–2	23.5	α–2?	26.5	α–2	31.5	α–2	41.5
γ–3	27.0	ND	—	γ–3	35.4	γ–3	37.4	γ–3	45.5	γ–3	49.5
β'–2	30.3	β'–3	31.6	β'–3	36.5	β'–3	38.1	β'–3	46.5	β'–3	50.5
β₂–3	35.1	ND	—	β₂–3	41.0	ND	—	β₂–3	46.6	β₂–3	53.0
β₁–3	36.7	β–3	35.5	β₁–3	43.0	β–3	43.5	β₁–3	48.3	β₁–3	53.3

P：多形の種類．MP：融点（℃）．ND：検出されず．

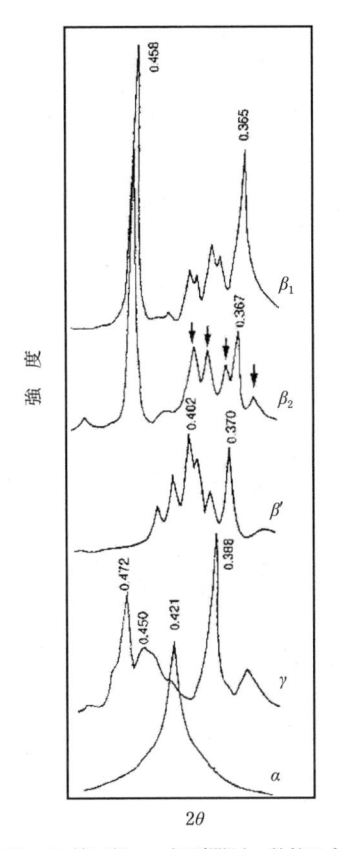

図 2.32 StOSt の 5 つの多形の X 線回折での短面間隔．数値は主要なピークに対応する波長（単体はオングストローム（Å））（Sato, 1996 より）

Sato & Sagi, 1989; Sato, Arishima, Wang, Ojima, Sagi & Mori, 1989; Arishima, Sugimoto, Kiwata, Mori & Sato, 1996）．彼らは，POP の β'–2 での 2 鎖長配列におけるオレイン酸鎖とパルミチン酸鎖

第2章 物理化学

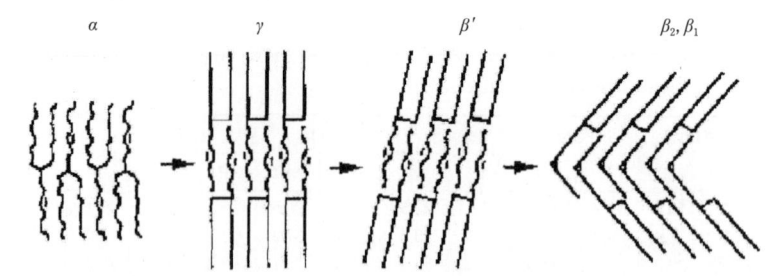

多形	副格子		立体配座		炭素-炭素二重結合*
	ステアリン酸鎖	オレイン酸鎖	ステアリン酸鎖	オレイン酸鎖	
α	H	H	無秩序	無秩序	NS
γ	$\parallel$-type	H	無秩序	無秩序	NS
β'	$O_\perp$	H	秩序	無秩序	NS
β_2	$T_\parallel$	$T_\parallel$ または $O'_\parallel$	秩序	秩序	scs'
β_1	$T_\parallel$	$T_\parallel$	秩序	秩序	scs'

* NS:特定されない. scs':*skew-cis-skew*'.

図 2.33 StOSt の 5 つの多形の構造モデル，副格子，分子の立体配座，および，炭素-炭素二重結合の立体配座（Sato, Ueno & Yano, 1999 より）

間のエネルギー的に不利な相互作用が，メチルテラスにおける末端基の良好な配列で相殺されるのだろうと結論している．

POSt と StOA は**表 2.7** の他の TAG と明らかに異なる．この 2 つの TAG の β は 1 つだけであり，その融点は，他の TAG の融点の順序から外れる．有島ら（Arishima, Sagi, Mori & Sato, 1991）は POP や StOSt の多形現象と POSt の多形現象を比較し，溶解度の測定から，13℃以上で POSt が 3 つの TAG の中で最も安定性に欠けると推論した．POSt の $\beta' \rightarrow \beta$ 転移は StOSt の場合に比べて比較的遅かった．POSt と StOSt の混合系での結晶化の速度論的研究で，一定の過冷却条件の時，StOSt の成長速度がこの 2 成分系より約 10 倍速いことが見出された．POSt の非対称性は結晶化で"ブレーキ"として働くことが示唆されている（Rousset, Rappaz & Minner, 1998）．POP，POSt および StOSt の不安定な多形の結晶化を DSC や偏光顕微鏡で速度論的に研究した結果も報告されている（Rousset & Rappaz, 1996）．この場合でも，POSt の結晶が最も成長速度が遅かった．

StOA の多形現象も研究されている（Arakawa, Kasai, Okumura & Maruzeni, 1998）．StOA の β は，POP や StOSt の β に正確には一致せず，POSt の β にも一致しなかった．さらに，$\gamma \rightarrow \beta' \rightarrow \beta$ の転移速度は StOSt の場合より遅く，β'-3 が比較的安定だった．この項で考察された他の TAG と違って，POSt と StOA はどちらも 2 つの光学異性体をもつ．したがって，これら TAG のラセミ体が β' で比較的安定なことや，1 つだけの β の存在に寄与しているのかも知れないことが示唆された．

D節　個々の脂質（アシルグリセロール）

　表2.6にある他の飽和-不飽和混酸型TAGは，安定性のルールから予測された安定多形を持っている．PPOのような非対称型TAGの安定な多形はβ'-3であることに注意せねばならない．

　製菓用油脂中では微量かも知れないが，重要な他の不飽和TAGはPLinPやStLinStである．これらのTAGはβ'あるいはβを持たず，γが最安定多形である．最近，竹内ら (Takeuchi, Ueno, Yano, Floter & Sato, 2000) はStLinStの多形現象を調べ，リノール酸鎖の無秩序で柔軟な分子の立体配置がβ'あるいはβへの転移を阻害するのだろうと結論した．それは，β'とβは副格子のパッキングで飽和脂肪酸鎖と不飽和脂肪酸鎖の安定化を必要とするからである．

TAGの混合物

　ココアバター中の重要なTAGのPOP，POSt，そしてStOStでの2成分系や3成分系についての研究が数多く発表されている（そして，企業秘密で未発表になっている）(Timms, 1984; Sato, 1997)．このテーマに関する初期の論文で，アンデルソン (Andersson, 1963) はココアバターの特性を理解するうえで基礎となる図説的な3成分相図を提唱した．この相図は発表されて以来広く引用されている（例えばTalbot, 1995a）が，一部に間違いのあることが長い間指摘されてきた（Timms, 1984）．

　2成分の相互作用において，POP+StOStとPOP+POStは共晶を形成するが，POSt+StOStは共晶を形成せず (Rossell, 1967; Rousset, Rappaz & Minner, 1998)，SOS型製菓用油脂の配合（formulation）に影響を及ぼさない．近代的な技法と純粋なTAGを使っての，この3成分系の徹底した研究の発表は延び延びになっている．実験での測定から作成されたこの系の3成分等固体図が発表されており (Wesdorp, 1990)，それを**図2.34**に示した．POP-StOSt軸側の明らかな3成分共晶（最小固体量）はアンデルソンによって示唆されたのと類似した領域にあり，また，POP-StOSt軸とPOP-POSt軸上の等固体線の極小点は共晶的な相互作用を示すが，POSt-StOSt軸で共晶の証拠はない．多少似た結果が佐藤のグループ (Koyano, Kato, Hachiya, Umemura, Tamura & Taguchi, 1993; Sato & Koyano, 2001) によって報告されている．

　飽和-不飽和混酸型TAG間の分子間化合物の形成（B.5項を参照）も注意せねばならない．こうした化合物結晶は，最初，モラン (Moran, 1963) によりPOPとPPO，および，POPとOPOの1：1混合物の研究で報告され，そして最近，湊らの詳しい研究で確認された (Minato, Ueno, Yano, Smith, Seto, Amemiya & Sato, 1997)．分子間化合物はStOSt+StStO，StOSt+PStO，StOSt+StPO，StOSt+OStO，そして，StOSt+PPOの1：1混合物の場合でも見出されている (Engström, 1992)．こうした分子間化合物の全ては，その成分TAGがβ'-3あるいはβ-3なのと対照的に，安定多形がβ-2になるのが特徴である．分子間化合物の形成が概説されている (Sato, Ueno & Yano, 1999)．

第2章 物理化学

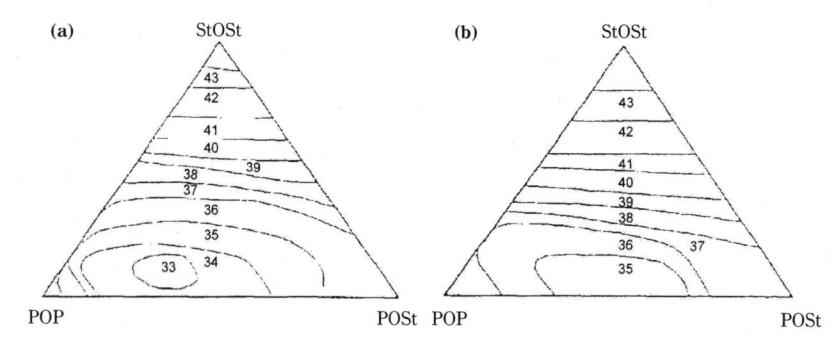

図2.34 POP，POSt，StOSt の混合系の3成分等固体図：(a) SFC＝25％の温度を示す等固体線，(b) SFC＝0％の透明点（℃）を示す等固体線（Wesdorp, 1990 と同じ，Smith, 1989 より）

POP-OPO のような分子間化合物の場合，2鎖長構造は1つのラメラにオレイン酸鎖だけ，そして，もう1つのラメラにパルミチン酸鎖だけを配列させることが容易に理解できる．StOSt-StStO のような分子間化合物では，屈曲しているオレイン酸鎖がステアリン酸鎖と並んで配列せねばならず，この分子間化合物を安定にする熱力学的な利点を理解するのは簡単でない．エングストロム（Engström, 1992）は，この分子間化合物中で，StOSt 分子は通常のグリセロール立体配座を持つが，StStO 分子は，**図2.35** に示すように，グリセロール立体配座を変えねばならないことを提唱している．

分子間化合物形成の初期のルール（Timms, 1984）を拡大し，単純化して，エングストロム（Engström, 1992）は，分子間化合物が次の2つの場合に生じると提唱している：

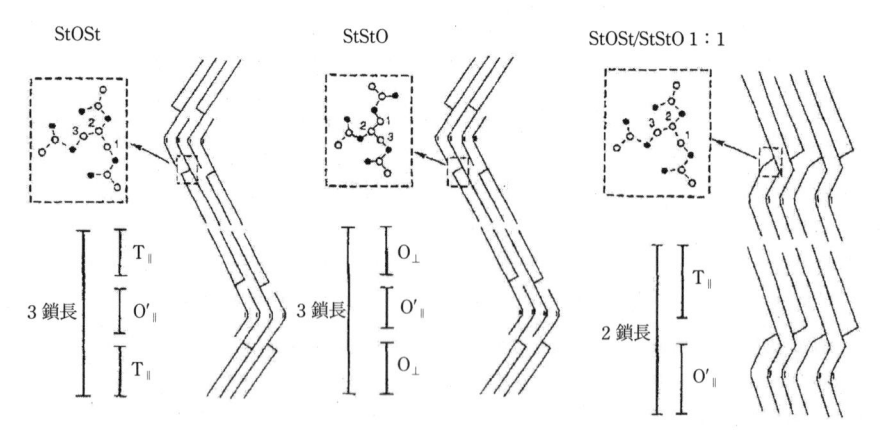

図2.35 StOSt, *rac*-StStO, および，分子間化合物 StOSt-StStO 1：1 の安定多形で提唱された構造の概念図．脂肪酸鎖の軸とシス型二重結合が示されている．異なるグリセロール立体配座は拡大されている（Engström, 1992 より）

D 節　個々の脂質（アシルグリセロール）

(a) SUS/SSU のような対称型と非対称型 TAG の混合物；
(b) SUS/USU のような対称型 TAG の混合物.

4. トランス脂肪酸を有する TAG

　トランス型二重結合は，不飽和脂肪酸におけるねじれがシス型二重結合より少ないので，トランス型不飽和脂肪酸は飽和脂肪酸と同じような単位胞のパッキングになりやすい．したがって，表 2.6 で示したように，*trans*-オレイン酸（エライジン酸，E）では，3 飽和 TAG と同じように，最安定多形が β-2 になる．実のところ，トランス脂肪酸を含有する TAG の研究報告は比較的少ない．

　2 つの研究で，POP との混合系における PEP の特性（Lovegren, Gray & Feuge, 1971）と，PStP，PPP および POP との混合系における PEP の特性（Desmedt, Lognay, Trisman, Severin, Deroanne, Durant & Gibon, 1990）が調べられている．トランス脂肪酸と飽和脂肪酸の類似性を裏付けて，PEP は PStP のように挙動し，安定な β'-2 となる．PPP+PStP，PPP+PEP，PPP+POP の相図が作成され，結果は，固体状態での PPP との相溶性が，不飽和度の増加とトランス型二重結合の存在で促進された．つまり，PStP で 5％，β'-2 の POP で 15％，PEP で 20％だった．もう 1 つの研究（Desmedt, Culot, Deroanne, Durant & Gibon, 1990）で，EEE の特性が OOO, StStSt，そして，他の 3 飽和 TAG の特性と比較された．StStSt+EEE，EEE+OOO，StStSt+OOO の相図がつくられ，EEE の特性が OOO と StStSt の中間であると結論された．StStSt に EEE を 5％添加すると，β' から β への転移が加速された．これは EEE が β' を不安定化させる不純物として作用するためとされた．

　最後に，実際に水素添加された油脂には，脂肪酸鎖での位置異性化のため，多種類のシス型とトランス型脂肪酸があることを覚えておかねばならない．可能性がある全てのシス型とトランス型の $C_{18:1}$ 脂肪酸で調製された，単一酸型 TAG の包括的な DSC での研究が報告されている（Hagemann, Tallent, Barve, Ismail & Gunstone, 1975）．EEE や OOO と同じように，これらの TAG の全ては安定な β になった．そして，XRD で確かめられていないものの，おそらくは β-2 であろう．

5. ジアシルグリセロール（DAG）

　製菓用油脂は常に少量の DAG を含有し，その含量は一般的に 5％以下である．MAG は，脱臭で遊離脂肪酸と一緒にほとんど完全に除かれる（0.1％以下まで）．

　DAG は，主に相転移に影響を及ぼすので重要である．少量の DAG は各種の油脂の $\beta' \to \beta$ 変化を遅延する（Riiner, 1971; Hernqvist & Anjou, 1983; Okawachi, Sagi & Mori, 1985; Yella Reddy & Prabhakar, 1986; Smith & Povey, 1997）．この問題をワーネルトら（Wähnelt, Meusel & Tülsner, 1991）が概説している．

第2章 物理化学

バウアら (Baur, Jackson, Kolp & Lutton, 1949) は 1, 3-飽和 DAG の多形現象を概説し，全ての場合に2つの安定な β があり，α やそれ以外の多形もないことを見出した．対照的に，非対称の 1,2-飽和 DAG は α と β' を持つが，β を持たない (Lutton, 1972; Hernqvist, 1988)．実際には，150℃，あるいは，それ以上の温度に加熱された加工油脂中で，1,2-DAG と 1,3-DAG はおおよそ 1 : 2 の比率で平衡になる．

1,2-ジパルミチン（光学活性とラセミ体の両方）と 1,3-ジパルミチンである PP(OH) と P(OH)P は，DSC，赤外線とラマンスペクトル分析，そして XRD で研究されている (Shannon, Fenerty, Hamilton & Padley, 1992)．光学活性 DAG とラセミ体 DAG は類似した結晶構造を示すが，両者は非常に異なる熱的挙動を示した．rac-PP(OH) の場合，DSC の実験で，直接の $\alpha \rightarrow \beta'$ 転移は起こらなかったが，sn-PP(OH) は全ての条件で転移した．この違いは，ラセミ体での胚の形成と核形成の困難さに起因すると推測された．

ハーゲマン (Hagemann, 1988) は全タイプの DAG の多形現象を概説している．C(OH)C から E(OH)E，O(OH)O，そして St(OH)M までの 1,3-DAG は安定な多形の β を持ち，α を持たない．LL(OH) から StSt(OH) までの単一脂肪酸 1,2-DAG は α を持ち，安定な多形は β' である（表中では誤って β とされているが）．

1,2-DAG と 1,3-DAG は原子レベルでの結晶構造を反映して，図 2.36 のように非常に異なる構造を示した．TAG 構造（図 2.9 と図 2.10）との著しい相違は，なぜ DAG が $\beta' \rightarrow \beta$ 転移を阻害するのかを説明しているのかも知れない．

1,2-DAG と 1,3-DAG 間の差異は，ウェナーマーク (Wennermark, 1993) のココアバターのテンパリング研究で強調されており，StSt(OH) はココアバターの β の発現速度

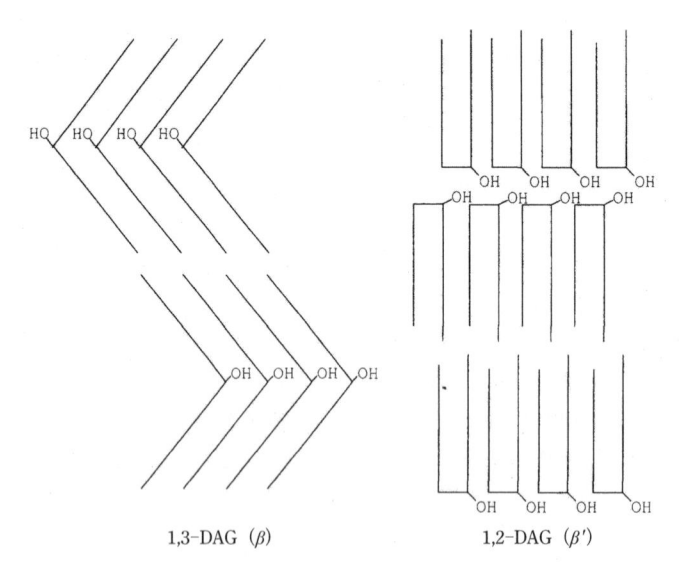

図 2.36　例えば L(OH)L や LL(OH) のような，1,3-DAG の β と 1,2-DAG の β' の図式的な配列

を著しく遅延したが，St(OH)St は何の影響も与えなかった．彼は 2 種の DAG の異なる構造と多形現象，とりわけ 1,2-DAG が β を持たない事実がその原因であると主張した．

第3章 分　析　方　法

　ヨウ素価, 遊離脂肪酸量, 脂肪酸組成などの標準の分析法はそのまま製菓用油脂に利用できるが, 製菓用油脂に特有な分析法もいくつかあり, それ以外は, 製菓用油脂に適応させた特別なやり方の分析法である. 油脂分析法の最も包括的で新しい典拠は "*Official Methods and Recommended Practices of the AOCS*"（アメリカ油化学会（AOCS）が 1998年に出版）である. その他の有益な典拠はドイツ脂質科学会（DGF）の方法（ほとんどはドイツ語で, いくつかは英語）や国際純正・応用化学連合（IUPAC）の方法であるが (Paquot & Hautfenne, 1987; Dieffenbacher & Pocklington, 1992), 残念なことに, ここ15年間, 新しい版が出版されていない. それでも, IUPACとDGFの刊行物には, AOCS法にない数種の方法が記載されていることと, そして, 米国よりも欧州の慣例を反映しており, それが違いとなっている. 英国規格協会（BSI）も油脂分析法の優れた典拠であり, 刊行された規格の多くは, 現在, 国際標準化機構（ISO）の規格になっている. ココアバターやカカオ製品だけの分析では, ココア, チョコレート, 砂糖菓子国際事務局（IOCCC）の方法が有用であり, それにはIOCCCの独自の方法がいくつかと, ココアバターだけに適用可能な方法が収載されている. 方法のもう1つの典拠は米国公認分析化学者協会（AOAC）と "*Journal of AOAC International*" である. AOAC法の多くはAOCSやIUPACの方法と同じである. この章では, 製菓用油脂の研究で鍵になる数種の分析法の使い方を考察する.

A節　固体脂含量（SFC）

1. 方　法　論

　油脂の固体：液体の比あるいは割合は各種の方法で測定されるが, 2つだけの方法, つまりディラトメトリー（体積変化の測定）と低分解能NMRだけが日常的に利用される.

　1970年代初期まで, ディラトメトリーはいろいろな国の標準法や国際標準法で実証された標準法だった. この方法の原理とやり方が一緒に概説されている (Hannewijk, Haighton & Hendrikse, 1964). 欧州のやり方は油脂の膨張[1]を油脂25g当たりの体積変化 μL で表示しており, それは0から約2,500までの手ごろなスケールになる.

---

[1] 一定の温度における油脂の膨張はその温度で融解が完全に止まった時の体積変化である.

第3章 分析方法

北米においては，AOCS法 Cd 10-57に準じて，膨張が0から100に変換され，固体脂指数 (SFI) として表記される．基本的に，油脂の全融解膨張量は100mL/kgあるいは2,500 μL/25gと仮定されているが，これはいくつかの理由で正しくない (Timms & Goh, 1986; Timms, 1991b)．油脂の融解膨張の全量は，TAGの分子量，脂肪酸の種類，そして，油脂の多形の種類で，約1,600 μL/25gから約2,800 μL/25gまで変化する．融解膨張の全量に固定値を選ぶなら，AOCS公定法で使われる数値より妥当性のある値は80mL/kg，あるいは2,000 μL/25gに近い数値であろう．したがって，SFI値は固体脂量の真の値あるいは絶対値と一般的に相当異なる結果となる．

1970年代初期に，ブルカーミニスペック分光器 (Bruker Minispec spectrometer) を使ったオランダのユニリーバ社の研究者らは，固-液比測定のルーチン法として，パルスNMR法の実務的な利用方法を開発した (van Putte & van den Enden, 1974; van Putte, Vermaas, van den Enden & den Hollander, 1975)．初期の装置には，連続波NMR分光器のニューポートクオンティティーアナライザー (Newport Quantity Analyser) もあったし，SFI法で必要とされる温度制御ブロックを組み込んだ完成度の高いパルスNMR装置のプラクシスモデルSFC-900アナライザー (Praxis Model SFC-900 Analyzer) もあった (Madison & Hill, 1978)．全ての装置と測定法に，それぞれ長所と短所がある．ウォーディントン (Waddington, 1980) とグリブナウ (Gribnau, 1992) が油脂工業におけるNMRの理論と応用を総説している．

NMRで測定される固-液比は固体脂含量 (SFC) と呼ばれ，0％（完全液状）から100％（完全固体）までになる．**図3.1**にパルスNMR法の原理を示した．磁場を90°回

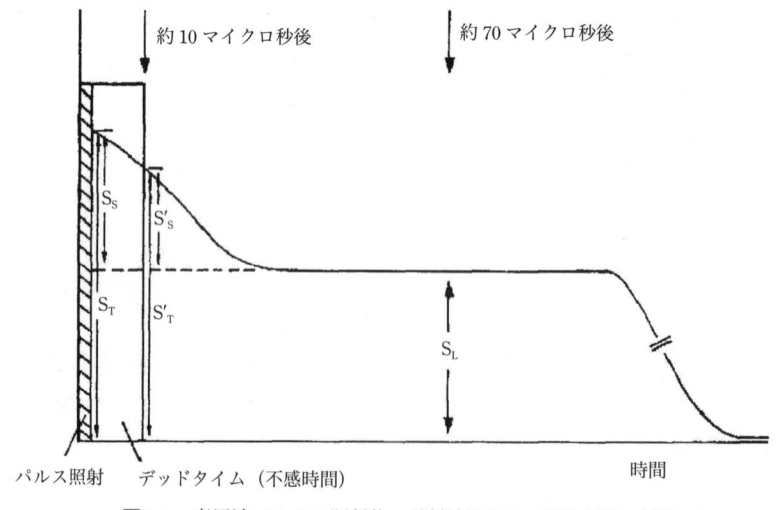

図3.1 高周波パルスの照射後，試料油脂からの磁化信号の減衰

転，つまり，永久磁石でつくられた磁場に対して垂直に磁場を回転する高周波の短いパルスを照射した後，検出器中の磁化信号は数百ミリ秒にわたって減衰する．固体状態にあるプロトン由来の信号の急激な減衰が数十マイクロ秒にわたって起こる．一方，液体状態にあるプロトン由来の信号の減衰は非常に遅く，数十ミリ秒から数百ミリ秒にわたって生じる．適切な電子機器で，固体＋液体と液体の信号を分けて測定することが可能であり，したがって，固-液比とSFC値が求められる．残念ながら，図3.1に示すように，測定装置には，パルス照射後に測定できない"デッドタイム（dead time）"がある．それ故，全信号のS_Tは測定されないが，数マイクロ秒後のS'_Tが測定される．そして，SFCは次のように計算される：

$$S_T = S_S + S_L$$
$$S_S = f \cdot S'_S = f \cdot (S'_T - S_L)$$
$$SFC = 固体\% = \frac{f \cdot (S'_T - S_L)}{f \cdot (S'_T - S_L) + S_L} \times 100$$

ここでS'_TとS_Lは装置で測定された信号であり，fは実験的に決められる"ファッジファクター（fudge factor）"である．理論の詳細な説明が必要なら，ウォーディントン（Waddington, 1980）の総説を参照されたい．fファクターを持つこの方法は直接法と呼ばれる．それは，試料の秤量，あるいは，対照としての液状脂の測定をする必要がなく，SFCの結果は測定開始から2〜3秒以内に"直接に"利用できるからである．

fファクターは数種の因子に左右されるが，主として油脂の結晶多形に左右される．$β'$の場合，fは通常約1.4だが，$β$では密なパッキングを反映して，fが1.6〜1.8，あるいは，それ以上の値になる（Shukla, 1983）．油脂ブレンドの多くは，実際のfファクターが未知なので，間接法を利用するのが良い．間接法では固体信号は無視され，測定された液体信号と測定温度で完全な液体である対照の信号とを比較することでSFCが計算される．

NMRによるSFC測定の詳細が各種の公定法，つまり，IUPAC Method 2.150, BS Method 684:3:22 (ISO 8292:1991) やAOCS Method Cd 16b-93に記載されている．

初期のNMR法に関する研究のいくつかは米国の企業や研究所から始まったが（Bosin & Marmor, 1968; Walker & Bosin, 1971; Madison & Hill, 1978），この方法はいまだに北米であまり普及していない．北米以外では，NMR法が時間を使い骨の折れるディラトメトリー法にほとんど完全に取って代わっている．米国の研究所が圧倒的な実用的利点を有する現代の方法を採用しない理由はいろいろあるが，その1つは，ユニリーバ社が欧州で発揮したような強いリーダーシップが米国の主要な食品企業に間違いなく欠けていたことである．ユニリーバ社は，1970年代の初期から自社工場にこの新しい方法を導入したこととは別に，変換表を出版することで，各社の膨張値からSFC

値への変換を手助けした (van den Enden, Haighton, van Putte, Vermaas & Waddington, 1978; van den Enden, Rossell, Vermaas & Waddington, 1982). 各種の比較研究が実施されていたものの，こうしたSFIとSFC用の変換表は出版されたことがなかった．

NMR法がとりわけ製菓用油脂のSFCの定量に適しているのは，製菓用油脂のSFCが通常20℃で50％以上だからである．このようにSFCの高い油脂はディラトメーター管への充填を技術的に難しくし，ディラトメトリー法をいっそうオペレーターの腕と分析時間まかせにさせてしまう．実際，AOCSのSFI法は"10℃でSFIが50ないしそれ以下の油脂"にだけ適用が可能だと断っている．

2. テンパリング

SFCを測定する前に，油脂は決められた温度履歴にさらされねばならない．つまり，最初，結晶／固体脂の痕跡を全てなくすため，油脂を完全に融かし，次に，融解した油脂を冷却してほぼ完全に結晶化し，これを測定温度に保持して平衡状態にする．さらに，余分な1段階が加えられる．それは，測定温度とは異なる特別な温度に油脂を保持することである．この段階はテンパリングステップと言われている．しかし，厳密に言えば，全ての温度履歴が油脂のテンパリングである．

SFI法のテンパリングステップは26.7℃ (80°F)，短時間 (15分間) なので，これが欧州のSFC法 (そして，以前のディラトメトリー法) と米国のSFI法との大きな違いである (Timms, 1991b). 製菓用油脂の場合，26℃，40時間のテンパリングステップは，測定前にココアバターや類似のSOS型油脂の多形を確実にβにすると標準法の中で述べら

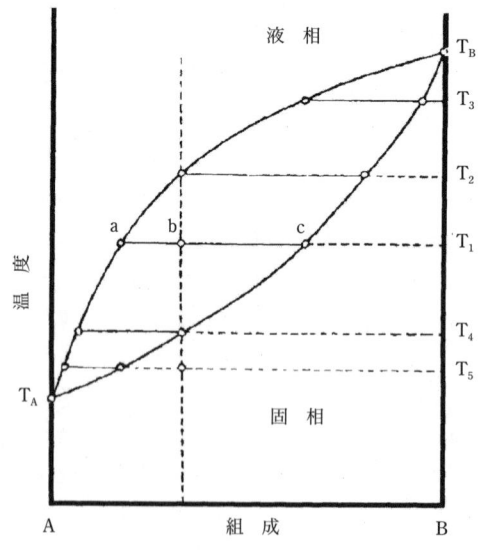

図3.2 2つのTAG (AとB) からなる単純な油脂の相図

A節　固体脂含量（SFC）

れている．

　一定の温度での油脂のテンパリング／保持が，たとえ多形変化が生じないとしても，SFCの測定値にどのように影響するかを知ることは重要である．図3.2に，2種のTAGであるAとBの単純な相図が示されている．油脂を，縦の破線で示したAとBの混合物と仮定する．油脂を温度T_1に保持すれば，第2章で説明したように，固-液比はab：bcになる．液相の組成はa点であり，固相はc点の組成になる．NMR法では，T_1でテンパリングした後，油脂を迅速に0℃にして，この温度での新たな平衡を生じさせない．固体状態では，平衡に達するのが非常に遅く，数分や数時間ではなく数日ないし数週間を必要とする．したがって，このb組成の油脂は本来T_4からT_2の温度領域で融解したが，T_1でテンパリング後は，その温度領域がT_5からT_3に広がる．テンパリング温度を高くすれば，T_5とT_3の温度も高くなる．それ故，次のように結論することができる．つまり，（油脂を完全に融かさない温度範囲での）テンパリング温度が高いほど，最終融点は高くなり，また，SFC値がテンパリング温度以上で増え，テンパリング温度以下で低下する．この影響を図3.3に示した．この図では，26.7℃（80°F）のSFIテンパリングステップの有無でのSFC値を比較している．

　もちろん，油脂を測定温度に保持するという単純な行為は一種のテンパリングであ

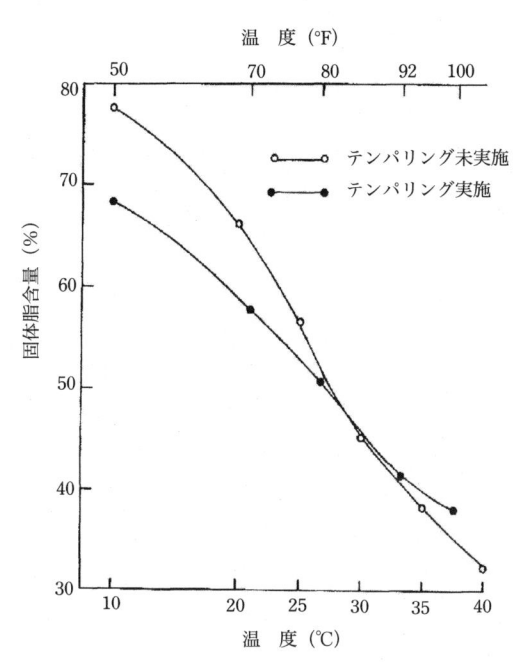

図3.3　26.7℃（80°F），15分のテンパリング（SFIテンパリング）の有無で測定されたパームステアリンのSFC値（Timms, 1991bより）

り，同じ原理が働く．しかし，測定温度に保持される 30〜60 分の時間内に，油脂は一般的に固体状態での平衡に達しないので，固有のテンパリングステップの効果は図 3.3 に示されたように残る．

3. 測定の手順

標準法にある SFC 測定は絶対的な方法ではない．つまり，決められた既知の固体脂含量を示す標準物質として利用できる対照油脂，あるいは，他の物質がないのである．その代わり，この方法は，NMR 装置の測定条件と測定前の試料の熱履歴に基づいて定義される．装置製造企業は，f ファクターが約 1.4 である β' の安定な油脂に類似させた合成樹脂の標準品を提供しているが，こうした標準品の本当の目的は，測定された SFC 値を校正することよりも，器械の性能を調べるためのものである．さらに，そうした企業は適用される温度／熱履歴に関することをユーザーに全く話さないが，これは潜在的な誤差の源であり，非常に重要である．標準品として通常提示されるトリステアリン (StStSt) とトリオレイン (OOO) の混合系もまた，トリステアリンが安定な β で結晶化し，その NMR 緩和の特徴がほとんどの油脂の系の場合と違うので，理想的なものではない (Oh & Kamaruddin, 1989; van Duynhouven, Goudappel, Gribnau & Shukla, 1999)．使う温度や時間が少し違っても，観察される SFC 値は大きく変動してしまう．

ココアバターと CBE，つまり SOS 型の製菓用油脂の場合，事態はさらに複雑である．British Standard にも"こうした油脂は明瞭な多形現象を示す"と述べられている．この場合には，26℃，40 時間の特別なテンパリングステップとは別に，f ファクターを変え，パルス照射の間隔を 2 秒から 6 秒間に増やすことも必要である．さもないと，次のパルスを照射する前に，こうした系は平衡状態に戻らない．β の安定な油脂の f ファクターが 1.4 程度でないことは良く知られているのだが (van Putte & van den Enden, 1974; Shukla, 1983)，IUPAC や British Standard/ISO 規格が"特別な熱的予備処理"ステップを利用する場合に f ファクターの値を変更せねばならないことを示していないのはむしろ驚くべきことである．不正確な f ファクターを使うことで生じる SFC の絶対誤差は，ココアバターの場合に f ファクターを正確な 1.65 の代わりに 1.4 とすると，計算上，FSC 値 50％の場合には 4％以上となる．

正確な f ファクターは，ほぼ正確な SFC 値を得るため，間接法を使って決められねばならない．直接法の結果を間接法とほぼ同じにするのに必要な f ファクターの値を計算する．これはシュクラ (Shukla, 1983) やその他の人達が採用したやり方であるが，ペターソンら (Petersson, Anjou & Sandström, 1985) は間接法だけを使ってこの問題を避けようとした．それでもなお，SOS 型製菓用油脂成分のパーム油中融点画分ばかりでなく，乳脂，ラウリン酸型，高トランス酸型製菓用油脂が全て β' の安定な油脂

であることを考えると，ココアバター，乳脂やその他の製菓用油脂の混合系にどのfファクターを使うべきかについては議論の余地がある．fファクターを一定にしても再現性があれば，ある意味，fファクターは重要でなくなる．とりわけココアバターやSOS型油脂のSFC値が系統的に不正確になるかも知れないのは問題なのだろうか？　現実としては，米国の産業界がSFI法の正に基本に由来する系統的に不正確なSFI値（20%までの誤差）で申し分なく経営している（Timms, 1991b）．ところで，シュクラ（Shukla, 1983）は，なぜfファクターがある種の油脂や測定条件で2.5にもなるのか，そして，比較的単純なラウリン酸型製菓用油脂でさえ，直接法と間接法で得られるSFC値に相当な開きがあること（Oh & Kamaruddin, 1989）を明瞭に示している．fファクターは結晶の大きさにも影響される（van Boekel, 1981）．

非常に多くの実験的な要因に左右されるfファクターを使わずとも，直接法の利点を活用する方法がある．追加的な高周波パルスを照射して"ソリッド－エコー（solid-echo）"信号を測定するやり方である（Alderliesten, van den Enden & Human, 1989）．このSFC測定の基本は，fファクターを2つの追加的なデータポイントの測定で決めることを除けば，直接法と同じである．つまり，この2つの追加的なデータはソリッド－エコー信号のピークS^3と，エコー最大値の後でのデッドタイム後の信号S^4である．したがって，この場合のSFC値は2つのパルスを使って得られる4つのデータポイントから計算される．SFCの表現はこれまでと同じだが，fをS^3/S^4で置き換える（Gribnau, 1992）．ソリッド－エコー法は1社（Oxford Instruments）から（Factor Direct Methodと対比して）True Direct Methodとして販売されているが，広く利用されていない．筆者が思うには，それは多分，少し精度が劣るためだけでなく，特に製菓用油脂とその油脂ブレンドでのfファクターの使用に含まれる誤差と仮定の正しい理解が欠けているからだろう．

最近の文献で，正確なSFC値を得る課題がユニリーバ社の研究者ら（van Duynhoven, Dubourg, Goudappel & Roijers, 2002）によって深く考察されている．その論文の結論を繰り返すと，彼らは直接法の不正確さを記し，"熟練した測定者の場合，ソリッド－エコー法は正確だと考えられるが，ルーチン分析をする研究室では決して正確さは得られない"と明言している．そのために，彼らは最初の原理に立ち戻り，図3.1に示された減衰曲線の全体を調べる曲線一致法（curve-fitting method）を利用している．標準的な研究室用のパルスNMRを使った多くの市販油脂ブレンドの結果は，間接法を使ったSFC値と良く一致している．直接法のSFC値は，多形現象やそのfファクターへの影響を考慮しないと，非常に低い値になりやすいことが見出された．曲線一致法はより正確な結果をもたらすと結論された．近代的な実験作業台上のコンピュータの能力とデータ記憶容量により，この種の方法が標準になり，fファクターが過去のものにされ，そして，正確なSFC測定の新たな時代が期待できる．

第3章 分析方法

　要約すると，筆者は既知の理論と経験を，とりわけチョコレート菓子で使われる油脂ブレンドの製品開発研究において，製品の比較検討に役立つほぼ間違いのない結果を得るのに応用することが大切だと考える．状況によっては，ペターソンら (Petersson, Anjou & Sandström, 1985) が結論したように，間接法を使わねばならないこともある．

　多分，もっと重要な問題は，測定されたSFCが例えば板チョコレートのSFCのような実際の情況と適切に関連しているかどうかである．この問題は，乳脂を含む製菓用油脂ブレンドやミルクチョコレートのSFC測定に特に重要である．ソンとクベイリ (Som & Kbeiri, 1982) は，乳脂とココアバターのブレンドを平衡状態にして，SFC値が変化しないことを示すのに数週間かかった．標準法にあるココアバターのテンパリング温度である26℃での保持法は，通常，この油脂ブレンドを完全に融解し，それまでの熱履歴と多形現象を消去する．したがって，このテンパリングステップは再結晶化のステップになる．ティムス (Timms, 1980a) はこの問題を研究し，20℃で24時間，続いて，19℃で16〜18時間のテンパリングをする方法を提唱した．そして，ペターソン (Petersson, 1986) は豊富な研究から19℃で40時間のテンパリングを，また，ライスナーとペターソン (Leissner & Petersson, 1991) も19℃で64時間のテンパリングを提唱した．しかし，主要な測定温度である20℃の恒温水槽がいつでも使える場合，19℃の温度を使うのは不便であるし，また，ペターソンは19℃と20℃でその効果にほとんど違いを見出さなかった．したがって，乳脂とココアバターを含有する油脂ブレンドとSOS型製菓用油脂のテンパリング法として，20℃，64時間とすることが妥当であると考えられ，また，このことは実際に確認されている (Timms, 1999)．そして，この結果は同一の油脂ブレンド組成に調製された本物のチョコレートでの結果とほぼ同じになる．

　したがって，表3.1に示すように，製菓用油脂，製菓用油脂ブレンド，そして，チョコレートのSFC測定に3つの方法がある．測定温度は通常10，25，30，35，40℃であり，たまに32.5℃や37.5℃でも測定される．製菓用油脂の場合，20℃以下の温度はほとんど重要でない．表3.1に"パラレル"と"シリーズ"測定の区別があることに注意して欲しい．シリーズ測定は，試料が最初に20℃で測定され，次いで，この試料を25℃に移し，所定時間後に25℃で測定され，また30℃に移しと，このやり方で次々に各温度で測定することを意味している．この方法には1つの試料のSFC測定用にたった1本の試料管だけで済む利点がある．このシリーズ法は通常ディラトメトリーでの測定に利用された．その測定では，ディラトメーターに充填する努力が大変であり，また，ディラトメーターは高価である．NMRの場合，試料管は安価で，数本の試料管への充填も容易なので，パラレル測定に向いている．パラレル測定では，測定終了までの総測定時間が非常に短縮されるし，各温度での測定も独

A 節　固体脂含量（SFC）

表 3.1　製菓用油脂の SFC 測定で実施される 3 つの方法の要約

	方法 1	方法 2	方法 3
利用対象	明確な多形現象のない油脂：ラウリン酸型や高トランス酸型製菓用油脂	明確な多形現象を有する油脂：ココアバターや他のSOS 型製菓用油脂	チョコレートの特性をシミュレートするココアバター，乳脂および製菓用油脂のブレンド：チョコレート
NMR 法 [a]	直接 パラレル $f=1.4$ 反復=4 インターバル=2 秒間	直接 パラレル $f=1.6〜1.7$ 反復=1 インターバル=6 秒間	間接 シリーズ 基準物質はトリオレイン 反復=1 インターバル=6 秒間
テンパリング	実施せず	26℃で 40 時間	20℃で 64 時間
温度制御	1. 試料管を 80℃のオーブンに 15 分間放置. 2. 60℃の恒温水槽に移し，30 分間保持. 3. 0℃の恒温水槽に移し，60±2 分間保持. 4. 2 分間隔で測定温度の恒温水槽に移す. 5. 30 分間測定温度に置く. 6. SFC の測定.	1. 試料管を 80℃のオーブンに 15 分間放置. 2. 60℃の恒温水槽に移し，30 分間保持. 3. 0℃の恒温水槽に移し，90±2 分間保持. 4. 26℃の恒温水槽に移し，保持時間（40 時間）を±30 分で管理する. 5. 2 分間隔で 0℃の恒温水槽に移し，90 分間保持. 6. 2 分間隔で測定温度の恒温水槽に移す. 7. 60 分間測定温度に置く. 8. SFC の測定.	1. 試料管を 80℃のオーブンに 15 分間放置.（チョコレートではこれを省く） 2. 60℃の恒温水槽に移し，30 分間保持.（チョコレートではこれを省く） 3. 0℃の恒温水槽に移し，90±2 分間保持. 4. 20℃のテンパリング恒温水槽に移し，保持時間（64 時間）を±30 分で管理する．（チョコレートではこれを省く） 5. 2 分間隔で 0℃の恒温水槽に移し，90 分間保持.（チョコレートではこれを省く） 6. 2 分間隔で測定温度の恒温水槽に移す. 7. 30 分間測定温度に置く. 8. SFC の測定. 9. ステップ 6 を再度次の測定温度にして続ける.

[a] 直接か間接，シリーズかパラレル—詳細は本文を参照されたい．"インターバル"はパルス照射の間隔．"反復"は各測定の平均パルス数．

立してやれる．一方，シリーズ測定は，順に全部の温度での測定が終了するまで結果を計算できないので，間接法を使う方法3に向いている．間接法の基準物質としてトリオレインを使う場合，そのことで生じる余分な誤差のため，2回の反復測定が実施されるが，これはシリーズ法での必要な試料管数を5本から10本に増やせば1回の測定で済む．

4. 実験誤差

ディラトメトリーのSFI法とNMRのSFC法を比較した共同研究で，NMR直接法の場合，繰り返し精度（研究所内での変動）は±1.1％であり，また，再現精度（研究所間での変動）は±3.3％であり，NMR間接法ではそれが±2.0％と±4.0％であった（van Duynhouven, Goudappel, Gribnau & Shukla, 1999）．こうした結果は初期に示唆された精度より著しく良好である．例えば，バン・プッテとバン・デン・エンデンの初期の論文においては，0.3％の標準偏差を有する精度が示唆されていた（van Putte and van den Enden, 1974）．バン・デュインホーベンら（Van Duynhouven, Goudappel, Gribnau & Shukla, 1999）は，"NMR-SFC法の精度は主として温度誤差に影響される"と記している．

方法の2と3を使うSOS型製菓用油脂のSFC測定での測定誤差が詳細に検討されている（Timms, 1999）．通常，無視される点は，循環型恒温水槽の温度に試料管を迅速に到達させることの必要性である．比較的柔らかいマーガリンやショートニング油脂に比べて，製菓用油脂を融解するのに大量な熱が必要なので，試料管が0℃から30℃に移された時，標準法に定められているようなアルミニウム製の試料管保持用ブロックは循環型恒温水槽の温度で再平衡化するまでに数分を要する[2]．したがって，測定温度に保持する実際の時間は決められた時間より短くなり，その時間はこの恒温ブロックの他の穴にある試料の数と種類にも左右されて変動する．この問題は，各試料管の周囲を自由に循環水が流れる開放型の金属製の網棚を使うことで避けられる．もちろん，付着水はNMR測定前に拭い取られねばならないが，これはティッシュペーパーで簡単に拭き取られる．ともあれ，凝縮や水しぶきのため，ティッシュペーパーでの拭き取りは通常必要であり，これを必要な時だけにやるのではなく，必ず実行することである．

ブリタニア・フード・イングリーディエンツ社（Britannia Food Ingredients）研究室での数点のココアバター試料を含む12種のSOS型製菓用油脂の系統的な研究において，測定温度とテンパリング温度を念入りに制御することがいかに重要であるかが示された（Timms, 1999）．

---

[2] この誤差の程度は，恒温ブロックの中央の穴に保持した液状脂の試料管に温度計を差し込み，次に一度に残り全ての穴全部に0℃の恒温槽から製菓用油脂を充填した試料管を移すことで簡単に確認される．

A節　固体脂含量（SFC）

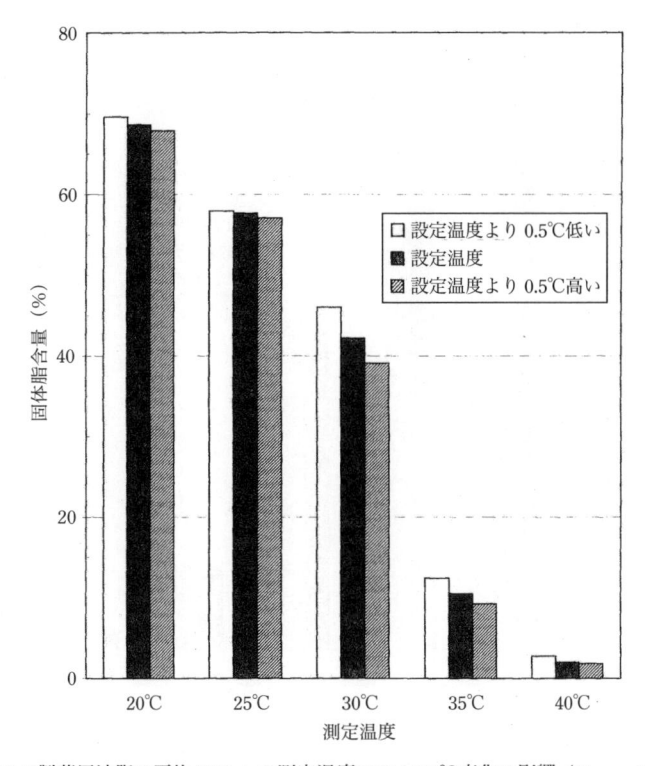

図3.4　12の製菓用油脂の平均SFCへの測定温度での±0.5℃変化の影響（Timms, 1999より）

　図3.4に，測定温度の±0.5℃の影響が示されている．急激に融解する製菓用油脂で予期されるように，SFCへの影響は30℃で最大である．この温度では，測定温度が0.1℃変化するごとに平均で0.7％のSFCの変化があった．

　図3.5に，テンパリング温度（方法2の26℃）で±1.0℃変化の影響を示した．この場合は，25℃での影響が最大であり，テンパリング温度が0.1℃高くなるごとに，SFC値は平均で0.4％減少した．

　図3.6に，テンパリング温度（方法3の20℃）で±1.0℃変化の影響が示されている．テンパリング温度が0.1℃高くなるごとに，25℃でのSFC値は平均で0.2％増加し，これは方法2よりも影響が小さかった．

　アルミニウム製ブロックと開放型の金属製網棚とで生じたSFC値の差は，20，25，35℃でほんのわずかであったが，30℃では大きかった．方法2の場合，ブロックの結果は平均で0.6％高くなり，また，方法3の場合，それは平均で1.1％低下した．

　方法2の場合，テンパリング時間を40時間から66時間あるいは88時間にすると，20，25，35℃での影響が小さくなったが，30℃では40時間から88時間への延長で

71

第3章 分析方法

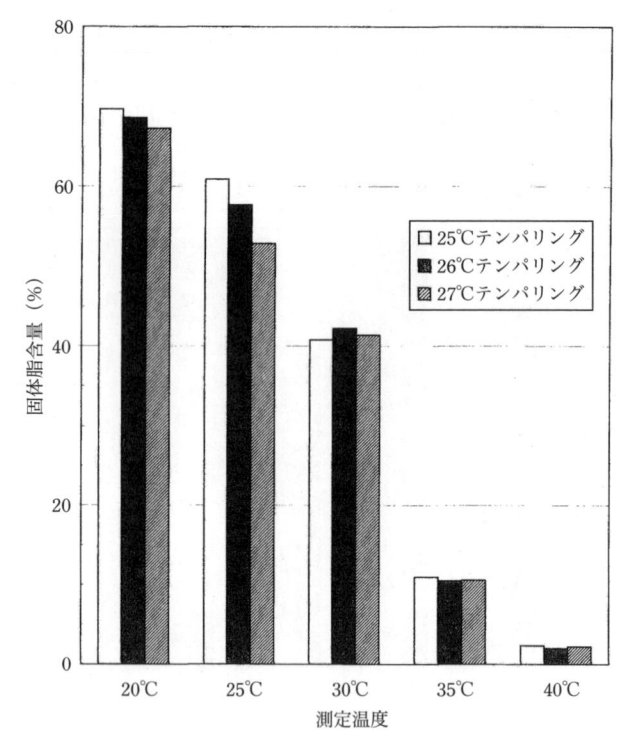

図3.5 12の製菓用油脂の平均SFCへのテンパリング温度（方法2）における±1.0℃変化の影響（Timms, 1999より）

SFC値が平均で5%上昇する大きな影響が生じた（3つの試料で，平均の上昇率は9%と大きかった）．これは，40時間後でさえ，ほとんどの試料がまだ固体状態の平衡になっていないことを示している．

シリーズとパラレル測定は方法2で比較された．わずかな差があったが，共通する傾向はなかった．平均で，パラレル測定の結果がシリーズの結果より低い傾向を示した．

最後に，図 3.7(a) で，提唱された2つの異なるテンパリングのやり方の影響を，20℃，16時間の後に26℃，24時間のテンパリングを行う組合せテンパリングと比較している．既に考察された相理論から予測されるように，20℃/64時間テンパリングの場合，26℃/40時間のテンパリングに比べて，20℃でSFC値が高く，30℃でそれが低くなる大きな影響が生じている．図3.7(b)に1つの試料で示したように，個々の試料では，その影響はもっと大きくなり得る．

とりわけ30℃で，±0.1℃未満の温度制御，開放型金網棚の使用，そして，時間の管理を実施した単一測定の方法2の場合，95%信頼限界でSFC値が±0.9%となり，

A節　固体脂含量（SFC）

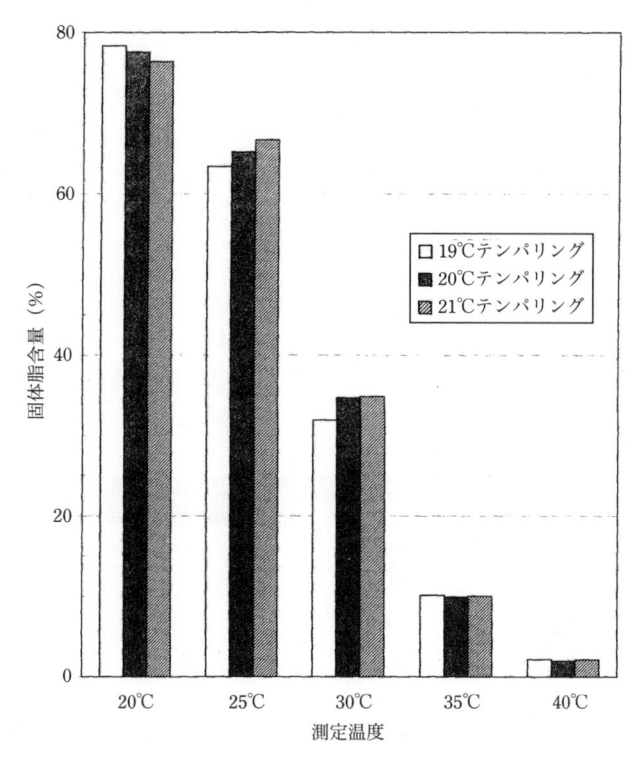

図 3.6　12 の製菓用油脂の平均 SFC へのテンパリング温度（方法 3）における±1.0℃変化の影響（Timms, 1999 より）

2 回の測定での最小有意差（LSD）は 1.3％だった（標準偏差(SD)＝0.46％）．この LSD 値は British Standard にある再現性の数字，すなわち，固体脂 10％で 1.0，30％で 1.3，50％で 1.6，60％で 1.8 に比べて遜色がない．方法 3 の場合は，95％信頼限界が±0.7％で，LSD は 0.9％だった．

5. 自　動　化

あまり利用されないディラトメトリーに勝る NMR の可能性のある 1 つの利点は，完全な自動化である．温度ブロックを内蔵したプラクシス・コーポレーション社製の装置は，温度ブロックと NMR 測定プローブへの試料管の移動と差込みにロボットを利用する．初期の自動化装置は 1980 年代末に，米国アリゾナ州のフェニックスで開催された AOCS 年次大会のショートコースで展示された．

マセソン（Matheson, 1994）は，乳脂試料のルーチンな SFC 測定にジーメト社（Zymate）のロボットを利用するブルカーミニスペック PC 120 NMR 装置の自動化を詳

第3章 分析方法

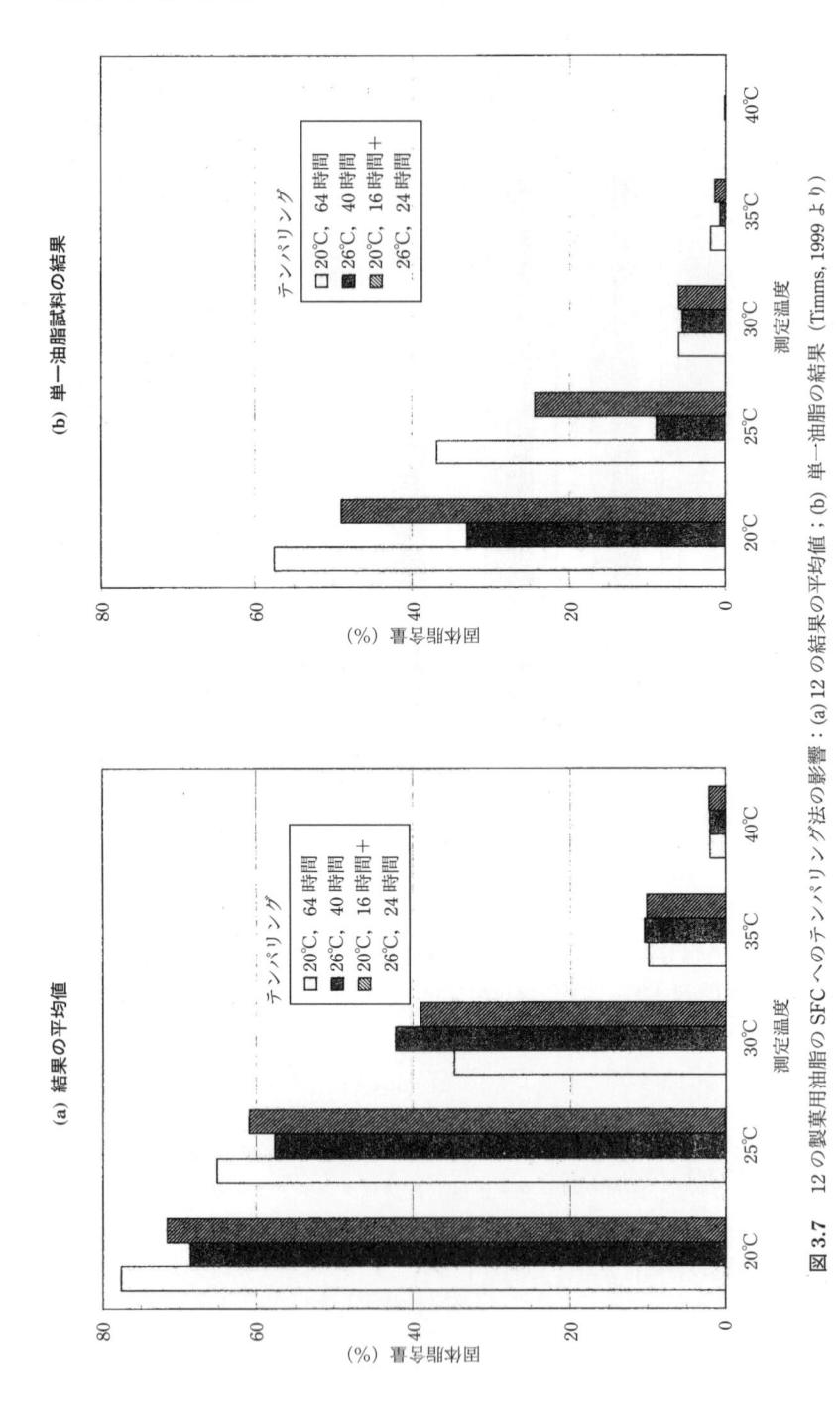

(a) 結果の平均値

(b) 単一油脂試料の結果

図3.7 12の製菓用油脂のSFCへのテンパリング法の影響：(a) 12の結果の平均値；(b) 単一油脂の結果（Timms, 1999より）

細に説明している．この完全なシステムは工程の環境中で1日に200点以上の測定を実施することが可能であり，そして，各種の温度条件を同時にこなせる．

6. チョコレートでのSFC測定

　油脂を抽出せずに板チョコレートの油脂相のSFCを測定すれば，実際の使用でのチョコレートの特性が分かるので，それにはいつも関心が向けられている．レオンら (Leung, Anderson & Norr, 1985) は，標準に砂糖-液状油の混合物を使い，チョコレートの総油脂量とSFC値を測定するのにどのようにパルスNMRを使うかを示している．この技法は品質管理に十分適している．

　筆者の経験では，パルスNMRでSFCを測定するのに間接法を利用すると十分に満足できる結果になる．ペターソン (Petersson, 1986) は実践的な方法を説明している．チョコレートはフレーク状にされ，NMR試料管に充填し，それを管内側にピッタリと合うガラス棒で突き固めねばならない．チョコレートの油分は30％程度なので，観察される信号は純粋な油脂の場合の約1/3だけである．したがって，数点の試料の結果，例えば4点を平均することが必要である．多形がβである全ての油脂の場合と同じように，6秒間の長い繰り返しパルス照射が必要だが，試料の測定プローブが温度制御されないなら，約40℃の測定プローブ温度での試料の融解を避けるため，各測定温度での試料の測定は6秒間1回のパルス照射だけで実施しなければならない．シリーズ測定では，通常の方法で試料を0℃に90分間冷却した後，必要な全ての測定温度で測定しなければならない．ただし，室温より高い温度だけで測定する場合には，これは必要ない．

　NMRイメージング技法 (NMR imaging technology) は実際のチョコレート製品の研究に利用可能である．試料調製の必要がなく，そして，試料は包装紙を取り外さずに詳しく調べられる．チョコレートの結晶多形を測定し，また，ナッツ，レーズン，キャラメル，ヌガー (nougat)，そして，ビスケットのような製品の異なる成分を識別することが可能である (Duce, Carpenter & Hall, 1990)．現在，それは実験台上の分光器を使い実施される (Walter & Cornillon, 2001, 2002)．

B節　脂肪酸組成

1. ルーチン分析

　現在，脂肪酸組成の測定は油脂の研究室で日常的なことであり，多くの標準法がある（AOCS Methods Ce 1-62, Ce 1c-89, Ce 1-91, Ce 2-66；BS684 Section 2.34: 1990/ISO 5509: 1990, BS684 Section 2.35: 1990/ISO 5508: 1990；IUPAC Methods 2.301, 2.302）．標準法はメタノールでTAGをメチルエステルとし，これを，キャピラリーガスクロマトグラフィーを使って炭素数と不飽和度に応じて分離する．クリスティ（Christie, 1989a）はメチルエステルの調製とガスクロマトグラフィーでの分離を詳細に概説している．

　標準法は2段階のメチルエステル化，つまり，アルカリ触媒ステップの次に酸触媒ステップの実施を推奨している．おそらく，初期の研究室のやり方，そして，パックドカラムや同類の"バケットケミストリー[A]（bucket chemistry）"を利用していたことを反映したものであり，その実験規模はむだに大きく，キャピラリーガスクロマトグラフィーをルーチンに使い，しかも，今日の環境を気遣う化学者にとっては不適切な規模である．3つの標準法の全てが酸触媒ステップでメタノールと三フッ化ホウ素溶液を使うことにしている．三フッ化ホウ素には多くの問題があり，この試薬が古いと，クロマトグラフィーで人為的なピークを生じさせてしまう（Fulk & Shorb, 1970）．British Standard/ISO法は使う前に新しい瓶の試薬であることを確認するよう勧めている．クリスティ（Christie, 1989a）は"他の試薬に比べて酸触媒が大量に使われること，そして，既に分かっている副反応が多いことを考慮すると，メタノール中の三フッ化ホウ素が著しく過大評価されており，それを使わないことがベストである"と明言している．筆者もクリスティと同意見である．実際，分析される油脂や製薬用油脂が含有する遊離脂肪酸量はわずかであり，酸触媒ステップは不要である．しかし，例えば遊離脂肪酸の含量が高い（>1％）未精製の原材料の場合のように，酸触媒ステップが必要な場合には，標準法中の三フッ化ホウ素に代えてハートマン-ラゴ試薬の使用を推奨したい（Hartman & Lago, 1973）．この試薬は簡単に調製されるし，その材料はいつでも入手可能で安く，三フッ化ホウ素溶液の持つ欠点がない．驚いたことに，このことはほとんど知られていないので，以下に，この試薬の調製法を記す：

(a)　1Lの丸底フラスコ中にある450mLのメタノールに15gの塩化アンモニウムを添加する．

(b)　目盛り付きピペットを使って22.5mLの濃硫酸を添加する．

[A]：専門家，装置，技能，さらに正確な測定や制御を必要としない一昔前の低い技術レベルの化学プロセスを指す非公式な用語（訳注）．

(c) 濃縮装置で15分間この混合物を還流させる．
(d) 褐色瓶に入れ冷所で保管する．この試薬は少なくとも1か月間保管できる．もしも沈殿が生じたら破棄する．

メチルエステルの調製では，標準法に類似するやり方を推奨するが，キャピラリークロマトグラフィーに適したより小さな規模とする：

(a) 10mLの丸底フラスコに融解した油脂を6滴（〜100mg）入れ，それに2mLのナトリウムメトキシド溶液（水酸化ナトリウム4gを試薬級の無水メタノール200mLに添加して調製する）と沸石2個を加え，油脂が完全に溶解するまで還流させる．
(b) 還流濃縮装置の下部からハートマン-ラゴ試薬4mLを加え，3分間還流させる．
(c) ヘプタンあるいは石油エーテルを2mL加え，1分間還流させる．
(d) 還流濃縮装置からフラスコを外し，ヘプタン／石油エーテルの層がフラスコの首に達するまで，内容物に飽和塩化ナトリウム溶液（200mLの水に80gの塩化ナトリウムを添加して調製する）を注ぎ入れる．フラスコに栓をして，少しの間逆さにする．
(e) パスツールピペットでヘプタン／石油エーテルの層を除き，内容物を少量の硫酸ナトリウムが入っている小瓶に移す．

説明したように，ほとんどの製菓用油脂では，酸触媒ステップを省けるので，必要なのは3つの標準法にあるもう1つのアルカリ触媒の方法だけとなる．しかし，AOCS Method Ce 2-66だけは近代的な研究室での適切な水準まで実験規模と時間を低減している．そこで，次に挙げるのは，3分以内にメチルエステルの安定な溶液を日常的に調製する推奨され試しぬかれた方法である：

(a) 7mLのねじ口瓶に融解した油脂を6滴（〜100mg）入れ，2mLのヘプタンあるいは石油エーテル（60〜80℃）を加える．振って溶解させる．
(b) 2Mの水酸化カリウム溶液（22gの水酸化カリウムを試薬級の無水メタノール200mLに加えて調製する）を添加する．いったん栓をして約15秒間激しく振る．溶液は透明になり，次いですぐにグリセロールが分離して再度濁る．約2分間放置する．
(c) 約2mLの飽和塩化ナトリウム溶液を加え，少しの間振る．
(d) パスツールピペットでヘプタン／石油エーテルの層を除き，少量の無水硫酸ナトリウムが入っている瓶に移す．

多くの企業が特にメチルエステルの分析用として販売している長さ25〜30m，内径

0.32mm の標準キャピラリーカラムを用い，キャリヤーガスに水素かヘリウムを使うことで，15 分間以内に完全なガスクロマトグラフィー分析をすることが可能である．したがって，5 分間足らずのサンプリングとメチルエステルの調製を加えても，図 3.8 に示すような完全な脂肪酸組成の分析結果を 20 分間以内に得られる．

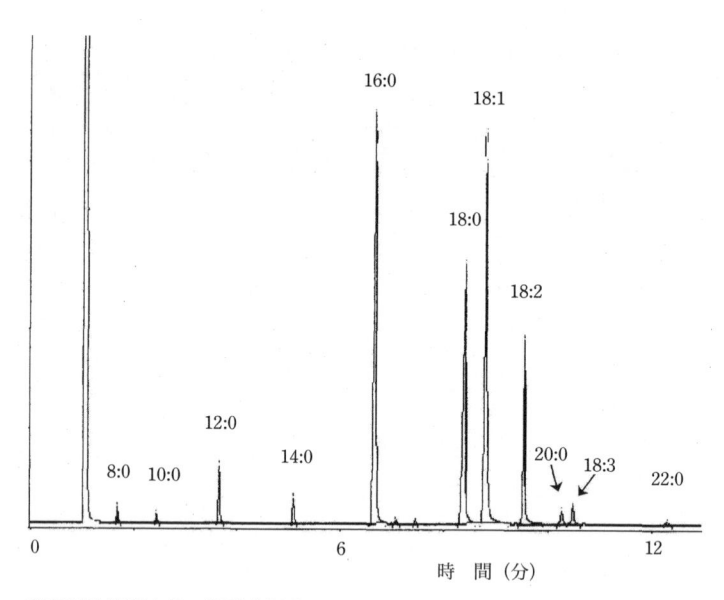

図 3.8　製菓用油脂混合物の脂肪酸組成を示すガスクロマトグラム．Restek Rtx-2330 カラム，30m×0.32mm，膜厚 0.20 μm．スプリット注入比：～25：1．キャリヤーガス：水素，～2.1mL/分．昇温プログラム：110℃（1 分間保持）から 160℃，昇温速度 10℃/分，および，160℃から 190℃（1 分間保持），昇温速度 5℃/分；総時間＝13 分．注入量：～5％溶液の 0.2 μL（Britannia Food Ingredients より）

2. トランス酸

ほとんどの製菓用油脂の場合，図 3.8 に示すような分析は全く申し分のないものである．しかし，高トランス酸型油脂の場合，こうした条件では，$C_{18:1}$ のトランス酸だけしか十分に分離されない（$C_{18:0}$ と $C_{18:1}$ cis 酸との間のピークになる）．これでは全トランス酸含量を高い精度で計算できないため，研究や品質管理に使えない．デュシャトーら（Duchateau, van Oosten & Vasconcellos, 1996）は，AOCS Method Ce 1c-89 の条件ではトランス体と位置異性体のピークの重なりで精度が非常に低くなることを見出し，トランス酸の最適な分析条件を発表している．それから後の共同研究で，バン・ブルッゲンら（van Bruggen, Duchateau, Mooren & van Oosten, 1998）はこの推奨された方法がトランス酸含量の 0.5％レベルまで信頼できる精度であることを示した．デュシャトー（Duchateau, van Oosten & Vasconcellos, 1996) は，50m のカラムがルーチン分析に適していると結論したが，ウルフとバヤード (Wolff & Bayard, 1995) は，100m の CP-Sil 88 カラムを使えば，位置異性体の分離が十分に改善できることを示した．

3. 結果の精度

ガスクロマトグラフィー，コンピュータ制御装置，自動注入器，そして，コンピュータでのデータ解析を使っての脂肪酸組成の測定は 40 年以上の歴史を持つが，報告された結果は驚くほど不正確であると今もなお思われている．例えば，AOCS 標準法は，実験室内での繰り返し精度が 3％の相対誤差／1％の絶対誤差，そして，研究所間の再現性精度が 10％の相対誤差／3％の絶対誤差が普通であると示唆している．

絶対精度が低い主要な理由は感度係数 (response factors) を利用していないからである．ほとんどの場合，クロマトグラムに非常に多く記録されるピークの面積が，試料混合物中の各脂肪酸成分の量に等しいと仮定されている．この誤差は次のような標準法中にある表現で増幅される．"例えば，炭素数 8 より少ない脂肪酸，あるいは，分岐した脂肪酸が存在する試料の場合において，熱伝導度検出器を使うとか，最も高い精度が特に必要なら，補正係数 (correction factors) を使ってピーク面積のパーセントを化合物の質量パーセントに変換しなければならない" (BS684 Section 2.35: 1990/ISO 5508: 1990)．

1964 年の昔に，アックマンとシポス (Ackman and Sipos, 1964) は一般的な脂肪酸の理論的な感度係数が 1 と相当に違うこと，そして，理論的な感度係数を適用することで正確さが著しく改善することを示した．表 3.2 より，ラウリン酸 ($C_{12:0}$) からステアリン酸 ($C_{18:0}$) までの各脂肪酸の理論的な感度係数に相当な違いのあることが分かる．こうした理論的な感度係数を SOS 型製菓用油脂に適用しても結果に差はほとん

表 3.2 脂肪酸メチルエステルの理論的な感度係数と，それをラウリン酸型製菓用油脂の分析値に適用した場合の影響

脂肪酸	理論的な感度係数	ピーク面積（％）	修正面積（％）
$C_{6:0}$	1.308	0.5	0.6
$C_{8:0}$	1.193	3.0	3.4
$C_{10:0}$	1.123	3.0	3.2
$C_{12:0}$	1.077	51.0	51.9
$C_{14:0}$	1.044	17.0	16.8
$C_{16:0}$	1.019	9.0	8.7
$C_{18:0}$	1.000	11.0	10.4
$C_{18:1}$	0.993	4.0	3.8
$C_{18:2}$	0.986	1.0	0.9
$C_{20:0}$	0.985	0.5	0.5
計	—	100.0	100.0

ど生じないが，$C_{12:0}$を約50%含有するラウリン酸型製菓用油脂の場合では，**表3.2**に示すように，約1%の絶対誤差になってしまう．

　実際には，実験で観察される感度係数は，通常，理論的な感度係数と差があり，かなり隔たりのある値になる．脂肪酸組成測定精度の綿密な研究で，バノンとクラスケ，そして，共同研究者らは実験で得た感度係数あるいは補正係数を適用するよりも，クロマトグラフィーのシステム全体が最適化されるべきであり，そうすれば，理論的な感度係数の適用が断然正確な結果をもたらすと結論した（Craske & Bannon, 1987）．バノンとクラスケはこの理想を彼ら自身の研究室で実現したが，筆者の経験では，これは完璧だが実行不可能な助言であり，典型的な油脂研究室でのルーチン分析に適用することは難しい．とは言え，バノンとクラスケの考え方と原理は研究してみる価値があるようだ．少なくとも，クロマトグラフィーのシステムは可能な限り理論的な感度係数に近づけるため最適化されねばならないし，そうなれば，実験で求められた感度係数が既知の標準品で得られる絶対的な結果に近い値になる．筆者は3%，あるいは，それ以上の系統的絶対誤差が今日簡単には許容されないと信じている．分析されるものが乳脂，あるいは，いくつかの低カロリー油脂中にあるような短鎖脂肪酸の場合，この問題はもっと深刻になる．ウルベルトら（Ulberth, Gabernig & Schrammel, 1999）はこうした油脂の分析にブチルエステルの利用を奨励している．彼らは，クロマトグラフィーのシステム全体が適正に機能しているかどうかを評価する理論にほぼ一致する装置を使い，感度係数を測定するためバノン-クラスケの研究方法を踏襲した．

C節　TAG組成

脂肪酸組成は製菓用油脂を概略的に分類し，それぞれの基本的な特性を表すが，その特性を完全に説明するには，TAG組成の知見が不可欠である．実は，1950年代に始まった初期のSOS型油脂の開発は，ヒルディッチと共同研究者ら (Hilditch & Williams, 1964) の研究で示されたココアバターや他の熱帯産油脂のTAG組成の知見，そして，とりわけココアバター中のPOStとラードのような動物性油脂中のStPOとを識別する (Chapman, Crossley & Davies, 1957) 知見に頼っていた．油脂のTAG組成測定の主要な方法は4つである：
(1) 計算．
(2) 薄層クロマトグラフィー (TLC)．
(3) 高速 (あるいは高圧) 液体クロマトグラフィー (HPLC)．
(4) ガス-液体クロマトグラフィー (GLC)．

各方法を以下でより詳しく考察する．

1. 計　　算

計算法は，高分離能HPLCやGLC法が完成する前の1960年代や1970年代に，広く利用された．この方法は2つの脂肪酸の群を仮定する．つまり，TAG分子の2-位の脂肪酸と1,3-位の脂肪酸の群である．それぞれの群に脂肪酸が無秩序に分布していると仮定するなら，これをそのまま確率計算すると，存在するTAGそれぞれでの詳細な組成分析になる (Coleman, 1965; Jurriens & Kroesen, 1965; Litchfield, 1972)．これはバンダー・ウォール (Vander Wal, 1960a, 1960b) によって最初に提唱された1,3-位ランダム／2-位ランダム仮説である．2-位の脂肪酸組成は，まず1,3-特異性リパーゼで1-位と3-位を加水分解して2-MAGをつくり，次にこれを分離し，この2-MAGの脂肪酸組成分析で測定される (IUPAC Method 2.210; IOCCC Method 41)．この方法は全体の組成から2-位の組成を計算するアルゴリズム (algorithm) で展開されうる (Litchfield, 1972; Evans, McConnell, List & Scholfield, 1969) が，それは本質的に天然油脂のTAG組成に限られるので，製菓用油脂の成分として使われている多種類の改質された油脂にはほとんど適用できない．

2. 薄層クロマトグラフィー (TLC)

TLCは，1950年代と1960年代に，脂質の種類 (遊離脂肪酸，MAG，DAG，TAG) の分離や，硝酸銀を含浸させた板を使っての不飽和度に従う分離，つまりSSS，SUS，

SUU などの分離のために開発された (Padley & Dallas, 1978; Acknan, 1993). その大きな魅力は低価格と簡易性であるが，定量的な結果を得ることは難しく，その技法は現在 HPLC にほとんど取って代わられている．例えば乳脂の非常に複雑な TAG 組成を分析する場合，準備段階で大まかに分けることは有効なので，まだそうした TLC の利用もある (Robinson & MacGibbon, 1998).

3. 高速液体クロマトグラフィー (HPLC)

TAG の沸点は高いので，早くからその分離にガスクロマトグラフィーを利用することが試みられたが，良好な結果は得られなかった．HPLC には室温に近い温度で操作できる利点があり，HPLC は TLC の利点を TAG 分析の定量化可能なルーチン法に広げられる．クリスティー (Christie, 1989a) は HPLC の原理と実際を GLC 法と対比して概説している．ココアバターや他の製菓用油脂の分析への HPLC の応用はシュクラら (Shukla, Schiotz Nielsen & Batsberg, 1983) によって説明されている．標準法は AOCS Method Ce 5b-89 (IUPAC Method 2.324 に類似) と Ce 5c-93 (IUPAC Method 2.325 と同一) である．HPLC は立体特異性分析 (stereospecific analysis) にも有用なことが証明されている (Takagi & Ando, 1995). キラル相 (chiral-phase) HPLC を使い，高木らはココアバター中の sn-StOP と sn-POSt が等量であることを見出した．

TAG 組成測定用の HPLC には，次の2つの短所がある：
・GLC 用の水素炎イオン化検出器に匹敵する良好な万能検出器がない．
・TAG のある種のクリティカル・ペア[B] (critical pair) が分離しない．

最新の逆相 HPLC カラムと検出器を使うことで，上記2つの問題は部分的に解消され，ルーチン分析用の現実的な方法になっているが，そのクロマトグラムは複雑であり，私たちが脂肪酸組成の分析で馴染んでいるような順序，つまり，不飽和度の増加に応じて明瞭に分離されたピークを示す同一炭素数のグループごとの順序にならない．さらに，HPLC は GLC と同様に高価であり，また，分離に比較的時間がかかり，60～90 分を要する．

4. ガス-液体クロマトグラフィー (GLC)

TAG の分析に GLC を使う初期の試みは成功しなかった．それは，ガス相 (300～360℃) に TAG を保持するのに必要とされる高温で安定な液相がなかったからである．状況が一変したのは，ククシスと共同研究者が短いパックドカラムと完全な非極性の

B：GC や HPLC などでの物理的な分離が難しい TAG の分子種を指す．こうした分子種は等価炭素数 (ECN) の場合とされており，$ECN=CN-2n$ (CN：TAG の炭素数，n：TAG 中の二重結合の数) が定義されている (訳注).

C節　TAG 組成

液相を使って信頼性が高く再現性があり，そして，定量性のある方法を開発した時であった (Kuksis & McCarthy, 1962; Kuksis & Breckenridge, 1966)．この低分離能の方法は TAG をその炭素数だけで分離したが，第9章で説明するように，チョコレート中の CBE 検出で日常的な分析方法の土台になる十分な信頼性と定量性を示した (Padley & Timms, 1978a; Padley & Timms, 1980)．この方法はリッチフィールド (Litchfield, 1972) によって概説

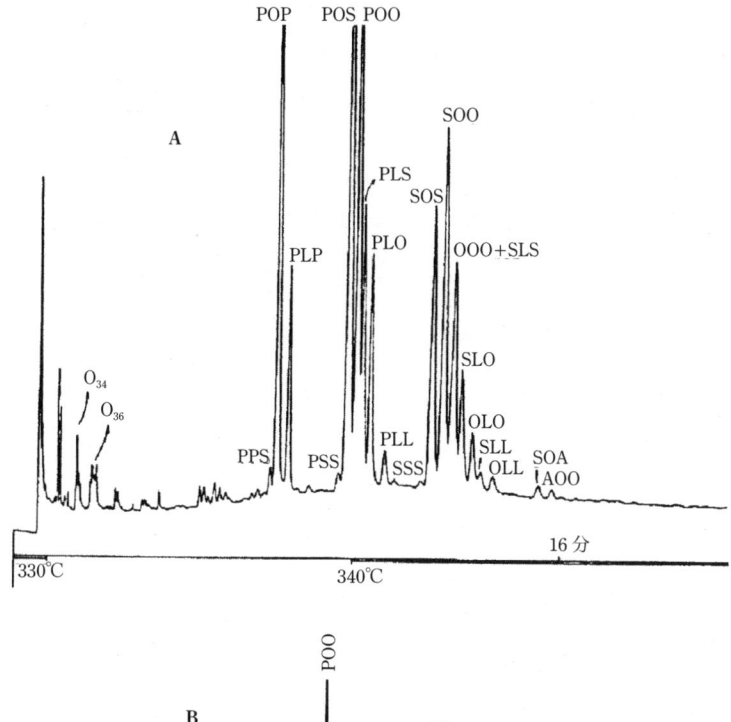

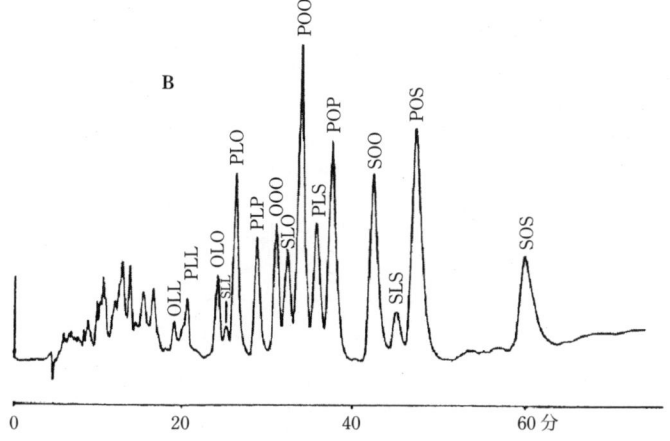

図 3.9　(A) GLC と (B) HPLC を使ったモーラ (mowrah) 脂の TAG 分析の比較 (Geeraert & Sandra, 1987 より)

されており，共同研究が"容認可能な精度で，動物性と植物性油脂の主要な TAG 成分を分析できる"と報告した後，この方法は標準法（IUPAC Method 2.323, AOCS Ce 5-86 と同一）の基本になった（Pocklington & Hautfenne, 1985）．

改良されたカラムと固定相を使い，ゲーラエルトとサンドラ（Geeraert & Sandra, 1987）は，GLC でココアバターのような製菓用油脂中の TAG をほぼ完全に分離することが可能であることを示した．彼らの GLC での結果は，図 3.9 に示すように，明らかに HPLC の結果より勝っていた．同一炭素数グループごとの"自然な"順序での溶出がはっきりと示されている．GLC の場合にクリティカル・ペアの問題は生じないので，少量の 3 飽和 TAG の PPP, PPSt, PStSt, StPSt を分離して定量することができる．

ココアバターや EU チョコレート規格（European Union Chocolate Directive 2000/36/EC）で許可された植物性油脂の TAG 分析法を評価するための最近の欧州の研究（Buchgraber, Ulberth, Lipp & Anklam, 2001）では，15 名の研究者の中で HPLC を選んだのはたった 2 名だけだった．その結果はこの評価研究の目的には申し分なかったが，GLC で得られた結果ほど良好なものではなかった．この研究がもたらした更なる情報は，ゲーラエルトとサンドラが使い，そして，最良のやり方として一般的に推奨されているコール

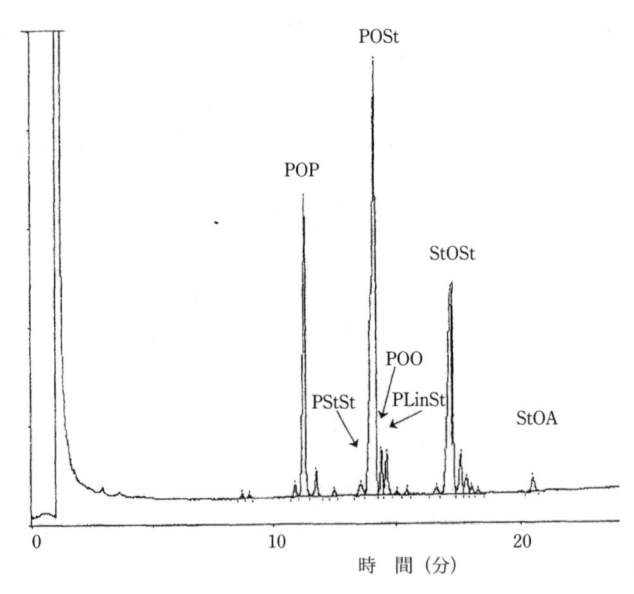

図 3.10 ココアバターの TAG 組成を示すガスクロマトグラム．Restek Rtx-65TG カラム，30m×0.25mm, 膜厚 0.10 μm．スプリット注入比：～25：1．キャリヤーガス：水素，～1.3mL/分．温度プログラム：338℃（1 分間保持）から 358℃（3 分間保持），昇温速度 5℃/分；総時間＝24 分間．注入量：～5％溶液の 0.2 μL（Britannia Food Ingredients より）

ド・オン-カラム注入法がスプリット注入法より良好な結果にならなかったことである．オン-カラム法は，原理的に望ましいものなのだが，問題を生じさせる．この方法は太い内径のプレカラムを必要とし，それと本体の細い内径のカラムとの結合がうまくいかないため，著しく信頼性に欠ける (Sassano & Jeffrey, 1993; Timms の個人的な経験)．サッサノとジェフリー (Sassano & Jeffrey) のルーチン的な品質管理に内径の太いカラムを使うという提案はこの問題を解決するが，分離能は細い内径カラムより劣る．

銀イオン錯化合物を使う HPLC は，位置異性体，例えば StOSt と StStO の分離が必要な場合に今でも使われる (Jeffrey, 1991a; Christie, 1989b) が，その他の点では，今日，GLC が TAG 組成の測定に望ましい方法と考えられるに違いない．二重結合をエポキシ化することで位置異性体を分離することを含めたもう1つの HPLC 法は，分離が悪く，ほとんど利用されていない (Deffense, 1993a)．

GLC による典型的な現代の分析をその分析条件を含めて図 3.10 に示している．実験室のガス発生器を使い，水素ガスを安全に利用することが今日可能であり，また，水素にはヘリウムの場合より短時間 (20 分間以内) で良好な分離能が得られる重要な利点もある．カラムは非常に安定であり，そして，適切な感度係数を適用すれば，良好な定量データになり得る再現性の高い結果をもたらす．この技法はルーチンの品質管理用に使われる．

第3章 分析方法

D節　DAG 含量

　DAG の分析を記述している全ての方法は MAG も分離する．しかし，精製／脱臭が MAG を遊離脂肪酸と一緒にほとんど完全に除去するので，MAG は製菓用油脂の特性に影響を与える成分にはならない．

　GLC での TAG 分析は，図 3.9 と図 3.10 のように，溶媒のピークの直ぐ後に明らかな DAG の分離を示している．こうした分離は非常に有益であり，例えば，異なる2つの原材料を半定量的に比較するのに必要な要件を全て満たすだろう．しかし，ガスクロマトグラフィー分析中の高温で，DAG が MAG と TAG に再配列する可能性があるので，正確な結果を求めるなら，水酸基を誘導体化してブロックする必要がある．通常，トリメチルシリルエーテルあるいはアセチルエステルの誘導体にされる．各種の誘導体化試薬や方法が利用される．AOCS Method Cd 1b-91 (IUPAC Method 2.326 に類似) は，ピラジンに溶解された内部標準と一緒に，N,N'-ビス（トリメチルシリル）トリフルオロアセトアミド（BSTFA）やトリメチルクロロシラン（TMCS）を使う．試料は BSTFA や TMCS と一緒に 70℃で 20 分間加熱される．この混合物全体をカラム (15〜25m×内径 0.25〜0.35mm, SE54, 5%フェニルメチルシリコン液相) に注入する．使用される内部標準はテトラデカン（C_{14}）であり，これは MAG や DAG のピークの前に溶出する．もう1つの一般的な標準物質はトリアコンタン（C_{30}）であり，これは MAG と DAG のピークの間に溶出する (Goh & Timms, 1985)．

　パックドカラムとキャピラリーカラムはこの分析に適しており，分子量／脂肪酸組成に基づいた良好な分離となる．つまり，PP(OH) が PSt(OH) と StSt(OH) から分離される．AOCS 法にあるような卓越した分離能を有するキャピラリーカラムだけが，1,2-と 1,3-位置異性体，すなわち，PP(OH) と P(OH)P を分離する．

　HPLC も DAG 分析に適した技法である．HPLC は誘導体化を必要としない利点があり，誘導体化時間を別として GLC 法で必要な約 30 分の分析時間に比べて，8 分以内に DAG を分離する (MAG は 12 分以内)．この場合，位置異性体は分離されるが，異なる脂肪酸組成の DAG は分離されない (Liu, Lee, Bobik Jr, Guzman-Harty & Hastilow, 1993)．HPLC では光散乱検出器，あるいは，示差屈折計が使われている．脂肪酸組成に基づく分離がないため，GLC に比べて非常に単純なクロマトグラムとなり，これは定量化とルーチンの品質管理での利点になる．実例として，オリーブ油中の DAG の HPLC 分析結果を図 3.11 に示した．

　HPLC の代わりになる液体クロマトグラフィー法は分子ふるいクロマトグラフィーを使うやり方である．この場合，成分は分子量だけに基づいて分離される (Christopoulou & Perkins, 1986; Hopia, Piironen, Koivistoinen & Hyvønen, 1992)．この方法とパック

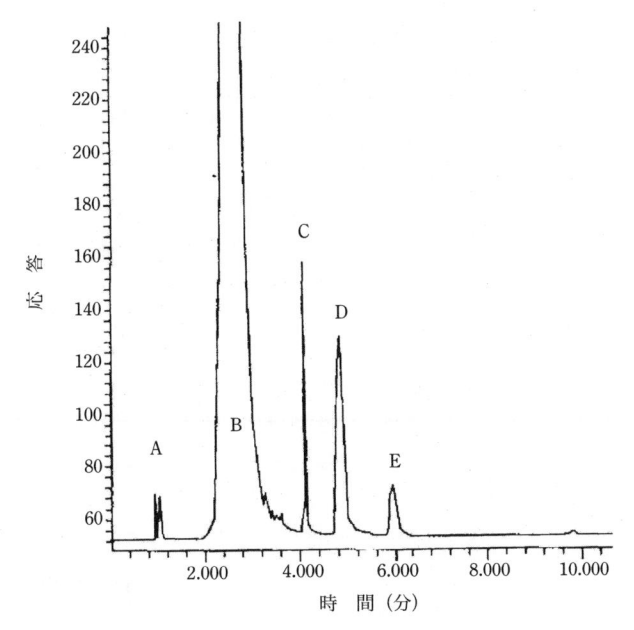

図 3.11 オリーブ油中の DAG の HPLC クロマトグラム．A：ステリルエステル，B：TAG，C：遊離脂肪酸，D：1,3-DAG，E：1,2-DAG（Liu, Lee, Bobik Jr, Guzman-Harty & Hastilow, 1993 より）

ドカラムを使う GLC 法との間で，良好な一致が見られた（Christopoulou & Perkins, 1986）．この種の分離は製菓用油脂よりフライ油の分析により適している．シリカゲルカラムクロマトグラフィー（いわゆる Quinlin & Weiser 技法）は AOCS Method Cd 11c-93（IUPAC Method 2.321 に類似）になっている．しかし，現在，この方法はルーチン分析に使われていない．それは，GLC や HPLC 法が溶媒の使用量が少なく，かつ，短時間に大量の情報を入手できるからである．この方法は，他の試験に使うのに必要な DAG を分離する準備作業に役立つ．

位置異性体を分離できない場合，ホウ酸を含浸させた TLC 板が使われる．これは現在市販されている．この技法をパーム油中の DAG 分析に使うと，良好な定量性を示す結果が得られる（Siew & Ng, 1995b）．**表 3.3** の結果は，1,2-異性体と 1,3-異性体が精製中に約 2：4 の平均比率で平衡になるので，精製油の場合，そうした異性体の識別が重要でないことを示している．この表の結果はまた，未精製パーム油の場合に約 110℃の加熱でさえこの平衡になってしまうし，一方で，パーム果実中の油脂は 1,3-異性体より 1,2-異性体の割合が大きいことも示している．

既に説明した方法の多くの利点を組み合わせた技法はイアトロスキャン（Iatroscan）法である．ホウ酸含浸シリカを被覆したガラス棒を使い，TLC の場合のようにこ

表 3.3 ホウ酸含浸 TLC と GLC で測定されたパーム油中の 1,2-DAG と 1,3-DAG の比率（Siew & Ng, 1995b より）

試　　料	全 DG (%)	1,2-DG (%)	1,3-DG (%)	1,2-DG (モル分率)	1,3 : 1,2 の比 (モル分率)
未精製パーム油	5.8±0.95	1.7±0.23	4.1±0.23	0.30±0.04	2.40±0.46
精製パーム油	6.0±1.2	1.8±0.3	4.2±0.9	0.30±0.05	2.33±0.49
精製パームオレイン	6.1±1.2	1.8±0.5	4.3±0.8	0.30±0.03	2.33±0.38
精製パームステアリン	4.4±1.0	1.2±0.3	3.1±0.8	0.27±0.04	2.70±0.51

DG：DAG．数字：平均±標準偏差．

のガラス棒にある試料を溶媒で溶離するが，分離したピークを，GLC で得られるのと類似したクロマトグラムにするため，この棒全体を水素炎イオン化検出器の中に通して定量化される．この技法は良好な結果を与える (Tanaka, Itoh & Kaneko, 1980) が，現在使われていない．

　全体として，AOCS 法に例証されているように，多分，GLC 法が一般的な DAG の含量測定に最も適しているだろう．共同研究の結果，GLC 法は現在公式な IUPAC/AOCS/AOAC の方法として採用されている (Firestone, 1994)．しかし，図 3.11 に示したような HPLC 法は分析速度と単純性に関して多くの利点を持っている．

E節　示差走査熱量分析（DSC）と示差熱分析（DTA）

　油脂の相変化には，熱の吸収や発生がある．固-液相の変化（融解，あるいは，結晶化）は熱流の点から最も重要な変化である．DSCとDTAは系統的に熱の変化を記録するために設計された類似の方法である．両方法では，通常10mg，あるいは，それ以下の試料と基準物質またはブランクが制御された速度で昇温あるいは冷却される．DTAでは，試料と基準物質間の温度差が温度／時間軸のチャートに記録される．DSCの場合，プログラム式温度変化で試料と基準物質の温度を維持するのに必要な熱量が記録される．DSCは技術的に非常に複雑なものだが，市販の装置の入手が容易なので，現在，DTAより利用が盛んである．DSC技法の概念図を図3.12に示した．

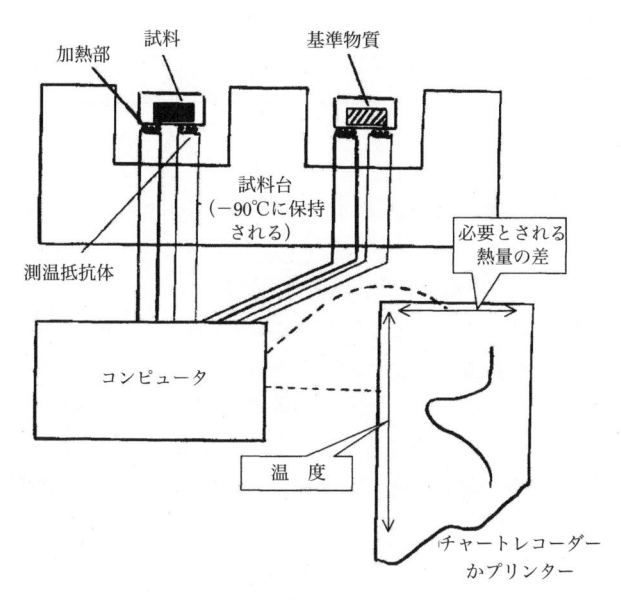

図3.12　示差走査熱量計（DSC）の概念図

　DSC法を標準化するのは難しいが，AOCS Recommended Practice Cj 1-94は油脂の標準的な評価用に次の温度プログラムを推奨している．すなわち，80℃に10分間保持し，毎分10℃の冷却速度で−40℃に冷やし，−40℃に30間保持してから5℃/分の昇温速度で80℃まで加熱する．しかし，この方法を精査した共同研究で，その結果が非常に変動した．
　この節で，筆者はDSCにふれるが，その解説は同じくDTAにも当てはまるものである．

第3章 分析方法

定量化は可能だが，一般的には，DSC は定性的な技法として，つまり，頻繁に油脂の種類あるいは状態の"指紋"を検出する技法として利用されている．SFC の場合と同様に，テンパリングは DSC 曲線に決定的な影響を与える (Hannewijk, Haighton & Hendrikse, 1964)．図 3.13 は，図 3.2 の縦の破線で示された組成の同じ油脂の DSC 昇温曲線である．急冷したこの油脂は単一ピークになる一方で，温度 T_1 (テンパリング) に保持した油脂は 2 相に分離し，これが DSC 曲線で 2 つのピークになる．

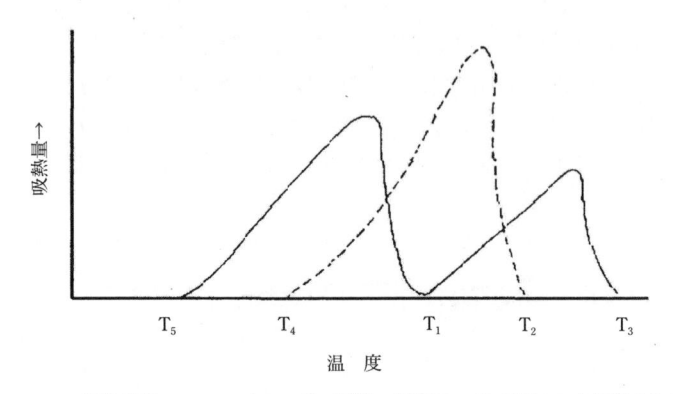

図 3.13　DSC 昇温曲線へのテンパリングの影響．温度 T_1〜T_5 は図 3.2 を参照されたい．

昇温と冷却の速度も著しく DSC 曲線に影響を与える (Rossell, 1975; Cebula, Smith & Talbot, 1992)．図 3.14 に，昇温速度を 5℃/分から 20℃/分に変えた場合のパーム油の DSC 曲線への影響がはっきりと示されている．ピークの極大点，ピークの開始や終了温度のような測定値，そして，ピークの数でさえ条件により変化することが分かる．純粋な TAG の場合，この影響はもっと大きい．図 3.15 に，急冷された純粋な POP の DSC 曲線への各種の昇温速度の影響が示されている．図では，数種の異なる多形が見られ，多形変化が昇温中に生じている（下向きに発熱の熱流／ピークで示されているように）．

DSC の試験は通常（一定の）昇温あるいは冷却速度で実施されるが，時として等温測定が有効な場合もある．川村 (Kawamura, 1979, 1980) は DSC 中で等温的にパーム油を保持してその結晶化の速度論的研究を行った．ジーグリーダー (Ziegleder, 1985b) は，ココアバターの品質やテンパリング型チョコレートに必要なテンパリング条件を評価するためのルーチン法として，等温的な融解曲線を利用した．

DSC は融解熱，比熱，融点の定量的な測定に使える．ハーゲマン (Hagemann, 1988) は情報を系統的にまとめ上げた多くの表を使って TAG の熱的挙動の総合的な総説を書いている．

マーケンら (Merken, Vaeck & Dewulf, 1982) は DSC を利用して，チョコレート製造に使

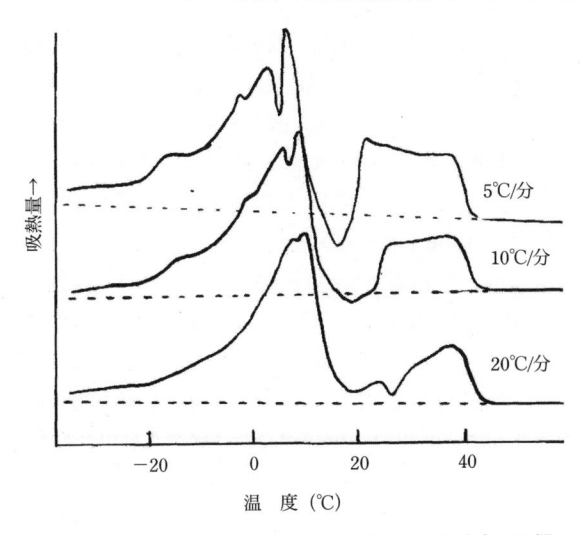

E節　示差走査熱量分析（DSC）と示差熱分析（DTA）

図 3.14　精製パーム油の DSC 昇温曲線への昇温速度の影響

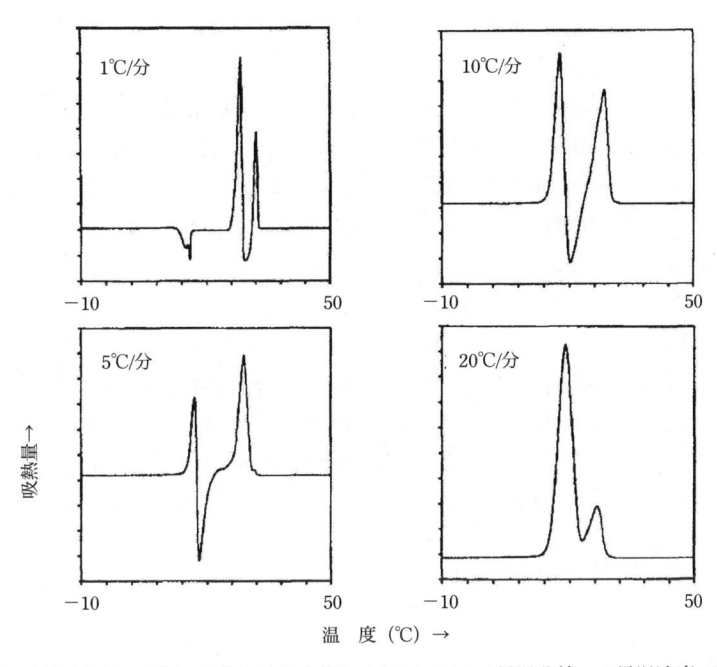

図 3.15　100℃から−10℃への急冷後に実施した POP の DSC 昇温曲線への昇温速度の影響
（Cebula, Smith & Talbot, 1992, 図 1c-1f からの複製）

う油脂のテンパリング適性（temperability）をその尺度になる融解熱と多形 β の存在量の測定で評価した．しかし，調べられたのは 10 点だけのココアバター試料であり，

91

ばらつきも大きかったので，この結果は，彼らが示唆したことを明確に示していない．

DSC は，時折，固-液比を測定する別法として利用されている．この方法は，ディラトメトリーが固体脂の融解を体積膨張に関連させるのと同じように，固体脂の融解量を発生する熱量に関連させる．DSC で測定される固体脂量の値は NMR の場合とほとんど一致しない．DSC の結果が NMR での測定値より高い場合や（例えば Lambelet, 1983; Deroanne, 1977; Shen, Birkett, Augustin, Dungey & Versteeg, 2001 のように），低い場合もある（例えば Walker & Bosin, 1971; Norris & Taylor, 1977 のように）．この違いが生じる原因の1つは，融解熱が温度や相組成で変化することにある．この変化を見込んで補正すると，固体脂量の差は減少するが，その逆の場合もある．ランベルト（Lambelet）は NMR と DSC で生じる結果の差は非晶質相に由来すると考えている．非晶質相の存在に結び付く独自の証拠は，ココアバターのプロトン緩和時間の研究で見出された2番目の短い緩和時間で示唆された（Lambelet, Desarzens & Raemy, 1986）．この余分な緩和が正確に何に由来するかは明らかでないが，主張される程度の非晶質相が NMR と DSC との結果の差の説明になるとは思えない．0℃でココアバターの非晶質相は 20～26％と報告されたが，しかし，0℃で測定されるココアバターの SFC 値は 80～90％にもなっている．

DSC と NMR の結果での差はほとんど間違いなく数種の要因で引き起こされる．つまり，DSC と NMR の測定前と測定中のテンパリングのやり方の差，デロアン（Deroanne）が考察した融解熱のばらつきを完全に訂正していないこと，不正確な f ファクターの使用，熱的な応答の遅れを反映しないことでの DSC からの温度信号の不正確さが要因である．

実際のところ，DSC は NMR（あるいはディラトメトリー）に代わる方法になっていない．試料を DSC 用アルミパンに充填するのは，NMR 用試験管に充填するより面倒であり，一方で，測定前に試料をテンパリングし，温度を変化させずにこれを DSC の中に置くことは簡単でなく，しかも，再現できない．DSC の装置内で全てのテンパリングを実施する代替法は，1つの試料の測定に少なくとも数時間かかることを意味している．AOCS 法にあるように，テンパリングを省いた急速な昇温や冷却だけでも1時間以上かかる．

F節　X線回折測定法（XRD）

単位胞のパラメーター，つまり第2章でふれた長面間隔と短面間隔を測定するX線回折測定法[3]は，結晶学で利用される標準的な技法である．測定原理はブラッグの法則（Bragg's Law）に基づいている．つまり，相内にあって回折ビームあるいは回折信号となる回折光は，次の関係が成り立つ：

$$n\lambda = 2d\sin\theta$$

ここで，n は整数，λ はX線の波長でニッケルフィルター付き銅X線（訳注：Cu-K$_\alpha$ 線）は通常 0.154nm，d は原子層の間隔，つまり，測定するものであり，θ は試料へのX線ビームの入射角度である．

試料はアルミニウム試料ホルダー内の小さな窪みに保持され，このホルダーが一定の速度で回転されて θ が変化し，全ての層の間隔，つまり，d 値を通過する．測定に要する全時間は約30分である．図3.16 は装置の概念図である．初期の回折計では，試料は回転されなかった．回折ビームの領域周囲を包み込む写真用フィルムが，変化

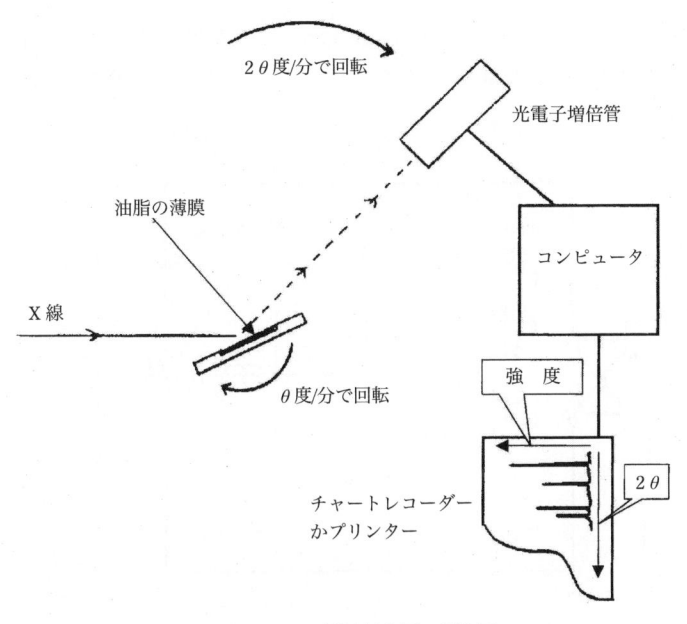

図3.16　X線回折装置の概念図

3　いわゆる"粉末"回折測定法の場合，原子の位置を決めるのに使われる単結晶回折測定法とは反対に，測定試料は著しく多数の結晶からできている．

第3章 分 析 方 法

する回折強度の一連の線を結果として記録するのに使われたが，今日では，図に示すように，チャートレコーダーあるいはコンピュータに出力する光電子増倍管が一般的である．

こうした装置は油脂や純粋なTAGの結晶多形を決めるのに適しているが，何らかの温度制御が通常必要である．この方法の原理はAOCS Method Cj 2-95に載っている．この標準回折計の重要な拡張は，回折パターン対温度 (DPT) カメラを利用したプログラム式温度制御方式のXRDの開発だった．この装置では，試料がキャピラリー管に保持され，X線ビームがキャピラリー管を，旧式のやり方では試料の後方約10cmにある写真用フィルムに記録される全ての回折角度で通過する．試料保持部は窒素ガスの気流により16℃/分までの速度で昇温，あるいは，冷却される (Chapman, Akehurst & Wright, 1971; Riiner, 1970)．DPTカメラで多形転移に関する大量の情報が得られ，他のやり方では容易に観察できなかった準安定多形の観察が可能になっている．DSCは多形転移と準安定多形を検出するが，多形のタイプを明確に決定できるのは，唯一XRDだけである．

より大きな同じ可能性を秘めたごく最近の発展は，放射光X線回折測定法 (SRXRD) である．この方法では，非常に強力なX線ビームが放射光発生装置から得られ，それが2～3秒間でX線回折パターンの完全で詳細な"スナップショット"化を可能にする (Ueno, Yano, Seto, Amemiya & Sato, 1999)．この結果は"スーパー"DPTカメラの機能で図2.29と図2.30に示した詳細な回折パターン対温度の図となる．SRXRDの概念図を図3.17に示した．

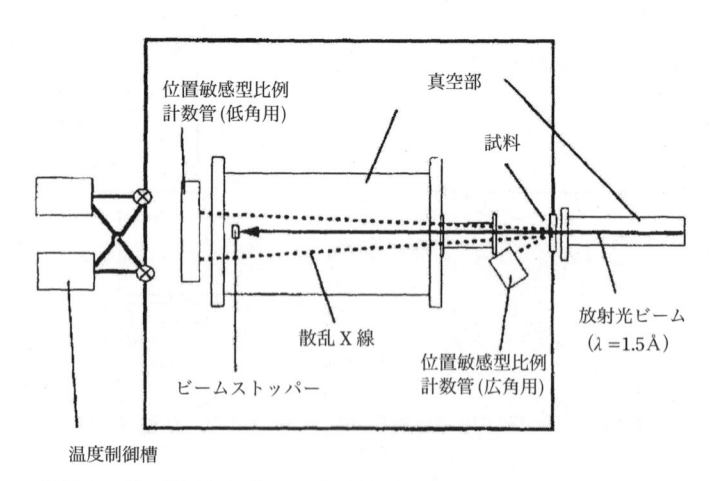

図3.17 放射光X線回折測定法（SRXRD）の概念図（Ueno, Yano, Seto, Amemiya & Sato, 1999より）

F 節　X 線回折測定法（XRD）

　さらに高度な装置は，油脂の多形挙動と熱挙動の同時測定を可能にする SRXRD と DSC の組合せである (Loisel, Keller, Lecq, Bourgaux & Ollivon, 1998; Ollivon, Loisel, Lopez, Lesieur, Artzner & Keller, 2001)．これは興味深い発展であるが，これで得られる情報の質は，多分，同じ温度−時間条件下で別個に測定した DSC 曲線と SRXRD パターンで得られるものとほとんど同じだろう．

　XRD は，X 線ビームが危険なため，通常の油脂研究室には不向きである．したがって，ほとんどの読者にとって，XRD はこの章で説明された技法のうち最も縁遠いものであろう．しかし，適切な XRD が，通常，最寄りの大学の結晶学，地質学あるいは冶金学科にあるので，この技法の必要性を無視できないのである．一方，SRXRD は 2〜3 の国にあるごくわずかな高度に専門的な総合施設においてのみその利用が可能である．

第3章 分析方法

G節　冷却曲線

私たちがこれまでに理解したように，DSC や温度プログラム式 XRD で TAG や油脂の結晶化や融解の特性を研究できる．しかし，こうした技法が使われるのは，工場の品質管理研究室というより研究所の場合がほとんどである．また，試料の量が少なく，試料の撹拌もしない状態での研究は，工業的な工程を十分にシミュレートすることができないことを意味している．

SFC 法は図 3.3 に示すような融解曲線をつくる．結晶化あるいは冷却曲線 (cooling curve) を得る方法は数種類ある：

(1)　SFC 冷却曲線．
(2)　シュコッフ (Shukoff) 冷却曲線 (SCC)．
(3)　イェンセン (Jensen) 冷却曲線 (JCC)．

こうした方法のそれぞれを以下でもっと詳しく考察する．

1.　SFC 冷却曲線

NMR 装置に試料を一定温度で保持し，そして，規則的な時間間隔で SFC が測定されるなら，ほぼ連続的な融解曲線あるいは結晶化曲線が得られる．ブロシオら (Brosio, Conti, di Nola & Sykora, 1980) が報告したように，融解曲線の情報量は，標準的な SFC 融解曲線よりも少ない．一方，結晶化曲線からは，全く異なる重要な情報が得られる．製菓用油脂の場合の良い方法は，標準的な SFC 法のように油脂を 80℃で融解し，次いで，結晶化温度（通常 20℃）の NMR に試料管を挿入する前に，試料管を 27.5℃あるいは 30℃に 1 時間保持することである．それから，SFC を 1〜5 分間隔で測定し，測定値を図 3.18 に示すようなグラフにプロットする．NMR に結晶化温度で制御される試料測定部が備わっていると便利だが，それは絶対不可欠の要件ではない．約 40℃の標準的な試料測定部温度でも良好な結果を得ることができる．この場合は，40℃の影響を最小限にとどめるため，各測定で照射するパルスの数をたった 1 つにセットせねばならない．試料管は 20℃の恒温水槽（あるいは，選択された結晶化温度）に保持され，そして，1〜5 分の間隔で試料管が引き出されて，測定に必要な時間の約 5 秒の間，NMR 中に置かれる．試料管は素早く恒温水槽に戻される．こうした条件では，試料の融解は無視できる程度である．

図 3.18 に示した曲線はこの方法を使ってつくられたものであり，3 種のフィリング (filling) 用油脂の異なる結晶化速度がはっきりと分かる．SFC 冷却曲線の利点は，この SFC 値が油脂の特性と直結した意味を持つことであり，そして，標準的な SFC

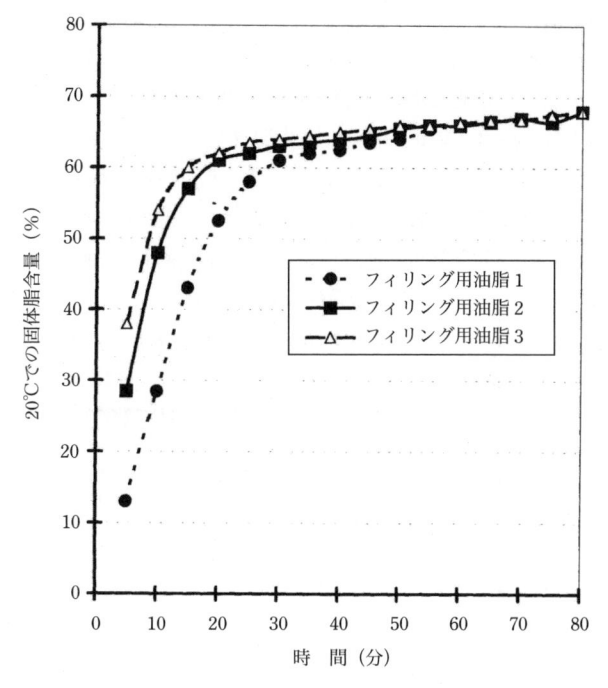

図3.18 3種のフィリング用油脂の SFC 冷却曲線（Britannia Food Ingredients より）

融解曲線と直接的に関連していることである．

2. シュコッフ冷却曲線（SCC）

　油脂が結晶化する時に熱の発生があるので，冷却曲線をつくる最も単純な方法は経時的に温度変化を記録することである．シュコッフ冷却曲線は，標準化された方法で得られる温度-時間曲線である．試料（約25g）をシュコッフフラスコ中に入れ，試料がココアバターや SOS 型製菓用油脂の場合，それを 0℃あるいは 17℃の恒温水槽に入れる．シュコッフフラスコは真空ジャケット付きの容器である．温度計を油脂中に差し入れ，規則的な時間間隔で温度を記録する．結果は時間対温度のグラフにプロットされ，この試験条件で結晶化しない液状油（大豆油）の曲線と比較される．液状油の曲線からの最初の逸脱（最初の結晶化），その逸脱の極小値，そして，極大値の時間 (t) と温度 (T) が記録される．そうした数値はそれぞれ t_c, T_c, t_{min}, T_{min}, t_{max}, T_{max} と定義される．$\Delta T(T_{max}-T_{min})$ と傾斜 $[(T_{max}-T_{min})/(t_{max}-t_{min})]$ も計算のために有用なパラメーターである．フラスコの製作を含めたこの方法の詳細の全ては，IUPAC Method 2.132 と IOCCC Method 31 にある．

　シュコッフ法の初期の様式をピチャード（Pichard, 1923）が最初に開発したので，こ

第3章 分析方法

のことから，時折，ピチャード冷却曲線と呼ばれる．

ウィルトンとウォード (Wilton & Wode, 1963) は，水素添加やエステル交換された油脂を製造するマーガリン設備での品質管理にこの SCC が役立つことを示した．リーナー (Riiner, 1970, 1971) はこのシュコッフ法を研究し，シュコッフ法の結果を DPT カメラで制御された XRD の結果と比較した．彼は，T_{min} が油脂の $α$ から $β'$ への急激な多形転移の生じる所であることを示した．T_c だけしか観察されなければ，多形は $α$ となる．パーム核油のような油脂は，シュコッフ法の条件で，直接に $β'$ で結晶化した．ココアバターは，シュコッフ法の条件で $β$ にならない．

この方法の発展では，ゴーとティムス (Goh & Timms, 1983) が，温度計や手動式の記録に代えて，チャートレコーダーに出力する熱電対を使い自動化した．さらなる発展で，彼らは差シュコッフ冷却曲線をつくるために，一対の熱電対の1本を2番目の

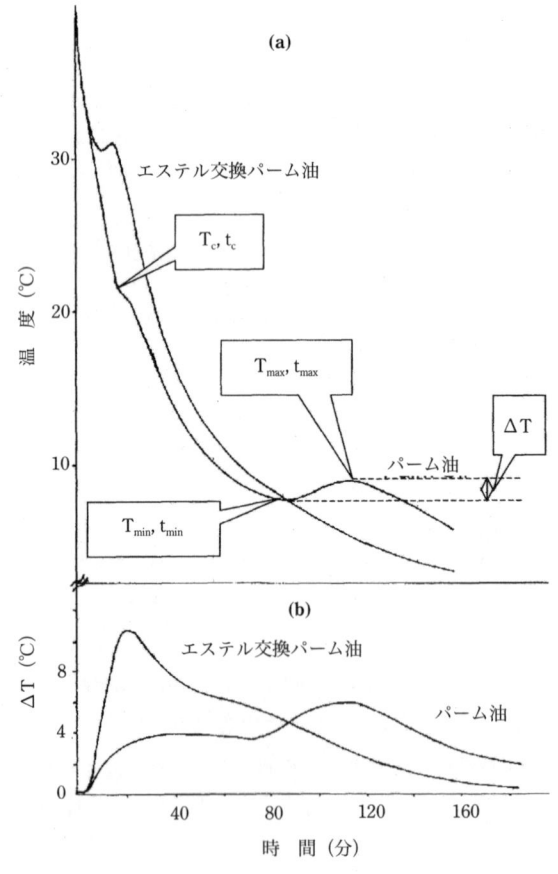

図 3.19 通常の精製パーム油とエステル交換パーム油の (a) 標準シュコッフ冷却曲線と (b) 差シュコッフ冷却曲線 (Goh & Timms, 1983 より)

G節 冷却曲線

対照の大豆油を入れたシュコッフフラスコに差し込んだ．図 3.19 は傾斜が差曲線 (differential curve) 上で明瞭なピークとなるこの方法の優れた特徴を示している．差 SCC は"貧者の DSC"といわれるかも知れない．同様の方法が，チョコレートのテンパリングを制御するための"単純化された DTA"をつくるのにも取り入れられた (Adenier, Chaveron & Ollivon, 1984)．

この方法のさらなる改良の中で，ハネマン (Hanneman, 2000) はバリー・カルボー社 (Barry Callebaut) の研究室で使われるココアバターのやり方を説明している．この場合は，フラスコの真空ジャケットが取り除かれ，恒温水槽が 15℃ にされている．この方法はイェンセン法とシュコッフ法のハイブリッドと考えられる．

3. イェンセン冷却曲線 (JCC)

イェンセン冷却曲線はとりわけココアバターとその他の SOS 型油脂に使う目的で設計されている．油脂（約 75g）を，空気ジャケット／2 番目管で囲まれた管に入れ，その全体を 17℃ の恒温水槽中に置く．詳細は British Standard Method 684: 1.13 にある．

イェンセン法では油脂が撹拌されるので，この点が他の全ての方法と異なる．撹拌することは，実際の油脂の加工やチョコレート製造に直接利用するのにより適してい

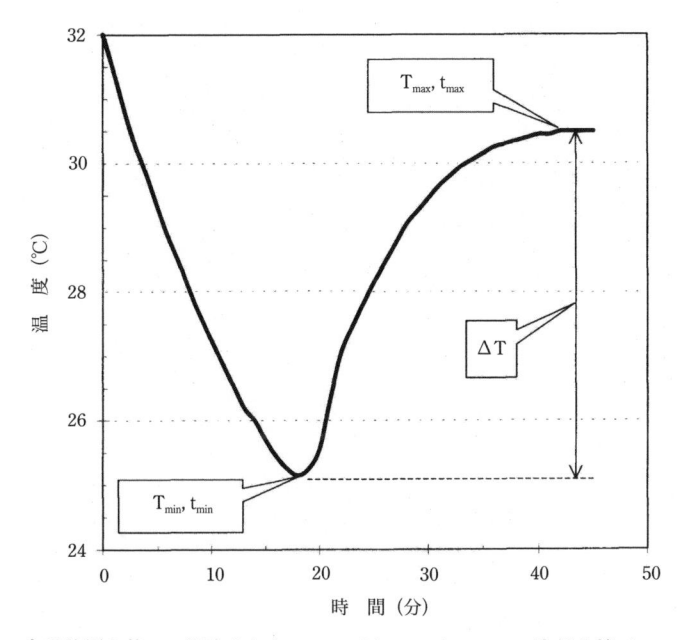

図 3.20　自動装置を使って測定されたココアバターのイェンセン冷却曲線（Britannia Food Ingredients より）

ることを意味している．実際，この方法では，シュコッフ法と違って，ココアバターが測定中に β（V型）に転移する．ココアバターの JCC 事例を図 3.20 に示した．記録されているパラメーターはシュコッフ法の場合と同じである．

　油脂の撹拌はこの方法を実際に役に立つものにしているが，同時に，撹拌が非常に骨の折れる作業であり，全ての測定者が確実に同じ結果を得るのに，かなりのスタッフ訓練が必要となることを意味している．この欠点をなくすため，自動式イェンセン装置が 1970 年代にロダース・クロックラーン社（Loders Croklaan）によって開発されたが，数点の装置が製作されただけで，それは市販されなかった．最近，ブリタニア・フード・イングリーディエンツ社が新たな自動イェンセン装置（AutoJen）を開発した．これは購入可能である．この装置の結果は手動式と非常に良く一致し（Timms, Whittingham & Darvell, 2000），自動試験がいつでも可能なので，イェンセン冷却曲線の利用が将来もっと一般的になることが期待される．

H節　サーモ-レオグラフィー

　工場の実際に近い条件での油脂やチョコレートの結晶化特性を研究するもう1つの方法は，サーモ-レオグラフィー（thermo-rheography：TRG）の利用である．この技法はバエニッツ（Baenitz, 1977）によって開発され，クライネルト（Kleinert, 1978）がこれを幅広く概説している．この装置はブラベンダー社（Brabender）によって製造されており，そして，これはパンのドウの特性研究にも使われ，この場合にはファリノグラフ（farinograph）の名称で知られている．この装置は定速で回転する撹拌装置を備え，そして，恒温槽からの水流の切り替えで素早く所定の温度に制御される試料室を有している．試料である油脂，チョコレート，あるいは，その他の混合物はここで結晶化され，結晶化が撹拌に対する抵抗を生みだす．この抵抗あるいはトルク（torque）がチャートレコーダーに経時的に記録される．テンパリングされたチョコレートの結晶化速度と粘度増加は，実際のチョコレート製造に即した非常に重要なデータになる．サーモ-レオグラフの測定では，他の方法での冷却曲線，結晶化あるいは粘度の測定で得られない情報を手にすることができる．

　TRG曲線から種々の測定値やパラメーターが抽出されて記録される．一般的な1つのやり方は，油脂，砂糖，乳化剤のモデル混合物をつくることであり，これにはココアバター以外のカカオ成分を入れない．この混合物あるいはチョコレートは，油脂を液化して完全に均質化するため，55℃に昇温されて30分間撹拌される．クライネ

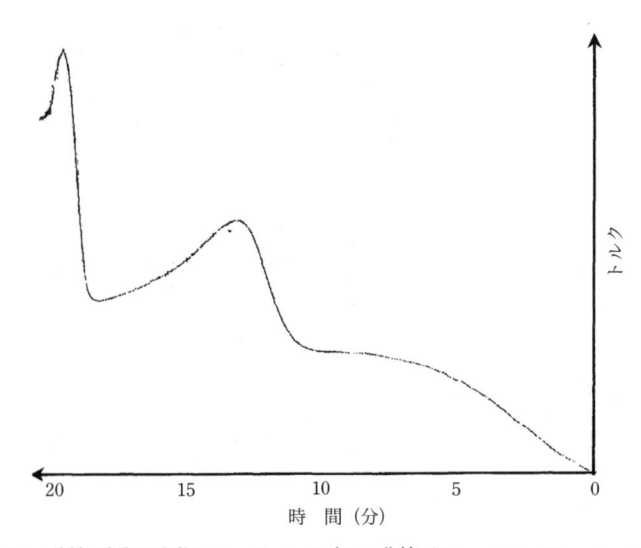

図3.21　砂糖-油脂混合物のサーモ-レオグラフ曲線（Britannia Food Ingredients より）

ルトとバエニッツはこの段階を"適合段階"と言っている．次いで，混合物は，22〜26℃のテンパリング温度まで冷却される．この時"測定段階"は始まっており，レコーダーが図 3.21 のような TRG 曲線を記録し始める．各種のパラメーターがこの曲線から記録される．クライネルトが考察しているように，最も一般的なパラメーターは，初期のトルクのピーク，あるいは，小さな上昇の後での最終的なトルクの急上昇の時間であり，そして，この時点でのトルクの数値である．

カッテンベルグ (Kattenberg, 2001) は，異なるココアバターの結晶化特性の研究への TRG 測定の利用を論じている．彼はココアバターが最初 β' で結晶化し，次いで，急勾配で上昇する時点で β に変わると報告している．

TRG 装置は比較的高価な特殊装置であり，これがチョコレート製造企業に広く利用されていない理由なのかも知れない．しかし，TRG から得られる結果は他の試験よりも現実的な重要性を持つと思われるので，ルーチンの品質管理や開発業務にもっと広く利用されてもよさそうなのだが….

I 節　ブルーバリュー（Blue Value）

ブルーバリューはココアバター中のカカオシェル脂を検出するための特殊な試験である．これはフィンケとザッハー（Fincke & Sacher, 1963）によって開発されたものであり，ベヘン酸トリプタミドの存在に基づく呈色反応である．この方法は IOCCC Method 29 に記載されている．

この方法は極端に複雑であり，p-ジメチルアミノベンズアルデヒドと過酸化水素溶液の調製が必要で，調製後 2 時間以内に使わねばならない．この制約が 1 回に分析される試料の数を制限する．2 時間以内に 2 点法で分析する 6 つの試料だけを用意するのに，2 人の研究員が必要となる．さらに，この方法は四塩化炭素を使わねばならないが，この溶媒は毒性と地球のオゾン層への影響のため，研究室や他の工業技術での使用においても段階的に廃止されている．四塩化炭素はシクロヘキサンで置き換えられる（個人的な経験から）．

ブルーバリューは通常ココアバターの規格になっているようだが，測定されていないのは，多分，分析の複雑さと四塩化炭素を使うことが理由だろう．

スゼラグとズビールジコウスキー（Szelag & Zwierzykowski, 1988）は 2 つの異なるやり方でブルーバリュー法を評価した．ブルーバリューからシェル脂の量を算出できる式が開発された．現在 IOCCC 法になっているブルーバリュー法を使った式は次のようになる：

$$シェル脂(\%) = 26.32 \times ブルーバリュー$$

ごく最近，脂肪酸トリプタミド（fatty acid tryptamide: FAT）を定量する HPLC 法が報告されている（Janssen & Matissek, 2002 ; Matissek & Janssen, 2002）．脂肪酸トリプタミドの平均含量は，ココアニブ（多くの原産地由来の 186 点の試料）中で 89.8mg/kg，シェル（多くの原産地由来の 171 点の試料）中で 522.0mg/kg であった．FAT とシェル含量，そして，FAT とブルーバリューの間に，良好な相関関係が見出された．この HPLC 法が比較的単純なこととその検出特性から，この方法はシェル含量の定量に適した方法だと思われる．

第4章 加　工　法

　通常の加工法の全てが製菓用油脂の製造に使われる．製菓用油脂だけに使われる特別な方法や技法は1つないし2つであり，その他のものは標準的な加工法といくぶん違うやり方にされて使われている．製菓用油脂は付加価値が高いので，製菓用油脂工業は新たな加工技術，とりわけ改質技術の最先端に位置している．分別やエステル交換での新たな進展の推進力はより純度の高い画分やTAGの要望であり，それらの画分やTAGは製菓用油脂に特徴的なシャープなSFC融解曲線やその他の機能性を付与する．

　この章では，食用油脂工業で使われる標準的な採油，精製，改質の方法の理解を深める．こうした方法の更なる詳細は多くの本で知ることができるだろう．筆者が特に勧めたいのは，"*Lipid Technologies and Applications*" (Gunstone & Padley, 1997)，"*Edible Oil Processing*" (Hamm & Hamilton, 2000)，そして，"*Fats and Oils Handbook*" (Bockisch, 1998) である．後者の本は先にドイツで出版された．ケレンズ (Kellens, 2000) は3つの改質加工である水素添加，エステル交換および分別を，製造とそのコストを含めて概説している．

　筆者は，製菓用油脂の場合に多少変えて実施されるとか，あるいは，特別な注意が必要とされる各加工処理の特徴を示す．この章の最後では，ブレンディングの理論を考察する．分別の後のブレンディングは，間違いなく，製菓用油脂の生産における最も重要な工程である．この問題は精製や加工に関する標準的な教科書では扱われていない．

A節　採油と未精製油脂の取り扱い

　SOS型製菓用油脂を製造する原材料（"エキゾチック油脂"；第5章を参照）の採油は，明らかに製菓用油脂工業に特有のものである．伝統的に，油糧種子（ナッツ）は採油と加工のために製菓用油脂を製造している国々へ輸送されているが，次第に今日では，油糧種子がその生産国（"原産"国）で採油されてきている．例えば，イリッペ脂（第5章E.2項を参照）は，現在，ほぼ完全に原産国のインドネシアとマレーシアで採油されている．採油には標準的な圧搾や溶剤抽出の技術が利用されている．油糧種子は通常油脂含量が高い（サル (sal) は例外）ので，一般的に圧搾だけが使われていた．しかし，こうした原材料は高価で，しかも，比較的不足気味なので，ほとんど溶剤抽出が実施

されている．

　油糧種子から採油する場合の深刻な問題は，工場から大抵遠く離れた場所で収穫されるので採油までに時間がかかることである．この時間は数か月かも知れない．そして，その間，油糧種子は昆虫やカビの攻撃で損害を受けやすい．油脂は遊離脂肪酸の濃度が高くなって劣化する．最悪の場合，油脂は使えなくなるかも知れない．昆虫駆除に殺虫剤を使うことが，とりわけインドでは一般的なので，未精製油脂の殺虫剤濃度を調べる必要がある．

　油脂の貯蔵，輸送，そして，取り扱いは普通の方法で実施される．しかし，そうしたやり方には注意深い配慮が欠かせない．この問題を扱った優れた文章の中で，ヒルダー（Hilder, 1997）はそれらを"避けられない災い"と呼んでいる．製菓用原料油脂は固有なTAG組成と機能性とがリンクしているので，異物混入，酸化あるいは加水分解でとりわけ劣化しやすい．経験上，輸送や貯蔵に最善なのは，未精製油脂，中和された油脂，あるいは完全に精製された油脂よりも，中和に加えて脱色された油脂である．適切なのは，固体状態で輸送や貯蔵をすることである．25kgあるいは1,000kgのブロックが理想的である．固体ブロックは液状脂の輸送や各種の貯槽間での移し替えで起こる潜在的な異物混入の可能性のほとんど全てを回避する．固体ブロックは低温倉庫中に貯蔵され，菓子製造企業が必要とした時に融解される．

B節 精　　製

1. 脱ガム，中和／脱酸，脱色

　エキゾチック油脂は油糧種子や未精製油脂の収穫，貯蔵，そして，輸送中の不適切な管理のため，通常，遊離脂肪酸の含量が高い（10〜20％も稀ではない）．さらに，こうした油脂は飽和脂肪酸，特にステアリン酸の含量が高いので，アルカリでの中和で生成するセッケン分（soap）は固くて比較的溶けない．したがって，加工でのロスは必然的に高い．抽出した油脂をヘキサン溶液のままで，通常エタノールも添加してアルカリと接触させるミセラ（miscella）精製法は，歩留まりを改善するための選択肢の1つである（Cavanagh, 1990）．もう1つの選択肢は溶剤-溶剤抽出を使うことであり，この場合は，ヘキサン中のニート（neat）ないしは溶液状態の油が，典型的にはメタノールかエタノールを溶媒とする向流工程中で抽出される（Hamm, 1992）．溶剤や抽出条件によって，遊離脂肪酸やある程度のDAGがアルコールの流れの中に抽出され，脱酸された液状油がもう1つの流れとして流出する．精製ロスは低く，この工程費は価値の高いエキゾチック油脂の収量増加で相殺されうる．さらなる加工が油糧種子生産国で実施されるので，原材料の品質改善が進み，こうした特殊な精製工程は次第に必要がなくなっている．

　パーム油やパーム核油を例外として，物理的な精製法は次項で考察するようにTAGの再配列の可能性があるため一般的に使われていない．

　遊離脂肪酸の除去は油脂の物性を著しく向上させる．そして，覚えておかねばならないことは，部分的に精製された原材料が，その特性と精製，脱色，脱臭されて仕上げられた（RBD）製品の特性との対比から推定すると，0.5％程度まで遊離脂肪酸を含有していることである．パーム油の物理的な精製での脂肪酸の留出物（遊離脂肪酸85％）をこの精製パーム油に添加して戻すと，約5％の留出物（遊離脂肪酸4.2％程度）で共晶の影響が生じ，パーム油のSFC値が低下した（Timms, 1985）．したがって，通常，精製と遊離脂肪酸の除去はSFC融解曲線の改善をもたらし，それは，図4.1にラウリン酸型製菓用油脂で示したように，非常に重要である．

　第5章E.6項で考察するように，シア脂の脱ガムを例外として，特別な脱ガム法は必要ない．

　エキゾチック油脂由来の濃い色調を除くのに，大量の活性白土での強力な脱色が通常必要とされるが，これは油脂の望ましい物性に影響を与えない．ウォン・ソーン（Wong Soon, 1988）のイリッペ脂の脱色の研究では，長時間の脱色の後に，結晶化特性でわずかに不都合な影響が見られたものの，SFC値には何の不都合な影響も見られな

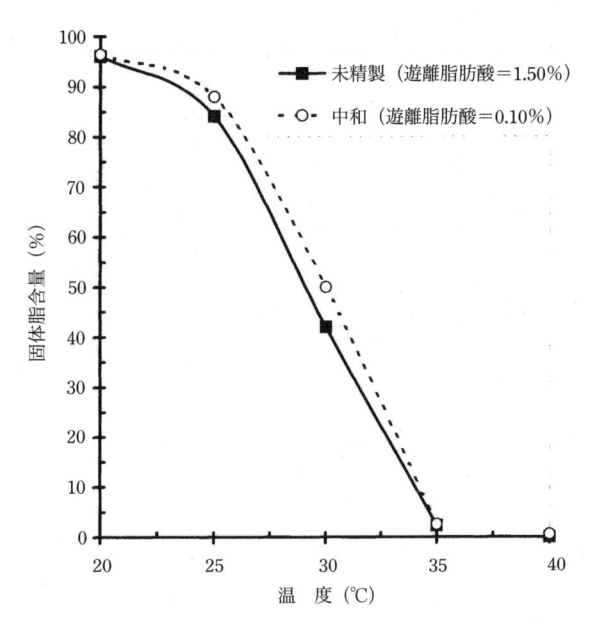

図 4.1 ラウリン酸型製菓用油脂（水素添加パームステアリン）の SFC 融解曲線への中和の影響（Wong Soon, 1991 からの複製）

かった.

2. 脱　　臭

遊離脂肪酸を除去する物理的な精製を含む脱臭は，200〜275℃，真空度 1〜5mbar（0.75〜3.75mmHg）でのストリッピング（stripping）で実施される．こうした条件下では，遊離脂肪酸や臭気の望ましい除去とは別に，4つの望ましくない変化が起こる：

(1) 抗酸化物質（トコフェロールやトコトリエノール）の留出物への流失.
(2) 多価不飽和脂肪酸，とりわけリノレン酸の二重結合の再配列で，幾何異性体や位置異性体を生じる.
(3) TAG の 2 量体や重合体の形成.
(4) TAG の再配列（アシル鎖の移行）.

エダー（Eder, 1982）は脱色中に生じる生成物，とりわけトランス異性体や TAG 重合体の生成を調べた．脱色温度が 240℃以下の場合，こうしたものの形成はほとんどなかった．

抗酸化物質の除去は一般的に全ての食用油脂に望ましくないもので，これは製菓用油脂に限った問題ではない．その除去の程度は温度，真空度，脱臭装置の種類に左右

され，そして，ある程度の抗酸化物質のロスは避けられない（Stenberg & Sjöberg, 1996）．

多価不飽和脂肪酸の二重結合での異性化は製菓用油脂の場合に懸念される問題ではない．原材料のこうした多価不飽和脂肪酸の濃度はもともと低いし，あるいは，原材料はそれを除いてトランス酸にするために水素添加される．脱臭温度で生じる異性体の種類が近年解説されている（Cook, 2002）．

TAG の再配列は SOS 型製菓用油脂にとって非常に望ましくないことである．ただし，高トランス酸型とラウリン酸型油脂の場合，それは全く障害とならず，むしろ再配列／エステル交換が好都合の反応になる．高温で SOS 型 TAG は再配列して SSO や SSS 型の TAG をつくるが，SSO と SSS 型 TAG は，SOO や OOO と同様に融解や結晶化特性に影響するため，とりわけ望ましくない．ウィレムズとパドレー（Willems & Padley, 1985）はパーム油中の SOS と SSO 型 TAG の比率への時間と温度の影響を報告した．時間と温度は相互依存の関係にある．220℃の場合，再配列はほとんど起こらず，約2時間まで無視して良い．240℃以上の温度では，再配列が温度に比例して急速に進行した．同様の結果が最近パーム油中融点画分の脱臭で報告された（Hashimoto, Nezu, Arakawa, Ito & Maruzeni, 2001）．この場合，240℃で，SSS が相当増加し，また，220℃での脱臭に比べて SFC 融解曲線の変化が顕著だった．

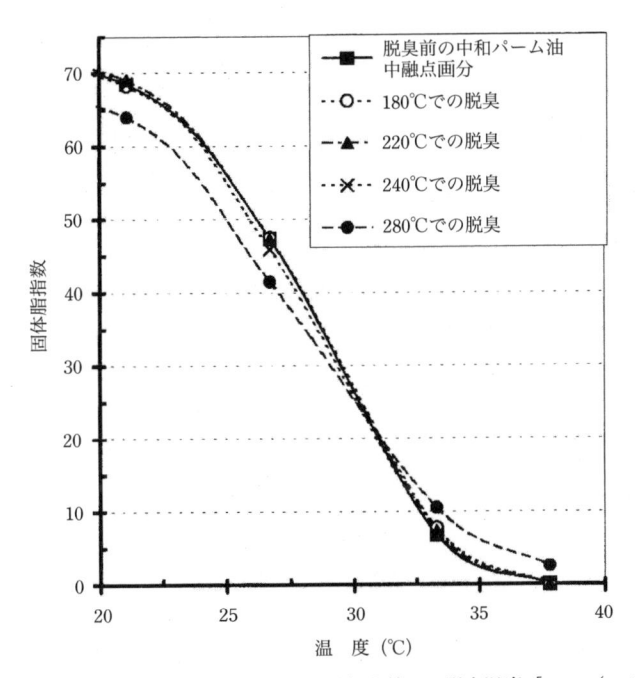

図4.2 アセトン分別パーム油中融点画分の SFI 融解曲線への脱臭温度 ［4torr（5mbar）で3時間］の影響（Wong Soon, 1991 からの複製）

TAG 再配列の最近の研究はモデル油脂としてパーム油中融点画分を使っている (Xu, Skands & Adler-Nissen, 2001). MAG, DAG, 遊離脂肪酸の影響が調べられ, DAG の濃度が再配列の程度に相当影響すると結論された.

ウォン・ソーン（Wong Soon, 1991）は各種の SOS 型原材料への脱臭の影響を研究している. **図 4.2** に示すように, 220℃が臨界温度のように思える. 240℃で SFI 値の顕著な変化が起こっている. 一方, 280℃の場合, 変化はあまりにもひどく, この油脂は使いものにならない. 時間も重要であり, 280℃でも 1 時間なら, 変化は著しく軽度だった.

パーム油やパーム核油を例外として, ココアバターを含めた熱帯産の油脂は高濃度の殺虫剤を含有しているかも知れない. こうした薬剤をほとんど検出不可能な濃度まで除去できる唯一の工程は脱臭である. 分別, とりわけ溶剤を使う分別は, 殺虫剤を副産物画分に濃縮してしまう. この画分は高温での物理的精製が向いている. そうすれば, 全ての殺虫剤を留出物として除ける. 上述したように, 脱臭温度は TAG の再配列を回避するため普通, 最低限度にされる. したがって, 殺虫剤除去の効率と油脂特性のダメージの最小化とをバランスさせる条件がある. ココアバター（第 6 章 A.2 項を参照）を用いた研究は, 特に効率的なストリッピングを行えるように設計された半連続式脱臭装置での 200℃が, 殺虫剤を除去するためにココアバターを処理する妥当な温度であることを示している. ただし, この温度で全てのブレンド油脂が製造されるのではない. ヒマワリ油の精製の研究は, 220℃でのバッチ式脱臭が四塩化系殺虫剤の 90％以上を除去できることを示した (Uhnák, Veningerová & Horáthová, 1983). 同様に, 標準的な精製で, 大豆油から有機リン系殺虫剤 (Fukazawa, Tsutumi, Tokairin, Ehara, Maruyama & Niiya, 1999) を, また, ナタネ油からクロルピリホスメチル (Kristott & Rossell, 1994) を完全に除去できた. したがって, 製菓用油脂に使われる普通の比較的穏やかな脱臭条件（例えば 220℃まで）は, 殺虫剤の大部分を除去する. 確かに, 市場で手に入る精製された製菓用油脂中の殺虫剤の濃度は, 検出不可能なほどに低いように思われる.

C 節　分　別

1.　緒　言

　分別は分画的な結晶化を意味している．油脂は融かされて，結晶あるいはそれまでの熱履歴の痕跡をとどめない液体にされ，これが制御された方法で冷却されて結晶化され，液体（母液）から結晶を分離するために分離装置に送られる．

　分別効率は工程中の2つの段階に左右される：
- 第2章B節で説明したように，各TAGの異なる溶解度が固相と液相中での濃度差をもたらす．
- 分離装置での分離効率の違いは，混入される（捕捉される，あるいは閉じ込められる）母液量の違う結晶になる．

　結晶が母液から分離された時，液状脂画分はオレイン (olein)，結晶と捕捉された液状脂から成る固体脂画分はステアリン (stearin) と呼ばれる．

　分別工程では，結晶中の目的とする固体のTAGが，結晶化温度で液体であるTAGから分離されねばならない．こうした液状のTAGは3箇所に分配されている．つまり，(1) 結晶化されないバルク油脂，(2) 結晶中に物理的に捕捉され結晶化されない油脂，そして (3) 固体のTAGと一緒の固溶体である．

　形成される固溶体の量と種類は結晶化される油脂の基本的な相挙動に本質的に左右される．過冷却度が大きいと，固溶体の形成量は増大する（温度が低いほど，必然的に固溶体になる液状TAGの比率が高くなる）．第2章B節で理解したように，固溶体の増加は溶解度の上昇をもたらすので，実際には，質の劣る結晶の収量が高くなる．しかし，結晶中に固溶体がいったん形成されると，分離段階で結晶の固相組成は変化しない (Timms, 1997a)．

　大量の結晶化していない油脂は比較的容易に結晶から除かれる．しかし，結晶中に捕捉された液状油の除去はかなり困難である．分離装置に求められる課題は最終固体画分中に捕捉される液状油の量を低減することである．

　分別は，主にパームオレインの需要に促されて，ここ25年間で急速に発展した (Kellens, 1994; Smith, 2001a)．パームオレインの場合，分離装置の効率は収量だけに影響し，品質，つまり，製品の組成には影響しない．製菓用油脂の場合，固体画分は常に主要な目的の画分である．それはステアリンであり，パーム核ステアリンをつくるパーム核油の分別，あるいは，中融点画分 ("mid-fraction") にするパーム核油の第2段階の分別やパーム油中融点画分を得るパームオレインの分別のような分別工程で製造

される．結晶中に捕捉される母液のため，ステアリンの収量だけでなく組成も分離装置の効率に影響を受ける．また，ステアリンは望まれる画分なので，結晶量は多くなりがちであり，そして，その量が非常に多いと，結晶化した油脂の全体は結晶のスラリーとしてとどまらずに分離する前に固まってしまう．このことは使用可能な分離装置の選定に明らかに影響を与える．

こうした事情から，製菓用油脂製造での技術的な進歩は，前段階の結晶化よりも分離工程と分離装置に集中している．とは言え，最適化された結晶化段階は依然として最適な分離を得るのに決定的な役割を担っている．

結晶化段階が液状脂で実施される場合に，その工程はドライ分別と呼ばれ，それが溶剤中に溶かされた油脂で実施される時は，溶剤分別と呼ばれる．

2. ドライ分別

ドライ（乾式）分別では，結晶化段階が非常に重要である (Tirtiaux & Gibon, 1998; Gibon & Tirtiaux, 2002)．この分別での目的は，母液の捕捉量を最小にする均一で中程度の大きさの結晶をつくることである．

ドライ結晶化の後，結晶化した油脂がスラリー状ならば，それは次の分離装置の1つで分離される：

- 真空ベルトかドラムフィルター．液状脂分離の時間を長くすることができ，また，良好な減圧制御が可能なので，ベルトフィルターが適している．
- 圧縮空気で操作される低圧（4～10bar）膜プレス機．
- 油圧で操作される高圧（15～50bar）膜プレス機．
- 遠心分離機．結晶のスラリーは最初に界面活性剤水溶液と混合しなければならない．すると結晶は水に馴染みより重い水相に移行する．アルファ－ラバル社 (Alfa-Laval) が特許を取得した工程は"リポフラク (Lipofrac)"プロセスと呼ばれている．これは現在，法規制（例えば，日本で）や廃液廃棄費用のためにほとんど使われていない．
- ノズルセントリフュージ (nozzle centrifuge)．これは最近開発されたものであり，低圧膜プレス機と真空ベルトフィルターとの中間の効率だと報告されている．

こうした全ての分離装置の場合，結晶濃度が非常に高くて結晶のスラリーにならない時は，オレインの一部が希釈に再利用され，ポンプ送り可能なスラリーとされる．オレインは溶剤として効率的に使われている．オレインの再利用は一般的にパーム核油の分別で実施されている (Rossell, 1985; Timms. 1986)．

結晶化された油脂が固体状なら，通常，冷蔵室のトレー中で結晶化して，固体ブロックにされる．この結晶化の最初の段階は撹拌式の晶析装置であり，これが最終的

C 節　分　別

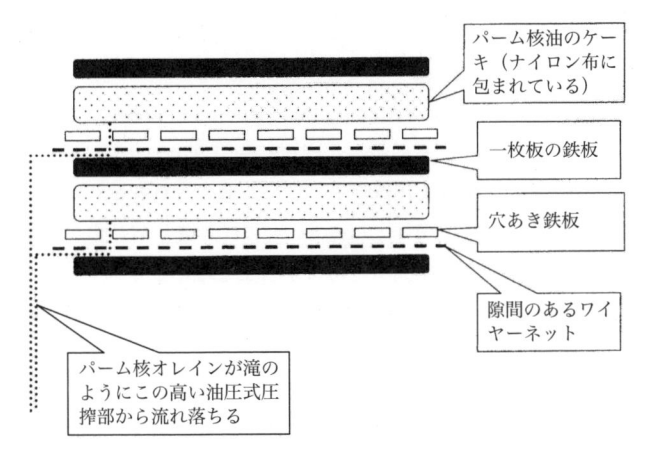

- パーム核油のケーキ（ナイロン布に包まれている）
- 一枚板の鉄板
- 穴あき鉄板
- 隙間のあるワイヤーネット
- パーム核オレインが滝のようにこの高い油圧式圧搾部から流れ落ちる

図 4.3　縦型プレス機中のフレームの概念図．2 つのフレームだけを示した：商業的な装置には 30〜40 のフレームがある（Wong Soon, 1991 からの複製）

(a)

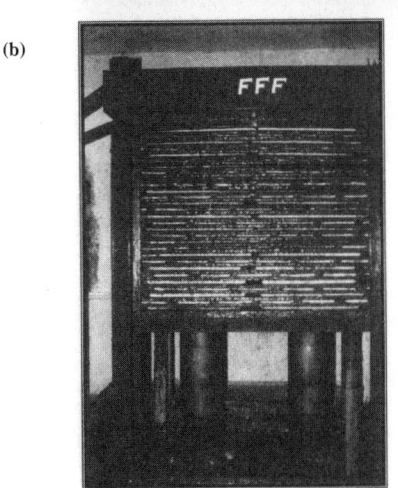

(b)

図 4.4　(a) 圧搾準備のため包まれる結晶化されたサル脂のブロック，(b) サルステアリン製造用の縦型プレス機（Food Fats & Fertilisers Ltd, Tadepalligudem, Andhra Pradesh, India）

に固体ブロックまでの結晶化を行うトレーに注ぎ入れるスラリーをつくる．そして，次の分離装置の1つを使って分離が実施される：
- 油圧で操作される縦型高圧（〜100bar，あるいはそれ以上の高圧）プレス機．油脂ブロックを特殊な布フィルターに包み，液状脂を染み出させる．図4.3に縦型プレス機の概念図，そして図4.4に稼動中のプレス機の写真を示した．
- 油圧で操作される水平式高圧（25〜50bar）膜プレス機．結晶化した油脂を穏やかに"どろどろにする"と，結晶をだめにすることなくプレスチャンバーに送って充填できる（Willner & Weber, 1994）．あるいはまた，結晶化した油脂のブロックをプレスチャンバー中に直接入れても良い．

油脂の固体ブロックを圧搾する全ての場合，圧力に耐える大きな結晶をつくるための正確な結晶化が重要である．ウォン・ソーン（Wong Soon, 1991）はパーム核油の分別に適した"粒状"結晶を発現させる3つの方法を提案している：
- 18〜21℃での結晶化前に液状油を27℃で予備冷却する．
- 結晶促進剤を種結晶として添加する．
- ソフトパーム核ステアリンを原料油のヨウ素価を下げるのに再利用する．

ドライ分別用に開発された結晶化と分離の改良技術を用いることで，現在，ドライ分別技術はこれまで溶剤分別でしか得られなかった製品を製造することができる．表4.1に，現在市販されているパーム油中融点画分（PMF）と，アセトンで溶剤分別されたPMFが比較されている．ヨウ素価は総不飽和度の尺度，SFCは迅速な融解の尺度であり，そして，POP（およびPLinP）含量の尺度は炭素数52のTAGである．高圧膜プレス機で得られる"スーパー"PMFは収量がかなり低いものの，アセトンでの溶剤分別のPMFに類似していることが分かる．実際現在では，商業的なドライ分別のPMFはアセトン分別のPMFより上質だと評価されている．

表4.1 ドライ分別と溶剤分別で製造されたパーム油中融点画分（PMF）の特性（Timms, 1997a より）

PMFの種類	ヨウ素価	30℃[a]でのSFC	炭素数52のTAG（％）
ドライ分別"ソフト"	50	1	50
ドライ分別"ハード"	40	18	64
ドライ分別"スーパー"	34	45	74
溶剤分別（アセトン）	34	46	75

a 全ての画分は35℃でのSFCが5％以下．

3. 溶剤分別

結晶化される油脂が有機溶剤に溶けるなら，分別工程は大幅に改善されうる．溶剤の利用には4つの利点がある (Timms, 1997a)：
(1) 核形成と成長が速いので，大きい過冷却度と迅速な冷却速度が利用される．これは結晶化時間の短縮 (1時間以下) や連続式の晶析装置に好都合である．
(2) 低粘度が沪過を容易にする．
(3) 溶剤での油脂の希釈が熱伝導を容易にし，母液の捕捉量を少なくする．
(4) フレッシュな溶剤でフィルターケーキ (filter cake) を洗浄することは捕捉される母液の量を非常に少なくする (10%以下)．

しかし，技術改善の著しいドライ分別と比較される余計な溶剤費用は，製菓用油脂の製造を例外として，溶剤分別を不経済にしている．

分離装置として真空ベルトフィルターが使われる．溶剤洗浄はこのベルトに沿って順次実施される．分離効率は晶析装置とフィルターへの溶剤の割り当て量を最適化することで最も効果的となる．つまり，いくつかの場合，晶析装置内の溶剤：液状油の比を下げ，洗浄段階でその分多く溶剤を使う．

ティムス (Timms, 1983a) やハム (Hamm, 1986) が溶剤の選び方を考察している．TAG分離の選択性は，溶剤として液状油自体を使うドライ分別を含めて，溶剤の選び方に影響されない．通常使われるのはアセトンと工業用 n-ヘキサンの2つの溶剤である．理論は，例えば LLL と StStSt のように異なる分子サイズの TAG が分離される場合，(アセトンのモル体積が 74 とヘキサンの 132 より小さいので) アセトンがよりすぐれた識別力を持つことを示唆するが，しかし，溶剤分別に必要とされる分離は一般的にこのモル体積の差を利用するものではない．PMF の製造における POP の分離はとりわけ興味深い．アセトン中で純粋な POP が安定な β-3 に，また，純粋な PPO が安定な β'-3 に結晶化される場合，その多形の POP と PPO の溶解度にはかなり大きな違いがある．POP は約 10 倍以上アセトンに溶ける．したがって，分別で POP と PPO を分離するのは比較的容易と期待されるが，実際には，POP と PPO は一緒に結晶化し，POP 含量の高い β'-2 の結晶だけが得られる．それでもやはり，PPO をある程度減少させることができるので，この点でアセトンはヘキサンより効果的であると報告されている (Hashimoto, Nezu, Arakawa, Ito & Maruzeni, 2001)．

溶剤の選択は極性脂質と非極性脂質間での選択的な分離，とりわけ遊離脂肪酸や DAG からの TAG の分離に決定的な影響を及ぼす．非極性のヘキサンの場合，極性化合物はステアリンに濃縮されやすく，より極性の高いアセトンでは，極性化合物がオレインに濃縮されやすい．上述したように，普通，製菓用油脂として使う主要製品と

してのステアリン／結晶を求めているので，アセトンは最終製品中の DAG を望ましいレベルまで低下させるために選ばれる溶剤である．遊離脂肪酸を副産物のオレインへ除くことも実用的な効果であり，この理由で，未精製の油脂が溶剤分別の原料として使われる．そのため，製造されたステアリンまたは中融点画分は遊離脂肪酸濃度が低く，高価な主要製品の精製ロスを低減する．

4. 母液の捕捉

外見上でも，ドライ分別の結晶に含有される捕捉母液は驚くほどの量になる．母液は結晶の表面や亀裂の間で見つかっている．一般的に結晶は図 4.5(a) に示した球晶，あるいは，球状粒（第 2 章 C.4 項も参照）として成長する．通常の撹拌晶析装置中で成長する結晶は集塊してより大きな結晶になり，これも母液を捕捉する．それ故，捕捉母液の除去効率は凝集物（粒子）の間と中（内部）に捕捉される量に左右される．放射性トレーサー法を使い，ベメルとスミッツ（Bemer & Smits, 1982）が粒子間と粒子内部の液状油を区別した．内面かき取り型晶析装置の場合，粒子が微細なため，粒子内部の液状油はゼロだったが，粒子間の液状油量は多かった（こうした粒子は晶析装置からフィルターに送って沪過することが難しい）．彼らは粒子間の液状油量が少なく，そして，全体の捕捉液状油量の少ない凝集物をつくる特殊な晶析装置／撹拌装置を開発した．このテーマは近代的な晶析装置の設計目標になっている．

捕捉される液状油の典型的な量が表 4.2 に示されている．高圧膜プレス機を使ってさえも捕捉量は依然として多く，結晶化段階の TAG 間で実際に結晶化可能な TAG だけが結晶となっているにもかかわらず，分離されたステアリンの少なくとも 20 ％が液状油である．

添加物も結晶の形態に影響を与えて分離効率を改善するのに利用される（Smith, 2001a）．脂肪酸の多糖類エステルがこの目的で特許化されている（Unilever, 1996）．多糖

表 4.2 異なる分別工程由来のパームステアリン（PS），パーム油中融点画分（PMF），あるいは，パーム核ステアリン（PKS）中に捕捉された液状油の推定量（Timms, 1994; Willner & Weber, 1994; Willner, 1994 より）

企 業	工 程	画 分	捕捉液状油量 （画分中の%）
Alfa Laval	ドライ分別＋界面活性剤（"Lipofrac"）	PS	35〜52
Tirtiaux	ドライ分別＋ベルトフィルター	PS	60〜67
De Smet	ドライ分別＋ドラムフィルター	PS	70〜73
De Smet	ドライ分別＋低圧膜フィルター（4〜10bar）	PS	47〜50
Krupp	ドライ分別＋高圧膜フィルター（25bar）	PMF	28〜30
Krupp	ドライ分別＋高圧膜フィルター（50bar）	PMF	22〜23
Krupp	ドライ分別＋高圧膜フィルター（25bar）	PKS	〜28
Krupp	ドライ分別＋高圧膜フィルター（50bar）	PKS	〜20

類エステル中の脂肪酸が，結晶化する TAG の脂肪酸と同じである場合に最適な結果が得られる．添加物の使用は結晶の最速成長面の成長を遅くし（球晶になるポイントの1つ），球晶内で他の成長面をもっと成長させることで捕捉量を少なくするのかも知れない．こうして，図 4.5 に示すように，球晶内部の空間がそこで成長する結晶に占められる．

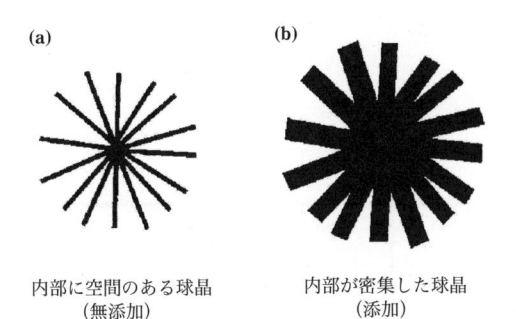

(a) 内部に空間のある球晶（無添加）
(b) 内部が密集した球晶（添加）

図 4.5　最速成長面の成長を遅くし，内部の成長面を成長させて液状油を捕捉する空間の少ない密集した球晶にする添加物の効果を示す概念図（Marcel Dckker の好意で，Smith, 2001a, p.374 より転載）

メチルエチルケトン（MEK，アセトンに似ている）の場合よりヘキサンの場合に捕捉液状油が少ないという証拠があるが，おそらく，これも同じような結晶の形態変化に由来するものであろう (Fuji Oil, 1976)．例えば，シア脂の結晶化において，得られた結晶ケーキでの結晶量は MEK で 27.3% だったが n-ヘキサンで 38.5% であり，ヘキサン

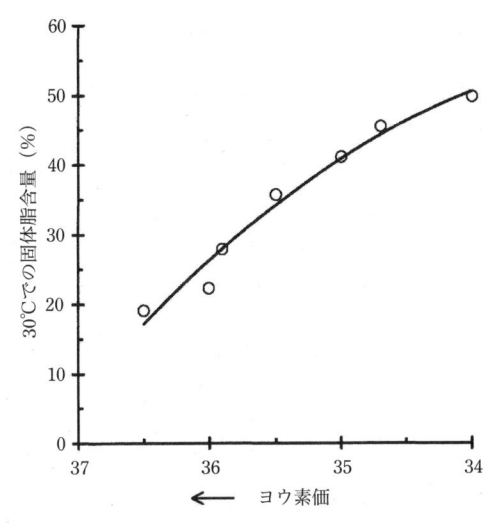

図 4.6　ヨウ素価に左右されるパーム油中融点画分の品質（Wong Soon, 1991 からの複製）

第4章 加 工 法

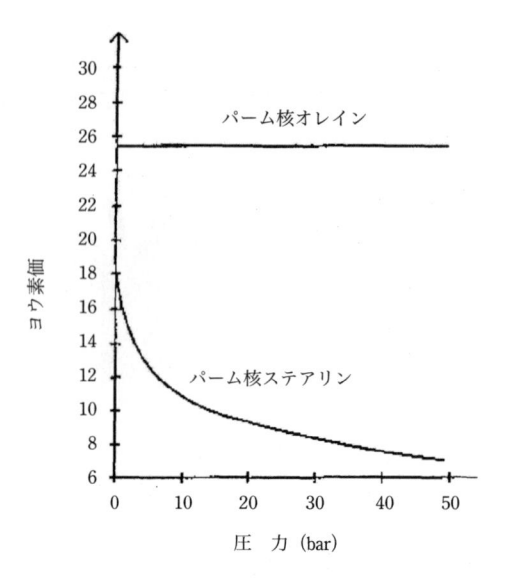

図4.7 パーム核ステアリンを製造するパーム核油のドライ分別における圧搾圧力の効果（Willner, 1994より）

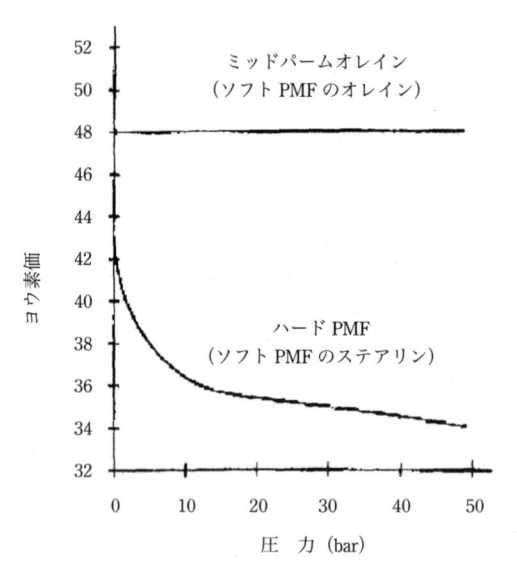

図4.8 溶剤分別のパーム油中融点画分（PMF）と同等のハードPMFをつくるソフトPMFのドライ分別における圧搾圧力の効果（Willner & Weber, 1994より）

から晶析した結晶の場合，捕捉液状油量が相当少ないことを示している．

　液状油の捕捉と，ドライ分別での改良された加工処理，あるいは，溶剤分別での効果的な洗浄でステアリン画分から少量の液状油を除去することの重要性が，**図 4.6** に PMF を製造するパーム油のアセトン分別の事例で示されている．不飽和度の高い液状 TAG の含量の指標であるヨウ素価の小さな低下は，30℃での SFC で判断されるとおりに，PMF の品質を劇的に高める．

　捕捉液状油を減らすことへの圧搾圧力の効果は，水平式高圧膜プレス機の事例で**図 4.7** と**図 4.8** に明瞭に示されている．25 bar から 50 bar への加圧は，パーム核ステアリンのヨウ素価を約 9 から 7 に低下させ，著しく品質を改善した（**図 5.8 を参照**）．同様の結果が PMF でも得られ，25 bar から 50 bar への加圧はヨウ素価を約 1 だけ低下させ，**図 4.6** に示した結果の右側に大きく変化する．

D節 水素添加

2種類の水素添加が製菓用油脂の製造で必要とされている．

1. 高トランス酸型油脂

高トランス酸型油脂の場合，目標は全ての不飽和脂肪酸を可能な限り最大限に $C_{18:1}$ のトランス酸にして，その一方で $C_{18:0}$ の増加を最小限にとどめることである．これは水素添加油脂の融解を最大限にシャープにする．この種の製菓用油脂にとって，水素添加は決定的であり，また，不可欠である．

トランス酸の形成を促す条件は：
- 温度を上げる．
- 圧力を下げる．
- 触媒量を増やす．
- 被毒触媒．

目的は触媒表面での水素原子の活動度を低下させることであり，そうすれば二重結合は水素原子を受け取り単結合（飽和脂肪酸）になるよりも，シス型からトランス型に変わりやすい．

図 4.9 は，"通常の"条件での大豆油の水素添加における時間ごとの脂肪酸組成の変化を示している．図中の%DBT[1]は液状油中の二重結合のうちトランス型になっているもののパーセントである．この図の注意すべき特徴は：

- $C_{18:3}$ 含量は急激にゼロまで低下する．
- $C_{18:2}$ 含量は徐々に低下し，35分でゼロになる．
- $C_{18:0}$ 含量は25分後に急激に増加し，その時，$C_{18:2}$ 含量は未だ10%以上である．
- $C_{18:1}$ 含量は，$C_{18:2}$ と $C_{18:3}$ が $C_{18:1}$ に変えられるに伴い，徐々に増える；最終段階になって初めて，$C_{18:1}$ 含量は低下を始める．
- トランス酸の含量は25分後に41〜43%で安定状態になる；とは言え，%DBT は約66%の平衡値に向かって連続的に上昇を続ける．

図 4.10 は硫黄で被毒した触媒とトランス化促進条件を使って水素添加された大豆油を示している．この図の注意すべき特徴は：

- 図 4.9 の場合より温度と触媒濃度は高いが，触媒が被毒するので反応は遅い．
- $C_{18:3}$ 含量はゼロに低下するが，$C_{18:2}$ 含量は，$C_{18:2}$ *trans* が形成され，それが水素

---

[1] $\%DBT = 100 \times \%trans/(C_{18:1} + 2 \times C_{18:2} + 3 \times C_{18:3})$．

D節 水素添加

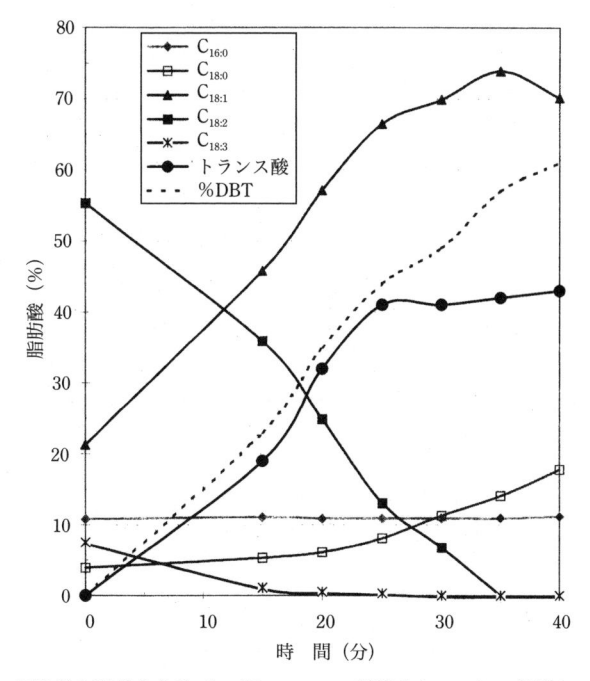

図 4.9 通常の平均的な選択的条件（180℃，1.5bar，標準的なニッケル触媒を 0.8%）での大豆油の水素添加．%DBT はトランス型二重結合のパーセント（Kempas Edible Oil より）

添加を遅くするため，完全にゼロにならない．
- $C_{18:1}$ 含量は約 130 分後に最大になり，**図 4.9** の場合より高い濃度になる．
- $C_{18:0}$ 含量の上昇は**図 4.9** の場合より著しく緩やかであり，そして，$C_{18:1}$ 含量が 130 分後に最大になった時点でも 7% 以下である．
- トランス酸含量が**図 4.9** の場合より急速に高く上昇し，%DBT が 70 以上に達する．

選択的なトランス化促進条件の目的は，**図 4.11** に示されたようなシャープに融解する油脂をつくることであり，図中では，通常の条件とトランス化促進条件で水素添加された大豆油が同じヨウ素価で比較されている．

2. ラウリン酸型油脂

ラウリン酸型製菓用油脂の製造の場合，水素添加は，比較的少量の $C_{18:1}$ を減らし，あるいは消滅させて，ラウリン酸型油脂または画分の融点を上げるために利用される．この場合，選択性とトランス体の形成は重要でないので，最も活性の高い触媒と最も

第4章 加　工　法

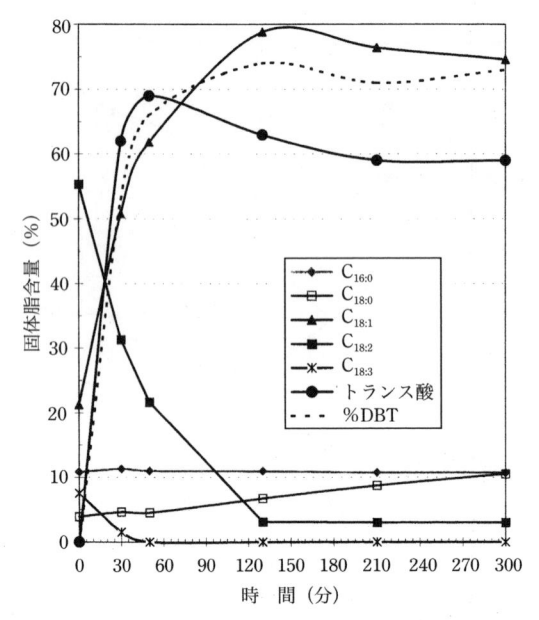

図 4.10　選択的なトランス化促進条件下（200℃，1.5bar，硫黄での被毒触媒を 1.0%）での大豆油の水素添加（Kempas Edible Oil より）

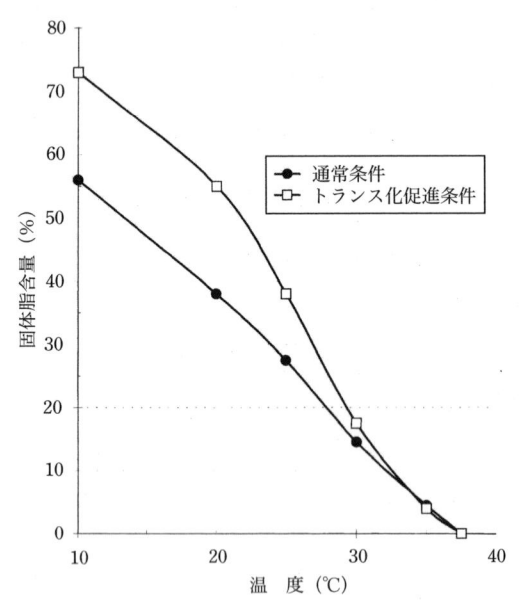

図 4.11　通常条件とトランス化促進条件で同じヨウ素価 70 まで水素添加された大豆油の SFC 融解曲線の比較（Kempas Edible Oil より）

D節 水素添加

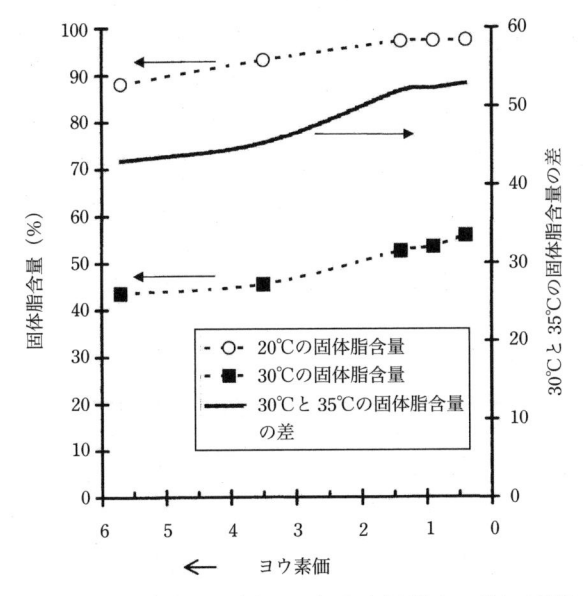

図4.12 パーム核ステアリン（初期ヨウ素価＝5.7）を水素添加して異なる最終ヨウ素価にした（Wong Soon, 1991 からの複製）

高い水素圧が使われる．図4.12にパーム核ステアリンの水素添加を示したが，最適な融解特性を持つ最高品質のココアバター置換脂（CBS）を得るにはヨウ素価がゼロになるまで水素添加することが重要である．目標は，30℃と35℃のSFCの差で示されるように，最大限のシャープな融解と，20～30℃で最も高いSFC値を実現することである．

油脂が分別されていない低品質の製品の場合，中間的なヨウ素価で水素添加を終了させて（つまり水素添加の程度が低い）種々の融点の製品を得ることが一般的である．

第4章 加 工 法

E 節　エステル交換

油脂のエステル交換 (interesterification) はスリーニバサン (Sreenivasan, 1978) によって概説されている．この論文は今でも非常に有益であるが，もっと新しい総説をロゼンダールとマクレー (Rozendaal & Macrae, 1997) が発表している．エステル交換という用語に筆者は次のことを含めている：

- (a) 1つのエステル (TAG) ともう1つのエステル (TAG) との反応―通常，エステル交換 (transesterification) と呼ばれる．
- (b) 1つのエステル (TAG) ともう1つの非TAGエステル (例えばメチルエステル) の反応―通常，エステル交換 (transesterification) と呼ばれる．
- (c) 1つのエステル (TAG) と脂肪酸との反応―通常，アシドリシス (acidolysis) と呼ばれる．
- (d) グリセロール，あるいは，部分的に脂肪酸の付いたアシルグリセロールと脂肪酸の反応―通常，エステル化 (esterification) と呼ばれる．

グリセロールと脂肪酸からの直接的なTAGの合成である方法(d)の事例は，第6章C節に記載されている．

1. ランダムエステル交換

方法(a)は食用油の精製施設で実施される標準的なエステル交換工程である．この方法では，触媒を不活性化する不純物を含まない精製された無水の油脂ブレンドにアルカリ性の触媒 (典型的にはナトリウムメトキシド) を加えて通常約100℃で反応させる．この反応はTAGのランダム分布を促し，脂肪酸がグリセロールの1-，2-，3-位の全体にわたってランダムに分布する．立体異性体[2]を無視すれば，n個の脂肪酸を含む油脂混合物のエステル交換で得られるTAGの数は$1/2(n^2+n^3)$となる．したがって，たった2つの脂肪酸であるAとBを有する混合物は，6種の TAG (AAA, AAB, ABA, ABB, BAB, BBB) となり，5つの脂肪酸を有する混合物では75種のTAGとなり，そして，ラウリン酸型油脂の場合のように8種の脂肪酸を有する混合物は288種のTAGをつくる．この製法の本質が統計学的なため，エステル交換された油脂の最終的な平衡TAG組成は簡単に計算され，そして，その油脂の特性も容易に予測される．

酵素 (リパーゼ) 触媒もランダムエステル交換に利用される．今までのところ，必要とされる固定化酵素の費用や資本金と変動加工費は，この工程が化学的触媒の使用に太刀打ちできないことを示している．

---

[2] すなわち，ABCとABBはCBAとBBAに等しいとして扱う．

こうしたランダムエステル交換の工程はある種のラウリン酸型製菓用油脂の製造にだけ有効であり，その場合，TAG のランダム化が図 4.13 に示すように SFC 融解曲線のシャープさを改善する．

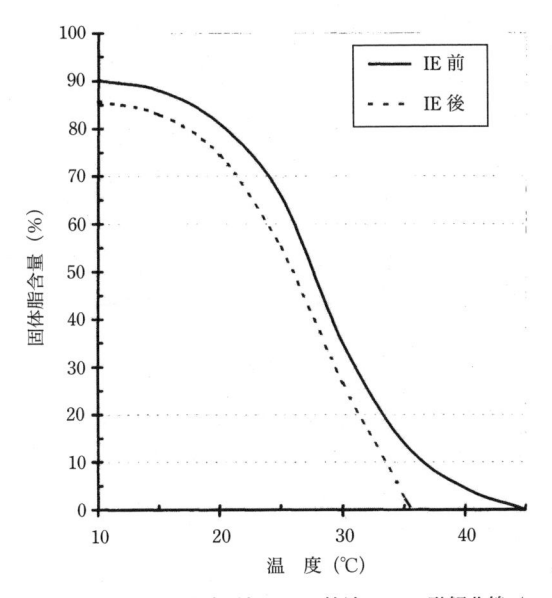

図 4.13　エステル交換（IE）前後での水素添加パーム核油の SFC 融解曲線（Timms, 1986 からの複製）

SOS 型製菓用油脂の場合，上記の B.2 項で言及したように，TAG のランダム化は不必要なだけでなく避けなければならない．

高トランス酸型製菓用油脂の場合，その原料油のエステル交換は最終製品の特性を高めることにならない．しかし，エステル交換は副産物廃棄の問題を抱えている分別 CBR の生産で有益な技術である．この場合，原料油をつくるため，副産物はフレッシュな液状油とエステル交換される．

方法の (b)，(c)，(d) は TAG のランダムな混合物をつくるのと同様の方法で実施されるが，一般的には，非ランダムな混合物，あるいは，特定の TAG さえもつくる指向性を付与された方法（directed way）で実施される．

2. ディレクテッドで非ランダムなエステル交換

エステル交換は以下の方法で指向性が付与される：
・結晶化．
・蒸留．
・酵素触媒．

結晶化によるディレクテッド

　これは最も一般的な指向性を付与する方法であり，米国でラードの可塑領域を改善するのに広く利用されている (Sreenivasan, 1978)．典型的には，エステル交換する油脂混合物に活性のある触媒を添加し，結晶化の起こる温度まで冷却する．ラードの場合，20～22℃の温度が使われ，結晶化の進行で温度は27～28℃に上昇する．

　結晶化によるディレクテッドなエステル交換は遅い．その理由の1番目は，結晶化に使われる低温で触媒の活性が低下することである．2番目に，溶けにくいTAGが結晶相に除かれる時，液相中のTAGを連続的に再配列させる時間を確保するために小さな過冷却度が利用されるので，結晶化の速度が比較的遅いことである．ヒマワリ油のような液状油のディレクテッドなエステル交換で条件を変えず可塑性油脂原料 (hardstock) を通常どおりつくると，完了までに数日はかかるだろう．この工程は活性化溶剤（ジメチルスルホキシド）の使用，あるいは，温度の上げ下げの繰り返しで促進される．

　この種のディレクテッドなエステル交換はラウリン酸型油脂の製造に使われるだろうが，製菓用油脂の製造には利用されない．明らかなことではあるが，分別はこの目的のためにより有効でより費用のかからない工程である．

蒸留によるディレクテッド

　ここでの指向性の付与 (direction) は揮発しやすい脂肪酸やエステルを蒸留で除くことで得られる．各種のラウリン酸型製菓用油脂がナトリウムメトキシドの存在下で水素添加ヤシ油とラウリン酸メチル，ミリスチン酸メチル，パルミチン酸メチル，あるいは，ステアリン酸メチルとの反応と，減圧下，140℃での短い脂肪酸 ($C_{6:0}$～$C_{10:0}$) エステルの蒸留除去で製造された (Schmulinzon, Yaron & Letan, 1971)．

　ウォン・ソーン (Wong Soon, 1991, Tables 222-228) はいくらか類似する工程を説明しているが，ただし，この場合，蒸留がこの工程に指向性を付与するのに利用されているかどうかははっきりしない．この工程では，原料の水素添加パーム核油にラウリン酸やミリスチン酸と一緒に化学量論的な量のグリセロールが添加された．

　この種のディレクテッドなエステル交換は素晴らしい物性を持ついくつかのラウリン酸型油脂を製造する．しかし，結晶化による指向性の付与と同じように，現在，これが商業的に利用されていないのは，分別がこの目的にもっと有効で費用のかからない工程だからである．また，分別は"より環境にやさしく"，より"自然で"，薬剤使用を最低限に抑えた (less chemical) 工程としても理解されている．

酵素触媒によるディレクテッド

　グリセロールの1-位と3-位だけでのエステル交換反応を触媒する酵素（リパーゼ）

の利用について，数多くの研究がなされている．その目的は SOS 型製菓用油脂製造の原材料として，あるいは，ココアバターを直接代替する油脂として利用するための SOS 型 TAG をつくることである．オウス-アンサ（Owusu-Ansah, 1994）は脂質技術における酵素の利用，とりわけ SOS 型製菓用油脂の原材料製造での酵素利用を概説している．不二製油とユニリーバ社の 2 企業はこの技術の商業的な実現の可能性に向けた開発で先頭に立っている．

ユニリーバ社の方法では，TAG（高オレイン酸ヒマワリ油）を 0.2〜1.9％の水分条件で脂肪酸（ステアリン酸）と反応させる．不二製油の場合は，TAG（パーム油画分）を最大 0.18％の水分条件で脂肪酸エステル（例えばステアリン酸エチル）と反応させる．両社の工程は，固定化の方法は違うものの，固定化された酵素を使う．オランダのロダース・クロックラーン社工場にあるユニリーバ社の装置は 1993 年に稼働した（Quinlan & Moore, 1993）．

不二製油の工程の概念図を図 4.14 に示す．不二製油の工程では脂肪酸ではなく脂肪酸エステルが使われているが，それにより蒸留段階で余分な脂肪酸の除去が容易となる．

花王が特許化したもう 1 つの方法では，溶剤としてヘキサンを使って，ステアリン酸をパーム油中融点画分と反応させる．反応後，製品は 2 段階の溶剤分別で中融

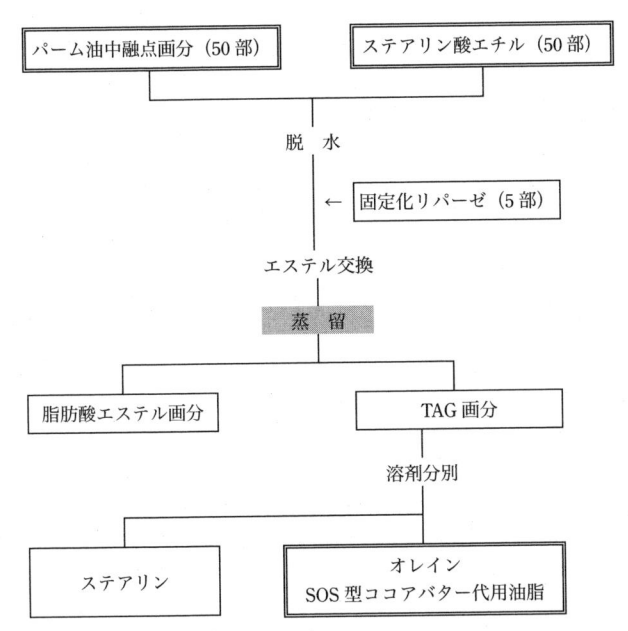

図 4.14　固定化リパーゼ触媒を使うディレクテッドなエステル交換で製造された SOS 型 TAG 原材料の不二製油の工程概念図（Sawamura, 1988 からの複製）

第4章 加　工　法

点画分として分離される（Kao Corporation, 1989）．

　SOS型TAGの酵素的触媒反応での製造は商業的な規模にまで十分に発展しているものの，この方法で製造される製菓用油脂の工業的な生産量は少ない．1994年にオウス-アンサは，"この分野でおびただしい数の研究と特許が発表されているが，酵素で誘導されたココアバター置換脂（CBS）やココアバター代用脂（CBE）の工業的な生産はほんのごくわずかである"と明言した．そして彼は，更なる努力で"大規模な連続生産が直ぐに実現されるだろう"との希望を述べた．その7年後にも，スミス（Smith, 2001b）は"それら［生物工学的な手段］が商業的に実行可能になっているなら，費用と規模の障害は克服されねばならない"と述べている．

　製菓用油脂の製造に酵素で触媒されたエステル交換の商業的な成功が少ない理由には，2つの要素がある．

　1番目は工程の複雑さである．その工程は，1,3-特異性リパーゼを低温で油脂のブレンドと一緒に撹拌し，目的のTAGである油脂を残すためリパーゼを分離するというような単純なものではない．しかし期待されたのはそうした単純な工程だった．つまり，標準的な製造工程で使われる化学物質，溶剤，そして，高温を避けた穏和な工程を手にできるという期待である．しかし現実は図4.14が示すように大いに違って，まず，パーム油中融点画分とステアリン酸エステル（不二製油の工程），あるいは，高オレイン酸ヒマワリ油とステアリン酸（ユニリーバ社の工程）を原料として製造しなければならず，そればかりか，エステル交換反応後に，蒸留，溶剤分別，そして最後の精製を必要とする．

　副産物画分も生じるので，最終製品の収量は低下する．酵素の活性化のためにいくらかの水を存在させねばならないので，DAGが副産物として常に生じる．DAGは問題を起こすので除去しなければならない（Sawamura, 1988; Xu, Skands & Adler-Nissen, 2001）．したがって，この工程は全体として非常に複雑であり，稼働費用が高くなる．

　2番目は，固定化された触媒の短く，しかも，予測不可能な寿命であり，このことが変動工程費を押し上げ，その予測を不可能にする．ディクスによれば（Diks, 2002），この触媒の半減期は1～14日間であり，そして，触媒の寿命を予測すること，あるいは，油のブレンド中のどのような不純物が触媒の不活性化を引き起こしているかを決めることは今のところ不可能である．興味深いのは，アシドリシス反応［上記の方法(c)］での半減期は20～70日間である．この半減期の長さがいくつかの油脂化学製品の製造で酵素法を経済的に成り立たせるようだ．

F節　ブレンディング

1. 緒　　言

　ブレンディング（blending）は製菓用油脂製造で鍵になる工程である．例えば高トランス酸型油脂を製造するために水素添加される材料油脂のような供給材料の管理や，SOS型油脂を製造するエキゾチック油脂画分のブレンディング（第6章を参照）のような最終製品の特性の管理にとって，ブレンディングは重要である．したがって，ブレンディングは，分別工程，水素添加工程，エステル交換工程，そして，目的の製品を製造するためそれらを組み合わせた工程と同等に大切な工程である．ブレンディングは規格外製品の特性を修正するのにも使われるかも知れない．これは，例えば最初に正確に水素添加されずに規格から外れた部分硬化油脂のような場合である．
　ブレンディング操作の工程条件は重要である：
・全ての成分を液状にする温度にしなければならない；液状油中に固体脂を溶解させるのは比較的ゆっくりした時間の経過になる．
・液状油中に空気を入れずに撹拌をしなければならない．
・ブレンドは均一にするのに十分な時間を必要とする．

　精製施設内で実施されるブレンド操作が操作時間内で本当に均一な混合物にしているかを調べることが大切である．このことは，代表的な試料の採取が可能であり，そして，その採取が継続的に実施されることを意味している．
　規格が菓子製造企業にとって重要なのは，規格が納入される油脂製品に起こり得る品質変動を制限するからである．全ての製菓用油脂が小売店で販売される目的のチョコレートまたは砂糖菓子製品を製造するために他の原料と一緒に使われる．全ての原料の品質が変動すれば，菓子製造企業は消費者が期待する一定品質の製品をつくることが難しくなる．製造工程の自動化が進むほど，原料の変動はより小さくならなければならない．ブレンディングは製菓用油脂の厳格な規格を確実に守る重要な役割を担っている．
　ブレンディングは油脂のいくつかの特性を調整するために実施される．具体的には，通常，SFCあるいはヨウ素価のような分析的なパラメーターの調整となる．製品が決められた範囲，つまり求められる規格に入っているのか，外れているかを決めるためには，サンプリングの誤差を含めて，指定された分析的なパラメーターを測定した研究室での実験誤差を知ることが不可欠である．通常，標準偏差（SD）を求めるが，

第4章 加　工　法

±SD には正規分布する全ての値のたった 68％ しか入らないので[3]，標準偏差は非常に有効な数値とはいえない．私たちの目的には，信頼限界（CL; 95%, P=0.05）がもっと適している．装置でのブレンディングや研究室の分析での誤差のように，データが正規分布すると仮定すれば，平均値±CL は分析的なパラメーターの全ての値の 95% を包含する．厳密には，CL は $t \times SD/\sqrt{n}$ として計算され，t は統計学の表から求められる t-分布の統計量，n は実施された分析の数である．一般的に，t は無限数の測定の場合に 1.96 なので，2 とされる．SD が少なくとも 10 回の測定から算出されたなら，t を 2 とするのは満足できる近似値である．しかし，実際には t が 2.26 (P=0.05 で自由度 9) なので，データの実際のばらつきは 10％以上過小に見積もられたものであることに注意しなければならない．

筆者の経験では，通常，実験室の誤差と CL が軽視されている．これには多くの理由がある：

・余りにも全員の分析業務が繁忙だと，系統的に誤差を決める試みすらなされない．
・SD を求めるための繰り返し測定が実施される場合，その測定は，通常，忙しい品質管理研究室の重圧とはかけ離れた理想的な条件の下で，"最も熟達した"分析者によって実施される．
・CL よりもむしろ SD がばらつきの尺度に使われている．
・研究室の分析者間における結果のばらつきを評価する試みがなされない．

現実的な結果を得るためには，試料を無作為に選んで盲検分析をしなければならず，また，研究室のルーチン作業における普通の試料として分析しなければならない．分析者全員が参加せねばならず，その結果は標準の分散分析（ANOVA）を利用して分析者間での変動を調べるために解析されなければならない．分析者全員が測定された実験誤差の範囲内で同じ結果にならねばならない．標準の表計算ソフトであるスプレッドシートを使えば必要な統計学的計算を簡単にやれるので，統計学的な専門知識はほとんど必要ない．

決められた規格のブレンドをする場合，2 つのタイプの分析的なパラメーターを区別することが重要である．筆者はこの 2 つのタイプをタイプ 1 とタイプ 2 と呼んでいる．

タイプ 1

タイプ 1 はマスバランス方程式（mass-balance equation）を成り立たせる加法的なパラ

---

[3] 実験誤差を評価するのに正規分布や統計学の基礎知識が使われるのは当然のことである．推奨される教科書は *Statistical Manual of the Association of Official Analytical Chemists* （Youden & Steiner, 1975）や *Use of Statistics to Develop and Evaluate Analytical Methods* （Wernimont & Spendley, 1993）である．

メーターである．つまり，ブレンドの特性はパラメーターへの各成分の分数的な寄与の総和である．典型的な例は次のとおり：
- ヨウ素価 (IV)．
- 遊離脂肪酸量．
- 脂肪酸組成．
- 色調（普通は）．
- ほとんどの化学分析的なパラメーター．

タイプ 2

タイプ 2 はマスバランス方程式から外れる非加法的なパラメーターである．典型的な例は次のとおり：
- 融点．
- 固体脂含量 (SFC)．
- ほとんどの物性．

2. タイプ 1 のパラメーター

タイプ 1 のパラメーターがあれば，どのようなブレンドの特性も各成分の特性から正確に計算できる．2 成分の場合，結果は**図 4.15** に示すようなグラフで表現される．しかし，既に考察したように，実験誤差を十分に考慮せねばならない．可能性のある誤差範囲は図中に破線で示されている．したがって，ヨウ素価 30 のブレンドが必要なら，36％のパーム油と 64％のパーム核油を混合しなければならない．ヨウ素価の信頼限界 (CL) は±0.6［すなわち，2×標準偏差 (SD)，SD＝0.3］であり，破線で示したように，この CL 範囲が油脂の組成で±2％に相当するためにブレンド誤差となる可能性につながる．

成分が 2 つ以上の場合や非グラフ的な解き方の場合，次の方程式を使わなければならない．

$$P^B = \sum_{i=1}^{n} x_i \cdot P_i \tag{1}$$

P^B は n 個の成分から成るブレンドの分析的なパラメーター，x_i は i 番目成分の分数比，そして，P_i は i 番目成分の分析的なパラメーターである．こうした計算は，スプレッドシート，あるいは，単純なコンピュータプログラムを使い，容易に実施できる[4]．

---

[4] スプレッドシートプログラム（マイクロソフト・エクセルを利用と書かれている）はこの項にある計算の全てを実施するのに利用できる．詳細は本書（原本）の出版社（The Oily Press）に連絡されたい．

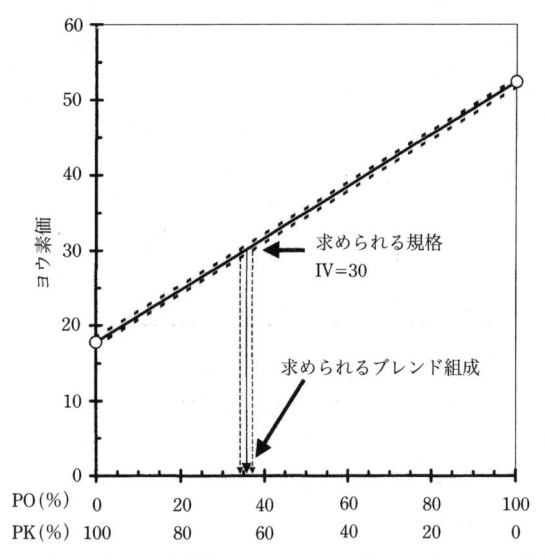

図 4.15 タイプ1の（加法的な）分析的パラメーターを使ったブレンドの特性決定．パーム油（PO）とパーム核油（PK）のブレンド．IV はヨウ素価．

この方法を説明する2つの例を示す．

例1

パーム核油のブレンドを調製する．このブレンドでは少なくとも46%のラウリン酸（$C_{12:0}$）含量が必要とされている．ブレンドに利用できる3成分のラウリン酸含量は，パーム核ステアリン（PKS）で54.6%，パーム核油（PK）で48.2%，パーム核オレイン（PKL）で43.4%である．

11%の PKS，42%の PK，47%の PKL をブレンドしたいと仮定すると，このブレンドは必要条件の最小限46%のラウリン酸含量に合致するか？

方程式(1)を使って

$$P^B = (0.11 \times 54.6) + (0.42 \times 48.2) + (0.47 \times 43.4) = 46.6$$

したがって，答えは"イエス"である．

例2

例1にあるような状況を仮定するが，成分のブレンド比率を知らないとする．そして，ブレンドのヨウ素価を最小限19としたい．成分のヨウ素価はパーム核ステアリン（PKS）で7.0，パーム核油（PK）で18.3，パーム核オレイン（PKL）で22.1である．

このデータから，ヨウ素価が 19 でラウリン酸含量が 46% のブレンドが得られるだろうか？ そして，それはどのような成分比率でブレンドされねばならないか？

x_1, x_2, x_3 を目的ブレンドでの PKS，PK，PKL の分数比とすると，以下のように書ける：

$$46 = 54.6\,x_1 + 48.2\,x_2 + 43.4\,x_3$$
$$19 = 7.0\,x_1 + 18.3\,x_2 + 22.1\,x_3$$
$$1 = x_1 + x_2 + x_3$$

これらの方程式を代入法，もっと良いのはマトリックス変換で解くことである．こうして得る解は，$x_1 = 0.167 = 16.7\%$，$x_2 = 0.152 = 15.2\%$，$x_3 = 0.681 = 68.1\%$ である．実際のところ，この方程式の解でラウリン酸含量＝46% とヨウ素価＝19 となる正確なブレンドは得られないだろうが，それは上記数値での方程式が実験やブレンディングの誤差をみていないからである．

3. タイプ2のパラメーター

前項で，基本的に計算に直線法 (linear method) を使っている．タイプ1のパラメーターの場合，これは常に正確な解をもたらす．しかし，タイプ2のパラメーターの場合，直線関係は期待できず，通常は直線にならない．例えば，**図 4.16** はパームオレインとパームステアリンのブレンドの組成に対して融点をプロットした図である．成分間の直線関係は破線で示されており，最も適合した2次方程式の曲線が実線で示

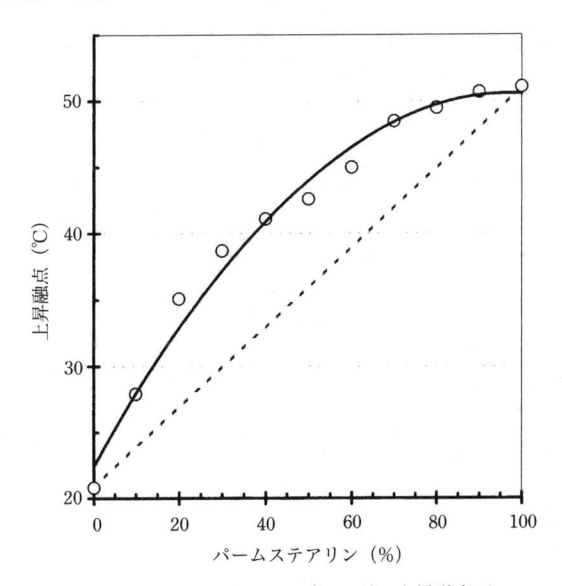

図 4.16 パームオレインとパームステアリンのブレンドの上昇融点（Timms, 1985 からの複製）

されている．こうした非常に似通った成分の場合でも，実験的な結果は明らかに直線にならない．

ブレンドが 2 成分だけなら，やり方は比較的単純である．時間がとれるなら，パラメーターを組成比 10%刻みで測定し，**図 4.16** のようにプロットされた完全な曲線をつくる．そして，適切なブレンドがこの曲線から読み取られる．これとは違うより一般的なやり方では，大まかに予測した組成とその組成を挟んでの適切な派生組成（例えば±10%）の 3 つのブレンドを調製しなければならない（これは各組成を解析するのにも役立つ）．そして，関心のある範囲をグラフにプロットし，**図 4.17** に示すように，適切なブレンド比を規格の上限や下限と一緒にこの曲線から読み取る．もしも予測組成が間違っていて，規格値のパラメーターが 3 つのブレンド領域から外れたら，少なくとももう一度ブレンドの調製を行い，この読み取りを繰り返さなければいけない．時間があるなら，予測される組成に対応するブレンドを研究室で調製して確認すべきである．

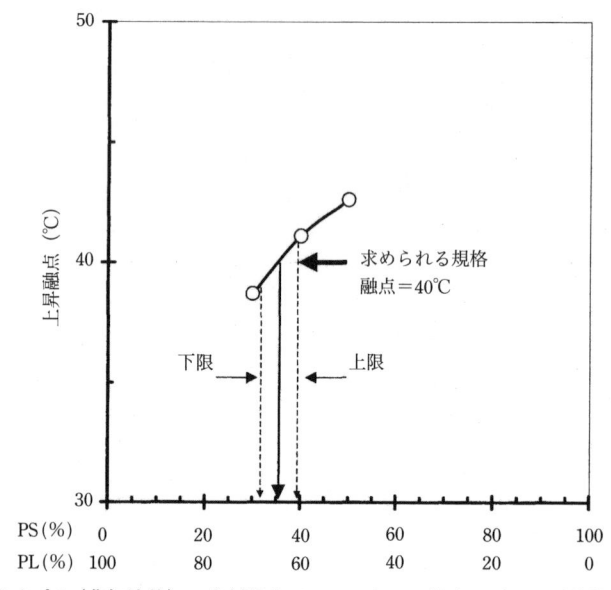

図 4.17 タイプ 2（非加法的）の分析的なパラメーターの場合のブレンド特性の決定．図 4.16 にあるパームオレイン（PL）とパームステアリン（PS）のブレンドの上昇融点．

製菓用油脂の品質管理で頻繁に生じる問題は SFC の測定に要する時間であり，これはテンパリングに必要な時間を含めて 2〜3 日間にもなる．この問題の解決は，生産が始まる前の丁度良い時期に，ブレンドに必要な全ての SFC やその他の測定を行い，脂肪酸組成も測定することである．ロードセルを装備したブレンディング槽を使

う工場でのブレンディングは，非常に正確であり，この装置でのブレンディング誤差は 0.1% 以内に収めることができる．ブレンドの正確さを調べるなら，次にやるべきことは工場で製造されるブレンドの脂肪酸組成を測定することである．その組成比は研究室でブレンドした場合の分析値とほぼ同じにならなければいけない．化学組成が同一なら，物性も一致し，そして，規格に合致するはずである．

3 成分，あるいは，それ以上から成るブレンドなら，グラフ法の利用は不可能である．油脂ブレンドにとりわけ関係する特別な方法だけでなく，重回帰，2 次方程式の補間法，あるいは，別な多項式の補間法を使う一般的な曲線一致法を利用しても良い．しかし，製造に応用するにはそうした解析法はあまりにも複雑だと思われる．もっと簡単だが十分に正確な方法は，繰り返しになるが，予測されるブレンド組成の領域で各成分を±5% の組成比にして数点のブレンドを調製し，関心のある（小さな）領域全体に直線補間法を適用することである．ブレンド組成での小さな変化の領域では，直線補間法は十分に正確であり，この方法は 2 成分系に利用しても良い．

例 2 にあるように，しばしば，2 つあるいは 3 つのパラメーターの規格値を同時に満たすブレンドをしなければならない．20℃と 35℃での SFC とヨウ素価の規格を満たさねばならないなら，適切なブレンドのために（直線）補間法で作成したデータを視覚的に精査しても良いが，もっと良い方法は，可能なブレンドの全領域を決定して印刷のできるコンピュータを利用することである．この方法を説明する 1 例を次に示す．

例 3

パーム油中融点画分 (PM34)，イリッペ脂 (IP)，シアステアリン (SHst)（第 5 章と 6 章を参照）の混合で CBE のブレンドを調製することが求められている．このブレンドは次の規格を満たすことが必要である：

パラメーター	規　格
20℃の SFC	72〜78
30℃の SFC	41〜45
35℃の SFC	2〜5

これまでの経験から，50%PM34 + 25%IP + 25%SHst のブレンドがほぼ満足できる結果になるだろうということが示唆された．この組成の±5% 刻みで 7 つのブレンドが調製された．その実験結果は**表 4.3** に示してある．

この結果は重回帰分析を利用して 1 次方程式にされ，そして，上記の製品規格限度内に収まるブレンドが決められた．1% 刻みでのブレンド結果は**表 4.4** に示されている．

第4章 加 工 法

表 4.3 例 3 の実験データ．パーム油中融点画分 (PM34)，イリッペ脂 (IP)，シアステアリン (SHst) のブレンドの SFC データ

ブレンド組成 (%)			分析的なパラメーター		
PM34	IP	SHst	20℃の SFC	30℃の SFC	35℃の SFC
50	25	25	74.3	42.4	3.9
50	30	20	74.7	40.5	2.7
50	20	30	73.7	44.3	5.2
55	25	20	74.6	37.9	1.5
55	20	25	74.2	39.9	2.4
45	30	25	75.3	45.8	5.6
45	25	30	74.6	47.9	7.5

表 4.4 例 3 で予測されたブレンド

ブレンド組成 (%)			分析的なパラメーター		
PM34	IP	SHst	20℃の SFC	30℃の SFC	35℃の SFC
47	29	24	74.9	44.1	4.8
47	30	23	75.0	43.7	4.6
48	27	25	74.7	43.9	4.8
48	28	24	74.8	43.5	4.5
48	29	23	74.9	43.1	4.3
48	30	22	75.0	42.7	4.0
49	24	27	74.4	44.1	5.0
49	25	26	74.5	43.7	4.7
49	26	25	74.6	43.3	4.4
49	27	24	74.7	42.9	4.2
49	28	23	74.8	42.5	3.9
49	29	22	74.9	42.1	3.7
49	30	21	75.0	41.7	3.4
50	22	28	74.2	43.8	4.9
50	23	27	74.3	43.5	4.6
50	24	26	74.4	43.1	4.4
50	25	25	74.5	42.7	4.1
50	26	24	74.6	42.3	3.9
50	27	23	74.7	41.9	3.6
50	28	22	74.8	41.5	3.3
50	29	21	74.9	41.1	3.1
51	20	29	74.0	43.6	4.8
51	21	28	74.1	43.2	4.6
51	22	27	74.2	42.9	4.3
51	23	26	74.3	42.5	4.0
51	24	25	74.4	42.1	3.8
51	25	24	74.5	41.7	3.5
51	26	23	74.6	41.3	3.3
52	20	28	74.0	42.6	4.2
52	21	27	74.1	42.3	4.0
52	22	26	74.2	41.9	3.7
52	23	25	74.3	41.5	3.5
52	24	24	74.4	41.1	3.2
53	20	27	74.0	41.7	3.6
53	21	26	74.1	41.3	3.4

したがって，規格を満たす最良のブレンド組成は，最も安くて最も手に入りやすい原料のパーム油中融点画分（PM34）を最大限にし，最も高価で入手の難しい原料のイリッペ脂（IP）を最小限とする 53％ PM34，20％ IP，27％ シアステアリン（SHst）となる．あるいは，30℃の SFC を最大にするなら，49％ PM34，24％ IP，27％ SHst となる．"以前の経験"から予測した基本ブレンドの 50％PM34 ＋ 25％IP ＋ 25％SHst も規格を満たすことが分かる．しかし，ブレンディングを最適化することで，PM34 を少し多目に使い，IP と SHst を最も経済的に割り当てることが可能である．これは長い期間にわたってコストをかなり節減する．

4. ブレンドの修正

これまで説明したやり方を実践しているとしても，依然として，人為的なミスや装置の誤作動で規格外のブレンドが製造される場合がある．この規格外のブレンドは，成分油脂の１つ，あるいは，同一組成のもう１つのブレンドを添加することで修正しなければならない．初めのやり方は容易で一般的な方法だが，２番目のやり方も時折実施されるので，この項でも考察する．私たちが答えねばならない問題は，"規格外れのブレンドを修正するのに添加せねばならない１つの成分，あるいは，規格品ブレンドの最小量はどれほどか？"である．

２成分の油脂 C_1 と C_2 が x_1^I と x_2^I の分数比となる W_1^I と W_2^I の重量でブレンドされ，その総重量を T^I と考える（I は最初のブレンドを意味し，F は最終ブレンドを意味する）．P^I を例えば融点のような最初の（不正確な）パラメーター値とし，P^F を規格の範囲内にあ

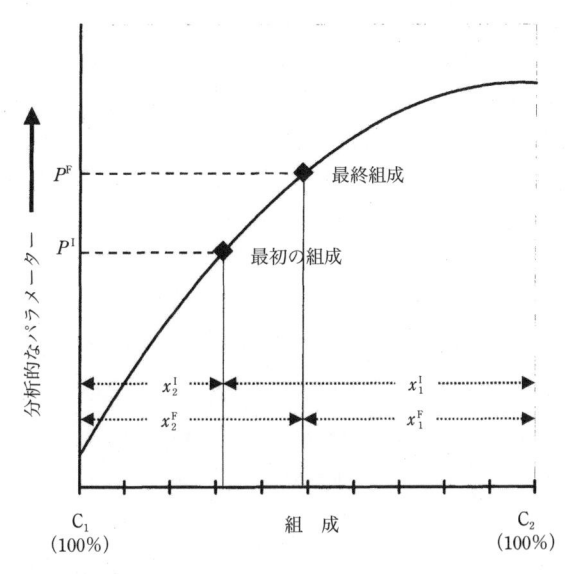

図 4.18 最初のブレンド組成から最終ブレンド組成への修正

る目的の最終的なパラメーター値としよう．

この状況が図 **4.18** で説明されている．P^I から P^F にするのに，x_1^I, x_2^I から x_1^F, x_2^F の組成に変える余分の C_2 を添加する必要がある．どれだけ C_2 を添加せねばならないか？

$$x_1^I = W_1^I/(W_1^I + W_2^I) = W_1^I/T^I$$
$$x_2^I = W_2^I/(W_1^I + W_2^I) = W_2^I/T^I$$

a_2 を添加される C_2 の量（重量）としよう．すると，添加の後に次の等式が成り立つ：

$$W_1^F = W_1^I$$
$$W_2^F = W_2^I + a_2$$
$$T^F = T^I + a_2$$
$$x_1^F = W_1^I/(T^I + a_2)$$
$$x_2^F = (W_2^I + a_2)/(T^I + a_2)$$

$x_1 + x_2 = 1$ なので，次のように解ける：

$$a_2 = W_1^I \cdot (1/x_1^F - 1/x_1^I) \tag{2}$$

代わりになる式は：

$$a_2 = x_1^I \cdot T^I \cdot (1/x_1^F - 1/x_1^I) \tag{3}$$
$$a_2 = T^I \cdot (x_1^I/x_1^F - 1) \tag{4}$$

a_2 がマイナスの値になるなら，それは図が誤って解釈されており，また，間違った組成が選択されていることを意味している．1 や 2 の下付文字を持つ上記 3 つの方程式の 1 つを使って計算を繰り返す，つまり，添加される成分として C_1 を選択するか，あるいは，次の関係式を使って a_2 から a_1 に代える：

$$a_1 = -a_2 \cdot (x_1^F/x_2^F)$$

同じやり方と同じ名称の付け方を使って，この計算は C_1, C_2, C_3 の 3 成分の場合に容易に展開される．この場合，2 成分の添加量の a_2 と a_3 (あるいは，a_1 と a_3) がブレンドを修正するために求められねばならない．私たちが得る式は：

$$a_2 = (W_1^I \cdot x_2^F)/x_1^F - W_2^I \tag{5}$$
$$a_3 = (W_1^I \cdot x_3^F)/x_1^F - W_3^I \tag{6}$$

代わりになる式は：

$$a_2 = T^I \cdot (x_1^I \cdot x_2^F - x_1^F \cdot x_2^I) / x_1^F \tag{7}$$

$$a_3 = T^I \cdot (x_1^I \cdot x_3^F - x_1^F \cdot x_3^I) / x_1^F \tag{8}$$

($x_1^F = 1 - x_1^F$ および $x_2^I = 1 - x_1^I$ とするなら，方程式(7)は2成分の方程式(4)に変わることに注意)

　a_2 か a_3 のどちらか，あるいは，その両方がマイナスの値になるなら，間違った成分の組合せが選ばれている．

　この方法は必要とされる成分の数だけ無限に拡げられて良い．一般化すると：

$$a_i = T^I \cdot (x_1^I \cdot x_i^F - x_1^F \cdot x_i^I) / x_1^F \tag{9}$$

ここで $i \neq 1$．

　この方法を説明する1つの例を次に挙げる．

例 4

　1バッチで27トンのフィリング用油脂が67% PMF1, 27% PMF2, 6% hPO の組成で調製されている．ここでのPMF1とPMF2はパーム油中融点画分(第5章を参照)で，hPOは硬化パーム油である．分析で，このフィリング用油脂が規格外であることが分かった．正しいブレンドは69% PMF1, 25% PMF2, 6% hPO と推定される．ブレンド組成を修正するのに添加されるPMF1, PMF2 あるいは hPO の最小量はどれほどか？

　精査してみると，PMF2は比率的に唯一減らして良い成分なので，PMF2を C_1 とし，PMF1を C_2, hPOを C_3 とする．それを整理すると：

$$x_1^I = 0.27 \qquad x_1^F = 0.25$$
$$x_2^I = 0.67 \qquad x_2^F = 0.69$$
$$x_3^I = 0.06 \qquad x_3^F = 0.06$$

方程式(7)と(8)を使い，$a_2 = 2.03$ トン，$a_3 = 0.13$ トンを得る．したがって，2.03トンのPMF1と0.13トンのhPOがブレンド比を修正するのに添加されねばならず，最終ブレンド品は29.16トンの重量になる．

　時折，単一成分よりむしろもう1つのブレンド製品が入手可能なことが起こる．もう1つのブレンドで修正を行う場合，普通，2成分のブレンドだけを使って実施される．修正に使うブレンドが2成分以上の場合だと，状況は複雑になる．この状況は滅多に起こらないので，この場合の問題は，全ての可能性を網羅する方程式にするよりもむしろ，1回限りの検討として考えるべきである．

　2成分のブレンドを修正に使う場合，状況は分かりやすく，しかも数学的な処理にはるかに馴染みやすい．このような状況が生じるのは，例えば，1つのラウリン酸型

製菓用油脂の融点と SFC が，類似する別な油脂である極度硬化パーム核油（PKL44）と部分硬化パーム核オレイン（PKL32）のブレンドを使って修正される場合である．

作業は前と同じだが，この場合，a^M を本来のブレンドに添加されるべき成分2を豊富に含有する混合物（ブレンド）の量にしよう．この添加する混合物（ブレンド）の組成は x_1^M，x_2^M である．以前と同じように取り組み，次式にたどり着く：

$$a^M = (W_1^I - x_1^F \cdot T^I)/(x_1^F - x_1^M) \tag{10}$$

$$a^M = T^I \cdot (x_1^I - x_1^F)/(x_1^F - x_1^M) \tag{11}$$

（$x_1^M = 0$，$x_2^M = 1$，すなわち，添加された混合物が純粋な C_2 なら，方程式(11)は，方程式(4)になることに注意）．

前と同様に，この方法を次の例で説明する．

例5

1バッチで20トンのラウリン酸型製菓用油脂が9トンの PKL32（C_1）と11トンの PKL44（C_2）で調製されている．このブレンドの融点は規格を外れており，そして，上記のやり方にしたがって，41% PKL32 と 59% PKL44 のブレンド比（ブレンド1）が推定される．PKL44 は入手できないが，同じ油脂の高融点版である 95% PKL44 と 5% PKL32 のブレンド（ブレンド2）の1バッチだけが手に入る．ブレンド1を修正するのに，ブレンド2をどれだけ添加しなければならないか？

$T^I = 20$，$x_1^I = 0.45$，$x_1^F = 0.41$，$x_1^M = 0.05$ となる．そこで方程式(11)を使って，次の答えを得る：

$$a^M = 20 \times (0.45 - 0.41)/(0.41 - 0.05) = 2.22$$

これで，2.22トンのブレンド2を添加しなければならず，最終ブレンド品は C_1(PKL32)=9.11トンと C_2(PKL44)=13.11トンの組成で総量22.22トンになる．この解はブレンド2の添加量を可能な限り最小限にとどめ，製菓用油脂のバッチの追加分を最小限にする．試行錯誤的な試みは，それに費やされる時間や努力は別として，そうしたやり方で解が見つけられることはない．

第5章 原材料

各種原材料の組成などの詳細な情報については，読者は *"The Lipid Handbook"* (Gunstone, Harwood & Padley, 1994) や *"Bailey's Industrial Oil and Fat Products"* (Hui, 1996) で調べられる．この章では，製菓用油脂製造への利用でとりわけ関心を持たれる原材料の特性に限って考察する．

A節 カカオ製品

1. カカオ豆の生産と加工

カカオの木 (*Theobroma cacao*) の原産地は南米と中米だが，現在，赤道を挟んで緯度20°以内の多くの国々で栽培され，特に緯度10°以内の地域は年間を通した平均気温が約27℃ (18～32℃の範囲) で，降雨は多く (1,500～2,500mm/年)，しかも規則的である (Beckett, 2000; Minifie, 1989)．30～45粒の種子 (訳注：カカオ豆) を持つカカオポッド (cocoa pod：カカオの実 (訳注)) は木の枝や幹で成熟する (図5.1 と図5.2)．

図5.1 カカオの木の幹で発育するチェレレ
(cherelle：小さいポッドを指す (訳注))
(Fowler, 1999．撮影者 Mark Fowler, Nestlé より)

図5.2 ポッド内部のカカオ豆
(Beckett, 2000 より)

生産の地理的な衰退を図5.3 に示した．ここ10年にわたって相当な変化が起きている．総生産量は 1990/1991 年シーズンの 251 万トンから，2001/2002 年シーズンの

第5章 原 材 料

281万トンへと緩やかに拡大している．インドネシアとアイボリーコーストの生産は劇的に増大し，現在，世界の生産量に占めるそれぞれの割合は15％と43％である．マレーシアやブラジルの生産の低下は同じように劇的である．マレーシアの生産は1980年代に急増して世界生産量の約10％に達したが，現在ではそれがたった1％程度に落ち込んでしまった．

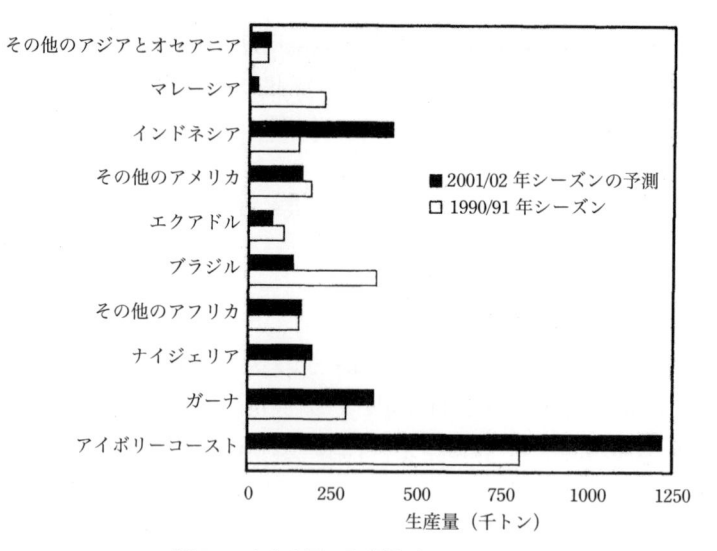

図 5.3　カカオ豆の生産量 (Peska, 2002 より)

ココアバターやその他のカカオ製品をつくる際のカカオの加工は，この章で考察される他の植物性油脂の製造と全く異なっている．図1.1で見たように，カカオ豆は3種のココアバター含有製品，つまり，ココアバターそれ自体，ココアリカー（カカオマス），そして，ココアパウダーにするために加工される．カカオ豆の脱脂可食成分はその色調と風味のために，全てのタイプのチョコレート（ホワイトチョコレートは例外）の製造に必要にして不可欠である．

カカオ製品の風味発現にとって重要な段階は発酵と焙炒である．

発　酵

ショーネシー（Shaughnessy, 1992）は植えられるカカオの品種，生育，そして，収穫から発酵技術までにわたってカカオ豆での風味発現を説明している．収穫時，ポッドは木から採られ，ポッド中のカカオ豆とその周囲の白いパルプが抜き取られる．次いで，カカオ豆とパルプは25〜2,500kg，典型的には90〜250kgの堆積物として，あるいは，1,000〜2,000kgを詰めた箱の中で発酵（堆肥化）される（Beckett, 2000; Minifie, 1989）．

発酵は 2〜8 日間続けられ，その間に多くの微生物学的，化学的変化が起こる (Martin, 1987)．発酵温度は約 50℃に上昇し，カカオ豆は死んでしまうので発芽はもはや起こらない．

有機酸 (酢酸，クエン酸，乳酸，シュウ酸) は発酵中に生じる．そして，通常，過剰な酸度になると風味不良と見なされる (Baigrie & Rumbelow, 1987)．東南アジアや南太平洋産のカカオは酢酸と乳酸の濃度が高くクエン酸とシュウ酸の濃度が低いので，西アフリカ産のカカオより強い酸味になりやすい．揮発性の酢酸を除くことは酸度を低下させたが，シュウ酸，および／または，クエン酸を添加した場合にだけ，マレーシア産のカカオがガーナ産カカオに近い風味に"修正"された (Holm, Aston & Douglas, 1993)．

遊離脂肪酸量を増やすことを別にすれば，発酵はココアバターの物性や化学的特性に重要な影響を及ぼさないと考えられている．ドミニカ共和国でのカカオ豆の発酵研究は，メインハーベスト／メインクロップ (main crop：メインクロップは北半球で冬期の収穫にあたり，夏期収穫をサマークロップ，あるいはミッドクロップと呼ぶ (訳注)) の 7 日間発酵後に抽出したココアバターが少し (2〜4％) 低い SFC 値になることを示した．遊離脂肪酸濃度は 0.9〜1.4％の範囲で変動したが，それに決まった傾向はなかった．2 回目の後期の少ない収穫物の発酵後に，10％までのより大きな SFC 値の低下が見られた (Mohr, Wichmann & Roche, 1987)．それと呼応して脂肪酸組成の変化も見られた (しかし，TAG 組成は変化しなかった．多分，HPLC 分析での分離が適切でなかったことによるものだろう)．しかし，研究されたココアバターの全ては異常に柔らかく，その SFC 値は 20℃で 55〜63％，30℃で 23〜26％ (メインハーベスト)，および，15％以下 (2 回目の収穫物の場合の推定値) であった．2 回目の収穫物での SFC 値の大きな低下は発酵の 5 日目と 6 日目の間に起こった．この研究から明解な結論を導くのは難しいが，発酵がココアバターを柔らかくするかも知れないので，過剰な発酵は避けねばならないことを示唆している．

発酵後にカカオ豆は乾燥され，次いで焙炒され，**図 1.1** に示すようにさらに加工される．焙炒段階でのカカオ豆の構成部位は普通 87％の胚乳 (nib：ニブ)，12％の種皮 (シェル)，そして，1％の胚芽 (germ：ジャーム) となっている．ジャームは通常捨てられるか，あるいはシェルと混ぜられる．焙炒後，水分が低下して純粋なニブの収量は 82％以下になる (Minifie, 1989)．

焙　炒

カカオ豆の焙炒は通常 100〜140℃の温度で 45〜60 分間実施される．焙炒の主たる目的はニブからシェルを分離すること，風味と色調を発現させること，混入微生物，とりわけサルモネラ (*Salmonella*) 種の殺菌である．殺菌効率を高めるため，通常，水／蒸気が焙炒時のカカオ豆に添加される (Heemskerk, 1999; Beckett, 2000)．カカオ製品やチョコレート中の菌叢の詳細な解説が国際食品微生物規格委員会 (1998) から出版さ

第5章 原 材 料

れている．サルモネラの長期間にわたる生存が強調されている．このテーマに関するもう1つの有用な概論が最近出版された（Bell & Kyriakides, 2001）．

焙炒中にメイラード反応（Maillard reaction）とも呼ばれる非酵素的褐変反応が生じ，この反応で褐色のカカオ色だけでなくピラジンやピラゾールのような含窒素複素環の香気化合物が発現する．

カカオ豆のサイズはいろいろであり，このことが豆焙炒（bean roasting）で図5.4に示すような種々の結果をもたらす．カカオ豆のサイズ変動の問題は，シェルを除いて取り出したニブを焙炒することで克服される．この場合，シェルは焙炒前にウイノーイング（ふるい分け，winnowing）として知られる工程で除かれる．焙炒自体がシェルを剥がれやすくするので，伝統的な方法では豆焙炒の後にウイノーイングが実施される．ニブが焙炒される場合，最初にシェルを剥がれやすくするため，カカオ豆は部分的に乾燥され，次いでシェルとニブの断片にするため，軽く破砕される．次のウイノーイング工程でニブからシェルの断片を分離するのに，篩と送風機が使われる（Minifie, 1989）．風味に乏しいカカオ豆から取り出されたニブが還元糖溶液で処理されて品質を高められることもある（Kleinert, 1994; Kleinert-Zollinger, 1997a; de Brito, Narain, Garcia, Valente & Pini, 2002）．この処理は風味を強化し，そして，不快な煤煙臭を低減する．

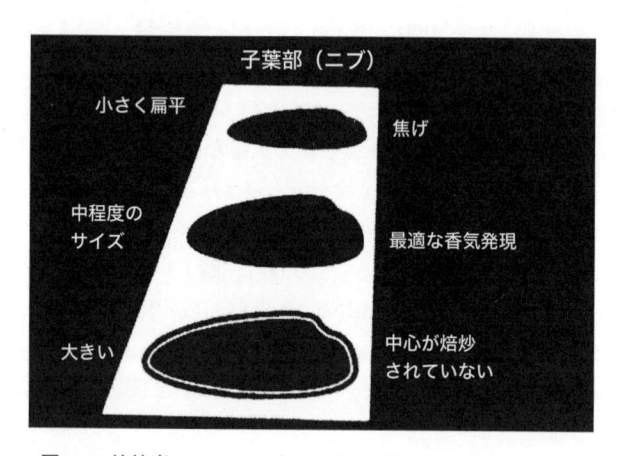

図5.4 焙炒度へのカカオ豆サイズの影響（Beckett, 2000 より）

カカオ豆のサイズ変動の問題はニブを磨砕して液状（リカー）とし，次いでそれを薄膜で焙炒することにより完全に克服される（Thorz & Schmitt, 1984）．この方法は焙炒工程の制御に多くの利点をもたらすので，現在，多くの企業で好まれる方法となっている．クライネルトはこうした3種の焙炒法を概説しており，表5.1に彼が要約した各焙炒法の長所と欠点をまとめた．

144

A節　カカオ製品

表 5.1　異なる焙炒法の長所と欠点の比較（Kleinert, 1994 より）

属　　性	豆焙炒	ニブ焙炒	リカー焙炒
風味の生成	＋	＋	＋
"1 段高い" 品質	－	＋	○
不快臭の除去	－	＋	＋
シェルへの油脂移行損失	－	＋	＋
殺　菌	＋	＋	○
剥れやすいシェル	＋	＊	＊
良好な磨砕性	＋	＋	－

＋；良好，○；中間，－；不良，＊；予備的な熱処理を必要とする．

2. ココアリカー

　ココアリカーはニブを磨砕して製造される．磨砕の目的はカカオの細胞を壊すことであり，それでできるだけ多くの油脂を遊離させる．この油脂は平均で 20〜30 μm（長さ）×5〜10 μm（幅）の細胞中に含有されている（Beckett, 2000）．したがって，確実に細胞を壊すためにはニブ粒子のサイズを約 50 μm から 30 μm 以下に細かくする必要がある．

　各種の磨砕機がある．主要な機種は，ロール間でニブを押しつぶすローラーリファイナー，ピンやハンマーでニブを打ち砕くインパクトミル，粉ひき臼のように回転円盤の間でニブを磨砕するディスクミル，そして，直径 2〜15mm のおびただしい数の鋼球と一緒にニブの粒子を転げ回すボールミルである．ボールミルが粉砕できるのは液状物だけなので，通常予めインパクトミルあるいはローラーリファイナーによる磨砕でペースト状にしてボールミルに供給される．ココアリカーの大部分はインパクトミルでの処理の後にボールミルで粉砕されて製造されている（Beckett, 2000）．ミニフィ（Minifie, 1989）は，ココアリカーの各種の製造と加工法を概説している．

　細胞内に存在している油脂の量は細胞の破壊で生じる新たな表面積を覆う以上に多い．それで，粉砕が進むほど，遊離油脂量が増えてニブペーストあるいはココアリカーの粘度が次第に低くなる．しかし，全ての油脂が遊離するポイントを越えて粉砕を続けると，やがて粘度は上昇する．より微細な粒子がつくられると，油脂で覆われる総表面積が増加し，このことが遊離油脂量を減らす．

　焙炒されていないカカオ豆，あるいは，ニブからつくられたココアリカーは，カカオ風味を発現させるために焙炒される（前項を参照）．

　ココアリカーは 54〜56％の油脂を含有している．ココアリカーは段ボール箱中に固体状で，あるいは現在，より一般的には液状で保管される．液状ココアリカーはステンレス鋼の貯槽中に貯蔵され，撹拌され，48〜50℃に保温される．らせん式撹拌羽根を装備した水平型貯槽が次第に好まれてきているのは，これが確実にココアリ

カーを均質に維持し，また，カカオ粒子が油脂から分離しないからである（Kleinert-Zollinger, 1997a）．

3. ココアバター

　この項ではココアバターの生産を説明し，第6章A節でココアバターの特徴的な特性と脱臭を説明する．

　ほとんどのココアバターはココアリカーの油圧式圧搾で得られる．14の圧搾用仕切り空間（pressing chamber）を有する近代的なプレス機は1回に220kgのココアリカーを充填し，温度100℃，圧力1,000barで圧搾し，約15分間で油脂残量を12％にすることができる（Hanneman, 2000）．次いで，絞り出された油脂は濾過される．この段階の油脂は"プライムプレスド（prime pressed）"とか"ピュアプライムプレスド"ココアバターのように，いろいろな言い方がされている．

　その他の油糧作物に由来するほとんどの油脂はエクスペラー圧搾機（expeller press）を使って採油されるが，これは低コストで効率的な工程である．エクスペラー工程はココアバターの製造にも利用されるが，それはシェルを付けたままの低品質の，あるいは破損したカカオ豆にだけ利用されているので，エクスペラーココアバターは低品質で不衛生と見なされている（Kleinert-Zollinger, 1997b）．後者の記述は，エクスペラーで処理されるカカオ豆が焙炒されていないか，あるいは，そのココアバターが脱臭されない場合にだけあてはまる．エクスペラーココアバターが上質のカカオ豆から搾油され，しかも，EUで始められた新たなココアバターの規格を満たすなら，それはプレスドココアバターとほとんど同じである（Kattenberg, 2001; European Union, 2000）．以前には，ココアバターがピュアプレスド（pure pressed），エクスペラー，あるいはリファインド（refined）と分類された．指定された化学的な特性は遊離脂肪酸≦1.75％，不けん化物（UM）≦0.5％，あるいは，ピュアプレスドの場合にUM≦0.35％であった．新たなEU規格はココアバターに遊離脂肪酸≦1.75％でUM≦0.5％，または，遊離脂肪酸≦1.75％でUM≦0.35％の2つの等級を指定するだけで，原材料や使われる製造方法を規定していない．これは歓迎すべき一歩である．と言うのも，ココアバターの製造に使われた生産工程を化学的，官能的な分析を利用して間違わずに決定することは不可能だし，重要なのは原材料の産地ではなく物理的・化学的な特性だからである．しかし，残念ながらこの定められた規格は最小限のものであり，そのことは，買い手が市場で目的の品質を確実に入手するのに必要となる厳密な規格にもっと精通せねばならないことを意味している．

　搾油後にプレス機あるいはエクスペラー機に残っているものはココアプレスケーキ（cocoa press cake），または，エクスペラーケーキと呼ばれる．この両タイプのケーキはさらにココアパウダーに加工されるが，他の油糧種子のエクスペラーケーキはヘキサ

ンで溶剤抽出される．溶剤抽出のココアバターは例外なくプレス機やエクスペラー機で搾油されたココアバターより品質が劣り，そして，リン脂質や殺虫剤のような非 TAG 物質を高濃度に含有する (Timms & Stewart, 1999)．溶剤抽出のココアバターの品質が低いのは，溶剤がケーキやニブからほとんど全ての脂質成分を抽出してしまうこと，また，脱脂ココアパウダー（次項を参照）の製造のために，良好な品質の原材料を使うより，むしろ劣悪な品質の原材料（屑カカオ豆）に含まれているココアバターを抽出することに起因している．

ココアバターは多くの国々でカカオ豆から採油されている．最近まで，カカオ豆は欧州や北米の主要なチョコレート消費国に輸出され，そこでカカオ豆が磨砕されてココアリカーになり，ココアバターが採油されていた．この 30 年に，次第にカカオを産出する原産国でカカオ豆が加工されるようになってきた．この場合，ココアリカー，ココアパウダー，ココアバターがチョコレート消費国に輸出されている．ココアバターは段ボール箱に 25 kg 詰めされ，コンテナ船で輸送され，到着地で特別な融解槽 (melter) に投入されて融かされる．混入微生物を殺菌するため，そしてむしろ食品安全性の理由からも，ココアバターは通常チョコレートに使う前に脱臭される．原産国でどれだけ生産されているかを正確にとらえることは難しいが，図 5.5 に示すように，主要な輸入国の輸入量がほぼその数値に等しいと考えられる．輸入量のある程度は非原産国，とりわけオランダからも入ってくるが，原産国からの輸入量は明らかに伸びている．

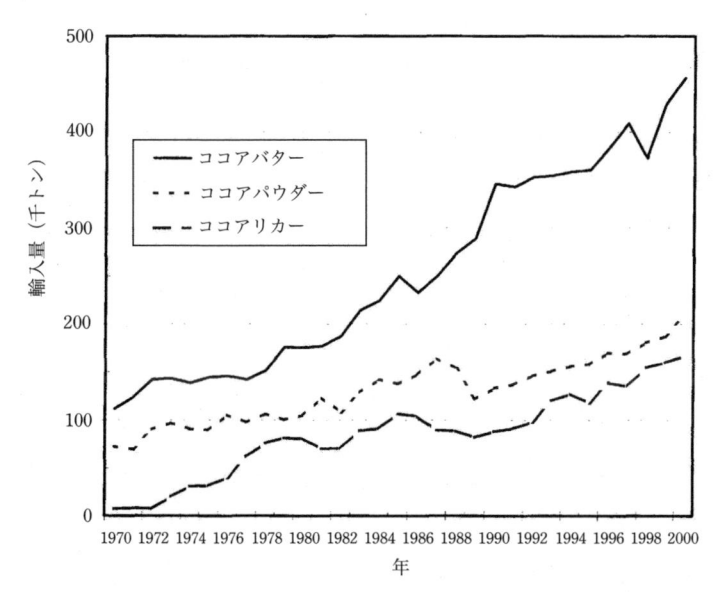

図 5.5 主要な輸入国のココアバター，ココアパウダー，ココアリカーの輸入量 (Peska, 2002 より)

4. ココアパウダー

ココアプレスケーキは粉砕されてココアパウダーになる．ココアパウダーには，風味，色調，油脂分の異なる多くの種類がある (Kattenberg, 1995)．炭酸カリウムのようなアルカリでニブあるいはココアリカー（時として，ケーキ）を処理することで，色調は濃くなる．したがって，ココアパウダーはアルカリ処理と非アルカリ処理のタイプになる．工程の呼称となっているアルカリ化 (alkalisation) は，第6章で考察するように，アルカリ処理されたニブ／ココアリカーを圧搾して製造したココアバターの物性に少し影響を及ぼすといういくつかの証拠がある．

通常，ココアパウダーは2種類の基本的な油脂分，つまり 10〜12％の"低油脂分"と 20〜24％の"高油脂分"が販売されている．油脂分1％以下の脱脂ココアパウダーも入手可能である．脱脂ココアパウダーは他の油糧種子ケーキの場合と同じようにヘキサンの溶剤抽出でつくられる．超臨界流体にした炭酸ガス (Li & Hartland, 1996; Rossi, 1996)，あるいは，プロパン (Trout, 2000) もこの抽出に利用される．

5. シェル脂

カカオの種皮であるシェルは廃棄されたり，動物の餌として利用されたり，園芸用堆肥に使われたり，あるいは焼却されるが，ヘキサンで抽出される油脂も含有している．この油脂はココアバターより柔らかい．**表 5.2** で，シェル脂の脂肪酸組成をそのシェルを除いたニブから取り出した油脂の組成と比較している．シェル脂の組成は豆焙炒されたかどうかにも左右される．豆焙炒の場合，ニブからある程度の油脂がシェルに移行している．この移行でココアバターが 0.5％まで無駄になると概算されている (Beckett, 2000)．

表 5.2 6つのカカオ豆試料でのシェル脂とニブの油脂の脂肪酸組成比較（Corradi & Rizzello, 1982 のデータより）

		抽出油脂量 (%)	脂肪酸含量（メチルエステル換算での%）				
			$C_{16:0}$	$C_{18:0}$	$C_{18:1}$	$C_{18:2}$	その他
シェル	平均	4.6[a]	25.7	29.7	35.0	6.3	3.3
	範囲	2.9〜6.1	24.9〜26.2	27.5〜32.0	33.8〜36.9	5.3〜8.2	—
ニブ	平均	51.8	27.8	33.3	34.6	3.2	1.1
	範囲	45.8〜55.4	27.3〜28.7	32.2〜33.9	34.2〜35.3	2.8〜3.6	—

a 5点測定だけでの平均．

表 5.2 の結果は，シェル脂でパルミチン酸（$C_{16:0}$）やステアリン酸（$C_{18:0}$）の濃度が低く，それに対応してリノール酸（$C_{18:2}$）の濃度が高いことがココアバターとの主要

な違いであることを示している．他の研究者らは，もっと高いリノール酸の濃度範囲，つまり，シェル脂で5.6～12.9％，ジャーム脂で24％（Timms & Munns, 1976），また，シェル脂で9～16％（Hilditch & Williams, 1964）の数値を報告している．ウォン・ソーン（Wong Soon, 1991）はインドネシア産カカオ豆の3試料のシェル脂で5.2～6.7％のリノール酸濃度になる結果を報告した．この3種のシェル脂試料のSFC値は通常のココアバターより著しく低く（20℃で24～50％，30℃で1～19％），それはリノール酸の濃度と良い相関を示した．抽出油脂の組成は通常のココアバターが焙炒中にどれだけシェルに移行したかに左右されるので，高いリノール酸濃度は純粋なシェル脂を示すだろう．

　シェル脂は不けん化物の濃度も高い．ニブとシェルの分離が悪い場合，あるいは，劣悪な品質のエクスペラーココアバターのように全くシェルが分離されない場合には，ある程度のシェル脂が必然的にココアバター中に混入する．ブルーバリュー（第3章I節）はココアバターにおけるシェル脂の存在を調べるために開発された．しかし，ココアバターに混入できるシェル脂の量や**表5.2**にあるその組成を考えると，シェル脂が通常の方法で生産されるココアバターの物性に大きく影響を及ぼすことはなさそうである．時折起こっているように，ココアバターにシェル脂が故意に混ぜられると，状況は全く違ってくる．

　シェルの除去は，それがカカオ豆の加工やココアリカーとココアパウダーの特性に影響するため，多分相当重要なことなのである（Kattenberg, 1995）．シェルの風味はニブのそれと完全に異なり，好ましくない．その不快臭はココアパウダー中のシェル含量が高くなると顕著になる．カカオシェルはローラーリファイナー，ボールミル，そして乳化機のような菓子工業で使われる粉砕や混合装置の摩耗原因でもある．摩耗はカカオ製品やチョコレートに鉄や他の微量金属の混入を招いてしまう．

第5章 原　材　料

B節　乳　製　品

　家畜牛 (*Bos taurus*) の乳は普通87.3％の水，3.9％の油脂，4.6％の乳糖，3.3％のタンパク質を含有する (Walstra & Jenness, 1984)．その組成は，餌，季節，乳牛の産地や血統で大きく変化する．乳脂と無脂乳成分は，チョコレートや砂糖菓子の重要な構成物である．

1. 乳　脂

　乳脂は乳から分離された油脂である．これは無水乳脂，無水バターオイル，乳脂，バターオイルあるいはバターファットといろいろに呼ばれている[1]．こうした用語間の規定に少し差があるものの，全ては本質的に純油脂分が99.5％以上であり，残りは遊離脂肪酸 (～0.4％) と残留水分である (乳脂のコーデックス・アリメンタリウス規格 A-2-1973, Rev. 1-99)．筆者は無水乳脂 (AMF) の用語を使うこととする．ギー (ghee) は類似製品であり，特別に発現された風味と食感を持っている．

　無水乳脂はクリームあるいはバターから製造される (Rajah, 1991; Illingworth & Bissell, 1994)．後者の場合，バターは一般的にブロック状で製造され，次いで融けて分離するまで，しばらくの間貯蔵される．どちらのやり方でも，油脂と水相は遠心分離機で分けられる．そして，油脂成分はほとんど手間をかけずに減圧下で乾燥される．無水乳脂は不快臭を発生しやすいので，液状で貯蔵されるなら，それは窒素ガス下でステンレス鋼の貯槽に保持しなければならない (Munro, Cant, MacGibbon, Illingworth & Nicholas, 1998)．

　無水乳脂の酸化安定性や加水分解安定性への貯蔵の影響が研究されている (Keogh & Higgins, 1986; Higgins & Keogh, 1986)．予想どおり，酸化速度は溶存酸素量に関係していた．製造直後の無水乳脂の低い溶存酸素量 (3.1ppm) は，保管中の酸化が避けられるなら，決して包装中に酸化を進行させることはないと結論された．45℃で無水乳脂に溶存可能な酸素量は約33ppm である (Timms, Roupas & Rogers, 1982)．酸素は液状脂の部分にだけ溶解し，溶解度は絶対温度に反比例して増大する．したがって，無水乳脂中の酸素濃度は SFC 値の高い低温で低下するように思えるが，実際には液状脂部分の酸素濃度が高くなる．液状脂部分では温度低下に伴い酸素の溶解度が高くなるので，酸化の可能性は完全な凍結温度以上の低温貯蔵温度で実際に増加する．

　遊離脂肪酸量は加工中に減少し，加工後の25℃の貯蔵中に増加しなかった．しかし，無水乳脂は加水分解で容易に変敗臭を発生する．アルカリ中和，あるいは，脱臭でこうした変敗臭を許容できる水準まで減らすことができる．しかし，酸化速度は中

1　milk fat または milkfat，butter fat または butterfat，butter oil または butteroil．

和で加速されたので，中和された無水乳脂中の酸素濃度を低く維持することがとりわけ重要である（Higgins & Keogh, 1986）．

2. 乾燥乳製品

ミルクチョコレートや砂糖菓子のほとんどは基本的に無水製品である．したがって，菓子に使う乳製品は乾燥乳を基本とせねばならない．**表 5.3** に示すように，使われる製品は多岐にわたる．

表 5.3 菓子で使われる乳製品の典型的な組成（%）（Minifie, 1989; Bouwman-Timmermans & Siebenga, 1995; Hancock, Early & Whitehead, 1995; Haylock, 1995; Skene, 2000 より）

製品	乳脂	乳タンパク質	乳糖	砂糖	水分	ココアリカー
無水乳脂	>99.6	—	—	—	<0.3	—
脱脂粉乳	<1	36	52	—	3〜3.5	—
全脂粉乳	27	26.5	38	—	2.5〜3	—
高油脂分(55%)パウダー	55	15	24	—	2.5〜3	—
高油脂分(70%)パウダー	70	12	13	—	2.5〜3	—
バターミルクパウダー	10[a]	32.5	47	—	3〜3.5	—
ホエーパウダー（標準品）	1	13	74	—	3〜4.5	—
ホエーパウダー（脱塩品）	1	13	77	—	3〜4.5	—
ホエータンパク濃縮物	6	78	7	—	4.5	—
加糖練乳（脱脂品）	<1	10	15	43	29	—
加糖練乳（全脂品）	9	9	12	41	27	—
無糖練乳（蒸発濃縮乳）	10	10	12	—	66	—
ミルククラム	8〜10	17〜22		50〜70	1〜1.5	7〜13

a　リン脂質が 20% 程度．

粉　乳

全脂粉乳は 2 つの基本タイプ，つまり，噴霧乾燥とロール乾燥したものが入手可能である．噴霧乾燥は 180〜190℃の気流で実施され，乾燥中に製品は 20〜30 秒で最大品温 80℃に達する．この工程は比較的穏やかであり，非常にミルクとクリーム風味の豊かな粉末にする．この乾燥工程中，乳脂のエマルションは乳化安定性を維持するので，遊離脂肪は低濃度（<10%）になる（Bouwman-Timmermans & Siebenga, 1995）．

ロール乾燥は 120℃のロール表面温度で実施され，製品の品温は 2〜5 秒で 100℃以上になる．このことは"練乳"風味をもたらす．乾燥工程中の機械的な力は脂肪球を破壊し，遊離脂肪分を高くする（80〜85%）（Bouwman-Timmermans & Siebenga, 1995; Twomey & Keogh, 1998）．

チョコレート製造企業はとりわけこの遊離脂肪分のために噴霧乾燥粉乳よりロール乾燥粉乳を好む．ロール乾燥粉乳の高い遊離脂肪分と他の特性はチョコレートの粘度

を低下させるので，より少ない量のココアバターで適切な流動特性にできる．しかし，ロール乾燥は噴霧乾燥より費用がかかるので，チョコレート製造用の噴霧乾燥粉乳で機能性の改良が進められている．こうした粉乳は，"ロール乾燥等価（roller-dried equivalent）"粉乳と呼ばれている（Skene, 2000）．機能性の改良は，粉乳の再湿潤とその後の流動層乾燥，あるいは，噴霧乾燥前に乳糖を結晶化させるための微細な乳糖結晶を乳濃縮物にシーディングすることでなされている（Haylock, 1995；Augustin, 2001）（普通の噴霧乾燥粉乳中では，ほとんどの乳糖が非晶質（amorphous）状態である）．

したがって，使われる乳原料に左右されて，乳脂は完全に遊離状態ではなく，他の油脂含有成分由来の油脂と混じり合って，各原料由来の油脂の組成比特徴を十分に反映する連続的で均質な油脂相にならないかも知れない．しかし，チョコレート製造における各種の粉砕や撹拌工程の後，油脂のほとんどは全ての組成物から遊離していると思われる．このことは，各成分の油脂含量から計算される組成比にされたモデル油脂相が，同じ油脂組成のレシピで調製されたチョコレート，あるいは，そのチョコレートからヘキサンで抽出された油脂と同じ SFC 値を示す事実で証明される（Britannia Food Ingredients 社の研究室での経験）．この事実は更なる研究の助けになるだろう．

ミルククラム

ミルククラム（milk crumb）はココアリカーと砂糖を含有する乾燥乳である．これはミルクチョコレートクラムと呼ばれることもあり，ブロックミルク（block milk）とも呼ばれるココアリカーを含有しない減圧乾燥乳製品と区別されている．ミルククラムは高ミルク含量チョコレートの特徴的な原料であり，市販品のキャドバリーデーリィミルク（Cadbury Dairy Milk）チョコレートで実証されている．ミルククラムはいろいろな方法でつくられている（Bouwman-Timmermans & Siebenga, 1995）．加糖全脂練乳はココアリカーと混ぜられ，次いで濃縮され，結晶化される．次いで，この混合物は減圧乾燥されて 1.5% 以下の水分にされる．ただし，グローエン社（Groen）の装置は減圧乾燥

表5.4 英国やアイルランドでつくられるミルククラムの典型的な組成（Minifie, 1974 より）

原　料		分　析	
成　分	%	成　分	%
ココアリカー	13.5	ココアバター	7.3
		無脂カカオ固形分	6.2
乳固形分	32.0	乳　脂	9.2
		無脂乳固形分	22.8
砂　糖	53.5	砂　糖	53.5
水　分	1.0	水　分	1.0
計	100.0	計	100.0

を使わない.ミルククラムはタンパク質と乳糖間のメイラード反応でつくられる特徴的なカラメル風味を有している.

　ミルククラムはいろいろに配合されるが,通常,それは各チョコレート製造企業の留型(とめがた)になっている.**表5.4**は英国とアイルランドでつくられる典型的な製品の組成である.

第 5 章 原 材 料

C 節　パーム油と画分

パーム油はアブラヤシ，学名エラエイス・ギネエンシス（*Elaeis guineensis*）の果実の果肉から得られる．パーム果実の核はパーム核油をもたらす（次節を参照）．アブラヤシは熱帯西アフリカを原産地とするが，現在，広く熱帯の多くの国で栽培されている（Berger, 2000; Berger & Martin, 2000）．パーム油は世界の油脂の生産で大豆油に次ぐ 2 番目のものであり，2～3 年以内に大豆油を凌駕すると予測されている．表 5.5 に示すように，マレーシアとインドネシアが世界的なパーム油の生産と輸出量で抜きん出ている．

表 5.5　2001 年のパーム油の生産と輸出量（Oil World Annual, 2002 より）

国	生　産		輸　出	
	数量（千トン）	占有率（%）	数量（千トン）	占有率（%）
カメルーン	145	0.6	16	0.1
コロンビア	547	2.3	90	0.5
エクアドル	240	1.0	32	0.2
インドネシア	7,700	32.7	4,940	28.1
アイボリーコースト	247	1.0	74	0.4
マレーシア	11,804	50.1	10,733	60.9
ナイジェリア	770	3.3	8	0.0
パプアニューギニア	330	1.4	326	1.9
タ イ	550	2.3	114	0.6
その他	1,242	5.3	1,278	7.3
計	23,575	100.0	17,611	100.0

パーム油は果実から溶剤を使わずに採油される．ベルガー（Berger, 1983）はアブラヤシの木から未精製のパーム油になるまでの加工法を概説している．メイコック（Maycock, 1990）はプランテーションからパーム油工場や精製施設，そして，精製食用油までのパーム油の加工法を含めたより詳細で包括的な総説を発表している．オンら（Ong, Choo and Ooi, 1995）はパーム油の特性や利用を概説している．

パーム油はアルカリ精製もできるが，世界で商取引されるほとんどのパーム油はマレーシアあるいはインドネシアで物理的に精製されている．パーム油には物理的精製がとりわけ適している．それは，パーム油の通常 3～5% になる高い遊離脂肪酸含量がアルカリ精製で大きな歩留まり低下をもたらすのと，パーム油には高温で容易に異性化するリノレン酸が非常に少ないからである（Cook, 2002）．

パーム油は主要な 3 タイプの TAG，つまり，3 飽和（主に PPP），2 飽和（主に POP），1 飽和（主に POO）から成る．通常の雰囲気温度条件（20～30℃）で，パーム油は液状油

C節　パーム油と画分

（主にPOP+POO）中に不均質な結晶（主にPPP+POP）のスラリーを分離する．この結晶スラリーは分別結晶化で分離される．

ロッセルら（Rossell, King & Downes, 1985）はパーム油の組成に関して膨大なデータを発表しており，その中のいくつかが**表5.6**に要約されている．産地が違っても組成はほとんど同じである．

表5.6 いろいろな産地のパーム油の脂肪酸組成とヨウ素価（Rossell, King & Downes, 1985 より）

産地	試料の数	ヨウ素価	脂肪酸含量（メチルエステル換算での%）								
			$C_{12:0}$	$C_{14:0}$	$C_{16:0}$	$C_{16:1}$	$C_{18:0}$	$C_{18:1}$	$C_{18:2}$	$C_{18:3}$	$C_{20:0}$
インドネシア（スマトラ）	4	51.7	ND〜0.2	1.1〜1.3	44.6〜46.3	0.1〜0.2	4.1〜4.6	36.7〜38.6	10.1〜11.5	0.2〜0.3	0.2〜0.4
アイボリーコースト	8	51.4	0.1〜0.2	0.8〜1.0	43.4〜45.2	0.1〜0.2	4.9〜5.5	37.1〜39.9	9.6〜10.9	0.2〜0.4	0.2〜0.4
マレーシア（サバ）	8	—	ND〜0.1	0.9〜1.1	43.2〜45.3	0.1〜0.3	4.3〜4.7	38.4〜40.1	10.1〜11.1	0.2〜0.4	0.1〜0.4
マレーシア（サラワク）	2	—	ND	0.9〜1.0	43.5〜45.0	0.2〜0.3	4.5〜4.8	38.5〜39.4	10.4〜10.5	0.2〜0.3	0.2〜0.4
マレーシア（西部）	11	—	ND〜0.1	0.9〜1.0	43.1〜45.0	0.1〜0.3	4.0〜4.8	39.2〜40.8	9.4〜10.8	0.1〜0.4	0.1〜0.4
マレーシア（合計）	21	52.1	ND〜0.1	0.9〜1.1	43.1〜45.3	0.1〜0.3	4.0〜4.8	38.4〜40.8	9.4〜11.1	0.1〜0.4	0.1〜0.4
ニューブリテン	4	53.5	0.1〜0.1	1.0〜1.3	43.5〜44.1	Tr〜0.2	4.6〜5.0	37.4〜38.3	11.8〜11.9	0.2〜0.3	0.4〜0.4
ナイジェリア	1	51.2	0.2	1.0	45.4	0.1	4.6	37.7	10.6	0.2	0.3
パプアニューギニア	3	53.0	ND〜0.1	0.9〜1.0	43.4〜45.4	Tr〜0.1	4.4〜4.6	37.5〜39.4	11.0〜11.1	0.3〜0.3	0.2〜0.4
ソロモン諸島	4	52.2	ND〜0.1	1.0〜1.1	44.4〜44.7	Tr〜0.1	4.4〜4.8	37.6〜38.9	10.3〜11.0	0.3〜0.4	0.4〜0.4
全産地の範囲	45	50.2〜54.0	ND〜0.2	0.8〜1.3	43.1〜46.3	Tr〜0.3	4.0〜5.5	36.7〜40.8	9.4〜11.9	0.1〜0.4	0.1〜0.4
全産地の平均	45	52.16	0.1	1.0	44.3	0.15	4.6	38.7	10.5	0.3	0.3

ND；検出されず．Tr；痕跡程度（0.05%以下）

第5章 原材料

原材料としての限界を広げるため、パーム油は大規模に液状油の多い画分であるパームオレインや固体脂の多い画分のパームステアリンに分別される。今日、この工程は圧倒的に膜プレス機を使うドライ分別でなされている。ベルトフィルターを使うドライ分別、そして、まれに界面活性剤分別が今でも使われているが、溶剤分別は現在 SOS 型製菓用油脂向けの特別な画分の製造に限られている。デッフェンス (Deffense, 1985) はパーム油の分別と製造される各種の製品の包括的な総説を発表している。

パームオレインとステアリンはそれ自体で商品価値のある油脂だと思って良い。パームオレインはパーム油と同様にかなりそろった製品であるが、パームステアリンは使われる分別工程や収量の違いを反映して多様である。典型的なデータは**表 5.7**にあり、その中での"スタンダード"はパームオレイン商品を、"ハード"はパームステアリン商品を指しており、貿易ではごく普通に使われている用語である。

表 5.7 図 5.6 に示したような各種のパーム油画分の特性値（Deffense, 1995 より）

特性値	パーム油	ステアリン			パーム油中融点画分		オレイン		
		ソフト	ハード	スーパー	ソフト	ハード	スタンダード	スーパー	トップ
ヨウ素価	51〜53	40〜42	32〜36	17〜21	42〜48	32〜36	57〜59	64〜66	70〜72
脂肪酸 (%):									
$C_{16:0}$	43.7	54.0	60.8	77.4	47.9	54.3	38.8	33.0	28.8
$C_{18:0}$	4.4	5.0	5.4	4.7	5.2	5.5	4.1	3.6	2.5
$C_{18:1}$	39.9	31.3	26.1	13.4	37.8	34.5	43.8	46.4	52.0
$C_{18:2}$	9.7	7.2	5.4	2.9	7.3	4.1	10.8	14.2	14.6
SFC (%):									
10℃	54	81	81	95	75	95	40		
20℃	27	60	69	91	45	90	2		
25℃	16	45	60	85	11	78	0		
30℃	9	31	49	80	0	47			
35℃	5	21	37	73		6			
40℃	0	13	27	64		0			
50℃		0	12	46					
60℃			0	2					

マレーシアのパーム油とその画分の調査が 1980 年に実施された (Tan & Oh, 1981a, 1981b)。もう 1 つの調査は 1991 年に行われたが、その時、マレーシアのパーム油生産は著しく伸びており、また、受粉を助けるゾウムシ (weevil) が導入されていた。それまでは、風が受粉を助けると考えられていた。重要な発見だったのは平均ヨウ素価が 1980 年の調査での 53.3 から 1991 年の調査での 52.1 となり、ほんの少しパーム油

の飽和度が高くなったことである．ただし，脂肪酸のデータはこうした重要な変化を示していない（Siew, Chong, Tan, Tang & Oh, 1992; Siew, Tang, Oh, Chong & Tan, 1993）．調査では，パーム油のばらつきは相変わらず小さく，また，パームステアリンでの変動は減少していた．製菓用油脂の原材料としてパーム油を使う場合にさらに重要となる変化だったのは，炭素数 48（主に PPP）が増え，炭素数 52（主に POP）の TAG が 40.5% から 37.2% に減ったことである．

　パームオレインと違い，パームステアリンは製菓用油脂の原材料としてほとんど利用されていない．高トランス酸型製菓用油脂の製造にはより液状油が多いオレインが有用であり，近年余分に分別段階を増やして，いわゆる"スーパー"オレインが製造されている．そして，この 2 つの分別段階は図 5.6 に示すように副産物としてのパーム油中融点画分（PMF）を製造する．この"ソフト"PMF は"ハード"PMF をつくるため，さらに分画される．ドライ分別を使って高い収率で良好な品質の PMF を得るには，第 4 章 C 節で説明したように，PMF 結晶からオレインを分離し，捕捉される液状油の量を最小限にする高圧膜プレス機を利用することが必要である．図 5.6 に示した各画分の典型的なデータは表 5.7 に示してある．

　こうしたハード PMF はアセトンあるいはヘキサンを使う溶剤分別でもっと容易に製造される．この場合，未精製パーム油から出発してヨウ素価 33〜35 で収率 25〜30% のハード PMF をつくるのに必要な分別はたった 2 回であり，この収率は 3 段階あるいは 4 段階にもなるドライ分別を使うよりも相当に高い．

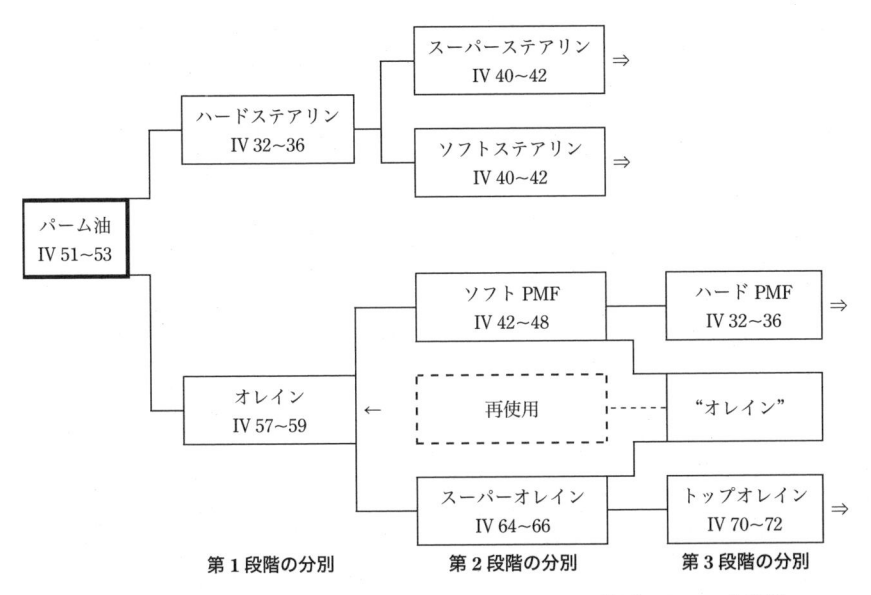

図 5.6　パーム油の多段階ドライ分別（Deffense, 1995 からの複製）．IV；ヨウ素価．

溶剤分別は費用がかかるので，今日では一般的に，最初にドライ分別でステアリンにPPPを集めてオレインに必要なPOPを残し，次いでこのオレインを溶剤分別している．このドライ分別と溶剤分別の組合せ工程をさらに発展させて，橋本ら(Hashimoto, Nezu, Arakawa, Ito & Maruzeni, 2001)は相対的にPPOとPLinPが減少してPOP濃度が高くなるPMFを1回のドライ分別＋2回の溶剤分別で製造するやり方を述べている．この工程はPMFをベースにした製菓用油脂の製造に関わる特許の根拠になっている(Asahi Denka Kogyo, 2001)．

こうして，広い範囲のPMFがSOS型製菓用油脂に利用可能であり，また都合良く，そうしたPMFがそのヨウ素価で分類されている．ヨウ素価の低下でPMFのPOP濃度が増加することが**表5.8**に明瞭に示されている．

表5.8　パーム油と比べたパーム油中融点画分（PMF1とPMF2）の特性値（Britannia Food Ingredients より）

パラメーター	パーム油	PMF1	PMF2
ヨウ素価	52〜53	46	34
DAG（%）	6〜9	5〜7	2〜3
脂肪酸（%）：			
$C_{16:0}$	44.5	51.5	59.7
$C_{18:0}$	5.8	4.7	5.4
$C_{18:1}$	39.0	35.4	31.1
$C_{18:2}$	8.5	6.8	2.8
SFC（%）：			
20℃	29.5	49.8	88.0
30℃	11.5	4.2	47
35℃	6.0	1.0 max	1.0 max
TAG（%）：			
SSS	5.9	1.2	2.4
S_2U	45.0	75.4	92.8
S_2U 中の POP[a] 量	29.4	48.4	66.4
SU_2	47.2	21.9	4.5
UUU	1.9	1.5	0.3

a　PPOを含む．

他のほとんどの油脂と違い，DAGはパーム油中で量の多い成分であり，**表5.8**に示したように，PMFでのDAGの減少は分別工程の重要な特徴である．シーとン(Siew & Ng, 1995a, 1995b, 1999, 2000)はパーム油中のDAGの組成と影響を研究している．彼らは商業的なパーム油中のDAGの平均濃度が6.0%，その範囲が4.0〜7.5%であることを見出した（**表3.3**）．ゴーとティムス(Goh & Timms, 1985)による以前の研究は，DAG濃度の平均が6.3%，範囲が5.3〜7.7%で類似しており，未精製パーム油の平均

遊離脂肪酸量は 3.76% だった．界面活性剤分別で得られたパームオレイン中の DAG 濃度は 0.5〜0.8% 高かった．遊離脂肪酸量と DAG 量との間に相関はなかった．これは，パーム油中の DAG のほとんどが，TAG を遊離脂肪酸，MAG，DAG にする加水分解よりもむしろ，TAG の生合成過程の結果として生じている事実を反映している．

DAG はパーム油の結晶化を遅延した (Siew & Ng, 1999)．ただし，高融点のジパルミチンはパームオレイン中で種結晶として作用し，白濁化 (clouding) を加速する (Siew & Ng, 1996)．DAG の結晶化遅延効果は SOS 型製菓用油脂でとりわけ有害であり，冷却曲線やチョコレートのテンパリングに不都合な影響を与える (Okawachi, Sagi & Mori, 1985)．

私たちは商業的なパーム油の組成がほとんど変化しないことを理解しているが，著しく異なる組成を持つ他の品種のアブラヤシがある．E. ギネエンシス (*E. guineensis*) と E. オレイフェラ (*E. oleifera*)（以前は E. メラノコッカ (*E. melanococca*) として知られていた）の交雑化研究は，ヨウ素価 63 (Goh & Timms, 1988) とヨウ素価 84 (Berger, Hamilton & Tan, 1978) のパーム油を報告している．いっそうの変動が標準的な品種のアブラヤシをクローン化 (clone) することで見出された (Jones, 1984)．組成を変化させる主要な推進力は不飽和度の増加であり，これはパーム果実の油脂がそのままパームオレインになる方向に向うものである．しかし，数本のクローンではステアリン酸濃度の増加が見出されており，間違いなく，パームのクローン化にはココアバター中の主要 TAG である POSt の濃度を高める余地がある．現在，製菓用油脂製造用の供給原料の改良につながる交雑やクローン化の可能性が商業的にほとんど開拓されていないように思われる．

パーム油の物性，つまり密度，比熱，潜熱，粘度，融点（上昇融点とワイリー融点），SFC 値に関する有用なデータがティムスによって収集されている (Timms, 1985)．

第5章 原　材　料

D節　ラウリン酸型油脂と画分

ラウリン酸型油脂とその画分に関する情報の素晴らしい原典は*Proceedings of the World Conference on Lauric Oils*（Applewhite, 1994）である．

　ヤシ油はコプラ（copra）から得られ，コプラはココヤシ（coconut palm），学名ココス・ヌシフェラ（*Cocos nucifera*）のナッツ内部の可食部を乾燥したものである．パーム核油はアブラヤシの果実の核から得られ，それはパーム油工業の副産物である．図5.7に示すように，パーム核油の生産はパーム油生産の拡大と一緒に急速に伸びているが，一方でヤシ油の生産は停滞している．パーム核油の生産量は，現在，表5.9に示すように，ヤシ油の生産量にほぼ匹敵している．結果として，パーム油の場合と同様，マレーシアとインドネシアがパーム核油の主要生産国であり，一方，フィリピンはヤシ油の圧倒的な最大生産国である．

　数種のアメリカ大陸産パーム核油がある（Hui, 1996; Gunstone, Harwood & Padley, 1994）．しかし，経済的に重要なのはババス（babassu）油とツクム（tucum）油だけであり，その量はパーム核油やヤシ油に比べて少ない．こうしたアメリカ大陸産パーム核油の特性は通常のパーム核油とほとんど変わらないのでこれ以上の考察はしない．

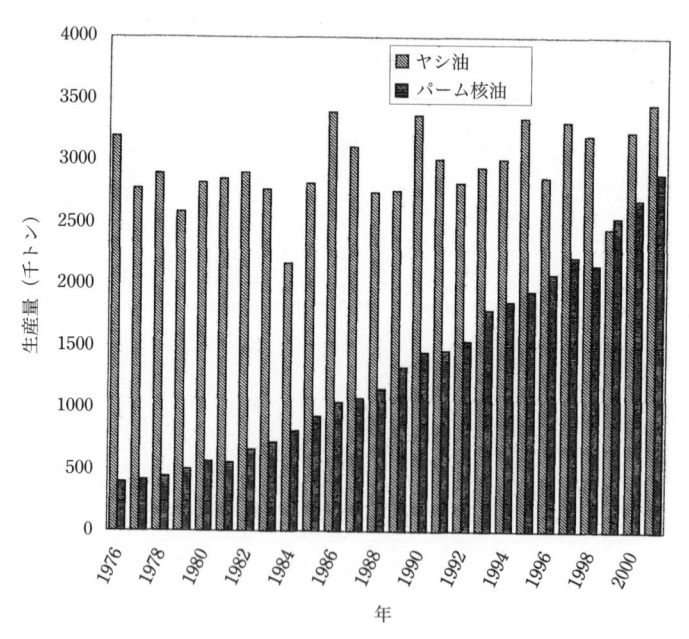

図5.7　1976〜2001年におけるパーム核油とヤシ油の生産量（Oil World Annual, 2002 より）

表 5.9　2001 年のパーム核油とヤシ油の生産量と輸出量（Oil World Annual, 2002 より）

国	生　産				輸　出			
	パーム核油		ヤ　シ　油		パーム核油		ヤ　シ　油	
	数　量 (千トン)	占有率 (%)	数　量 (千トン)	占有率 (%)	数　量 (千トン)	占有率 (%)	数　量 (千トン)	占有率 (%)
インド	—	—	426	12.3	—	—	4	0.2
インドネシア	781	26.9	694	20.1	582	43.9	395	19.0
マレーシア	1,532	52.9	46	1.3	616	46.5	58	2.8
メキシコ	—	—	91	2.6	—	—	0	0.0
パプアニューギニア	33	1.1	30	0.9	30	2.3	27	1.3
フィリピン	7	0.2	1,734	50.1	2	0.2	1,418	68.2
スリランカ	—	—	50	1.4	—	—	3	0.1
タイ	51	1.8	42	1.2	7	0.5	10	0.5
その他	495	17.1	349	10.1	88	6.6	164	7.9
計	2,899	100.0	3,462	100.0	1,325	100.0	2,079	100.0

　パーム核油とヤシ油の両ラウリン酸型油脂はアルカリ精製を実施しても良いが，現在一般的には物理的に精製されている．両方とも精製の難しい油ではないので，比較的容易に色の薄いほとんど無味無臭の安定性に優れた油にされる．パーム核油の精製工程とその他の加工が詳細に概説されている（Timms, 1986）．ラウリン酸型油脂に低分子の TAG があるため，物理的な精製中に大量の油が留出物として失われる．この損失を最小限にする最適な蒸気，真空度，そして，温度の条件が研究されている（Petrauskaite, de Greyt and Kellens, 2000）．
　ヤシ油は有毒物質として知られている多環芳香族炭化水素（PAH）を高濃度に含有する．サグレドスら（Sagredos, Sinha-Roy & Thomas, 1988）は未精製ヤシ油中の 1,942ppb の多環芳香族炭化水素が 200℃での脱臭で，571ppb まで減少することを見出した．0.4％の活性炭で処理するとこれは 14ppb まで減少し，続いて 180℃で脱臭すると濃度はさらに 10ppb に低下した．もう１つの研究では，未精製ヤシ油中の多環芳香族炭化水素の濃度は 2,600〜3,700ppb だったが，活性炭での処理と脱臭後にこの濃度が 2〜59ppb まで減少した（Larsson, Eriksson & Cervenka, 1987）．スウェットマンら（Swetman, Head & Evans, 1999）は南アジアと東南アジアでヤシ油製造に使われる各種の方法を調べた．コプラを燻煙と接触する炉（kiln）の中で直接加熱する場合に比べ，天日乾燥や油揚げ脱水が多環芳香族炭化水素の濃度を低くした．１つの国で製造された 10 種の精製ヤシ油の平均多環芳香族炭化水素濃度は 350ppb だった．スウェットマンら（Swetman, Head & Evans, 1999）は，活性炭が使われておらず，そして，"25ppb やそれ以上の濃度の多環芳香族炭化水素を含むヤシ油は懸念を抱かせるに違いない"と結論した．
　ラウリン酸型油脂は圧倒的に 3 飽和の TAG で構成されている．パーム核油とヤシ

油の TAG 組成が**表 5.10** で比較されている．ここでは，TAG の異性体が区別されておらず，また，$C_{18:0}$ と $C_{18:1}$ が 1 つのグループにされていることを考えれば，表示されている TAG の種類の多さ (69 種) は注目に値する．5％を越える TAG はヤシ油で 5 種，パーム核油で 3 種だけである (表中太字で示されている)．パーム核油の方がより濃縮された TAG 組成となっており，LLL を 19.7％，LLM を 14.1％含有している．そし

表 5.10 ヤシ油とパーム核油の TAG 組成 (mol％) の比較 (Bezard, 1971; Bugaut & Bezard, 1979 より)

TAG*		含量 (mol％)	
炭素数	種 類 [a]	ヤ シ 油	パーム核油
28	HCL	0.3	Tr
	YYL	0.4	Tr
	その他	0.2	0.1
30	HYP	0.3	0.1
	HLL	1.6	0.6
	YCL	1.8	0.3
	CCC	0.2	Tr
	その他	0.3	0.3
32	HYS	1.0	0.1
	HCP	0.3	0.3
	HLM	1.1	0.9
	YYP	0.3	0.3
	YCM	0.6	0.3
	YLL	**11.9**	**6.4**
	CCL	0.6	0.3
34	HCS	0.4	0.2
	HLP	1.3	0.2
	HMM	0.4	0.6
	YYS	0.8	0.2
	YCP	0.9	0.2
	YLM	**9.1**	3.6
	CCM	0.4	0.1
	CLL	5.7	4.7
36	HLS	0.4	0.3
	HMP	0.4	0.3
	YCS	0.6	0.5
	YLP	2.4	0.8
	YMM	2.4	1.5
	CCP	2.0	0.5
	CLM	1.5	2.0
	LLL	**10.6**	**19.7**

(つづく)

D節　ラウリン酸型油脂と画分

38	HMS	0	0.3
	HPP	0	0.2
	YLS	2.6	0.5
	YMP	1.2	0.5
	CCS	0.5	0.2
	CLP	1.7	0.8
	CMM	0.4	0.2
	LLM	**10.8**	**14.1**
40	HPS	0	0.2
	YMS	0.8	0.6
	YPP	0.2	0.4
	CLS	1.3	0.6
	CMP	0.4	0.6
	LLP	3.8	3.5
	LMM	3.1	3.6
42	HSS	0	0.2
	YPS	0.4	0.9
	CMS	0.2	0.3
	CPP	0.1	0.2
	LLS	2.8	3.3
	LMP	2.7	2.7
	MMM	0.2	0.2
44	YSS	0.3	1.0
	CPS	0.2	0.3
	LMS	1.6	3.5
	LPP	0.7	0.8
	MMP	0.4	0.2
46	CSS	0.1	0.3
	LPS	1.0	2.8
	MMS	0.2	0.6
	MPP	0.2	0.3
48	LSS	0.4	3.0
	MPS	0.4	1.2
	PPP	0.2	0.2
50	MSS	0.1	1.3
	PPS	0.4	0.9
52	PSS	0.2	2.2
54	SSS	0.1	1.8
計		99.9	99.9

a　この表の場合のみ，S＝$C_{18:0}$＋$C_{18:1}$．Tr；痕跡程度（0.05％以下）

*　表中の略号は，H：カプロン酸(C_6)，Y：カプリル酸(C_8)，C：カプリン酸(C_{10})，L：ラウリン酸(C_{12})，M：ミリスチン酸(C_{14})，P：パルミチン酸(C_{16})，S：ステアリン酸(C_{18})となる（訳注）．

第5章 原材料

表5.11 いろいろな産地のパーム核油の脂肪酸組成とヨウ素価（IV）（Rossell, King & Downes, 1985; Siew & Berger, 1981; Offem & Dart, 1985 より）

産地	試料の数	IV	脂肪酸含量（メチルエステル換算での%）								その他[a]
			$C_{6:0}$	$C_{8:0}$	$C_{10:0}$	$C_{12:0}$	$C_{14:0}$	$C_{16:0}$	$C_{18:0}$	$C_{18:1}$	$C_{18:2}$	
カメルーン	6	14.4〜20.0	0.2〜0.5	2.8〜3.8	3.0〜3.8	46.2〜51.4	16.0〜17.1	7.2〜9.4	2.3〜2.6	11.9〜16.0	2.3〜3.2	0.1〜0.7
コスタリカ	1	—	0.2	3.4	3.5	48.8	16.0	8.3	2.8	14.4	2.4	0.2
ギニアビサウ	4	—	0.1〜0.2	2.5〜3.0	2.8〜3.2	43.6〜46.8	16.9〜17.2	9.0〜10.0	2.3〜2.9	16.1〜18.5	1.4〜1.9	0.2〜0.3
ホンジュラス	2	—	0.2〜0.2	3.4〜3.6	3.6〜3.6	48.5〜49.8	15.3〜16.1	7.8〜8.4	2.0〜2.4	13.9〜15.6	1.9〜2.5	0.3〜0.9
インドネシア（スマトラ）	5	—	ND〜0.5	3.3〜4.7	3.5〜4.5	47.3〜50.2	15.6〜15.9	7.3〜8.1	1.9〜2.1	13.8〜15.0	2.4〜2.7	0.2〜0.3
アイボリーコースト	7	—	0.2〜0.3	2.6〜3.4	3.0〜3.5	46.4〜47.6	16.0〜16.9	8.5〜9.0	2.3〜2.8	15.3〜16.7	1.9〜2.5	0.1〜0.4
リベリア	1	—	0.5	3.5	3.5	46.6	16.4	8.5	2.7	15.7	2.4	0.2
マレーシア（サバ）	1	—	0.2	3.3	3.4	47.7	15.8	8.9	2.2	15.2	2.9	0.4
マレーシア（サラワク）	1	—	0.2	3.4	3.3	46.9	15.7	8.9	2.3	16.0	3.2	0.5
マレーシア（西部）	8	15.7〜19.1	0.2〜0.8	3.0〜4.4	3.4〜4.0	46.2〜49.6	15.9〜16.8	7.9〜8.6	1.9〜2.2	13.7〜16.1	1.9〜2.9	0.2〜0.9
ニューブリテン	3	—	0.2〜0.3	3.0〜3.8	3.4〜3.7	48.0〜49.3	15.7〜16.0	7.8〜8.1	2.2〜2.3	14.7〜15.0	2.8〜3.3	0.2〜0.5
ナイジェリア	7	—	0.1〜0.2	3.2〜3.5	3.1〜3.8	46.6〜48.5	16.5〜16.9	8.5〜9.3	2.7〜2.9	14.1〜15.7	1.4〜2.2	0.1〜0.9
パプアニューギニア	1	—	0.1	3.4	3.5	47.9	16.3	8.3	2.1	15.5	2.7	0.2
シエラレオネ	2	—	0.2〜0.4	3.1〜3.4	3.4〜3.4	45.6〜45.7	16.7〜16.8	8.9〜8.9	2.7〜2.7	16.0〜16.7	2.2〜2.6	0.2〜0.4
ソロモン諸島	1	—	0.2	3.3	3.3	49.2	16.1	8.6	2.2	14.2	2.7	0.2
トーゴ	4	—	0.2〜0.3	3.0〜3.5	3.2〜3.7	46.2〜47.8	16.3〜16.8	8.6〜9.4	2.7〜3.0	14.8〜16.5	1.9〜2.3	0.2〜0.5
全産地の範囲	54	—	ND〜0.8	2.5〜4.7	2.8〜4.5	43.6〜51.4	15.3〜17.2	7.2〜10.0	1.9〜3.0	11.9〜18.5	1.4〜3.3	0.1〜1.5
全産地の平均	54	17.7[b]	0.3	3.3	3.5	47.5	16.4	8.5	2.4	15.3	2.4	0.3
マレーシアの範囲	118	16.2〜19.2	0.1〜0.5	3.4〜5.9	3.3〜4.4	46.3〜51.1	14.3〜16.8	6.5〜8.9	1.6〜2.6	13.2〜16.4	2.2〜3.4	Tr〜0.9
マレーシアの平均	118	17.8[c]	0.3	4.4	3.7	48.3	15.6	7.8	2.0	15.1	2.7	0.2
ナイジェリアの平均（概算1）	20	17.1[d]	—	2.9	3.1	47.9	17.2	8.9	2.4	15.6	2.1	—
ナイジェリアの平均（概算2）	21	16.4[e]	—	2.7	3.2	48.8	17.7	8.6	2.1	15.0	1.0	—

a その他＝$C_{18:3}$＋$C_{20:0}$＋$C_{20:1}$。個々の脂肪酸の範囲を総計しているので、最小値は過小評価で、最大値は過大評価かも知れない。b 脂肪酸のデータから計算された（けん化価は243.7 と計算された）。c 平均けん化価＝245、範囲243〜249。d 脂肪酸のデータから計算された（けん化価は242.4 と計算された）。e 脂肪酸のデータから計算された（けん化価は243.1 と計算された）。ND；検出されず。Tr；痕跡程度（0.05%以下）

D節　ラウリン酸型油脂と画分

表 5.12　いろいろな産地のヤシ油の脂肪酸組成とヨウ素価（IV）（Rossell, King & Downes, 1985 より）

産地	試料の数	IV	脂肪酸含量（メチルエステル換算での%）									その他[a]
			$C_{6:0}$	$C_{8:0}$	$C_{10:0}$	$C_{12:0}$	$C_{14:0}$	$C_{16:0}$	$C_{18:0}$	$C_{18:1}$	$C_{18:2}$	
インドネシア（北部スラウェシ）	1	—	0.5	7.3	6.3	45.9	18.1	9.7	2.7	7.4	1.9	0.2
パプアニューギニア	4	—	0.4〜0.6	6.9〜7.5	6.4〜4.8	47.1〜50.3	17.8〜18.1	8.3〜9.3	2.3〜3.0	5.8〜6.3	1.4〜1.6	0.1〜0.1
フィリピン	11	—	0.4〜0.6	7.1〜8.3	6.2〜6.8	46.2〜48.7	18.0〜19.2	8.3〜9.5	2.3〜3.2	5.6〜7.1	1.3〜2.1	0.1〜0.3
スリランカ[c]	2	—	0.4〜0.5	7.3〜7.4	5.9〜6.2	49.3〜52.6	18.6〜19.6	7.0〜7.9	2.9〜2.9	4.5〜5.3	0.6〜0.9	0.1〜0.1
バヌアツ	5	—	0.5〜0.6	7.3〜9.4	6.6〜7.8	47.1〜48.4	16.8〜17.9	7.7〜9.1	2.3〜2.9	5.4〜6.5	1.4〜2.0	Tr〜0.4
全産地の範囲	21	—	0.4〜0.6	6.9〜9.4	6.2〜7.8	45.9〜50.3	16.8〜19.2	7.7〜9.7	2.3〜3.2	5.4〜7.4	1.3〜2.1	Tr〜0.4
全産地の平均	21	8.1[b]	0.5	7.8	6.7	47.5	18.1	8.8	2.6	6.2	1.6	0.1

a　その他＝$C_{20:0}$＋$C_{20:1}$．個々の脂肪酸の範囲を総計しているので、最小値は過小評価で、最大値は過大評価かも知れない．b　脂肪酸のデータから計算された（けん化価は 256.1 と計算された）．c　これらの結果は乾燥ヤシに関係し、そして、全産地の範囲と平均の計算に使われなかった．Tr；痕跡程度（0.05%以下）

て、それに対応して、もっと炭素数の少ない TAG の含量は少なくなっている．また、パーム核油で主としてオレイン酸から成る炭素数の多い TAG が、かなり多いことも目立っている．したがって、パーム核油の TAG は 3 つのグループ、つまり SSS（〜60%），S_2U（〜30%），そして，SU_2＋UUU（〜10%）に分類される（Timms, 1983b）．

表 5.11 や表 5.12 に示すように、由来のはっきりしたパーム核油とヤシ油の脂肪酸組成の変動に関する研究がいくつかなされている．例えばギニアビサウ産のパーム核油と北部スラウェシ産のヤシ油のラウリン酸含量がそれぞれ他の産地のものより低いように、産地間で小さな違いはあるものの、全体としては産地間の差は比較的小さい．両油のラウリン酸含量は同じだが、ヤシ油ではカプロン酸（$C_{6:0}$），カプリル酸（$C_{8:0}$），カプリン酸（$C_{10:0}$）の含量が高く、それに応じて、オレイン酸（$C_{18:1}$）含量が低い．前に考察した TAG のデータにも反映されているこうした違いが、製菓用油脂の原材料としてのヤシ油の価値をパーム核油より低くしている．つまりヤシ油を分別や水素添加してもパーム核油のような幅広い融点や SFC 値が得られない．

表 5.11 のロッセルら（Rossell, King & Downes, 1985）の結果も、マレーシアだけ（Siew & Berger, 1981），または、ナイジェリアだけ（Offem & Dart, 1985）のデータに類似している．E. ギネエンシス×E. オレイフェラの交雑種の果実核から取り出された油のデータも報告されている．この場合、タンとベルガー（Tan & Berger, 1982）はラウリン酸含量が 29% から 50% までと広い範囲になることを見出した．SFC 値のデータの記載はないが、ラウリン酸＋ミリスチン酸の量が通常のパーム核油より低いことから、この交

雑種は製菓用油脂の利用に何の利点ももたらさないように思われる．反対に，ゴーとティムス (Goh & Timms, 1988) が報告したデータは交雑種の油が有用な原材料になれることを示唆している．彼らの交雑種のパーム核油はラウリン酸＋ミリスチン酸の量が通常の範囲を越えて多かった．これは多分カプリル酸とカプリン酸の含量がより低かったからだろう．彼らの結果は全ての温度でより高い SFC 値になるが，シャープな融解曲線も示す油ということだった．

　ラウリン酸型油脂はステアリンやオレインをつくるため分別される (Rossell, 1985)．溶剤，ドライあるいは界面活性剤分別が使われ，それぞれの典型的な収率は～50％，～40％，～30％である (Timms, 1986)．こうした高収率の場合，溶剤のない時，結晶化した油脂は塊で固化する．この塊はキャンバス／沪布に包まれ，油圧式のプレス機にかけられる．もう1つのやり方は，界面活性剤分別に不可欠のことだが，結晶を希釈するためオレインを再利用することであり，このオレインの再利用は，第4章 C節で説明したように，回転式あるいはバンド式フィルター，ないしは，膜プレス機で分離可能な結晶スラリーにする．

　表 5.13 で分かるとおり，大きく SFC 値の違う製品がパーム核油の分別で得られる．表は，比較的低いヨウ素価 21 を持つパーム核オレインの1例だけを説明している．

表 5.13 いろいろなラウリン酸型油脂の脂肪酸組成，ヨウ素価 (IV) および固体脂含量 (Rossell, 1985 から)

油脂/画分	IV	脂肪酸含量（メチルエステル換算での％）						固体脂含量[a]（％）			
		$C_{6:0}$〜$C_{10:0}$	$C_{12:0}$	$C_{14:0}$	$C_{16:0}$	$C_{18:0}$	$C_{18:1}$+$C_{18:2}$	20℃	25℃	30℃	35℃	40℃
パーム核油	17.5	7	48	16	9	2	17	44	20	0		
パーム核ステアリン	9	6	53	21	9	2	9	70	48	8	0	
パーム核ステアリン	7	4	55	22	9	2	8	82	68	29	0	
パーム核ステアリン	2	3	50	30	12	3	2	94	84	37	3	0
パーム核ステアリン (IV=7) を水素添加で低ヨウ素価	4	3	55	22	9	6	5	87	70	24	1	0
パーム核ステアリン (IV=7) を水素添加で低ヨウ素価	0.4	4	55	22	9	9	0.5	95	90	50	5	1
パーム核ステアリン (IV=7) を再分別で低ヨウ素価	3	3	56	26	9	2	3.5	94	90	60	1	0
パーム核オレイン	21	9	45	13	9	3	21					
ヤシ油	8.5	15	48	18	8	3	8	36	0			
ヤシステアリン (収率25％)	4	9	55	22	9	2	3.5	84	53	2	0	
ヤシステアリンを水素添加で低ヨウ素価	1.5	9	55	22	9	5	2	92	57	8	2	0
ヤシオレイン	10	17	46	17	7	3	10					

a　パーム核オレイン，あるいは，ヤシオレインのデータがなかった．

D節　ラウリン酸型油脂と画分

実際のところ，ヨウ素価27までの広い範囲のオレインを入手できるかは，製造されるステアリンの収量とヨウ素価，使われる分別工程にも左右される．パーム核ステアリンは30℃でのSFC値が高く，そして，30℃と35℃の間でシャープに融解するので，これは特に製菓用油脂として有用である．ヤシステアリンは30℃でほぼ完全に融け，水素添加しても30℃でのSFC値はあまり高くならないので，このステアリンの有用性は劣る．分別でヨウ素価2にされたパーム核ステアリンは30℃でのSFC値が比較的悪い．この製品のラウリン酸とミリスチン酸の含量は異常であり，これはこの画分が溶剤分別を使い比較的高収率でつくられたことを示唆している．この画分は再分別で得られるヨウ素価3のパーム核ステアリンと比べてみるとよい．この再分別画分は製菓用油脂として使うのに非常に優れた製品である．

タンとオー（Tang & Oh, 1994）は界面活性剤法とドライ分別のプレス法の両方を使うマレーシアの工場のパーム核オレインとステアリンの製品を調査した．彼らはステアリンでは違いがないが，この2つの工程でつくられるオレインの間に著しい差があることを見出した．界面活性剤法のオレインは平均ヨウ素価が22.3で範囲は21.1～24.1だったが，一方，プレス法のオレインは平均ヨウ素価が24.7で範囲が23.9～25.3だった．

高めのヨウ素価を持つオレインの効率的な分別と除去の重要性が図5.8で明瞭に示されており，この図はSFCへのヨウ素価低下の影響を示している．

密度，比熱，潜熱，粘度，融点（上昇融点とワイリー融点），SFC値といったラウリン

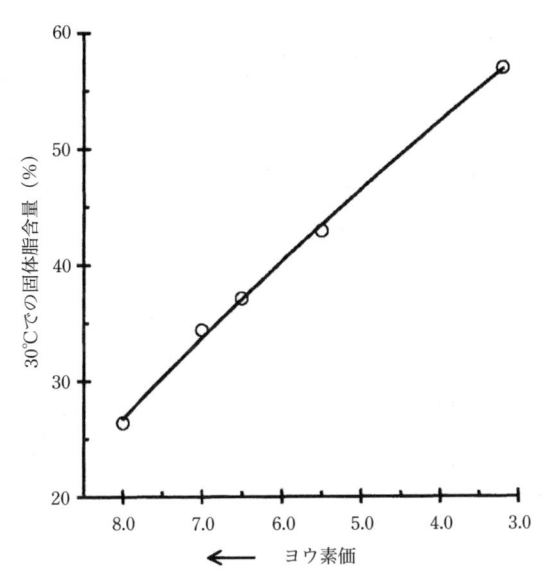

図5.8　パーム核ステアリンの品質へ及ぼすヨウ素価の影響（Wong Soon, 1991, 表99からの複製）

第5章 原　材　料

酸型油脂の物性に関する有益なデータは，ティムスによって収集されている (Timms, 1985)．

　パーム核油の上昇融点と，10℃と20℃のSFC値との間の高い相関が報告されており，これは品質管理用により迅速で簡単な上昇融点の測定ができることを意味する (Goh & Ker, 1991)．

　パーム核油，パーム核オレインとパーム核ステアリン，また，パーム核油水素添加等価油脂の融解挙動のDSC研究が脂肪酸組成，TAG組成，そしてSFCデータと一緒に最近発表されている (Siew, 2001)．

E 節　エキゾチック油脂と画分

1. 緒　　言

　エキゾチック油脂は熱帯に自生している樹木の種子／ナッツから得られる油脂を説明するのに使われる用語である．そうした油脂の全てが SOS 型製菓用油脂に必要な SOS 型の TAG を含有している．こうした樹木は熱帯の国で生育し，熱帯雨林や乾燥サバンナに分布しており，広大な森林だけでなく単木，あるいは小さな林となっているものもある．本質的には野生種であり非栽培種だが，現地の人々は利用可能な樹木の数を増やすため意図的に種子をまき，樹木を守る．

　SOS 型 TAG を含有する油脂をつくる植物は数多くある．あまり知られていないが非常に重要なエキゾチック油脂を収載している**表 5.14** から分かるように，その多くは研究室で評価されており，そのいくつかは商業的な価値も認められている．全ての野生作物にとっての大きな課題は必要な量の種子の集荷方法と採油される場所への供給方法である．わずかな道路や航行可能な河川の近くを例外として，熱帯雨林は通常踏み込めない所である．一方，エキゾチック油脂のほとんどは，賃金が低く，種子を集める労働力をいつでも入手できる発展途上国の最貧地帯からやって来る (Goenka, 1997)．

　最近の EU チョコレート規格 (2000/36/EC) は，ココアバター以外にチョコレートに使って良い植物性油脂の数を 6 つに限定している．この規格の付帯項 II に特定されている 6 つの植物性油脂とは：

- イリッペ (illipe)，ボルネオタロー (Borneo tallow)，あるいはテンガワン (Tengkawang) (*Shorea* 種).
- パーム油 (*Elaeis guineensis, E. oleifera*).
- サル (*Shorea robusta*).
- シア (*Butyrospermum parkii*).
- コクムガーギ (kokum gurgi) (*Garcinia indica*).
- マンゴー核 (*Magnifera indica*).

　また，付帯項 II は，全ての油脂が "次の規準を満たさねばならないと決めている：
- (a) 非ラウリン酸型の植物性油脂であり，POP，POSt および StOSt の対称型 TAG の豊富な油脂．
- (b) ココアバターといかなる比率でも混和し，その物性 (融点や結晶化温度，融解速度，テンパリング段階が必要) に適合する．

表5.14 EU Five 以外で SOS 型 TAG の豊富な主要なエキゾチック油脂の組成（いろいろな資料からの編集：Mensier 1957; Hilditch & Williams, 1964; Wong Soon, 1991; Gunstone, Harwood & Padley, 1994 など）

一般名	植物学名	生産地	脂肪酸 (%)				TAG^a (%)				SFC (%)			解説
			$C_{16:0}$	$C_{18:0}$	$C_{18:1}$	$C_{18:2}$	S_3	S_2O	S_2Lin	SU_2+U_3	20℃	30℃	35℃	
アセイツーノ油 Aceituno oil	Simarouba glauca	中米	11.5	27.5	57.5	2	1	32	1	64				アセイツーノ油は欧州に輸入され、CBEに使われる。この油脂はイリッペ脂に近いステアリンにする分別を必要とする。
アランブラッキア脂 Allanblackia fat, Allanblackia floribunda, A. parvifola, other Allanblackia species		西アフリカ、ザイール	2～4	52～57	38～44	0～2	3	68	2	27				こうした品種由来の全ての油脂の特性は類似しており、商取引で区別されていない。アランブラッキア脂は少量入手可能で、CBEに使われている。この油脂はシアステアリン、あるいはコクム脂に類似している。
バクリー脂 Bacury fat	Platonia insignis	ブラジル（アマゾン地帯）	55	7	33	4	24	56						高濃度のSSSは分別で取り除く必要がある。
南京ハゼ脂 Chinese vegetable tallow, Stillingia tallow, Pi-yu fat	Sapium sebiferum, Stillingia sebifera	中国	62	6	27	1	25	70		5				中国で広く栽培され、欧州に輸入されている。SSSとPOP濃度が高いので関心が薄く、製菓用油脂での利用もない。POPはパーム油から容易に入手できる。

E節　エキゾチック油脂と画分

		産地									備考
キュプアス脂 Cupuassu fat, cupuaçu fat, cupu, bacau, cupuazur, other local names	*Theobroma grandiflorum*	ブラジル（アマゾン地帯）、コロンビア、ペルー	8	33	42	4	1	57	1	41	10%の$C_{20:0}$、3%の$C_{22:0}$も含有。生食用に広く栽培されている。ステアリンにする分別が必要となる。
ドゥーパ脂 Dhupa fat, Malabar tallow, Pinney tallow	*Vateria indica*	インド（北カルナタカからケララまでの西ガーツ地域）	9〜12	41〜47	41〜45	1	2	74		24	70〜75	60〜65	20〜25	欧州では、CBEに使われている。
デジャブ脂 Djave butter, Njave, Adjab, Noumgon, Baku butter, Dumori butter, other local names	*Mimusops djave* (syn. *Baillonella djave*, *B. toxisperma*), *M. heckelii* (syn. *Dumoria heckelii*)	ガーナからアンゴラまでの西アフリカ	4〜11	26〜36	56〜59	Tr〜5	1〜2	30〜35		63〜66			良好な脂肪酸組成とTAG組成だが、シアステアリンのような油脂をつくるのに分別が必要となる。
ガンボージ脂 Gamboge butter, Dharambe, Gurgi	*Garcinia cambogia*, *G. morella*	東南アジア、特にインド	7	42	43	6	3	45		50			これらの品種は類似している。分別すれば、コクム脂と同じ位に有益な画分になる。
マンゴスチン脂 Mangosteen fat	*Garcinia mangostana*	インド、東南アジア		〜50							51	23	0	これは通常の熱帯産の果実なので、いつでも入手できる。ステアリンにする分別が必要となる。

第5章 原材料

一般名	植物学名	生産地	脂肪酸 (%)					TAG[a] (%)				SFC (%)			解説
			$C_{16:0}$	$C_{18:0}$	$C_{18:1}$	$C_{18:2}$	S_3	S_2O	S_2Lin	SU_2+U_3	20℃	30℃	35℃	
モーラ脂 Mowrah fat, Mahua fat, Bassia, Illipe	Madhuca latifolia (syn. M. indica, Bassia latifolia), M. longifolia	インド	24〜28	14〜21	35〜49	9〜20	1〜4	24〜31	13〜16	49〜52				せっけん製造用にインドで広く入手可能。$C_{18:2}$ が高濃度でCBEの良好な原材料にならない。〜1%のシア脂のようなゴム状、ラテックス状のガム質を含有。これはイリッペとも呼ばれているが、イリッペ脂と混同してはいけない。ただし、イリッペ脂と混同してはいけない。
ペンタデスマ脂 Pentadesma fat, Kanya butter, Lamy butter, many other names	Pentadesma butyracae (syn. Chlorophera tenuifolia), other Pentadesma species	西アフリカ、ザイール	2〜5	46〜54	42〜48	0〜2	3	64	2	31				ペンタデスマ種は全て似ており、含有される脂肪酸はほとんどが $C_{18:0}$ と $C_{18:1}$ である。ペンタデスマ脂は少量入手可能で、CBEに使われている。
ブルワラ脂 Phulwara butter	Madhuca butyracea	インド(ヒマラヤ以南地帯)	61	4	30	Tr	8	75		17	69	38	10	$C_{16:0}$ が高濃度、すなわち、POP濃度が高い。POPはパーム油からいつでも入手可能なので、ブルワラ脂はほとんど興味を持たれていない。

E節 エキゾチック油脂と画分

		産地										備考
ランブータン脂 Rambutan tallow	*Nephelium lappaceum*	東南アジア	4	10	36	2	>60			22	10	0	ランブータンはマレーシアで一般的な果実なので、いつでも入手できる。この油脂は高濃度のStOAとAOAを反映して、$C_{20:0}$を41%含有することに注意。
サイアク脂 Siak tallow, Njatuo fat, Tabah merah fat, Little Siak, Big Siak	*Palaquium oleosum, P. oblongifolium, P. pisang, P. oleosum*	東南アジア	6	54	40	2	77	21					この属はグッタペルカを出す。種の全ては類似した油脂組成である。

a　いくつかのTAGは脂肪酸組成から計算されている。Trは痕跡程度。空欄はデータがない。

第5章 原　材　料

(c) 精製，分別の工程でのみ得られたものであり，TAG 構造の酵素的改質は除かれる".

表 5.15 に 5 つのエキゾチック油脂の特徴的な特性が記載されている．筆者はこれらの油脂を EU Five と呼んでいる．これら，とりわけイリッペ，サル，シアは，最も利用されているエキゾチック油脂であり，以下でこれらを詳しく考察するが，数種の他の油脂も有用であり，さらに開発されるだろう．

エキゾチック油脂を 5 つに限定する決定は純粋に政治的な理由でなされたもので

表 5.15　EU Five のエキゾチック油脂とその分別画分の特徴（Britannia Food Ingredients 社より）

特　　性	イリッペ脂	コクム脂	マンゴー		サル		シア	
			油脂	ステアリン	油脂	ステアリン	油脂	ステアリン
ヨウ素価	32.9	37.9	48.7	38.5	36.0	34.1	55	35
DAG（%）	7〜10	5	6	3.5	9	6	8	5
脂肪酸（%）:								
$C_{16:0}$	20.4	2.3	8.5	7.1	5.0	5.6	5.5	0.9
$C_{18:0}$	42.8	56.6	40.5	48.5	45.5	47.9	41.3	58.4
$C_{18:1}$	33.0	39.4	43.7	38.4	39.6	35.7	44.7	35.7
$C_{18:2}$	1.0	1.0	4.1	2.9	1.7	1.4	6.1	3.3
$C_{20:0}$	2.2	0.4	2.2	2.3	6.6	8.2	1.4	1.4
SFC（%）:								
20℃	86.1	82.3	46.9	73.0	65.7	79.0	32.9	82.7
30℃	69.7	79.3	35.8	66.5	57.4	72.3	20.4	78.8
35℃	15.0	66.3	2.5	37.2	12.2	34.8	3.9	64.3
40℃	0	18.5	0	0	3.1	2.0	1.6	6.4
TAG（%）:								
SSS	0.3	0.5	1.2	0.6	0.5	1.2	2.5	2.4
S_2U	94.5	83.8	64.0	79.7	74.9	85.5	54.4	89.6
S_2U 中の POP[a]	5.9	0.6	1.6	1.5	0.8	0.6	2.0	0.5
S_2U 中の POSt[a]	36.8	4.7	12.9	13.0	11.0	10.3	5.2	6.7
S_2U 中の StOSt[a]	48.7	76.4	40.6	55.4	46.6	57.3	34.3	70.7
SU_2	5.2	14.4	28.7	18.6	21.8	11.8	32.8	7.5
UUU	0	1.3	6.1	1.1	2.8	1.5	10.3	0.5
イェンセン冷却曲線:								
T_c（℃）	30.0	30.5	—	29.7		30.3		30.0
T_{max}（℃）	33.6	39.1	—	33.8		33.2		36.2
T_{min}（℃）	25.8	29.9	—	26.9		27.5		25.5
t_{max}（min）	43.0	28.0	—	42.0		39.0		37.0
ΔT（℃）	7.8	9.2	—	6.9		5.7		10.7

a　それぞれ，PPO, PStO, StStO を含む値．

あり，技術的な根拠はない．原則として，EU Five に追加して数を増やすことは可能だが，実際には難しいだろう．

EU Five に含めても良いその他の油脂が数多くあり，それらは EU 以外で販売している製造企業にとって興味の対象になりうるだろう．表5.14 を参照すれば，アセイツーノ油，アランブラキア脂，ドゥーパ脂，そしてペンタデスマ脂が欧州で CBE に首尾良く使われている．アセイツーノ油はステアリンにする分別を必要とするが，その他は精製油脂で使われる．アセイツーノ油は，1970 年代中にユニリーバ社によって開発された特に前途有望な新規の原材料だった．中米の戦争がこの油脂の供給を崩壊させなかったら，EU Five への追加がほぼ決まったであろう．アセイツーノの木は 1960 年代初期にインドに導入され，この新しい産地からの入手が可能だった．ジェヤラニとイェラ・レディ (Jeyarani & Yella Reddy, 2001) はこのインド産アセイツーノを評価し，それが中米のアセイツーノと類似していることを見出した．彼らはその分別の詳細と 35％の収率になるアセイツーノステアリンのココアバター増量脂（CBX）としての利用を発表している．

アグラワルとメタ (Agrawal & Mehta, 1999) やチャクラバーティ (Chakrabarty, 1994) はドゥーパ脂やプルワラ脂をその他のインド産種子の油脂と詳細に比較した．ブリンギ (Bringi, 1987) はこうした油脂やその他のインド産油脂に関する豊富で有用な情報を集めている．ココアバターと比較したマンゴー，ドゥーパ，コクムの TAG 組成が報告されている (Sridhar & Lakshminarayana, 1991)．

プルワラ脂は製菓用油脂の原材料として提案されている (Yella Reddy & Prabhakar, 1994a)．アセイツーノの分別で，表5.8 の PMF2 に類似したシャープに融解する中融点画分が得られる．この中融点画分とコクムのブレンドは有用なココアバター増量脂になるが (Yella Reddy & Prabhakar, 1994b)，製菓用油脂製造企業がこれにほとんど興味を示さない理由はパーム油中融点画分と比較すれば明らかである．プルワラ脂中融点画分は POP 濃度が高いが，この POP は商業的に製造されるパーム油中融点画分から何時でも入手できる TAG である．

モーラ脂あるいはマフア脂はインドで常に 2 万〜3 万トン生産されており，供給量が 40 万トンになる可能性を持っている (Chakrabarty, 1994)．ブリンギとメタ (Bringi & Mehta, 1987a) はこの木の生態，そして種子の利用と組成を含めたあらゆる側面を概説している．表5.14 で分るように，モーラ脂の PLinP (4.4％)，PLinSt (8.0％) および StLinSt (3.6％) に由来する高濃度のリノール酸は，アセトン分別後でもそのステアリンが比較的柔らかいことを意味している．2 度目のアセトン分別は S_2Lin の含量を下げて良好なステアリンにするが，2 回の分別費用と収量の低下がこの工程を不採算にしている．ジェヤラニとイェラ・レディ (Jeyarani & Yella Reddy, 1999) は耐熱型ココアバター増量脂の調製にモーラとコクムの利用を検討している．彼らはとりわけ分別でい

くつかの満足できる製品をつくったが，モーラとモーラステアリンの柔らかさは明らかだった．

ランブータン脂は高濃度 (41%) のアラキジン酸 ($C_{20:0}$) を含有しているので，もしかすると面白い油脂かも知れない．ケイリら (Kheiri & Mohd, Nordin bin Mohd, Som, 1980) はランブータンに関する文献を解説し，マレーシア産ランブータン由来の油脂のいくつかの特性を詳細に説明している．マレーシアで生産されるランブータン果実が年間15万トンであることに基づき，彼らは1,534トンのランブータン脂が生産されると概算し，それがアセトン分別されると収率〜70%で約1,000トンのステアリンが得られると見積もった．ランブータン果実は他の東南アジア数か国で栽培されているので，潜在的な供給量は非常に大きい．ランブータン脂を炭素数でTAG分析した結果は，炭素数54が19%，炭素数56（主としてStOA）が37%，炭素数58（主としてAOA）が35%となり，SOS型TAGの総量が60%以上になることを示唆している．この油脂のSFC値は驚くほど低く，30℃でたった10%である．しかし，ウォン・ソーン (Wong Soon, 1991) はアセトン分別で調製したステアリンのSFC値が20℃で84%，30℃で74%，35℃で46%，40℃で5%と報告しており，この数値はEU Fiveの特性に匹敵する．どうやらランブータン脂の低いSFC値は，後述するサル脂のように，StOAやAOAを含有することに関係しているのかも知れない．

キュプアスあるいはクプアス脂は，カカオの木に近い種のテオブロマ・グランディフロラム (*Theobroma grandiflorum*) の種子から取り出される．キュプアスの木はブラジル原産であるが，その他の原産地は分かっていない．キュプアスはアマゾン地方で最も好まれる果実の1つであり，そのパルプが飲料，菓子，デザートに使われる (Clay & Clement, 1993)．"クプラーテ (cupulate)" として知られるチョコレートの形態をした製品はこの油脂でつくられている．この木はもともとアマゾン川の南側に位置する主要な支流タパジョス川の東側の森林地帯に限られていたが，現在は，栽培樹木，あるいは，それが広がり野生化した樹木としてアマゾン川流域全体に分布している．キュプアスの種子は約57%（乾物重量換算）の油脂を含有している．その油脂の脂肪酸やTAG組成（**表5.14**）はラネス (Lannes, 2002, 2003) によって示された．彼女はこれの製菓用油脂としての可能性を研究している．彼女はこの油脂が29.0%のStOStと13%のStOAを含有し，そのSOS型TAGの総量が57.0%とサル脂に類似することを見出した．サル脂のように，この油脂から高濃度のSOS型TAGを有するステアリンが分別されるだろうし，そうなれば原材料としての有用性はもっと高くなる．

その他のテオブロマ種も興味深い．最近，ギラバート－エスクリバら (Gilabert-Escriva, Gonçalves, Silva & Figueira, 2002) は，広範なテオブロマ種，すなわち，T. バイカラー (*T. bicolor*)，T. グランディフロラム (*T. grandiflorum*)，T. オボバツム (*T. obovatum*)，T. サビンカナム (*T. subincanum*)，T. スペシオサム (*T. speciosum*)，T. シルベストレ (*T.*

sylvestre），T. ミクロカルプム（T. microcarpum），そして，近縁種のヘラニア・マリア（Herrania mariae）由来の油脂の脂肪酸組成と TAG 組成を発表している．SFC データも考慮して，彼らは，T. スペシオサム，T. シルベストレ，そして，T. バイカラー（マカンボ（macambo）あるいはルプ（lupu））の油脂が CBE の原材料になると結論した．彼らの T. グランディフロラムのデータはおおむねラネスのデータと一致し，CBE の原材料に適していることがさらに確認された．

2. イリッペ[2]脂

ウォン・ソーン（Wong Soon, 1988）はイリッペ脂（illipe butter）についての決定的な研究を発表している．それは最高水準の研究であり，その結果として，EU Five の他のいかなる油脂よりもイリッペ脂が最も良く知られている．ウォン・ソーンはイリッペの木の植物学，そのナッツの採集，油脂を製造するナッツの加工，ナッツと油脂の貯蔵と輸出，製菓用油脂の原材料としてのイリッペ脂の利用など全ての側面を詳しく書いている．

イリッペのナッツは欧州に輸出されており，その油脂は約 100 年間チョコレートに使われている．1908 年，2,339 トンのナッツがサラワクから輸出された（Melville Connell, Wong Soon, 1988 に引用されている）．1938 年に発表されたブシェルとヒルディチ（Bushell & Hilditch, 1938）の論文は，私たちが今日知っている基礎的な脂肪酸と TAG 組成の詳細を既に記述していた．

イリッペ脂はイリッペの木（Shorea stenoptera, S. macrophylla, S. seminis, および，その他の数種）のナッツから得られる．この木は主としてボルネオ島の熱帯雨林に生育しており，主たる生育地域はインドネシアのカリマンタンの西部と中央やマレーシアのサラワクである．したがって，イリッペ脂のもう 1 つの名称はボルネオタロー（Borneo tallow）である．この木は現地マレーの名称のテンカワン（Tengkawang）でも知られている．商取引されるイリッペ脂の全ては野生の産物からのものだが，栽培の試みも数件あり，その中で最も注目されたのは 1940 年の森林研究開発研究所（インドネシアのボゴール）でのものだった．より最近のもう 1 つの試みは，ボルネオ島インドネシア領の州都ポンティアナックに近い所での，カカオプランテーションの日よけ樹（shade tree）として選ばれた品種のイリッペを利用する研究である．これは興味深い結果を生んでおり，カカオ農民達が収穫物を多角化する有益な方法になり得るだろう．

落下したナッツは現地の人々によって収集され，いくつかのやり方で核が取り出されて乾燥される．つまり，ナッツの水浸漬，天日干し，炉乾燥，あるいは直接的な機械割りである．初めの 2 つのやり方は遊離脂肪酸量の多い非常に質の劣る油脂になりやすいので，今日ではやられていない．

2　表 5.14 にあるとおり，イリッペはモーラ脂の別名の 1 つなので混同しないこと．

イリッペナッツの生産と輸出量は著しく変動し，**図 5.9** に 1971〜1980 年の実績を示したが，毎年良好な収穫量になるわけではない．図から分かるように，良好な収穫は平均 3〜4 年ごとである．このナッツは約 50％の油脂を含有している．

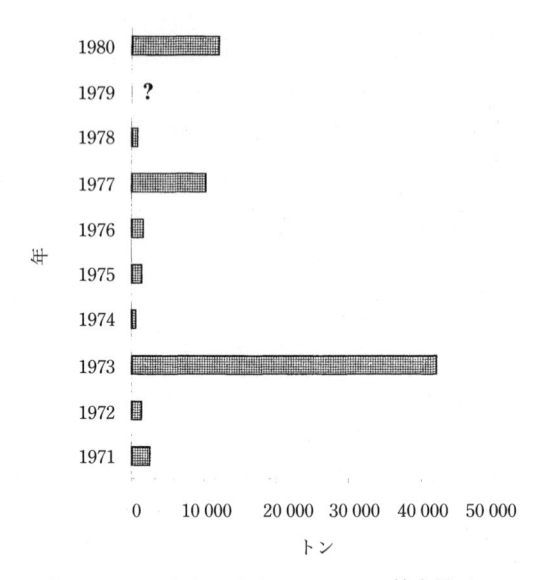

図 5.9 インドネシアとマレーシアからのイリッペナッツの輸出量（Maarsen & van Overbeek, 1982 からの複製）

1980 年代まで，このナッツは欧州に輸出されて，そこで採油された．品質は変動し，劣悪なことも頻繁だった．つまり，採油された油脂中の遊離脂肪酸量が 30％にも達し，付随して DAG も高濃度だった．やがて，マレーシアでの急速なパーム油工業の発展で，その基幹施設が現地でのイリッペ脂の採油を可能にした．1986 年に近代的な採油と精製装置がボルネオ島西沿岸のポンティアナックに設置された．現在，ナッツのほとんどはインドネシアで収穫後 2〜3 週間のうちに採油されて精製されており，イリッペ脂の品質は一貫して高い．典型的な独特の特性が**表 5.15** に示されている．イリッペ脂は高濃度の StOSt だけなく，比較的高濃度の POSt を含有しており，この量は EU Five の他のどの油脂よりも著しく多いことが分かる．この高濃度の POSt でイリッペ脂は EU Five で特別に位置付けされているし，また，この表中の他の油脂に比べて 20℃での比較的高い SFC 値を示している．

イリッペ脂は非常に安定であり，中和され脱色された油脂は欧州北部の気温で数年間ほとんど劣化せずに固体状態（普通，合成樹脂を裏貼りした容器中の 25 kg あるいは 1,000 kg ブロック）を維持する．供給量が変動するので，これを他の入手しやすいエキゾチック油脂でバランスをとるとしても，製菓用油脂製造企業のほとんどは確実に製造を継

続するのに少なくとも1～2年間の在庫を持つ必要がある．ウォン・ソーンの70℃での加速保存試験では，2か月後に過酸化物価が0.4meq/kgから21meq/kgへと予測された上昇を示したものの，SFCは変化しなかった．

3. コクム脂

コクム脂はコクム(あるいはコカム)の木である学名ガルシニア・インディカ (*Garcinia indica*) の種子核から採油されたものである．この油脂はEUチョコレート規格でコクムガーギと呼ばれているが，これは一般名でない．この木はインドのコンカンからマイソールまでの西ガーツ地方や，その他の2～3の地域の常緑森林で見出される．密生地はボンベイ(ムンバイ)とゴアの間の沿岸部ラトナギリ地域にある (Bringi & Mehta, 1987b)．種子核は約45％の油脂を含有し，この油脂は容易に精製されて**表5.15**に示すような高濃度のStOStと35℃での高いSFC値を有する油脂になる．この油脂は非常に安定であり，製菓用油脂の原材料として何の問題も起こしていない．この木は毎年必ず実を着け収穫が見込める．この油脂がEU Fiveの中で好まれている原材料であることは間違いないが，残念ながら，現状の生産量は800～1,000トン/年にすぎない．ただし，潜在的な生産能力は1万トン/年と推定されている (Agrawal & Mehta, 1999)．コクム果実は心地良い風味があり，その外皮はマハラシュトラ州，とりわけコンカン周辺で料理の材料に使われている．製菓用油脂の原材料としての需要増大で，核の収集や採油がより組織化されてきており，また，小規模なプランテーションが増えて供給量を増やせるようになった．

コクム脂をアセトン分別すると，SOS型TAGの濃度が非常に高い(～90％)ステアリンが得られる．ジェヤラニとイェラ・レディ (Jeyarani & Yella Reddy, 1999) はコクムとモーラ50:50の混合油脂のドライ分別とアセトン分別を研究し，ココアバター増量脂として使える有用な製品を得た．しかし，油脂を個々に分別し，次いでそれらの画分をブレンドする代わりに混合油脂を分画することにどのような利点があるのかを，彼らの結果は明らかにしていない．

4. マンゴー核油

マンゴー核油はマンゴーの木，学名マンジフェラ・インディカ (*Mangifera indica*) の果実にある種子核から得られる．マンゴーの木はインドや世界の多くの国に豊富に分布している．現在，インドは唯一のマンゴー核油の産地である．インドのマンゴー生産量は約700万トン/年で，入手可能な核は100万トン/年と見積もられている．この100万トンの核から約7万トンが採油されるはずなのに，この油脂の現在の生産量はたった3,000～4,000トン/年にすぎない (Bhattacharyya, 1987; Agrawal & Mehta, 1999)．核の油脂含量はたった6～15％なので，有効な収率にするのに溶剤抽出が欠かせない．

その油脂は容易に精製され，貯蔵，あるいは使用で問題を起こさない．表5.15に示すとおり，この油脂はSOS型TAGが少なく，S_2U型TAGが多い．そして，StOStを主体とするSOS型TAGの濃度が適正になるステアリンを得るために溶剤分別される．サル脂で使われるような油圧式プレス機を用いるドライ分別を利用してもよいかも知れないが，アセトンあるいはヘキサンを使う溶剤分別が少なくとも50％という非常に良好な収率をもたらす．マンゴー核ステアリンはCBEとして評価されている(Baliga & Shitole, 1981)が，より一般的には，初期の特許(Unilever, 1975)にあるようにパーム油中融点画分とブレンドして利用されている．

5. サル脂

サル脂はサルの木(*Shorea robusta*)の種子から採油される．この木はインドの中央と北部，とりわけマディア・プラデシュ州，ビハール州およびオリッサ州の広大な亜熱帯雨林に生育している．サル森林の総面積は111,500km^{2}と見積もられており，サル脂の現在の年間生産量は1.2万～1.5万トンであるが，その潜在的に入手可能な量は10万トン/年になると推定されている(Agrawal & Mehta, 1999)．それとは対照的に，アディカリら(Adhikari & Adhikari, 1989)はもっと早い時期に潜在的な年間生産量を72万トン，そして現在の入手可能な量を9.7万トンと見積もっていたが，この数字はあまりにも大きすぎるようだ．種子の油脂含量はたった14～18％なので，ヘキサン抽出が不可欠である．

サルの木からの収穫量は約2.5万トンから12.5万トンまで変動するが，5月と6月に確実に収穫されるので，サル脂はほとんど毎年入手可能である．その品質は工場の数や，とりわけ種子の収集が雨期の前か後かのタイミング，種子の貯蔵条件，そして，どれだけ迅速に採油されるかに左右される．

サルはイリッペと同じ属(*Shorea*)であり，そのことがヒルディチとザキー(Hilditch & Zaky, 1942)に製菓用油脂向けの潜在的な原材料として，その脂肪酸とTAGの組成の研究を促した．

サル脂は許容される色調に精製するため徹底した脱色を必要とする暗い緑褐色の油である．サル脂の精製で取得された特許の方法は0.1～0.4％のリン酸で脱ガムし，5～20％の活性漂白土で脱色し，そして，220～270℃で脱臭することを示している(Asahi Denka Kogyo, 1977)．しかし，ブリンギ(Bringi, 1987)は0.5～1.0％の炭素とともに最小限の4～6％の漂白土を使用すると，ほとんどの場合に効果を上げると明言している．

表5.15から分かるように，サル脂は原材料として利用可能な特性を持つが，高濃度のSOS型TAGを有するより有用なステアリンにするため，分別で改良される．インドにおいては，油圧式プレス機を使うドライ分別が商業的に実施され，ステアリン

の収率が55〜60%になっている．最近，溶剤分別も導入されている．サルステアリンはインドの供給企業から入手できる．

サル脂は相当量のアラキジン酸とStOAを含有している．第2章で考察したように，

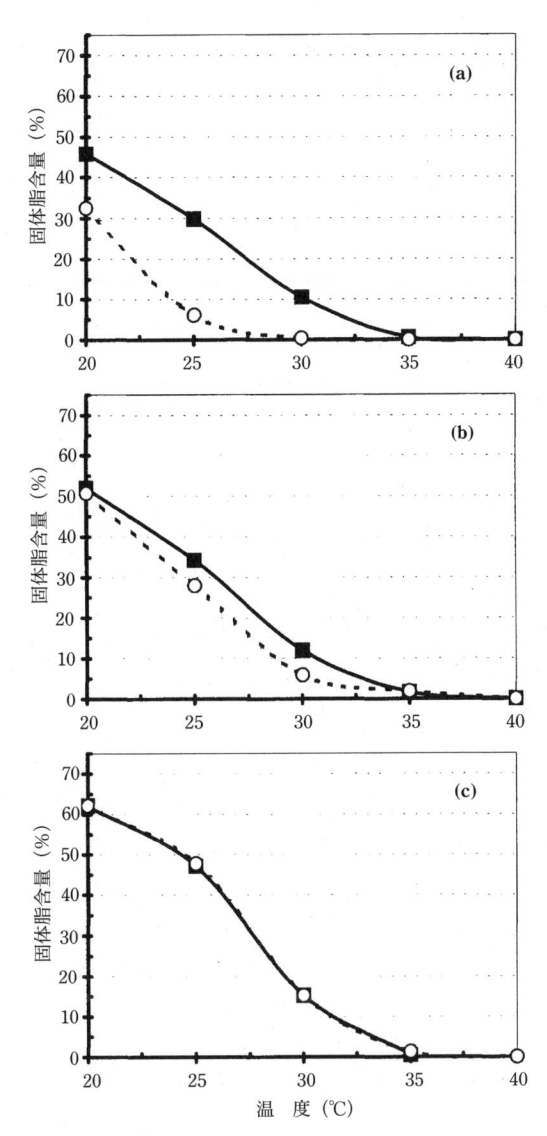

図5.10 サルステアリン（○）とコクム（■）を使うCBEの配合．(a) 26℃で40時間のテンパリングをしたCBE，(b) 20℃で16時間のテンパリングをしたCBE，(c) 20℃で64時間のテンパリングをしたCBE，ココアバター，乳脂のアプリケーションブレンド（Timms, 2000からの複製）

StOA の安定多形 β への転移速度は遅いので，そのことがサルステアリンの見かけ上の品質や SFC 値に影響を与える (Timms, 2000)．例えば，図 5.10(a) に示すように，サルステアリンを含む CBE の配合はコクム脂を使う同様の配合より悪い (低い) SFC 値を示した．違うテンパリング方法が使われた時，この 2 つの配合はもっと類似していた (図 5.10(b))．ココアバターや乳脂を含むアプリケーションブレンド (application blend : 第 8 章を参照) の場合，StOA の影響が薄まり，コクムとサルの配合間に差がなかった (図 5.10(c))．たとえ標準的な SFC 用のテンパリング法を使って測定された油脂が頻繁に低い SFC 値を示すとしても，製品の機能性に関して，サルステアリンはコクムと同じほど優れていると結論できる．

ブリンギ (Bringi, 1987) は，"現在，サル脂中の微量成分がその物性に影響を与えるという非常に説得力のある証拠があり，また，高品質チョコレートでのサル脂の潜在的な有用性は十分に実感されていない" と述べている．ユニリーバ社が 1960 年代末に実用的な原材料としてサル脂を開発した頃，とりわけその初期の数年間，品質は非常に変動した．英国に届いたいくつかのバッチはほとんど使いものにならなかった．英国とインドのユニリーバ社の研究所での研究は，サル脂が TAG 換算で約 3% の *cis*-9,10-エポキシステアリン酸 (Eps) を含有することを示した．Eps は *threo*-9,10-ジヒドロキシステアリン酸 (Dhs) に変化する (Bringi, Padley & Timms, 1972)．エポキシ酸からジヒドロキシ酸への変化は品質の劣化と一緒に起こった．こうした珍しい脂肪酸の出現の理由は今日でさえ十分に解明されていない．不飽和脂肪酸を変化させるサルに固有の酵素，あるいはカビの酵素に関係しているようであり，すでに述べた品質的要因によってさらに悪化する可能性がある．

ブリンギら (Bringi, Padley & Timms, 1972) は，彼らのサル脂の試料が 9% の SEpsS を含有することを見出した．一方，ゴシュチャウドリ (Ghoshchaudhuri, 1981) の場合はその含量がたった 0.9〜3.4% であり，チャクラバーティ (Chakrabarty, 1979 : Gunstone, Harwood & Padley, 1994, Table 3.111 に引用された私信) の場合はこの脂肪酸 Eps が 0.3〜7.0% (これを TAG の SEpsS の量に換算する場合は少なくとも 2 倍にする) であり，こうした結果は明らかに広い濃度範囲で分布することを示している．低濃度の Eps や Dhs を有するサル脂が好まれるので，SEpsS＋SDhsS の含量は最大で 3% が提案されている．

DAG もサル脂では重要であり，その濃度はエポキシステアリン酸や，とりわけジヒドロキシステアリン酸が生じやすい条件の場合に高くなりやすい．一連の論文で，イェラ・レディとプラブハカー (Yella Reddy & Prabhakar, 1985, 1986, 1987a, 1987b, 1989) は DAG と Dhs を含有する TAG のサル脂の機能への影響を調べている．この両成分の濃度が高いと，β 多形の発現が遅くなる．図 5.11 に示すように，Dhs 含有 TAG を 1% 以上サル脂に添加すると，シュコッフ冷却曲線での過冷却と ΔT が著しく小さくなった．しかし，DAG と Dhs 含有 TAG はシュコッフ冷却曲線に逆の影響を与える

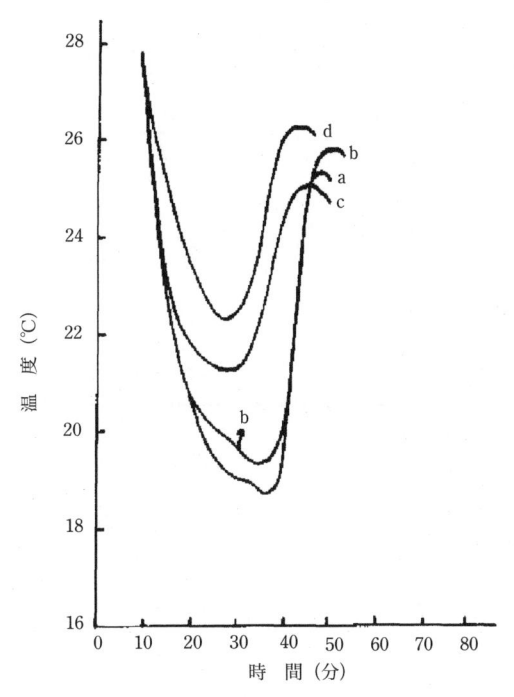

図 5.11 シュコッフ冷却曲線：(a) サル脂の通常の TAG，(b), (c), (d) には *threo*-9,10-ジヒドロキシステアリン酸（Dhs）を含有する TAG をそれぞれ 1%，2%，3%添加（Yella Reddy & Prabhakar, 1985 より）

ことも見出された．

Eps や Dhs を含有する TAG と DAG は，シリカに吸着させることでかなり減らせる．ヒンダスタン・リーバ社（Hindustan Lever）はこのタイプの商業的な工程を首尾良く稼働させた（Bringi, 1987）．稼働費用の問題や，改善された収集，貯蔵，採油によるサル脂の品質改良もあって，この装置はもはや使われないが，最高品質のサル脂を保証する最も信頼できる方法であることは疑いない．

イェラ・レディとプラブハカーは Dhs を含有する TAG が分別で取り除かれることを示している．表 5.16 で示すように，ドライ分別とヘキサン分別でこうした極性TAG と高融点 TAG がステアリンとして取り除かれるが，一方，より極性の高い溶剤のアセトンからの分別で極性 TAG はオレインに優先的に濃縮される．

実際に，Eps や Dhs を含有する TAG および DAG の濃度を確実に低くする最良の方法は良質の油脂，とりわけ遊離脂肪酸量が最大 3%以内の油脂を使って始めることである．現在インドではこの品質になっている．

少なくともインド以外では，サル脂は比較的新しい原材料であり，また，この油

表5.16 サル脂とその画分中のDhs含有TAGとDAGの含量への分別の影響（Yella Reddy & Prabhakar, 1985, 1987a より）

試　　料	含　量（％）	
	Dhs含有TAG	DAG
35℃でのドライ分別：		
サル脂	3.4	2.3
ステアリン（12％）	39.0	17.0
オレイン（88％）	1.5	2.4
24～26℃でのヘキサン分別：		
サル脂	3.4	2.3
ステアリン（2％）	47.2	3.2
オレイン（98％）	1.6	5.0
20℃でのアセトン分別：		
サル脂	3.4	2.7
ステアリン（20％）	2.6	2.3
オレイン（80％）	3.6	4.8

Dhs：*threo*-9,10-ジヒドロキシステアリン酸．

は風変わりなエポキシ脂肪酸やジヒドロキシ脂肪酸を含有するので，食品としての栄養学的，毒物学的な位置付けを評価することは疑いもなく重要である．このテーマでいくつかの研究（Bringi, 1987）がなされたが，心配の種になるものはないようである．ミシュラ（Mishra, 1978）は"オリッサ州のほとんどの階層の人々がサル種子由来の油脂を食用に使っている"と記しており，ラットへの給餌研究に基づいて，"サル種子の油脂を食用として安全に推奨できる"と結論している．

6. シ ア 脂

シア脂（カリテ脂（karité butter）としても知られている）はシアの木（*Butyrospermum parkii*，また，*B. paradoxum* subsp. *parkii* や *Vitellaria paradoxa* としても知られている）のナッツから生産される．この木は熱帯西アフリカの乾燥サバンナ地帯，つまり，ブルキナファソ，マリ共和国，そして，カカオ生産国のアイボリーコースト，ガーナ，トーゴおよびナイジェリアの北部で生育している．シアナッツの平均年間生産量は5万～7.5万トンであろう．ナッツの核は油脂を41～50％含有するので，単純計算ではシア脂の平均年間生産量は2.1万～3.8万トンになる．ガンストンら（Gunstone, Harwood & Padley, 1994）は1979年に3.5万トンのシア脂が取引されたと明言するが，ケルショウとハードウィック（Kershaw & Hardwick, 1981）はシアナッツの年間生産量を50万トンと概算しており，それは20.5万～25万トンのシア脂に相当する．シア脂は採油され，現地でも使われているので，後者の数字が正しいかも知れない．もしそうなら，その数字はこの原材料供給の大きな可能性を示している．収穫量は相当信頼できるものであり，毎

年，ナッツは供給されている．ウォン・ソーン (Wong Soon, 1988) は，1986 年の収穫量が非常に多くて 22 万トンのナッツが集荷され，その内の 16 万トンが製菓用油脂製造企業に購入されたと述べている．

産地国でシア脂は採油されて使われているが，ヘキサンを使ってこの油脂を商業的な量で抽出する基幹施設が西アフリカにはない．したがって，他のエキゾチック油脂と異なり，シアは"植民地的な"慣習を今でも踏襲している．つまり，ナッツが集荷され，採油と更なる加工のため欧州や日本，現在ではインド，マレーシア，インドネシアにも船で輸送されている．そうしたことが一因となって，シア脂の品質は未だに劣悪であり，未精製シア脂の遊離脂肪酸含量が 5% 以下は稀で，通常 7～10% である (Kershaw & Hardwick, 1981) が，20% になる場合もある．高濃度の遊離脂肪酸は高濃度の DAG にも結び付いている．リーナー (Riiner, 1971) は，遊離脂肪酸と MAG や DAG の濃度を増加させるシア脂の加水分解の亢進が，シュコッフ冷却曲線で示されたような機能性の低下をもたらすことを示した．精製と，とりわけ水による洗浄 (10 回まで) は MAG や DAG の著しい低下と冷却曲線の改善をもたらした．

シア脂は非 TAG 物質の含量が非常に高い．シア脂に関する 1 つの詳細な研究で，その組成は 4% の炭化水素，5% のケイ皮酸エステル，1% の脂肪酸エステル，1% の遊離アルコール，89% の TAG とされている (Peers, 1977)．炭化水素はほとんどがポリイソプレノイド樹脂である (Pansard, 1950; Paquot, 1952a, 1952b)．ポリイソプレノイド樹脂はチューインガムのように粘り着く稠度を有しているので，これがシア脂の分別や使用での課題である．この樹脂（ガム質）のヨウ素価は約 350 と高いので，シア脂やその画分のヨウ素価測定は誤解を招く高い数値になるが，それは多価不飽和脂肪酸の含量と同程度の濃度で存在するこの樹脂の高いヨウ素価を反映したものである．エステルはほとんどがポリテルペンアルコールのエステルである．それらにはジメチルステロールやブチロスペルモールが含まれており，ブチロスペルモールはシア脂に特徴的なものである．

表 5.15 で分かるように，シア脂は主にステアリン酸とオレイン酸を含有するが，これを CBE 配合用の原材料として有効に利用するには，SOS 型 TAG の含量があまりにも低い．したがって，シア脂は溶剤分別され，収率約 35% でシアステアリンをつくる．分別にアセトンを使うと，樹脂は 25～30℃ で沈殿し，その約 2/3 が樹脂で 1/3 が液状油の樹脂画分が，低温でのステアリン／オレイン分別段階の前に，フィルターあるいは遠心分離で除去され，その収量は 4～6% である．分別にヘキサンを使う場合，この樹脂は沈殿しない．注意深い温度制御で，主要なステアリン／オレイン分別前に樹脂を含む画分が取り除かれる (Fuji Oil, 1976)．しかし，この分離はアセトンを使う場合のようには効率的でない．エタノールや他のアルコールもこの脱ガムに使って良い (Fuji Oil, 1978)．

第5章 原　材　料

　シア脂を従来の中和，脱色，脱臭を使って精製するのは難しくないが，高濃度の遊離脂肪酸のために歩留まりが非常に悪い．それ故，未精製のシア脂を分別することがコスト面ではより効率が良い．次に，製造されたシアステアリンは通常のやり方でアルカリ精製，脱色，脱臭されて薄く色の付いた油脂になる．シアオレインは高温でTAGの再配列が起こっても通常支障がないので，物理的に精製される．トリテルペンアルコールやそのエステルはシアオレイン中に濃縮される．シアステアリンはSOS型TAGを高濃度に含有し，特にStOStの濃度が高い (Sawadogo & Bezard, 1982)．シア脂は天然の抗酸化物質の濃度が低いので，窒素ガスの下で，あるいは抗酸化物質を添加して貯蔵しないと酸化を起こしやすいだろう．

　この油脂の珍しい性質と，とりわけオレイン中に濃縮された場合の並はずれた濃度の不けん化物のため，シア脂を栄養学的，毒物学的に位置付ける研究がいくつか実施されている．心配事は起こっておらず，シア脂は米国食品医薬品局 (FDA) の"GRAS"認証を取得している．カーシューら (Carthew, Baldrick & Hepburn, 2001) は約8%のステロールを含有するアセトン分別シアオレインでの発がん性の可能性を評価した．結果はパーム油やシア脂自体と同じく，ラットで何ら不都合な影響は見出されなかった．

F節 液状油

　液状油，主に大豆油，ナタネ油（キャノーラ油），綿実油，ヒマワリ油はいつでも入手可能であり，十分知られているので，本書では扱わない．液状油の情報に関する優れた参考書が入手可能である（Gunstone, Harwood & Padley, 1994; Hui, 1996）．製菓用油脂の原材料として利用する場合，**表 5.17** に示すように，4 種の液状油間の主要な違いはパルミチン酸（$C_{16:0}$）の量である．高トランス酸型製菓用油脂の製造に必要な水素添加の後では，不飽和脂肪酸の違いがほとんど完全に除かれる．また，パームオレインはこの目的の液状油として分類される．

表 5.17 液状油の典型的な脂肪酸組成

脂肪酸	脂肪酸含量（メチルエステルとしての%）						
	SB	SF	CS	RP	PL57	PL62	PL66
$C_{16:0}$	11	6	24	4	40	36	33.5
$C_{18:0}$	4	5	2.5	2	4	4	3.5
$C_{18:1}$	22	18	19	56	42	45	47
$C_{18:2}$	54	69	52.5	26	11.5	12	13
$C_{18:3}$	7.5	Tr	Tr	10	Tr	Tr	Tr
$C_{20:0}$	0.5	0.5	0.5	0.5	0.5	0.5	0.5
その他	1	1.5	1.5	1.5	2	2.5	2.5

SB；大豆油．SF；ヒマワリ油．CS；綿実油．RP；ナタネ油（ゼロ-エルカ酸）．PL；パームオレイン（後の数字はヨウ素価を示す）．PL57 は標準的な単一ドライ分別されたパームオレインで，マレーシアやインドネシアの産物として入手可能．PL62 は 2 回ドライ分別されたパームオレインで，パーム油中融点画分（PMF）生産の副産物としてマレーシアから入手できる．PL66 は溶剤分別されたパームオレインで，CBE 品質の PMF にするパーム油の溶剤分別での副産物として製造される．高圧膜プレスを使っての同じ CBE 品質の PMF を製造するドライ分別でも PL66 は製造することができる．Tr；痕跡程度（<0.5）

G節　その他の原材料

製菓用油脂の製造に適した原材料にたどり着く可能性のある3つの別なルートがある：
- 微生物的な合成．
- 現存する農作物の改質．
- 農作物としての新たな品種の栽培化．

こうしたルートのどれもがこれまで商業的に成功していないが，そのいくつかは，実現の可能性を示している (Gunstone, 1999)．これらの種々の原材料を簡単に考察する．

1. 微生物的な合成

酵母，カビ，藻，細菌は全て脂質を蓄積できる．それら微生物は植物や動物以上に広範な種類の脂質をつくり出す．ラトレッジ (Ratledge, 1994) は有用な脂質源としてのそれらの可能性を概説している．

酵母は大量にステアリン酸を生産する．酵母はココアバターと類似した油脂をつくることができる．しかし，ラトレッジはコストと社会的な認知の問題で微生物的な油脂の将来の見通しはおそらく非常に厳しいだろうと結論している．とは言え，デービスとホールズワース (Davies & Holdsworth, 1992) は除タンパクされたホエーで増殖する酵母のカンジダ・クルバータ (*Candida curvata*) を使ってSOS型製菓用油脂を大量生産する工程の設計と経済性を検討した．1992年に計算された直接製造費はトン当たり800～1,000米ドルだった．ちなみに，1992年のココアバターの価格はトン当たり約3,000米ドルだった．製造される製菓用油脂がトン当たり2,000米ドルで売られると仮定すると，採算性は新規な装置に必要な投資を保証する段階に至ってないと考えられた (Davies, 1992)．

2. 現存する農作物の改質

いくつかの現存する油糧種子の脂質は通常の品種改良法を使って首尾よく改質されている．その事例はエルカ酸フリーのナタネ油であり，高オレイン酸型ヒマワリ油である．しかし，通常の品種改良法を使って，飽和脂肪酸の含量が高く，ラウリン酸型，あるいはSOS型の製菓用油脂の製造に適した原材料が生産されることは，うまくいきそうもないように思われる．

遺伝子組換えは数多くのチャンスを提供するものであり，このテーマに関しては，多くの総説がある（例えば，Lassner, 1997; Rattray, 1997; Kinney & Knowlton, 1998; Gunstone &

Pollard, 2001)．

ラウリン酸とミリスチン酸の含量が高いキャノーラ油を，カルジーン社（Calgene）はカリフォルニア湾の月桂樹の木由来の単一遺伝子（single gene）を組み込むことで開発した（Anon., 1995; Baum, 1994）．ブランド名を"ラウリカル（Laurical）"とされたこの油脂は，技術的には有用なラウリン酸型製菓用油脂だったので，CBSとして販売された．しかし，それは商業的に成功せず，最近，1997年にカルジーン社を買収したモンサント社（Monsanto）はその生産を止めた（Anon., 2001）．

世界で最も効率的で生産性の高い農産物の1つであるパーム核油やパーム油から製造される画分とラウリカルは直接競合していたので，商業的に成功することが難しかったのは多分驚くことではないだろう．商業的に生き抜くより有望な手段は，SOS型製菓用油脂の製造に使うエキゾチック油脂の中で比較的不足気味で当てにできないものの代替原材料を開発することである．ノールトン（Knowlton, 1999）は，高ステアリン酸型大豆油を生産する方法，次いで，これを分画してココアバター類似の有望なSFC融解曲線を示すStLinSt濃度の高い画分を得る方法を示した．農場でココアバターの含量を高めることの見通しは立っていないようである．面白いことに，StLinStの生産は必然的に飽和脂肪酸の多い独特な製菓用油脂を期待させるが，同時に，それは多価不飽和脂肪酸も多くなる．その理由は多分この種の改良が，製菓用や他の食用の油脂にとっての遺伝子変異の本来の潜在的能力である自然のリズムを越えてしまったからだろう．

3. 新たな品種の栽培化

栽培化に適した品種は，これまで考察したいろいろなエキゾチック油脂をつくる植物にあると仮定して良い．気付かれたように，イリッペ栽培の試みがいくつかなされている．この場合の問題は，全てが収穫までに数年かかる品種という現実にあると思われる．この品種の別な利用法は主に木材としての利用だが，それは原材料油脂としての利用とかち合うし，成長に非常に時間がかかることも壁として立ちはだかるので，種を選んで品種改良をすることは非常に難しくなる．脂肪酸とTAG組成の点から，加工が容易で分別を必要としないなら，油脂を丸ごと利用することが可能であり，コクムは間違いなく栽培化での優先品種である．

そうなると，一年生植物の品種はもっと有望と思われる．クフェア（*Cuphea*）種はとりわけ有望であり，その開発が概説されている（Robbelen, 1988; Graham, 1989）．高ステアリン酸型大豆油のように，クフェア種は現在の栽培品種からは入手できない特性を持つ原材料を生みだす．例えば，*C.* パルストリス（*C. palustris*）は60%以上のミリスチン酸，*C.* パウシペタラ（*C. paucipetala*）は80%以上のカプリン酸（$C_{10:0}$），そして，*C.* パイネテリ（*C. paineteri*）は60%以上のカプリル酸（$C_{8:0}$）を含有する．

第6章　製造と品質特性

A節　ココアバター

ココアバターの生産は第5章A節で説明されている．

1. 化 学 組 成

脂肪酸組成

1964年と早い時期に，ウォイディッチら（Woidich, Gnauer, Riedl & Galinowsky, 1964）は，全部で19種の野生種に由来するココアバター77点の膨大な脂肪酸組成の研究を発表した．その4年後に，バン・ウィンガーデン（van Wijngaarden, 1968）がココアバターの脂肪酸組成に相当な違いのあることを示唆する結果を発表した．西アフリカ産の場合，彼はパルミチン酸の平均含量が25.8%で，ウォイディッチらのデータより2.1%低いことを見出した．方法の比較や試料の交換で，不一致の主たる原因である実験誤差が除かれた．ウォイディッチらは，この違いをさらに調べるための追跡研究を1970年に実施し，1967/1968年シーズンに収穫されたカカオ由来の13試料を1970年に分析して，先の1962年に収穫されたカカオでの結果と比べると，脂肪酸組成に著しい変化があることを見出した．観察されたパルミチン酸の平均含量は27.9%から26.4%に低下していた．産地の数と品種が違うので，この2組の結果は厳密に比較できないが，この結果はバン・ウィンガーデンの発見と一致するパルミチン酸含量の低下（および，それに対応するステアリン酸とオレイン酸含量の変化）が起こっていたことを示すものであった．これらの結果は，その後の脂肪酸やTAGの組成研究でより詳細に解明された全ての特徴，つまりココアバターの化学組成が産地，収穫年度，そして，収穫時期で変化することを示している．

チャイセリとディミック（Chaiseri & Dimick, 1987）はココアバターの組成と特性，および，それらにとりわけ影響を与える因子を概説している．彼らはその因子を次のように要約した：

- カカオの木の生育温度—温度が低いと不飽和脂肪酸含量が高くなる．
- 降雨量—降雨量が多いとステアリン酸とオレイン酸が増える．
- 日光—日光量が多いとオレイン酸が増え，パルミチン酸が減少する．
- 遺伝的な因子—遺伝子の違うクローンから得られる"ソフト"と"ハード"なココアバターの脂肪酸組成は異なっている．

・収穫時期―ポッドの成熟中にステアリン酸が増えるので，早くに収穫されたカカオはパルミチン酸含量が高く，ステアリン酸とオレイン酸の含量が低くなりやすい．

鍵となる因子は疑いもなくカカオの木の生育温度である．管理された狭い地域内の気候の研究で，生育温度の影響が明瞭に示された．つまり，**表6.1**に示すように，高温（3～7℃高い，この程度の温度差はポッド中のカカオ豆の位置に左右される）で成熟したカカオ豆は高いSFC値を示すステアリン酸とS_2U型TAGの多いココアバターをつくった．

表6.1 通常の温度（"対照"）とより高い温度（"高温"）環境で成熟したポッド由来のココアバターの特性比較（Lehrian, Keeney, Butler, 1980 より）[a]

特　性	高　温	対　照
DSCで測定したSFC（%）：		
16℃	93	81
20℃	74	47
24℃	36	16
脂肪酸（%）：		
$C_{16:0}$	26.9	25.3
$C_{18:0}$	33.2	31.9
$C_{18:1}$	31.8	34.9
$C_{18:2}$	4.4	5
$C_{18:3}$ ＋ $C_{20:0}$	3.9	3.2
TAG（%）：		
SSS	2.4	1.2
S_2U	88.5	79.3
SU_2	8.9	18.3
UUU	0.2	1.1

[a] データは6回の繰り返しの平均値．

クライネルト-ゾーリンガー（Kleinert-Zollinger, 1994）は生育地域，季節，気候，そして加工法がココアバターの特性に及ぼす影響を概説している．彼も温度変動の影響を強調している．熱帯の国でも，1年間にわたって温度は変動する．**図6.1**は1年間の温度変動と飽和脂肪酸／不飽和脂肪酸の比率に密接な関係があることを示している．

ココアバターの特性における変動はその利用，とりわけココアバターでつくられるチョコレートのテンパリング適性に著しく影響を与える（Jeffrey, 1991b）．この問題の解決法の1つは，実際に商業的に行われているのだが，品質の一定した製品とするために違う産地のココアバターを混ぜることである．後で分かるが，ココアバターの画分を使うことでさらに素晴らしい展望が開ける．それはさておき，合法的でもっと有

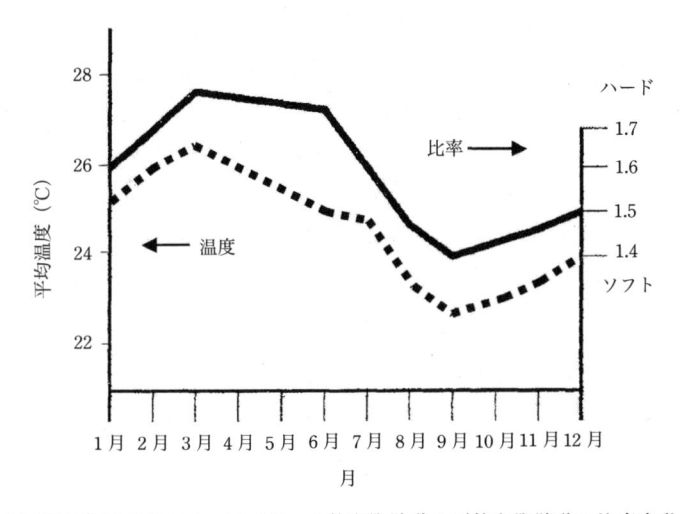

図 6.1 1 年間の各月ごとのココアバターの飽和脂肪酸：不飽和脂肪酸の比率変動（Kleinert-Zollinger, 1994 に引用されている Nestlé からの複製）

効なもう 1 つの解決方法は少量の CBE をココアバターに混ぜることである（Talbot, 2001）.

単一品種内での遺伝子の変動は，地域変動と同じほどに，はなはだしいかも知れない．クリオロ種（Criollo）の 8 つの栽培変種で，パルミチン酸の 20.3％から 30.1％まで，ステアリン酸の 33.8％から 38.8％まで，そして，オレイン酸の 34.7％から 40.8％までの変動が見出された（Liendo, Padilla & Quintana, 1997）.

その他にも，脂肪酸組成に関する多くの研究が報告されている．例えば，フィンケ（Fincke, 1976）はカカオ豆から採油した 57 の試料と 87 の市販ココアバターの結果を報

表 6.2 有名な産地のカカオ豆から採油されたココアバター 57 試料と商取引されるココアバター 87 試料の脂肪酸組成（Fincke, 1976 より）

脂 肪 酸	含量（メチルエステル換算での％）			
	カカオ豆からの試料		商業的な製品からの試料	
	平　均	範　囲	平　均	範　囲
$C_{12:0}$	≦0.02	—	≦0.02	—
$C_{14:0}$	0.1	0.02〜0.16	0.1	0.08〜0.18
$C_{16:0}$	25.6	23.6〜30.5	25.5	24.2〜27.0
$C_{18:0}$	34.6	30.2〜36.5	34.0	32.6〜35.4
$C_{20:0}$	0.9	0.7〜1.4	1.0	0.8〜1.3
$C_{18:1}$	34.7	33.2〜38.6	35.1	33.8〜36.9
$C_{18:2}$	3.3	2.2〜4.8	3.4	2.7〜4.0
$C_{18:3}$ + $C_{20:1}$	≦0.3	—	≦0.3	—
その他	≦0.7	—	≦0.7	—

告した．彼の結果は**表 6.2** に要約されている．市販ココアバターはカカオ豆から採油した試料より狭い範囲での変動であり，それは自然変動を最小限にとどめるためブレンディングが実施されたことを示している．

1つの工場で生産されたココアバターの1年間にわたる変動を**表 6.3** に要約している．ココアバターは原産地の野生種由来のものだったがその大部分は西アフリカ産で，欧州で典型的に使われているタイプと同じだった．**表 6.3** は脂肪酸組成の比較的小さな変動で SFC が大きく変動することも示している．

表 6.3 1998 年中にブリタニア・フード・イングリーディエンツ社が納入したココアバターの分析データの変動値（Timms & Stewart, 1999 より）

パラメーター	遊離脂肪酸 (%)	SFC（%）				脂肪酸含量（メチルエステル換算での%）			
		20℃	25℃	30℃	35℃	$C_{16:0}$	$C_{18:0}$	$C_{18:1}$	$C_{18:2}$
平均値	1.02	78.8	73.7	51.6	1.4	26.9	36.6	31.7	2.8
最小値	0.46	74.5	69.9	44.5	0.0	25.7	34.9	31.3	2.5
最大値	1.60	82.5	78.3	60.2	3.7	28.4	37.9	32.2	3.2
標準偏差	0.225	1.3	1.7	2.6	0.7	0.48	0.59	0.20	0.14
変動係数（%）	22	1.6	2.3	5.0	50.0	1.8	1.6	0.6	5.0
試料の数	169	153	153	153	153	140	140	140	140

初期の研究とここ 20 年間にわたって報告された結果との大きな違いは，第 5 章で考察したようにカカオ豆の供給産地の変化である．1980 年代まで東南アジアは取るに足らない生産地域だったので，初期の結果はこの地域からの特徴的に硬いココアバターの供給を十分反映していない．

ココアバターの脂肪酸組成の最も綿密な最新の研究が 2001 年にリップら（Lipp, Simoneau, Ulberth, Anklam, Crews, Brereton, de Greyt, Schwack & Wiedmaier, 2001）によって報告された．商業的に製造されたココアバター 42 試料の結果を**表 6.4** に要約した．トラン

表 6.4 ココアバター 42 試料の脂肪酸組成（Lipp, Simoneau, Ulberth, Anklam, Crews, Brereton, de Greyt, Schwack & Wiedmaier, 2001 より）

パラメーター	含量（メチルエステル換算での%）					
	$C_{14:0}$	$C_{16:0}$	$C_{18:0}$	cis-$C_{18:1}$ [a]	$C_{18:2}$	$C_{20:0}$
平均値	0.00	26.23	35.76	33.60	2.68	0.93
中央値	0.00	26.31	35.79	33.43	2.78	0.92
最小値	0.00	24.78	32.86	32.70	1.09	0.82
最大値	0.09	26.91	37.68	37.08	3.36	1.10
標準偏差	0.018	0.371	0.867	0.758	0.340	0.057

a　trans-$C_{18:1}$ は検出されなかった

ス酸が検出されなかったことに注意してほしい．このことは他の植物性油脂のほとんどと比較した場合に純粋なココアバターの品質尺度になる．

TAG 組成と固体脂含量 (SFC)

ココアバターのばらつきに関する最近の研究は TAG 組成に焦点を絞っており，それはココアバターの特性をより深く洞察している．チャイセリとディミック (Chaiseri & Dimick, 1989) はとりわけ膨大な研究を発表した．彼らは 63 点のココアバター（39 点は研究室で採油され，24 点は商業的にプレス機で採油されたもの）を評価し，その結果は**表 6.5** と**表 6.6** に要約されている．"多形 II の吸熱ピークの面積％" はココアバターの硬さ，あるいは SFC の代わりになる測定だが，しかし本当の SFC 値が測定されずに省略されたことは，このデータの有用性を下げるので，がっかりする．彼らの結果は，北米，南米，中米産のココアバターがアフリカ産のものよりヨウ素価が高く，StOSt 含量が低く，硬度が低いことを示している．反対に，アジアとオセアニア産のココアバターは検討された 4 地域の中でヨウ素価が最も低く，StOSt 含量が最も高く，硬度が最も高い．また，地域内の変動もある．例えば，ベネズエラのように赤道に近い南米各地域の試料はアフリカ産と類似していた．一方，アメリカ大陸での生産で抜きん出ているブラジルのバイア地方 (Bahia) は冷涼な気候であり，より柔らかいココアバターを生産する．とは言え，この全体の概括と要約は利用可能なココアバターのタイプへの有用な指標となる．この研究で，POP 含量が著しく変化していないのは注目に値する．一方，やや小規模なポドラハら (Podlaha, Töregård & Püschl, 1984) の 28 試料での研究は産地間変動で同じような傾向を示した．POP の変動傾向も同じだったが，その変化が StOSt 含量の変動とは逆の方向であり，これは以前にパドレーとティムス (Padley & Timms, 1980) が見出したのと同じで，POP と StOSt の含量は強く相関していた．

表 6.3 で SFC の変動が大きいことが分かった．シュクラ (Shukla, 1995) はココアバターの化学組成や物性とその産地との関連を発表している．試料の数は少ないが，**表 6.7** にある結果は産地間でのココアバターのばらつきを明瞭に示している．ブラジル産ココアバターの柔らかさとマレーシア産の硬さは明らかである．しかし近年，西ア

表 6.5　産地で分類された商業的なココアバターの特性 (Chaiseri & Dimick, 1989 より)[a]

地域	試料数	屈折率 (n_D^{40})	遊離脂肪酸 (%オレイン酸換算)	ヨウ素価	けん化価
南米	10	1.4578±0.0002	1.26±0.71	37.03±1.16	195.48±0.97
北米と中米	5	1.4577±0.0003	0.79±0.23	36.54±0.62	195.11±1.12
アフリカ	6	1.4578±0.0004	1.27±0.30	35.84±1.59	193.59±1.15
アジアとオセアニア	3	1.4579±0.0004	1.44±0.38	35.74±0.32	194.36±0.58

a　データは平均値±標準偏差として表示されている．

第6章　製造と品質特性

表 6.6 産地で分類された商取引用ココアバターの HPLC による TAG 組成と多形 II 型の吸熱面積パーセント（"硬度"）（Chaiseri & Dimick, 1989 より）

地域	試料数	TAG 組成（%）									硬度
		PLinP	POO	PLinSt	POP	StOO	StLinSt	POSt	StOSt	StOA	
南米	15	1.1	3.4	3.5	19.0	5.7	2.8	38.0	26.0	0.5	24.4
北米と中米	8	1.0	2.7	3.3	18.6	5.3	2.7	38.9	26.9	0.6	26.0
アフリカ	17	1.0	2.2	3.2	18.4	4.7	2.5	39.1	28.2	0.6	28.5
アジア	24	0.8	1.2	2.9	18.6	2.9	2.2	40.0	30.8	0.8	35.7

表 6.7 いろいろな産地由来ココアバターの 7 試料の特性（Shukla, 1995 より）

特性値	産地						
	ガーナ	インド	ブラジル	ナイジェリア	アイボリーコースト	マレーシア	スリランカ
ヨウ素価	35.8	34.9	40.7	35.3	36.3	34.2	35.2
DAG 類（%）	1.9	1.5	2.0	2.8	2.1	1.8	1.1
遊離脂肪酸（%）	1.53	1.06	1.24	1.95	2.28	1.21	1.58
リン脂質（%）[a]	0.94	—	0.91	—	0.87	0.72	—
ランシマット試験の誘導期（120℃での時間）[b]	42.2	—	35.3	—	42.9	—	—
脂肪酸（%）:							
$C_{16:0}$	24.8	25.3	23.7	25.5	25.4	24.8	—
$C_{18:0}$	37.1	36.2	32.9	35.8	35.0	37.1	—
$C_{18:1}$	33.2	33.5	37.4	33.2	34.1	33.2	—
$C_{18:2}$	2.6	2.8	4.0	3.1	3.3	2.6	—
$C_{20:0}$	1.1	1.1	1.0	1.1	1.0	1.1	—
SFC（%）[c]:							
20℃	76.0	81.5	62.6	76.1	75.1	82.6	79.7
25℃	69.6	76.8	53.3	69.1	66.7	77.1	74.2
30℃	45.0	54.9	23.3	43.3	42.8	57.7	50.4
35℃	1.1	2.3	1.0	0	0	2.6	0.1
TAG（%）[d]:							
SSS	0.7	1.1	Trace	0.8	0.6	1.3	1.9
SOS（全量）	84.0	85.2	71.9	85.8	82.6	87.5	87.2
その中で:							
POSt	40.1	39.4	33.7	40.5	39.0	40.4	40.2
StOSt	27.5	29.3	23.8	28.8	27.1	31.0	31.2
POP	15.3	15.2	13.6	15.5	15.2	15.1	14.8
StOA	1.1	1.3	0.8	1.0	1.3	1.0	1.0
S_2U	14.0	12.8	24.1	12.7	15.5	10.9	10.1
S_2U + UUU	1.3	0.9	4.0	0.7	1.3	0.3	0.8

a 同様に，エクアドル 0.76%，ドミニカ共和国 0.94%．b 同様に，トリニダード 42.3 時間，コロンビア 38.4 時間，ベネズエラ 41.3 時間，エクアドル 19.1 時間．c 26℃で 40 時間のテンパリング．d HPLC での測定．

フリカ産のココアバターはより硬くなっているようであり，筆者は表 6.7 にある 30℃の SFC 値 42～45％よりももっと高い 45～50％のココアバターが現在普通に供給されていると思っている．

ココアバター 42 試料の最近の分析結果から，その脂肪酸組成が表 6.4 に，TAG 組成は表 6.8 に要約されている．

表 6.8　ココアバター 42 試料の GLC による TAG 組成分析（Lipp, Simoneau, Ulberth, Anklam, Crews, Brereton, de Greyt, Schwack & Wiedmaier, 2001 より）

パラメーター	TAG 組成（％）						
	POP	PLinP	POSt	POO+PLinSt	StOSt	SOO+StLinSt	OOO
平均値	18.27	1.82	42.08	5.58	26.39	4.64	1.23
中央値	18.37	1.89	42.12	5.60	26.26	4.52	1.21
最小値	16.80	0.78	38.03	3.09	22.83	3.27	1.02
最大値	19.03	2.08	43.76	9.45	30.02	9.79	1.52
標準偏差	0.483	0.236	0.828	0.919	1.260	1.002	0.102

TAG 組成を考えた時，HPLC での立体特異性分析が sn-POSt と sn-StOP の等量存在，つまりラセミ体であることを示しているのは非常に興味深いことである（Takagi & Ando, 1995）．sn-1 と sn-3 位置での"プライオリティーファクター（priority factor）"（ステアリン酸：パルミチン酸の比率）が同一（1.30）であり，そして，sn-1 位の脂肪酸が生合成中の sn-3 位の脂肪酸に影響しないと仮定することで，POP，sn-POSt，sn-StOP，StOSt の含量計算が可能になることを証明した．計算値と分析結果とが良く一致した．これらの実験で，天然と合成の POSt の X 線回折（Schlenk, 1965）と酵素的な分析（Sampugna & Jensen, 1969）に基づいて POSt をラセミ体とした初期の研究の正しさが確かめられた．

DAG とリン脂質

表 6.7 はココアバターの DAG 含量が 1.1％から 2.8％まで変動することを示している．産地の違うココアバター 12 試料の研究では，その分布が 0.7％から 2.4％と少し低い範囲で，その平均値は 1.2％でだった（van Malssen, Peschar & Schenk, 1996b）．より数の多いココアバター 53 試料の研究で，31 試料は 1.5～2.5％であり，22 試料が 1.5～2.0％だった（Fincke, 1982）．遊離脂肪酸と DAG の含量の間にある程度の相関があった．

表 6.7 は，リン脂質含量の産地間変動が比較的小さく，その範囲は通常 0.7～1.0％であることを示している．同様の結果は以前にも見出されていた（Savage & Dimick, 1995）．

粘　度

チョコレートの粘度はチョコレート製造で非常に重要である．粘度は連続的な油脂相の粘度だけではなく，無脂固形分や界面活性剤の量と種類，結晶化された固体脂の程度にも左右される．とは言え，ココアバター自体の粘度も重要であり，それを数人の研究者が測定している．最近報告された 30～70℃にわたっての測定結果（Landfeld, Novotna, Strohalm, Houska & Kyhos, 2000）は初期の研究結果と良く一致している．ココアバターの粘度は 40℃で約 40 mPa·s であり，60℃で約 20 mPa·s である．

2. 脱臭ココアバター

チョコレート，とりわけミルクチョコレートに添加されるココアバターのほとんどは，現在，脱臭されている．脱臭の主な目的は不快臭あるいは酸臭（特に酢酸）を除いて風味を和らげることである．重要性が高まっている副次的な目的は，油脂の殺菌と全ての菌叢を完全に破壊することである（Timms, 1998）．ティムスとステワート（Timms & Stewart, 1999）は脱臭ココアバターの詳細な規格を提唱しており，そこでは平板培養での最大総生菌数 1,000/g が示されている．カッテンベルグ（Kattenberg, 1997）は産地と加工に関係したココアバターの機能性を概説している．

通常の油脂のようにココアバターも低水分含量であり，微生物増殖に適した培地ではないが，チョコレートを食べて死に至った細菌性の食中毒が数件起きている．この事故の病原菌はサルモネラであり，この菌は 1970 年と 1973 年の事故発生までチョコレートに由来する食中毒の原因になると認識されていなかった（D'Aoust, 1977; Anon., 1998b）．

第 5 章で説明したように，ほとんどの食用油脂は，約 5 mbar の減圧下，200～270℃で油脂中に蒸気を通して脱臭されるが，ココアバターはもっと低い温度の通常 130～180℃で 10～30 分間脱臭される．こうした温度で正確に実施されれば，脱臭は物性に全く影響を与えない（Timms & Stewart, 1999）．低温は次の 3 つの理由で利用される：

- カカオ風味の全てを除去することは通常望まれていない．
- 脱臭装置の留出物は価値が低いので，高温脱臭での遊離脂肪酸のロスが高くつく．しかし，カッテンベルグ（1997）は遊離脂肪酸がココアバターの結晶化特性に悪い影響を与えることを指摘している．ココアバターに遊離脂肪酸を 1%添加するとシュコッフ冷却曲線が著しく遅延される．
- ココアバターの独特な特性は 3 つの TAG の POP，POSt，StOSt に基づいている．高温は TAG 内と TAG 間での脂肪酸の再配列を生じさせ，SOS 型 TAG の減少と PPO，PStO などのような他の TAG や 3 飽和 TAG の生成をもたらす．

A節　ココアバター

　表6.9で，通常どおり加工されたココアバターと，同じココアバターで減圧下，250℃で1時間の加熱で故意に熱損傷を与えられたものの比較をしている．イェンセン冷却曲線やシュコッフ冷却曲線，そしてSFCへの劇的な悪影響が明瞭に見られる．この影響の原因はTAG組成の変化である．SOS型TAGの総含量ははっきりと低下し，同時に，他のTAGは増加している．これがSFC値を低下させている．GLCでのTAG分析はSOS型からSSO型TAGへの対称性の変化を検出できないが，この変化も起こっており，この変化が物性の劣化に著しく影響している．

表6.9 ココアバターの特性への高温加工の影響．通常加工と熱損傷を与えられた試料の分析的パラメーターの比較（Timms & Stewart, 1999 より）

分析的パラメーター	通常加工	加熱虐待[a]
イェンセン冷却曲線：		
T_{max} (℃)	30.7	26.4
T_{min} (℃)	25.8	23.9
ΔT (℃)	4.9	2.5
t_{max} (min)	39	52
T_c (℃)	27.6	28.7
シュコッフ冷却曲線：		
T_{max} (℃)	25.4	17.1
T_{min} (℃)	21.2	15.4
ΔT (℃)	4.2	1.7
t_{max} (min)	144	286
T_c (℃)	23.6	25.7
TAG (%)：		
SSS	1.4	3.6
SOS (POSt)	85.6 (41.0)	78.8 (37.8)
SLS	6.4	5.3
SUU	5.1	11.2
UUU	1.4	1.1
SFC (%)：		
20℃	77.7	52.7
30℃	48.7	21.0
35℃	1.3	5.2

a　減圧下250℃で1時間，研究室で加熱．

　とりわけ気を付けねばならないことは，3飽和TAGの増加であり，これは，チョコレートのテンパリング適性を低下させる．この増加は両タイプの冷却曲線で最初に結晶が現れる温度（T_c）の上昇で示されている．それは**図6.2**のDSC冷却曲線でもっと明瞭に示されている．

第6章 製造と品質特性

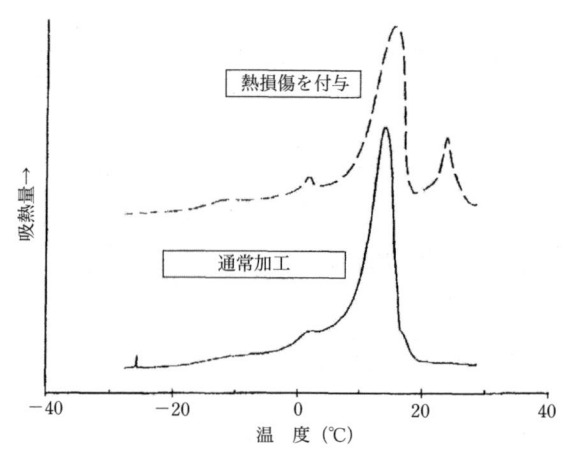

図 6.2 熱損傷を与えられたものと通常に加工されたココアバターの DSC 冷却曲線（Timms & Stewart, 1999 より）

脱臭のもう1つの重要な副産物は脱臭装置留出物中に除かれる微量成分である．こうした成分は遊離脂肪酸，トコフェロールのような望ましい成分，あるいは，殺虫剤のような好ましくない成分である．

表 6.10 は，ピュアプレスドココアバターと溶剤抽出されたココアバターから殺虫剤を除去する場合の異なる脱臭条件での影響を示している．通常の条件である150℃，20 分の脱臭はピュアプレスドココアバターから殺虫剤のほとんど全てを除去するのに十分だが，溶剤抽出ココアバターから殺虫剤を除去するには不十分である．溶剤抽出ココアバターの殺虫剤除去には 200℃の高温，あるいは，脱臭時間の延長が必要だった．**表 6.10** の SFC 値は 200℃で 20 分の加熱後でさえ，ココアバターの物性に悪影響もたらす著しい TAG の再配列がなかったことを示している．この表の結果は脱臭が色調をほとんど変化させないことも示しているが，脱臭温度の上昇に伴い，遊離脂肪酸の含量は確実に低下している．

トコフェロールもまた脱臭で除かれる．ティムスとステワート（Timms & Stewart,

表 6.10 ココアバターの特性への脱臭温度の影響（Timms & Stewart, 1999 より）

温度 (℃)	ピュアプライムプレスドココアバター					溶剤抽出ココアバター				
	遊離脂肪酸 (%)	色 調 (Red 1")	SFC (%) 20℃	SFC (%) 30℃	殺虫剤 (ppb)	遊離脂肪酸 (%)	色 調 (Red 1")	SFC (%) 20℃	SFC (%) 30℃	殺虫剤 (ppb)
未精製	1.10	—	—	—	11	1.54	—	—	—	77
140	—	—	—	—	5.5	1.34	2.7	77.0	48.1	—
150	1.07	3.7	79.6	54.3	—	1.33	2.6	77.5	48.7	47
180	0.94	3.7	79.9	52.2	0	1.10	2.4	77.6	48.9	7
200	0.59	3.7	79.2	53.6	0					

1999) は，脱臭ココアバター中のトコフェロール濃度が脱臭温度しだいで最大15％まで減少するが，普通は約250ppmであると報告した．同様に，ミューラー–ムロ（Muller-Mulot, 1976）は脱臭ココアバター中のトコフェロール濃度が232ppmで，その主成分が196ppmのγ-トコフェロールであると報告している．リップら（Lipp, Simoneau, Ulberth, Anklam, Crews, Brereton, de Greyt, Schwack & Wiedmaier, 2001）はココアバター23試料の総トコフェロールの濃度が10ppmから266ppmまで著しく変化する結果を発表した．この大きな変動は数点の試料が強力に脱臭されていること示唆した．思ってもみなかったことだったが，脱臭されていないという6試料に"全くビタミンEの異性体がない"ことが分かった．どう説明されようと，このデータは明らかに異常であり，この異常に低い値は無視して良いだろう．

初期の研究で，ロスタノら（Rostagno, Reymond & Viani, 1970）は"強力に脱臭された"ココアバターでトコフェロール濃度の920ppmから720ppmへの低下を報告した．もっと最近の研究と比べてみても，こうした高い数値は間違いなく誤りである．とは言え，彼らは，ココアバターを60℃で13日間保管した場合に，トコフェロール含量の低下／強力な脱臭に起因する貯蔵安定性への著しい影響を見出さなかった．

ロスタノら（Rostagno, Reymond & Viani, 1970）は，ココアバターからの留出物の波長278nmでの吸光度をアロマインデックス（Aroma Index：AI）とする概念も展開した．このAIはカカオ豆焙炒で生成するピラジンやピラゾールの濃度に関係することが示された．したがって，AIは焙炒の強度とその維持時間，そして，焙炒香気成分の除去に対するその後の脱臭の効果を示す．AIに基づいて，彼らは脱臭ココアバターを3つのグループ，つまり，無風味（AI 0～10），かすかな風味（AI 10以上～約30），強い風味（AI 30以上）に分類した．

脱臭や時折実施される水あるいは希クエン酸溶液での脱ガムを別にすれば，普通ココアバターは徹底した精製，つまり植物油で一般的な脱色，あるいは，アルカリでの中和が実施されない．その主な理由は，ココアバターが温和な脱臭の後でもある程度の望ましいカカオフレーバーを持っていること，そしてまた，ココアバターが高価格なので精製に付随して生じるロスが他の油脂に比べて比較的高くつくことである．ココアバターやダークチョコレートの結晶化挙動へのいろいろな精製温度の影響が調べられている（Gutshall-Zakis & Dimick, 1993）．結晶化への誘導時間の大幅な短縮がいくつかの精製温度で得られたが，この結晶化は等温の撹拌のない条件だったので，その違いは実際のチョコレート製造には多分全く反映されなかったであろう．誘導時間の変化はリン脂質の除去によるものとされたが，リン脂質含量の測定は報告されなかった．SFCでの影響も見出されたが，ココアバターの24℃でのSFC値が100％と示されているので，報告された結果は正確でない．

ホワイトチョコレート用に使うココアバターはほとんど無色にするため，アルカリ

での中和，脱色，脱臭で完全に精製される．こうした商業的な完全精製中に，ココアバターの結晶化特性は大きな影響を受けないようだし（Kleinert-Zollinger, 1997b），また，実際のところ，前に記したように遊離脂肪酸含量の低下でそれが改善される．いわゆるキズ豆やクズ豆の類のカカオ豆やニブ由来のココアバターは普通完全に精製される．

カッテンベルグ（Kattenberg, 1997）は，焙炒やアルカリ処理の後で製造されるココアバターの特性へのカカオ豆のそうした加工処理の影響を系統的に研究している．表6.11 に示されたデータは，本質的に同じ種類と同じ品質のカカオ豆で実施された数多くの工場試験の結果の平均である．この表には，同じタイプのココアバターへの脱臭の影響も含まれている．カッテンベルグは，焙炒がココアバターの品質に影響せず，アルカリ処理が小さな影響を及ぼすと結論した．つまり，予測されるとおり遊離脂肪酸が減少し，SOS 型 TAG の SSO 型への再配列の証拠である 2-位の飽和脂肪酸が若干増加し，TRG 時間（第3章H節を参照）が長くなる．しかし，この影響は全て小さく，SFC への影響はないので，ココアバターの品質は依然として良好な状態である．

表 6.11 ココアバターの特性に及ぼすカカオ豆の焙炒とアルカリ処理および脱臭の影響（Kattenberg, 1997 より）

分析的パラメーター	カカオ豆の焙炒とアルカリ処理			ココアバターの脱臭	
	焙炒前	焙炒後	焙炒およびアルカリ処理後	前	後
遊離脂肪酸（%）	1.28	1.29	1.12	1.23	1.18
DAG（%）	0.95	0.98	1.03	0.95	0.93
2-位の飽和脂肪酸（%）	1.6	1.6	1.9	1.6	1.7
ランシマット試験の誘導期（120℃での時間）	40	41	41	39	41
シュコッフ冷却曲線の勾配	0.21	0.20	0.19	0.18	0.19
サーモ-レオグラフィー総時間（分）	83	78	88	79	86
30℃での SFC（%）	39.0	39.7	39.6	39.0	39.8

3. 分別ココアバター

他の油脂のように，ココアバターはステアリンとオレインに分別される．SFC 値が高く，ステアリンが高収量となるので，油脂に対する溶剤の比率を高くした溶剤分別が不可欠となる．典型的な結果では，ココアバターが 9℃でアセトン（9%溶液）から分別され，80%のステアリンと 20%のオレインが得られた（Lovegren, Gray & Feuge, 1976）．ココアバター画分の特性を**表 6.12** に示している．ステアリン画分で SOS 型 TAG が濃縮されていることは明らかであり，それは各温度での SFC 値の急激な増加をもたらす．類似した結果がシュクラによって簡潔に報告されている（Shukla, 1995）．

ヘキサンは油脂に対する溶剤の比率を低くして工程費を節減できる高い溶解性があ

表 6.12 ココアバターのステアリンとオレインの特性（Weyland, 1992 より）

特性	典型的なアフリカ産ココアバター	ステアリン画分	オレイン画分
TAG（%）:			
SSS	1.4	3.9	1.2
SOS	76.8	92.4	64.9
SLinS + SOO	15.3	3.1	27.5
OOO + SOLin + UUU	6.4	0.2	5.6
SFC（%）:			
20℃	76.2[a]	95.0[a]	48.3[b]
25℃	70.4	91.2	36.0
30℃	45.1	73.5	0
35℃	0	15.9	0

a 26℃でテンパリングされた．b 20℃でテンパリングされた．

るので，ココアバターのヘキサン分別にはかなりの利点がある．ヘキサンを使うココアバターの分別工程は特許化されている (Nestlé, 1988).

ココアバターのオレインやステアリンは，チョコレートの配合と応用でココアバターの適応性や機能性を高めるのに利用される (Weyland, 1992). これはまた，品質の一貫性を維持するため，ココアバターの物性を調整するのにも利用される．しかし，ココアバターの画分は高価であり，結果として，その明らかな魅力にもかかわらず，商業的に利用されていない．法的に許可されている場合，ココアバターとSOS型製菓用油脂のブレンドは安い価格でより広い範囲の機能性さえ提供できる．

4. 物　性

多形現象

ココアバターの多形現象に関する研究は非常に多い．それにもかかわらず，今日においてさえ，多形の数と種類は依然として論争のテーマになっているが，決定的な研究が1966年にウィルとラットン (Wille and Lutton, 1966) によって発表された．筆者は，複雑な多形現象を理解する基礎として，彼らの研究結果を利用する．彼らはX線回折測定法 (XRD)，潜熱，ディラトメトリー，および，融点で特徴付けられた6つの多形を同定した．彼らの融点のデータや現代の体系的な命名（第2章A.3項と**表 2.1**を参照）と一緒に彼らの6つの多形も**表 6.13**に示したが，彼らはそれらをⅠ型〜Ⅵ型と呼んだ．このⅠ型〜Ⅵ型の用語は実用の場で非常に役に立ち，チョコレート工業ではこれが一般的に使われている．Ⅴ型は商業的に製造されたチョコレートで見出される多形である．Ⅳ型はテンパリングされていないチョコレートと関係しており，Ⅵ型はダークチョコレートの一般的なタイプのファットブルームで見出される．Ⅰ〜Ⅲ型は現実のチョコレート製造には基本的に関わっていない多形である．

表6.13　ココアバターの多形現象（Wille & Lutton, 1966 より）

結晶型	融点（℃）	体系的な命名	説　明
I	17.3	β'_3 (sub-α)	—
II	23.3	α-2	—
III	25.5	β'_2-2	—
IV	27.5	β'_1-2	テンパリングされていないチョコレートの特徴
V	33.8	β_2-3	テンパリングされたチョコレートの特徴
VI	36.2	β_1-3	ブルームしたチョコレートの特徴

　典型的な論争は，ベック（Vaeck, 1960）が数年間のファットブルームの研究を報告した中で，III型とIV型を区別しないで，多形を5つだけとしたことから始まった．これはウィルとラットンの研究前に発表されたので，無理もないことだった．しかし，1980年にも，マーケン（Merken）とベックは，III型/IV型の同一性を主張しなかったものの，VI型の存在にも異議を唱え，VI型は相分離で形成されると主張した．

　マーケンとベックが6つの多形があることを見落とした原因は，(a)多形を特徴付けるXRDを使わなかったことと，(b)個々の多形を発現させるための試料のテンパリングをせず，単に昇温速度を変えただけでDSCの測定をしたことにある．彼らはまた，たった1種類のココアバターだけを研究した．これとは対照的に，ハイゲベールトとヘンドリクス（Huyghebaert & Hendrickx, 1971）は，DSCだけを使ってウィルとラットンの6多形全てを見出すことができ，それらの多形をつくるのに必要な条件を発表している．

　ココアバターの結晶化研究で，バン・マルセンら（van Malssen, Peschar & Schenk, 1996a）は再びIII型とIV型は独自に存在しないと発表した．彼らは，βのV型とVI型を別として，多形の全ては融液から形成され，V型とVI型はβ'からの転移で得られると主張した．そして，多形の種類を決める鍵は，結晶化の速度ではなく固化温度であることが見出された．

　ベックの研究と同じことの繰り返しで，バン・マルセンら（van Malssen, Peschar & Schenk, 1996）はV型とVI型は異なる多形ではなく，異なる副結晶相（sub-phase）だと考えた．彼らの主張は，ココアバターの主要成分のStOStの結晶化研究（Sato, 1996），つまり副結晶相が存在しない純粋なStOStの結晶化で，ココアバターのV型とVI型に非常に良く似た多形のβ_1とβ_2が示されていた事実と矛盾する．さらに，再び彼らはIII/IV型は1つのβ'多形として存在することを示唆した．2～3年後に，バン・マルセンら（van Malssen, Peschar & Schenk, 1999）は紛れもないV型とVI型の存在を確認し，多形β'がX線回折パターン測定中の連続的なピーク変化を伴った"相範囲（phase range）"として存在することも示唆した．これにより，彼らが示したことは，ココアバターがTAGの混合物なので，存在する固相の量と組成が温度で変動し（第2章B節で説明した

ように），X線回折パターンが冷却速度や結晶化温度に左右されて温度範囲以上に多少変化するということだった．彼らは，このことが彼らの記述した"種々のβ'相についての長い間の論争"の説明になると言った．ココアバターで起こりうる多形転移についての彼らのスキームを**図6.3**に示した．彼らはⅥ型が，既に多くの研究者が見出しているⅤ型からの転移ではなく，β'（Ⅲ/Ⅳ型）から形成されることを示している点に注意してもらいたい．

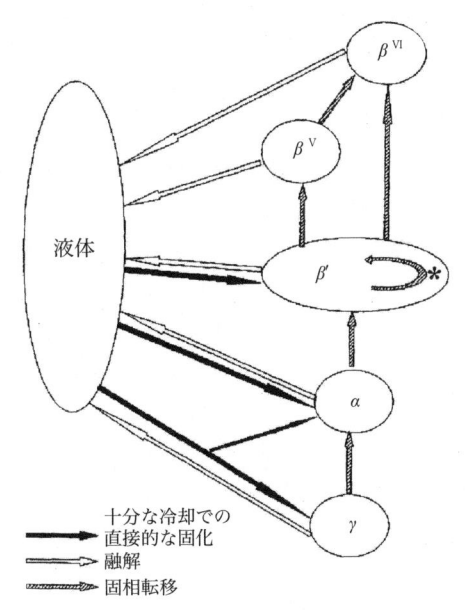

図6.3 ココアバターの多形間の転移．＊は非等温的な転移を示す（van Malssen, van Langevelde, Peschar & Schenk, 1999 より）

しかし，バン・マルセンらのⅢ型とⅣ型に関する結論にもかかわらず，ウィルとラットンの最初のスキームを支持する数多くの証拠がある．その場観察の放射光X線回折測定（SRXRD）やDSCでの詳細な研究は6つの結晶型の存在を確認した（Loisel, Keller, Lecq, Bourgaux & Ollivon, 1998）．これらの研究者らは相分離がココアバターの結晶化中に"系統的に"起こると言っている．佐藤と古谷野（Sato & Koyano, 2001）がこの結論を再確認し，"ココアバターの多形的な定義での不明確さは，ココアバターがStOS，POStおよびPOPの混合物であり，そして，油脂の分離と固相転移が同時に起こるかも知れないことに起因する"と語っている．

3飽和TAG画分／相はメモリー効果（以下を参照）で重要であり，低融点の多価不飽和画分／相はより不安定な低融点の多形の発現で重要である．ロイセルら（Loisel, Keller, Lecq, Bourgaux & Ollivon, 1998）は，**表6.13**にあるようなココアバターの標準的な多

形現象は，油脂全体ではなく主要な SOS 型 TAG 濃度の高い相の挙動にだけ関係していることを示唆した．普通の温度でほとんど SOS 型 TAG の単一固相になっているココアバターの場合，彼らのような簡略な説明を容認できるが，パーム油や乳脂のような場合には簡略化のし過ぎかも知れない．彼らの研究は多形 sub-α（Ⅰ型）の新たな解釈も述べており，その結晶中に液体部分と $β'$ の副格子を持った結晶性の部分があることを示唆している．彼らは，sub-α/α の多形現象が，牛脂，ラード，パーム油，シア脂で見出されたように，また，リイナー（Riiner, 1970）によって以前に観察されたように，飽和/不飽和の混合脂肪酸を有する TAG の特徴であることを示唆している．

ココアバターの特性に関する有用な基礎データを含むココアバターの多形現象が概説されている（Schlichter-Aronhime & Garti, 1988）．しかし，この著者らは読者を次の1点で混乱させている．それは再度，Ⅵ型が"液状部分の分離後"のⅤ型の変態（modification）であるという考え方により，Ⅴ型からⅥ型への転移が多形現象と結び付いていないと断言していることである．これと対照的に，総説の別な部分では，彼らは正確に"ココアバターの6つの多形が StOSt と POSt の既知の相に関係している"と明言している．このように，この混乱はココアバターの多形に関する研究全体の混乱を反映している．

ココアバターの多形現象に関する研究のほとんどは，撹拌のない静的な条件下で行われており，それはチョコレート製造工程のいろいろな段階で見られる剪断条件とほとんど関連性がない．結晶化への剪断作用の影響が第2章C節で考察されている．要約すると，剪断，つまり強力な撹拌は多形転移を促進する．ジーグリーダー（Ziegleder, 1985a）は，通常のチョコレートのテンパリング温度より著しく低い温度の20℃で強力な剪断力をかけるとⅤ型が形成されることを示した．

通常の工業的条件で実施されたココアバターとチョコレートの相挙動研究で，そのⅤ型がつくられ，Ⅴ型は貯蔵温度にも左右されるが，数週間あるいは数か月にわたってゆっくりとⅥ型に転移することが明瞭に示された（Försterling, Löser, Kleinstück & Tscheuschner, 1981）．この多形転移は5℃あるいは25℃よりも，18℃でより速いと報告されたが，これは異常で予想外のことである．佐藤（Sato, 1997）はこれを確認しておらず，彼は温度と共に転移速度が予想どおり速くなることを見出している．

こうした多くのココアバターの多形現象の研究を要約すれば，筆者は，Ⅴ型とⅥ型が真に異なる多形であり，それぞれがより系統的に $β_2$-3 と $β_1$-3 として分類されると結論する．Ⅴ型からⅥ型への多形転移に結び付く例えば温度サイクルのような温度変化は必然的に液相や固相の量と組成の変化をもたらす．したがって，頻繁に観察されるように，Ⅵ型結晶の組成はⅥ型の基になったⅤ型結晶の組成と若干異なるだろう．図 6.4 に示すように，XRD の短面間隔によって6つの多形は明確に区別できる．

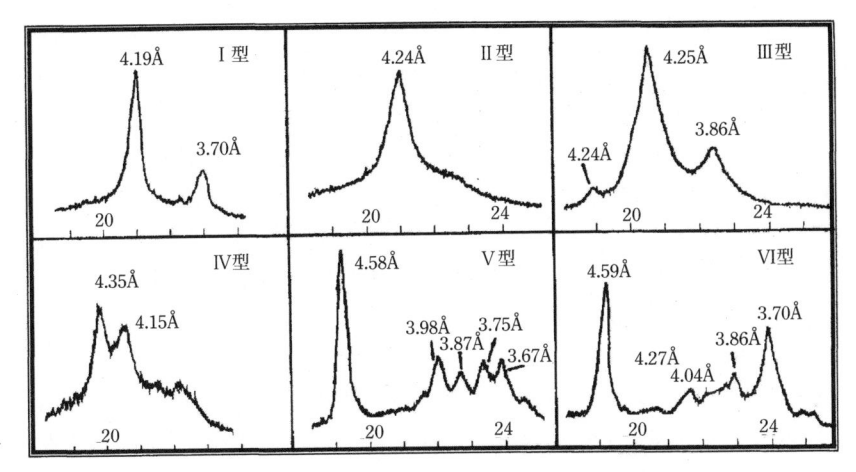

図6.4 6つの多形を示す西アフリカ産ココアバターのX線回折の短面間隔（Hammond, 1994より）

ココアバターの結晶多形は結晶の微視的な特性だけでなく巨視的な特性にも強く影響を与える．6つの多形の透過型電子顕微鏡写真が発表されている（Hicklin, Jewell & Heathcock, 1985）．IV型は0.5 μm から2 μm の長さで密に配列した針状結晶だった．V型は1 μm までの長さで輪郭のはっきりした規則正しい形状であり，通常，多層に配列していた．VI型はサイズをV型の1 μm から2～3 μm に大きくし，そして，図7.14に示すVI型でブルームしたチョコレートのように，通常，表面から3～4 μm，あるいは，それ以上の長さで突き出していた．マニングとディミック（Manning & Dimick, 1985）も偏光を使う走査型電子顕微鏡で得られた興味深いココアバター結晶の写真を発表している．彼らの写真はヒックリンらのものより多形の特徴を明瞭に示していない．

ナリンとマランゴニ（Narine & Marangoni, 1999）は偏光顕微鏡画像から定量的な情報を得るのにフラクタル解析を利用している．彼らは，フラクタル次元を油脂のレオロジー的な特性と良質な製菓用油脂の好まれている特性に関連付けた．

結晶化

ココアバターの結晶化について，多くの研究が報告されており，そのほとんどはいろいろな多形の結晶化に関するものである．チョコレートのテンパリングに特に関連しているココアバターのシーディングや初期結晶化は非常に興味深い．佐藤と古谷野（Sato & Koyano, 2001）は最近，ココアバターの結晶化特性を概説している．

ディミックと共同研究者らは結晶化の非常に早い段階で形成する結晶に関する一連の論文を発表している．分離されたその結晶には3飽和TAG，糖脂質，そして，リン脂質が多いことが見出された（Davis & Dimick, 1989a, 1989b; Arruda & Dimick, 1991）．それ

らは"種結晶（seed crystals）"と呼ばれたものの，この微量（～0.01％）な高融点相がSOS 型 TAG の豊富なココアバター全体の結晶化に直接関連していることは多分ありえないだろう．この確信の裏付けは，以下で考察するように，StStSt の種結晶がStOSt 結晶に比べて著しく効果がないと分かったことである（Hachiya, Koyano & Sato, 1989b）．さらに，実際のチョコレート系においては，リン脂質は砂糖粒子表面に移行するし，また，ココアバターのリン脂質含量の違いは，ほとんど全てのチョコレートに添加されるレシチンの圧倒的に多い量に埋没してしまう（第 8 章）．

　この初期の研究の限界を意識して，チャイセリとディミック（Chaiseri & Dimick, 1995a, 1995b）は種結晶を分離した．つまり，彼らは核形成が迅速，あるいは遅いと分類できる異なる産地のココアバターを用いて，動的な結晶化条件下での初期結晶化段階で得られる結晶を分離した．そうした結晶の組成は 93〜99％が TAG で，SOS 型 TAG が圧倒的だった．迅速な核形成のココアバターは遅い核形成のココアバターよりもStOSt の含量が高いことが見出された．さらに，StOSt は種結晶中に濃縮した．つまり StOSt が最初に結晶化したのだが，これは他の SOS 型 TAG より高い融点を持つことから予想されたことであった．形態学的な研究も結晶化の各段階で実施され，それは迅速および遅い核形成のココアバターとの間でいくつかの差異を示した．

　いろいろな産地に由来するココアバターの結晶化速度の要約を**図 6.5** に示してある．実際には，遅い結晶化のココアバターは過冷却度をより大きくする低い温度で結晶化されるので，図示されている違いは著しく小さくなるはずである．

　結晶化をココアバターの産地に関係付けるもう 1 つの研究で，ジーグリーダー（Ziegleder, 1985b）は広範な種類のココアバターを調べるのに等温 DSC を利用して，結晶化開始の時間と DSC のピークトップが産地と関係していることを示した．迅速お

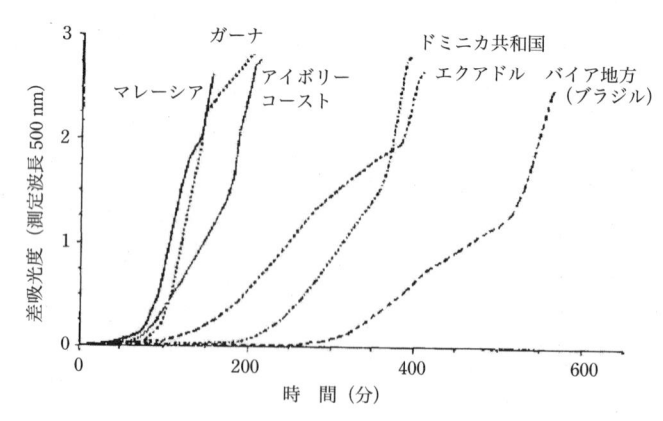

図 6.5　26.5℃の動的条件下で結晶化された 6 種のココアバターの結晶化曲線（Chaiseri & Dimick, 1995b より）

よび遅い結晶化のココアバターは，最も遅いバイア産や最も迅速なマレーシア産を示した図 6.5 と類似したパターンでその産地と関係付けられた．

7℃と－18℃での結晶化とそれに引き続く融解過程における SFC 変化をたどるため，NMR が利用された (Brosio, Conti, di Nola & Sykora, 1980). 7℃でⅢ型とⅣ型が形成され，それは，融解時にⅤ型に転移した．－18℃ではⅡ型が形成され，融解後に再びⅤ型に直接転移した．この結果は指数型方程式にされた．

蜂屋ら (Hachiya, Koyano & Sato, 1989a) は特定の多形と化学組成を持つ結晶の添加の影響を考察するため，ディミックと共同研究者らのシーディング研究の枠を広げた．図 6.6 で示すように，ココアバターのⅢ型とⅤ型の種結晶は 25℃と 30℃で結晶化の促進 (結晶化時間の短縮) に同じ効果を持つことが見出されたが，Ⅵ型はもっと効果が大

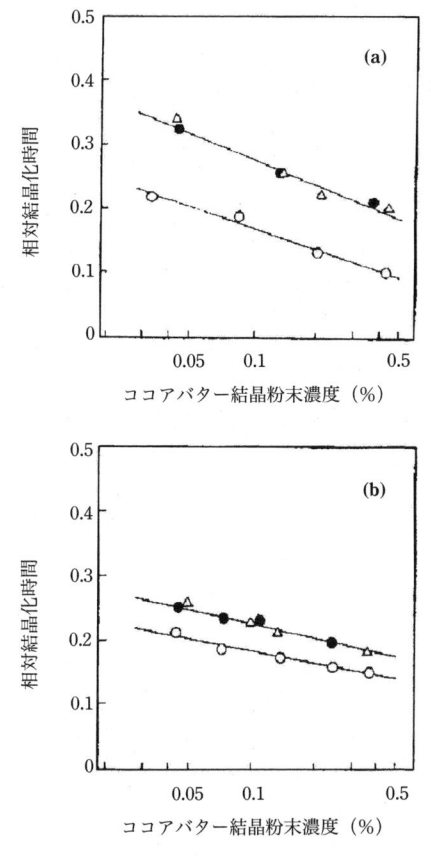

図 6.6 Ⅲ，Ⅴ，Ⅵ型のココアバター種結晶粉末の量と相対結晶化時間との関係．(a) 結晶化温度＝30℃，(b) 結晶化温度＝25℃，(△) Ⅲ型，(●) Ⅴ型，(○) Ⅵ型 (Hachiya, Koyano & Sato, 1989a より)

きく，その差は 30℃で最大となった．Ⅲ型とⅤ型の効果が同じになる理由は，Ⅲ型からⅤ型への迅速な多形転移であることが示された．種結晶の種類にかかわらず，結晶化した油脂の多形は種結晶の多形現象によってではなく結晶化の温度で決定された．つまり 30℃の結晶化でⅤ型とⅥ型が見出され，25℃でⅣ型とⅤ型が見出された．これはチョコレートのテンパリングに明らかに影響を及ぼしており，チョコレートのテンパリングはレシピ，特に乳脂量に左右されるが，通常 27〜33℃で実施されている．

ココアバター結晶化の興味深い特徴はいわゆる"メモリー効果"である．ココアバターが融かされる最高温度に左右されて，ココアバターはⅤ型かⅥ型，あるいは，もっと低い融点の多形で再結晶化する (van Langevelde, Driessen, Molleman, Peschar & Schenk, 2001)．12 種のココアバターの研究は StOSt 含量の高い迅速核形成のココアバターがⅥ型に，遅い核形成のココアバターはⅤ型になることを示した (van Langevelde, van Malssen, Peschar & Schenk, 2001)．ココアバターは，これまでの熱履歴を破壊し，これからの結晶化に影響する以前の多形のメモリーを確実に消滅させるために，約 38℃以上に加熱することが必要である．

融 解

これまで紹介した多くの結晶化研究は，同時に融解特性も報告している．例えば，バン・マルセンら (van Malssen, Peschar & Schenk, 1996b) はいろいろな産地に由来する 12 種のココアバターの組成と融解挙動を関係付けるために，SRXRD を利用した．結晶化の研究で見出されたのと同じように，融点が TAG 組成に関係していた．

しかし，現実的な目的で最も興味があるのは，ココアバターが既知の多形，あるいは，既知の条件下で結晶化した後の，標準的な条件下での融解特性である．NMR での SFC 測定は，実際の応用のための最も有用な融解特性の評価法である．第 3 章 A 節で理解したように，油脂のテンパリング方法，つまり油脂のこれまでの熱履歴が SFC の結果に非常に大きく影響する．これには多形現象だけでなく相挙動も関係するからである．応用に適したテンパリング方法を選択するために，これらの結果を利用することが大切である．

表 6.3 は，1 年間にわたって製造された普通の商業的なココアバターで見られ SFC 値の平均と範囲を示している．この範囲は欧州のココアバターの代表値である．欧州では，このデータのとおり，南米産の柔らかいココアバターがほとんど排除されている．

図 6.7 は，3 種のテンパリングを実施した後のココアバターの SFC を示している．20℃あるいは 26℃での長時間のテンパリングをしないと，ココアバターはⅤ型に転移せず，Ⅳ型のままであり，Ⅴ型より融点の低いⅣ型は全ての温度でより低い SFC 値となる．20℃のテンパリングは実際に商業的に製造されたチョコレートの SFC に

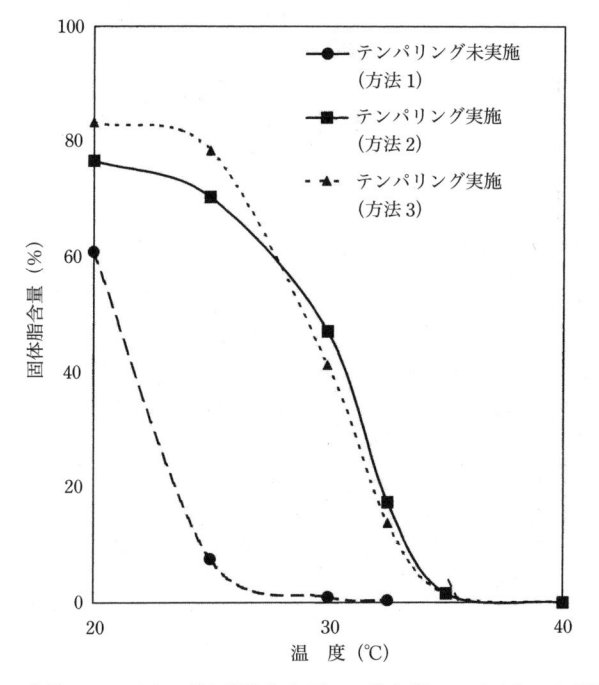

図 6.7 3つの異なる条件でテンパリングを実施した西アフリカ産ココアバターの SFC 融解曲線:条件は表 3.1 にある方法 1, 2, 3(Britannia Food Ingredients より)

非常に近い結果となるが,26℃で 40 時間のテンパリングは第 3 章で考察したように"多形現象を有する油脂"の国際標準法である.

B 節　乳　　　脂

1. 化学組成

　天然の食用油脂の中で，乳脂は，酪酸（$C_{4:0}$），分岐鎖（分枝）脂肪酸，奇数脂肪酸，不飽和脂肪酸の位置異性体や幾何異性体を含有する点で，類のないものである（Gunstone, Harwood & Padley, 1994）．オーストラリア産乳脂の代表的な脂肪酸組成を**表6.14**に示す．モル％で表された酪酸量とその重量％との大きな違いに注意して欲しい．化学的・物理的な特性への脂肪酸の寄与を最も良く反映するモル％を基準にすると，酪酸は乳脂の約10％になる．この表のもう1つの特徴は，32か月にわたって調べられた脂肪酸組成の著しい変動である．

表6.14　オーストラリア産乳脂の脂肪酸組成（Parodi, 1970 より）[a]

脂　肪　酸	中　央　値		脂肪酸のモル％	
	メチルエステル換算での重量％	脂肪酸のモル％	最小値	最大値
$C_{4:0}$	4.2	10.1	8.79	11.43
$C_{6:0}$	2.3	4.3	3.69	4.86
$C_{8:0}$	1.4	2.1	1.65	2.48
$C_{10:0}$	2.7	3.6	2.69	4.44
$C_{10:1}$	0.2	0.3	0.23	0.40
$C_{12:0}$	3.1	3.6	2.74	4.36
$C_{12:1}+C_{13:0}$ (br)	0.2	0.2	0.11	0.26
$C_{13:0}$	0.1	0.1	0.03	0.10
$C_{13:1}+C_{14:0}$ (br)	0.2	0.2	0.07	0.30
$C_{14:0}$	10.3	10.4	8.73	11.97
$C_{14:1}+C_{15:0}$ (br)	1.7	1.7	1.20	2.21
$C_{15:0}$	1.2	1.2	0.88	1.54
$C_{15:1}+C_{16:0}$ (br)	0.3	0.3	0.11	0.41
$C_{16:0}$	24.7	22.4	19.71	24.85
$C_{16:1}+C_{17:0}$ (br)	2.5	2.3	2.10	2.58
$C_{17:0}$	0.9	0.8	0.60	0.97
$C_{17:1}+C_{18:0}$ (br)	0.3	0.3	0.17	0.41
$C_{18:0}$	13.5	11.1	9.13	13.12
$C_{18:1}$	25.4	21.0	17.34	24.54
$C_{18:2}$	2.2	1.8	1.39	2.29
$C_{18:3}$	2.6	2.2	1.47	2.84
計	100.0	100.0		

a　ニューサウスウェールズ，クイーンズランド，タスマニアおよびビクトリア州の数工場から32か月間にわたって集められた79試料の分析値．br：分岐鎖脂肪酸．

この脂肪酸の広い分布は乳脂中の非常に広範囲な種類の TAG を反映している．**表 6.15** は，分析された数百種の TAG 中で最も一般的な 10 種だけを示している．10 種で TAG 全体の 27 モル％に過ぎない．偶数の炭素数を持つ TAG は 223 種と多く，その総計は全体の 79.3 モル％だった．

表 6.15　乳脂中の最も一般的な 10 種の TAG の組成（モル％）（Gresti, Bugaut, Maniongui & Bezard, 1993 より，Hartel & Kaylegian, 2001 による要約）

TAG[a]	モル％
BuPO	4.2
BuPP	3.2
BuMP	3.1
MPO	2.8
POO	2.5
BuPSt	2.5
PPO	2.3
PStO	2.2
HPO	2.0
BuMO	1.8
計	26.6

a　各 TAG は可能性のある全ての位置異性体を含む．

乳脂の脂肪酸組成の変動は，主として，季節，乳牛の餌，乳牛の品種，地域，乳分泌の段階と多くの要因に由来しており，季節と餌が最も重要な要因である．多くの国で，こうした要因の全てについて数多くの研究がなされている．乳牛が主に牧草地で飼育されている所では，季節変動が最も著しい．これは，とりわけニュージーランド，オーストラリア，そして，やや変動幅は小さいがアイルランドでのケースである．

季節的，地域的な変動に関する膨大な調査が，オーストラリアで 1993〜1995 年の 2 年間にわたって実施された (Papalois, Leach, Dungey, Yep & Versteeg, 1996; Thomas & Rowney, 1996)．**図 6.8** は季節と牧草地のタイプによる脂肪酸組成変動の要約である．夏季と冬季の変動は灌漑された牧草地と灌漑されない牧草地とでの変動より大きいことが分かる．**図 6.9** は 1 年間にわたる長鎖の飽和脂肪酸と SFC 値の変動を示している．オーストラリアでは夏季（12 月から 3 月）に乳脂がもっとも硬くなり，そして，長鎖脂肪酸の濃度が最も高くなる際立った季節変動がある．SFC 値の変動範囲は長鎖脂肪酸含量変動のほとんど 2 倍である．まる 2 年間にわたる調査でのより詳細な SFC 変動の様子が**図 6.10** と**図 6.11** に示されている．顕著な季節変動に加えて，明らかな地域変動がある．季節変動は 1993〜1994 年の時より 1994〜1995 年で非常に顕著であり，気候上の変動が生じていることも示している．

第 6 章 製造と品質特性

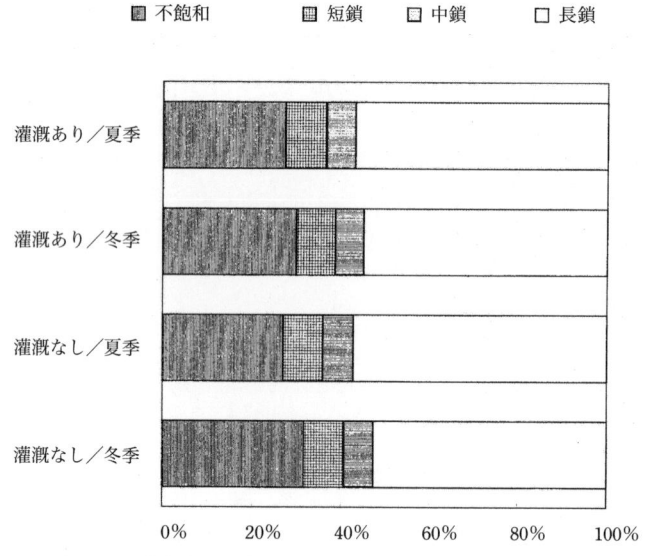

図 6.8 オーストラリア産乳脂の脂肪酸組成（メチルエステル換算での％）の季節と牧草地のタイプによる変動の要約（Thomas & Rowney, 1996 より）

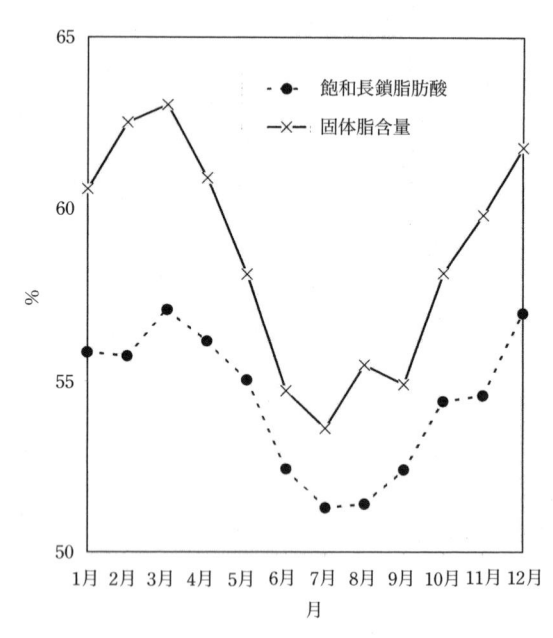

図 6.9 オーストラリアの 1 地域（オーストラリア東南，灌漑設備なし）の 1 年間にわたっての長鎖の飽和脂肪酸（$C_{14:0}$〜$C_{20:0}$，メチルエルテル換算での％）と 5℃での SFC（Thomas & Rowney, 1996 より）

B節　乳　脂

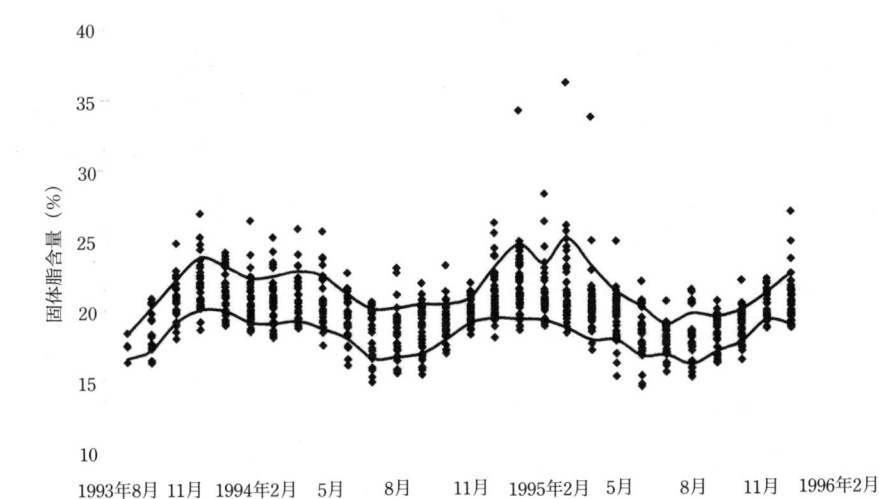

図 6.10 2年間にわたるオーストラリア産乳脂の20℃での固体脂含量．グラフの線は平均値±標準偏差を示している（Papalois, Leach, Dungey, Yep & Versteeg, 1996 より）

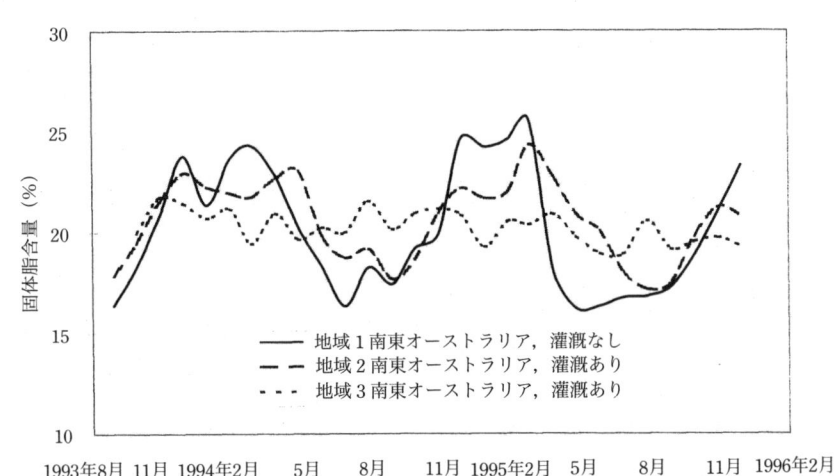

図 6.11 2年間にわたるオーストラリアの3地域由来乳脂の20℃での固体脂含量（Papalois, Leach, Dungey, Yep & Versteeg, 1996 より）

ニュージーランドの季節変動と地域変動は小さい（Gray, 1973; Norris, Gray & Dolby, 1973; MacGibbon & McLennan, 1987）．春や夏の牧草でシャープに硬さを増し，秋は徐々に硬さを低下させる．SFC の変化も同じパターンだが，SFC と硬さの相関係数は 0.55（$n=191$）だけだったので，硬さの大きな変動は他の要因に起因しているのに違いない

215

(MacGibbon & McLennan, 1987).

　1978～1979年の18か月にわたるアイルランド産乳脂のばらつき調査は，脂肪酸組成の変動がより小さい範囲であることを示した (Cullinane, Aherne, Connolly & Phelan, 1984; Cullinane, Condon, Eason & Phelan, 1984). 地域間変動が小さかったのは，ニュージーランドや特にオーストラリアのような大きい国々に比べて，アイルランドの方が地域間の天候がより似ていることを反映したからである．2つの主要な脂肪酸であるパルミチン酸とオレイン酸の濃度は反比例の相関があり，季節で変動した．パルミチン酸の含量はアイルランドの春（4月～6月）に最も低く，冬（12月～3月）に最も高かった．SFC値はパルミチン酸含量の変動に追随したので，オーストラリアやニュージーランドと異なり，アイルランド産乳脂は冬に最も硬く最も高いSFC値であり，補足すると，7月のSFC値が低い．この違いは，冬季の濃厚飼料やサイロ貯蔵牧草に関係しており，これは他の北半球での調査でも観察されている．乳牛が生の牧草を食べ始める春に，脂肪酸組成は急速に変化する．

　もっと極端な変動とするため，特別の餌での意図的で実験的な飼育が多くの研究で実施されている．バンクスら (Banks, Clapperton & Ferrie, 1976; Banks, Clapperton, Kelly, Wilson & Crawford, 1980; Banks, Clapperton & Kelly, 1980) は，牛脂，パーム油，大豆油を添加した餌の乳牛飼育への影響を研究している．大豆油と牛脂はオレイン酸の濃度を2倍にしたが，パーム油はパルミチン酸の濃度を高めた．大豆油は乳脂を柔らかくし，パーム油は硬くした．牛脂は中間だった．

　生物学的な水素添加が乳牛の胃で起こるので，餌中の多価不飽和脂肪酸のほとんど全てが乳脂中の一価不飽和脂肪酸に変換される．しかし，油や油糧種子のケーキをカプセル化などで保護することが可能なので，この処理をした多価不飽和脂肪酸は胃を通過して乳脂に直接入ることができる．このやり方は，乳脂ばかりでなく肉と肉の脂肪の組成での大きな変化（リノール酸含量が35％も増えたことが記録されている．普通は20％）を生じさせる (Edmondson, Yoncoskie, Rainey, Douglas & Bitman, 1974; Gunstone, Harwood & Padley, 1994). しかし，乳脂と乳牛から得られる肉の風味に影響する酸化安定性の問題が生じる (Kieseker, Hammond & Zadow, 1974). こうした改質乳脂が現在商業的に生産されていないのは，この酸化不安定性に由来する結果の1つである．

　観察された乳脂の大きなばらつきから，無水乳脂（AMF），あるいは，乾燥乳製品としてミルクチョコレートに使われた場合，その品質に著しい変動が予想されるが，そのようにはならない．英国のチョコレート製造企業がミルクチョコレートの配合に使う典型的なブレンドに5種類の乳脂を使った研究では，乳脂の変動に由来する大きな影響は生じなかった (Stewart, 1999). オーストラリア産のハードとソフトな乳脂を使った場合にも，同様の結果となった (Timms & Parekh, 1980). この理由は2つある．第1に20℃で乳脂の液状脂は約80％であり，液状脂は組成変動があってもココアバ

ターや他の製菓用油脂にそれ以上の軟化の影響を及ぼさないからである．第2に，乳脂は主にミルクチョコレートの油脂相中，10〜25％濃度で使われるので，チョコレートの特性は依然としてココアバターの特性に支配されているからである．

2. 乳脂の画分とその他の改質乳脂

スプレッドや菓子に利用する乳脂の機能を改善するため，広範囲な研究開発がなされている．ウイスコンシン大学での研究プログラムの結果と一緒に文献の有用な概説がカイレジアンら (Kaylegian, Hartel & Lindsay, 1993) によって発表されている．特性の改質で研究されている主要な方法は，他の食用油脂で一般的に使われているような，分別，水素添加，エステル交換である．

水素添加は乳脂の融点と硬度を著しく高くし，**図 6.12** に示すように，融点は 50℃ にまでなる．エステル交換も融点を高くするが，**図 6.13** に示すように，SFC 融解曲線が平らになった分のみによる融点上昇である．しかし，**表 6.16** に示すように，こうした改質乳脂や天然の硬い乳脂がミルクチョコレートに添加され，その油脂相での代表的な乳脂濃度である 20％にされた場合，これらの乳脂はどちらもココアバターとの相溶性[1]をあまり改善しない．とりわけ，極度硬化乳脂の影響は注目に値する．35℃と40℃での融解曲線の長い裾を反映したその高融点にもかかわらず，20〜30℃でのSFC値は乳脂／ココアバターのブレンドの場合より低下する．それはこの水素

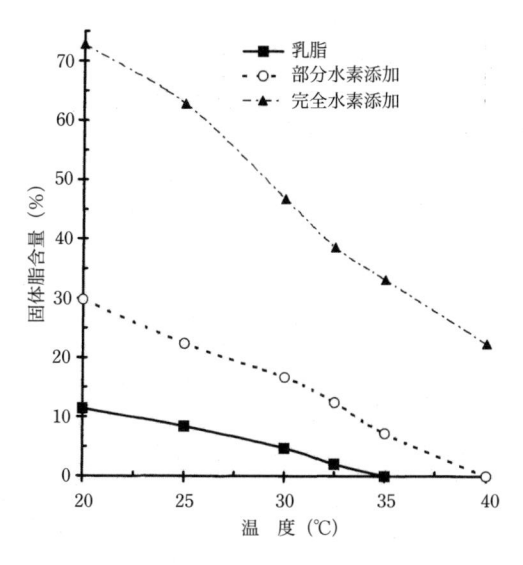

図 6.12 水素添加されたオーストラリア産のソフトな乳脂の SFC 融解曲線（Timms & Parekh, 1980 より）

---

1 相溶性の概念は第7章A節で説明される．

第 6 章 製造と品質特性

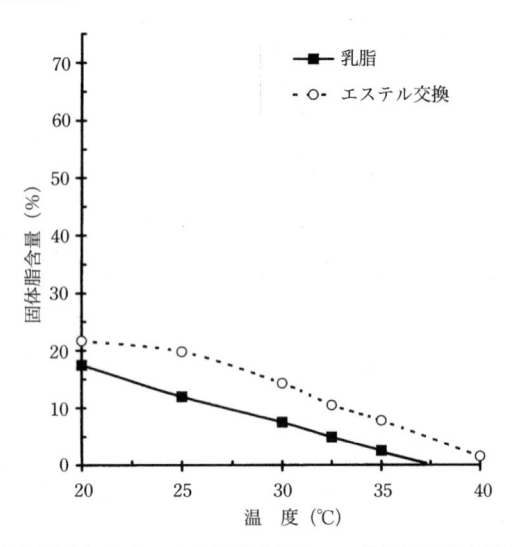

図 6.13 エステル交換されたオーストラリア産のハードな乳脂の SFC 融解曲線（Timms & Parekh, 1980 より）

表 6.16 ハード（オーストラリアの夏季）とソフト（オーストラリアの春季）な乳脂および改質乳脂とココアバターの相溶性（Timms & Parekh, 1980 より）

乳脂のタイプ	試 料[a]	SFC（％）				
		20℃	25℃	30℃	35℃	40℃
ハード	乳脂	17.5	12.0	7.5	2.5	0
	ブレンド	56.3	45.9	14.9	0.8	0
ソフト	乳脂	11.4	8.4	4.7	0	0
	ブレンド	55.7	44.7	14.2	0.3	0
部分水素添加実施のソフト	乳脂	29.8	22.4	16.7	7.2	0
	ブレンド	38.4	27.0	14.0	0.3	0
完全水素添加実施のソフト	乳脂	72.8	62.8	46.8	33.2	22.4
	ブレンド	40.8	24.6	11.2	5.5	2.0
エステル交換実施のハード	乳脂	21.7	19.8	14.3	7.8	1.5
	ブレンド	58.4	48.0	15.9	1.1	0
ステアリン	乳脂	31.4	26.9	20.0	11.0	2.0
	ブレンド	53.0	45.0	18.8	0.7	0
オレイン	乳脂	7.6	2.2	0.9	0	0
	ブレンド	51.8	39.9	12.5	0	0

a "ブレンド"はココアバター（80％）と乳脂（20％）のブレンドを言う．

添加乳脂中の短鎖と長鎖の混合型飽和脂肪酸の TAG とココアバター中の SOS 型 TAG との共晶的な相互作用に起因する．この水素添加した乳脂はココアバターと相溶性のないラウリン酸型製菓用油脂といくらか似た挙動を示す．ティムスとパレク

(Timms & Parekh, 1980) はチョコレート用に乳脂を水素添加やエステル交換しても何の利点も生じないと結論した．さらに，水素添加やエステル交換は酪農工場よりも食用油脂の精製施設で実施され，その後に，この工程中で生じた不快臭を除くための脱臭を含む完全な精製を必要とする．余分な加工費用や機能面で有用な改善がないこと，さらに脱臭による風味の損失などから，改質乳脂は商業的には成り立たないことが示される．したがって，これらをこれ以上考察しない．

乳脂は一般的に，クリームやバターからの分離後に少量 (0.5%以下) の遊離脂肪酸を軽く中和する以外，精製されない (Munro, Cant, MacGibbon, Illingworth & Nicholas, 1998)．クリームも不快臭や菌汚染を減らすために蒸気を通しての瞬間殺菌，あるいは，軽い脱臭が実施される．通常，食用油脂工業で実施されるような脱臭はされない．しかし，高濃度の遊離脂肪酸を含有する変敗した乳脂（筆者は7%までのものを見ている）は，通常，強力な脱臭あるいは物理的な精製で"再生"される．全く風味のない油脂となるが，これにはチョコレートやアイスクリームのような製品中の乳脂含量の規格を満たすだけの価値が十分に残っている．

水素添加乳脂はチョコレートでのブルーム阻害剤として提案されており，実際，その有効性を示す結果が報告されている (第7章C節を参照)．とは言え，その効果は，この目的の水素添加乳脂の生産を保証できるほどではない．

ドライ，溶剤，そして，他のやり方での分別が広範に研究されており，それは最近，概説されている (Kaylegian, Hartel & Lindsay, 1993 ; Hartel & Kaylegian, 2001)．ベルトあるいは膜沪過を使うドライ分別だけが商業的に開発されている．1990年代の初期，欧州の乳脂とバターの生産量の約10%は分別されると概算された (Versteeg, Yep, Papalois & Dimick, 1994)．デッフェンス (Deffense, 1987, 1993b) はティルショー社 (Tirtiaux) のドライ分別プロセスを使う乳脂の分別を包括的に概説している．

単一分別の場合，ステアリンは収率が28～38％で滴点 (dropping point) が41～43℃になり，そして，オレインは融点が20～28℃である．さらなる分別が中融点画分とオレインを分離し，このオレインの収率は25～37％で，融点は8.5～10℃と低い (Deffense, 1987)．収率と融点は乳脂の産地と生産の時期や季節に左右される．乳脂のステアリン，中融点画分，オレインの代表的なSFC融解曲線を**図6.14**に示すとともに，対応する脂肪酸組成を**表6.17**に示す．ステアリンは短鎖脂肪酸と不飽和脂肪酸が少なくなる傾向を示しているが，分画間における脂肪酸組成の差異が非常に大きいわけではない．このことは，1つには，ステアリンの物性に直接影響する重要な因子がTAG組成であり，非常に数の多いTAGに脂肪酸がランダムに分布していること，また1つには，ドライ分別の分離効率が悪く，結晶中に液状油が捕捉されることを反映している．溶剤分別が異なる画分や異なる種類のTAGの効率的な分離に使われた場合，短鎖脂肪酸はステアリンでほぼゼロにまで減少し，また，不飽和脂肪酸は

10％以下となり，その不飽和脂肪酸のほとんどは高融点のトランス脂肪酸だった（Timms, 1980a）．

デッフェンス（Deffense, 1993b）は乳脂画分の TAG 組成を詳しく調べた．乳脂は炭素数 44～56 で高融点の飽和 TAG を約 8％，炭素数 24～42 で低融点の TAG を約 25％含有するが，単一分別で得られた融点 41～43℃のステアリンは高融点の TAG を約 38％と低融点の TAG を約 11％含有していた．

表 6.17 ニュージーランド産乳脂の画分の脂肪酸組成（MacGibbon, 2002 より）[a]

脂 肪 酸	含量（メチルエステル換算での％）				
	AMF	H	SH	SSH	SSS
$C_{4:0}$	3.6	2.0	4.0	4.0	4.4
$C_{6:0}$	2.2	1.3	2.4	2.4	2.7
$C_{8:0}$	1.2	0.8	1.2	1.4	1.6
$C_{10:0}$	2.6	2.2	2.4	2.8	3.4
$C_{10:1}$	0.3	0.2	0.3	0.3	0.4
$C_{12:0}$	2.9	3.0	2.5	3.2	3.7
$C_{12:1}$	0.1	0.0	0.1	0.1	0.1
$C_{13:0}$ (br)	0.1	0.1	0.1	0.1	0.2
$C_{13:0}$	0.1	0.1	0.1	0.1	0.1
$C_{14:0}$ (br)	0.2	0.1	0.1	0.2	0.2
$C_{14:0}$	10.4	11.8	9.8	11.5	10.2
$C_{14:1}$	0.9	0.6	0.8	0.9	1.2
$C_{15:0}$ (iso)	0.4	0.4	0.4	0.4	0.5
$C_{15:0}$ (ante)	0.6	0.5	0.5	0.6	0.8
$C_{15:0}$	1.4	1.6	1.4	1.4	1.1
$C_{16:0}$ (br)	0.3	0.3	0.2	0.3	0.3
$C_{16:0}$	28.7	34.8	32.8	28.6	20.0
$C_{16:1}$	1.9	1.3	1.5	1.8	2.6
$C_{17:0}$ (iso)	0.7	0.8	0.6	0.7	0.6
$C_{17:0}$ (ante)	0.5	0.5	0.4	0.5	0.5
$C_{17:0}$	0.7	0.9	0.8	0.7	0.4
$C_{17:1}$	0.3	0.2	0.3	0.3	0.5
$C_{18:0}$	11.5	15.2	13.2	10.6	6.7
$C_{18:1}$	23.4	17.0	19.5	22.2	30.8
未知の $C_{18:1}$ 異性体	0.4	0.5	0.3	0.3	0.6
$C_{18:2}$	1.4	1.3	1.3	1.4	1.9
未知の $C_{18:2}$ 異性体	0.7	0.8	0.6	0.7	1.1
$C_{18:3}$	0.8	0.5	0.7	0.8	1.3
$C_{18:2}$ (共役)	1.3	0.8	1.2	1.3	1.7
$C_{20:0}$	0.2	0.2	0.2	0.2	0.1
$C_{20:1}$	0.3	0.2	0.2	0.2	0.3

a 最初，無水乳脂（AMF）の分別でステアリン（H）とオレイン（S）にした．2回目に，オレイン（S）の分別でステアリン（SH）とオレイン（SS）にした．3回目の分別は，オレイン（SS）からステアリン（SSH）とオレイン（SSS）にした．br：分岐鎖脂肪酸．

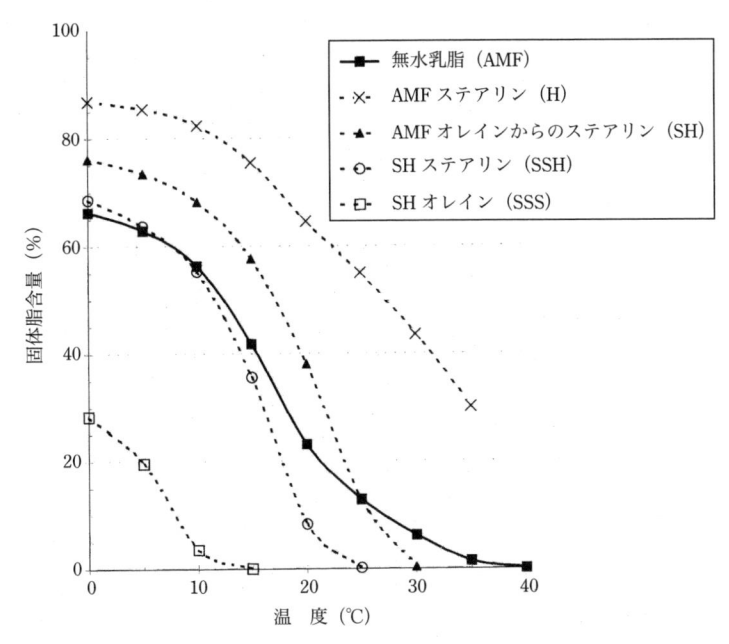

図 6.14 ニュージーランド産乳脂画分の SFC 融解曲線；各画分の詳細は表 6.17 にある．0℃で 16 時間のテンパリング後に各温度に 45 分間保持するシリーズ方式の SFC 測定 (MacGibbon & McLennan, 1987 を参照されたい) (MacGibbon, 2002 より)

3. 物　　性

　すでに説明したように，乳脂の SFC 融解曲線はその産地や化学組成に基づいて変化する．図 6.12 と図 6.13 に 1 つの国（オーストラリア）に由来する典型的なハードタイプとソフトタイプの乳脂を示す．全ての産地の天然乳脂の物性範囲はこれより多少広がるものの，ドライ分別の結果（図 6.14）のように比較された広い範囲の融解特性データを入手することには，今でも限界がある．

　乳脂の多形現象は比較的単純である．ウッドローとデマン (Woodrow & deMan, 1968) による初期の研究は多形が α, β' および β であり，β' が際立って安定であることを示した．ティムス (Timms, 1980a, 1980b) は乳脂の相挙動と多形現象が 3 つの画分，あるいは，TAG 群によりほとんど説明されることを示した（表 6.18）．この 3 つの画分は，図 6.15 に示すように，乳脂の DSC 融解曲線で一般的に見られる 3 つのピークとおおよそ対応していた．比較的大きな面積の最高温融解ピークは，高融点画分 (HMF) と中融点画分 (MMF) とが一緒に結晶化して準安定な混合物あるいは固溶体になった結果と考えられた．26℃と 3℃でのテンパリングは TAG を再結晶化させ，この固溶体

を平衡比率で分離した．この結果は，図にあるとおり，非常に小さな HMF ピークと大きくシャープな MMF ピークとになった．3 つの画分の全ては安定な β' を示した．HMF は，以前にシャーボンとコールター（Sherbon and Coulter, 1966）が類似した画分で見出したように，多形 β'-2 で著しく安定なことが確認された．このことは β-2 が安定多形となる長鎖脂肪酸を含む TAG（**表 2.6**）のほとんどと対照をなしている．しかし，HMF は低融点画分（LMF）の存在で β-2 に転移できた．極度硬化乳脂は 2 鎖長構造や 3 鎖長構造を有する β' と β の多形現象を示した．乳脂が水素添加された場合，HMF 型の TAG が著しく増加し，それに応じて β を形成する傾向が強くなる（Timms, 1980b）．エステル交換された乳脂も安定な β' を示したが，経時的に，少量の β 結晶が生じた（Timms, 1979b）．

表 6.18 乳脂の特性への脂肪酸組成の影響（Timms, 1980a, 1980b より）

画 分	主要 TAG の脂肪酸組成 [a]	典型的な量（%）	融点（℃）
HMF	長鎖飽和脂肪酸だけ	5	>50
MMF	2 つの長鎖飽和脂肪酸＋1 つの短鎖飽和脂肪酸	25	35〜40
LMF	1 つの長鎖飽和脂肪酸＋2 つの短鎖飽和脂肪酸，あるいは，シス型不飽和脂肪酸	70	>15

[a] 脂肪酸の分類：長鎖，$C_{16:0}$ やそれ以上；短鎖，$C_{12:0}$ やそれ以下；中鎖，$C_{14:0}$ やトランス型不飽和脂肪酸．HMF：高融点画分，MMF：中融点画分，LMF：低融点画分．

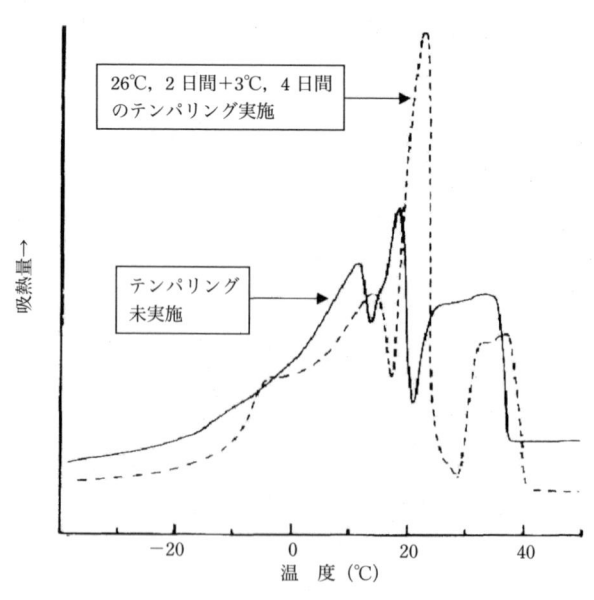

図 6.15 乳脂の DSC 融解曲線（Timms, 1980b からの複製）

マランゴニとレンキー（Marangoni & Lencki, 1998）はHMF/MMF/LMFの分類をさらに発展させ，これらの画分に由来する3成分図をつくった．彼らはHMFとMMF画分とが非常に良好な相溶性を示すことを見出した．彼らはこの相溶性を成分TAG間の"構造的補完性"のためとした．そして，この相溶性は上記の大きな高融点画分のDSCピークについての考察を裏付ける．

テン・グロテンフイスら（ten Grotenhuis, van Aken, van Malssen & Schenk, 1999）は乳脂の多形現象研究を概説し，DSCとリアルタイム型X線回折装置を用い新たに詳しい研究を実施した．オランダ産冬季乳脂を使い，彼らは-8℃以下までの急冷却で多形γ（低融点のβ'）を見出したが，β'が長期間安定なα/β'の多形現象を確認した．実は，この研究者らはβの多形を検出しなかった．彼らはこの結果が他の研究者らによって調べられたいろいろな乳脂の組成の違い，つまりこの節の初めで考察したように季節，産地などに左右される組成変動を反映していると示唆した．

HMF/MMF/LMF分類のさらなる研究で，バン・アケンら（van Aken, ten Grotenhuis, van Langevelde & Schenk, 1999）は類似したオランダ産乳脂をアセトン分別で12の画分に，ドライ分別で8つの画分に分離した．再び，安定な多形のβ'が全ての画分で見出されたが，βは検出されなかった．彼らはHMF/MMF/LMFの分類が分別温度の選択に基づく任意の分類より妥当性と実用性に優れていることを確認した．しかし，彼らの行った3グループへの分類はより以前の研究結果とは多少異なっている．乳脂のような複雑な混合系におけるこの種の分類は必然的にある程度独断的になるが，アセトン分別を使ってさえ，その画分が組成的に揃わなかったことは注目に値する．例えば，マランゴニとレンキー（Marangoni & Lencki, 1998）やティムス（Timms, 1980a）は全く酪酸を含まないHMFを得たが，一方で，バン・アケンらが得た最も融点の高い画分は相当な量の酪酸を含有していた．この分離の不足は，フレッシュで汚れのない溶剤を使って分離された結晶を洗浄するときに，結晶中に捕捉された液状油を取り去ることに失敗したためと思われる．

以上をまとめると，乳脂とその画分は安定なβ'を示し，多分それはβ'-2であるが，同時に，乳脂の産地によるが，痕跡程度のβと3鎖長構造も存在すると結論できる．

第2章で考察したように，液状油は一緒に混じり合ってほぼ理想的な溶液をつくり，油脂あるいは油脂混合系でのたった1つの液相となる．しかし，その独特な脂肪酸組成と低分子量のTAGを含有することで，理想からの小さな偏りが乳脂と液状油の混合系で観察されている（Timms, 1978）．菓子における実用的な目的には，こうした偏差は重要でない．

C節　SOS型製菓用油脂

1. ココアバター代用脂（CBE）

　もしある油脂がココアバターと同じTAGを含有すれば，ココアバターと同じ物性や機能性を持つ，すなわちココアバターと同等になる．このことは，ユニリーバ社が最初にココアバター代用脂（CBE）を開発して，1956年にこれを特許化したことの背後にあった信念だった（Unilever, 1960）．この特許は，CBEを製造するためにパーム油を溶剤分別してPOPの濃縮したパーム油中融点画分とし，これにエキゾチック油脂，とりわけイリッペ脂，あるいは，その画分をブレンドすると記述している．

　表5.15は入手可能なエキゾチック油脂の原材料（および，新たなEUチョコレート規格で現在許可されているものだけ），一方，表5.8は2種類のパーム油中融点画分を示している．PMF2はユニリーバ社の特許で公開されているパーム油中融点画分に類似したものである．

　CBEの配合は表6.19に示すとおりである．おおよそ等量のパーム油中融点画分とイリッペ脂で構成された"最初のCBE"は，コーベリン（Coberine®）の名称で，ロダース＆ヌコリン社（Loders & Nucoline）から売り出された．すぐわかるように，コーベリンはココアバターとほぼ同量の対称型TAGを有しているが，個々のTAGの比率が違う．これは1つには経済性の問題である．パーム油なら妥当な価格でいつでも入手できる．また1つには化学的な問題である．つまり，ココアバターのようにPOStを高濃度に含有する天然の油脂がないのである．したがって，CBEの全てのブレンドはココアバターに比べてPOStが少なくなる．"現代のCBE"として示されているように，後年の開発製品はシアステアリンや他のStOStの豊富な原材料を含有し，POSt量をさらに少なくした．典型的な現代のCBEのTAG組成を図6.16に示した．図3.10と比べると，SOS型TAGの総量は少なくなっているが，POStを減らし，そ

表6.19　SOS型原材料のTAG組成とCBEの配合（Stewart & Timms, 2002より）

原料油脂	代表的なTAGの含量（%）		
	POP	POSt	StOSt
ココアバター	16	38	23
パーム油中融点画分	57	11	2
イリッペ脂	9	29	42
シアステアリン	3	10	63
最初のCBE（50%イリッペ脂＋50%パーム油中融点画分）	33	20	22
現代のCBE	32	15	28

C節 SOS型製菓用油脂

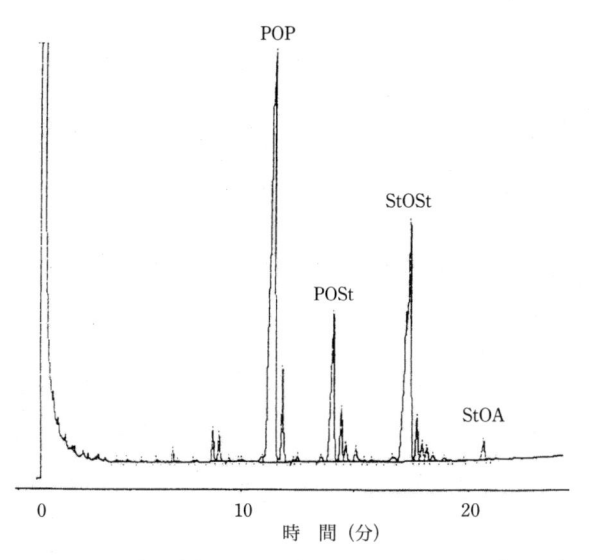

図 6.16 ココアバター代用脂（CBE）の TAG 組成を示すガスクロマトグラム（図 3.10 にあるのと同じ条件）（Timms, 1997b より）

の分，POP と StOSt を増やしている．

　主要な 3 つの TAG が配合されているので，**図 2.34** のような POP，POSt，StOSt の 3 成分相図，あるいは，等固体図をつくることは役に立つ．予測どおり，ブレンド中の StOSt 含量が増えると SFC 値が高くなり，例えば SFC＝25％の等固体線の温度が高く示される．これがココアバター改善脂（CBI）の基本となるものであり，CBI の目的は，チョコレートに高い雰囲気温度での軟化やファットブルームへの良好な耐性を付与するため，チョコレートの融点や硬度を高くすることである．ところで，POP/StOSt や POP/POSt の側に共晶が見られる．ウェスドルプ（Wesdorp, 1990）は POP/StOSt の共晶が約 75％の POP 濃度で生じ，POP/POSt の共晶が約 40％の POP 濃度で生じると計算している．

　もう 1 つの 3 成分図を**図 6.17** に示した．この図では，ココアバターと他の SOS 型 TAG の豊富な原材料の組成がプロットされている．破線は，イェンセン冷却曲線に基づいて，ココアバターと同じテンパリング特性を有するブレンドの領域を囲んでいる．このことから分かることは，ココアバターの組成を正確になぞる必要がないということである．POSt がほとんどないブレンドでさえココアバターのようにテンパリングができるので，**表 6.19** に示したようなパーム油中融点画分にシアステアリンを加えたタイプの現代の CBE が使えるのである．実際には，ほとんどの CBE はチョコレート中にたった 5％の量，つまり，典型的には油脂相の 17％だけで使われている．それ故，**図 6.17** の破線領域から相当離れた位置の CBE の配合が使われるのは，

第 6 章　製造と品質特性

```
                    POSt
                   ／＼
              ココア
              バター
         イリッペ脂

      シア
      ステアリン                パーム油
                                中融点画分

    StOSt                         POP
```

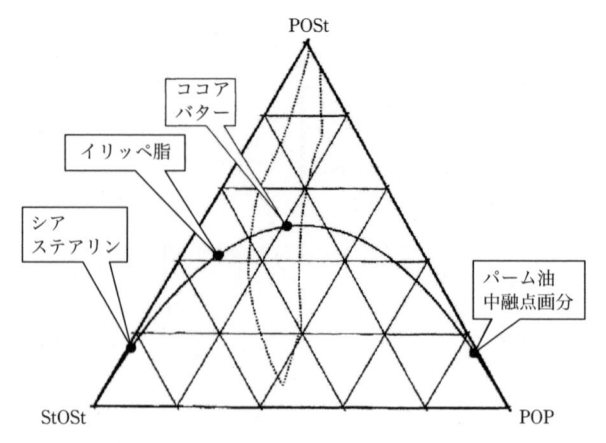

図 6.17　ココアバターと SOS 型原材料の位置を示す POP/POSt/StOSt の 3 成分図. 破線はココアバターと同じテンパリング特性を持つと主張されている TAG のブレンド組成領域を表す（Lever Brothers, 1981; Smith, 2001b からの複製）

　圧倒的に多量のココアバターがチョコレート混合物を最適なテンパリング領域に引き寄せるからである．

　ブレンドされるのは純粋な TAG ではなく実際の油脂なので，CBE の油脂組成の 3 成分図をつくるのが一般的である．**図 6.18** はパーム油中融点画分，イリッペ脂，サルステアリンの 3 成分ブレンドの 30℃と 35℃での SFC 値を示している．パーム油中融点画分／サルステアリンとパーム油中融点画分／イリッペ脂で，明らかな 2 成分の共晶があり，35℃では 3 成分の共晶が見られる．こうした共晶の結果は CBE ブレンドが，**表 6.20** にあるパーム油中融点画分とコクム脂のブレンドのように，CBE の組成油脂単体よりも柔らかく，低い SFC 値になることを意味している．

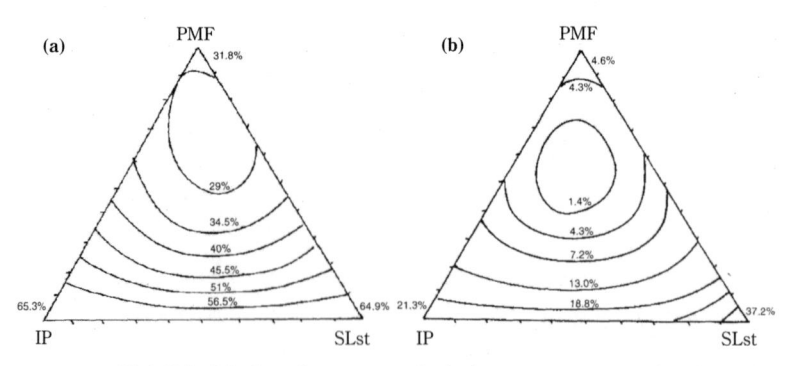

図 6.18　パーム油中融点画分（PMF），イリッペ脂（IP），サルステアリン（SLst）のブレンドでの SFC 値を示す 3 成分図．(a) 30℃での SFC 値，(b) 35℃での SFC 値（Ali, Embong & Oh, 1992 より）

C節　SOS型製菓用油脂

表6.20　パーム油中融点画分（PMF）とコクム脂（KK）の
ブレンドでの共晶による低下を示す固体脂含量
（SFC）（Britannia Food Ingredients Ltd より）

ブレンド（%）		SFC（%）		
PMF	KK	20℃	30℃	35℃
100	0	91	52	1
80	20	84	37	0
60	40	76	40	0
40	60	73	61	23
20	80	74	67	44
0	100	81	78	67

CBE ブレンドの SFC 値はチョコレートに使った場合の CBE の機能性を示す指標にならない．したがって，"アプリケーションブレンド"，つまり，チョコレート製品中と同じ比率で各種の油脂成分（CBE，ココアバター，乳脂）を一緒にブレンドした場合の性能（SFC，イェンセン冷却曲線，テンパリングなど）に基づいて CBE を配合するのが一般化している．ブレンドの成分や適切な分析のパラメーターを全て示すのに2次元あるいは3次元図でも限界があるため，重回帰方程式を使って配合をつくることも，現在，一般的になっている．

図 6.19 はアプリケーションブレンドとチョコレート製造の研究に基づいた製菓用油脂の機能性への TAG レベルでのアプローチを示している．

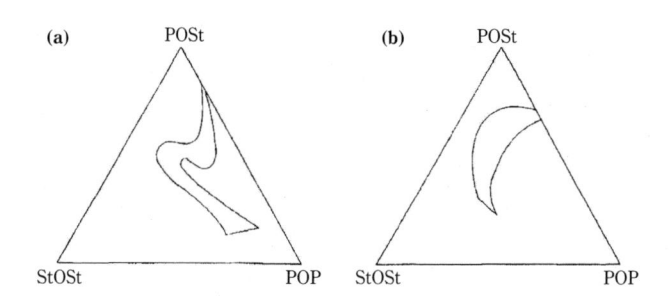

図 6.19　POP/POSt/StOSt の3成分図で，(a) 通常のプレーンチョコレートと (b) 通常のミルクチョコレート（油脂相の乳脂比率が 15%）に最適と主張される TAG のブレンド組成を示す（Lever Brothers, 1981 からの複製）

牛脂（beef tallow）も CBE の配合に使える可能性があるので，有用な中融点画分の製品が，2回の溶剤分別で製造されている（Luddy, Hampson, Herb & Rothbart, 1973; Taylor, Luddy, Hampson & Rothbart, 1976）．しかし，栄養学上（コレステロールを含有），安全上（BSE），宗教上（コーシャー，ハラル），そして，倫理上（菜食主義者の食べ物）の懸念のため，菓子製品に動物性油脂を利用する可能性は低い．

227

第6章 製造と品質特性

　私たちは特定のTAGを含有するCBEを配合しているので，天然原材料のブレンドに代わる方法はこうした特定のTAGを合成することである．この目的で，化学合成と酵素によるディレクテッドなエステル交換の2つの合成法が使われている．

　2つの化学的な製法は特許化されている．プロクター＆ギャンブル社の製法 (Procter & Gamble, 1980) では，まず，水素添加パーム油／大豆油の混合物とグリセロールとを反応させて1,3-DAGを合成し，次いで，ヘキサン中で1,3-/1,2-DAGの混合物をゆっくりと結晶化させて（2日間），1,3-DAGを分離する．そして，このパルミチン酸／ステアリン酸を含有するDAGをオレイルクロリドあるいはオレイン酸無水物と反応させて，ココアバターと類似した特性のPOP/POSt/StOSt混合物をつくる．ユニリーバ社の製法は，溶剤を使わずに1,3-DAGを固体状態での異性化でつくり，次に，オレイン酸導入用の原料と反応させて比較的純粋なPOStあるいはStOStをつくることを別にすれば，プロクター＆ギャンブル社の製法と似ている (Lever Brothers, 1981)．ユニリーバ社の特許の重要なポイントは合成の方法ではなく，特許で請求されたTAG組成である．こうしたTAGはパーム油中融点画分と混合され，満足できるCBEとなった (Padley, Paulussen, Soeters & Tresser, 1972; Fincke, 1977)．プロクター＆ギャンブル社とユニリーバ社の製品は技術的に成功したが，コストと食品での化学合成品の使用についての潜在的な消費者の懸念のため，こうした製品が商業的に販売されることはなかった．

　酵素を使う合成法は，第4章E.2項で考察したように，不二製油やロダース・クロックラーン社によって開発されている．再び，成功した製品が開発され，それは商業的に製造されている (Talbot, 1991)．酵素的な工程で生産される油脂の商業的な市場開拓はシアステアリンのような代替品との相対的な価格や法的な制約に左右される．

　原理上，SOS型製菓用油脂に合成法を使うことは，他の方法で入手できない新規な製品の開発を可能にする．最も革新的なこうした製品はボヘニン (bohenin) とも呼ばれるBOBである (Auerbach, Klemann & Heydinger, 2001)．BOBはStOStやココアバターと類似の多形現象を持つが，その融点はより高い (Kawahara, 1993; Sato, 2001b)．BOBはチョコレートのテンパリング用のシーディング油脂，そして，ブルーム防止油脂として開発されている（第7章C節を参照）．残念ながら，佐藤 (Sato, 2001b) が語るように，"恐ろしく高価である" ことが商業的な利用を制限している．

　天然油脂から通常の方法では得られないもう1つの製品は，2-位にオレイン酸の代わりに多価不飽和脂肪酸のリノール酸を有するTAGである．SLinSを含有するチョコレート組成は特許化されている (Asahi Denka Kogyo, 1994)．

　CBEとココアバターは類似した多形挙動を示す．つまり，CBEは多くの結晶多形を有し，β-3が安定であり，そして，チョコレートに使われた場合にココアバターと同一のテンパリングを必要とする．

2. ココアバター相溶脂 (CBC)

　CBE の使用量が増えてその特性の理解が進んだことで，チョコレート製造企業と製菓用油脂の供給企業は，ココアバターの単なる模倣品あるいは代替品というよりはむしろ，SOS 型油脂を一本立ちした機能的な原料として注目し始めた．チョコレートの食べ心地やその他の機能性は主に油脂相の特性で決まり，その油脂相はチョコレートの約 30% である．その他の主要な成分である砂糖はほとんど純粋な化学物質のショ糖であり，その粒子サイズを例外として，その特性は一定不変である．無脂カカオ固形分や無脂乳固形分はチョコレートの風味に寄与するが，機能性にはほとんど寄与しない．ココアバターや乳脂は，既に理解したように，産地によって当然異なるので，チョコレート製造企業がそれらの全ての特性を制御することには限界がある．SOS 型製菓用油脂を使うことで，チョコレートの機能性，つまり，硬度，テンパリングの特性，ブルーム耐性，結晶化速度をもっと容易に制御することが可能である．ココアバターを真似るよりもむしろ機能性を意図しているこうした SOS 型油脂は，ココアバター相溶脂 (CBC) と呼ばれている (Timms, 1997b)．

　図 6.20 は現在製造されている CBC の SFC 融解曲線で，ココアバターや乳脂も比較のため例示されている．CBC1 から CBC4 ブレンドまで，エキゾチック油脂の量は次第に減少するので，CBC4 のような油脂はパーム油の画分しか含有していないのか

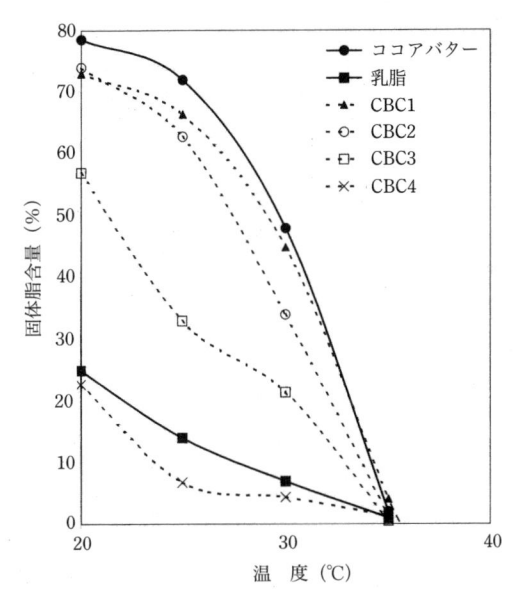

図 6.20 ココアバター，乳脂，そして 4 つのココアバター相溶脂 (CBC1, CBC2, CBC3, CBC4) の SFC 融解曲線 (Timms, 1997b より)

も知れない．

　図 6.19 で理解したように，ミルクチョコレートはプレーンチョコレートより配合される油脂相中の POP 許容量が小さい．したがって，ミルクチョコレートの配合中の乳脂量を減らすことで，POP／パーム油画分の豊富な製菓用油脂が利用できる．さらに，パーム油画分は主要な TAG として POP と POO を含有するので，広い範囲の独特な TAG を有する乳脂よりもココアバターとの相溶性が高い．したがって，CBC で乳脂を置き換えれば，SFC 値やチョコレートの硬度が高くなり，多分，テンパリング適性も良くなるだろう．いくつかのプレーンチョコレートや全てのミルクチョコレートのように，チョコレートを柔らかくするための乳脂の使用はもはや必要ない．ミルクチョコレートの場合，CBC を使えば，油脂と無脂乳固形分との間の本来のバランスを変えることができる．

　表 6.21 は CBC3 と CBC4 を使ったミルクチョコレート配合のアプリケーションブレンドでの SFC 値であり，CBC を使わない場合と比較している．2%の乳脂と3%のココアバターを代替した 5%の CBC3 は CBC を含まない高乳脂配合と類似した SFC 値となることが分かる．また，図 6.20 で乳脂より低い SFC 値の CBC4 は，4%の乳脂と 1%のココアバターを代替することができて，高乳脂配合と似た SFC 値になる．

　CBC のもう 1 つの使い方はセンター入りチョコレート製品のセンターに配合する

表 6.21　CBC3 と CBC4 のアプリケーションブレンドの固体脂含量（SFC）（Timms, 1997b より）

パラメーター	アプリケーションブレンド		
	CBC 不使用	CBC3	CBC4
ココアバター含量（%）：			
油脂相中	76	67	73
チョコレート中	25	22	24
乳脂含量（%）：			
油脂相中	24	18	12
チョコレート中	8	6	4
CBC 含量（%）：			
油脂相中	0	15	15
チョコレート中	0	5	5
SFC（%）：			
20℃	63.9	65.4	66.5
25℃	53.5	54.3	55.2
30℃	20.0	18.1	19.5
35℃	1.7	1.7	1.1

CBC：ココアバター相溶脂．

ことである．"5％ルール"（第10章を参照）が国内法に反映されずにSOS型製菓用油脂のチョコレートへの使用が許されていない欧州の国々でも，CBCは特徴的なトラッフル (truffle) センターに広く利用され，とりわけドイツ，ベルギーおよびオランダで使われている．

パーム油画分だけで，エキゾチック油脂を含有しないCBCは，現在，フィリング用油脂 (filling fat) として一般的に使われている．これらはココアバターや乳脂だけを使う場合よりも，著しく広い範囲の機能性や食感を可能にする．ラウリン酸型や高トランス酸型油脂と異なり，これらはココアバター主体のチョコレートと完全な相溶性を有しているので，油脂移行や規格外品の再利用に由来する潜在的なブルーム問題を最小限にとどめる．

パーム油画分利用のさらなる研究はテンパリングを必要としない油脂の開発をもたらしている．こうした油脂はβ'が安定なPPOあるいはPStP (Unilever, 1993c)，または，PPOとポリグリセン脂肪酸エステル (Fuji Oil, 2001) を注意深く添加することで調製されている．通常，非対称型TAGはSOS型製菓用油脂に使用するのは望ましくないと考えられている (Smith, 2001b)．それは，その安定多形がβ'であり，分子間化合物を形成してテンパリングを困難にするからである．多段階分別や分別条件を注意深く制御して，パーム油中融点画分のPOP：PPOの比率を変えてPPOの方を増やすことが可能である．

CBCはココアバターと同じタイプの多形挙動を示す必要がない．特に，パーム油含量の高い油脂の安定な多形はβ'-2である．しかし，"5％ルール"の下で普通の使用量でチョコレート中のココアバターと混合された場合，この油脂相はココアバターのように挙動する単一の固溶体となる．そして，このチョコレートはココアバター（そして乳脂，ミルクチョコレートの場合）だけを含有するチョコレートのようにテンパリングを必要とする．

D節　高トランス酸型製菓用油脂

これらの油脂は，表 5.17 にその脂肪酸組成が示されている大豆油，綿実油あるいはパームオレインのような液状油の水素添加で製造される．チョコレートのレシピに使われる場合，最もシャープに融解する分別油脂は一般的にココアバター代替脂(CBR) と呼ばれている．CBR は，図 4.11 に示したような比較的シャープな SFC 融解曲線にする選択的なトランス化促進条件の下で，液状油の単体あるいはブレンドを水素添加したものである．水素添加は全てのリノレン酸とほとんどのリノール酸を取り除くので，原材料油脂の不飽和度が高いほど，水素添加段階で必要な反応時間が長くなり，水素量も多くなるが，原材料の $C_{18:1}/C_{18:2}/C_{18:3}$ の組成は何の支障にもならない．ナタネ油や大豆油は高トランス酸型油脂をつくるのに使われるが，経験上，その製品は十分な光沢を生じない (Padley, 1997)．ソルビタントリステアレートの添加は部分的にこの問題を解決するが，最低限度のパルミチン酸が必要であり，これは高トランス酸型油脂を β'-2 で安定化し，再結晶化でその光沢を消失させない (第 7 章 C 節を参照)．最初の CBR である米国グリデン–ダーキー社 (Glidden-Durkee) のカオメル (Kaomel®) の基本は綿実油と大豆油のブレンドだった (Paulicka, 1976; Paulicka, 1981)．今日，とりわけ欧州で，パームオレインとナタネ油のブレンドも一般的に使われている．

製品はパームオレイン，とりわけ PL66 (ヨウ素価 66 のパームオレイン) だけでつくられるが，目的の中融点画分の収量は，液状油がブレンドに使われれば減少し，この場合につくられる製品の融解は少しシャープさに欠けるだろう．高トランス酸型製菓用油脂のためのパームオレインの水素添加は研究されているが，残念ながら，製造された製品は水素添加が不適切で高トランス酸含量にできないため，融解でのシャープさが多くの商業的な製品より劣る (Leong & Ooi, 1992)．

良好な出発点となる供給原料はパルミチン酸を 20〜25％含有する液状油のブレンドである．表 5.17 で分かるように，綿実油はこの範囲に入っている．綿実油は単独でもうまく使われるが，綿実油に非常多い PLinP が水素添加で PEP になるので，もっと液状油の多い他の油脂とブレンドされるとより良い性状になる．高融点の PEP は，分別での副産物のステアリンに行く．

もう 1 つの可能性はエステル交換された供給原料を使うことである．これは良好な結果となり，引き続いて行われる分別 (以下を参照) に由来するステアリンとオレインの一部を再利用できる．エステル交換は明らかに製造工程の費用と複雑性を増すが，供給原料の融通性をもっと高くする．

しかしながら，水素添加の方法を選んでみても，製造される水素添加油脂はココアバターと同等のシャープな融解にならない．図 4.11 で分かるように，水素添加油脂

は 30℃での SFC 値がココアバターより十分に低くても，35℃以上で融けずに残る固体の"テール (tail)"を常に持っている (図 6.20)．30℃の SFC 値を高くするための更なる水素添加は 35℃以上でのテーリングをもっと大きくしてしまう．この問題の解決はテーリングする部分の除去と 20〜30℃での SFC 値を高めるため，水素添加油脂を分別することである．中融点画分として製菓用油脂あるいは CBR を製造するのに 2 つの分別が必要となる．CBR 製造の完全な工程の概略を図 6.21 に示した．分別，特にドライ分別の後でさえ，テーリングはまだ残るかも知れない．ソルビタントリステアレートの添加は 30℃と 35℃での SFC 値を押し下げ，もっと低い温度での SFC 値にはほとんど影響しない利点を持っている．

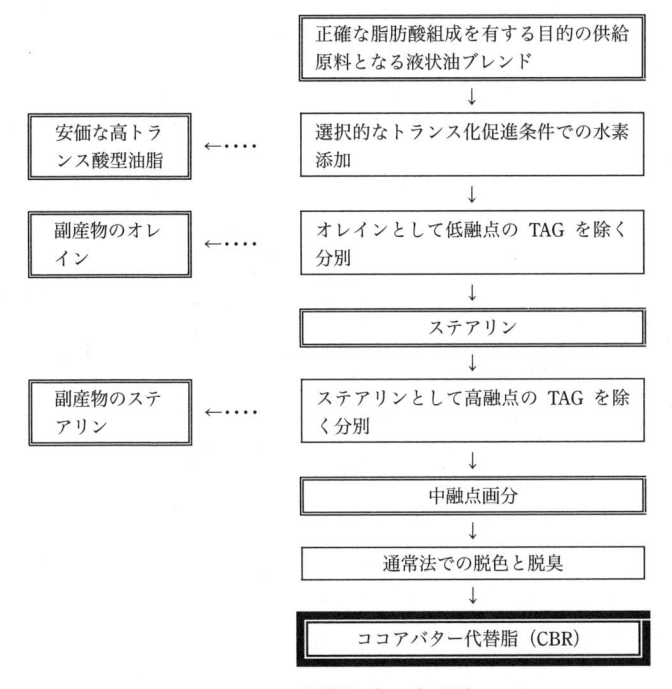

```
                    ┌─────────────────────────┐
                    │ 正確な脂肪酸組成を有する目的の供給 │
                    │ 原料となる液状油ブレンド          │
                    └─────────────────────────┘
                                  ↓
   ┌──────────┐      ┌─────────────────────────┐
   │ 安価な高トラ │ ←···│ 選択的なトランス化促進条件での水素 │
   │ ンス酸型油脂 │      │ 添加                      │
   └──────────┘      └─────────────────────────┘
                                  ↓
   ┌──────────┐      ┌─────────────────────────┐
   │ 副産物のオレ │ ←···│ オレインとして低融点の TAG を除く │
   │ イン        │      │ 分別                      │
   └──────────┘      └─────────────────────────┘
                                  ↓
                         ┌──────────────┐
                         │ ステアリン      │
                         └──────────────┘
                                  ↓
   ┌──────────┐      ┌─────────────────────────┐
   │ 副産物のステ │ ←···│ ステアリンとして高融点の TAG を除 │
   │ アリン      │      │ く分別                    │
   └──────────┘      └─────────────────────────┘
                                  ↓
                         ┌──────────────┐
                         │ 中融点画分      │
                         └──────────────┘
                                  ↓
                         ┌──────────────┐
                         │ 通常法での脱色と脱臭 │
                         └──────────────┘
                                  ↓
                         ┏━━━━━━━━━━━━━━┓
                         ┃ ココアバター代替脂 (CBR) ┃
                         ┗━━━━━━━━━━━━━━┛
```

図 6.21 ココアバター代替脂（CBR）製造のスキーム

水素添加油脂は容易に，そして，迅速に結晶化する．高圧プレス機を使うドライ分別が CBR の製造に利用されており，いくつかの商業的な製品はこの方法で製造される．しかし，ドライ分別は，通常，あまり満足のいく結果にはならない．つまり，シャープに融解する高品質な製品が必要とされると，収量が低下する．通常，ドライ分別工程の再現性が乏しく，中融点画分の特性は不安定である (Wong Soon, 1991)．SOS 型製菓用油脂の原材料を製造するのに利用されるようなパーム油とエキゾチック油脂

の分別の場合，温度の低下で順次得られる各画分の析出は全く重なり合わない．要するに，パーム油，PPP，そして，その他の3飽和TAGはパーム油中融点画分の主要成分であるPOPと完全に異なる溶解度と融点を持っている．そして，POPや他のSUS型TAGはパームオレイン中のPOOや他のSUU型TAGと完全に異なる融点と溶解度を有している．こうしたことから，パーム油が冷却された場合，パームステアリンの結晶化で大きな発熱があり，この発熱で温度は急激に低下しないので，次に中融点画分の結晶化が始まるまでに更なる結晶化はほとんど起こらない．

水素添加された供給原料の場合は状況が全く異なる．水素添加で一連の幾何学的，位置的なTAGの異性体が生成するので，高融点で最も溶解度の小さいトリステアリン（StStSt）から非常に溶解しやすいトリオレイン（OOO）まで，融点と溶解度が連続している．それ故，中融点画分を高収量にするなら溶剤分別が望ましいし，再現性のある結果とするなら良好な温度制御が決め手になる．

各画分の正確な収量は使われる供給原料のブレンドや目的の中融点画分の品質に左右される．普通，アセトン分別を使っての中融点画分のCBRは45〜50％の収率となる．副産物のステアリンの収率は約15〜25％で，オレインは約30〜40％である．

分別高トランス酸型製菓用油脂の代表的なSFC融解曲線を非分別高トランス酸型油脂やココアバターと比べて図6.22に示した．分別に由来する改善結果は明らかである．一般的に，分別と非分別の油脂をブレンドして，中間的な特性と価格のいろい

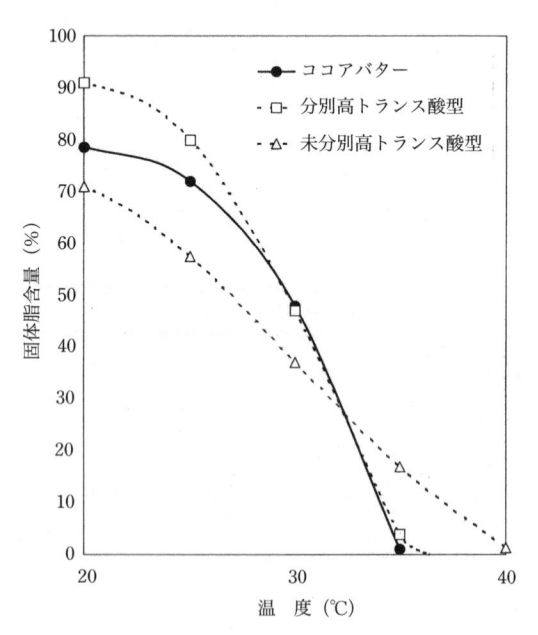

図6.22 分別と未分別の高トランス酸型油脂とココアバターのSFC融解曲線

D節　高トランス酸型製菓用油脂

ろな製菓用油脂にされる．

　高トランス酸型油脂が高い雰囲気温度での貯蔵時に，後発硬化（post-harden）や後発結晶化（post-crystallise）を起こしやすいと，パドレー（Padley, 1997）やウォン・ソーン（Wong Soon, 1991）が注意している．この問題をあまり深刻に起こさない油脂が特許化（Loders Croklaan, 1994）されているが，こうした油脂はパームオレインをベースにしている．パームオレインは，上述したように，機能性と収量の点で最適な供給原料ではない．パドレーは，後発硬化を防止した高トランス酸型油脂の製品品質への影響は我慢できるほどだし，また，冬の季節やチョコレートを被覆するいくつかの製品の場合には，それが利点にさえなるかも知れないと言っている．この現象は十分に解明されていないが，**図 6.23** に示すように，テンパリングの有無で生じる SFC 値の違いを比較することで説明できる．25℃以上で SFC 値が高いことの論理的な理由を第 3 章 A.2 項で説明したが，それでもやはりこの差は相当に大きい．このはっきりした問題は，アプリケーションブレンドを方法 3（**表3.1 を参照**）のテンパリングで調べることでほとんど避けられるだろう．そうすれば，研究室での SFC の結果は高トランス酸型油脂を使ってつくられたコンパウンドチョコレートの真の SFC や硬さに非常に近いものとなるだろう．

　大豆油とパームオレインをベースにした CBR の代表的な脂肪酸と TAG の組成を**表**

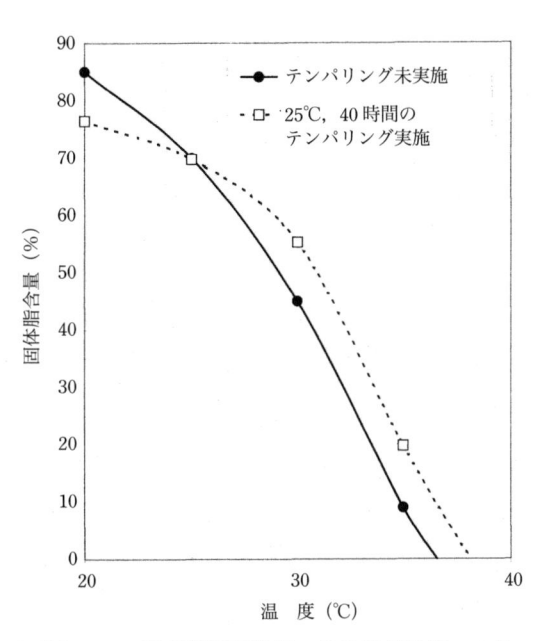

図 6.23　分別された高トランス酸型製菓用油脂の SFC 融解曲線へのテンパリングの影響（Premium Vegetable Oils より）

6.22 に示した．こうした個々の TAG の多くは安定な β-2 を示す．ヘルンクヴィストら (Hernqvist, Herslof & Herslof, 1984) は StStSt と EEE のブレンドおよび OOO と EEE のブレンドの両試料，そしてエステル交換された両試料も安定な β になるが，安定多形が β' の PStP を 10% 添加すると，それらの試料は β' で安定になることも示している．とは言うものの，一般的に水素添加された油脂やあらゆる種類の高トランス酸型油脂の安定多形は β'-2 であり (Riiner, 1970; Timms, 1984)，これはその TAG 混合系の複雑性を反映しており，その中のシス酸やトランス酸には単純に 9,10-*cis* や 9,10-*trans* オレイン酸だけでなく，広い範囲の位置異性体も含まれている．

表 6.22 供給原料油として大豆油とパームオレインをベースにしたココアバター代替脂（CBR）の代表的な脂肪酸組成と TAG 組成（Smit, 1997 より）

脂肪酸/TAG	含量 (%)	
	大豆油をベースにした CBR	パームオレインをベースにした CBR
脂肪酸 (%):		
$C_{14:0}$	—	1
$C_{16:0}$	12	29
$C_{18:0}$	13	7
$C_{18:1}$	69	58
$C_{18:2}$	5	4
その他	1	1
脂肪酸中での E[a]	>58	>45
TAG (%):		
OEE	10	4
POE	6	12
EEE	25	11
PPO	2	8
PEE	20	30
PPE	2	8
StOE	10	5
StEE	10	4
その他[b]	15	18

a TAG 組成から計算された E（エライジン酸，*trans*-$C_{18:1}$）の含量．b その他の TAG 中の E 量は不明．

E節　ラウリン酸型製菓用油脂

　ジャヤラマンとティアガラジャン (Jayaraman & Thiagarajan, 2001) が，最近，ラウリン酸型製菓用油脂の生産を概説している．スミット (Smit, 1997) はラウリン酸型と高トランス酸型の油脂の生産量を比較している．ラニング (Laning, 1981) は米国の視点からラウリン酸型製菓用油脂の生産と特性を概説しているが，それはSFC値，上昇融点，摂氏温度（℃）ではなく，SFI値，ワイリー融点，華氏温度（°F）で書かれている．
　ラウリン酸型製菓用油脂は，ラウリン酸型油脂（主にパーム核油やヤシ油）から調製される．精製されたラウリン酸型油脂はその特性のままでいくつかの菓子に使用できるが，一般的には，多様でより有用な製品にするため，分別，水素添加，エステル交換，ブレンディングで改質される．改質されたラウリン酸型油脂の基本的な特性と組成のいくつかを**表5.13**に示した．
　パーム核油はオレイン酸含量が高く，短鎖脂肪酸（$C_{6:0} \sim C_{10:0}$）が少ないために，ヤシ油より有用な原料であり，現在，ラウリン酸型製菓用油脂のほとんどはパーム核油でつくられている．**図6.24**はパーム核油をベースとする製品の加工ルートを示している．**表6.23**に，典型的なマレーシアの精製施設で製造された入手可能な一連の製品の特性値を示す．
　最も単純なラウリン酸型油脂は水素添加で製造される（**図6.24**と**表6.23**でのLTCF1）．パーム核油は水素添加されて，砂糖菓子やチョコレート菓子での使用に理想的な30℃から40℃の融点範囲になる．ヤシ油は水素添加されて最大で約34℃の融点になるが，これを広く多くの菓子製品に利用するには融点が少し低い．それ故，とりわけ

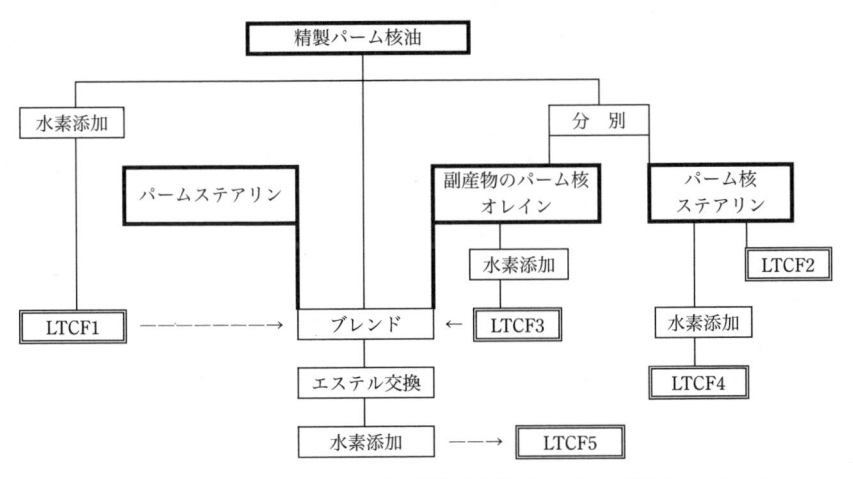

図6.24　パーム核油からラウリン酸型製菓用油脂（LTCF）を製造するスキーム

表 6.23 マレーシアの精製施設で製造されたラウリン酸型製菓用油脂（LTCF）の特性（Jayaraman & Thiagarajan, 2001 より）

製品	図 6.24 の記号	ヨウ素価	SFC（%）					
			10℃	20℃	25℃	30℃	35℃	40℃
パーム核油	—	17.9	71.3	42.4	16.0	0.5	0	0
パーム核オレイン	—	24.5	55.5	15.5	0.4	0	0	0
部分水素添加のパーム核油（MP 36℃）	LTCF1	—	94.7	78.4	50.8	22.8	9.7	4.1
極度硬化パーム核油	LTCF1	<1	95.2	88.1	67.5	35.9	14.0	5.6
部分水素添加のパーム核オレイン（MP 36℃）	LTCF3	—	93.7	71.8	47.8	22.8	9.3	3.6
極度硬化パーム核オレイン	LTCF3	<1	95.0	80.5	60.5	37.5	21.2	11.1
パーム核ステアリン	LTCF2	6.9	94.0	85.2	70.5	32.5	0	0
極度硬化パーム核ステアリン	LTCF4	<1	97.0	96.5	90.0	50.0	3.0	0
エステル交換と水素添加のパーム核油/パームステアリンのブレンド	LTCF5	0.3	94.5	80.9	58.0	30.6	2.8	0
ヤシ油	—	9.1	81.3	35.6	0.9	0	0	0
極度硬化ヤシ油	—	<1	91.2	60.9	10.0	5.8	2.0	0

MP：融点.

北米においては，融点を 40℃ まで高くするため，大豆油のような非ラウリン酸型油脂を少量添加して水素添加することが一般的である．

　パーム核ステアリンをベースにしたシャープに融解する最高品質の油脂は通常ココアバター置換脂（CBS）と呼ばれ，コンパウンドチョコレートの製造に理想的である．第 5 章 D 節で考察したように，異なる分別工程で製造される各種のパーム核ステアリンが入手可能である．典型的にはヨウ素価 7〜8 のパーム核ステアリンが製造され，次いで，もっと高融点の製品（**図 6.24** の LTCF2 や LTCF4 を参照）が必要なら，完全な水素添加が実施される．最大限シャープな SFC 融解曲線を得るため，非常に低いヨウ素価（0.5 以下）にする極度硬化の重要性は第 4 章 D 節で考察し，また，**図 4.12** で説明した．**図 6.25** は水素添加と水素添加をしていないパーム核ステアリンをココアバターと比較している．

　コンパウンドチョコレートでのブルームを遅延するため，2〜3% のソルビタントリステアレートをパーム核ステアリンに添加するのが一般的である．各国の法律の違いを考慮して，この添加物を入れたり，入れなかったりして，同じ CBS が販売されている．

　表 6.23 に示したように，副産物のパーム核オレインは水素添加される．それは多少シャープさに欠ける融解曲線になるものの，パーム核油より高い融点（44℃）を示

E節　ラウリン酸型製菓用油脂

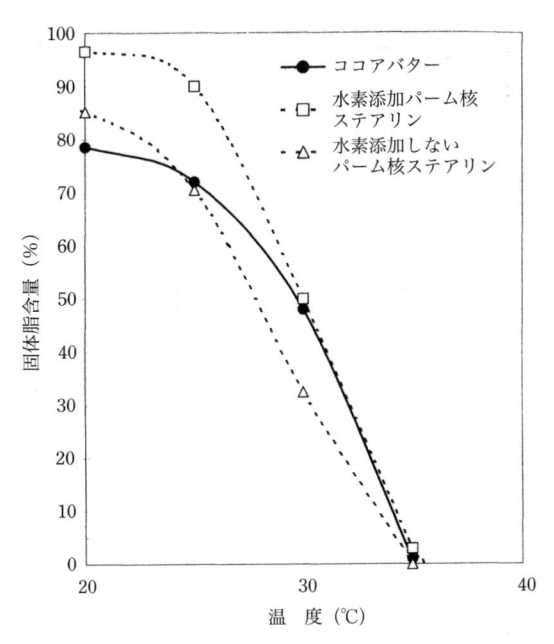

図 6.25　水素添加したものと水素添加していないパーム核ステアリンのラウリン酸型製菓用油脂とココアバターの SFC 融解曲線

す．こうしたより高融点の油脂は熱帯の国々においてとりわけ有用であり，もっと低融点のラウリン酸型油脂よりも好まれている．

　パーム核油の分別で製造される CBS は比較的価格が高い．それは，ステアリンの収率が 30〜50％であり，量的に多いオレイン画分が供給原料油として 10％まで割引されて売却されるからである．図 4.13 に示したように，水素添加パーム核油のエステル交換は融解曲線を著しくシャープに改善する．TAG がランダム化されるため，エステル交換される製品の特性はその脂肪酸組成だけに左右される．したがって，エステル交換はパーム核オレインのような副産物を利用したい精製施設でとりわけ役に立つ．最終的な脂肪酸組成が求められる規格を満たすなら，いかなるタイプの再利用製品も供給原料油にブレンドできる．他の場合と同様に，完全な水素添加が実施されれば，不飽和脂肪酸の全てが $C_{18:0}$ になるから，$C_{18:0}$, $C_{18:1}$, $C_{18:2}$, $C_{18:3}$ の相対量やシス・トランスは問題にならなくなる．

　ラウリン酸型油脂と，非ラウリン酸型油脂とりわけパームステアリンとのブレンドをエステル交換すると，異なる SFC 値と融点を持つ幅広い範囲の製品が製造される．水素添加をする前のエステル交換で得られる代表的な結果を図 6.26 に示した．ラウリン酸型油脂に少量のパームステアリンやパーム油をブレンドした場合，表 6.23 の

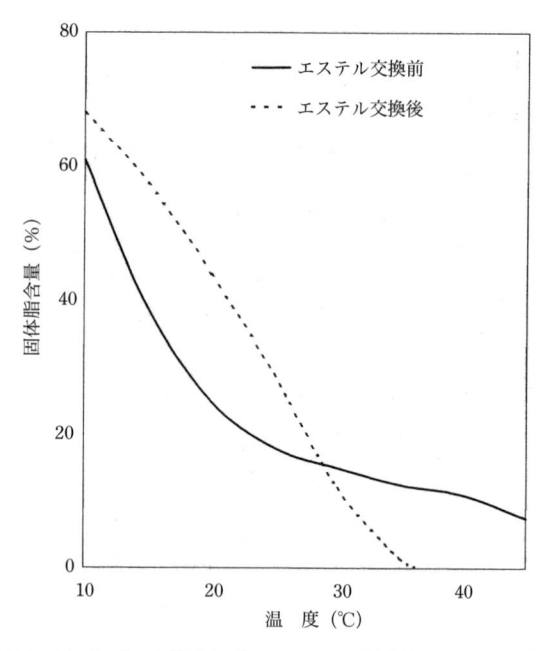

図 6.26 パームステアリンとパーム核オレインの 50：50 混合物のエステル交換前後での SFC 融解曲線（Timms, 1986 からの複製）

LTCF5 で示したように，融点や SFC 値を高くするのに部分的な水素添加や完全な水素添加が利用される．水素添加とエステル交換はどちらから先に実施しても良いが，エステル交換の後に水素添加を実施するのが一般的に最も都合が良くて現実的である．**表 6.23** に示すように，このような方法でエステル交換された製品は水素添加されたパーム核ステアリン製品と水素添加された非分別のパーム核油製品の中間的な融解特性となる（LTCF5 を LTCF1 や LTCF4 と比較）．エステル交換されたラウリン酸型製菓用油脂は米国で特に普及している．

ラウリン酸型油脂の範囲は，**図 6.24** にあるいろいろなタイプをブレンドすることで広がるだろう．安価でシャープな融解性にいくぶん欠ける製品を製造するため，水素添加パーム核オレインと水素添加したあるいは水素添加していないパーム核ステアリンとをブレンドすることが特に一般的である．

水素添加パーム核油は分別で収率 70〜90％のオレインにされ，よりシャープな融解特性の製菓用油脂になる（CPC International, 1977）．分別はエステル交換と同じように，いくぶん 35℃以上でのテーリングを減らす．その SFC 融解曲線は水素添加パーム核ステアリンと水素添加パーム油との中間である．筆者の知る限りでは，こうした製品は商業的に製造されていない．

第4章 E.2 項で説明したとおり，ラウリン酸型製菓用油脂は蒸留式エステル交換（distillative interesterification）工程で製造できる．そうすれば，最良のパーム核ステアリンと同じほどに良好な特性を有する素晴らしい製品が得られるだろう．しかし，こうした製品はおそらく分別法に比べて費用がかかり，また，必要とされる加工が"環境にやさしい（green）"ものではなく，より化学的なため，商業的に生産されていないようである．

ラウリン酸型油脂の結晶化速度はいわゆる"結晶化促進剤"，あるいは，シーディング剤を1〜4%添加することで改善される．結晶化促進剤は融点が60℃以上の極度硬化非ラウリン酸型油脂である．油脂製造企業はそれを予め混ぜたラウリン酸型製菓用油脂を販売するか，あるいは，それとは別に，それをチョコレート製造企業が添加して使うフレークまたは粉末の形態で販売している．有島とマックブレヤー（Arishima & McBrayer, 2002）は，固化速度が，良好に型離れし，そして，ブルームを起こさないコンパウンドチョコレート製品を製造する場合の鍵になる要因であると結論した．コンパウンドチョコレート製造では，必要な急冷を通常実施できないので，結晶化促進剤が**表 6.24** に示すように効果を発揮する．−5℃で冷却すると，結晶化促進剤を使わずに良好なチョコレートを製造できるが，5℃では，結晶化促進剤を使うことで初めて，良好なチョコレートが製造されることが分かる．水素添加ナタネ油（1%添加）は融点が高いので，水素添加パーム油より結晶化促進効果があった．一方，もっと高融点のモノステアリンは効果がなかった．これは，促進剤の結晶構造も重要であり，製菓用油脂の結晶構造と類似しなければならないことを示唆している．

ラウリン酸型製菓用油脂は複雑な TAG 組成のため，直接に安定な β' で結晶化する．パーム核ステアリンに β 相が発現するのは，数か月後であろう（Noorden, 1982; Schmelzer & Hartel, 2001）．

表 6.24 パーム核ステアリンでつくられたコンパウンドチョコレートの特性に及ぼす結晶化促進剤の影響（Arishima & McBrayer, 2002 より）

結晶化促進剤／シーディング剤	固化温度（℃）	ブルーム形成	表面の外観	離型性
なし	5	あり	不均質	不良
なし	−5	なし	均質	良好
水素添加パーム油を1%添加	5	少々発生	不均質	許容限界内
水素添加パーム油を3%添加	5	なし	均質	良好
水素添加大豆油を2%添加	5	なし	均質	良好
水素添加ナタネ油を1%添加	5	なし	均質	良好
モノステアリンを1%添加	5	なし	不均質	許容限界内

F節　その他の製菓用油脂

いままでの3つのタイプに当てはまらない，いくつかの油脂が開発されている．それらの中で2つの部類，つまり低カロリー油脂とブルーム防止油脂はとりわけ注目されている．

1. 低カロリー油脂

カプレニン

　カプレニン（Caprenin）はプロクター＆ギャンブル社が開発した合成油脂であり，2つの中鎖脂肪酸（カプリル酸 $C_{8:0}$ やカプリン酸 $C_{10:0}$）と1つの非常に長い鎖長の脂肪酸（ベヘン酸 $C_{22:0}$）を持つ TAG である．そのために，CAPRylic/ic＋behENIN＝caprenin と命名された（Akoh, 1997; Auerbach, Klemann & Heydinger, 2001）．この TAG の混合物は水素添加された高エルカ酸型ナタネ油由来のベヘン酸，ヤシ油かパーム核油由来のカプリル酸やカプリン酸，グリセロールを使い，標準的な化学的エステル交換法でつくられる．この化学合成された油脂は蒸留とその後のドライ分別で純度を高められる（Procter & Gamble Co., 1991）．

　カプレニンの熱量は，短鎖脂肪酸の低いエネルギー含量とベヘン酸の吸収の悪さのため，通常の油脂の 9kcal/g（38kJ/g）より小さい 5kcal/g（21kJ/g）である．

　カプレニンは異常な多形現象を示す．安定多形は β-3 であるが，α や sub-α もある．ブルームを生じさせずにチョコレートをつくるには特殊な冷却／テンパリングが必要とされる．このコンパウンドチョコレートは最初に 14℃以下で少なくとも 40 時間保持されねばならない．この冷却で sub-α を形成し，そして，sub-α の β-3 への転移を開始させる．（この冷却が不正確に実施されると，形成する多形は α となり，これは β-3 への転移が遅く，チョコレートにブルームを生じさせる．）次に，チョコレートを 14〜22℃で 4〜120 時間温めなければならない．これで sub-α は安定な β-3 へ完全に転移するので，耐ブルーム性が製品に付与される（Procter & Gamble Co., 1991）．

　カプレニンは，ラウリン酸型コンパウンドチョコレートと同じように，ココアバターのほとんど全部を置き換えるコンパウンドチョコレートのコーティング生地に使う目的で開発され，1993 年に北米で2種類のスナック製品に使われた（Anon., 1993）．この時代，米国の食品関係の法律の特殊性のため，カプレニンは表示規定で飽和油脂と見なされなかった．一方，その数年後に書かれたものの中で，アウアーバッハら（Auerbach, Klemann & Heydinger, 2001）は"商業的な利用は進んでいない"と述べている．

サラトリム

サラトリム (Salatrim) は Short And Long-chain Acyl TRIglyceride Molecules の頭字語である (Smith, Finley & Leveille, 1994; Akoh, 1997; Auerbach, Chang, Coleman, O'Neill & Philips, 1997). サラトリムは, 酢酸 ($C_{2:0}$), および／または, プロピオン酸 ($C_{3:0}$), および／または, 酪酸 ($C_{4:0}$) の合成 TAG と, パルミチン酸 ($C_{16:0}$) とステアリン酸 ($C_{18:0}$) を含有する極度硬化液状油のエステル交換で製造される TAG のグループである. この反応で生じる TAG の混合物はグリセロールに脂肪酸がランダムに分布する.

おそらく, この新規な合成品の低カロリー油脂は最も期待できそうだが, 1990年代, その歩みは波乱に富んでいた. サラトリムはナビスコ・フーズ・グループ (Nabisco Foods Group) によって発明され, その技術のライセンスは1994年にファイザー・フード・サイエンス社 (Pfizer Food Science) に与えられた. ファイザー社はその後, カルター・フード・サイエンス社 (Cultor Food Science) に買収され, そのカルター社も2000年にダニスコ社 (Danisco) に買収された.

いくつかの研究がサラトリムの平均熱量を5kcal/gとしている. この低減されたエネルギー含量は短鎖脂肪酸の低カロリー (酢酸の 3.8kcal/g, プロピオン酸の 4.7kcal/g, 酪酸の 5.9kcal/g) とステアリン酸の吸収の悪さに由来している.

いくつかのサラトリムはブランド名ベネファット (Benefat®) でダニスコ社から現在販売されている. 酢酸, プロピオン酸, ステアリン酸を含有するベネファット1は製菓用油脂として販売されており, そのDSC融解曲線は図6.27に示すようにココアバターの融解曲線と似ている. 50％以上を占める主要な TAG は StAcAc (Ac は酢酸：訳注) である. 高融点の製菓用油脂であるベネファット1Hもある.

ベネファットは一風変わっていて, 安定な多形が α であり, 必然的に β' あるいは β がない (Auerbach, Chang, Coleman, O'Neill & Philips, 1997). したがって, ベネファットは直接 α で結晶化し, いかなるテンパリングも必要としない. この多形 α はサラトリムを珍しいレオロジー, つまりスナップ性やもろさのない"ワセリン"様のテクスチャーにする. サラトリムとココアバターとの違いはフラクタル解析で研究されており, その違いは油脂結晶ネットワークの微細構造に起因すると考えられている (Narine & Marangoni, 1999). この珍しいレオロジーはベネファットを型成形に不適なものにしているが, コーティングには理想的である.

ベネファット1は, 米国でいくつかのスナック製品のコンパウンドチョコレートコーティング生地に使われている. この場合, ラウリン酸型コンパウンドチョコレートと同じように, ココアバターをほとんど全部ベネファットに置き換えたコンパウンドチョコレートである. これはまた, 日本や他の数か国においても食品原料として許可されている. EUでの許可は懸案事項になっている.

もう1つのサラトリム様の TAG 混合物が, "改善された可塑性と低減された付着

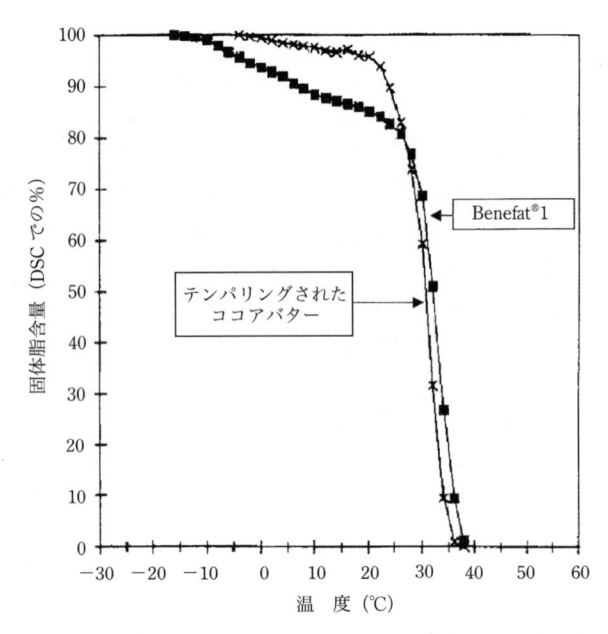

図 6.27 ベネファット 1（サラトリム）とココアバターの（DSC での）SFC 融解曲線
(Auerbach, Chang, Coleman, O'Neill & Philips, 1997 より)

性"を付与する製菓用油脂として特許化されている (Fuji Oil, 1994). これは LUBu (L= $C_{20:0} \sim C_{24:0}$, Bu=$C_{4:0}$, U=$C_{18:1}$ または $C_{18:2}$) を少なくとも 50％含有する.

2. ブルーム防止油脂

乳脂がチョコレート中でブルーム防止効果を発揮することはかなり以前から知られていた．乳脂はココアバターと固溶体となって結晶化し，乳脂中の特有な TAG が V 型 (β_2-3) から VI 型 (β_1-3) への転移を阻止すると思われる．VI 型は第 7 章 C 節で説明するように，ココアバター主体のチョコレートでの主要なブルームの原因である．乳脂の特有な TAG は B.1 項で考察したように，特に長鎖と短鎖／中鎖 ($C_{4:0} \sim C_{14:0}$) の脂肪酸が混合したものである．植物性油脂，あるいは，それから派生したものにこうした TAG と正確に合致するものはないが，ラウリン酸型油脂は $C_{6:0} \sim C_{14:0}$ の脂肪酸を持つので，TAG 組成の点では乳脂に最も近い油脂である．したがって，ラウリン酸型と非ラウリン酸型油脂のエステル交換混合物のブルーム防止機能を研究することは，自然な成り行きであり，その成果は 1970 年に特許化された (Afico SA, 1970)．短鎖／中鎖脂肪酸が 40〜60％，長鎖脂肪酸が 60〜40％のエステル交換混合物が特許として請求された．特許の実施例は，水素添加ヤシ油 70％と水素添加されたいろいろな非ラウリン酸型油脂の混合物 30％を混合し，これをエルテル交換したものであった．こ

れがプレーンチョコレートに2％添加された場合，ブルーム発生を阻害することが示された．この後にもこのタイプの油脂が複数開発され，ブルーム防止油脂として販売されている．

この概念をさらに展開し，ユニリーバ社（ロダース・クロックラーン社）はエステル交換されたラウリン酸型／非ラウリン酸型の混合物の分別で得る製品を開発して特許化した．この方法は疑いもなくブルーム防止効果を示す鍵になる TAG，つまり L_2M と LM_2 の濃縮である．ちなみに，L は飽和の長鎖脂肪酸（$C_{16:0}$ と $C_{18:0}$）であり，M は中鎖脂肪酸（$C_{8:0}$〜$C_{14:0}$）である．こうした油脂の1例は，極度硬化パーム油と極度硬化パーム核油の混合物をエステル交換した後に分別して得られる中融点画分である（Loders Croklaan, 1993）．この変種や，筆者には説明できない類似固体脂が特許化されている（Unilever, 1993a, 1993b; Unilever, 1994; Loders Croklaan, 1996）．しかし，ラウリン／非ラウリン混合物で L_2M や LM_2 タイプの TAG を発現させるという基本的な原理は共通である．こうした製品はプレスチン（Prestine®）のブランド名で販売されており，プレスチンはこうした TAG と標準的な CBE の混合物である．

プレスチンは疑いもなく効果的なブルーム防止油脂であり，商業的に製造されている（Talbot, 1995b）．しかし，それは大量には売れていない．多分その理由は，(a) ココアバターや乳脂に比べて高価である，(b) 乳脂と同様にチョコレートを著しく柔らかくするが，軟化は常に嫌われる，(c) 非常に高価であるにもかかわらず，1970年に特許化された最初のラウリン／非ラウリン混合物を使った製品よりほんの少ししか効果が改善されていない（Subramaniam, Curtis, Saunders & Murphy, 1999）などであろう．

StStO をベースにしたもう1つのタイプのブルーム防止油脂が報告されている（Ebihara, 1997）．このタイプの非対称 TAG は安定多形が β'-3 なので，普通，チョコレートに望ましくないと考えられている．そのため，この効果は予想外のことである．StStO は1種の結晶パッキング阻害剤であり，これがチョコレートに3〜5％添加された場合，V型からVI型への転移を阻止する上記の乳脂や他の油脂と同じように作用すると思われる．StStO は微細結晶から粗大結晶への成長も阻害する．この手法の商業的な開発は実施されていないようである．

3. 乳脂の画分

乳脂は，短鎖や中鎖の脂肪酸含量が高く，ラウリン酸型油脂といくらか似ている．したがって，ビストロムやハーテル（Bystrom & Hartel, 1994）は乳脂，あるいは，酵素的にエステル交換された乳脂の画分を製菓用油脂として利用することを検討している．実験的なミルクチョコレートが調製され，この場合にココアバターの一部が乳脂画分で置き換えられており，その量は最終チョコレート組成の10〜20％だった．こうした画分は乳脂自体よりココアバターとの相溶性が高かったが，その結果はあまり将

来性を期待させるものでなかった．つまり，調製されたチョコレートが対照のチョコレートより柔らかくなった．

第7章　油脂間の相互作用，ブルーム，変敗

この章では，油脂自体よりはむしろ菓子製品に関係する4つの課題を考察する：
・類似と相溶性．
・油脂移行．
・ファットブルーム．
・変敗．

A節　類似と相溶性

表7.1は3タイプの製菓用油脂とココアバターの脂肪酸組成を要約して，比較している．SOS型油脂とココアバターの類似性は明らかである．ラウリン酸型油脂は完全に異なる組成であり，その特徴はココアバターやSOS型油脂あるいは高トランス酸型油脂には存在しないラウリン酸（$C_{12:0}$）の濃度が高いことである．高トランス酸型油脂の特徴はトランス酸の濃度が高いことであり，トランス酸は他のタイプの油脂に存在しない．

使用される全ての条件で，2つの油脂の混合物が固相と液相で完全な混和性を示すなら，この2つの油脂は相溶性があると定義される．つまり，2つの油脂は図

表7.1　ココアバターと比較した3タイプの製菓用油脂の典型的な脂肪酸組成（Stewart & Timms, 2002 による）

脂肪酸（メチルエステルとしての%）	ココアバター	製菓用油脂				
		SOS型		高トランス酸型	ラウリン酸型（硬化していない）	
		低融点PMF	高融点PMF			
$C_{8:0}$	0	0	0	0	2	
$C_{10:0}$	0	0	0	0	2	
$C_{12:0}$	Tr	Tr	Tr	0	54	
$C_{14:0}$	1	0.3	0.4	Tr	22	
$C_{16:0}$	26	34	44	23	9	
$C_{18:0}$	34	29	20	12	2	
$C_{18:1}$ (cis)	35	34	33	16	7	
$C_{18:1}$ (trans)	0	Tr	Tr	46	0	
$C_{18:2}$	3	2	2.4	1	1	
$C_{20:0}$	1	0.5	0.2	1	Tr	

PMF：パーム油中融点画分．Tr：痕跡（<0.1%）

2.20(a) に示されている偏晶型の相図になる．相溶性のない混合物は図 2.20(b) に示されているように固相中での不完全な混和を示す共晶の相図になるか，あるいは，時折，図 2.20(c) にあるような部分的に固溶体のある偏晶の相図になる．相溶性のある油脂のブレンドは成分油脂濃度とほぼ直線関係になる SFC を示す．つまり，このブレンドの SFC はマスバランス方程式で計算されて良いし，等固体図はほぼ直線を示す．相溶性のない油脂のブレンドは直線関係よりもっと低い SFC となり，また，等固体図は顕著な凹みを示す．

相溶性の程度は次の 3 つの因子に左右される (Paulicka, 1973)：

(a) 融点，SFC 値，融解熱のような熱的特性．
(b) 脂肪酸の鎖長やシスあるいはトランスの二重結合によって影響されるような分子のサイズと形状．
(c) β' か β，あるいは 2 鎖長構造か 3 鎖長構造のような結晶の多形．

こうした 3 つの因子における類似性が高いほど，油脂の相溶性は高くなる．

意図的に，製菓用油脂はココアバターと類似する SFC と融点にされる．融解熱のような他の熱的な因子は上記の因子 (b) と (c) で決まるので，いろいろなタイプの製菓用油脂同士の相溶性に影響する因子は事実上この (b) と (c) の 2 つだけである．この 2 つの因子の影響を表 7.2 にまとめた．

表 7.2 ココアバターと 3 タイプの製菓用油脂との相溶性
(Stewart & Timms, 2002 より)

製菓用油脂	主要脂肪酸の鎖長	安定多形	相溶性
ココアバター	C_{16} と C_{18}	β-3	—
SOS 型	C_{16} と C_{18}	β-3	～100%
高トランス酸型	C_{16} と C_{18}	β'-2	～20%
ラウリン酸型	C_{12} と C_{14}	β'-2	～5%

油脂が混合されて固体状態になる場合，それが立方体 (多形 β) あるいは球体 (多形 β') の分子で構成されるとイメージすることができる (実際には立方体や球体ではない)．立方体や球体は大きい (炭素数 16 や 18 の脂肪酸) か，あるいは，中程度のサイズ (炭素数 12 や 14 の脂肪酸) だろう．明らかに，同一サイズの立方体はぴったりと合い容易に密なパッキングになる．つまり，それらが固体状態で容易に混じり合い単一の固溶体になると断言できる．これはココアバターと SOS 型油脂の場合である．このやり方に倣って，大きな立方体と中間的な球体を混ぜ合わせることは簡単にいかなくなる．したがって，ココアバターとラウリン酸型油脂は相溶性に乏しい．最後に，高トランス酸型油脂はココアバターと同じ炭素数の脂肪酸を持つが，その安定多形が異なり，

A節　類似と相溶性

大きな立方体と大きな球体を混合したのと同じようになる．これは相溶性が乏しいことの結果だが，ラウリン酸型の油脂よりはましである (Stewart & Timms, 2002)．

図 7.1 の等固体相図は，**表 7.2** にまとめられた非相溶性の程度を示している．2 つの固溶体領域（相溶性の乏しい領域）から単一固溶体（相溶性の高い領域）の部分を分ける

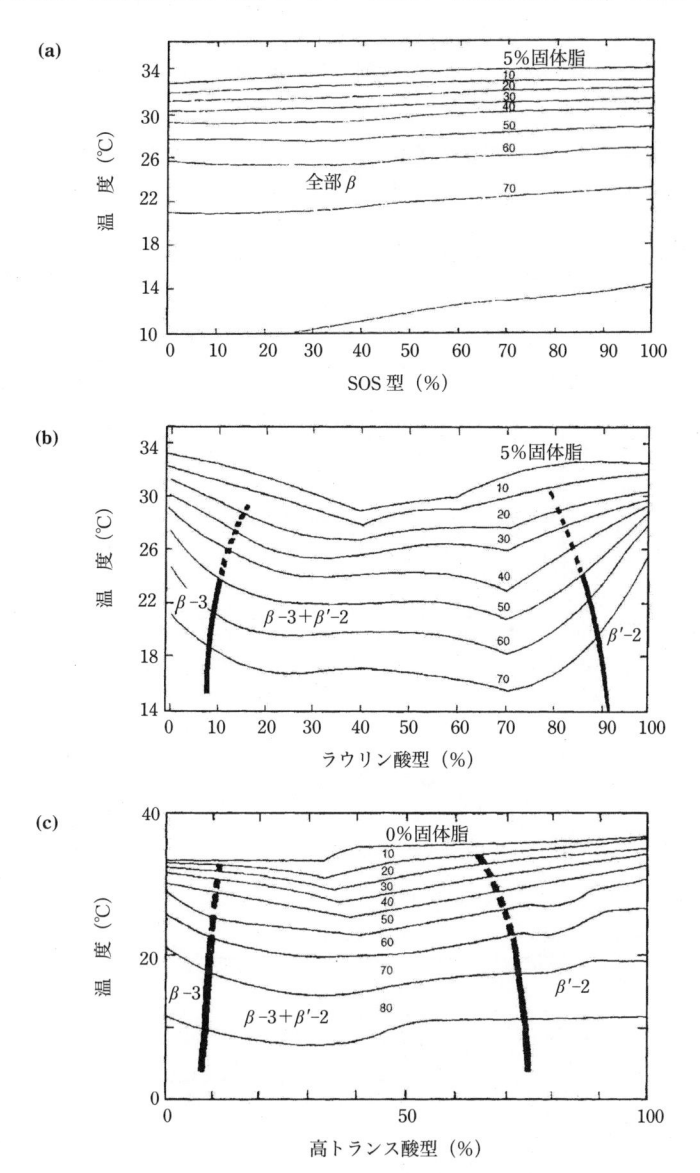

図 7.1　ココアバターと 3 タイプの製菓用油脂との混合系の等固体相図：(a) SOS 型，(b) ラウリン酸型，(c) 高トランス酸型 (Gordon, Padley & Timms, 1979 からの複製)

第7章 油脂間の相互作用,ブルーム,変敗

太い線は,第2章で説明され,そして,以下で考察されるような相図の解釈からきている.

図7.2 は高トランス酸型油脂 (CBR) とココアバターの混合系の調製直後と,7か月間の貯蔵後の相図である.最初,ココアバターは多形がⅣ型 (β') なので,この油脂は良好な相溶性を示す(因子(c)が同じで,因子(b)はいくぶん異なる).しかし,ココアバターがⅤ型 (β) へ転移すると,固溶体の激しい崩壊が生じる(この時に因子(b)と因子(c)とに互いの違いがでる).

SOS型油脂とココアバターの混合系の相図は,**図7.1(a)** のように,普通,単一固溶体と完全な相溶性を示す.製菓用油脂の相挙動の研究で,パウリッカ (Paulicka,1973)

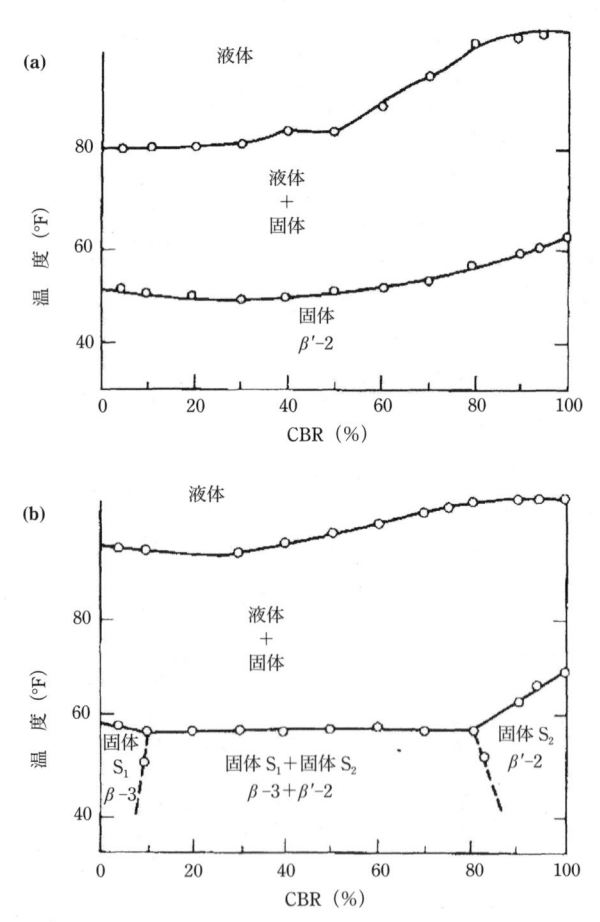

図7.2 ココアバターと高トランス酸型油脂 (CBR) の相図:(a) テンパリングしていない混合系の場合で,65°F (18℃) に8時間貯蔵後,(b) さらに50°F (10℃) で7か月間の貯蔵後 (Chemistry & Industry の許可を得て,Paulicka, 1973 からの複製)

A節　類似と相溶性

は約 6 か月後に固溶体の崩壊を見出した．この現象は標準的な配合の CBE を用いたユニリーバ社の試験 (Gordon, Padley & Timms, 1979; Timms, Carlton-Smith & Hilliard, 1976) では確認されなかったが，パーム油中融点画分 (POP) の濃度が高い CBE の場合に，部分的な固溶体を持つ偏晶タイプの挙動が観察された．

　ユニリーバ社の研究者らがつくった同様の相図は図 7.1 の等固体図のベースだったが，それを図 7.3 に示す．時間の経過でソルバス線の位置が変化することに注意してほしい．固相が平衡に達し，そして，真の非相溶性を示すのに数週間ないしは数か月もかかる．同じような油脂の相図である図 7.2 と比べると，図 7.3 の固相線の位置はより高温側であり，そして，右側のソルバス線の位置がもっと左になっている．ユニリーバ社のデータは実際のチョコレート配合での結果により近いので，同社の結果が

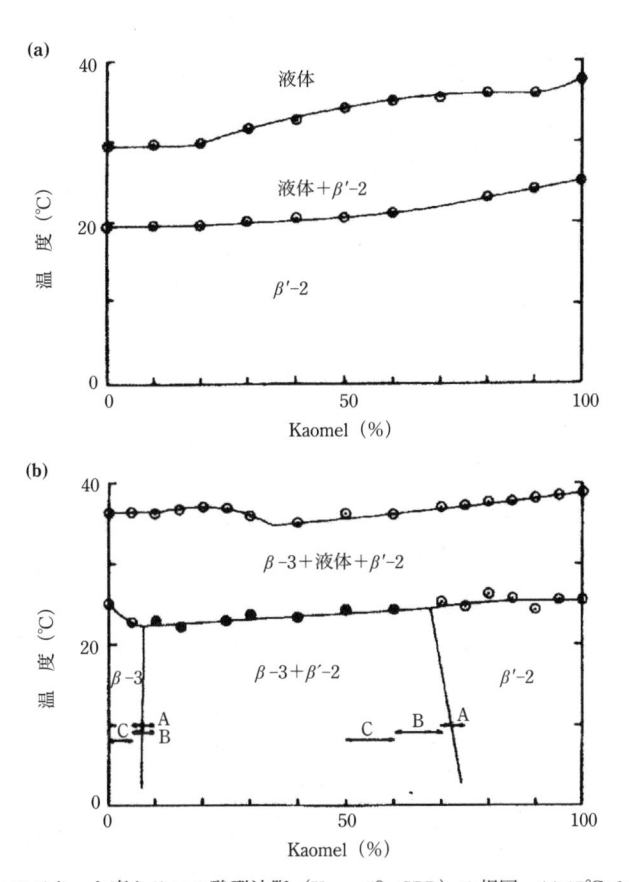

図 7.3　ココアバターと高トランス酸型油脂 (Kaomel®, CBR) の相図．(a) 15℃で 24 時間後，(b) 25℃で 8 日間の保管後に 10℃に 7 か月貯蔵した場合の主要図．ソルバス線の位置：[A] +10℃，7 か月後 (主要図と同じ)；[B] +10℃，6 週間後；[C] +10℃，1 週間後 (Loders Croklaan の許可を得て Timms, Carlton-Smith & Hilliard, 1976 からの複製)

第7章 油脂間の相互作用，ブルーム，変敗

より正確だと思われる．

図 7.4 はラウリン酸型油脂とココアバターの相図である．ソルバス線の位置と2つの固溶体領域の範囲は，実験上の困難があり，不明確である．ココアバターの量が多くなると，XRD や DTA の測定中に多形 β が生じるようになる．ここでの2種の油脂の違いはあまりにも大きい（分子サイズや脂肪酸の違いに起因）ので，ココアバターが β' であっても，2つの固溶体領域や非相溶性が生じるようだ．高トランス酸型油脂の場合のように，完全な平衡に達するまでに時間がかかるが，その変化はラウリン酸型油脂の場合により小さい．それは多分，最初に完全な固溶体を形成せず，その固溶体の分離が既に進行していたことによるのだろう．

図 6.20 に示した SFC から予測されるように，ココアバターに添加する乳脂の量が

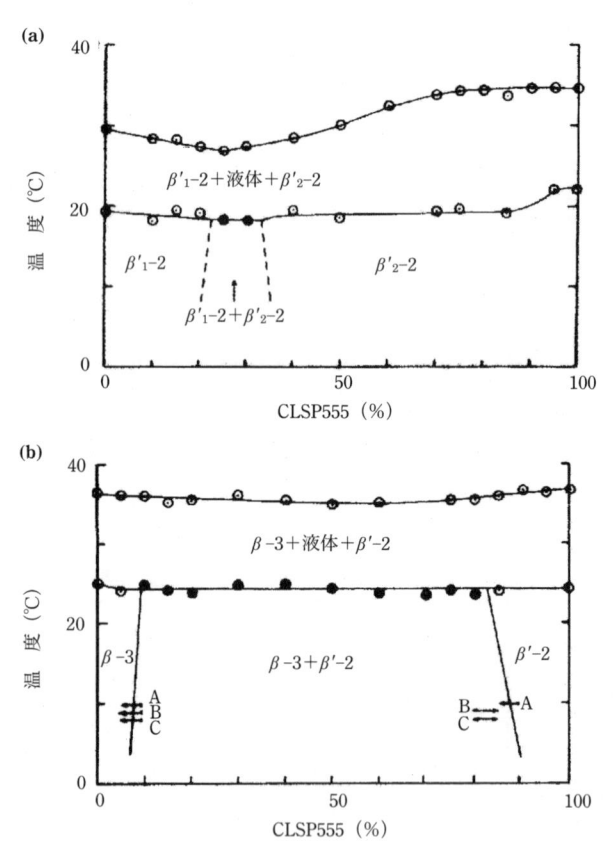

図 7.4 ココアバターとラウリン酸型油脂（CLSP555®, CBS）の相図：(a) 15℃ で 24 時間後，(b) 15℃，1日 +25℃，7日間 +10℃，5か月間貯蔵後の主要図．ソルバス線の位置：A，+10℃，3か月間貯蔵；B，+10℃，5週間貯蔵；C，+10℃，1週間貯蔵（Loders Croklaan の許可を得て Timms, Carlton-Smith & Hilliard, 1976 からの複製）

増えれば，ココアバターと乳脂の混合系はより柔らかくなってしまう．つまり，この混合系のSFCが全ての温度でより低くなる．この2つの油脂の安定多形は異なるので，図7.5のココアバターと乳脂の共晶タイプの相図で示されているように，この2つの油脂が固体状態で完全に混じり合うことは期待できない．しかし，ココアバターへの乳脂の添加は，その添加量が50%になるまで，ココアバターのβを変化させないことが分かる．チョコレート油脂相中の乳脂量が30%を越えることはほとんどないので，実際にはココアバターの特性が支配的であり，また，乳脂の影響は軟化の影響以外ほとんど無視して良い．当然ながら，乳脂は20℃で約80%が液体である．乳脂の中融点画分（MMF）は少し共晶的な影響をもたらす．そして，MMFとココアバターの混合系は典型的な共晶タイプの相図になる（Timms, 1980a）．

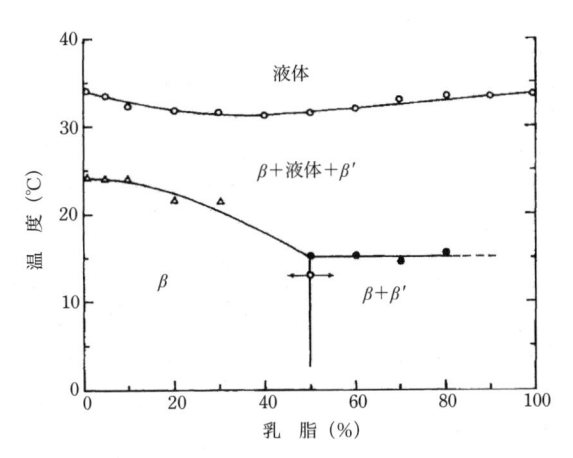

図7.5 ココアバターと乳脂の混合系を13℃で4週間貯蔵した後での相図；矢印はソルバス線の位置の不明瞭さを示す（Timms, 1980aからの複製）

　乳脂と水素添加ヤシ油（ラウリン酸型油脂）や水素添加綿実油（高トランス酸型油脂）との混合系のSFCが報告されている（Shen, Birkett, Augustin, Dungey & Versteeg, 2001）．小さな共晶的効果が，水素添加ヤシ油では15℃と25℃の間で，また水素添加綿実油では25℃と35℃の間で現れ，その結果SFCが重量比（マスバランス）で計算されたよりも低い値を示した．

　菓子製品，ナッツやナッツペーストのフィリング中，とりわけヘーゼルナッツやピーナッツのペースト，また，ヘーゼルナッツ，アーモンド，ブラジルナッツの中に，液状油も生じてくる．予測されるように，液状油の添加はほぼ添加量に比例して，図7.6にあるように，次第に全体のSFCを低下させるし，チョコレートの多形変化の速度も加速する（Lovegren, Gray & Feuge, 1976）．

　センター入り菓子製品での油脂移行の結果として，ココアバターと製菓用油脂の間

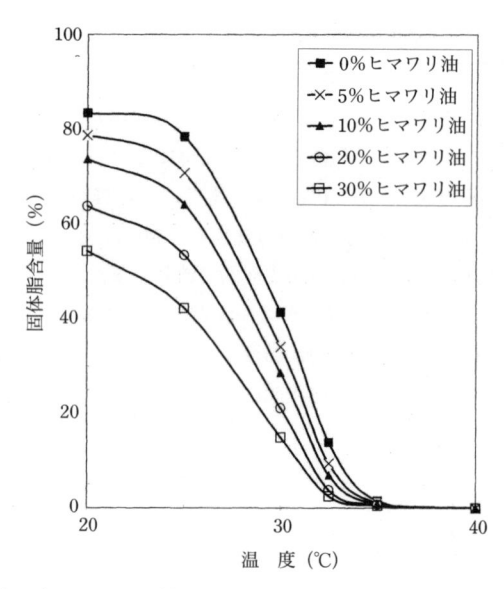

第 7 章　油脂間の相互作用，ブルーム，変敗

図 7.6　ココアバターといろいろな量のヒマワリ油との混合系の SFC 融解曲線（テンパリングは表 3.1 の方法 3）（Britannia Food Ingredients より）

だけでなく，3 タイプの油脂のどれとの間にも相互作用が起こるだろう．例えば，ラウリン酸型油脂のフィリングを持つ CBS のコンパウンドチョコレートはその事例に

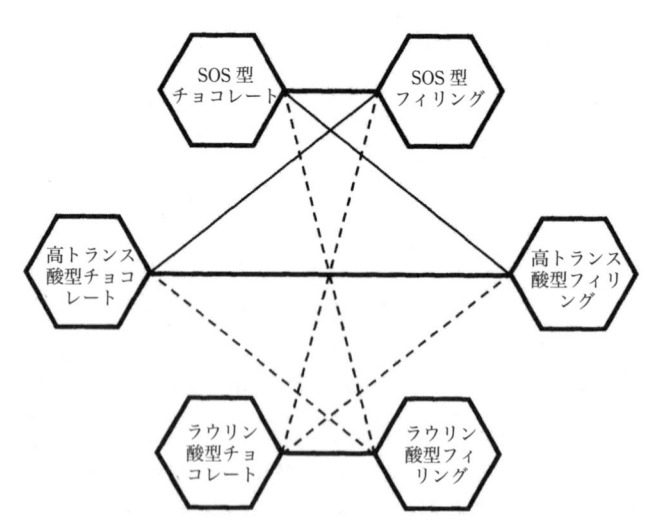

図 7.7　油脂の相溶性：太線＝完全な相溶性；細線＝控え目な相溶性；破線＝非相溶性（Talbot, 1995a からの複製）

なる．タルボット（Talbot, 1995a）は相互作用の研究を3タイプの（チョコレート用）ハード油脂と3タイプの（フィリング用）ソフト油脂との全部で9通りの組合せに拡大している．その結果を図7.7にまとめ，各タイプの油脂間での非相溶性の程度を示している．同じタイプの油脂を混合した場合，因子(b)と(c)が同じとなり，相溶性は良好である（太線）．高トランス酸型油脂がSOS型油脂と控え目な相溶性（細線）を有するのは，因子(b)が同じで，因子(c)が違うからである．ラウリン酸型油脂はSOS型油脂と高トランス酸型油脂の両方と相溶性に乏しい（破線）．これは2つのタイプの油脂と少なくとも1つの因子が完全に異なるからである．つまり，高トランス酸型油脂とは因子(b)が違って(c)は同じ，また，SOS型油脂とは因子(b)と(c)が違う．こうした結果は，表7.2での結果と同じく，因子(b)である分子サイズが因子(c)の多形より相溶性の喪失を促すことを示唆している．

第7章 油脂間の相互作用，ブルーム，変敗

B節 油脂移行

1. 緒言

　食品は，万物共通の現象として，化学的，熱力学的な平衡に向かう．例えばジントニックに氷を入れると，氷，ジン，そして，水は平衡に向う．つまり，氷は融解してジンとトニックウォーターの温度は低下し，明らかにこの混合物は一定な温度と組成を持つ均質なものになる．同様に，ビスケット，センタークリーム，プラリネ（praline）やヌガー，あるいは，他のフィリング（"センター"）を手に取り，次いでこれにチョコレートを被覆すると（"シェル"），センターとシェルは熱力学的，化学的な平衡になろうとする．シェルとセンターの油脂組成は均一化し同じになっていく．

　全ての油脂は，ココアバターのように非常に硬い油脂でさえ，常温である程度の液状油を持っていることを，私たちは理解している．平衡化は主としてこの液体相の動き（migration）で推進される．図7.8に，チョコレートで被覆されたビスケットをいろいろな温度に貯蔵した場合のセンターとシェルの組成のデータを示した．21℃でさえ，実質的な油脂移行が生じることに注意してほしい．貯蔵温度が高いほど，また，液状脂量が多いほど，油脂移行の量と速度が増す．油脂移行は常に2方向で進行す

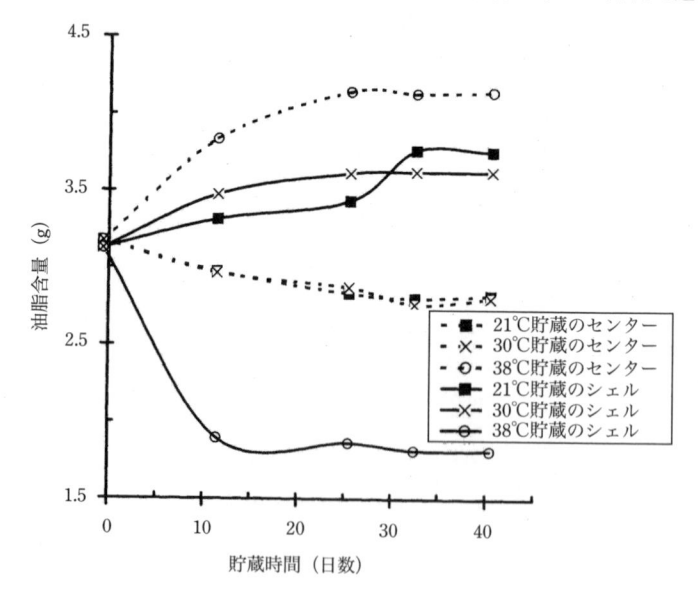

図7.8 いろいろな温度で貯蔵されたチョコレート被覆ビスケットのベース（"センター"）とクーベルチュールチョコレート（"シェル"）の油脂含量（Wootton, Weeden & Munk, 1970からの複製）

る．つまり，センターからシェルへ，そして，シェルからセンターへの方向であり，このことは図7.8 の21℃と38℃の結果を比較すると良く理解できる．21℃での正味の油脂移行はセンターからシェルへの移行である（センターの油脂が減り，シェルの油脂が増える）．38℃の場合の正味の油脂移行はシェルからセンターへの移行である．

チョコレートはプラリネや他の多くのセンターと同様に，油脂を連続相とする製品である．ビスケットは油脂の連続相ではないが，ビスケット中の油脂はしみ出しで移動してシェルに接触できる．ビスケットベースのタイプが油脂移行の速度に影響し，ビスケットの組織が密なほど，油脂移行の速度は上がる（Wootton, Weeden & Munk, 1972）．

チョコレートで被覆したプラリネの研究で，表7.3 にある脂肪酸とマスバランスのデータは，2方向で進行する油脂移行の程度を示している．製品全体の中でシェルの比率が高まることから，プラリネセンターからチョコレートシェルへの正味の油脂移行が確認できる．シェルの脂肪酸組成は不飽和脂肪酸の $C_{18:1}$ や $C_{18:2}$ を著しく増やし，飽和脂肪酸の $C_{16:0}$ や $C_{18:0}$ を減らしている．これは相当量のヘーゼルナッツ油が移行したことを反映している．硝酸銀TLCでのTAG分析を含めたこの結果より詳細な解析で，油脂移行が両方向で生じていることが明らかになった．また，この結果や他の研究から，液状TAGの油脂移行に選択性がないことも明らかに分かる．つまり，液相の最初の相対的な比率を維持したままで，POOやStOOはOOOなどと一緒に移行する．油脂のほんの一部が液状である場合は，油脂の最初の相対比率を維持しない．さらに，スミス（Smith, 1998）が指摘したように，油脂移行が起こって液相が混ぜられるので，固相と液相間の平衡が乱される．油脂移行が起こる温度で固体状態のTAGも，（新たな）液相中の溶液に溶解して移行できるかも知れない．したがって，油脂移行の後，油脂中のいろいろなTAGの比率が全体として変化しているのが見られる．

2方向で進行する油脂移行のさらなる証拠は，樹脂型中に置いた砂糖25%と油脂

表7.3　20℃で4か月の貯蔵前後でのチョコレートで被覆されたプラリネ中の油脂移行（Chaveron, Ollivon & Adenier, 1976 より）

パラメーター	プラリネセンター		チョコレートシェル	
	貯蔵前	貯蔵後	貯蔵前	貯蔵後
製品全体中の質量（%）	49	42	51	58
移行した質量（%）		14.3		13.7
移行した油脂（%）		34.3		32.9
脂肪酸組成（%）				
$C_{16:0}$	7.4	9.5	25.0	17.6
$C_{18:0}$	5.2	6.4	34.2	22.6
$C_{18:1}$	74.8	71.2	36.5	52.2
$C_{18:2}$	12.6	12.9	4.2	7.8

75%の混合物としたモデル系で得られた (Talbot, 1990). ヒマワリ油とオリーブ油, ヒマワリ油とココアバター, そして, オリーブ油とココアバターの組合せが調べられた. 液相の動きは脂肪酸とTAG分析で確認された. 再度, 全体として液相が移行することが確認された.

相の移行と混じり合いは拡散で起こる. ジーグリーダーと共同研究者ら (Ziegleder, Moser & Geier-Greguska, 1996a, 1996b; Ziegleder & Schwingshandl, 1998) の優れた一連の論文で解説されているように, 油脂移行の速度は拡散係数と時間で決まる. 彼らの有益な総説が, 新たな結果も盛り込まれて, 最近発表された (Ziegleder, Petz & Mikle, 2001).

センターからチョコレートシェルへの油脂移行速度は, 既知の拡散原理より導かれた次の近似式で記述される:

$$m_t/m_s = A \cdot K \cdot \sqrt{D \cdot t}/V \qquad (1)$$

ここでtは時間 (秒), m_tとm_sは時間tと飽和 (平衡) でのチョコレート中の油脂移行量 (g/cm³), Dは拡散係数 (cm³/s), Aは近接する (油脂) 相 (センターとシェル) の接触面積 (cm²), Vはチョコレートシェルの体積 (cm³) であり, Kは2相間の接触強度を表す定数である. ジーグリーダーらによれば, 理想系で$K=1$, $K<1$は2相間の接触が不完全な場合, $K>1$は油脂移行で生じる膨張あるいは共晶的な影響の結果としての構造変化がある場合と仮定されている.

A/Vの比は$1/d$に等しく, dはチョコレート層あるいはシェルの厚さである. したがって, 式(1)から, m_tの増加はシェルが薄いほど大きくなることが予測される.

式(1)はまた, 油脂移行の初期段階で$m_t \ll m_s$の時, m_tはtとともに直線的に増加

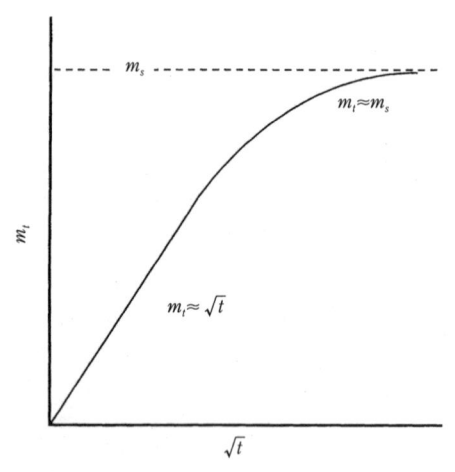

図7.9 油脂移行量m_tの増加は時間tの平方根の関数となり, また, 飽和濃度m_sに左右される (Ziegleder, Moser & Geier-Greguska, 1996aからの複製)

し，一方，終期段階で m_t は図 7.9 で図式的に示されたように m_s に漸近する．

式(1)は明らかな温度依存性を示していないものの，常識からの判断と図 7.8 で既に見た結果から，温度が油脂移行に著しく影響することは明らかである．温度は次の（アインシュタイン）式で与えられるように，拡散係数（D）に影響を与えるので，結果的に油脂移行に影響する：

$$D = k \cdot T/6 \cdot \pi \eta r \qquad (2)$$

ここで k はボルツマン定数，T は絶対温度，η は粘度，r は拡散物質の分子半径である．菓子の貯蔵温度は約 283～300K の範囲と狭いので，T の D に対する直接的な影響は最小である．温度の最大の影響は粘度 η に生じ，T の増加で η は急激に低下する．油脂の塑性粘度と固体脂量との間に密接な関係があり，固体脂量はそれ自体が温度に左右される．ジーグリーダーら（Ziegleder, Moser & Geier-Greguska, 1996b）は次の式を見出した：

$$\ln D = 0.065 \cdot (100 - \mathrm{SFC}) - 12.3 \qquad (3)$$

この式はチョコレートを被覆したプラリネのモデル系で得られた結果に良く合致した．その限界を推定して，彼らは，約 35℃で完全な液状チョコレートの SFC＝0％の場合，D が 1.5×10^{-8} cm^2/s，そして，約 −30℃で完全な固体状チョコレートの SFC＝100％の場合，D を 5.0×10^{-13} cm^2/s と算出した．温度が 10℃から 26℃に上がった場合，D 値は 150 倍になる．つまり，3.6×10^{-11} から 26℃で 5.5×10^{-9} になる．

2. 油脂移行のモニタリング

油脂移行は数種の方法で観察できる．

肉眼観察

製品は通常柔らかくなり，外見にひび割れ，ブルーム，あるいは，他の変化を起こす．これは一般的に油脂移行が生じたことの最初の兆候であり，多分，顧客の苦情の原因になる．軟化は針進入度試験（penetration measurements）で定量的に測定できる（Talbot, 1996）．

重量測定

センターとシェルの重量は油脂移行の進行に伴い時間の経過で変化する．図 7.8 に示す結果はこの方法で得られた．重量測定は，通常，油脂移行の他の測定法と平行して実施され，続いて行われるデータ解析にマスバランスの情報を提供する．

経時的な液状油量の測定

DSC あるいは NMR 法が使われる．DSC は図 **7.10** に示す結果を得るのに使われた．DSC の利点はサンプル量が NMR 法の〜1g に対して〜10mg と少なくてすむことである．

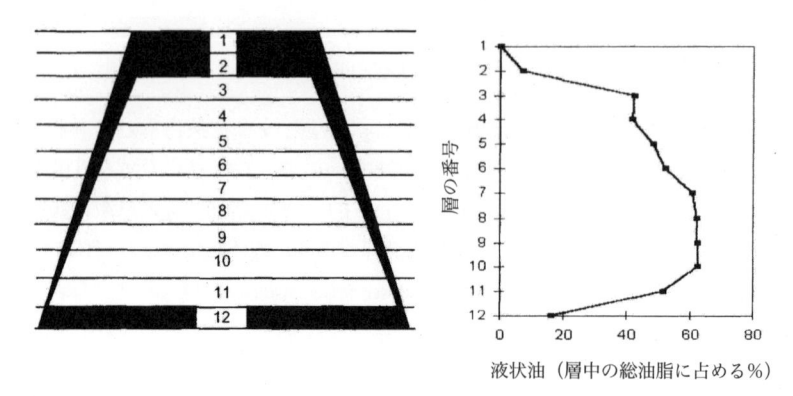

図 **7.10** DSC で定量されたヌガーを充填したプラリネの各層（1.5mm の厚さ）にあるヘーゼルナッツ油の量（Beierl, Homik & Ziegleder, 2000 より）

脂肪酸組成，あるいは TAG 組成の測定

GLC が脂肪酸組成の定量に使われる．とりわけ有益な情報は GLC あるいは HPLC で定量される TAG 組成から得られる．HPLC を使い図 **7.11** の結果を得た．TAG 組成の分析は，おそらく油脂移行測定の最も強力な技法であろう．通常，図 **7.11** の場合のように，それぞれの油脂相の著しく特徴的な TAG が測定され，それぞれの方向

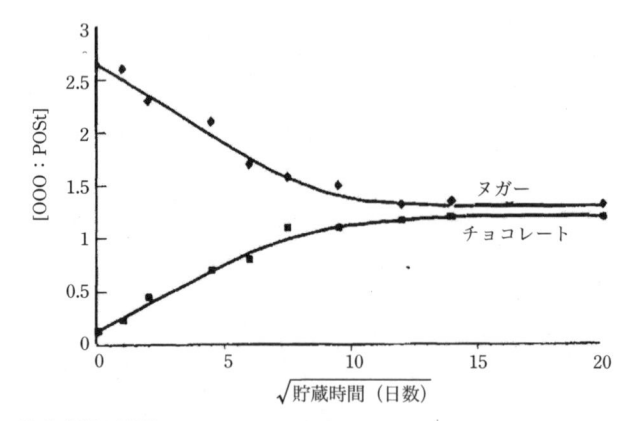

図 **7.11** 26℃の貯蔵時間を関数とするヌガーを充填したミルクチョコレート中のチョコレートとヌガーにおける油脂の濃度比［OOO：POSt］．ヌガー部は 50％（Ziegleder, Moser & Geier-Greguska, 1996a より）

の油脂移行が明瞭に区別される．図7.11の場合，26℃で約200 (14^2) 日後にほとんど完全な均質性と平衡に達したことがわかる．

TAG組成分析の解釈を助けるため，タルボット (Talbot, 1996) はSpecific Migration Index (SMI) の概念を導入している．SMIの計算は，油脂移行の前と後での個々のTAG間における量的な絶対差の総計を，油脂移行が起こる前のセンターとシェル間の絶対差の総計で除して計算される．SMIを使うと，センターやシェルの組成がどれほど違っても関係なく，油脂移行の絶対量を正しく概算できる．

核磁気共鳴画像法 (MRI)

核磁気共鳴画像法 (magnetic resonance imaging) が図7.12の結果を得るのに使われた．チョコレートシェル中への着実なヘーゼルナッツ油の移行が明らかに分かる．マッカーシーら (McCarthy, Walton & McCarthy, 2000) がMRIの菓子製品への応用を解説している．この技法は非破壊試験なので，たとえ包装されていても分析可能であり，実際の製品で油脂移行を分析するのにとりわけ有効である．

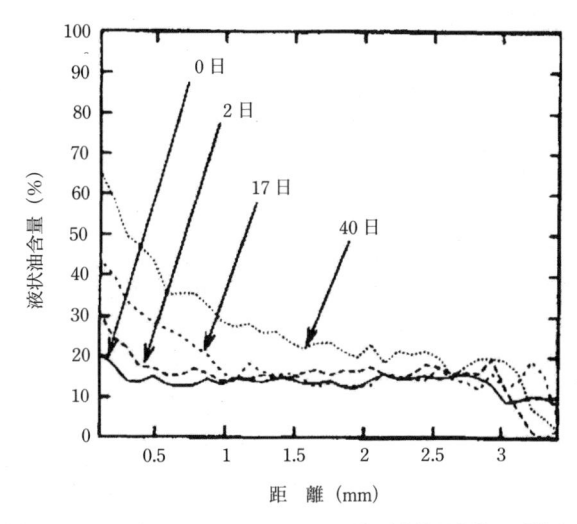

図7.12 核磁気共鳴画像法で測定されたヘーゼルナッツ油／砂糖混合物に近接するチョコレート中の液状油含量の距離／時間-依存性．19℃で貯蔵中の油脂移行プロファイル（Society of Chemical Industryの許可を得てGuiheneuf, Couzens, Wille & Hall, 1997からの複製）

放射性同位元素での標識

スミスら (Smith, Haghshenas & Bergenståhl, 2001) は液相と固相間の相互作用を調べる放射性同位元素標識 (radio-labelling) 法を説明している．^{14}Cで標識された液状油の飽和溶液が一定量のTAG結晶に加えられる．液状油と結晶間の相互作用を測定するため，

経時的にこの液状油中の放射能を調べる．これまでの研究対象はたった1つのモデル系だったが，この技法をセンター入りチョコレートでの油脂移行やブルーム形成の研究に拡げることが提唱されている．

3. 油脂移行の防止

油脂移行は温度，センターとシェル中の液状油相の存在量，時間に左右されるので，次のやり方で油脂移行の阻止や最小化を期待しなければならない：

- 製品の貯蔵温度を下げ，貯蔵時間を短縮すること．
- 油脂移行しやすい液状油量を少なくするため，センターとシェルにより硬い油脂を使うこと．
- 油脂の結晶を構造化し，これに液状油を取り込むこと．
- 非油脂粒子を構造化し，これに液状油を取り込むこと．
- センターとシェルの間に液状油の不浸透層を置くこと．
- 厚手のチョコレートシェルを使い，シェルへの油脂移行の影響が表面で気づかれないようにし，そして，消費者にも分からないようにすること．
- シェル中の油脂と相溶性のある油脂をセンターに使うこと．

貯蔵温度を下げ，貯蔵時間を短縮すること

チョコレート菓子製品のほとんどは，現在，貯蔵と流通中に低温（15℃以下）に置かれるので，拡散速度を低下させ，また，センターとシェルの両方に存在する液状油量を減らして十分に油脂移行を低下させている．しかし，いったんこうした商品が小売店や消費者の家庭に届くと，温度は20～25℃の通常の雰囲気温度に上がってしまう．貯蔵可能な期間が短くなることは商品の賞味期限の短縮を意味し，これにはコスト問題がつきまとう．

硬い油脂と構造化された油脂

明らかに，センター中の油脂のSFCが高くなれば，液相の量は減少する．**図7.13**に，いろいろな油脂の油脂移行の程度がその油脂のSFCに著しく影響されることが示されている．しかし，この相関関係が正確でないことにも注意が必要である．図中でCMF（水素添加改質画分）と表記された油脂はHP1（水素添加パーム油）やREF（基準油脂）より油脂移行速度が非常に遅いが，これら油脂全てのSFCはほぼ同じである．この違いは油脂中の結晶の構造，あるいは，サイズやタイプに由来している．微細なβ'結晶は，第4章C.4項で説明されているように，大きな表面積となり，液状油を捕捉する亀裂（fissure）を持つ．製菓用油脂の製造企業は一定のSFCで油脂移行を最小にする，いわゆる"構造化油脂（structured fats）"を販売している．この現象を定量

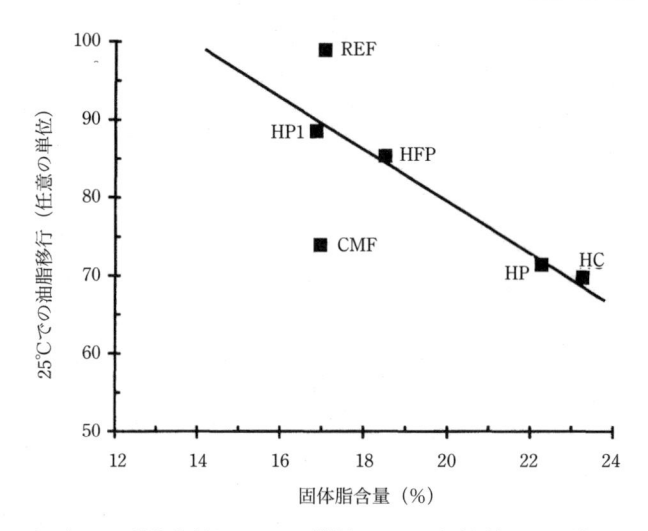

図 7.13 フィリングからの油脂移行と SFC との関係．HP1：水素添加パーム油，HFP：水素添加分別パーム油，HP：完全水素添加パーム油，HC：水素添加綿実油，CMF：水素添加改質画分，REF：基準油脂（Alander, George & Sandström, 1994 からの複製）

化し，説明するため，混合物中の粒子数が非常に多いと実質的に移動ができなくなるという"臨界体積分率（critical volume fraction）"の概念が展開されている（Alander, George & Sandström, 1994）．一方，レシチンの添加は砂糖の凝集をバラバラにするので，捕捉された液状油が遊離して油脂移行を促進する傾向となる．これとは別に，レシチン添加はフィリングの流動性を良くするので，通常は必要とされることでもある．

非油脂性粒子の構造化

チョコレート中の砂糖の一部をココアパウダーか粉乳に置き換えると，油脂移行速度が低下する．この効果は，非油脂性粒子の不規則な形状に起因して，こうした非砂糖粒子の表面積が大きくなることに関係しているのかも知れない（Smith, 1998）．同様に，全ての無脂固形物の粒子のサイズを小さくするためにチョコレートを徹底的に微粉砕すると，油脂移行速度は低下する．多分，これは表面積の増加に起因している．

液状油の不浸透層

センター中の油脂が常温で 100％の固体なら，油脂移行は起こりえない．こうした問題の解決法は製品の味を低下させるので，全く論外である．妥協的な解決法はバリヤー油脂を使うことである．それは高い SFC の油脂をセンターとシェルの間に薄い層（<0.5mm）とする．バリヤー油脂を利用する場合は液状油を通すひび割れをつくらないことである．砂糖もバリヤー層に一体化して良い（Talbot, 1990）．

バリヤー油脂の概念は非油脂性バリヤー層の利用にも拡げられる．親水性コロイドのバリヤー層が提唱されているが，商業的には使われていない (Brake & Fennema, 1993).

バリヤー油脂は菓子製品での水分移行，例えばフォンダンセンターからの水分移行をできるだけ少なくするのにも利用して良い (Talbot, 1994).

厚手のチョコレートシェル

図 7.12 で，どのようにヘーゼルナッツ油がセンターからチョコレートシェルへ確実に浸透するかを理解した．この実験で，シェルの厚さは約 3mm であり，40 日後でさえ，ヘーゼルナッツ油はその表面に全く達していない．シェルの厚さがたった 1mm なら，油は 17 日目までに表面に達してしまうだろう．この結果は油脂移行の影響を最小にする厚手シェル使用の利点を示している．もちろん，移行する油が表面にまだ達していなくても，油脂移行に起因する影響として，例えば相溶性のない油脂間の共晶的な影響による軟化のような現象があるだろう．しかし，シェルへの影響がわずかなら，こうした影響はあまり問題にならない．菓子製造企業は油脂移行の影響低減と引き換えに，厚手のシェルにする余分な費用と食べた時の品質への影響とをバランスさせねばならない．

相溶性の高い油脂の利用

油脂移行を完全に阻止することは不可能なので，最終的な解決策はシェル中の油脂と相溶性のある油脂をセンターに利用し，油脂移行をできるだけおさえることである．ラウリン酸型や高トランス酸型の油脂はココアバターや SOS 型油脂と相溶性がないことを，A 節で学んだ．フィリングのラウリン酸型油脂が，主要油脂としてココアバターを含有するシェルに移行すると，シェルは図 7.4(b) に示した共晶的な相互作用で軟化する．

ココアバターや SOS 型油脂をベースにしたチョコレートシェルが使われるなら，センターの油脂もできれば SOS 型油脂，つまりココアバター，CBE，あるいは，パーム油画分をベースにしたフィリング油脂にすべきである．次善の策として，高トランス酸型油脂，つまり CBR や他の水素添加油をベースにしたフィリング油脂が使える．その理由は，図 7.1(c)，図 7.2(b)，そして，図 7.3(b) で分かるように，ココアバターが 20～25% の CBR 比率まで固溶体の崩壊を起こさずに耐えるからである．相当な油脂移行が起こりそうなら，どんなことがあっても CBS や他のラウリン酸型のフィリング油脂を使うべきでない．なぜなら，こうした油脂は図 7.1(b) と図 7.4(b) にあるように，相溶性が約 10% と著しく低いからである．28℃で 14 日間の貯蔵後，パーム核油ベースのセンターがチョコレートシェルを軟化させ，針進入度試験の測定では，その進入程度がパーム油画分ベースのセンターの場合より 2 倍深くなった

(Talbot, 1996).センター油脂とシェル油脂との組合せも含めて,**図 7.7** に,全ての油脂の組合せでの相溶性を要約した図を示した.

第7章 油脂間の相互作用，ブルーム，変敗

C節　ブ　ル　ー　ム

最近，セグイン (Seguine, 2001) は，ブルームの原因を究明する方法への実用的な助言も含めて，チョコレートのシュガーブルーム (sugar bloom) とファットブルーム (fat bloom) の有用な総説を発表した．本節はファットブルームを扱うが，これをシュガーブルームと対比してみることは有益である．

1. シュガーブルーム

シュガーブルームは水分の吸収で生じるもので，チョコレート中の砂糖がまず溶解し，次いで，表面で薄膜の砂糖結晶として再結晶する．この変化の程度が小さい場合は灰色となる．シュガーブルームは指で触っても消えず，また，脂っぽさも感じられないが，ファットブルームに似た外観になる．砂糖の結晶化がもっと激しい場合は，結晶が出現してザラザラした表面になる．顕微鏡を使えば，あるいは，肉眼でさえ微細な結晶が見える．セグイン (Seguine, 2001) は，その表面に小さな水滴を落とすことでシュガーブルームとファットブルームを識別できると記している．シュガーブルームの場合，水は微視的な砂糖粒子を溶解するので，水滴がすぐに水平に広がる．

電子顕微鏡はシュガーブルームとファットブルームを識別する決定的な方法として提唱されている (Bindrich & Franke, 2002)．いくつかの素晴らしい写真で，砂糖結晶は特徴的な長方体を示している．この形状は針状の油脂結晶と全く異なっている．

ミニフィ (Minifie, 1989) によれば，シュガーブルームの原因とそれを加速させるものは：

- "湿気の多い条件下や湿気の多い壁の所でのチョコレートの貯蔵．
- 製造中に湿気の多い冷えた空気からの滴（しずく）の落下，あるいは，温度が露点以下になっている包装室へのチョコレートの搬入．
- 例えば低品位の砂糖やブラウンシュガーのような吸湿性の原料の使用．
- 適切な包装で保護をせずに，冷たい貯蔵場所からのチョコレートの移動．
- 高透湿性包材の使用．
- 例えばフォンダンのようなセンターが高い平衡相対湿度になり，放出される水蒸気が非透湿性の包装内にこもってしまうチョコレート被覆菓子の高温貯蔵．"

したがって，唯一の望ましい防止法は製品の製造と貯蔵の全ての段階での湿度制御である．

相対湿度を60%とした各温度でのチョコレートの貯蔵研究 (Minault, 1978) で，シュガーブルームが阻止され，最初の品質が維持された条件は次のとおりだった：

・17℃±1℃で3〜4か月間.
・2〜4℃で5〜6か月間.
・−18℃で12か月間以上.

温度と貯蔵期間を考える場合，実際の製品の加温と冷却は平衡に達するまでにかなりの時間がかかり，数日を要することもあることを覚えておかねばならない．製品がパレットに積み上げられた箱に入っているなら，空気循環や熱伝達を効率的にできず，特に時間がかかる．倉庫の温度と製品温度は違うことがある．

2. ファットブルーム

ここでは，ファットブルームを光沢の消失と区別する．筆者は光沢の消失を，チョコレート表面が連続して粗くなったことでの均一な曇り現象 (dulling) と定義する．曇り現象は本質的に大きな結晶への成長で引き起こされるが，結晶は光の波長 (〜0.5 μm) とほぼ同じ大きさになるまで，より小さな結晶を犠牲にしてより大きな結晶に成長する．これらのより大きな結晶は光の回折／散乱を引き起こすので，表面が曇って見える (Timms, 1984)．第2章 C.5項で説明したように，系は熱力学的な平衡に向かう．

筆者は，ファットブルームをチョコレート油脂中での新たな相の発現と定義している．その新たな相は表面の別々の数か所で大きな (〜5 μm) 白い結晶の集合体 (cluster) として見えるようになる (図 7.14)．ファットブルームは油脂巨大化現象 (bulk fat phenomenon) だが，通常，チョコレートの表面で最初に観察される．

ホッジとルソー (Hodge & Rousseau, 2002) は原子間力顕微鏡 (atomic force microscopy) を使い，ミルクチョコレートの表面の粗さ (roughness) を調べた．彼らは，ファットブルームを温度サイクルで誘起した．平面データの平均値からの高さの偏差の2乗平均平方根 (root mean square) と定義された表面の粗さは，チョコレートのブルーム進行に伴い約 300 μm から 600 μm 以上にも増大した．しかし，粗さの増大は見た目のブルームの進行程度と必ずしも関連しなかった．これは，結晶の形態が表面での光の回折を決める結晶サイズと同じ位に重要なことを示しているのかも知れない．ミルクチョコレートはブルーム耐性も高いので，目に見えるブルームを生じさせるのに極端な温度サイクルの条件が必要だった．ブルームが発生しやすいダークチョコレートを研究するのにこの技法を利用するのは興味あることであり，また，実際により役に立つ方法となるだろう．

ファットブルームについての説明が数多く提案されているが，それに惑わされて何が真の根本的な原因かを簡単に見失ってしまう．混乱を引き起こしている一因は，ブルームの原因が単純に1つではないことにある．第2章で説明した相挙動と結晶化の原理に基づいた系統的なアプローチを行えば，ブルームの原因をもっと容易に理解

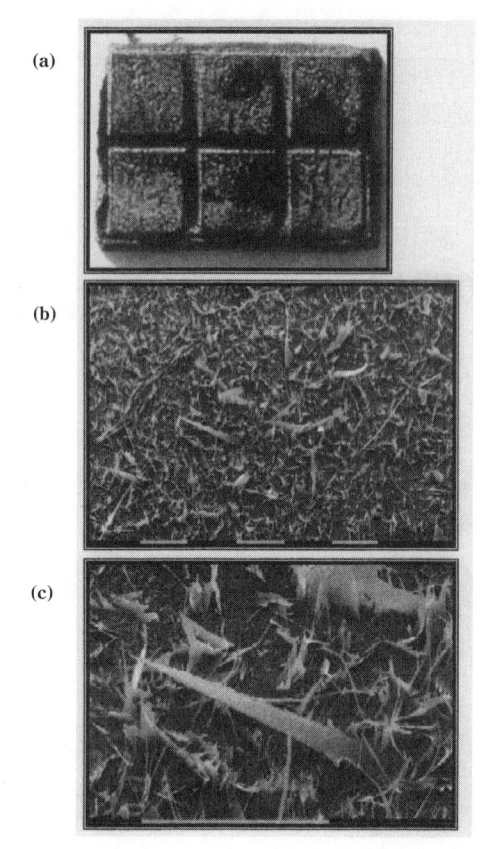

第 7 章　油脂間の相互作用，ブルーム，変敗

図 7.14　プレーンチョコレートのファットブルーム：(b) と (c) は低温走査型電子顕微鏡で観察した結晶の細部．スケールバー = 0.1mm（K. Groves, Leatherhead Food Research Association より）

できるし，そうすることで，ブルームの阻止や最小化の方法の理解も深まる．

したがって，新たな相が発現する時にブルームが認められるという前提に立ち，相図を精査すると，新たな相の発現は次の3つの理由から知ることができる：
(a)　多形の変化．
(b)　単一固相から2相，つまり固相＋液相への転移．
(c)　単一固相から2つの固相，つまり，2つの固溶体の混合系への転移．

それぞれのメカニズムをこれからもっと詳細に考察してみる．それぞれにメカニズムは違うが，通常，それらが一緒に起こるので，どのメカニズムがブルーム形成に決定的であるかを一概に断定できない．

メカニズム(a)：多形の変化

　油脂相として純粋なココアバターやココアバターと他のSOS型油脂を含有するチョコレートは，IV型 (β'-2) からV型 (β_2-3) あるいはVI型 (β_1-3) への変化が原因でブルームを生じる．このブルームはチョコレートのテンパリングが不十分な場合に生じる．適正にテンパリングされたチョコレートでは，V型からVI型への変化もブルームと一緒に起こるが，これはチョコレートの最も典型的なブルームである．電子顕微鏡を使って，ブルームしたチョコレート表面の大きな結晶はココアバターのVI型結晶であることが示されている（Berger, Jewell & Pollitt, 1979）．VI型はココアバターの最も安定な結晶型なので，最終的には必ずVI型になる．しかし，表7.4の結果はVI型の発現に数年かかるかもしれないことを示している．

表 7.4　数年間貯蔵されたチョコレート試料における多形変化（Cebula & Ziegleder, 1993 より）

試　料	次の温度で3.5年間貯蔵後	
	23℃	10℃
ダークチョコレート	VI型	V型
2％乳脂添加のダークチョコレート	V型	V型
5％乳脂添加のダークチョコレート	V型	V型
ミルクチョコレート	V型	V型
	次の温度で4年間貯蔵後		
ダークチョコレート	23℃	18℃	−10℃
	VI型	V型	V型

　佐藤と古谷野（Sato & Koyano, 2001）はこのメカニズムで生じるブルームを詳細に説明している．彼らは温度に依存する2タイプの多形変化を述べている．高温（25℃以上）で液相が多い場合，融液媒介転移が起こる．VI型の発現は，溶解するV型結晶からTAG分子が離れた時に液相中で生じる2次核形成と，V型結晶や砂糖粒子のような"触媒的な原料"の表面での不均一核形成（heterogeneous nucleation）で開始される．液状油の多い相では，成長する結晶面は針状に伸びて，ブルームに特徴的で電子顕微鏡で観察される大きくて細いVI型結晶をつくる．佐藤と古谷野は，これが，ファットブルーム形成の主要な過程だと結論している．温度が高いほど，著しくブルームが生じやすいのは，液相の量が多くなることや多形変化が速く進行することに起因する．

　22℃以下の低温ではSFCが高く，固相転移が支配的となってV型結晶の内部でVI型結晶の核形成と成長が起こる．したがって，長い針状結晶の形成は制限されるし，また，表7.4で分かるように，たとえVI型への多形転移が長い期間にわたって進行するとしても，明らかなファットブルームは見られないかも知れない．融液媒介のプロ

セスは低温でも起こるが，液相の量が少ないので，それは最小となる．

固相転移と融液媒介転移の両メカニズムはまた，テンパリングの不十分なチョコレート中のⅢ型やⅣ型を消失させてⅤ型結晶を成長させる．

佐藤と古谷野は，ファットブルーム中でPOPとStOStの濃度がPOStに比べて増えるに違いないと記している．それはこの3つのTAGの相対的な溶解度が違うからである（第2章D.3項を参照）．

ブリックネルとハーテル（Bricknell & Hartel, 1998）は非晶質の砂糖で調製した試験的なチョコレートがブルームしないこと，つまり，Ⅴ型からⅥ型への明らかな変化がXRDで確かめられたにもかかわらず，表面に何の変化も生じないことを観察した．彼らの結論は，多形変化に加えて目に見えるブルームの場合，表面から突き出る針状結晶への再結晶化を促進するようなタイプの表面に加えて，表面への液状脂の移行を促進するメカニズムもあるに違いないということだった．次に考察するように，表面への油脂移行はメカニズム(b)の特徴である．アデニールら（Adenier, Ollivon, Perron & Chaveron, 1975）も，目に見えるブルームを起こさずにⅥ型になると記した．したがって，こうした観察や佐藤と古谷野の低温での固相転移のメカニズムから，Ⅴ型からⅥ型への多形変化は必要だが，それが目に見えるブルームを引き起こさない場合もあると結論できる．

スミス（Smith, 1998）はセンター入りチョコレートの油脂移行がⅤ型からⅥ型への転移を加速することを示している．ジーグリーダーら（Ziegleder, Petz & Mikle, 2001）はこの影響をさらに調べた．彼らはヘーゼルナッツ油をセンターにしたチョコレートボールのチョコレートをⅤ型とⅥ型にした．Ⅵ型のボールはⅤ型より著しく速くセンターからヘーゼルナッツ油を吸収した．この油脂移行速度の増加は，Ⅴ型の密な球晶構造に比べて，Ⅵ型の針状結晶のより粗な構造によると考えられた．その上，Ⅵ型への転移の過程で，液状油を容易に運ぶ微細な穴が生じたのかも知れない．したがって，相乗効果が存在するように思える．つまり，油脂移行は液状油相の増加でメカニズム(a)とⅥ型の発現を促進し，また，Ⅵ型の発現は油脂移行を促進する．ジーグリーダーらは，これが"センター入りダークチョコレートの極端なブルーム発生の起こりやすさ"の説明になると結論している．

有島とマックブレヤー（Arishima & McBrayer, 2002）はセンター入りチョコレート製品，あるいは，チョコレートで被覆したビスケットでのブルーム発生のもう1つのメカニズムを報告している．液状油は室温でチョコレートへ移行してⅤ型結晶を溶解する．例えば倉庫へ移すことで製品が冷えた時，溶解していたココアバターは過飽和となって速やかに結晶化し，ブルームになるだろう．このブルームはPOP濃度が高くなるが，それは14℃以下でPOPの溶解度がPOStより低いためである．油脂移行の推進力はセンターとシェル間の液状油量の濃度勾配（gradient）なので，比較的水平なSFC

C節 ブルーム

融解曲線を持つフィリング油脂が油脂移行とそれに続くブルーム問題を最小化するのに役に立つ (Ebihara, 1997).

メカニズム (b)：固相から固相＋液相への変化

図 3.2 と図中の縦の破線で示されているモデル油脂に注目しよう．油脂（チョコレート）が温度 T_5 で貯蔵され，次いで，T_1 に温度を上げるなら，第3章A.2項で考察したように，c点の組成を持つ固相とa点の組成の液相を得る．T_5 に戻して温度を下げると，液状油の再結晶化が起こる．論理的には，固相と液相が T_5 での最初の固相や平衡位置 (equilibrium position) を取り戻すために再結合しなければばらない．実際には，チョコレートでこれが起こらない．温度を上げたときに生じる液状油の体積が固相より著しく大きくなり，その結果生じる過圧が液状油をチョコレート中の割れ目や穴を通して表面に押し出す．したがって，固相と液相は物理的に分離されるので，最初の平衡状態の固溶体になる再結合ができない．温度が下がると，ある程度の液状油が再結晶化するが，その組成はチョコレート全体の油脂組成と完全に異なる．この再結晶化した液状油は表面でブルームとなる．つまり，白色の油脂結晶は褐色のカカオ粒子を含まない．

倉庫や小売店内で昼と夜の間に起こるような連続的な温度の上昇と低下の繰り返しは，液状油を表面に"汲み上げる"．温度が高いと，ココアバターあるいは他の SOS 型油脂が存在するなら，V型からVI型への変化も促進されるので，こうした場合はメカニズム (a) と (b) が一緒に進行する．ファットブルームのこの汲み上げのメカニズムと他の側面をハーテル (Hartel, 1999) が考察している．

メカニズム (c)：固相から固相＋固相への変化

図 7.1(b) と (c) から，製造されたチョコレートの油脂相が15％のココアバターと85％のラウリン酸型油脂，あるいは，30％のココアバターと70％の高トランス酸型油脂なら，平衡状態で2つの固相系になることが分かる．油脂が平衡に達するのに数週間あるいは数か月かかるので，こうした潜在的に不安定な組成を持つコンパウンドチョコレートを製造し，良好な外観，スナップ性，風味特性の製品とするために型成形あるいは被覆することは全く問題なくできる．しかし，必然的に数週間後にこの結晶系は平衡に向かい，最初の単一固相が2つの固相に変化してブルームが現れる．このメカニズムは完全な相図でもっと明瞭に示される．

パウリッカ (Paulicka, 1973) は図 7.2 の相図を使ってこの原理を最初に説明した．図 7.2(a) はテンパリングをしないココアバター/CBR混合系を示している．ココアバターとCBRの両方の多形が β' なので，この2つの油脂は容易に混じり合って単一の固溶体を形成する．しかし，10℃ (50°F) で7か月間の貯蔵後，図 7.2(b) にあるよう

に，ココアバターの多形は β-3 に転移し，ほとんどの組成で2つの固溶体になる．この時点で，同じ組成の油脂相で調製されたチョコレートにブルームが観察された．

図 7.3 はより詳細に相境界の前進移動を示している．この図から，上述の議論を踏まえて，油脂相の CBR が 50〜60％ となるチョコレートは 10℃で1週間後にブルームを発生させるが，油脂相の CBR がそれより多い 60〜70％なら，6週間までブルームは発生しないと予測されることが分かる．油脂相が 75％以上の CBR 濃度でつくられるチョコレートは全くブルームの発生がないと予測される．このチョコレートを高い温度で貯蔵すれば，平衡に向かう動きは速いだろう．このチョコレートを固相線（**図 7.3** 中の 20〜25℃）以上の温度に貯蔵すれば，ファットブルームのメカニズム (b) が働くだろう．

図 7.4 はラウリン酸型油脂 (CBS) とココアバターの相図である．ここでも，同様の特徴が見られるが，ソルバス線は**図 7.4(b)** の右下側のココアバター約 10％の位置に急速に迫っている．ラウリン酸型油脂を用いる場合，安定な単一相の単一固溶体領域から十分に離れた油脂相でチョコレートをつくることは無理である．

ファットブルームのメカニズム (c) によれば，新たに形成される固溶体が相図の左側のココアバターの多い β-3 の相であることが予測できる．パウリッカ (Paulicka, 1970, 1973) は本当にこの予測どおりの結果になることを確認している．しかし，ラウリン酸型コンパウンドチョコレートの研究において，数人の研究者が表面からかき取られたブルームは元々の組成よりもラウリン酸／ラウリン酸型油脂の濃度が高くなると報告している．この結果は，商業的に生産されているコンパウンドチョコレートでの一般的な油脂組成のように，油脂相がこの相図の右側の単一固溶体領域内にある場合に当てはまるようだ．この場合も，メカニズム (c) との矛盾はない．観察されたのは，ファットブルームではないかも知れない．つまり，すでに定義した新たな相の出現ではなく，最も溶解度の低い TAG の濃度が高くなって，それが再結晶化や熟成による粗大化を引き起こして表面光沢が消失した可能性がある．

ギブンら (Given, Wheeler, Noll & Finley, 1989) は，20℃で貯蔵した水素添加エステル交換パーム核油をベースにしたコーティングチョコレートからかき取ったブルームが，"本質的に最初の油脂系と同じ組成"だったとしていたが，実際には，彼らのデータは明瞭にラウリン酸の増加を示している．彼らはブルームが"自己分別 (self-fractionation)"で生じると結論している．つまり，1つの固相の固相＋液相への変化であるメカニズム (b) をこのブルームの原因とした．さらに，彼らは水素添加パーム核ステアリンをベースにしたコンパウンドチョコレートがエステル交換パーム核油に比べて自己分別をほとんどしないが，一方で，水素添加と分別がなされた大豆油をベースにした油脂はその中間であることを見出した．こうした結論は SFC 融解曲線のシャープさを反映している．それは，メカニズム (b) でのブルーム形成の可能性が温

度変化で生じる液相量に関係するに違いないからである．

ローステン (Laustsen, 1991) は，水素添加パーム核ステアリンをベースにしたラウリン酸型コンパウンドチョコレートコーティングのブルーム安定性を研究した．相図やメカニズム (c) に一致して，油脂相に 10.3% のココアバターを使った時，18～20℃で 1 か月以内に激しいブルームが現れた．油脂相にたった 0.4% のココアバターを使った場合，6 か月でもブルームは出現せず，4.5% のココアバターを使うと，3 か月でブルームが生じた．全ての場合，チョコレートが 10.3% のココアバターを含む場合でさえも，ブルームのラウリン酸濃度が増加した．たった 4.5% のココアバターを使い単一相の領域内で十分に製造された高トランス酸型コンパウンドチョコレートの場合は，ブルームが全体の油脂相と非常に近い組成となった．メカニズム (c) は説明したように，商業的に製造されるチョコレートで一般的なものではないが，そのメカニズム (c) が働く時でも，メカニズム (b) が主体になることは明らかなようである．温度のゆらぎと固-液相の変化で表面に押し出された新たな相は，その組成が油脂の主要な TAG の濃度増加になるようだ．ラウリン酸型油脂の場合，それはラウリン酸を含む TAG である．高トランス酸型油脂の場合，それはトランス酸濃度の高い TAG であるが，ローステンの分析ではシスとトランスが区別されていなかった．ラウリン酸型油脂とココアバターとの間に相溶性がないという事実が，チョコレート中のこの油脂ブレンドの融点と SFC を低下させ，それによって，液相量が増加し，そして，メカニズム (b) が加速する．

ノールデン (Noorden, 1982) もラウリン酸コンパウンドチョコレートでのブルームを研究している．彼女はラウリン酸型油脂とこの油脂が含有する少量の長鎖脂肪酸を分別すればするほど，ブルームの安定性が増すことを見出した．貯蔵温度のゆらぎ，特に 4℃ 以上のゆらぎはブルームを加速し，また，ギブンら (Given, Wheeler, Noll & Finley, 1989) が見出したように，この油脂の分別が少ないほどブルームのリスクが増大した．ノールデンも，18～20℃で 5 か月貯蔵後に多形変化が起こり，目に見えるブルームと一緒に β 型を検出した．したがって，ラウリン酸型コンパウンドチョコレートのブルームの原因として，メカニズム (b) と一緒に，メカニズム (a) の多形変化も関係していると思われる．

同様の議論は相図の左側にも適用できる．ココアバターをベースにしたチョコレートは，ラウリン酸型油脂，あるいは，高トランス酸型油脂を上限の 10% 以上含有すると，このメカニズムで明らかにブルームを生じる．このことは非 SOS 型油脂を "増量脂" とする場合にその使用量を明らかに制限する．

3. ファットブルームの防止

ファットブルーム形成のメカニズムを理解したので，いくつかの防止方策が明らか

になる：
- 貯蔵温度の制御．
- 油脂の適切なレシピの使用．
- 油脂移行の最小化．
- ブルーム阻害剤の使用．
- "恒久的な"種結晶の使用．
- チョコレートのVI型テンパリング．
- CBE の使用．
- ポスト−テンパー（post-temper）．

貯蔵温度の制御

　温度が低ければ，特に15℃以下なら，多形変化と平衡への進行はかなり遅くなる．温度サイクルをなくすことは表面への液状油の汲み上げと多形変化の促進を避ける．

　センター入り製品の場合，油脂移行が重要なのだが，ブルームが最も生じやすい温度領域が存在することに注意せねばならない．この場合のブルームは，温度の上昇に伴って確実に発現しやすくなるというのではない．ミルクチョコレートのブルーム形成は18〜22℃で最大であり，ダークチョコレートの場合は18〜26℃でブルームを発生しやすく，20℃で最大となる．20℃で最大となることに驚かれるかも知れない．なぜなら，前で説明した理由から，ダークチョコレートのブルーム化の傾向はこの温度領域以上で顕著になるからである．ジーグリーダーとシュビングシャンドル（Ziegleder & Schwingshandl, 1999）が解説するように，この違いは，油脂移行がプラリネにおけるブルーム形成のメカニズムであり，それがメカニズム(a)あるいは(c)でのブ

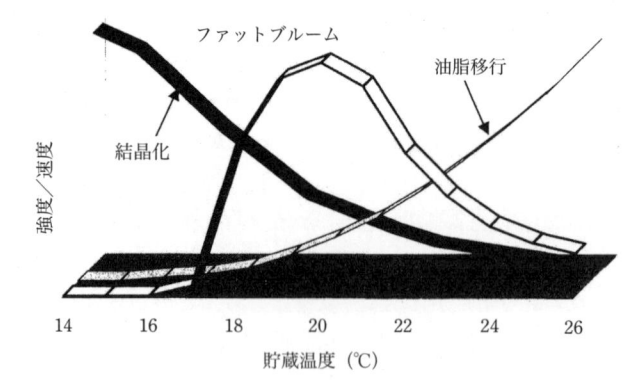

図 7.15　センター入りミルクチョコレートでのブルーム形成の概念図で，貯蔵温度に関連したファットブルーム，油脂移行，そして，結晶化の強度と速度を示している（Ziegleder & Schwingshandl, 1999 より）

ルームをもたらすからである．図 7.15 に示したように，温度が高くなるにつれて，拡散速度が大きくなり，その結果，油脂移行（ブルーム形成の促進効果）の速度も増し，そして，結晶化（ブルーム形成の抑制効果）速度が低下するが，これらの要因間に均衡がある．

油脂の適切なレシピの使用

高トランス酸型やラウリン酸型のコンパウンドチョコレートの場合，全ての貯蔵温度と時間で，ココアバターとの間で単一固溶体を維持する最大量以内にココアバターの量を抑えた油脂相にすることが大切である．そうすれば，すでに説明したとおり，メカニズム(c)によるブルームは避けられる．使われる油脂系での正しい油脂相の組成は第 8 章にあるような適切なレシピを利用することで得られる．

油脂移行の最小化

適切なレシピにした場合でも，センターから別な油脂の移行が生じ，シェルの油脂系は相図での 2 固相領域に向かうことがあり得る．したがって，B 節での油脂移行，あるいは，その影響を最小にするために考察された全ての方法を，センター入りチョコレート製品に利用することになる．

油脂移行がブルーム形成の推進力となっているプラリネや他のセンター入り製品でのファットブルームのメカニズムとその阻止は，ジーグリーダーとミクル（Ziegleder and Mikle, 1995a, 1995b, 1995c）によって詳しく研究されている．

ブルーム阻害剤の使用

ダークチョコレートに 1〜2％の乳脂を添加すると，表 7.4 で分かるように，V 型から VI 型への変化，つまり，メカニズム(a)を止めるのに効果がある．この効果は乳脂中の中融点 TAG に由来すると考えられている．乳脂は中鎖脂肪酸（$C_{12:0}$ や $C_{14:0}$）とより長鎖の脂肪酸（$C_{16:0}$ や $C_{18:0}$）を含んでいる．ラウリン酸型と非ラウリン酸型油脂をエステル交換して得られた類似の TAG を有する油脂もまた効果を発揮し，第 6 章 F.2 項で説明したように，ブルーム阻害剤として商業的に販売されている．しかし，現在も EU 内でこうした油脂は使われているが，新しい EU のチョコレート規格では，それらを本物のチョコレートに使うことは許されない．

高融点乳脂画分は乳脂自体よりもブルーム阻害効果が一層高く，一方，低融点乳脂画分はブルームを引き起こすことが示されている（Lohman & Hartel, 1994; Bricknell & Hartel, 1998）．水素添加乳脂もまた乳脂よりもブルーム阻害効果が高いことが見出されている（Campbell, Andersen & Keeney, 1969; Hendrickx, de Moor, Hughebaert & Janssen, 1971）．

非対称 TAG もまたブルーム阻害剤として評価されている．10％の StStO をココア

バターに添加すると，V型からVI型への転移が十分に遅延され，そして，ブルームが阻止された (Ebihara, 1997; Arishima & McBrayer, 2002). 強調されている利点はチョコレートのテンパリング適性，硬度，そして口どけの変化がないことである．

プレーンチョコレートの油脂相に5%までパーム核ステアリンを使うと，これもブルーム阻害剤としての効果を発揮する．特に改質されたパーム核油を低濃度で使った場合，格別な効果が観察されている (Fine, 2002). 図7.4(b) から，この使用量が相図左側の単一固溶体領域の範囲内であることがわかる．この方法でラウリン酸型油脂が使われる場合は，いわゆるゴーストブルーム (ghost bloom) が現れる (Padley, 1997). このチョコレートを低温，例えば10℃以下で貯蔵すると，激しいブルームが2〜3日以内に生じる．しかし，このチョコレートを室温に戻すと，ブルームは消失して光沢のある表面となり，続いて再度このチョコレートを低温で貯蔵すると，ブルームは再現しない．図7.4(b) の相図から，20℃でココアバターが約6%のCBSを溶解できることが分かる．10℃まで冷却した時，この組成はソルバス線を横切り，2つの固溶体領域まで移動する．ラウリン酸型TAGが豊富なβ'相として，過剰なラウリン酸型油脂が溶液から絞り出されて，ゴーストブルームになる．多分，このブルームは融けて消失する．つまり，ブルームは低温でα多形の結晶となっている．おそらく，正しいテンパリングを行えばこの問題は解消できる．融けた後に，ブルームが非常に薄い膜として拡がり，微細な結晶で固化して良好な光沢となる．この製品が再度ブルームを起こさない理由は，その時点で過剰なラウリン酸型油脂がチョコレート全体から排除されているからである．

その他の多くの物質がブルーム阻害に効果があると評価され，その中のいくつかは非常に優れた効果を発揮する．例えば，最近，ショ糖ポリエステルにファットブルームの発現を阻害する効果のあることが示された (Katsuragi & Sato, 2001). また，ソルビタントリステアレート (STS) と他のソルビタンエステルはV型からVI型への変化と，また，それと一緒に生じるブルームを抑えることが示されている (Chapman, Akehurst & Wright, 1971; Schlichter-Aronhime & Garti, 1988; Petersen, 1994).

1〜3%のSTSの添加はラウリン酸型コンパウンドチョコレートのブルーム抑制に効果を示す (Noorden, 1982; Laustsen, 1991; Petersen, 1994). ソルビタンモノステアレートはあまり効果がない．MAGの乳酸エステルとステアロイル乳酸カルシウムやナトリウムにはある程度の効果がある．正確なSTSのメカニズムは明らかでない．STSはラウリン酸型油脂，特にパーム核ステアリンで最終的に発生するβ多形の形成を遅延するだろうが，STSはそうしたチョコレートの構造も改善するので，ブルーム形成と連動するTAGの動きが最小化されると思われる．チョコレートの結晶化の間，高融点のSTSは油脂の潜在的な種結晶として働き，チョコレートのTAGと一緒に結晶化して非常に均一な構造をもたらし，そして，固体状態の変化を止める．

STSは高トランス酸型コンパウンドチョコレートの効果的なブルーム阻害剤であることも見出されている (Laustsen, 1991; Petersen, 1994). MAGの乳酸エステルはいくぶん効果が小さかった. この場合のメカニズムは, 結晶構造を改善し固相の変化を止めることによって, ファットブルームではなく光沢の消失を止めるのである. この光沢の消失はパルミチン酸の少ない高トランス酸型油脂が使われると顕著に生じる (第6章D節を参照).

"恒久的な" 種結晶の使用

古谷野ら (Koyano, Hachiya & Sato, 1990) はチョコレートのテンパリングとブルーム耐性の高いチョコレートの製造におけるシーディングの利用を概説している. ココアバター (VI型), StOSt (β_1), BOB (pseudo-β'), BOB (β_2) およびStStSt (β) はダークチョコレートの結晶化を促進し, また, StStSt以外の全ての種結晶がブルーム安定性を向上させた. BOBはStOStの高融点タイプと考えて良いのだが, BOBが最も効果的なシーディング剤であり, そして, ブルーム阻害剤であった. チョコレート油脂含量の5%相当を添加すると, BOBの一部が約40℃まで固体のままであり, それが液状のチョコレートが再結晶する際に種結晶としての作用を発揮する. したがって, BOBを添加したチョコレートは常にV型で結晶化するので, ブルームが生じないし, このチョコレートは一般的なテンパリング工程を必要としない. 残念ながら, BOBは相当に高価であり, また, 日本以外の多くの国々で, 本物のチョコレートへの使用が許可されないだろう.

チョコレートのVI型テンパリング

特別なテンパリングで, チョコレートをVI型で製造することが可能である. そうなると, チョコレートは既に最安定な多形なので, メカニズム (a) は働くことができない. したがって, このVI型チョコレートはブルームに対して本質的に安定だが, 普通のチョコレートより融点が高くなる. この高融点化は雰囲気温度が高くなる所では理想的だが, おいしさを損なってしまう.

CBEの使用

第6章C.1項で説明したように, CBEはPOStの量が不足している. POPの濃度は全体の油脂組成に比べてブルーム中で高くなる (Sato & Koyano, 2001). CBEのチョコレートへの添加はブルーム発生を低減するが, 多くの国で法的に許可されている5% (典型的に油脂相の15~17%に相当) という少ない添加量では, その効果がかなり小さくなってしまう. パーム油中融点画分 (PMF), あるいはStOStやPMF/StOStの混合物を油脂相の10%以上の量で添加すると, プレーンチョコレートはファットブルーム

を生じにくくなることが見出された (Padley, Paulussen, Soeters & Tresser, 1972). POSt 自体も，若干多目に添加されれば，ファットブルームを抑制することが見出された．

チョコレート中の StOSt 量を増やすと，ココアバター改善脂 (CBI) を添加して改質されるのと同じように，チョコレートのブルーム耐性を高める．図 7.16 に示すように，ブルーム耐性とチョコレートの油脂相の StOSt 量との間に明らかな相関がある．

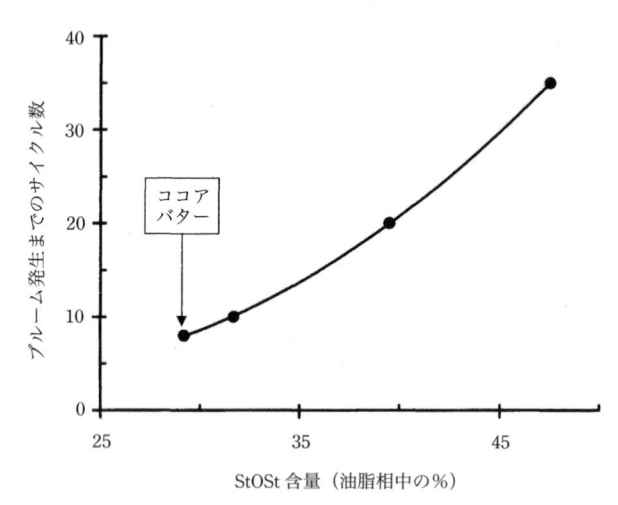

図 7.16 油脂相の StOSt 含量とミルクチョコレート（5%乳脂）のブルーム形成の関係．これはブルームが見られるまでを 18℃と 31℃間のサイクル数で評価 (Matsui, 1988 に引用された Uragami, Tateishi, Murase, Kubota, Iwanaga & Mori, 1986 のデータより作製)

ポスト-テンパー

ジーグリーダーとミクル (Ziegleder and Mikle, 1995c) が記述したポスト-テンパー工程においては，製造直後のチョコレートを被覆した製品が 28〜31℃で 0.5〜2 時間加温され，次いで，急速に通常の貯蔵温度まで冷却される．この温度処理はセンターからシェルへの油脂移行を促進し，シェルはセンターからの液状油の TAG で飽和される．センターとシェルは平衡に近い所まで達する．温かいチョコレートのシェルは柔らかいので，過圧にはならず，（センターとシェルの油脂の相溶性が高いなら）リスクなしで油脂を移行させることが可能である．冷却した後，非常に安定性の高い製品になる．しかし，かなりシェルを柔らかくするので，このことがこの技法の応用を制限するだろう．図 7.17 は 29℃で 30 分間のポスト-テンパリングをしたヌガーセンター入りチョコレートの事例を示している．チョコレートとフィリングの両方がポスト-テンパリングした直後に，ポスト-テンパリングをしないで 23℃で 105 日間貯蔵した後とほぼ同じ所に達しているのが分かる．

C節 ブルーム

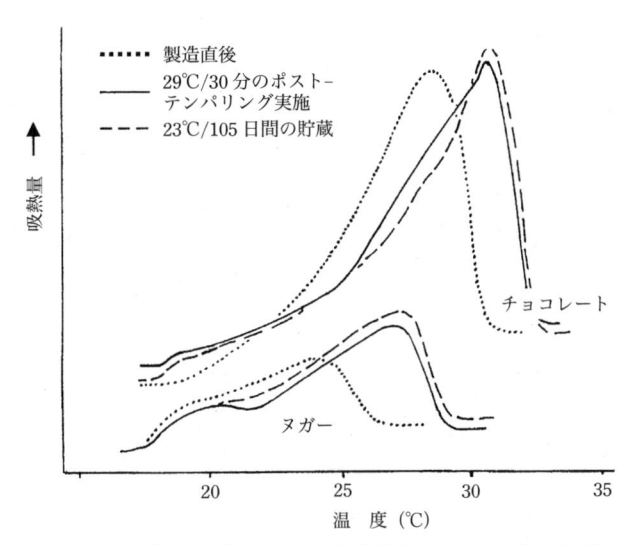

図7.17 ミルクチョコレートとヌガーセンター入り板チョコレート中のヌガーのDSC融解曲線：製造直後（…）；ポスト-テンパリングせず，23℃で105日間貯蔵（---）；29℃で30分間のポスト-テンパリングをした直後（—）（Ziegleder & Mikle, 1995c より）

第7章 油脂間の相互作用,ブルーム,変敗

D節 変　　敗

変敗（rancidity）は製菓用油脂や製品に貯蔵中に生じた不快臭（off-flavour）があることを意味している．変敗を測定する方法はいろいろあるが，ロッセル（Rossell, 1994a）が述べているように，"油の風味が不快なら，その油は変敗している"．ワーナー（Warner, 1995）は油脂と油脂を含有する食品の官能的な評価方法を発表している．

チョコレートの風味を決定する化合物（匂い物質）を，シーベルレやプフナー（Schieberle & Pfnuer, 1999）が最近解説している．バニリン，3-メチルブタナール，3-エチル-3,5-ジメチルピラジンが，ミルクチョコレートで重要な匂い物質であり，プレーンチョコレートではそれがバニリン，2-メトキシ-3-イソプロピルピラジン，2,3-ジエチル-5-メチルピラジンである．表7.5にミルクチョコレートとプレーンチョコレートの違いをまとめた．豆臭の2-メトキシ-3-イソプロピルピラジンとカラメル臭の4-ヒドロキシ-2,5-ジメチル-3(2H)-フラノンの濃度はプレーンチョコレートで非常に高い．このピラジンはココアリカー中でも比較的濃度が高いので，プレーンチョコレートで高い濃度になっている．5-メチル-(E)-2-ヘプタン-4-オンはヘーゼルナッツの重要な香気成分であり，これがこの表のミルクチョコレートにある．それはこのミルクチョコレートがドイツ産であり，ドイツではヘーゼルナッツペーストが一般的にミルクチョコレートに使われているからである．R-δ-デカラクトンは粉乳にあるものなので，これはミルクチョコレートの重要な成分である．

表7.5　ミルクチョコレートとプレーンチョコレートの重要な匂い物質の比較（Schieberle & Pfnuer, 1999 より）

匂い物質	FDファクター[a]	
	ミルク	プレーン
2-メトキシ-3-イソプロピルピラジン	64	1,024
R-δ-デカラクトン	512	<8
5-メチル-(E)-2-ヘプタン-4-オン	512	<8
4-ヒドロキシ-2,5-ジメチル-3(2H)-フラノン	64	512
1-オクテン-3-オン	512	64

a　FDファクター（flavour dilution factor）は匂い物質がやっと感じられるまで希釈される量である．したがって，FDファクターが大きいほど香気は強くなる．A成分を3倍に希釈すれば，すなわち3段階の希釈では，FDファクターが$2^3=8$となる．少なくとも3段階の希釈，つまり8倍の希釈まで匂いの残る化合物だけをこの表にのせた（原本では4段階の希釈と誤って述べられている）．

変敗は製菓用油脂自体，あるいは油脂を含む菓子製品中で発現する．食品の変敗の側面を全て網羅した有用な本（Allen & Hamilton, 1994）がある．そして，パドレー（Padley,

1994)は油脂以外の菓子原料に由来する変敗を含めた菓子製品の変敗の制御について，1章をまとめている．クリストット（Kristott, 2000）は菓子を含めた食品中の油脂の安定性を概説している．この項では，製菓用油脂に由来する変敗だけを考察する．

製菓用油脂の変敗には3つのタイプがある：
・酸化型変敗．
・加水分解型変敗．
・ケトン型変敗．

それぞれのタイプを考察する前に，菓子製品の保存性を縮める劣化の原因が変敗だけではないということを知っておくと役に立つ．**表7.6**は官能評価に基づいた，いくつかのチョコレート製品の典型的な保存性を示している．古びた風味になる原因の一部は酸化型変敗や結晶構造の変化だと思われている．この場合の結晶構造の変化はおそらくV型からVI型への変化であり，それはフレーバーリリース（flavour release）に影響する．サブラマニアム（Subramaniam, 2000）はあらゆる種類の菓子製品の保存性と安定性に影響する要因を概説している．

表 7.6 常温で貯蔵されたチョコレート製品の風味変化に基づいた典型的な保存性（Kristott, 2000 より）

製　　品	劣化での風味変化	保存性（月数）
プレーンチョコレート	古びた風味，苦味の変化	12
板ミルクチョコレート	古びた風味	12
ミルクチョコレートを被覆したピーナッツ	ナッツの軟化，古びたチョコレート様	12
乾燥フルーツを入れた板チョコレート	古びたチョコレート様 フルーツの組織硬化	12 24

1. 酸化型変敗

酸化型変敗は不飽和脂肪酸，とりわけ多価不飽和脂肪酸の酸化で引き起こされる．これには2つのメカニズムが関与する．(1)フリーラジカルの自動酸化メカニズム．これは光のない所で起こりうる．(2)光酸化メカニズム．これは光にさらされることで始まる．両メカニズムで，ヒドロペルオキシドが最初に生じ，次いで，アルデヒド，アルコール，そして，炭化水素のような2次酸化物に分解する（Hamilton, 1994; Min & Lee, 1999）．アルデヒドはほとんどの不快臭にある．この項では，断りがない限り，自動酸化について考察する．

第7章 油脂間の相互作用，ブルーム，変敗

自動酸化は2つの異なる段階で進行する．最初の段階である誘導期中に，酸化はゆっくりと一定の速度で進行する．第2段階では酸化が加速し，最終的には，最初の段階より数倍も速い酸化速度になる．誘導期は一般的にランシマット試験（Rancimat® test），あるいは，活性酸素法（AOCS Official Method Cd 12-57）のような方法で測定されるが，誘導期の時間は存在する抗酸化剤の濃度に相関する．抗酸化剤には天然に存在しているものや意図的に添加されるものがあるが，いずれもフリーラジカルの増加を抑える．したがって，これは第2段階での急激な酸化を防ぐ．

製菓用油脂は主に飽和脂肪酸と一価不飽和脂肪酸で構成されているので，酸化は一般的に重大な問題とならない．オレイン酸（$C_{18:1}$），リノール酸（$C_{18:2}$），リノレン酸（$C_{18:3}$）の相対的な酸化速度は1：27：77とされている（Min & Lee, 1999）．さらに，ほとんどの製菓用油脂が常温で固体である．酸素は液状脂にだけ溶けるので，結晶油脂中のTAGは酸化されにくい．

製菓用油脂に使われる個々の原材料は酸化されやすい．高トランス酸型油脂にされる原料の液状油には多価不飽和脂肪酸が多いので，これは容易に酸化される．しかし，そうした原料油にもトコフェロールやトコトリエノールのような天然の抗酸化剤が多いので，精製施設の普通の条件で貯蔵されれば，何の問題もない．少なくとも，この過程の初期段階で生じたペルオキシドは脱色や水素添加の工程で破壊され，不快臭は最終の脱臭段階で除かれる．

SOS型油脂の原材料のいくつかは酸化に弱い．それは，この加工で使われる分別がオレインに天然抗酸化剤を濃縮して，必要とされるステアリンや中融点画分では激減するからである．シアステアリンはとりわけ酸化に弱いが，パーム油中融点画分でさえ，溶剤分別された場合には，酸化のリスクが高くなる．

ラウリン酸型油脂，中でもパーム核ステアリンは酸化に強いものの，不快臭を生じる．パーム核油やパーム核ステアリン中の天然抗酸化剤の濃度は非常に低く，酸化が起これば，それと分かる匂い化合物が低いPOV値（<1）で生成する．この原因が短鎖の飽和脂肪酸の酸化だということがありえるのだろうか？　パドレー（Padley, 1994）はラウリン酸型油脂に天然抗酸化剤を強化することを勧めている．

製菓用油脂の酸化防止法は酸素との接触を断つことであり，それには窒素を液状脂に飽和させることや窒素中で貯蔵すること，あるいは，ポリエチレンを裏貼りした段ボール箱中で窒素を飽和させた後に油脂を確実に固化させ，低温倉庫に貯蔵することである．

酸素があったとしても，ヘッドスペースを最小にするまで油脂を容器に充填して密封すれば，酸化は制限される．貯槽中の液状脂の典型的な貯蔵温度の50℃で，溶解可能な酸素濃度はたった40ppm程度である（Berger, 1994）．16ppmの酸素はPOV値1meq/kgに相当するペルオキシドを生成できるので，40ppmの酸素は，それ以上の酸

素が容器中に浸透できないなら，POV 値を最大で 2.5 にする．

　酸化防止のもう 1 つの方法は抗酸化剤の添加である．TBHQ (*tert*-butyl hydroquinone) はとりわけ効果的であるが，その使用は全ての国で禁じられている．トコフェロールもまた効果が高く，それは天然物なので，一般的に許可されている．抗酸化剤は通常 SOS 型の原材料に添加される．こうした高価な油脂は，出荷が不定期なため，通常数か月，あるいは数年も保管しておかねばならない．

　ココアバターやカカオ製品は普通著しく酸化に強い．この強さの一因は全ての製菓用油脂に共通して飽和脂肪酸の量が多いことと，多価不飽和脂肪酸の量が少ないことであり，また，強力な天然の抗酸化剤を含んでいることにも関係している．ココアバター中のトコフェロール濃度は高くないが，ポリフェノールを持っており，通常穏やかな脱臭以外に加工処理されないために変性することのないリン脂質が金属のマスキング剤として働く．カカオ豆とカカオマスは約 0.5% のリン脂質を含有している (Padley, 1994)．第 6 章 A.1 項で示したように，約 0.5% のリン脂質はココアバターで 0.1% 程度の濃度になる．

　酸化したココアバターの揮発性化合物の研究が報告されている (Hashim, Hudiyono & Chaveron, 1997)．精製（脱臭）された場合と精製されない場合で，ココアバターの安定性に違いは見られなかった．この分析条件で，100ppm 添加された α-トコフェロールは強力な抗酸化作用を発揮した．

　乳脂のトコフェロールや他の抗酸化剤の濃度は 20ppm 程度であり，ほとんどの植物性油脂中のトコフェロールが少なくとも 500ppm なのに比べて非常に低い．乳脂は通常脱臭されず，天然の風味が好まれるので，乳製品工業においては，酸化防止に最大の注意が払われている．ステンレス鋼をふんだんに使うことで，銅や鉄の濃度を低く抑えている．乳脂は加工，貯蔵，取り扱いと全ての段階で窒素下に保管される．

　乳脂や粉乳は酸化で（あるいは，メイラード反応で）ボール紙のような不快臭を簡単に発生するが，これも窒素下での貯蔵，あるいは，抗酸化剤の添加で防ぐことができる (Hall & Lingnert, 1984)．ヘキサナールのような揮発性油脂酸化物の形成を総合的に評価するため，一般化された数学モデルが開発された (Hall, Andersson, Lingnert & Olofsson, 1985)．バターオイルの不快なボール紙臭が，2-ノネナール (1.5ppb 以上) と 1-オクテン-3-オン (23ppb 以上) の混合物で引き起こされることが示されている (Widder & Grosch, 1994)．ミルククラムはもっと安定な原料である．それは，乳脂がカカオマス中の天然の抗酸化剤とメイラード反応生成物で保護されているからである．

　ホワイトチョコレートは光にさらすと著しく酸化しやすい．ホワイトチョコレートを光透過性の包材中に置くと，光が変敗の不快臭を発生させ，典型的な黄色い色調を消失させる．品質の低下は窒素雰囲気や酸素不透過包材の使用，あるいは，ココアバターの代わりに CBE を使うことで避けられる．CBE は酸化の光増感剤であるクロロ

フィルをほとんど含まないので光に強い (Krug & Ziegleder, 1998a, 1998b). 光酸化は，自動酸化を誘起する普通の酸素である三重項酸素ではなく，一重項酸素が介在するメカニズムで進行する (Min & Lee, 1999). 異なる反応生成物が生じ，そして，反応速度は三重項酸素の反応の場合に比べ約1,000～10,000倍の速さである．自動酸化と違い，誘導期がない．

2. 加水分解型変敗

加水分解型変敗はラウリン酸型油脂を含む製品でのみ問題になる．こうした製品は，匂いを持つ遊離脂肪酸を低水分で生成するリパーゼ触媒作用での変敗を生じやすい．微生物学的な汚染がリパーゼの一般的な根源である．表7.7に示すように，ラウリン酸型油脂の短鎖と中鎖脂肪酸の匂いの閾値は非常に低く，精製油の典型的な遊離脂肪酸量である0.1%（1,000ppm）で匂いを感じてしまう．ラウリン酸型油脂の特徴的な不快臭は一般的に"ソーピー（soapy）"変敗と説明されている．コッチャーとメーラ (Kochhar & Meara, 1974) が食品中の脂質分解での変敗を概説している．この中に脂質分解を測定する方法が記載されており，また，水分活性（water activity）の重要性が強調されている．

表7.7 遊離短鎖脂肪酸の匂いの特徴と閾値 (Padley, 1994 より)

脂 肪 酸	（ミルク中での）特徴的な匂い	匂いの閾値 (ppm)	
		ミルク中	油　中
酪酸 ($C_{4:0}$)	酪酸らしい	25.0	0.6
カプロン酸 ($C_{6:0}$)	牛のような（山羊のような）	14.0	2.5
カプリル酸 ($C_{8:0}$)	牛のような，山羊のような	—	350
カプリン酸 ($C_{10:0}$)	腐ったような，不潔な，苦いような，せっけん臭	27.0	200
ラウリン酸 ($C_{12:0}$)	腐ったような，不潔な，苦いような，せっけん臭	8.0	700

ホーゲンブリック (Hogenbirk, 1987) は，油脂のソーピー変敗の原因，測定法とその防止を総説している．ソーピー変敗の発生は水分を減らすことと，油脂の微生物学的な汚染を避けること，あるいは通常もっと菓子製品に使うカカオマスや粉乳の微生物学的な汚染を避けることで防止できる．0.10%のラウリン酸を発生させるのに必要な水分はたった0.009%だし，鎖長のもっと短い脂肪酸の場合の水分はさらに少ないので，油脂（そして，なおのこと菓子製品全体）を乾燥することは現実として不可能であり，どうしても遊離脂肪酸を発生する水分含量になってしまう．リパーゼの不活性化には120℃まで加熱することが必要であり，チョコレート製造はこの温度に達しない．し

たがって，この防止には，リパーゼ活性のない良質な原材料を使って，リパーゼを存在させないことに集中しなければならない．ホーゲンブリックは，この種の変敗の防止は本質的に品質の問題であると考えている．

パール (Purr, 1962, 1966) は菓子と菓子原料中のリパーゼ（付随して，エステラーゼも）のチェックに特殊な試験紙の利用を説明している．コッチャーとメーラ (Kochhar & Meara, 1974) はこの試験の修正版を開発している．水分活性が非常に低くて自由水はないが，単分子層 ("BET isotherm") だけが存在する場合でも，リパーゼの活性は認められた．こうした低い水分活性では，微生物は増殖できない．この種の変敗は菓子製品をつくるのに使われる原材料中に既に存在しているリパーゼによって引き起こされる．表 7.8 はヤシ油と乾燥ココナッツを含むトラッフルをセンターにしたチョコレートの貯蔵試験での結果である．（乾燥ココナッツを除いた場合にも同じ結果だった．）リパーゼ活性は全ての試験条件で認められたが，せっけん臭が発生したのは製品の水分が増えた場合だけであった．

表 7.8 融かして混ぜ合わせた試験材料（チョコレートを被覆したココナッツトラッフル）をいろいろな相対湿度での水分含量にして貯蔵した試験（30℃で3か月間）(Purr, 1962 より)

相対湿度（%）	水分含量（%）	せっけん臭?	リパーゼ活性?	カビ臭?
40	1.39	なし	あり	なし
50	1.61	なし	あり	なし
60	2.05	穏やか	あり	なし
70	2.85	強い	あり	穏やか
75	4.68	強烈	あり	強烈

自由水を束縛し，加水分解に利用させないため，ラウリン酸型油脂に通常レシチンを添加する (Andersen & Roslund, 1987)．パーム核ステアリンの加水分解は，50℃よりも20℃で加速され，水素添加していないパーム核ステアリンより水素添加パーム核ステアリンの場合，すなわち SFC が高い場合に速くなることが見出された．この現象は，結晶が貯蔵時にオストワルド熟成効果（第2章 C.5 項を参照）で成長し再結晶化することで生じる結晶表面の状態変化と関係している．再結晶化が起こると，水が歪みの生じた結晶表面中に組み込まれるか表面に吸着されて，加水分解の速度を著しく増加させる．50 ppm と微量のレシチンが十分に有効な効果を発揮するが，ラウリン酸型油脂の商業的な生産においては，一般的に 200 ppm 以上が添加されている．

3. ケトン型変敗

ケトン型変敗は水分と酸素のある条件でカビがラウリン酸型油脂と触れ合うことで引き起こされる．短鎖脂肪酸が遊離し，次いでこれが β 酸化されてメチルケトンにな

る．例えばラウリン酸から 2-ウンデカノンに転化されるように，偶数の炭素数鎖を持つ脂肪族アルコールになる (Kinderlerer, 1992; Rossell, 1994a)．加水分解型変敗と同じく，ケトン型変敗はラウリン酸型油脂でだけ問題になる．ケトン型変敗のカビ臭く，古ぼけた匂いが加水分解型変敗との違いである．加水分解型変敗と異なり，ケトン型変敗の場合は微生物が増殖期に入っているに違いない．したがって，水分量を低く保てばケトン型変敗は起こらないし，油脂加水分解型変敗と違って，水分活性が非常に低く自由水が存在しない，つまり，**表 7.8** にあるように A_w 0.6 程度以下，あるいは，相対湿度が約 60% 以下なら，この変敗は絶対に起こらない．

第8章　製品への応用

A節　チョコレートの製造

1. 緒　　言

　チョコレートは連続する油脂相にカカオや砂糖の粒子が分散したサスペンション (suspension) である．油脂相をココアバターだけにした場合，また，ココアバターに加えて法的な許可により任意に SOS 型油脂を5%まで使った場合に限り，そうしてできた製品は"チョコレート"と表示して良い．筆者はこの製品を"リーガル・チョコレート"として区別する．その他のチョコレートでは一般的に高トランス酸型，ラウリン酸型，あるいは，SOS 型油脂が主要な油脂となっており，筆者はこれらを"コンパウンドチョコレート"として区別する．ミルクチョコレートは粉乳のような乳成分を含有している．"リーガル・ミルクチョコレート"，つまり，法律の下でミルクチョコレートと表示可能な製品はココアバター（および，法的な許可のもとに選定した 5%の SOS 型油脂を添加したもの）だけでなく最低限度量の乳脂を含有せねばならない．いわゆる"ホワイトチョコレート"は基本的にカカオ固形分を有しないミルクチョコレートである．つまり，ココアリカーやココアパウダーは使われず，ココアバターや他の植物性油脂が使われる．第10章で考察するように，許可されている原料，組成，および，チョコレートの定義は各国で異なる．

　全てのチョコレートは次に掲げる原料の全部かまたはその一部を使って配合される：
- カカオ製品—ココアリカー，いろいろなタイプのココアパウダー．
- 乳製品—脱脂粉乳，全脂粉乳，ホエーパウダー，乳糖粉末．
- 添加油脂—ココアバター，乳脂，非カカオ植物性油脂 (non-cocoa vegetable fat)．
- 糖—通常は砂糖だが，乳糖，果糖，あるいは，ラクチトール，ソルビトール，マンニトールやマルチトールのような糖アルコールも使われる．
- 乳化剤—レシチン，ポリグリセリン縮合リシノール酸エステル (PGPR)，YN（合成リン脂質乳化剤，合成レシチン）．
- 香料—バニリン，フルーツ香料など．

　チョコレートは液状製品として調製された後に固化されて菓子製品に仕上げられる．上記の原料の一部が混合され，残りは次の製造工程で添加されるが，それらの混合物

は次の順序で加工される：
- 粉砕．
- コンチング．
- テンパリング．
- 被覆 (enrobing)，型成形，あるいは，釜掛け (panning)．
- 冷却．

こうした各段階をこれから簡単に考察する．ベケット (Beckett, 2000) はチョコレートの製造工程とそこに内在する科学的な原理に関する優れた専門書を書いており，より詳細な情報が欲しい場合の助けとなる．本章では，以下の項でいろいろなタイプのチョコレートや砂糖菓子を製造するためのレシピや方法を説明する．

2. 粉　　砕

粉砕の目的は非油脂原料の粒子サイズを小さくし，チョコレートをザラツキのない味わいにする．それには粒子サイズを約 30 μm 以下にせねばならない (Beckett, 2000)．ミルククラムでつくられるチョコレートは，粉乳でつくられるチョコレートよりも，粒子サイズが大きくなる傾向があり，それ故，米国や英国の典型的なチョコレートは欧州のチョコレートより粒子サイズが大きく 30 μm 以上の粒子が多い．ニーディック (Niediek, 1991) は 30 μm 以上の粒子の重量パーセントが米国産で 8.1％，英国産で 4.6％，他の欧州産で 1.8％になると報告している．粉砕が進むほど粒子は小さくなり，全表面積が増加する．結果として，チョコレートはより粘稠になるが，それは粒子の表面を覆うのに油脂を余計に必要とするからである．結局，粘度の大幅な増大を避けるため，非常に微細な粒子（<5 μm）の数を抑えることも重要だし，使いやすい粘度にするためにチョコレート配合中の油脂を増やすことも必要である．

原料を別個に粉砕しても良いし，各原料を組み合わせて完全なチョコレート混合物にして一括粉砕しても良い．分割粉砕によって粒子の数はうまく制御されるが，そうした粉砕物をコンチェ (conche) で撹拌する時，それらにはほとんど油脂がない．したがって，こうした粒子を油脂で被覆して液状にする時間が必要なために，コンチングの時間は長くなる．現在，5 本ロールのリファイナー（精砕機，refiner）を使う一括粉砕が最も普及している．添加する全ての油脂をこの粉砕段階で加えるのではなく，コンチェで添加する分を残しておく．

粉砕は大量の熱を発生し，砂糖粒子の破砕面の温度は，100 万分の 1 秒足らずの間ではあるが，約 2,500℃になる (Niediek, 1991)．砂糖分子の 1 層が融解して，その部分が非晶質になる．非晶質の砂糖は非常に吸湿性が高く，周囲の空気から結晶化を起こすのに十分な水分含量になるまで水分を吸収する．ココアバター／砂糖のモデル混合

物の研究で，この混合物に水をぴったり0.1％添加すると，大きな粒子が著しく増加するのが見られた．これは降伏値（yield value）と"構造粘度（structure-depending viscosity）"を大幅に増加させた（Franke, Heinzelmann & Tscheuschner, 2001）．

3. コンチング[A]

コンチングには2つの目的がある．第1は，チョコレートやミルクのフレーバーを調整し，まろやかにすることと，不快な風味，とりわけ収斂味と酸臭を低減することなどである．第2は，粉砕で生じたパサパサした粉末状のチョコレートのフレークを流動性のあるチョコレートに変えることである．粉砕前の混合段階で添加されずに残された油脂が，コンチング中に全ての粒子を完全に十分に被覆するために添加される．

コンチングは粒子サイズをさらに小さくする．この作用は初期のコンチェの重要な特徴だった．今日，粒子サイズの減少は，凝集体の破壊を別にすれば，ほとんど全てが粉砕中に起こる．

ベケット（Beckett, 1999b）とクライネルト-ゾーリンガー（Kleinert-Zollinger, 1997c）はコンチェの発展の歴史，原理，種類，典型的な扱い方，コンチング中に生じる化学的，物理的な変化を総説している．**図8.1**はコンチングサイクル中に観察された水分と酸

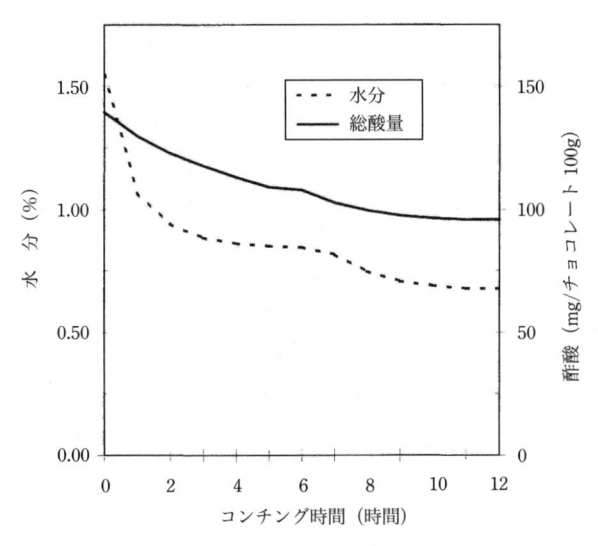

図8.1 コンチングサイクル中の水分と酸度の変化（Beckett, 1999bからの複製）

[A]：リファイナーの微粉砕でフレーク状（粉末状）になったチョコレートを強力な撹拌装置（コンチェ）内で練ってペースト〜液状のチョコレートにする工程（訳注）．

度の変化を示している．カカオに微量存在しているアセトアルデヒド，アセトン，イソブタノール，エタノール，イソプロパノール，アセチルエステル，イソペンタナール，メタノール，ジアセチルのような揮発性化合物の濃度がコンチング中に減少する．カカオ豆の発酵中に形成された酢酸，プロピオン酸，イソ酪酸やイソ吉草酸も減少し，pHは4.9から5.7に上昇する．コンチング中に遊離アミノ酸がかなり増加する．それらは還元糖と一緒になって，芳香成分の前駆体 (precursor) を形成し，これからチョコレートのフレーバーを決定する一連の芳香化合物がつくられる．

プレーンチョコレートは普通約70℃でコンチングされるが，場合によっては，コンチング温度を82℃にすることがある．全脂粉乳でつくられたミルクチョコレートのコンチング温度は約60℃で，ミルククラムを使用したミルクチョコレートの場合は50℃である (Minifie, 1989)．コンチング温度が低いと，メイラード反応型のフレーバーが発現しにくくなる．しかし，時折，こうしたフレーバーの発現を故意に促進するために100℃を越える温度でコンチングすることもある (Beckett, 2000)．

リーガル・チョコレートは伝統的に12～24時間のコンチングが実施され，最上質の風味にされるプレーンチョコレートの場合はもっと長い時間になる．予備精製されたココアリカーと乳成分を使うことを前提にした最新のコンチェは2時間という短いコンチング時間で良好な結果を出している (Kleinert-Zollinger, 1997c)．コンチング時間の短縮は依然としてメリットになるのだが，コンパウンドチョコレートの場合は，油脂は完全に無味無臭で，また，発現させるカカオフレーバーもほとんどないので，短時間どころか全くコンチングをしなくて良い．

コンチングでの水分低下で，ラウリン酸型コンパウンドコーティング製品の賞味期限は延びることが見出された．ヒームスカーク (Heemskerk, 1985a 1985b) はせっけん臭の発生を招く加水分解の可能性を最小にするため，水分を0.6%以下にすることを勧めている．レシチンがあるとコンチェでの水の除去が難しいので，レシチンはコンチングの後で添加しなければならない．

コンパウンドチョコレート，とりわけ分別していないラウリン酸型油脂を使った場合にコンチング時間を長くすると，ファットブルームの発生が遅くなることが分かった．コンチング時間が長いと，ココアパウダー由来のココアバターがより効果的に均一に分配されて局所的な高濃度化が避けられる．したがって，ココアバターと非カカオ植物性油脂間の局所的な非相溶性を防ぎ第7章で考察したとおりの結果になる．

ジーグラー (Ziegler, 1999) はコンチング中に噴霧乾燥粉乳からβ-乳糖の結晶が形成されることを報告している．結果として，非晶質乳糖中に取り込まれた乳脂が遊離するので，チョコレートの粘度が低下する．

コンチングの後，サイズ1mmまでの凝集体の量は減ることが見出されている．凝集は非晶質砂糖の量とともに増大する．そして，この現象はミルククラムでつくられ

たチョコレートの場合に最も顕著である (Niediek, 1991).

粉砕とコンチング機能を兼ね備えた装置，例えばマッキンタイアー社 (Macintyre) のリファイナーコンチェ (refiner conche)，あるいは，メランジャー (melangeur) で一般的にコンパウンドチョコレートが製造されている (Minifie, 1989).

4. レオロジー

多くの食品と同じように，液状チョコレートは複雑なレオロジーを示す．チョコレートは非ニュートン流体 (non-Newtonian) なので，チョコレートの粘度はずり速度 (shear rate) で変化する．チョコレートのレオロジーは，降伏値，つまりチョコレートを流動させ始めるのに必要な力と，いったん動き始めたチョコレートの流動を維持するのに必要なエネルギーに関係する構造粘度あるいは塑性粘度でおおよそ説明されるだろう．降伏値と粘度は主として以下の因子に左右される：

・総油脂量．
・非油脂性粒子の数，サイズ，形状．
・水分含量．
・乳化剤の存在．

油脂がテンパリング中にいったん結晶化を始めると，結晶化した油脂の量も重要になる．

ホーゲンブリック (Hogenbirk, 1988) は降伏値と粘度，そして，それに影響する要因についての有益で実際的な知見を報告している．

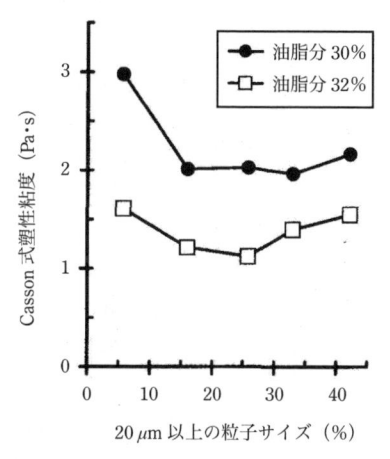

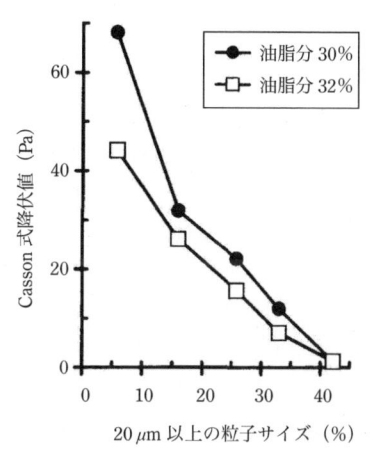

図 8.2 レシチンを 0.25％含有し，油脂分が異なる 2 つのミルクチョコレートの粘度と降伏値に影響する粒子の細かさ (Chevalley, 1999 からの複製)

図 8.2 は降伏値と粘度への粒子サイズと油脂分の影響を示す．降伏値が粒子サイズに著しく影響され，その一方で，粘度は油脂分に強い影響を受けることが分かる．2％の油脂分の増加は粘度を 25～45％まで低下させる．油脂分と粘度とは指数関数的な関係であり，したがって，低い油脂分の領域で粘度への油脂の影響が著しい．テンパリング中に液状脂量が低下するので（次項を参照），その程度によって粘度増加が大きくなる．

レオロジーに影響があるため，油脂は遊離状態でなければならない．つまり，油脂は連続相でなければならず，また，粒子の中に捕捉されてはならず，さらに，リポタンパク質としてタンパク質に結合されてはならない．経験から言えることは，粉砕とコンチングが効果的に実施されているならば，原料に由来する全ての油脂，つまり，レシピで計算される油脂分が実質的に遊離状態である．この結果は次の(a)と(b)から確認できる．(a)遊離油脂を抽出して，その量を秤量すること，(b)原料から計算された比率で油脂相をつくり，その油脂相の SFC が，チョコレートと同じ条件でテンパリングした時，チョコレートの SFC と同じになること．遊離した油脂は，～60℃のヘキサンや石油エーテルにチョコレートを溶かし，2～3 分間攪拌し，沪過あるいは遠心力でヘキサンを分離し，次いで溶媒を蒸留で除いて油脂を回収することで定量できる．もっと直接的な方法は，チョコレートを 60℃で間接法による NMR の SFC 測定を行って油脂含量を定量することである．この SFC 値からは，IOCCC Method 37 による完全な抽出の場合と同じく，油脂含量の値が計算値より 0.2～0.3％高くなる (Cruickshank, 2002)．

チョコレートは水分が高くなるほど，粘稠になる．水分が 0.3％増加するごとに，粘度を一定に保持するためには，おおよそ 1％の油脂をそのつど必要とする (Beckett, 2000)．したがって，コンチング後の水分は可能な限り低いレベルであることが重要である．

乳化剤は降伏値と粘度に著しく影響を与える．大豆レシチンは最も一般的に使われる乳化剤である．図 8.3 は，レシチンの最適量が約 0.4～0.5％であることを示している．図 8.4 は，レシチンの 0.5％添加と同じ粘度にするのに，約 5％の油脂が必要となる（つまり 0.5％のレシチンで約 5％の油脂が"節約"される）ことを示している．YN や PGPR のような他の乳化剤はもっと効果的である．0.5～1.0％の PGPR 添加で，降伏値はゼロに近い値になるが，一方，図 8.3 にあるように，レシチンの 0.5～1.0％添加範囲では，降伏値が添加量の増加で上昇し始める．したがって，通常はレシチンと PGPR の混合物が利用されている．

乳化剤の正確な作用メカニズムは明らかではないが，レシチンや YN のようなリン脂質の大きな粘度低減効果は砂糖粒子表面での作用によるものである (Harris, 1968)．

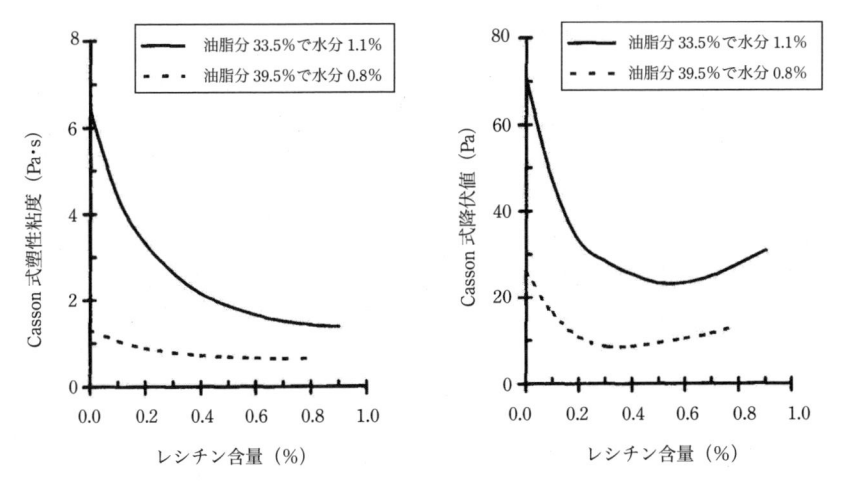

図 8.3 油脂分と水分の異なる 2 つのプレーンチョコレートの粘度と降伏値に及ぼす大豆レシチンの影響（Chevalley, 1999 にあるのと同じ，Fincke, 1965 からの複製）

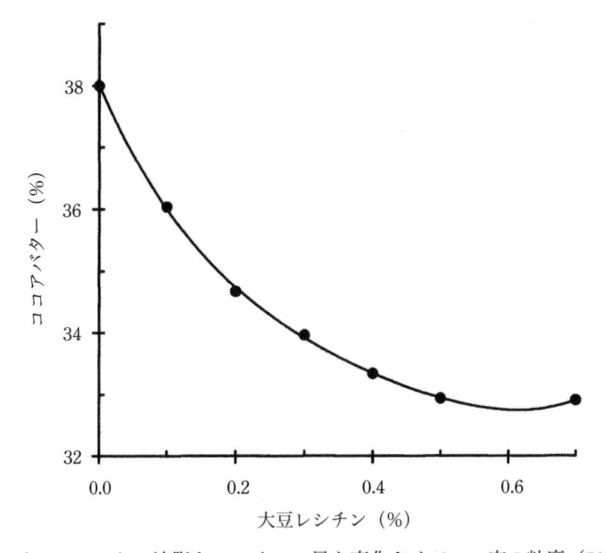

図 8.4 プレーンチョコレートの油脂とレシチンの量を変化させて，一定の粘度（50℃でボーンビル–レッドウッド（Bournville Redwood）型粘度計での測定値 42 秒）を示す組成位置を結んだ線（Harris, 1968 からの複製）

5. テンパリング

テンパリング，あるいは，予備結晶化（pre-crystallization）は次の 2 つの目標を実現するための手段である：

(a) 必要とされる多形の結晶核と種結晶を形成すること．そうすれば，全体の結晶化で，チョコレートはその多形で結晶化する．
(b) 非常に多数の結晶核を形成すること．そうすれば，全体の結晶化で，多くの微細な結晶が形成する．

セギーン（Seguine, 1991）は良好なテンパリングを"適正な結晶型（多形）の可能な限り微細な結晶を最大限の数にすること"と定義している．私たちは別なもう1つの基準も付け加える必要がある．すなわち，テンパリングされたチョコレートは，成形型の内部やセンターの表面を容易に流動できなければならない．最適にテンパリングされたチョコレートは良好な光沢，保存性，そして，型からの収縮を示す．

高トランス酸型やラウリン酸型製菓用油脂は直接に，あるいは，最初にできる多形 α からの急速な転移で容易に安定な β' を形成するので，これらの油脂を使ったチョコレートの場合は，いかなる予備結晶化やテンパリングもせずに，通常，結晶化温度に単純冷却するだけで上記の目標(a)は達成される．リーガル・チョコレートやSOS型コンパウンドチョコレートの場合，目標(a)はチョコレート製造で非常に重要であり，欠くことのできないステップである．この場合の目標(a)のねらいは，Ⅳ型やもっと不安定な多形をほとんど出現させずに，Ⅴ型（β_2）結晶を形成させることである．この項ではリーガル・チョコレートのテンパリングを論じることにする．

テンパリングはバッチ式あるいは連続式の工程で実施される．コンチング終了後のチョコレートは，油脂の結晶核，結晶，そして熱履歴を残していない．このチョコレートは約40～45℃で穏やかに撹拌される貯槽に保管される．基本的に，テンパリングは結晶化を促すためチョコレート（油脂）を過冷却することと，引き続いてチョコレート（油脂）を α や β' の不安定な結晶の融点以上の温度，つまり，Ⅳ型の融点以上でⅤ型の融点以下にすることの2要素で構成されている．これらの結晶の融点やテンパリングでの処理温度は，ココアバターの産地で決まる化学組成，乳脂の量と組成，ココアバター以外のSOS型油脂の量によって変わるだろう．

クライネルト-ゾーリンガー（Kleinert-Zollinger, 1991）は研究室でのテンパリングの研究に実際に役立つ情報を豊富に盛り込んだテンパリングの優れた総説を書いている．

現在，ほとんどのチョコレートは連続式のテンパリング機でテンパリングされており，この機械は被覆装置や型成形装置にテンパリングされたチョコレートを絶え間なく供給する．数名の研究者が記述しているように，各種のテンパリング機がある（Minifie, 1989; Jovanovic, Karlovic & Jakovljevic, 1995; Nelson, 1999a）．しかし，典型的なテンパリング機は強力に撹拌をする回転円盤か，かき取り羽根（scraper）を装備し，それぞれに異なる温度に保持される3～4つのゾーン（zone），あるいは，ステージ（stage）で構成されている．すでに第2章で，強力な撹拌やかき取りが結晶化を速くし，2次核形

成で結晶核を増やし，Ⅴ型への転移を速くすることを明らかにした．セブラら(Cebula, Dilley & Smith, 1991) は3つのステージを装備したパイロットプラント規模のテンパリング機について説明し，それをテンパリングの基礎的な原理やさまざまな方法によるテンパリングへの効果を調べるのに用いた．**図8.5** は，この機械で実施された2つの温度プロフィルを示している．図にあるように，各ステージは異なる機能を発揮する．温度と時間は，目安としてのみ示されている．二通りの温度プロフィルを示すが，それは決められたテンパリング状態にするのに，必ずしも温度条件は1つだけではないことを強調するためである．実は，この研究での1つの成果は，1番目と3番目のステージの温度と処理量から得られた応答曲面プロット図（response-surface plot）で最適テンパリングの条件を示したことだった．

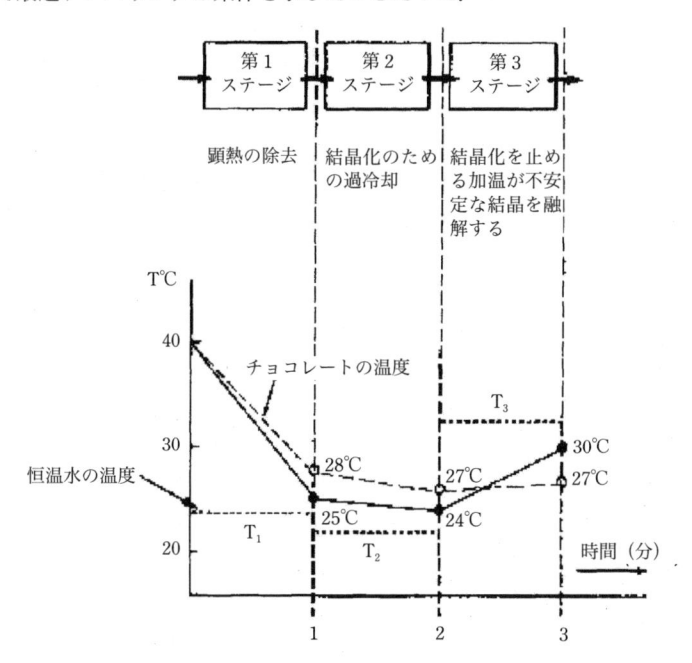

図 8.5 3ステージ連続式テンパリング装置の温度–時間プロフィル（Cebula, Dilley & Smith, 1991 より）

ネルソン（Nelson, 1999a）はテンパリングの原理とやり方および入手可能な各種のテンパリング機の最も包括的な総説を書いている．彼は最新のテンパリング機から供給されるチョコレートは安定ではなく，十分にはテンパリングされていない，つまり，すぐに使えるほど完全な状態ではないことを指摘している．結晶を熟成するのに十分な時間をとらねばならない．彼は経験にもとづいて，型成形装置の場合に10～12分間，被覆装置の場合に20～360分間の熟成時間が必要なことを示唆している．型成

第8章 製品への応用

形装置は良好な流動性を必要とせず，強力な振動（shaking）と冷却で高粘度のチョコレートを製品に仕上げることができる．被覆装置の場合は低粘度でなければならず，したがって，テンパリング機や被覆機の貯槽から供給されるコーティング生地の温度を限界まで高くしなければならない．テンパリングされたチョコレートが決められた時間内に使われなければ，それは融解して再びテンパリングし直さなければならない．ある特許化された方式（クロイター式（Kreuter）間欠予備結晶化法）によれば，テンパリングしたチョコレートを長い間良好な状態に維持できるが，この方法では大きな貯槽が必要なので，大量生産用のプラントには向かない．

テンパリングの状態は正しい多形になった結晶の量と関連する．結晶の多形と量は，XRD，DSC，DTA，さらに NMR のような方法で直接的に，あるいは，冷却曲線を使って間接的に測定できる．例えば，シュースター–サラスら（Schuster-Salas & Ziegleder, 1992）は DSC を生産ラインから取り出したチョコレート生地の分析に利用した．小さ

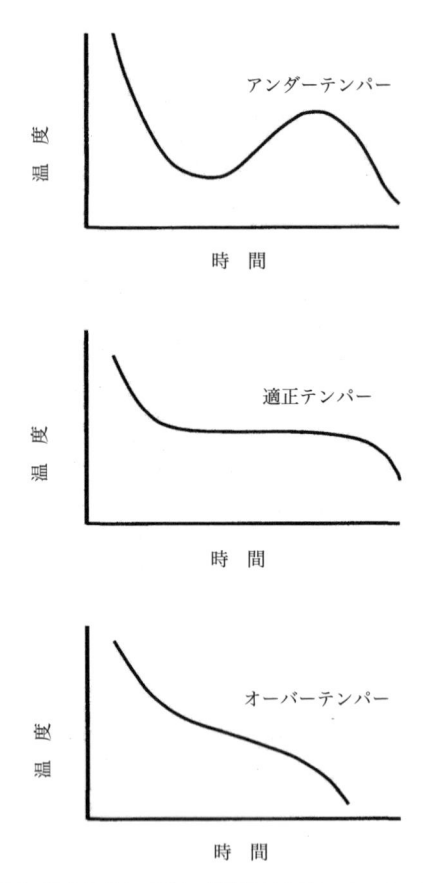

図 8.6 異なるテンパリング状態でのテンパーメーター曲線

なピークは種結晶の存在を示し，ピークの大きさはテンパリングの程度と関係していた．しかし，実際には，工業的な応用に本当に適しているのは冷却曲線法だけである．グリール（Greer）型あるいはゾーリッヒ（Sollich）型テンパーメーターが一般的に利用されている．それは，第3章G節のシュコッフ冷却曲線器具に似ているが，ガラス管や真空ジャケットを使わず金属で頑強に作られている（Schremmer, 1980; Allen, 1995; Beckett, 2000）．ごく少量だけ結晶が形成されるか，あるいは全く形成されない場合，そのチョコレートはアンダーテンパーの状態と言われ，図8.6に示すように，テンパーメーターの冷却曲線で大きな温度上昇が見られる．それは，油脂全体が結晶化するので，放出される結晶化の発熱が大きくなるからである．多数の結晶が形成されている場合，チョコレートはオーバーテンパーの状態と言われ，この状態では，放出される結晶化の発熱が小さいので，温度の上昇はほとんどない．良好あるいは最適にテンパリングされたチョコレートは上記の極端な2つの場合の中間となり，ピークと言うよりは肩が見られる．各種のテンパリング機やチョコレート配合で経験を積めば，つくる製品に合わせて最適なテンパー状態を選択できるようになる．

オンライン式自動テンパーメーターがカルル＆モンタナリー社（Carle & Montanari）で開発された（Bertini, 1996）．ライン直結組み込み式の近赤外線分光器を使うテンパーの測定機についてボリガーらが説明している（Bolliger, Zeng & Windhab, 1999）．

最適なテンパリングで正確にどれほどの量の固体脂が実際に結晶化されているかということは，未解決の問題である．多くの研究者は1〜4%としているが，コッホ（Koch, 1973）はチョコレートの固化を論理的に扱い，種結晶が0.01%と極めて少なくても十分であると推測している．しかし，彼はこのような少量の種結晶が今まで実際にあったのだろうかと疑問を持っている[1]．1%以下の量は，テンパリングされたチョコレートとテンパリングされないチョコレートとの間の大きなレオロジーの違いを考慮すると，余りにも少なすぎるようだ．

テンパリングされたチョコレートのレオロジー的特性は非常に重要である（Hogenbirk, 1988）．表8.1に示すように，オーバーテンパーのチョコレートの降伏値は高く，成形型の隅々に流し込んだり，センターの表面を完全に覆うことが不可能になる．

セギーン（Seguine, 1991）とリチャードソン（Richardson, 2000）はテンパリングの原理を総説し，また，正しくテンパリングする方法について多くの実用的な助言を書いている．他の研究者らはより詳細に理論と原理を考察している（Bueb, Becker & Heiss, 1972; Cebula, Dilley & Smith, 1991; Tscheuschner, 1993; Kleinert-Zollinger, 1997d）．

不十分なテンパリングは大きな結晶と欠陥のある結晶構造，不適切な融解特性，冷感（口中で）の不足，保存性の低下をもたらす（Kleinert-Zollinger, 1991）．最も重要なのは，

---

[1] リーデ（Reade, 1985）は同様の結論になったが，彼の論文は全く謝辞もなく頻繁にコッホの本を使い，ほとんど完全にコッホの論文を下敷きにしている．

第 8 章 製品への応用

表 8.1 テンパリング状態の異なるチョコレートのレオロジー（Hogenbirk, 1988 より）

テンパリングの状態	温度（℃）	粘度（Pa·s）	降伏値（Pa）
テンパリング未実施	40	1.18	4.96
アンダーテンパー	30.2	2.02	6.32
適正テンパー	29.4	3.10	13.84
オーバーテンパー	28.3	5.87	61.81

テンパリングが不十分なチョコレートは最適にテンパリングされたチョコレートより非常に速くブルームを発現することである．

ブエブら（Bueb, Becker & Heiss, 1972）とベッカー（Becker, 1974）はプレーンチョコレートのブルーム発生がテンパリングと固化に左右されることを詳しく報告している．彼らは，テンパリングの程度が深くなるにつれて，ファットブルーム耐性が次第に高くなることを見出した．しかし，**表 8.1** に示すように，どれだけ十分なテンパリングができるかはチョコレートのレオロジー的特性にかかっている．彼らはブルーム耐性の向上を安定な油脂結晶にしたためと考えており，この安定な油脂結晶は貯蔵時に安定な固溶体を形成し，また，平衡に向かう途中でもう1つの固溶体／相を突然発生させる"デミックス（demix）"現象を起こさない．XRD はテンパリングの程度が十分なほど，形成される V 型結晶の量が増えることを示した．彼らはテンパリングされたチョコレートの規準を3点で定義している：

・作業性，つまり，良好な流動特性／レオロジー．
・冷却／固化後の外観．
・ブルーム安定性，つまり，ブルーム耐性

アンダーテンパーのチョコレートは良好な作業性と良好な外観になるが，ブルーム安定性に欠ける．オーバーテンパーのチョコレートは作業性が低下し，外観も劣るが，ブルーム安定性は良好となる．彼らの結論で全体的に最良の結果を得るやり方とされたのは，テンパリングの最初のステージでチョコレートを大きく過冷却し，次いで，不安定な結晶の全てを融解し，望ましい作業性を確保するために温めることだった．チョコレートがアンダーテンパーなら，型への流し込み，あるいは，被覆の後，ゆっくりとした冷却が必要となる．

A.4 項で，チョコレートのレオロジーを変えるのに乳化剤の利用が有効であることを理解した．レシチンや YN と違って，PGPR は結晶化を促進し，これを相殺するためにより高い温度にしないと，オーバーテンパーになることが見出されている（Schantz & Linke, 2001b）．

セブラら（Cebula, Dilley & Smith, 1991）は，パイロットプラント規模のテンパリング機

を使い，ミルクチョコレートのテンパリング適性への POP，DAG，3 飽和 TAG の影響を調べた．彼らは POP 含量の高いチョコレートの場合に温度を下げる必要があることを見出した．このことは柔らかいココアバターや，ココアバターと相溶性があって POP 含量の高い SOS 型油脂（CBE ではない）の使用に影響を及ぼす．DAG はごくわずかしか影響を及ぼさなかったが，バッチ式のテンパリングでは大きな影響が見られた．セブラらは，バッチ式の場合，不安定な多形を経由するよりもむしろ種結晶が直接V型で結晶化するからだとの見解を示した．余分な 3 飽和 TAG が添加された場合，テンパリングの状況に劇的な変化も起こらずに，テパリングを実施できた．しかし，粘度は相当上昇した．

　テンパリングによる種結晶の発生に代わる方法は，種結晶を直接添加することである．蜂屋ら (Hachiya, Koyano & Sato, 1989a) と佐藤 (Sato, 1997) はココアバターとチョコレートのシーディングを概説し，シードになる各種の素材を調べている．普通のやり方では，チョコレートの融点を例えば 30℃とすれば，30℃以下の液状チョコレートに，かなり長い間貯蔵して望ましい多形のV型あるいはⅥ型にしたココアバター，あるいはチョコレートの微粉をシーディングする．シード剤と液状チョコレートの混合物は撹拌され，連続式テンパリング工程の後半の過程と同じように，結晶化が進行する．しかし，第 2 章 C.3 項や第 6 章 A.4 項で考察したように，蜂屋らはⅢ型あるいはV型の両種結晶は同じ程度の効果を示し，Ⅵ型の種結晶が最も効果的なことを見出した．種結晶の多形にかかわらず，固化したココアバターあるいはチョコレートの多形は単にシーディング／結晶化の温度で決まってしまう．彼らは種結晶の効果を多形制御剤というよりは結晶化の促進剤であると述べている．こうした結果や同様の研究結果の一部として，恒久的なシードの BOB（第 6 章 C.1 項を参照）が開発された．

　他のシード剤が提唱されている．β StOSt 結晶 (Battelle Memorial Institute, 1992)，極度硬化植物油（トリステアリン）やソルビタントリステアレート (Jovanovic, Karlovic & Pajin, 1998)，ココアパウダー (Mars, 1978) などである．マース社 (Mars, 1998) は凍結粉砕されたⅥ型のチョコレートやココアバターを使うシーディング工程を特許化している．その特徴は，通常にテンパリングされたチョコレートの場合より，粘度の低い製品を製造できるということである．同様に，ネスレ社 (Nestlé, 2000) はシーディング工程と種結晶のサスペンションを製造する装置を特許化している．このシードもⅥ型であり，普通にテンパリングされたチョコレートの場合より，扱う温度は 3〜4℃高くできる (Braun, Zeng & Windhab, 2002a, 2002b)．しかし，これまでにシーディングはチョコレートの商業的な生産で実用化されていないように見えるが，その理由は種結晶の適切な在庫を維持するために時間と費用がかさむこと，ならびに近代的な連続式テンパリング機が利用しやすく有効であるためと思われる．

6. 被覆，型成形，釜掛け

液状チョコレートは次の方法で菓子製品に変えられる：
- 被覆，すなわち，センターにチョコレートを注ぎ掛けることでのコーティング．
- 型成形，すなわち，特別な形状，とりわけ長方形の棒状あるいは板状にする型にチョコレートを注ぎ込む．
- 釜掛け，すなわち，回転するボウル (bowl) や鍋 (pan) の中でナッツ，干しブドウ，砂糖菓子のような小粒センターへのチョコレートの積層コーティング．

ネルソン (Nelson, 1999b) は各種の被覆機や型成形装置を概説し，その利用に関して有益で実際的な情報を書いている．クライネルト–ゾーリンガー (Kleinert-Zollinger, 1997e) は，粘稠あるいは流動性のあるフィリングを充填する型成形のシェルチョコレートにとりわけ力点を置いて，型成形の原理を総説している．

型成形用のチョコレートは強力な振動で型の隅々まで流し込まれるので，比較的粘度が高くて良い．チョコレートはチキソトロピー (thixotropy) 流体であり，振動は著しく見掛け粘度 (apparent viscosity) を低下させる (Beckett, 2000)．冷たい型に充填されたチョコレートの急速な冷却 (shock-cooling) を避けるため，型は予め 24〜25℃に温めなければならない．ナッツや硬いヌガーのような，大きな容積を占める混ぜものも，非常に細い線状割れ目の発生を避けるため，予め温めなければならない (Kleinert-Zollinger, 1991)．フィリング用，あるいは，復活祭 (Easter) の卵やウサギのような製品用のチョコレートシェルの型成形は特殊な技術が必要であり，とりわけテンパリングやテンパリング後のレオロジーがその決め手になる (Beckett, 2000; Kleinert-Zollinger, 1991)．

被覆用のチョコレートは，センターを完全に覆わねばならないので，低粘度で低降伏値であることが必要である．通常，低粘度にするため，被覆用のチョコレート配合では，型成形用チョコレートより油脂分を多く (2%かそれ以上) される．

釜掛けは，回転鍋，あるいは，ドラムと言うよりセメントミキサーのような回転容器中に融解したチョコレートを投入して行う (Aebi, 1999)．テンパリングされたチョコレートは使われない．温風ないしは冷風が釜掛け工程のいろいろな段階で，チョコレートを融かしたり固化するために吹き付けられる．釜掛けはバッチ式の工程であり，通常，手作業で実施される．チョコレートを固化させる間のとりかたで，数種の掛け方ができる．釜掛けの結果は，表面に光沢のないチョコレートを被覆したほぼ球形の品が多数できることになる．釜掛け工程は，カルナウバワックス (Carnauba wax)，セラック (shellac)，あるいは，シロップグレーズ (syrup glaze) のような光沢剤を上塗りして完了となる．通常，釜掛け製品は最終のつや出し段階前に，完全に固化し，平衡化するために浅いトレー中に保持される．

7. 冷却と固化

さまざまなチョコレートの固化（solidification）の段階が図 8.7 に概念的に示されている．固化のほとんどは冷却段階で起こる．ネルソン（Nelson, 1999b）はチョコレートを冷却して固化する各種の装置を説明している．現在，ほとんどのチョコレートはトンネル式冷却機の中で冷却される．これは基本的に送風機と冷却機を備えた長いトンネルであり，異なる温度帯を維持する複数のゾーンで構成されている．製品はコンベアベルトに乗り，冷却トンネルを通過する．とりわけ冷却トンネルから包装室に向かう時に結露が生じやすいので，湿度を制御し，製品の表面で結露させないことが重要である．冷却は輻射，対流，伝導で起こる．伝導あるいは接触冷却が最も効率的であり，次は空気対流冷却である．輻射冷却の寄与は冷却負荷の約 7% と見積もられている．

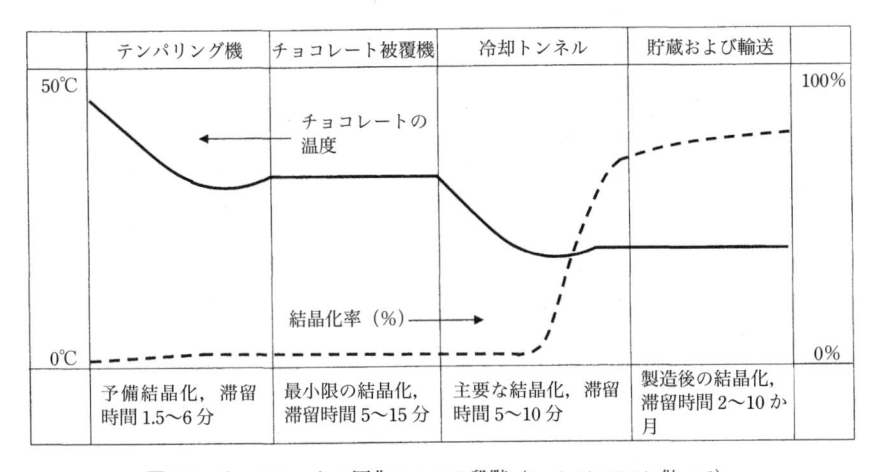

テンパリング機	チョコレート被覆機	冷却トンネル	貯蔵および輸送
予備結晶化，滞留時間 1.5～6 分	最小限の結晶化，滞留時間 5～15 分	主要な結晶化，滞留時間 5～10 分	製造後の結晶化，滞留時間 2～10 か月

図 8.7　チョコレートの固化の 4 つの段階（Sawitzki, 1997 に倣って）

チョコレートのテンパリングと冷却は関係がある．冷却はテンパリングよりも柔軟性に欠ける工程である．したがって，"テンパリング技術の大きな部分を占めるものは，関係工場内で実際に使われる様式の冷却に最も適するチョコレートを調製することである"（Koch, 1973）．チョコレートはその配合に即した固有の固化速度を示すが，その固化速度はテンパリングされることを前提としている．

固化工程は結晶成長を促す場の 1 つであり，コッホ（Koch, 1973）は直線的な成長速度と既に形成された結晶の表面積に基づく理論的な取り扱いを説明している．最初，テンパリングされたチョコレートの中に，急速に成長する種結晶があり，これは成長にともなって結晶の総表面積を大きくしていく．コッホは次の式を導いた：

第8章 製品への応用

$$\mathrm{SFC}_T = W_0 \times (L_0 + F \cdot t)^3$$

SFC_T は温度 T における固体脂量（%），W_0 は最初の種結晶の%であり，L_0 は最初の種結晶のサイズ（長さ）である．F は L_0 の倍数としての直線的な成長速度であり，t は時間．$L_0 = 1$（任意の単位），$F = 0.8$（任意の仮定）とすると，この式から導かれる結果は図 8.8 の曲線となる．

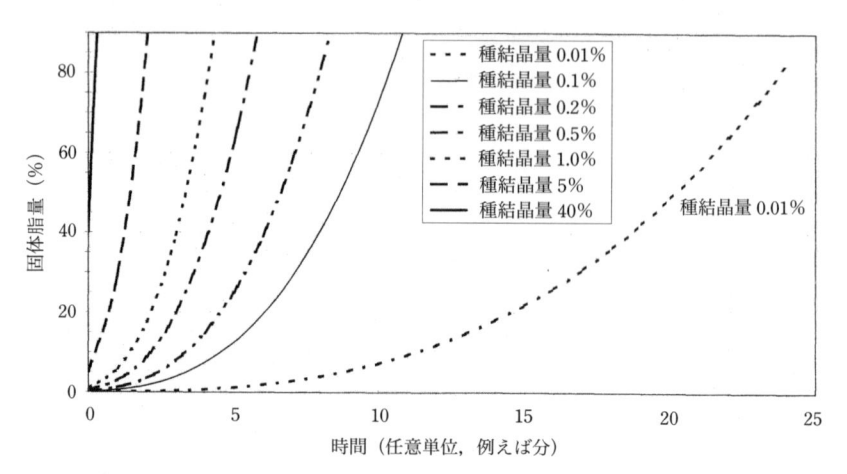

図 8.8 直線的な結晶成長速度が初期種結晶サイズの 0.8 倍とした場合に，各曲線は種結晶量に応じた各チョコレートの固有な固化速度を示す（Koch, 1973 に倣って）

　結晶成長のある段階で，結晶は互いに接触するまでに成長し，架橋を形成する．これが見掛けの固化点での"表面の乾き（crusting over）"である．目に見える収縮が表面の乾きの後に間もなく始まり，数時間続く．コッホは，収縮が，リーガル・チョコレートの場合，数日あるいは数年間も続くと述べている．表面の乾きが生じる時点の SFC 値は議論の余地があり，それはある程度チョコレートの油脂組成に左右される．コッホはこの SFC 値を 50% と 70% の間の数値としている．実際，第2章 C.5 項で考察したように，収縮はシェルが形成された時点から始まる．つまり，表面の乾きが成形型の接触面で生じた時点からであり，その時，中央部はまだ液状である．

　図 8.8 に戻ると，注意すべき大事な点は，チョコレートのテンパリングが浅くなるほど，50〜70% の SFC 値や表面の乾きに達するまでの時間が長くなることである．油脂をもっと早く結晶化させるために冷却を強くすると，チョコレートは二通りの反応を示す：

・核発生の再開．これにより，種結晶量が早められた冷却速度に見合うまで増える．しかし，核は不安定な多形になりやすい．つまり，望ましい β（V型）ではない．

- こうした新しい核の成長は不安定な多形 β' の結晶をつくる（コッホは誤って[B]，こうした不安定な核が優先的に成長すると語っている．しかし，第2章C.4項で理解したように，安定な多形の成長速度は過飽和度が高いので，不安定な多形より速い）．

実際に，コッホは，表面の乾く速度が図8.8に示す予測と比較して，深くテンパリングされたチョコレートではむしろゆっくりと，浅くテンパリングされたチョコレートはもっと速くなると示唆しているが，彼が説明した一般的な原理の正しさは変わらない．冷却をどの程度まで速くできるかはテンパリング状態にかかっている．それぞれにテンパリングされたチョコレートは固有の固化速度になるので，最適に固化するなら，冷却装置はそれぞれの固化速度につり合う速度で熱を除かねばならない．最初は比較的ゆっくりと冷却し，次いで，表面が乾くようになって発生する大量の熱量に合わせて冷却を強くしなければならない．

ジーグラー（Ziegler, 2001）はチョコレート菓子製造でのいろいろな固化過程を評価し，この過程のモデル化を検討した．しかし，この数学的なモデル化は上記のコッホの単純な分析に比べて，この工程について新しい知見を示していないように思われる．

ハウスマンら（Hausmann, Tscheuschner & Tralles, 1993）は，良好な品質のチョコレートを製造する最適な冷却条件の研究にDSCを利用している．彼らは型成形したチョコレートを3つの層に分割し，型に接触している層，中間の層，表面の層として，それぞれの層の特性を調べた．彼らは，コッホや他の多くの研究者と反対に，これまで推奨されたチョコレートを冷却／結晶化工程の初期段階でゆっくり冷やすことが，品質向上にならないことを見出した．最良の結果は，良好にテンパリングされたチョコレートを急冷（10℃で）することで得られた．この低温冷却でいかなる灰色のしみも生じなかったが，非常に高い湿度の場合にそれが生じた．チョコレートの粘稠性を増大させたり乳脂含量を増加した場合，チョコレートは低温に鈍感になっていった．パドレー（Padley, 1997）はチョコレートの硬さが5〜10分までSFCの増加を遅らすようだとするセブラとディレーからの私信を引用しているが，パドレーに同調して，彼らはDSCやSFCはチョコレートの品質を十分に評価できないと言っている．ある種のテクスチャーの分析も必要である．

さらに，DSCの解釈が難しい理由は：
- 装置内で試料が変化して行くので，測定が始まる前に，それがどのような状態だったかを分かっていなければならない．
- 存在している種結晶の表面で，典型的には，ゆっくりと昇温される凍結状態のテンパリングされたチョコレート試料の表面で結晶成長が起こる．

B：誤ってとあるが，均一核形成理論から，核形成に必要な自由エネルギーΔG^*は不安定な多形ほど小さいので，不安定な核の形成が優先する．したがって，コッホの考察が正しい（訳注）．

- DSC は試料に昇温あるいは冷却速度を強いる．一方，製造装置内では，チョコレートはその環境に左右されて平衡温度になる (Cruickshank, 2002)．

図 8.7 に示したように，製品が包装された後の貯蔵中も固化は進行する．チョコレートの品質に及ぼす貯蔵条件の影響の研究で，ハウスマンら (Hausmann, Tscheuschner & Tralles, 1994) は，3 か月間の貯蔵後でさえ，平衡に達しなかったことを見出した．したがって，彼らは，輸送中のような中間的な貯蔵は品質にそれほど決定的な影響を与えないことを示唆した．彼らの結論には無関係と思われるが，彼らの DSC 曲線の解釈には問題がある．幅広い融解曲線が 3 つに区切られ，それぞれIV型，V型，VI型とされている．結果として，彼らは 26℃，3 か月後でさえ油脂の約 30％が依然としてIV型であると見ている．この結論はココアバターや純粋な TAG での全ての研究に矛盾しており，ジーグリーダー (Ziegleder, 1992) も固化されたチョコレートにIV型が存在したとしても，それは 2〜3 日間後にV型に転移することを見出している．

コンパウンドチョコレートにはリーガル・チョコレートと異なる冷却条件が必要である．結晶核を形成するためのテンパリングはほとんど実施されないし，β 多形を発現させないため，急冷却で結晶化と結晶成長を促す．図 8.9 はリーガル・チョコレートや各種のコンパウンドチョコレートの冷却トンネルの典型的な条件を示している．

ミニフィ (Minifie, 1989) は，表 8.2 にあるように，同じようなデータを示している．ラウリン酸型コンパウンドチョコレートは，表 8.3 の相対結晶化時間で示されるように，結晶化がとりわけ速い．ウェインライト (Wainwright, 1996) はこの急速な結晶化

冷却の必要条件	リーガル・チョコレート(ココアバター)	SOS 型コンパウンドチョコレート(CBE)	ラウリン酸型コンパウンドチョコレート(CBS)	高トランス酸型コンパウンドチョコレート(CBR)
冷却トンネル中の空気温度	非常に注意深い冷却 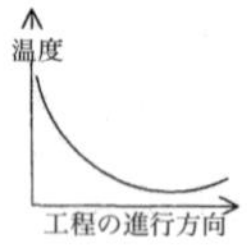	非常に注意深い冷却 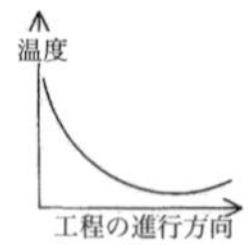	急冷却 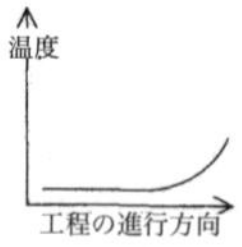	急冷却 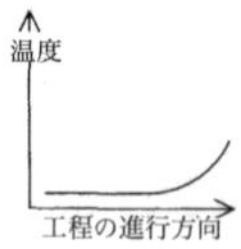
冷却トンネル入り口温度（℃）	14〜16	14〜16	8〜10	6〜8（通常）
冷却原理	輻射	輻射	対流	対流
製品面への気流	なし	なし	並流	並流
冷却時間（分）	〜6	〜6	〜4	4〜8

図 8.9　いろいろなチョコレートコーティング生地に必要な冷却条件の概要 (Sawitzki, 1987 より)

が高トランス酸型 CBR を越えるラウリン酸型 CBS の製造上のメリットを表すとしている．ラウリン酸型コンパウンドチョコレートはテンパリングをしないで使われるが，ある程度のテンパリングを行えば，光沢やその持続性が改善する．この場合のテンパリングとは基本的にこのチョコレートが正に結晶化を始める時点まで冷却することである．

表 8.2　いろいろなタイプのチョコレートの冷却トンネル温度の目安（Minifie, 1989 より）

チョコレートのタイプ	冷却トンネルの温度（℃）		
	入り口	中央	出口
リーガル・チョコレート	15~17	10~12	15~17
SOS 型コンパウンドチョコレート	リーガル・チョコレートの場合と同じ		
ラウリン酸型コンパウンドチョコレート	10~12	10~12	15~17
高トランス酸型コンパウンドチョコレート	リーガル・チョコレートの場合と同じだが，もっといろいろな温度設定も可能		

表 8.3　5℃でのココアバター置換脂（CBS）の結晶化時間を 1.0 とした場合の，いろいろな温度と異なるココアバター量でのココアバター代替脂（CBR）と CBS のコンパウンドチョコレートの相対結晶化時間（Wainwright, 1996 より）

チョコレートのタイプ	結晶化温度（℃）		
	5	10	12.5
CBS	1.0	1.2	1.5
CBR（油脂相中のココアバターは 6%）	1.2	1.3	1.7
CBR（油脂相中のココアバターは 17%）	1.5	1.6	2.2
CBR（油脂相中のココアバターは 25%）	2.7	2.9	3.9

チョコレートの光沢は一般的に主観で判断されるが，反射光の測定を基本にした各種の機器が利用可能である（Komen, 1992）．

全てのコンパウンドチョコレートは急速に冷却／結晶化して良いのだが，もっと低い温度，および／または，もっと速い冷却速度の利用も可能である．ウィーラーら（Wheeler, Noll & Finley, 1989）は，最適な冷却温度，冷却速度，冷却時間を予測するのに DSC を利用している．彼らの方法の事例を図 8.10 に示してある．冷却温度が約 15.6℃（60°F）以上，10℃（50°F）以下の所に矢印で示されているように，低融点画分，あるいは，多重画分（肩）が出現している．彼らはこの部分を不完全な結晶化，あるいは，自己分別（相分離）の結果と説明している．他の DSC 曲線は準安定な結晶の証拠を示している．

第8章　製品への応用

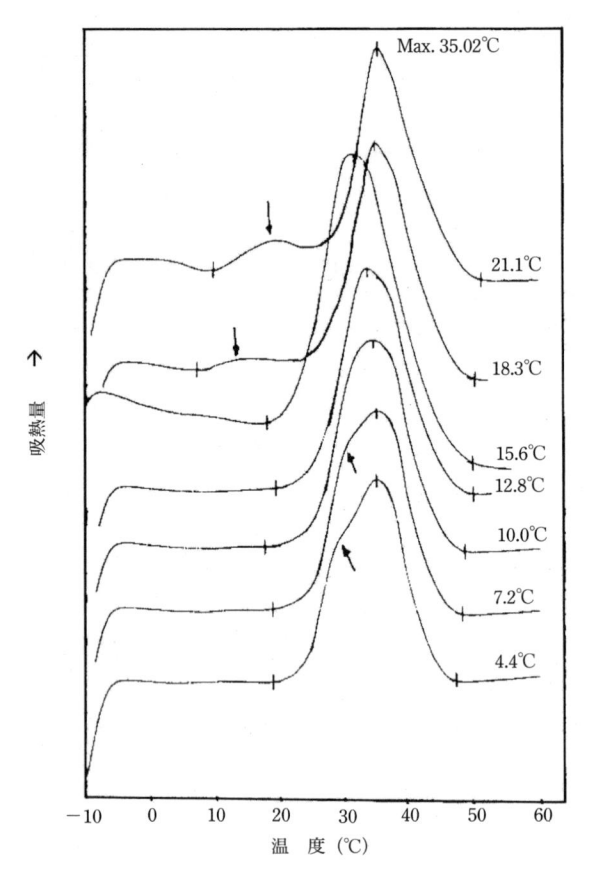

図 8.10　大豆油をベースにした分別高トランス酸型製菓用油脂の DSC 融解曲線であり，まず，38°C から 6°C/分で表示されている温度まで冷却された．その後 −10°C 以下に保持されてから，10°C/分で昇温された．矢印の意味については本文を参照されたい（Marcel Dekker, Inc. の好意により，Given, Wheeler, Noll & Finley, 1989, p.520 から転載）

B節　チョコレートの配合

この節では，いろいろなタイプのチョコレートの配合（レシピ）を示す．配合をつくる場合，数種のパラメーターを計算することは，法律を遵守し，適切な機能性をしっかりと発揮させ，そして，軟化やブルームの原因になる各種油脂間の非相溶性を避ける油脂相にするのに有効である．計算で考慮するべきパラメーターは以下のとおりである：

- チョコレート中の総油脂分（%）．
- チョコレート中のココアバター，カカオ固形分，乳脂，乳固形分の量（%）．
- 総油脂中のココアバター，乳脂，その他の製菓用油脂の量（%）．
- チョコレート中のSOS型油脂の量（%）．この油脂は多くの国でリーガル・チョコレートに5%まで許容されている．

これらのデータは，いろいろな原料の標準組成表を使い，コンピュータの表計算ソフトで簡単に計算される．したがって，これらのパラメーターの多くは，以下に記載する配合に組み込まれている．

チョコレートの配合は伝統，原料の入手可能性，価格，顧客の好み，製造企業の好み，法律，機能性，そして，官能的な特性に関連して無数にある．したがって，以下の配合は，一般的に製造される各タイプのチョコレートだけを説明している．ジャクソン（Jackson, 1999）は有益で包括的なチョコレート配合を提示している．

1.　リーガル・チョコレート

リーガル・チョコレートはプレーンチョコレート，あるいはミルクチョコレートかも知れないが，各国の法的な必要条件の詳細は第10章で概説している．**表8.4**（**表8.5**のデータに基づいている）はプレーンチョコレートの配合である．ブルーム阻害剤として乳脂を添加すると，油脂相はかなり軟化する．プレーンチョコレートは通常不快なほどに硬いので，この軟化はこのチョコレートの食感やフレーバーの発現を改善するのに望ましい．

乳脂ステアリン（融点は〜42℃）は，乳脂よりいくぶん効果のあるブルーム阻害剤として，また，ココアバターの代替油脂として利用されている（Ziegleder 1993a, 1993b）．乳脂ステアリンの添加量はチョコレートの2%で十分であり，5%ではチョコレートの食感を非常にワキシー（waxy）にしてしまう．乳脂ステアリンの添加はチョコレートの固体脂のSFC値を乳脂添加の場合より高くするが，このSFC値の増加は油脂相の約28%までの乳脂と高SFC値のココアバター（マレーシア産）との組合せの場合よ

り小さかった．より機能的で相溶性の良い SOS 型油脂より乳脂画分を使う理由は，法律遵守のためである．結果として，多くの研究者はチョコレートでの乳脂の使用量が乳脂画分の利用で増えることに注目している．例えばディミックなど（Dimick,

表 8.4　リーガル・チョコレート[a]のプレーンチョコレート配合（原料は全体中の%）

原料	基本的なプレーンチョコレート	ブルーム阻害剤として乳脂を使ったプレーンチョコレート	ハイカカオ型プレーンチョコレート
ココアリカー	40.0	40.0	58.0
添加ココアバター	7.0	5.0	2.1
他の SOS 型油脂[b]	5.0	5.0	—
全脂粉乳（WMP）	—	—	—
脱脂粉乳（SMP）	—	—	—
ミルククラム	—	—	—
無水乳脂（AMF）	—	—	—
砂糖	47.5	47.5	39.4
レシチン	0.5	0.5	0.5
計	100.0	100.0	100.0
チョコレート中の量（%）			
ココアバター	29.0	27.0	34.0
他の SOS 型油脂[b]	5.0	5.0	0.0
乳脂	0.0	2.0	0.0
総油脂分	34.0	34.0	34.0
油脂相中の量（%）			
ココアバター	85.3	79.4	100.0
他の SOS 型油脂[b]	14.7	14.7	0.0
乳脂	0.0	5.9	0.0
計	100.0	100.0	100.0
チョコレート中の量（%）			
無脂カカオ固形分	17.6	17.6	25.5
無脂乳固形分	0.0	0.0	0.0

a 表 8.5 のデータに基づいている．b CBE あるいは他の SOS 型油脂が使われないなら，5%の余分のココアバターで置き換えねばならない

表 8.5　表 8.4，表 8.6，表 8.7 のチョコレート配合のベースとして使われたデータ

原料	ココアバター(%)	乳脂(%)	カカオ固形分(%)	乳固形分(%)
ココアリカー	55.0	0.0	99.0	0.0
ココアパウダー	11.0	0.0	100.0	0.0
全脂粉乳（WMP）	0.0	27.0	0.0	97.0
脱脂粉乳（SMP）	0.0	0.8	0.0	97.0
ミルククラム	7.3	9.2	13.5	32.0
無水乳脂（AMF）	0.0	99.7	0.0	99.7
ホワイトクラム	13.5	10.4	13.5	36.0

Ziegler, Full & Yella Reddy, 1996; Full, Yella Reddy, Dimick & Ziegler, 1996)の乳脂画分の利用に関する論文を参照してもらいたい．しかし，技術的な問題が解決されたとしても，ほとんどの国で乳脂がココアバターより高価であり，とりわけここ数年，ココアバターの価格は下がっているので，このやり方はあまり魅力的でない．

表 8.4，表 8.6 および表 8.7 のいくつかの配合は SOS 型油脂を 5％使っている．脚注に示したように，これは各国の法律に左右されるオプション的な素材である．全てのリーガル・チョコレートのレシピは，新しいチョコレート規格が批准された 2003 年以降の全 EU 加盟国と，似たような法律を採用しているその他の国で合法である．注意すべき重要なポイントは，バーケット（Birkett, 1997）が何回も検討して確認しているように，本物の CBE と同じようなココアバター以外の SOS 型油脂を 5％添加しても，チョコレートの特性は影響を受けないことである．しかし，例えば乳脂の代替

表 8.6 リーガル・チョコレート [a] のミルクチョコレート配合（原料は全体中の％）

原料	WMP を使ったミルクチョコレート	SMP を使った低乳脂ミルクチョコレート	WMP を使った高乳脂ミルクチョコレート	ミルククラムを使った低乳脂ミルクチョコレート
ココアリカー	12.0	14.0	10.0	—
添加ココアバター	14.0	15.0	14.0	16.0
他の SOS 型油脂 [b]	5.0	5.0	5.0	5.0
全脂粉乳（WMP）	20.0	13.5	26.0	—
脱脂粉乳（SMP）	—	7.0	—	—
ミルククラム	—	—	—	63.0
無水乳脂（AMF）	—	—	—	—
砂糖	48.5	45.0	44.5	15.5
レシチン	0.5	0.5	0.5	0.5
計	100.0	100.0	100.0	100.0
チョコレート中の量（％）				
ココアバター	20.6	22.7	19.5	20.6
他の SOS 型油脂 [b]	5.0	5.0	5.0	5.0
乳脂	5.4	3.7	7.0	5.8
総油脂分	31.0	31.4	31.5	31.4
油脂相中の量（％）				
ココアバター	66.5	72.3	61.8	65.6
他の SOS 型油脂 [b]	16.1	15.9	15.9	15.9
乳脂	17.4	11.8	22.3	18.5
計	100.0	100.0	100.0	100.0
チョコレート中の量（％）				
無脂乾燥カカオ固形分	5.3	6.2	4.4	3.9
無脂乾燥乳固形分	14.0	16.2	18.2	14.4

a 表 8.5 のデータに基づいている．b CBE あるいは他の SOS 型油脂が使われないなら，5％の余分のココアバターで置き換えねばならない．

として通常使われる低 SFC 油脂をチョコレートの軟化に利用するように，SOS 型油脂が機能を変えるために意図的に選択されているなら，影響があるだろう．その他の例では，高 SFC 油脂のココアバター改善脂（CBI）は暑い天候向けにチョコレートを硬くし，高 StOSt 型の CBE はブルーム耐性をある程度改善するのに使われる．

ミルクチョコレートの配合を**表 8.6** に示す．ミルクチョコレートの場合は各種の乳原料が使えるので，プレーンチョコレートよりも非常に広範な種類の配合が可能となる．重要な必要条件は，コーデックスや多くの国のチョコレート法規に明記されているように，乳脂量を最小でも 3.5％にすることである．

表 8.7 にホワイトチョコレートの配合を示した．"ホワイトチョコレート"の名称は多少自己矛盾する言い方である．なぜなら，チョコレートは一般的にカカオの含有量，つまりその褐色で定義されているのに，ホワイトチョコレートはカカオを含まないからである．その結果として，いくつかの国では，ホワイトチョコレートの組成を

表 8.7 "ホワイト"チョコレート[a]の配合（原料は全体中の％）

原　料	WMP をベースにしたもの	ホワイトクラム[c]をベースにしたもの
ココアリカー	—	—
添加ココアバター	18.0	10.0
他の SOS 型油脂[b]	5.0	5.0
全脂粉乳（WMP）	26.0	—
脱脂粉乳（SMP）	4.0	—
ホワイトクラム	—	65.0
無水乳脂（AMF）	—	—
砂　糖	46.5	19.5
レシチン	0.5	0.5
計	100.0	100.0
チョコレート中の量（％）		
ココアバター	18.0	18.8
他の SOS 型油脂[b]	5.0	5.0
乳　脂	7.1	6.7
総油脂分	30.1	30.5
油脂相中の量（％）		
ココアバター	59.9	61.5
他の SOS 型油脂[b]	16.6	16.4
乳　脂	23.5	22.1
計	100.0	100.0
チョコレート中の量（％）		
無脂乾燥カカオ固形分	0.0	0.0
無脂乾燥乳固形分	22.1	16.7

a 表 8.5 のデータに基づいている．b CBE あるいは他の SOS 型油脂が使われないなら，5％の余分のココアバターで置き換えねばならない．c 特別なミルククラムは唯一のカカオ原料として，ココアリカーの代わりにココアバター（13.5％）だけを含有する（Minifie, 1989）

取り締まる法律がない．表8.7の配合は新たなEUチョコレート規格の必要条件を満たしている．ホワイトチョコレートは基本的にカカオ固形分，すなわちココアリカーやココアパウダーを使わないミルクチョコレートである．ホワイトチョコレートの場合，乳風味が特徴なので，ココアバターは通常脱臭されて穏やかなカカオ風味にされる (Minifie, 1989)．脱臭ココアバターは，カカオ中の抗酸化剤がなくなるため，保存性が劣り，第7章D.1項で考察したような光酸化の影響を受けやすい．ココアバターの色調は濃すぎてはいけない．さもないと，乳原料由来の好ましい乳白色／クリーム色を埋没させてしまう．

2. SOS型コンパウンドチョコレート

SOS型油脂は5%だけリーガル・チョコレートに使って良いが，技術的な理由がないままに，もっと多量使用することは禁じられている．ココアバターの大部分がSOS型油脂で置き換えられるので，ココアバターの特性に著しく類似した化学的・物理的特性を持つ本物のCBEを使うことが大切である．SOS型油脂のTAGはココアバターと同じなので，コンパウンドチョコレートのテンパリングはリーガル・チョコレートの場合と同じ方法で行わなければならない．劣悪な品質の原材料が使われれば，テンパリングの問題が生じるが，概して，SOS型コンパウンドチョコレートはリーガル・チョコレートとほとんど同じ方法で製造され，リーガル・チョコレートと同じように利用される (Rossell, 1992)．

2つのタイプのSOS型コンパウンドチョコレートが製造されている：

- スーパーコーティング (supercoating)，他の全てのコンパウンドチョコレートより上質と考えられているのでこの名称となった．
- 準チョコレート (セミチョコレートとも呼ばれる)，これは日本で法的に定義されている (第10章を参照)．

この両方のタイプでは，相当量 (少なくともチョコレートの15%，つまり，少なくともココアバターの半分) がCBEで置き換えられるので，プレーンチョコレートのレシピ中のココアリカーをココアパウダーで置き換えねばならない．

スーパーコーティングに適した配合を表8.8に示す．実は，スーパーコーティングは多少誤解を招く名称である．その理由は，その配合は型成形と被覆の両方に同じようにうまく適応しているからである．スーパーコーティングは数か国で使われているが，とりわけカナダで盛んである．表8.9に日本の準チョコレートに適した配合を示す．ココアバターのほとんど全部をCBEで置き換えて良いことが分かる．

表 8.8 スーパーコーティングタイプの SOS 型コンパウンドチョコレートの配合（原料は全体中の％）（Talbot, 1999 より）

原料	高乳脂チョコレート	低乳脂チョコレート	プレーンチョコレート
ココアリカー	10.0	10.0	40.0
CBE	22.0	24.0	12.0
全脂粉乳（WMP）	22.0	10.0	—
脱脂粉乳（SMP）	—	10.0	—
砂糖	45.6	45.6	47.6
レシチン [a]	0.4	0.4	0.4
計	100.0	100.0	100.0
チョコレート中の量（％）			
ココアバター	5.5	5.5	22.0
CBE	22.0	24.0	12.0
乳脂	5.9	2.8	—
総油脂分	33.4	32.3	34.0
油脂相中の量（％）			
ココアバター	16.4	17.0	64.7
CBE	65.8	74.4	35.3
乳脂	17.8	8.6	0.0
計	100.0	100.0	100.0
チョコレート中の量（％）			
無脂乾燥カカオ固形分	4.4	4.4	17.6
無脂乾燥乳固形分	15.4	16.6	0.0

a　レシチンは元の表には明記されていないが，0.4％が示唆されており，この分を砂糖から差し引き，総計を 100％にした．

3. 高トランス酸型コンパウンドチョコレート

　SOS 型コンパウンドチョコレートは優れた融解特性を示す．良好な風味を付与するため十分な量のココアリカーが使われると，その SOS 型コンパウンドチョコレートはリーガル・チョコレートとほとんど同等になる．SOS 型コンパウンドチョコレートの弱点は，必要とされる最上質の CBE が比較的高価であり，リーガル・チョコレートと同様のテンパリングや取り扱いを必要とすることである．高トランス酸型油脂は CBE より安く，テンパリングを必要としないので，チョコレートの製造費用がより安くなる．高トランス酸型油脂の融解特性はココアバターに比べて比較的劣る（図 6.22）が，第 7 章 A 節で考察したように，ココアバターとはそれなりの相溶性を示す．そのために，ココアリカーを配合しても良く，その結果，良好なチョコレートフレーバーを示す．さらに，生産切り替え時に最低限のクリーニングをするだけで，ブルームを起こさずに，リーガル・チョコレートとコンパウンドチョコレートの製品に同じ生産装置を使うことができる．

表 8.9 日本の準チョコレートタイプの SOS 型コンパウンドチョコレートの配合（原料は全体中の %）（Ebihara, 1997 より）

原料	プレーンチョコレート			ミルクチョコレート		
	1	2	3	1	2	3
ココアリカー	38.0	22.0	8.0	10.0	10.0	6.0
ココアパウダー（10/12）	—	11.0	15.0	—	—	2.0
添加ココアバター	—	—	—	10.0	5.0	—
CBE	15.0	20.0	30.0	15.0	20.0	27.0
全脂粉乳（WMP）	—	—	—	20.0	20.0	20.0
砂糖	46.5	46.5	46.5	44.5	44.5	44.5
レシチン [a]	0.5	0.5	0.5	0.5	0.5	0.5
計	100.0	100.0	100.0	100.0	100.0	100.0
チョコレート中の量（%）						
ココアバター	20.9	13.3	6.1	15.5	10.5	3.5
CBE	15.0	20.0	30.0	15.0	20.0	27.0
乳脂	0.0	0.0	0.0	5.4	5.4	5.4
総油脂分	35.9	33.3	36.1	35.9	35.9	35.9
油脂相中の量（%）						
ココアバター	58.2	40.0	16.8	43.2	29.2	9.8
CBE	41.8	60.0	83.2	41.8	55.8	75.2
乳脂	0.0	0.0	0.0	15.0	15.0	15.0
計	100.0	100.0	100.0	100.0	100.0	100.0
チョコレート中の量（%）						
無脂乾燥カカオ固形分	16.7	19.5	16.9	4.4	4.4	4.4
無脂乾燥乳固形分	0.0	0.0	0.0	14.0	14.0	14.0

a レシチンは元の表の 100% 内に含まれていない；それ故、0.5% を砂糖から差し引き、総計を 100% にした．

高トランス酸型コンパウンドチョコレートは，そのワキシーな食感がセンターのタイプで相対的に気にならない場合，コーティング生地としてだけ使われる．しかし，高トランス酸型油脂に特有なノンテンパー（non-tempering）という性質は，加工が容易で，コンチング終了後に直ちにチョコレートとして使えることを意味している．テンパリングされたチョコレートと異なり，種結晶がないので，被覆に向いた低粘度になる．高トランス酸型コンパウンドチョコレートは，通常，米国と東欧で使われている．典型的な配合を**表 8.10** に示す．

4. ラウリン酸型コンパウンドチョコレート

第7章A節でラウリン酸型油脂とココアバターの相溶性が非常に低いことを説明した．このことは，ラウリン酸型コンパウンドチョコレートの製造で，使えるのはココアリカーではなく，低油分のココアパウダーだけなので，強いカカオ風味にするのは難しいことを意味している．それでも，油脂相でココアバターが5%以上になると，

表 8.10 高トランス酸型コンパウンドチョコレートの配合（原料は全体中の%）(Talbot, 1999 より)

原料	プレーンチョコレート		ミルクチョコレート		ホワイトチョコレート	
	1	2	1	2	1	2
ココアリカー	10.0	—	10.0	—	—	—
ココアパウダー（10/12）	15.0	20.0	—	5.0	—	—
高トランス酸型油脂	28.0	33.0	28.0	34.0	30.0	35.0
全脂粉乳（WMP）	—	—	6.0	—	20.0	—
脱脂粉乳（SMP）	—	—	12.0	17.0	5.0	20.0
砂糖	46.6	46.6	43.6	43.6	44.6	44.6
レシチン[a]	0.4	0.4	0.4	0.4	0.4	0.4
計	100.0	100.0	100.0	100.0	100.0	100.0
チョコレート中の量（%）						
ココアバター	7.2	2.2	5.5	0.6	0.0	0.0
高トランス酸型油脂	28.0	33.0	28.0	34.0	30.0	35.0
乳脂	0.0	0.0	1.7	0.1	5.4	0.2
総油脂分	35.2	35.2	35.2	34.7	35.4	35.2
油脂相中の量（%）						
ココアバター	20.3	6.3	15.6	1.6	0.0	0.0
高トランス酸型油脂	79.7	93.7	79.5	98.0	84.7	99.6
乳脂	0.0	0.0	4.9	0.4	15.3	0.4
計	100.0	100.0	100.0	100.0	100.0	100.0
チョコレート中の量（%）						
無脂乾燥カカオ固形分	17.8	17.8	4.4	4.5	0.0	0.0
無脂乾燥乳固形分	0.0	0.0	15.8	16.4	18.8	19.3

a　レシチンは元の表には明記されていないが，0.4%が示唆されており，この分を砂糖から差し引き，総計を100%にした．

極端な軟化やブルームが生じる（第7章C節）．**表 8.11** に典型的な配合を示した．

　完成したチョコレートは吸湿性なので，製品は水分の侵入を避けるため適切に包装しなければならない．水分の侵入は第7章D節で考察したような変敗をもたらす．同じ理由で，乳原料やカカオ原料の選択と，チョコレートの水分含量を低くすることに注意を払わねばならない．

　ジョーンズ (Jones, 1981) はコンパウンドチョコレート，特にラウリン酸型の製造と取り扱いに関する有益で実際的な情報を述べている．彼は，CBS（分別パーム核ステアリン）をベースにした最上質な製品の場合，いくらかの種結晶を形成させるため，被覆前にこのチョコレートを数時間，被覆温度で撹拌することを推奨している．

　乳脂画分がラウリン酸型コンパウンドチョコレートに使われることがある (Hartel, 1996; Ransom-Painter, Williams & Hartel, 1997; Schmelzer & Hartel, 2001)．その化学的組成により，乳脂はラウリン酸型油脂と適度の相溶性を有している．乳脂画分はラウリン酸型画分

表8.11 ラウリン酸型コンパウンドチョコレートの配合（原料は全体中の％）（Stewart & Timms, 2002 より）

原料	プレーンチョコレート	ミルクチョコレート 1	ミルクチョコレート 2	ホワイトチョコレート
ココアリカー	—	—	—	—
ココアパウダー (10/12)	14.0	5.0	7.0	—
ラウリン酸型油脂	32.0	32.0	29.0	32.0
全脂粉乳 (WMP)	—	10.0	—	—
脱脂粉乳 (SMP)	6.0	8.0	19.0	20.0
砂糖	47.7	44.7	44.7	47.7
レシチン [a]	0.3	0.3	0.3	0.3
計	100.0	100.0	100.0	100.0
チョコレート中の量 (%)				
ココアバター	1.5	0.5	0.8	0.0
ラウリン酸型油脂	32.0	32.0	29.0	32.0
乳脂	<0.1	2.8	0.1	0.2
総油脂分	33.6	35.3	29.9	32.2
油脂相中の量 (%)				
ココアバター	4.6	1.6	2.6	0.0
ラウリン酸型油脂	95.3	90.6	96.9	99.5
乳脂	0.1	7.8	0.5	0.5
計	100.0	100.0	100.0	100.0

a レシチンは元の表の100％内に含まれていない；0.2〜0.4％が示唆されており，それ故，0.3％を砂糖から差し引き，総計を100％にした．

より高価であり，その融解特性は良くない．したがって，菓子製造企業は乳脂画分をコンパウンドチョコレート用の魅力的な原料とは思わないだろう．

サバリアら（Sabariah, Ali & Chong, 1998）は，マレーシア産ココアバター，CBS，無水乳脂あるいは乳脂ステアリン（融点42℃）との3成分系等固体図を報告している．予測されたとおり，無水乳脂ほどではないが，乳脂ステアリンはCBSあるいはココアバター/CBS混合系をソフトにした．

C節　トフィーや他の砂糖菓子

　砂糖菓子では，トフィー，キャラメル，ファッジ，そしてヌガーにおいて油脂が使われている．トフィーはいくつもの成分が溶け込んだ水溶性の系に油脂が乳化したものである (Stansell, 1995)．トフィーの連続相は砂糖と水あめの混合系である．キャラメルとトフィーの間に明確な区別はなく，いくつかの国ではキャラメルがトフィーよりミルク含量が高くなければならないものの (Edwards, 2000)，この2つの名称は同義語と見なしてかまわない．両製品の主たる組成物は油脂と砂糖であり，その基本的な製造工程は水を蒸散させるため，原料の一括煮詰めである．原料を加熱することで，特徴的な風味が還元糖と乳タンパク質との反応で発現する．この反応はメイラード反応として知られている．

　伝統的に使われる油脂原料は無水乳脂かバターである．この油脂は，通常，植物性油脂で代替される．しかし，植物性油脂には乳タンパク質や天然のミルク／バター風味がないので，ある程度風味は劣る．トフィーあるいはキャラメルの硬さは完全に水分含量に左右され，水分含量は仕上げの煮詰め温度で決まる．植物性油脂の種類はとりわけ重要ではない．しかし，使われる植物性油脂は室温で固化し，不快な食べ心地にならないように体温で完全に融けねばならないので，比較的シャープに融解しなければならない (Stansell, 1995)．硬化パーム核油が長年使われた．低分子量の TAG は優れた乳化特性を有するので，それはほぼ間違いなく今でも最良の油脂である．現在一般的に，これが他の油脂，典型的には単純な未分別の高トランス酸型油脂に取って代わられている．

　ハンコックら (Hancock, Early & Whitehead, 1995) は菓子に使う油脂の選択を考察している．彼らは，製品開発部門が各タイプの油脂，すなわち，SOS 型（基本的に砂糖菓子向

表 8.12　典型的なトフィーとキャラメルのレシピ（原料は全体中の%）(Stewart & Timms, 2002 にある Kempas Edible Oil の資料より）

原料	欧州	熱帯
グラニュー糖	23.5	15
グルコースシロップ	35	43.5
脱脂加糖練乳	29.5	29.5
油脂	12	12
計	100	100
塩	2	2
香料，水	必要量	

けのパーム油ベース），高トランス酸型，ラウリン酸型油脂のレシピを文書で保存することを勧めている．これは砂糖菓子で特に簡単なことである．と言うのも，砂糖菓子の場合，異なるタイプの油脂に代えても問題が生じないからであり，レシピが集約化される．

　表 **8.12** に，2 つの配合を示した．トフィー，キャラメル，ファッジ，そしてヌガーに関するさらなる情報はジャクソンが編集した包括的な本の中にある (Jackson, 1995)．

D節　フィリング

1. センターフィリングクリーム

　センターフィリングクリーム（centre filling cream）は菓子製品やビスケットにおいて広く使われている．その使われ方は，プラリネのようなチョコレート用のフィリングから，サンドウィッチ型ビスケットに挟まれるクリームフィリングまでといろいろである．使われる組成と油脂は対象に応じて変わる．通常，ラウリン酸型あるいは高トランス酸型油脂が経済性と使い勝手の良さから使われる．つまり，こうした油脂はテンパリングを必要としない．高トランス酸型油脂はトランス酸含量が高い欠点を有している．2番目の欠点は，とりわけ本物のチョコレートで製品が被覆されると，ココアバターとの非相溶性のため，第7章で説明したように，センターからの油脂移行が軟化やブルームを引き起こす．この問題は，ラウリン酸型油脂を基本としたセンターの場合，さらに深刻である．

　パーム油画分あるいはCBEがフィリングに使われるが，これらの油脂には上記の欠点がない．しかし，ココアバターの場合と同様にこれらの油脂は通常最小限のテンパリングを必要とし，また，他の製菓用油脂よりも高価になる．パーム油画分をベースにして，テンパリングを必要としないセンターフィリングが最近開発され，製造されている（Duurland & Smith, 1995）．こうしたソフトなパーム油中融点画分は標準のパームステアリンの2番目の分別で生じるオレインとして容易に製造されて，非対称なTAGであるPPOの濃度が高い．

表8.13　典型的ないくつかのセンターフィリングクリームのレシピ（原料は全体中の％）
（Stewart & Timms, 2002 より）

原料	チョコレート	カスタード	プラリネ	ビスケット
砂糖	45	60	40	54
ココアパウダー（10/12）	7	—	—	—
ココアリカー	—	—	10	—
脱脂粉乳（SMP）	10	—	10	9
全脂粉乳（WMP）	—	4	—	—
デンプン	—	—	—	5
ヘーゼルナッツペースト	—	—	10	—
油脂	38	36	30	32
計	100	100	100	100
レシチン	0.2〜0.5	0	0.5	0
香料，色素，バニリン，塩	必要量			

D節　フィリング

ビスケットフィリングクリームは，通常，硬化パーム核油製品，あるいは硬化非ラウリン酸型油脂製品でつくられる．繰り返しになるが，こうした油脂はブルーム問題を解消するため，パーム油画分で置き換えられる．

表8.13にいくつかのレシピを示す．製造では，液状脂と全原料が一括してゆっくりと撹拌され，次いで，分注温度に，あるいは，テンパリングの温度に冷却される．

ココアバターとラウリン酸型油脂との間の共晶的な相互作用は，場合によっては利点となる．約65％のココアバターと35％のラウリン酸型油脂の混合物は，非常に良好な食感と"口どけ（melt-away）"の特徴をもつフィリングになることが見出された．このフィリングが本物のチョコレートで被覆された場合，ブルームは1か月以内に生じたが，ラウリン酸型コンパウンドチョコレートで被覆すると，ブルームは3か月後でも発生しなかった（Rahim, Kuen, Fisal, Nazaruddin & Sabariah, 1998）．

2. トラッフル

トラッフルには，米国，欧州，スイスの主要な3タイプがある（Minifie, 1989; Stewart & Timms, 2002）．

米国タイプのトラッフルは，通常，乳脂や硬化ヤシ油と一緒にダークチョコレートやミルクチョコレートを混合したものである．これは実質的に水分がないので，良好な保存性を示す．

欧州タイプのトラッフルは，ココアパウダー，粉乳，油脂，砂糖，水あめ，転化糖を組み合わせたシロップである．最終製品のトラッフルはO/Wエマルションであり，それは水分活性が0.7，あるいは，それ以上に調節され，シロップ相の固形分濃度は75％以上である．トラッフルが正しく製造されれば，保存性は良好となる．

スイスタイプのトラッフルは生クリーム，ダークチョコレート，バターでつくられる．それは，生クリームとバターの煮詰め混合物に融解したチョコレートを加えてつくられる．おおよその比率は，60％のチョコレート，10％のバター，30％のクリームとなっている．こうしたトラッフルは素晴らしい食感だが，賞味期限はたった2～3日間である．それ故，フレッシュな製品を販売する専門的な菓子屋だけがこれを使う傾向になっている．こうした製品の保存性は，通常はリキュールの形でアルコールを添加するか，クリームの代わりに加糖練乳を使うことで改善される．

トラッフルの全てのタイプで使われるチョコレートのココアバターは，全量までSOS型製菓用油脂（CBEの品質）で代替できるし，また，通常そうされている．表8.8と表8.9にあるコンパウンドチョコレートの配合がこれに向いているだろう．チョコレートは植物性油脂とココアリカーあるいはココアパウダーの混合物で置き換えてもかまわない．CBEがココアバターの代わりに使われるなら，製品のテクスチャーと食感の特徴は同じである．実際に，よりハードな，あるいは，よりソフトな植物性油

脂を使うことで，トラッフルは特定の製品に合わせた稠度に仕立てられる．こうして，食感が改善される．

第9章　チョコレート中の製菓用油脂の分析

A節　一般的な原則

1. 緒　　言

チョコレート油脂相の組成は次のようなことに制約を受ける：
・法的な必要条件，例えば最低限の乳脂分．
・機能性，例えばSFC値あるいは硬度の目標．
・相溶性，例えばラウリン酸型コンパウンドチョコレートに最大限ココアバターを添加するのに必要な要件．

こうした制約を念頭に置いて，チョコレート製造企業は，少なくとも次の4つの理由で油脂相の組成を測定する：
・法律の遵守を確認するため．
・配合を守っているかを確認するため．
・ライバル企業の製品の組成を測定するため．
・製菓用油脂の製造企業が供給する製菓用油脂の組成を測定するため．

監督官庁はとりわけ1番目の理由を問題にするが，表示の必要条件の遵守を確認するため，2番目の理由にも関心がある．
　したがって，チョコレート油脂相の組成を分析で測定する理由はたくさんある．とりわけ欧州においては，法律の遵守がこの分野における分析法の進歩に拍車をかけているが，ライバル企業が製造したチョコレート組成の測定にも関心がもたれている．リーガル・チョコレートは，通常，乳脂以外に非カカオ植物性油脂（NCVF）を含有しないこと，あるいはSOS型製菓用油脂をチョコレートの5％まで含有できると定義されている．
　ステュワートとティムス（Stewart & Timms, 2002）は次のように記している．"ココアバターの外に他の植物性油脂をチョコレートに使うことに反対する多くの理由は，SOS型製菓用油脂がココアバターに非常に類似しているので，それの検出が難しく，不正を許してしまう可能性があるということである．この反対意見は特異な言い分のように見えるが，多少の正当性はある．SOS型製菓用油脂に対するもう1つの議論は，

それがチョコレートの品質を低下させるというものである．もちろんそれが本当なら，実験室や市場で混ぜ物を見抜くのに何の問題もないだろう．"結局，信頼性の高い分析方法は，リーガル・チョコレートにとりわけSOS型製菓用油脂を使用する際の法的な許可を得る助けになると理解され，製菓用油脂の製造企業自らがチョコレート油脂相の組成分析に関心を持っている．

製菓用油脂ブレンドの分析で，次の2つのことを識別することが大切である．(a)ブレンド組成の測定，(b)非カカオ植物性油脂（"異質な"油脂）が存在しないことの測定，つまり，チョコレートの油脂が乳原料に由来する添加可能な乳脂と純粋なココアバターであることの測定である．分析(b)は油脂の信憑性を測定する問題であり，そして，それは"最大0.5％の非カカオ植物性油脂を含有"のように定量的な響きがあるかも知れないが，基本的には定性分析である．分析(a)は定量分析であり，そして，役に立つ正確さが求められるなら，これは非常に難しい仕事である．

2. 信 憑 性

信憑性，あるいは，いかなる異質な油脂も存在しないことを測定することは，比較的容易な仕事である．脂肪酸組成などが既知の範囲にないことを示すこと，あるいは，もっと単純に，分析される油脂中に本物の油脂には存在しないと分かっている成分を検出することが必要なだけである．

例えば，リップら（Lipp, Simoneau, Ulberth, Anklam, Crews, Brereton, de Greyt, Schwack and Wiedmaier, 2001）はココアバターの組成を調べている．本物のココアバター中の脂肪酸，TAG，トコフェロール，ステレン[1]の組成が測定された．本物のココアバターは比較的狭い範囲の組成を示し，ココアバターの典型的なばらつきを示すそのデータは第6章に示した．ココアバター試料中のステレンの検出は，脱色された油脂，つまり，CBEの存在の確かなサイン（indicator）である（時としてココアバターは脱色されるかも知れないが）．

マティセック（Matissek, 2000, 2001）はチョコレート中の非カカオ植物性油脂を完全に測定するのに役に立つ可能性がある分析スキームを要約している．脂肪酸組成，TAG組成，不けん化物の分析は，**表9.1**に示したように，各種の指標と可能性のある原因とを提供している．

数名の研究者は植物性油脂の信憑性を測定する方法論を概説しており，とりわけ2つの方法が役に立つ（Lees, 1998, Rossell, 1994b）．そうしたデータはLeatherhead Food Research Associationの信憑性プロジェクトに由来したものであり，それはFOSFA（Federation of Oil, Seeds and Fats Association）Guidelineの規格やコーデックス・アリメンタリウス規格の組成基準の基礎になった．

---

[1] 脱色で生成されるステロールの分解物．

A節　一般的な原則

表9.1 チョコレート油脂相の組成とココアバターの信憑性を吟味するスキーム（Matissek, 2000より）

重要な指標	可能性のある原因
脂肪酸組成の分析：	
酪酸（$C_{4:0}$）	乳脂
ラウリン酸（$C_{12:0}$）	ラウリン酸型油脂，乳脂
パルミチン酸（$C_{16:0}$）とパルミチン酸（$C_{16:0}$）/ステアリン酸（$C_{18:0}$）	パーム油中融点画分
ステアリン酸（$C_{18:0}$）とパルミチン酸（$C_{16:0}$）/ステアリン酸（$C_{18:0}$）	シアステアリン，サルステアリン，コクム
オレイン酸（$C_{18:1}$），リノール酸（$C_{18:2}$）	ヘーゼルナッツ油，アーモンド油，落花生油
リノール酸（$C_{18:2}$），リノレン酸（$C_{18:3}$）	クルミ油，大豆油
アラキジン酸（$C_{20:0}$）	サル脂，あるいは，サルステアリン
ベヘン酸（$C_{22:0}$），リグノセリン酸（$C_{24:0}$）	落花生油
トランス脂肪酸	高トランス酸型製菓用油脂
TAG組成の分析：	
炭素数40，炭素数42，炭素数44	乳脂
炭素数48，PPP，MOP	パーム油中融点画分
炭素数50，炭素数52，炭素数54，POP，POSt，StOSt	CBEと原材料
炭素数56，StOA	サル脂，あるいは，サルステアリン
炭素数58，炭素数60	落花生油
LinLinLin，OLinLin，OLinO，OOO	ナッツ油，他の植物油
TAGのプロフィル	ラウリン酸型製菓用油脂，乳脂
POP，PPO，OPP	パーム油中融点画分
不けん化物の分析：	
総不けん化物量	シアステアリン，酵母脂質
エルゴステロール	酵母脂質
トリテルペンの"指紋"	シアステアリン
スチグマステロール／カンペステロール	イリッペ脂
コレステロール	乳脂
ステラジエン	精製油脂

　グロブとマリアニ（Grob, 1993; Grob & Mariani, 1994）は法規制を目的とした行政機関の検査室で働く分析官，つまり"警察官"の観点から，油脂の信憑性測定に含まれる問題を考察している．明らかに，本物と不純品の識別の信憑性は油脂が高価で，しかも法律に守られている場合に最も問題になりやすい．それ故，ココアバター，オリーブ油，乳脂がもっとも混ぜ物を入れられやすい．グロブとマリアニは取り締るための標準法の公布と利用に注意を促している．彼らは次のように書いている．"生産者の多くは行政機関の検査室より良い設備を持っており，行政機関が検査するものを徹底的に調べる"，そして，"公式な画一的検査法へ向かうと不正行為は促進される．"方法が明示されるので，不正行為者らは自分達の製品がどのように検査されるかを知り，その組成を調整するので検出不能となる．事例として，グロブは，オリーブ油が溶剤

抽出油を含んではならないという法的必要条件を引き合いに出している．"特権的階級の官僚"の手で，この法的な規格はオリーブ油のステロール含量がトリテルペンジアルコールで4.5％を越えてはならないことを指定する法規になる．この条項を法遵守の規準にすることが，不正行為者らにオリーブ油への溶剤抽出油の添加を可能にさせている．おそらく，トリテルペンジアルコール含量をちょうど定められた限度まで減らす加工がなされているのだろう．

最近，ココアバターを含めた油脂の分析と信憑性に関する最新の方法の総説が本として出版された (Jee, 2002)．

3. 物性測定

化学的組成の分析とは別に，物性の測定も信憑性の確認に利用できるかも知れないことに気付かねばならない．例えば，図7.6はココアバターへの液状脂の明瞭な軟化効果を示している．いくつかの温度で，そのSFC値はあらゆる素性の本物のココアバターで見られた範囲をはるかに下回っている．

通常，結晶化は融解よりも異質な油脂の添加に影響を受けやすく，冷却曲線の測定が信憑性の有効な確認手段となりうる．DSCやDTAは，他の製菓用油脂の添加に起因するココアバターの結晶化と融解特性の変化を検出するのに使われている．私たちは既に第7章A節で，その変化はとりわけ共晶的な相互作用がある場合に大きくなることを理解している．クヌトソールら (Kunutsor, Ollivon & Chaveron, 1977) はチョコレート中の製菓用油脂含量を最小限5％まで検出できた．しかし，物理的方法のほとんどの場合と同じように，彼らの方法は，ココアバターや製菓用油脂の物性の振れ幅が大きいので，感度が高くなかった．彼らの方法はミルクチョコレートで完全に失敗した．この試験では，乳脂がDTA曲線に明瞭に影響を及ぼしている．

本来的に，製菓用油脂はココアバターの物性に類似したものにデザインされる．したがって，実際には非カカオ植物性油脂がSOS型製菓用油脂の場合，物理的方法は役に立たない．

4. マスバランス方程式と化学組成

ブレンドの成分が既知なら，ブレンドの組成を決める第4章F節にあるマスバランス方程式を容易に利用することができる．したがって，製品に使った配合の正確さを確認したいチョコレート製造企業にとって，鍵になる3つの脂肪酸，例えば酪酸 ($C_{4:0}$)，パルミチン酸 ($C_{16:0}$)，ステアリン酸 ($C_{18:0}$) を測定すれば，十分にCBEを含むミルクチョコレートの正確な組成を割り出せる．組成推定の精度を上げるため，原料とブレンド油脂を分析しなければならない．

実際には，ほとんどの場合，全く配合の分からない試料が使われるので，方法は簡

単ではなくなる．とは言え，物性のいかなる測定にも勝る化学組成分析の利点はマスバランス方程式を利用できることである．根本的には，相関よりもむしろ正確な方程式が立てられ，それはC節で説明されるような方法論を厳密で確固たるものにする．

5. 標識化合物

前項の考察を続けると，チョコレート中の異質な油脂の検出と各国のリーガル・チョコレートの法律遵守を確認する方法の1つは，油脂の1つに標識化合物を意識的に添加することである．標識化合物は，容易に定量分析される物質であり，また，それは本物の油脂中に存在しないものである．標識化合物を含めたマスバランス方程式は信頼して使って良い．典型的な標識化合物はセサモール（sesamol），あるいはエルカ酸（$C_{22:1}$）のような脂肪酸である．標識化合物はある状況において価値があるかも知れないが，不正行為と戦おうとする状況においては役に立たない．不正行為者らは標識を含有しない油脂を調達することができるし，あるいは，特別な方法で標識化合物を低減するか，除去することができる．

6. ココアバター中の非カカオ植物性油脂測定法の基礎

ココアバター中の非カカオ植物性油脂（NCVF）の検出とその定量は，ココアバターと非カカオ植物性油脂が類似しているほど難しくなる．したがって，非カカオ植物性油脂が高トランス酸型やラウリン酸型の製菓用油脂ならば比較的簡単であるが，非カカオ植物性油脂がSOS型油脂の場合，成分のTAGがココアバターと同じなので相当に難しくなる．

理想的な分析法は次のような特徴を持っていなければならない：
・試料の誘導体化や改質をしない単一ステップ分析．分析のそれぞれのステップには固有の誤差があり，こうした誤差が多段階の分析で積算される．
・他の方法に比べて，迅速，完全無欠で明確なこと．
・自動化ができること．
・続けて別の非カカオ植物性油脂を添加したことが相殺されないこと．例えば，POStにPOPを5%添加すると，この添加は脂肪酸組成分析で容易に検出される．しかし，さらにStOStの5%添加はPOPの影響を相殺するので，POPとStOStの計10%添加は**表9.2**に示したように脂肪酸組成分析で検出されない．
・信憑性の"基準"は非カカオ植物性油脂の組成よりも信頼のおけるものの組成から求める．そうしないと非カカオ植物性油脂の将来の発展がこの方法の信憑性を無効にするかもしれない．とは言っても，将来の発展はこの方法での検出判定の正確さをさらに低下させてしまうだろう．
・特別な加工で製造された非カカオ植物性油脂を見逃さないで検出すること．

- 監督官庁の指示による標識化合物の意図的な添加，あるいは，それ以外の別な管理を必要としないこと．
- マスバランス方程式を使い，正確な定量と数学・統計的処理ができること．

表9.2 POP, POSt, StOSt のブレンドの脂肪酸組成分析で，"相殺"の影響（本文を参照）を示している

ブレンド組成（%）			脂肪酸組成（%）		
POP	POSt	StOSt	$C_{16:0}$	$C_{18:0}$	$C_{18:1}$
100	0	0	66.67	0.00	33.33
0	100	0	33.33	33.33	33.33
0	0	100	0.00	66.67	33.33
5	95	0	35.00	31.67	33.33
0	95	5	31.67	35.00	33.33
5	90	5	33.33	33.33	33.33

　こうした必要条件の考察は，油脂の本質的な部分，つまり，不けん化物画分のステロールなどのような微量成分ではなく，その TAG を分析しなければならないことを示唆している．表9.2 に示された相殺の可能性のため，それは脂肪酸ではなく，TAG を分析しなければならないことも示唆している．この必要条件にはメチルエステルにする誘導体化のステップを省く利点もある．そうなれば，分析も速くなり，もしかすると実験誤差を小さくできるかも知れない．

　エッケルト（Eckert, 1973）は種類の違う製菓用油脂を明瞭に区別するガスクロマトグラフィーでの TAG 分析の可能性を説明した．ユニリーバ社の他の研究者らはこの方法をチョコレート中の SOS 型油脂を測定する信頼性の高い方法に発展させた（Timms, Padley & Dallas, 1973; Timms, 1974）．この方法の原理と進歩を C 節で考察する．

7. その他の可能性

　フーリエ変換赤外線（FTIR）分光器は，潜在的に前項に掲げた特徴を持つもう 1 つの方法である．この分析の利点は迅速で単純なことであり，ヨウ素価の測定（Cox, Lebrasseur, Michiels, Buijs, Li, van de Voort, Ismail & Sedman, 2000）とトランス脂肪酸の測定（Mossaba, Yurawecz & McDonald, 1996; Sedman, van de Voort, Ismail & Maes, 1998）で期待できる結果をだしている．FTIR は最近ココアバター中の植物性油脂の検出で評価されている（Goodacre & Anklam, 2001）．今までのところ，結果は期待に反している．ココアバターの先行知見があれば，CBE の 10%添加は検出可能だが，正確な添加量の測定は不可能である．FTIR は迅速な検査法として，とりわけ油脂のみならずチョコレートに利用され，役に立つかも知れない．

安定な炭素同位体がココアバターと CBE を区別する方法として研究されている (Spangenberg & Dionisi, 2001). この方法では異なる脂肪酸中での ^{13}C の濃縮化を追跡している. 主成分分析がココアバター, CBE, および, ココアバター/CBE のブレンドを識別するため利用された. それはココアバターと, CBE を 15%含むココアバター/CBE ブレンドを識別できることを証明した. CBE 15%の水準をこの研究者らは "低い" グループと分類している. しかし, この分析はイリッペ脂の場合に失敗したので, そのままのやり方では定量化ができないと思われる. さらなる研究が提案されているものの, もっと多成分のブレンドの場合や, おそらくステロール分析を組み合わせても, これは他の利用可能な方法と比べて期待できる方法ではないようである.

リップとアンクラム (Lipp & Anklam, 1998) は, チョコレートの油脂相の組成測定, とりわけ非カカオ植物性油脂の同定と測定に関わる全ての分析的な研究方法を包括的に解説している. 彼らは TAG 分析が現在利用可能な最良の分析法だと結論しているものの, それは不けん化物画分の分析や計量化学技法の応用のような他の方法との組合せで改善の余地があるかも知れないことを示唆している. 適切なコンピュータソフトや妥当なデータベースを利用することが, 多分, 将来に向けた手法なのだろうが, いろいろな製菓用油脂の成分と不けん化物画分の組成のデータベースを構築する膨大な仕事が残っている. ごく最近, ウルバースとブーフグラバー (Ulberth and Buchgraber, 2003) が EU のチョコレート法規での来るべき変化を考慮して, リップとアンクラムの総説を改訂している.

最後に, 次のことは覚えておいて損にはならない. "例えば, カカオ固形分, 乳固形分, 植物性油脂の含量のようなチョコレートの正確な特徴付けは, 現在の EU 域内の法的な責務である工場査察の助けがあってはじめて実施されうる. 工場査察の場合, 製品をつくるのに使われる実際の成分が入手可能であり, 最終製品の組成は現行の分析方法を使って正確に実証されうる" (Padley, 1997). したがって, 犯罪科学的な性質の詳細な評価は, 実際には必要とされないだろう.

8. チョコレートからの油脂の抽出

分析方法のほとんどはチョコレートよりもむしろ油脂に適用できる. それ故, 予備段階で油脂を抽出しなければならない. クロロホルムとメタノールを使う有名なブライ-ダイアー (Bligh & Dyer) 法のような標準油脂抽出法はこの目的には不必要なほどに複雑である. と言うのも, 油脂は比較的容易に抽出されるし, また, チョコレートには水相がないからである. 最近, チョコレートから油脂を抽出する3つの方法が精査されている (Simoneau, Naudin, Hannaert & Anklam, 2000):

- "古典的な" 脂肪酸蒸解 (digestion)＋ソックスレー抽出 (AOAC International, 1996).
- 超臨界流体抽出 (supercritical fluid extraction) (特許で守られた装置と方法を使う).

第9章 チョコレート中の製菓用油脂の分析

・マイクロ波試料抽出システム（特許で守られた装置と方法を使う）．

マイクロ波抽出法は古典的な方法と同等に良好であることを証明したが，この方法に要する全体の時間はまだ約30分もかかる．超臨界流体抽出法はばらつきが大きい．つまり，こうした方法の全ては不必要なほどに複雑で時間もかかる．私たちは第8章で，チョコレート製造工程はチョコレート中のほとんど全ての油脂を遊離状態にすることを理解した．少なくとも脂肪酸とTAG分析のためには，温かい溶媒に油脂を溶かし，遠心分離するだけで十分である．このやり方の妥当性は長い間にわたって証明されている．もともとTAG分析に用いられたこの方法は（Padley & Timms, 1980）：

"小瓶に約150mgのチョコレートを計量し，これに1mLのクロロホルムを加える．60℃に加熱し，5分間この温度を保持する．冷却し，そして透明，あるいは，ほぼ透明な溶液にするため固形分を遠心分離する[2]．上澄液の2μLを直接GLCカラムに注入する．"

今日，クロロホルムはイソオクタンあるいはシクロヘキサンで置き換えられている．この方法は迅速で効率的であり，シモノーら（Simoneau et al）が研究した方法で必要とされる操作で生じる2次的な誤差を避けることができる．チョコレートの正確な油脂分が必要なら，試料の量を多くし，溶媒を蒸発させ，残渣を秤量する．

---

2 小瓶自体を遠心分離する．

B節　脂肪酸組成

　ほとんどの油脂研究室では，油脂の脂肪酸組成が日常的に脂肪酸メチルエステルのガスクロマトグラフィーで測定されている．脂肪酸メチルエステル組成は油脂の信憑性評価に関する最初の尺度である．脂肪酸メチルエステル分析は容易に自動化されて，約20分で分析が完了する．だが，結果の精度は，第3章B節で考察したように，通常芳しくない．

　非カカオ植物性油脂がココアバターにない特徴的な脂肪酸を含有する場合，加工での非カカオ植物性油脂の組成のばらつきや原材料のばらつきが絶対的な正確さを限定するが，そのブレンドの組成測定は容易である．例えば，アイバーソン（Iverson, 1972）は，ラウリン酸（$C_{12:0}$）の分析に基づくココアバター中のパーム核油とヤシ油の検出法を報告した．彼は，ココアバターがもともと約0.01％のラウリン酸を含有していることを見出した．一方，2つのラウリン酸型油脂はそれを約50％含有する．統計学的な評価は95％の信頼限界でココアバター／ラウリン酸型油脂ブレンド中の0.25％のラウリン酸，これは0.5％のラウリン酸型油脂に相当するが，この水準での検出が可能なことを示した．パックドカラムを使って20年前に報告されたものだが，こうした先端的な研究機関の結果は今日，キャピラリーカラムを使う品質管理研究室でのルーチンの脂肪酸分析で容易に得られる．

　第5章と6章で述べたように，各パーム核油画分のラウリン酸含量の範囲はパーム核油の典型的な平均値48％の両側で約±7％になる．したがって，ブレンド中のラウリン酸型油脂の種類が分からないと仮定すると，ラウリン酸型製菓用油脂のばらつきは推定されるブレンド組成に約15％の相対的なばらつきをもたらす．ブレンド組成より信憑性だけの問題なら，このばらつきは単純にラウリン酸型油脂の確かな検出限界濃度を0.5～0.6％まで高めるだろう．

　トランス脂肪酸の測定をココアバターと高トランス酸型油脂のブレンド組成の分析に同様に適用して良い．トランス脂肪酸はGLC，あるいは，標準型やFTIRの赤外線分光器で分析できる．標準型赤外線分光器とGLC法を使っての試験試料中の総トランス脂肪酸量の解析で，2つの方法の間の違いが見出された（Brown, 1994）．GLCの結果は低い含量（<5％）の場合に良好な正確さを示し，常に，赤外線分光器の結果より低い値だった．トランス脂肪酸の濃度が0.65％と2.1％の時，標準偏差はそれぞれ0.19％と0.45％だった．したがって，0.5％のトランス脂肪酸は容易に検出される．高トランス酸型製菓用油脂が50％以上の総トランス脂肪酸含量で，また，ココアバターがトランス脂肪酸を全く含まない場合，ココアバター中の高トランス酸型製菓用油脂を1％以下で確実に検出できなければならない．FTIRは標準型赤外線法と類似

第9章 チョコレート中の製菓用油脂の分析

した結果になることが見出された (Sedman, van de Voort, Ismail & Maes, 1998). この方法はココアバターあるいはチョコレート中の高トランス酸型製菓用油脂の迅速で無溶剤の検出法になるだろう.

コンパウンドチョコレートに由来する油脂のブレンド組成を正確に分析するためには, ラウリン酸型油脂と高トランス酸型油脂のどちらのタイプであるかを知る必要がある. ラウリン酸型油脂の分別に起因するラウリン酸 ($C_{12:0}$) の量の変化は他の脂肪酸の量的な変化と一緒なので, マルチ脂肪酸法 (multi-fatty-acid method) を工夫してココアバターとラウリン酸型油脂のブレンド組成を簡単に測定しなければならない.

同様に, **表6.22** で, 高トランス酸型製菓用油脂の脂肪酸とトランス脂肪酸の組成が, 使われる原材料で変化することを理解した. マルチ脂肪酸法を工夫してココアバターと高トランス酸型油脂のブレンドの組成を簡単に測定できなければならない. 基本的に, パームオレインや綿実油のような液状油を使うなら, 大豆油やナタネ油のような液状油と比較して, 飽和脂肪酸量が高く, トランス脂肪酸量は低い.

ラウリン酸型や高トランス酸型油脂の検出は乳脂の存在で影響される. したがって, 分析試料がミルクチョコレート由来なら, ラウリン酸 ($C_{12:0}$) あるいはトランス脂肪酸の存在だけでは非カカオ植物性油脂の決定的な証明にならない.

この課題のより普遍的で基礎的な研究方法は, マスバランス方程式を利用し, 脂肪酸メチルエステルのガスクロマトグラフィー分析のデータを数学的に解析することである. ド・ジョンとド・ジョンゲ (de Jong & de Jonge, 1991) は, 可能性のある10種類の原材料の全ての組合せの未知ブレンド組成の評価方法としてリニアプログラムと重回帰分析法 (基本的な"演算処理") を比較した. この2つの方法において, それぞれの結果から得られた可能性のある数点の解の精度に, ブレンドを含めた原材料の数を必要に応じて制限した場合 (最大4の原材料) でも, ほとんど違いはなかった. しかし, リニアプログラミングは重回帰分析より非常に効率的な方法であった. 重回帰分析は計算時間が約20倍長かった. ド・ジョンとド・ジョンゲは, この方法の信頼性を高め, そして脂肪酸メチルエステル分析の結果と良く一致した数多くの各種のブレンド組成を識別するのに, トコフェロールやステロールのような他の成分も加えねばならないだろうと結論した. 彼らはまた, 脂肪酸の偏差が原材料の自然界での, あるいは分析方法の実験精度のばらつき限度内に十分におさまる最良の解の付近に数点の解があったことを記した.

脂肪酸メチルエステル分析の結果を解釈するやり方は非常に改良されているが, A節で考察した本質的な相殺の問題がまだ残っている. この問題はブラジルのチョコレートを実際に分析した事例で説明されている. ブラジルではリーガル・チョコレートに非カカオ植物性油脂の添加が許されていない. 最初の研究で, ミルクチョコレートの7ブランドの脂肪酸組成を脂肪酸メチルエステルのガスクロマトグラフィー分

析で測定した．ココアバターの特徴を示すものではない脂肪酸が7ブランド全てで見出された．1つのブランドが非カカオ植物性油脂を含有することは確認できた．残りの6ブランドについては，非ココアバター由来の脂肪酸が乳脂か非カカオ植物性油脂に起因する可能性があったので，非カカオ植物性油脂が存在すると結論できなかった（Minim & Cecchi, 1998）．続いての2つの研究で，板プレーンチョコレートの4ブランド，板ミルクチョコレートの5ブランド，そして，復活祭の卵チョコの11ブランドでのTAGが高分離能ガスクロマトグラフィーで分析され，その結果が次節で説明するパドレー–ティムス（Padley-Timms）法を使って解析された．この場合，プレーンとミルクの板チョコレートは非カカオ植物性油脂を含有していると明確に結論できた（Minim, Cecchi & Minim, 1999a）が，復活祭の卵チョコで非カカオ植物性油脂の存在が確認されたのは2つのブランドだった（Minim, Cecchi & Minim, 1999b）．

C節　TAG組成：パドレー-ティムス法

1.　一般的な原理

1978年，パドレーとティムスはチョコレート中のCBEを測定する方法の予備試験の細目を発表した．2年後に，実際の結果と一緒にこの方法の全てを論文にした (Padley & Timms, 1978b, 1980)．チョコレートから油脂を抽出し，そのTAGを高温ガスクロマトグラフィー法での炭素数測定で分析した．この方法は1970年代の初期に英国ウェルウィンのユニリーバ社研究所で開発され，1974年に，それはほぼ完成された (Timms, 1974)．

パドレー-ティムス法はA.6項で説明された規準に合致し，次の重要な特徴を持っている：

- 誘導体化をせず，迅速（1時間当たり2試料）で確実な方法であり，長い年月にわたって再現可能な分析である．
- ココアバターの自然界でのばらつきを考慮に入れる．
- CBE/SOS型製菓用油脂の組成におけるばらつきを考慮に入れる．
- TAGの分析結果は，ココアバターのばらつきを記述する方程式，ブレンド組成用のマスバランス方程式，そして，定義された信頼限界と確率で結果を出す統計学的な評価に基づく厳格な数学的解析を使って評価される．
- ミルクチョコレートとプレーンチョコレートの両方に適合する．

1970年代の初期，油脂のTAG分析に利用できたのは3つの方法，つまり，第3章C節で説明したように，脂肪酸組成からの計算，銀含浸プレートを使うTLC，高温低分離能GLCだけだった．計算法は天然油脂における脂肪酸の分布にある種の仮定を置いており，それはブレンドや油脂画分に当てはまらない．TAGの各バンドの脂肪酸組成の分析操作も必要とするTLCは，品質管理の研究室でルーチンに使うには非現実的であり，また，これは分析ステップが多く，それに伴う誤差も生じる．TAGのGLC分析は，入手可能な固定相が限られてしまう揺籃期だったが，これはココアバターや他の製菓用油脂のTAG分析に信頼性があって再現性の良い方法に発展する可能性を証明した．メチルシリコン樹脂ベースの液相だけがTAGをガス相に移動させるのに必要な高温（360℃まで）で十分に安定なことを証明した．こうした非極性相はTAGを分子量，つまり炭素数だけに応じた溶かし方をするが，不飽和度には対応しない．したがって，POSt，PStSt，POOなどのTAGは全部が炭素数52（CN52）として溶出する．この制約にもかかわらず，GLC分析はその他のあらゆる点で満足な

結果を示した.

こうして,パドレーとティムスが採用したこの分析法は,乳脂を含めたあらゆるタイプの製菓用油脂を網羅するおおよそ CN 26 から CN 60 までの TAG を分離した.**図 3.10** に現代の高分離能 GLC 分析を示したように,ココアバターは主要な 3 つのピークで構成されている.この 3 つのピークは,**図 9.1** に示した低分離能 GLC 分析での CN 50, CN 52, CN 54 に対応した.次に行う TAG のデータ解析のベースとして,結果は $P_{50}+P_{52}+P_{54}=100$ とする P_{50}, P_{52}, P_{54} の値に正規化(normalization)される.

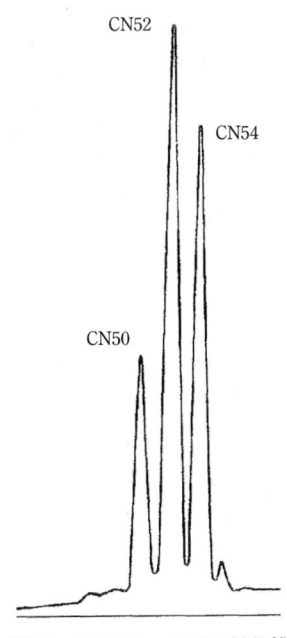

図 9.1 パドレー–ティムス法の開発に使われたのと同じ低分離能 GLC でのココアバター/CBE の典型的な TAG 分析

2. ココアバターの自然変動

パドレー–ティムス法の出発点は本物あるいは純粋なココアバターを構成する成分を数学的に定義することである.私たちは第 6 章 A.1 項でココアバターの脂肪酸と TAG 組成が著しく変化することを理解した.2〜3 の TAG 分析法しか利用できなかった時代に,その変動の全範囲を理解するための基本として,ウォイディッチやグナウエルら (Woidich, Gnauer, Riedl & Galinowsky, 1964; Woidich & Gnauer, 1970) の膨大な脂肪酸のデータを利用し,2-位の脂肪酸組成を概算するアルゴリズムで TAG 組成を計算した.このデータを調べると,P_{50} や P_{54} の大きな変動に対して P_{52} は事実上一定であり,そ

第9章　チョコレート中の製菓用油脂の分析

して，P_{50} と P_{54} とに直線関係があった．

　この心強い結果に続いて，商業的なココアバターの39試料を分析した．それらの試料は，1971～1974年に商業的に生産されたココアバターの真のばらつきを可能な限りそのまま反映させるために選択した．図9.2 に示したように，従来の最小二乗法で39試料の分析値を直線に当てはめた．重要な点は，方程式[3]でココアバターのTAG組成のばらつきを表すことができることである．

$$P_{50} = a - b \cdot P_{54} \tag{1}$$

図にあるデータでは，a=43.798，b=0.737 であり，残差標準偏差 (residual standard deviation) = 0.1275 である．

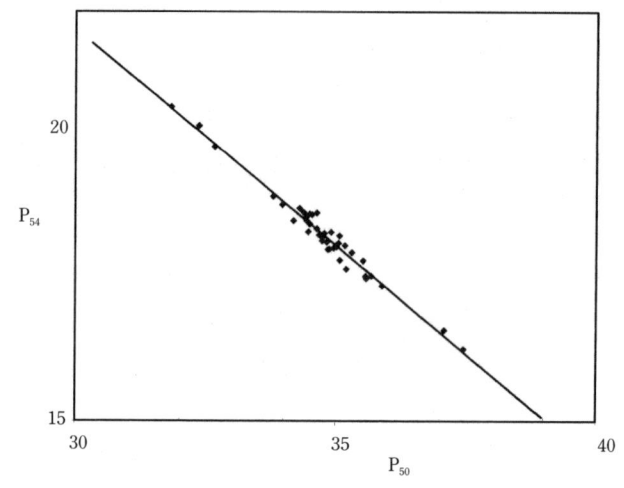

図 9.2　ココアバターの自然変動．P_{50} と P_{54} は直線関係になる（Padley & Timms, 1978b からの複製）

　パドレー-ティムス法の目的からすれば，定められた研究所の全ての結果が同一の標準ココアバターを対照にしてデータを修正する感度係数を使っているなら，a と b 値の正確さは重要でない．鍵になる必要条件は，自己矛盾が内在しない一貫性のある結果でなければならず，また，分析誤差は可能な限り小さく，それは系統的な誤差を伴わずにランダムに分布しなければならないことである．

　ココアバターのデータの分布もまた，P_{50} と P_{54} の平均値と標準偏差で表現される．図9.3 に示すように，データはほとんど正規分布している．もう1つのココアバター40試料に関する研究がこのことを確認した．

---

[3] これと次式の展開の詳細は，パドレーとティムスの論文 (Padley & Timms, 1980) を参照されたい．

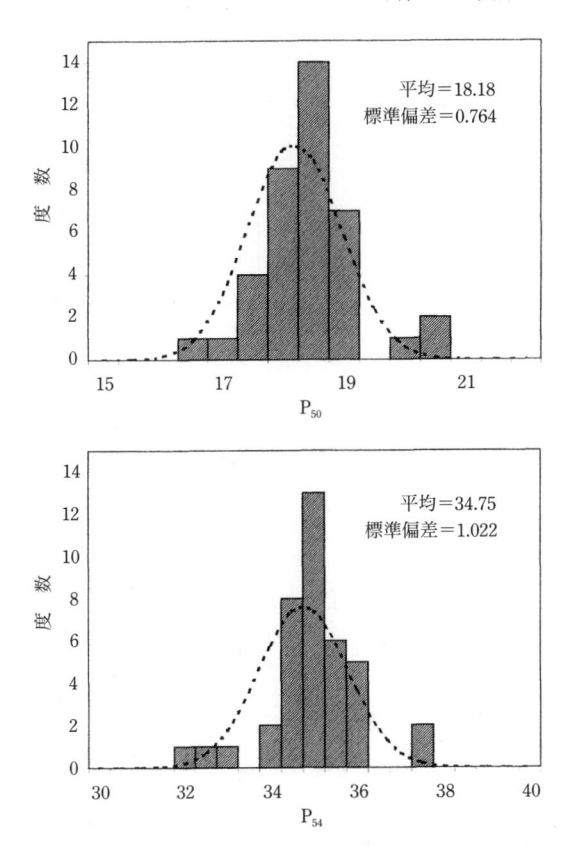

図 9.3 ココアバターの自然変動. P_{50} と P_{54} が正規分布するヒストグラムの比較（Padley & Timms, 1978b からの複製）

3. データの解析

全ての非カカオ植物性油脂の TAG 分析では，方程式(1)で表現された直線から P_{52} 値がココアバターの P_{52} 値と異なる範囲に逸脱する．第 6 章 C.1 項で示したように，入手可能なエキゾチック油脂やパーム油由来の CBE の配合はその中の炭素数 52 の TAG (POS) 含量がココアバターよりも少ないことが知られている．

マスバランス方程式を適用して，ココアバターの直線からの逸脱を定量化することが可能である．導かれた方程式は次のとおりである：

$$P_{50}^{CB+A} = a \cdot (1-x) + x \cdot (P_{50}^{A} + b \cdot P_{54}^{A}) - b \cdot P_{54}^{CB+A} \quad (2)$$

ここで，CBE の A は分析値 P_{50}^{A}，P_{52}^{A}，P_{54}^{A} を持ち，x 比の A が $(1-x)$ 比のココアバター (CB) と混合される．CB と A の混合物は分析値 P_{50}^{CB+A}，P_{52}^{CB+A}，P_{54}^{CB+A} を持つ．

第9章 チョコレート中の製菓用油脂の分析

方程式(2)は，方程式(1)で表された直線に平行な，一群の直線を示している．

決められたAの添加ポイントのP_{50}^{CB+A}とP_{52}^{CB+A}の軌跡，つまり，図9.2に示したようなチャートでココアバターの分析値（ポイントP_{50}^{CB}，ポイントP_{54}^{CB}）をCBEの分析値（ポイントP_{50}^{A}，ポイントP_{54}^{A}）と連結した線は次式で与えられる．

$$P_{50}^{CB+A} = P_{54}^{CB+A} \cdot \left[\frac{(P_{50}^{A} - P_{50}^{CB})}{(P_{54}^{A} - P_{54}^{CB})}\right] + \left[\frac{P_{50}^{CB} \cdot P_{54}^{A} - P_{54}^{CB} \cdot P_{50}^{A})}{(P_{54}^{A} - P_{54}^{CB})}\right] \quad (3)$$

実際に，商業的なCBEの分析値は，ブレンディングあるいは自然界のばらつきのため変化しやすい．このばらつきを統計学的に表すために方程式(3)を部分的に修正することは可能である．

チャートの利用

方程式(2)と(3)，分析値が既知のCBEを使い，本物のココアバター試料にいろいろな割合でCBEを添加した場合の影響を示す一群の線を引くことができる．その一群の線を引いたチャートの例を，おおよそ70％のパーム油中融点画分と30％のシアステアリンを含有するCBEの場合について図9.4に示す．外側の太い破線は，図9.2や図9.3に示されたココアバターのばらつきのある統計資料を前提にした分析値の95％あるいは99.8％以内の範囲を示している．

各種のCBEのチャートは半透明のグラフ用紙に書き込まなければならない．未知

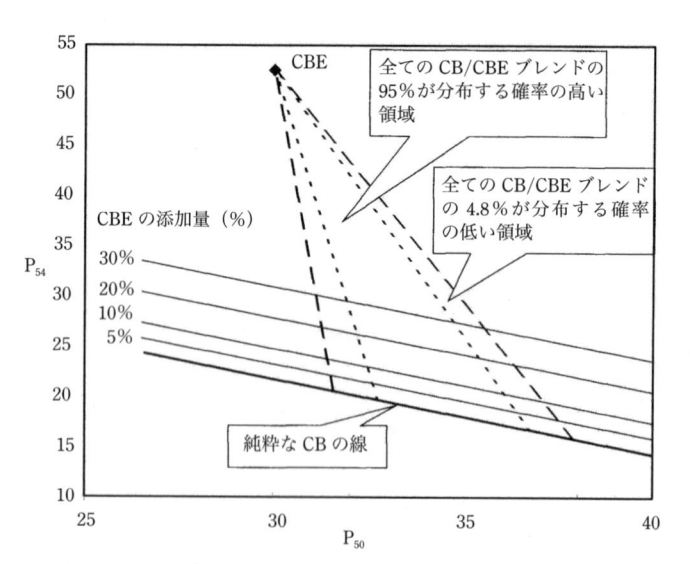

図9.4 ココアバター（CB）/CBE混合系の可能な領域とCBEの％線を示すTAG分析値のグラフでの解析

の試料の分析結果も半透明のグラフ用紙にプロットされ，次に，トレース台の上に各CB/CBE のチャートを交互に重ねる．次に，未知の試料のポイントが各チャートの上に位置する所を注目することで，迅速で簡単に，未知の試料中の可能性のあるCBE（もし存在するならば）とその添加量を決めることができる．場合によっては，未知試料の分析値が1組の CB/CBE 混合系だけの範囲内に収まり，結論は明確になる．通常，混合系中のココアバターの由来，あるいは分析値が未知なら，2種の CBE を識別することは不可能である．その場合は，代案となるが，2つの結果を報告することが必要である．

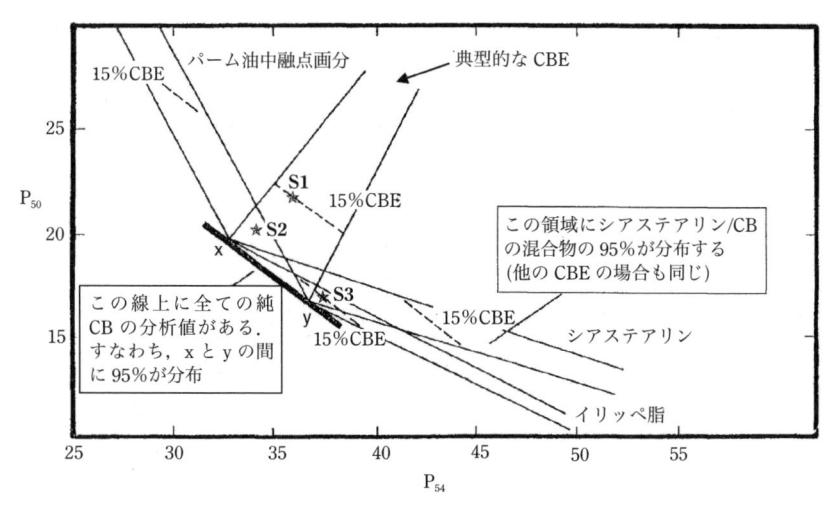

図9.5 異なる非カカオ植物性油脂/CBE の検出と定量化．ポイント S1, S2, S3 については本文を参照されたい（Timms & Padley, 1980 からの複製）

図9.5 はチャート法をより詳しく示している．CBE の3つの主要な成分，パーム油中融点画分，シアステアリン，イリッペ脂が示されている．パーム油中融点画分とシアステアリンを半々に含有する"典型的な CBE"も示されている．ポイント S1 で代表される試料を考える．図示されている 4 つの油脂の線と囲われた領域を調べると，S1 は典型的な CBE 領域内にあり，それ故に，S1 は典型的な CBE の 15％だけに関係していることが分かる．ポイント S2 で代表される試料を考える．このポイントは典型的な CBE の 5％，あるいは，パーム油中融点画分の 4％に関係している．他に新しい情報がない場合，この2つの選択肢から1つに絞り込めない．実際には，例えば使われたココアバター（以下を参照）の分析値，決まった国，ないしは，決まったチョコレート製造企業で使われる CBE に関する商業的な情報，あるいは，4％のような少ない量ではなく法規制の限度（15%）に近い量が使われている可能性のよう

な，さらなる情報が一般的には入手できる．最後に，チャート上のポイントS3を考えてみる．このポイントでの試料はイリッペ脂を15%，あるいは，シアステアリンをちょうど3〜4%含有するはずである．ポイントS3は，イリッペ脂が他のCBEの原材料よりココアバターのP_{52}値に近い値を持っているので，イリッペ脂添加の検出と定量化が難しいことを示している．(表5.15と表6.19にあるTAG組成を参照；POStがP_{52}の主要成分である．)

チャート法は利用しやすいが，2つの欠点を持っている：
・時間がかかりすぎるし，人為的なミスを起こしやすい．
・データに含まれやすい誤差を簡単に概算できない．

したがって，ユニリーバ社の研究所員らは統計学的な情報を組み込みパドレ—ティムス法の厳格な数学的解析を発展させたので，結果と信頼限界を，コンピュータのソフトを使って容易で迅速に得ることができた．

試料が本物のココアバターかどうかの決定

本物あるいは純粋なココアバターは方程式(1)で定義される．データが正規分布するなら，分析値の99%は，平均値と2.326（これは危険率1%でt分布の片方の裾野）を残差標準偏差(rsd)に乗じた値を加算した数値以下になる．したがって，純粋なココアバターは次式を満たさねばならない：

$$P_{50} < a - b \cdot P_{54} + 2.326 \text{ rsd}$$
$$P_{50} < 44.095 - 0.737 \cdot P_{54}$$

図9.2と図9.3にあるデータの場合，試料が純粋なココアバターでないことを意味する，より大きなP_{50}値が採用されている．純粋なココアバターでないとの結論は信頼限界99%で正しい．

CB/CBE混合系におけるCBEの%計算

xを求めて方程式(2)を解けば，以下の答えが得られる：

$$x = \frac{c}{d} = \frac{(P_{50}^{CB+A} - a + b \cdot P_{54}^{CB+A})}{(P_{50}^{A} - a + b \cdot P_{54}^{A})} \tag{4}$$

方程式(2)の展開で，CN50，CN52，CN54のTAG以外の成分は無視できると仮定した．これはココアバターや多くのCBEで合理的な仮定だが，ある種の油脂の場合，他のTAG，あるいは，不けん化物を考慮しなければならない．そうした油脂の1つが，CN 56 (SOA) のTAGを15〜20%含有するサル脂とサルステアリンである．

x をもっと厳密に計算するために，f^{CB}，f^A，f^{CB+A} を CN50，CN52，CN54 の TAG で構成される CB，CBE あるいは混合系の比と定義する．すると，次のように展開できる：

$$f^{CB+A} = (1-x) \cdot f^{CB} + x \cdot f^A$$
$$x = \frac{x'}{\dfrac{f^A}{f^{CB}} + \left(1 - \dfrac{f^A}{f^{CB}}\right) \cdot x'} \tag{5}$$

ここで x' は良く似ている方程式(4)から推定された x の値であり，x は正確な値である[4]．f 値を概算するため，CN50，CN52，CN54 以外の TAG，MAG や DAG，そして，不けん化物を考慮に入れなければならない．

含まれるはずの誤差を説明するため，方程式(5)の代わりに方程式(4)を使って得られるおおよその x' 値を計算することができ，$x = 10\%$ の場合は次の値となる：

f^A/f^{CB}	1	0.95	0.90	0.80
x' (%)	10.0	9.55	9.1	8.2

ほとんどの CBE の場合，f^A/f^{CB} は 0.96～1.0 になる．パドレーとティムスが記したように，また，上記の図で分かるように，必要とされる修正は他の誤差に比べて小さい．しかし f^A/f^{CB} は，パーム油の場合は約 0.90 であり，サル脂の場合は約 0.80 である．CBE 中のサル脂の存在は CN56 の TAG 量で容易に分かるし，パーム油が存在する場合は，CN48 の TAG 量で分かるので，データの評価にコンピュータソフトを利用すれば，ほぼ正しい修正をすることができる．実際に，全ての場合に，方程式(5)を使って，正確な f 値を適用し，正確に x を計算することが簡単で正しいやり方である．

4. ミルクチョコレートの分析

ミルクチョコレートを分析する場合，CN50～54 の範囲にある乳脂の TAG の存在に起因する補正をしなければならない．この補正は比較的小さく，パドレー–ティムス法では乳脂の量を概算し，必要な修正をするために CN40～44 の TAG の総計を利用する．CN40～44 の TAG の総計を使うのは，その総計が CN40 のような単独の TAG，あるいは，他の単純な TAG の組合せよりばらつきが小さいこと，そして，ココアバターあるいは CBE の DAG や TAG のピークにほとんど影響されないからである．パドレーとティムスは，ミルクチョコレート中の乳脂の存在量が次式で求められることを見出した：

---

[4] この方程式は Padley & Timms（1980）の論文では不正確に記載されていることに注意して欲しい．

$$乳脂\% = \frac{(C_{40} + C_{42} + C_{44}) \cdot 4.270}{\sum_{i=26}^{60} C_i} \quad (6)$$

ここで，C_i は炭素数 i の TAG の量である．

CN50〜54 の TAG 量を正確に求めるため，次の関係式を利用する：

$$10\%(C_{40}+C_{42}+C_{44}),\ \text{つまり}, \ C_{50} = 4.7\%, C_{52} = 4.7\%, C_{54} = 2.6\%$$

各分析者は個別の条件で分析される典型的な乳脂のこうした因子を決めねばならないが，その結果に大きな違いはないと予測される．

未知の試料中に使われた実際の乳脂の量を知ることは不可能である．しかし，論理的な計算と経験はこの説明した方法が良好な結果をもたらすことを示しているし，また，乳脂の量の補正で生じる誤差は最終的な CBE 量とその信頼限界の決定にあまり影響を及ぼさない．

5. ココアバター代用脂（CBE）の概算値の精度

分析結果のグラフ的な解析よりむしろ数学的な解析を使う重要な利点は，概算される CBE のパーセントに関して統計学的に有効な信頼限界を計算できるからである．全ての変動と誤差は正常に分布していると仮定される．95％の信頼限界は次のような標準的な統計学的方法で計算される：

$$\frac{\mu_d \cdot c \pm \sqrt{\mu_d^2 \cdot c^2 - (\mu_d^2 - 3.8416 \cdot \sigma_d^2) \cdot (c^2 - 3.8416 \cdot \sigma_c^2)}}{\mu_d^2 - 3.8416 \sigma_d^2} \quad (7)$$

ここの c と d は方程式(4)と同じである．

$$\mu_d = d\ \text{の平均値} = \overline{P_{50}^A} - a + b \cdot \overline{P_{54}^A}$$

$\overline{P_{50}^A}$ と $\overline{P_{54}^A}$ は無作為抽出の CBE 試料の分析から得られた平均値であり，σ_c と σ_d は c と d の標準偏差である．σ_c は方程式(1)の回帰線の残差標準偏差であり，次式となる．

$$\sigma_d^2 = (\sigma_{50}^A)^2 + (b \cdot \sigma_{54}^A)^2 + 2 \cdot b \cdot \sigma_{5054}^A$$

上記方程式と適切な一群のデータを使い，**表 9.3** にあるような結果を得るために TAG の分析値を評価するコンピュータをプログラムできる．さらに，コンピュータのソフトは異常に高い C_{48} と C_{56} の値を色付きで強調もできるし，サル脂あるいはパーム油の存在とその量に注意を喚起することもできる．例えば，実際の結果に合うように，パーム油中融点画分とシアステアリン，コクムあるいはサルステアリンの組

C節　TAG組成：パドレー–ティムス法

表9.3　英国とカナダのいくつかのチョコレート製品の油脂相の比較（Padley & Timms, 1980 より）

国	製品のタイプ	純粋なココアバターの存在?	乳脂(%)[a]	代替可能なココアバター代用脂 (CBE) (%)[b]				
				Calvetta	Coberine	イリッペ脂	Illexao 30–92	Illexao 30–96
英国	板ミルクチョコレート	なし	21.3±2.3	Zero	16.4±2.8	Zero	Zero	12.9±1.1
英国	板ミルクチョコレート	なし	20.8±2.0	9.5±0.9 Low	17.0±2.9	Zero	Zero	13.4±1.1 Low
英国	板ミルクチョコレート	なし	27.6±3.5	11.0±1.0	19.4±3.1	Zero	Zero	Zero
英国	板ミルクチョコレート	なし	29.9±3.3	Zero	24.6±3.9	Zero	Zero	Zero
英国	チョコレート被覆トフィーバー	なし	19.5±2.0	Zero	22.5±3.5	Zero	Zero	17.6±1.2
カナダ	型成形チョコレート	あり	3.3±0.7	—	—	Zero	—	—
英国	チョコレート被覆ペパーミントクリーム	あり	5.0±0.9	—	—	—	—	—
英国	チョコレート被覆ペパーミントクリーム	なし	—	5.3±0.8 Low	9.3±1.9	—	Zero	7.3±1.1 Low
英国	板プレーンチョコレート	なし	14.3±1.3	1.2±0.8 Low	2.1±1.3	11.0±8.0	1.7±1.1	1.6±1.0
英国	チョコレート被覆ウエハー	なし	24.7±2.4	Zero	20.1±3.3	Zero	Zero	15.7±1.1 Low
カナダ	チョコレート被覆ウエハー	あり	28.1±3.2	—	—	—	—	—
カナダ	板プレーンチョコレート	あり	9.8±0.8	—	—	—	—	—

a 総油脂分中の%．b CB/CBE混合系中の%，乳脂は含まない．"Zero"はこのCBEの確率が0.2%以下であることを示す．"Low"はこのCBEである確率が5%以下を示す．注意書きがないものは確率が5%以上，つまり，これがこの混合系中で実際のCBEである可能性は95%となる．配分の基本は図9.4にある破線と同じ．

合せのような仮説的なPOP/StOStブレンドを提示するソフトをつくってもよい．この方法は分析者が遭遇する未知のCBEのタイプを決めるのに非常に役に立つ．

　方程式(7)を使い，**表9.4** の左の欄（"CBとCBEが未知"）にあるような5つのCBEに対して，信頼限界が系統的に概算された．5つのCBEの3つの場合，この方法は非常に正確な結果を出していることが分かる．チョコレートの油脂含量を30%と仮定して，これら3つのCBEはチョコレートの±0.33%と概算される．当時（1970年代），典型的な"本物のCBE"だったコーベリン（Coberine®）は相当な量のイリッペ脂を含有していた．コーベリンはチョコレートの0.75%と不正確に概算されたが，それでも他のいかなる方法で得られた結果より著しく良好だった．乳脂の存在は，CBEの検出限界量と，乳脂を除いたCB/CBEブレンドでのCBE%の信頼限界にあまり影響を与えない．

　イリッペ脂の高い信頼限界は注目に値する．この問題は**図9.5** に明確に示されている．実際，これまでに示唆し，かつ，**表9.3** の実際の分析で示したように，通常，イリッペ脂は単独では存在しないことを示せるので，この問題はあまり重要でないかも

341

第9章 チョコレート中の製菓用油脂の分析

表 9.4 ココアバター（CB）あるいはココアバター代用脂（CBE）が正確に分かっている場合の信頼限界への影響[a]（Padley & Timms, 1980 より）

CBE	CBとCBEが未知			CBが既知、CBEが未知			CBEが既知、CBが未知			CBとCBEが既知		
	PTM[b]	P_{50}	P_{54}	PTM[b]	P_{50}	P_{54}	PTM[b]	P_{50}	P_{54}	PTM[b]	P_{50}	P_{54}
Calvetta	1.1		6.5	0.9		0.7	0.8		6.5	0.4		0.6
Illexao 30-92	1.1		3.7	0.7		0.6	1.1		3.7	0.5		0.4
Coberine	2.5		c	2.4		c	1.3		c	0.6		48.0
Illipe	8.9		10.7	6.9	1.8	2.8	6.5	7.2	10.2	3.1	1.4	1.0
Illexao 30-96	1.1		17.2	0.8		1.9	1.0		17.1	0.5		1.5

a 15%のCBE添加で95%の信頼限界に基づいており，例えば，Calvettaの15%添加は95%の信頼限界で15.0±1.1%の結果にするためパドレー-ティムス法使い，そして，CBEの事前の知見を使わずに決められる．b パドレー-ティムス法．c 事実上100%の信頼限界．空欄は結論が出なかったことを示している．

知れない．イリッペ脂はその機能性に比べて比較的高価な原材料でもあり，CBE[5]に大量（30%以上）に存在することはありえない．

　チョコレート配合に使われたココアバターの試料が手に入るなら，**表 9.4** のように，正確さを改善できる．同じチョコレート製造企業の同一CBEを違う量で使った数点のチョコレートを分析することで，使われたココアバターを次の前提で推定することが可能である．それは，ほとんどの場合，短い製造期間に製造された全てのチョコレートのココアバターは同じか，似ているという前提である．この結論は方程式(3)で出す．

　表 9.4 のように，時として P_{50} と P_{54} はパドレー-ティムス法を使うより良好な信頼限界となり，イリッペ脂の場合だけ相当改善されている．繰り返しになるが，コンピュータソフトはデータ分析の別法が他の有用な利点を持つなら，簡単にそれを組み込める．

6. その後の展開

　パドレー-ティムス法は欧州連合（EU）の標準法（European Commission, 1984）に発展したが，1974年の最初の提案以来，関連する2～3の展開があった．

　ヤング（Young, 1984）はパドレー-ティムス法に倣ったが，いくぶん違ったチャートに基づく解析方法を提唱した．彼の方法はパドレー-ティムス法より正確さに劣る結果になり，本質的に時計の針を10年前のチャートに基づくデータ解析に戻した．それは数学的に裏付けられていないし，コンピュータや他の計算法が使われていないので，生じる誤差が曖昧で不正確である．また一方，ヤングはフィンケ（Fincke）とシャベロン（Chaveron）のデータをパドレー-ティムス法で解析し，自分の結果に類似した結果になったことで，パドレー-ティムス法の揺るぎなさと普遍性を示した．

　その後の研究で，ベルドイア-デルモンとヤング（Verdoia-Dermont & Young, 1985）は，

5　マレーシアやインドネシアのイリッペ脂生産国で製造されたCBEを除いて．

C節　TAG組成：パドレー-ティムス法

さらにパドレー-ティムス法の普遍性を確認できる8つの研究所の良好な結果を報告した．彼らは，ヤング法の解釈がチョコレート中の CBE のタイプを事前に確認しなくて良いパドレー-ティムス法と異なっていると明言した．しかし，これは正確ではない．正しくは，パドレー-ティムス法が表9.3で示したように選択の可能性を提示していることと，表9.4で示したようにCBとCBEのタイプが正確に分かれば結果の精度がもっと良くなるということである．しかし，CBEの全てをチャート上の1つのバンドに結びつけることで，ヤング法は本質的に表9.3に提示された最悪の選択肢を採用することであり，したがって，CBEが5%存在する場合に誤差限界がチョコレートの±1.5%と悪く，これは油脂分30%のチョコレートの油脂相の±5%に等しい数値になる．表9.3と表9.4を比較すると，この誤差が大きいことが分かる．ヤング法の唯一の長所は，CBEの存在を大まかに判断したい分析者向けに単純化された1枚のチャート式の方法だと思われる．

フィンケ（Fincke, 1980a, 1980b, 1980c）はパドレー-ティムス法を徹底的に精査した一連の論文を発表した．彼はまた，ナッツ油のような他の非カカオ植物性油脂に関する有益な補足的データも報告した．彼はパックドカラムではなくキャピラリーカラムを使った．キャピラリーカラムは分離が良好で，精度も高い可能性がある．

最近，バルカロロとアンクラム（Barcarolo & Anklam, 2001, 2002）は炭素数でTAGを分析する短く非極性のキャピラリーカラムの利用の詳細を発表し，ココアバターあるいはチョコレート中にある非カカオ植物性油脂の検出可能な最小量を測定した．パックドカラムと比較すると，分離能は著しく向上しているので，微量のCN51とCN53のTAGさえも分離できる．結果は（C_{54}/C_{50}）に対して$C_{52} \times (C_{54}/C_{50})$をプロットして評価された．このデータ処理は結果の分析を簡便なやり方にしているが，同一項の（C_{54}/C_{50}）が各軸に生じているので，C_{52}を1に対してプロットするのと同じである．つまり，C_{52}の値を比較している．C_{50}, C_{52}, C_{54}の正規化された値よりむしろ絶対値を使うことは別として，この原理はパドレー-ティムス法と全く同じであり，C_{54}に対するC_{50}のプロットが多分初期の研究に比べてより明快であり，容易になっている．この方法は間違いなく確立したものであり，そして非極性キャピラリーカラムが安定であるにもかかわらず，この研究者らはパドレー-ティムス法より正確な結果を得た証拠を示していない．ココアバター中の非カカオ植物性油脂を0.25%と低い濃度で検出できるとの推定は，単一ココアバターの分析に基づいていた．分析を12のココアバター試料に拡大するとこの検出限界量が1〜3%になった．試料数を多く使うこのGLC法と，パドレー-ティムス法で使われる厳格な統計学的分析を評価することは興味深い．わずかであっても有用な精度の向上が待ち望まれている．この研究者らはココアバター中の大豆レシチンの混合物も分析し，レシチン中の大豆油残渣が非カカオ植物性油脂の分析を邪魔しないことを示唆した．

パドレー–ティムス法は液状油，とりわけプラリネセンターで通常見出されるヘーゼルナッツ油（これは第7章B節で考察したようにチョコレートに移行する）のような他の非カカオ植物性油脂の濃度を概算するのにも利用できる．油脂中のCN52のTAGの量が多いほど，その検出と定量が簡単ではなくなる．パドレー (Padley, 1997) が指摘するように，パーム油画分のみ，あるいはパーム油画分と他の油脂の巧妙なブレンドが選択されるのは，"非良心的な経営者（グローブ (Grob) の言う不正行為者，A.2項を参照）"が粗悪化を隠すためなのかも知れない．したがって，パームオレインは比較的POO/CN52のTAGが豊富で，典型的な分析値[6]は$P_{50}=37$, $P_{52}=49$, $P_{54}=14$である．P_{54}の値を高くするため，ある程度のシアステアリン，あるいは，ナタネ油のような液状油も混合された場合，このブレンドは，POP/CN50が高くPOO/CN52が低い良質のパーム油中融点画分 (PMF) を含有するブレンドより検出が難しくなる．

図 3.10 のように，TAGを分離できる極性液相の信頼性の高いキャピラリーカラムの出現で，現在，この課題を克服し，POOとPOStを分離して識別することが容易になっている．欧州委員会は高分離能GLCあるいはHPLCを使うTAG分析法の開発プロジェクトを設置している (Buchgraber, Ulberth, Lipp & Anklam, 2001)．初めの2つの段階で，高分離能GLC分析が信頼性の高い適切な方法と立証され，欧州の標準ココアバターが規格化され，生産されている．CBEとCB/CBE混合物を評価する第3段階が現在（2002年末）進行中である．高分離能分析の大きな可能性は，炭素数のグループ化より個々のTAGを使ったパドレー–ティムス法のような数学的な解析の開発である．この方法が初めて開発されてから25年以上経過し，その間のGLC法とコンピュータの途方もない向上に目を向ければ，この開発は既に機が熟している．

この方向で一定の前進が見られる．シモノーら (Simoneau, Hannaert & Anklam, 1999) はココアバターといろいろな非カカオ植物性油脂のモデル混合物を分析した．POO＋PLinStに対するStOO＋StLinStのプロットはココアバターの柔らかさや産地と関連する曲線となったが，このデータは上記の厳密さよりもむしろ準定量的であることが評価された．その結果を見ると，全体としてパドレー–ティムス法からほとんど進歩していないように思われる．

最近，ココアバターやCBEのTAG分析に負イオン化学イオン化質量分析 (negative ion chemical ionisation mass spectrometry) が利用されている (Kurvinen, Sjövall, Tahvonen, Anklam & Kallio, 2002)．この方法は迅速であり，GLCやHPLCに類似した結果となるが，GLCを越える正確さはないように思われる．分析装置も比較的高価であり，油脂の研究室にほとんど設置されていない．しかし，短時間での分析が可能なので，この方法は政府系監督検査室で多くの試料をスクリーニングするのに役立つに違いない．

---

[6] エイレス (Eyres, 1979) のデータで，これは広い範囲の油脂の炭素数でのTAG組成の良好な資料である．

C節　TAG組成：パドレー–ティムス法

　アンクラムら（Anklam, Lipp & Wagner, 1996）はココアバターやCB/非カカオ植物性油脂混合物中の特徴的な17種のTAG分析にHPLCを使い，部分最小二乗法（partial least square）とニューラルネット法[A]（neural net methodology）を使ってこの結果を評価した．部分最小二乗法はココアバター中の非カカオ植物性油脂の検出限界濃度が約3%であることを示した．ニューラルネットの結果は良くなかった．問題は，ニューラルネット法が試料の"トレーニングセット（training set）"を必要とするし，予め知ることのできない未知試料の混合物があると，それは認識されないことである．したがって，ココアバター／ヤシ油の混合物がトレーニングセットに含まれていなかったので，2%のヤシ油を含有する混合物は純粋なココアバターと分類された．これはこの種の計量化学の一般的な障害になりやすい．それは基本的に経験主義であり，おびただしい数の可能性のある混合物がこの方法に合わせるため，あるいは，この方法を訓練するために分析されねばならない．結局，注意深く工夫されたCB/CBEの混合物は比較的容易に検出をまぬがれる．

　ココアバターと製菓用油脂の特性から始め，ココアバターといろいろな非カカオ植物性油脂の実際のTAG組成に基づいた方法を構築することは，きわめて重要な提案である．パドレー–ティムス法で使われる情報に比べて高分離能TAG分析からもっと多くの情報が入手可能なので，とりわけ脂肪酸やステロール分析を一緒にしても，より包括的で強固な方法が開発されないはずがない．

乳　脂

　乳脂量を定量し補正する方法において，いくつかの発展がある．ティムス（Timms, 1980c）はCN40〜44のTAGを使い乳脂／植物性油脂の混合物の組成決定を行う一般的な方法を開発した．この方法はミルクチョコレートにうまく適用されたものの，パドレー–ティムス法の精度をもっと高くするのには役立たないだろう．プレヒトとハイネ（Precht & Heine, 1986）はドイツのミルクチョコレートを592点分析し，ティムスが見出した範囲から外れる結果を示した．ところで，ティムスの一連のデータはオーストラリア産の乳脂に基づいていた．彼らはこの差を，油糧種子を加えた乳牛の冬季飼料に由来すると考えた．こうした飼料は，第6章B.1項で考察したように，乳脂のばらつきを大きくする．彼らは判別関数（discriminant function）を使い自分たちの結果を解析した．判別関数はティムスが使った重回帰方程式よりもっと感度が高い．

　ポンティロン（Pontillon, 1995）もミルクチョコレート中の乳脂量推定にCN40〜44のTAGの総量を評価した．彼は乳脂ステアリンも評価した．彼は，チョコレート中の平均乳脂含量の決定を普通の条件でやるなら，CN40〜44の総量が最良の方法だと結

A：ヒトの脳神経回路網に類似させたメカニズムで情報処理をコンピュータに実施させる方法（訳注）

第9章 チョコレート中の製菓用油脂の分析

論した．しかし，ラウリン酸型油脂が存在するなら，修正が必要である．ラウリン酸型油脂はある種のブルーム阻害剤に由来するか，あるいは，ラウリン酸型製菓用油脂でつくられるセンターからの油脂移行でチョコレート中に存在しうる．彼が提唱したのは，脂肪酸組成分析は量の少ない脂肪酸を測定するために実施し，それにラウリン酸($C_{12:0}$)/MINFA の比に基づいた配合を利用することだった．ここでの MINFA とは，**表 6.17** に示したような，例えば分岐 $C_{14:0}$，$C_{14:1}$，iso-$C_{15:0}$ などの量の少ない炭素数14～16 の脂肪酸の総量である．脂肪酸組成の分析が普通全く未知の試料について実施されるので，これは有益で応用しやすいと思われる．

D節　ステロールと他の微量非脂質成分

1. 緒　　言

油脂中の最も一般的で特徴のある微量な非脂質成分は：
・トコフェロールとトコトリエノール．
・炭化水素．
・ステロール．

トコフェロールとトコトリエノールは加工や酸化で著しく変化するので，同定や定量化に適していない．これらは油脂中での種類が限られているので，油脂を特定することにはつながらない．

炭化水素は全ての油脂中に見出され，例えばオリーブ油中のスクアレンのようにいくつかの液状油の特徴にもなっている．しかし，炭化水素は精製でほとんど取り除かれるので，製菓用油脂を特徴づけることにならない．

例えばナタネやブラシカ (*Brassica*)／キャベツ属の他の品種中のブラシカステロール (brassicasterol) のように，固有の植物あるいは植物種の特徴を示すおびただしい種類のステロールがある．ステロールの組成は油脂の同定における"指紋"として役立つ．

確立している分析法の基礎についての先述の考察で (A.6項)，ステロールや他の量の少ない成分は油脂の微量成分なので，これらを省いてしまった．TAG とは異なり，そうした成分は取り除かれても油脂の機能性に影響を与えない．したがって，微量成分は不正操作の検出に本質的に不向きなのである．さらに，ステロールの除去や低減化は比較的簡単である．動物性油脂中のコレステロール含量の低減に広く関心が集まっているため，このテーマで多くの研究がなされている．シュリメ (Schlimme, 1990) は乳脂からコレステロールを除く主要な方法を簡単に説明している．とりわけ，環状デキストリンとの複合体化と蒸気ストリッピング／脱臭の2つの方法は非常に効果的である．水とリン脂質の混合物を油脂と一緒にして単純に撹拌することでさえ，ステロールの含量を低下させるし，この操作は適正な条件では非常に効果があるので特許化された (Cargill, 1998, 2001)．蒸気ストリッピングは乳脂中のコレステロールの90％以上を除去できるとのことである．分子蒸留あるいはショートパス蒸留 (short-path distillation) はもっと効果がある．乳脂からコレステロールを完全に除去する条件は，200℃で，真空度が $10^{-3} \sim 10^{-4}$ torr ($\sim 5 \times 10^{-4}$ mbar) である (Lanzani, Bonioli, Mariani, Folegatti, Venturini, Fedeli & Barretau, 1994)．

しかしながら，製菓用油脂に使われるような普通の加工の後では，相当量のステ

第9章 チョコレート中の製菓用油脂の分析

ロールが残っている．そこで，ステロールの分析を行えば，非カカオ植物性油脂の存在を検出し，とりわけその主要な原材料のタイプあるいは成分を同定できる可能性がある．以下で説明するように，確実な精度の向上に高い関心を持つなら，それはパドレー–ティムスの TAG 法に利用できる．

2. ステロールの種類

ステロールの命名法は非常に混乱している．ステロールは通常以下の3つの群に分類される：

- デスメチルステロール（desmethylsterol），ステロール骨格の 4-位にメチル基がないもので，例えば，図 9.6(a) にある β-シトステロール．
- 4-モノメチルステロール，4-位にメチル基を1つもつもの．
- 4,4'-ジメチルステロール，4-位にメチル基を2つもつもの．これらは通常トリテルペンアルコールとも呼ばれる．

おびただしい数のステロールの構造とさらなる詳細をゴードと秋久（Goad & Akihisa, 1997）や，カムら（Kamm, Dionisi, Hischenhuber & Engel, 2001）が報告している．

ステロールは植物性油脂中に遊離状態で，あるいは，脂肪酸とのエステルとして存在している．ステロールの標準的な分析はエステル交換段階から始まるので，ステロールエステルと遊離ステロールを識別しない．しかし，現在，改良されたキャピラリーカラムで，ステロールを直接分析することが可能である．どちらの方法も分析を単純化し，補足的な情報をもたらす（Grob, 1993）．

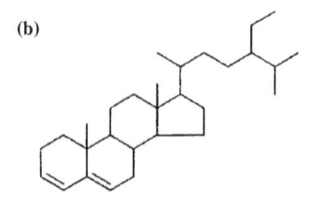

図 9.6 ステロールの脱水によるステレンの形成．(a) β-シトステロール，4-位が明示されたデスメチルステロール；(b) 3,5-スチグマスタジエン．

D節　ステロールと他の微量非脂質成分

ステロールは，図 9.6(b) で示したように，脱水でステレンになる．脱水は油脂の脱色の時にだけ生じるので，ステレンの分析は非カカオ植物性油脂（常に精製/脱色される）とココアバター（通常，脱色されない）との識別に役立つ可能性がある．

3. ステロールの組成

植物性油脂のステロール組成に関しては，おびただしい数の情報がある．例えば，カムら (Kamm, Dionisi, Hischenhuber & Engel, 2001) は多くのデータ表を発表しているが，製菓用油脂の原材料に限ったデータはごくわずかであり，製菓用油脂自体のデータはない．リップとアンクラム (Lipp & Anklam, 1998) は SOS 型製菓用油脂やそれらの原材料のステロール組成を概説している．原材料のパーム油，イリッペ脂，サル脂，シア脂，そして，いくつかの企業ブランド名の付いた製菓用油脂のステロール組成が詳細な表にまとめられている．

表 9.5 はココアバターやいくつかの製菓用油脂原材料のステロール組成を要約している．特徴はシアステアリンでジメチルステロールの濃度が非常に高いこと，また，ココアバター，パーム油，ラウリン酸型油脂でジメチルステロールとモノメチルステロールの濃度が低いことである．

表 9.5　ココアバターやいろいろな製菓用油脂原材料での不けん化物，デスメチルステロール，4-モノメチルステロール，4,4′-ジメチルステロールの濃度 (Homberg & Bielefeld, 1982 より)

油　脂	不けん化物 (油脂中の%)	総ステロール (油脂中の%)	デスメチル (油脂中の ppm)	モノメチル (油脂中の ppm)	ジメチル (油脂中の ppm)
ココアバター	0.26	0.22	1,800	100	320
サル脂	0.60	0.45	3,000	300	1,180
イリッペ脂	0.43	0.31	2,150	410	510
シアステアリン[a]	2.3	1.89	1,150	460	17,250
パーム油	0.37	0.08	670	90	80
パーム核油	0.35	0.09	810	—	80
ヤシ油	0.30	0.09	750	30	130
乳脂	0.42	0.26	2,630	—	—

a　Illexao 30-92®.

表 9.6 はココアバター，企業ブランド名の付いた製菓用油脂，および，その他の油脂中のデスメチルステロールの詳細な組成である．ココアバターは特徴的にスチグマステロールやカンペステロールを含有し，その比率がこの表中の他の油脂より非常に高いことが分かる．ホンベルグとビーレフェルト (Homberg & Bielefeld, 1982) は本物のココアバターのスチグマステロール：カンペステロールの比が 2.8〜3.3 であると結論した．CBE あるいは他の製菓用油脂を加えることはいずれにしても，この比だ

第9章 チョコレート中の製菓用油脂の分析

表9.6 3種のココアバター（CB），いろいろな製菓用油脂の原材料，企業ブランド名の付いた製菓用油脂中のデスメチルステロールの組成 (Homberg & Bielefeld, 1982 より)

油脂	デスメチルステロール (%総デスメチルステロール)[a]											比[d]
	コレステロール	ブラシカステロール	カンペステロール	スチグマステロール	シトステロール	Δ5-アベナステロール	Δ7-スチグマステロール	Δ7-アベナステロール	Δ7-カンペステロール	スピナステロール	
CB1	2.0	0.1	9.5	29.3	56.2	1.9	0.8	0.2	—	—	3.08
CB2	1.5	0.2	8.8	26.6	59.6	2.6	0.6	0.2	—	—	3.02
CB3	1.6	0.1	8.5	27.3	58.8	2.7	0.8	—	—	—	3.21
サル脂	0.9	0.5	16.5	16.1	61.5	2.1	1.3	—	—	—	0.98
イリッペ脂	1.5	0.3	14.5	7.5	71.8	2.4	1.0	0.1	—	—	0.52
シアステアリン[b]	12.7	—	1.0	—	3.0	—	31.5	0.6	3.4	35.4	—
ヤシ油	0.7	—	8.9	13.1	48.8	24.5	1.7	1.3	—	—	1.47
パーム核油	1.2	—	10.7	13.7	67.1	5.5	0.3	—	—	—	1.28
パーム油	1.6	—	24.7	10.5	59.2	2.6	0.2	—	—	—	0.43
ヘーゼルナッツ油	0.2	—	5.6	1.0	80.8	4.8	4.2	1.5	0.4	—	0.18
乳脂	99.0	—	—	—	—	—	—	—	—	—	—
チョコリン (Chocin®)	0.6	—	18.3	7.0	65.3	4.5	2.1	0.1	0.1	2.0[c]	0.38
コーベリン (Coberine®)	1.2	0.1	17.4	5.9	67.4	4.2	1.5	0.1	0.1	2.0[c]	0.34
ハコファル (Hacofal®)	0.4	—	14.7	12.2	67.5	3.9	1.0	—	—	—	0.83
カオビエン (Kaobien®)	3.5	0.5	10.5	5.9	21.4	—	20.7	0.5	3.2	28.5	0.56

a カオビエンは94.7%，シアステアリンは87.6%まで合計したのを例外として，各油脂は少なくとも98%まで合計したデータであることに注意。 b Illexao 30-92®。 c 概算値。 d スチグマステロール：カンペステロールの比。

D節 ステロールと他の微量非脂質成分

けでなく添加された油脂中のステロールの絶対量にも左右される範囲から外れる比にしてしまうだろう．例えば，表9.5はパーム油がココアバターの総ステロールの1/3しか含有していないことを示している．さらに，分別，とりわけ溶剤分別はステロールの濃度を低減する．したがって，溶剤分別されたパーム油中融点画分をココアバターに15～20%添加した場合には，スチグマステロール：カンペステロールの比がおそらくココアバターの範囲から外れない．

シア脂やシアステアリンのジメチルステロール画分は特徴的なステロールであるブチロスペルモール（butyrospermol）やα-アミリン（α-amyrin）を含有している．このことはシア脂やシアステアリンに特有の同定方法となり，ダーベシーとリチャート（Derbesy & Richert, 1979）はステロールの分析でシア脂を検出する研究をしている．約1%のシア脂がココアバターとの混合物中で検出された．しかし，この場合は未精製のシア脂だけが使われたのであり，それは利用価値が低く研究のためだけのものだった．

ココアバターとの混合物中にあるCBEを検出する目的でのステロール分析の限界と可能性に関する他の事例は，ゲジューとスタフィラキス（Gegiou & Staphylakis, 1985）の研究である．表9.7に示すように，ジメチルステロールのGLC分析によりココアバターと3種のCBEがある程度識別された．とりわけ，コーベリン（Coberine®）や

表9.7 ココアバターやココアバター代用脂（CBE）中の4,4'-ジメチルステロール（トリテルペンアルコール）のGLC分析[a]．数値は総ジメチルステロール中の%（Gegiou & Staphylakis, 1985より）

ステロール	ココアバター		Coberine®	Choclin®	Calvetta®	乳脂
	範囲	5点の平均	3点の平均	3点の平均	1点	1点
ラノステノール	1.6～2.4	1.9	0.4	0.5	0.8	7.1
ラノステロール	—	—	—	—	—	74.7
β-アミリンおよび／またはブチロスペルモール	9.1～11.4	10.4	29.9	30.8	31.9	10.1
シクロアルテノールおよび／またはα-アミリン	63.2～74.1	69.3	53.4	52.6	51.1	—
ルペオール	—	—	11.0	11.2	10.4	—
2,4-メチレン-シクロアルテノール	9.0～11.8	10.3	2.4	1.9	3.1	—
シクロブラノールおよび／または未同定のトリテルペンアルコール	1.8～3.4	2.4	—	—	—	—
未同定のトリテルペンアルコール	—	5.7	2.9	3.0	2.7	8.1
総ジメチルステロール（油脂中での%）	—	0.035	1.56	0.76	0.041	0.016

a パックドカラム OV-17 使用．

チョコリン（Choclin®）中の総ジメチルステロールの高い濃度（これら CBE がシアステアリンを含有するため）によって，明らかにココアバターとこれらの油脂が識別される．しかし，シクロアルテノール（cycloartenol：ココアバターだけにある）と α-アミリン（シア脂だけにある）から β-アミリンやブチロスペルモール（シア脂にだけ相当量ある）を分離するには，硝酸銀含浸 TLC で予備的な分離をしなければならない．ステロールの分析でコーベリンやチョコリンが容易に検出されたので，この方法が利用できる可能性が示唆される．しかし，シアステアリンがサル脂あるいはマンゴーステアリン，さらにはコクム脂で置き換えられると，この方法はうまくいかないだろう．さらに，パーム油中融点画分のカルベッタ（Calvetta®）のデータでわかるように，ステロールの分析は明らかに製菓用油脂がほとんどパーム油画分で構成されている場合には使えない．パーム油画分は次第に多くの SOS 型製菓用油脂の主要原材料になっている．

4. ステレン

ステレン（sterene）は油脂が脱色される時に生成されるので，ステレンの分析はチョコレート中の非カカオ植物性油脂の検出法として期待できる（Crews, Calvet-Sarret & Brereton, 1997）．ステレンは（精製）植物性油脂を含有することが既に知られているチョコレートでだけ検出された．ステレン濃度の変動は非常に大きかったが，その主要なステレンのスチグマスタジエン（stigmastadiene）の最小濃度は 0.2ppm だった．ステレン形成の程度は，脱色や，未精製油とか画分中のステロールの初期濃度に左右されて変わるので，定量化は不可能だった．

その後，マッカーサーら（Macarthur, Crews & Brereton, 2000）はパドレー–ティムスやヤングの TAG 分析法が正確な結論になるのを助けるため，CBE の種類についての補足的な情報をもたらすステレンの分析を利用した．正準変量分析（canonical variate analysis）を使い，彼らは 33 点の CBE から 2 点ずつを組み合わせた混合油脂の 95％を識別することができた．この情報をパドレー–ティムス法と組み合わせ，（チョコレートへ）5％の CBE を添加した場合の分析精度を 95％の信頼限界で±2.1％から±0.33％に高めた．ヤング法を使った場合，精度に何の変化もなかった．その理由は，C.6 項で考察したように，この方法は最悪な選択肢の方法を使い，パドレー–ティムス法の解析から入手できる詳細な情報を取り除いてしまうからである．マッカーサーらの方法を使えば，使われる CBE を確認するための工場査察をしなくても良くなると，彼らは結論した．

E節 結　　論

　本章で，私たちはTAGの分析，とりわけパドレー-ティムス法が非カカオ植物性油脂／ココアバター混合物の分析における，唯一の確立した定量的な方法であることを理解した．同時に，その方法に限界があるのも分かった．分析のルーチン法の自動化は，最初の段階として，脂肪酸組成の自動化分析と相まって，もしかするとこの方法から始まるのかも知れない．おそらくほとんどの場合，非カカオ植物性油脂が予測される以上の水準で議論の余地なく検出されるか，純正のココアバターであると明確に示されるので，この方法は十分に役に立つ．第2段階では，パドレー-ティムス法で与えられる非カカオ植物性油脂の選択肢をどれかに決めねばならないかも知れない．そして，これに必要なのはステレン／ステロールの分析であろう．現在の入手可能な情報，つまりTAG，脂肪酸，ステロールの3つの分析の全てと，適切な計量化学の方法とを使えば，非カカオ植物性油脂をチョコレートに5%添加した場合に，少なくとも±0.5%まで信頼できる定量的な分析が可能であろうと思われる．

第 10 章　法律と規制

A 節　背景と基本原理

　チョコレートはその配合が多くの国で法律により管理されている非常に数少ない食品の 1 つである．そして，チョコレートには国際的な規格のコーデックス・アリメンタリウスもある．

　チョコレートの配合を指示することを決めた立法者らが答えねばならない問題は，"チョコレートとは何か？"である．チョコレートはミルクのように天然の産物ではない．ミルクは乳牛の生理機能によって決まっている組成範囲内でつくられている．私たちが今日食べるようなチョコレートは産業革命の産物と言える完全な人工食品である．カカオ豆からココアバターを搾り取る高圧プレス機や，粉乳製品をつくる噴霧，ロール，減圧乾燥機は重工業の産物であり，そうした製造装置は 19 世紀まで手に入らなかった．チョコレートは時として思い浮かぶ職人技的な産物ではなく，世界のいくつかの最大手の食品企業がつくる工業的な食品である．ショコラティエは，私たちが特別な時に食べたくなる素晴らしい，高価な美味しいチョコレートを細かく念入りに作るが，彼らが使うチョコレート自体は工業的に生産されているのであり，こうした自慢の品をつくる人達の生産量は，私たちが毎日食べているチョコレートスナックバーに比べれば微々たるものである．チョコレートは確かにチーズやワインのような伝統的な産物ではなく，大量販売が始まったのは，1880 年にルドルフ・リンツ (Rodolphe Lindt) がコンチェを発明して滑らかで風味の良いチョコレートの製造を可能にした後の 20 世紀に入ってからである．

　近年，EU では，チョコレートとは何か，そして，それはどのように規制されねばならないかが論争の焦点になっている．したがって，筆者は 2003 年に EU チョコレート規格の導入という状況になったチョコレートの法規制の背景と原理を考察する．

　この規格までの長い間の折衝，これは感情の高まりのため，時に"チョコレート大戦争"と呼ばれたのだが，その歴史と背景をイーグル (Eagle, 2000) やリスター (Lister, 1997b) が明快に説明している．本質的に，この問題は欧州 15 か国の間で，現存するチョコレートの定義を一致させるため，チョコレートとそのいろいろなタイプのただ 1 つの定義をつくることであった．EU 域内の食料品の自由化で市場が 1 つになったことから，法的な一致がきわめて重要になった．論争があって政治的に公布されたチョコレートの法規は，一致させねばならない食品法律の中で最後まで残ったものの

1つだった．争点は，ミルクやカカオ成分の最低限量，ココアバターや乳脂の他に使える油脂，そして，チョコレートの表示はどうあるべきかであった．

EU用語集の中で，EUチョコレート規格は"垂直的な"規格[1]と記述されている．その理由は，この規格が食品の全ての製品に適用できる必要条件というよりは，特定の製品の組成やその他の要件を定めているからである．"水平的な"規格は，例えば食品の安全性に関する規格のように，タイプやカテゴリーにかかわらずほとんど全ての製品に適用される (Lister, 1997b)．(共通する用途や特徴を持つ特定の製品分野や製品群に適用される"扇形の (sectorial)"カテゴリーもある．) 次第に，EUや他の立法府は水平的な規格に向かっている．この場合に基本としている思想は，この地域の政府がやるべき唯一の仕事は食品を確実に安全で健康的なものとし，また，情報に基づく選択を可能とする組成的，そして栄養学的な情報の全てを確実に消費者に提供させるということである．私たちはC節でこの情報が今もって数か国で欠落していることを理解するだろう．

重要な質問は"一体，なぜ，垂直的な規格が存在しなければならないのか？"である．"ミルクチョコレート"あるいは"ドリンク用のチョコレート (chocolate familiar a la taza)"のEUの定義でどのような公共の利益が提供されているのか？ ハンバーガーのような他の製品には同じような規則がない．例えば，ほぼ間違いなく，米国食品医薬品局 (FDA) はチョコレートの組成よりハンバーガーの組成を規制することで，公共の福利により貢献するだろう．なぜなら，ハンバーガーはチョコレートより平均的な米国の消費者の食事に大いに寄与しているに違いないからである．実際に，リスター (Lister, 1997a) は，"昨日の革新は明日の伝統であり，それ故にこれから先の1世紀に，我々の不運な継承者らはプロセスチーズやビッグマックの伝統的な配合を保護する垂直的な規格のことで口論し続けるだろう"と記している．

チョコレートに垂直的な規格の採用をもたらした衝動は，それがないと消費者が騙されるとか，困惑させられるかも知れないという恐れに基づいているように思える．限定詞の"純正 (purity)"や"上質 (quality)"が論争の中で頻繁に引き合いに出され，悪用された．"チョコレート"という言葉もまた，価値の高いノン-ブランド名でもあり，いくつかの製造企業は自社のブランド名から想起される品質に加えてそれが"チョコレートらしい風味 (chocolateyness)"の基準を持つはずだと感じている．組成規格は詐欺行為から消費者を守ることに関わっていた．詐欺行為は中世に起源を持つのだが，かつては組成規格を熱心に擁護した乳製品工業も含めて，他の食品工業は現在それにほとんど手を染めていない．例えば，ごく最近までほとんどの国で，法律は製造企業が油脂量80%以下の乳製品，あるいは，非乳製品のスプレッド (バターあるいは

---

[1] 他の国々では，食品の組成規格 (compositional standards)，あるいは，同一性規格 (standards of identity) と呼ばれている．

マーガリン）を製造することを妨げた．現在，油脂量70％，あるいは，それ以下のスプレッドが市場に出回っており，高油脂含量がもはや恩恵とは思わない多くの消費者がそれらを好んで買っている．

リスター（Lister, 1997b）が次のように明言している．"私が職人技的なチーズ，凍結されていない豆，エクストラバージンのオリーブ油，非カカオ油脂を使わない素晴らしいチョコレートを好むとしたら，私の好みであなたにすすめる製品を決めて良いものだろうか？ 私が自分の選択を無視されることに腹を立てるように，あなたもあなたの選択を禁止されることに腹を立てるはずである．結局，目標は消費者に混乱や詐欺行為のない可能な限り幅広い範囲での選択を提供することでなければならない．"もちろん，これらの議論は，我々を"チョコレート"とは何かという問題に再び連れ戻す．

もう1つの懸念は，"ある程度のココアバターを非カカオ植物性油脂で置き換えることでのカカオ豆生産への影響はどうだろうか？"である．例えば，フランスはかつて西アフリカの植民地だった諸国の利益を声高に擁護している．この懸念は現実にあるのだが，熱帯産の油脂を生産しているこうした諸国の利益のことは知られていないし，また，発展途上諸国を利するような利他主義は，通常，先進諸国でのもう1つの保護主義の要素になっているように思える．ゴエンカ（Goenka, 1997）が指摘しているように，インドのサル脂や他のエキゾチック油脂の種子を採取する人々は世界で最も貧しい部類の人々であり，確かにカカオ生産者よりも貧しい．カカオ生産者らの多くは自分の土地を所有し，彼ら自身の国では比較的裕福である．同様に，コーデックス・アリメンタリウス規格の草案の議論で，ブルキナファソの代表団はチョコレートへの非カカオ植物性油脂の使用が実現することは"そうした油脂，とりわけシアナッツ脂を生産する多くのアフリカ諸国にとっての販売チャンスに外ならない"と指摘した（Codex Alimentarius, 2001）．

EUチョコレート規格で許可された，「チョコレートの5％まで非カカオ植物性油脂を使用できる」ことがもたらす潜在的な影響を国際カカオ機関（ICCO）の事務局が評価している（Jason, 1995）．この種のいかなる評価にも多くの仮定はつきものだが，ここでは非カカオ植物性油脂で世界のカカオの1万トン/年が不要になると仮定すると，5年間にわたるカカオ生産者全体の総収入が約1％だけ減ると推定された．しかし，非カカオ植物性油脂が導入されるにつれて，チョコレートの価格は下がり，消費の増大をもたらすだろう．さらに，非カカオ植物性油脂を含むチョコレートの機能的な特性は，多少あるいは相当な消費拡大につながると予測されるはずである．このICCOの調査は価格効果を考慮に入れており，5年の期間内で，初年度に2.5万トンのカカオが不要になれば，正味の不要量は実際に2.1万トンになり，引き続く4年間に，不要になるカカオが5万トンに増えれば，正味の不要量は，チョコレートの消費が増

えるため，3.2万トンだけになるだろうと結論した．カカオ豆の5万トンの不要量はココアバターを置き換える非カカオ植物性油脂の約2万トンに相当する．ICCOは検討を世界全体で最大25万トンのカカオ豆を不要にする場合まで広げた．ICCOの仮定を認めると，ココアバターの価格に比べてココアパウダーの価格がかなり高くなるので，多分，カカオ生産者全体の総収入の変化は1990年代半ばに不要カカオ1万トン当たり1%減と推定されたより，現在，その低下率をいくぶん小さくしているだろう．また，ICCOの推定したチョコレート消費の拡大に加えて非カカオ植物性油脂の使用量増大によるインド，インドネシア，アフリカ諸国にとっての正味の利益を忘れなければ，世界貿易や総収入への世界的な影響は最悪の場合でも中立と言えるようだ．筆者はもっと良い方に向かうと信じている．なぜなら，機能的で革新的な改善がチョコレート製造企業に提供されるからであり，この点はICCOの研究のような机上の経済学的な評価では考慮されるはずがないのである．

新たなチョコレート規格をつくるため，EUは"チョコレートらしい風味"，"ミルクチョコレートらしい風味"，"ホワイトチョコレートらしい風味"などを定義しなければならなかった．こうしたことは完全に独断的な定義なので，予想どおり，EU加盟諸国間での果てしない論争を引き起こした．

リスター（Lister, 1997a）は組成に関する定義がもたらす，6つの危険を考察している：

(a) 明らかに保護主義への誘惑である．当然ながら，全てのチョコレート製造企業と企業の母国は，自国の企業に恩恵を与え，外国の競合企業を不利にする規格にしたがるだろう．

(b) 組成規格は一般的に独断的である．ミルクチョコレートの正しい定義は存在していない．英国とアイルランドのミルクチョコレートの多くは，フランスあるいは他の欧州諸国でつくられるミルクチョコレートよりミルク分が多く，カカオ分が少ない．なぜ一方または他方がミルク分の多い，あるいは少ないチョコレートと見なされねばならないのか？ ほぼ間違いなく，フランスのミルクチョコレートは，フランス人がいつも主張しているとおりにミルク風味が強くなく，ミルクチョコレートらしい風味が弱い．自由市場の消費社会では，決定者にふさわしいのは消費者だけであり，消費者は明らかに英国やアイルランドのミルクチョコレートを好んでいる．と言うのも，フランスよりもはるかに多い量のミルクチョコレート（および，チョコレートの総計）が英国とアイルランドで消費されているからである．

(c) (b)の場合のように，国民的な嗜好は組成的な定義を定める努力にかたくなに対立したままである．広く柔軟性のある定義を容認するためとする見えすいた答えは，法規が予防するはずだった混乱と不正行為の危険をもたらす．

(d) 唯一のノン-ブランド名であるチョコレートが全く違う製品の説明に使われる場合に，問題は大きくなる．例えば，カカオ分70%の特製チョコレートはカカオ分25%だけのスナックバーのように大衆市場で売られる製品と完全に違った製品である．こうした製品の間には，EUチョコレート規格で特定されている2つのタイプのミルクチョコレートの場合よりもっと大きな差があることは確かである．

(e) 組成的な定義の要求に明確な終わりはない．そうした定義がチョコレートにとって意味をなすなら，なぜスーパーマーケットの棚にある全てのものにそれがないのか？

(f) 最後に，間違いなく最も重要なのは，どのようにして組成規格が製品の革新と折り合いをつけるのだろうか？ である．食品の嗜好は急速に変化しており，また，組成的な定義は革新的な新製品に販売上の利点になる価値のあるノン-ブランド名を与えない．ダニエル・ペーター (Daniel Peter) は1876年に初めてミルクチョコレートを製造したのだが，チョコレートの組成的な定義がその時分にスイスにあったなら，彼は自分の製品をミルクチョコレートと呼ぶことを許されたのだろうか？

結論として，リスター (Lister, 1997a) から再び引用したい．"食品の組成を定義することは追従であり，各世代の立法者はこれに抗しきれない運命にあるようだ．どうしても整理したいとする熱望は1つの弁明であるが，しかし，えこひいきされた製品を守る新たなやり方を永久に探し求めることは紛れもなくもう1つの弁明なのだ．"

第10章　法律と規制

B節　規　　格

1. 欧州連合

全てのEU加盟国で，2003年8月3日までにチョコレート規格73/241/EECが廃止され，規格2000/36/ECが施行される．この新しいEUのチョコレート規格の詳細は**表10.1**にまとめている．EU加盟15か国中の8か国の製造企業にとっての主要な変更は，ココアバターや乳脂だけでなくSOS型製菓用油脂を5%まで含有するチョコレートを製造するチャンスが与えられたことである．ヤシ油も使えるが，それはアイスクリームの被覆用チョコレートに限られる．**表5.15**にあるような5つの原材料に限定されているため，この規格は自動的に最も革新的で機能性のある製菓用油脂を排除している．つまり，酵素的に改質された油脂やラウリン酸型油脂を含有するブルーム防止油脂は禁止されている．結果として，大手製造企業の1社はこの規格が公表された2000年には既に市場からそうしたブルーム遅延油脂を撤収していた（Parker, 2000）．

EU内のとりわけ深刻な問題である国民の嗜好や先入観の違いを調整することを別にすれば，非常に多くのこの種の法的な規格の場合と同じく，**表10.1**やこのチョコレート規格に特段の理論，あるいは合理性はないのである．クーベルチュール（couverture）を別な規格にせねばならない理由は，その油脂含量がより高いからということだけなのか？　立法者が規格で製品のつくり方をチョコレート製造企業に教えなくても，クーベルチュールのような被覆用チョコレートは必要とされる機能性から必然的に高い油脂含量になる．規格では（プレーン）チョコレートの最下限の油脂含量が18%なのに，ミルクチョコレートの場合はそれが25%なのはなぜなのか？　18%の油脂でチョコレートを製造することは不可能であり，それが25%であっても，多分，かろうじてつくれる絶対的な最下限量であろうし，そのチョコレートはおいしいはずがない．さらに言えば，ホワイトチョコレートの最下限の油脂含量は23.5%（ココアバター＋乳脂）と指定されている．全てのチョコレートの総油脂分の最下限量を25%とし，その総油脂分の最大5%までを非カカオ植物性油脂とし，ミルクチョコレートやホワイトチョコレートの場合は最下限で3.5%の乳脂を含有することと規定されれば，論理性と明快さが備わるだろう．

欧州のチョコレートに非カカオ植物性油脂を含有させることについての，1973年以来続いた激しい論争を考慮すれば，読者は核心をつく質問をするかも知れない．つまり，"**表10.1**のどこに植物性油脂の説明があるのか？"．実際のところ，その記述はないのである．代わりに，次のように明記している最も重要な条項がある：

B節 規　格

表 10.1　チョコレート規格 2000/36/EC に列挙され EU で許可されているチョコレート組成の要約（European Union, 2000 より）

名　称	定　義	必 要 条 件
チョコレート	カカオ製品と糖から得られる製品を指す．その種類に"バーミセリ"，"フレーク"，"ジャンドゥーヤ"あるいは"クーベルチュール"（以下を参照）のチョコレートを含める	総カカオ乾物固形分 35% 以上 その中に 　ココアバター[a] 18% 以上， 　無脂カカオ乾物固形分 14% 以上 　を含む
チョコレートクーベルチュール	カカオ製品と糖から得られる製品を指す	総カカオ乾物固形分 35% 以上 その中に 　ココアバター[a] 31% 以上， 　無脂カカオ乾物固形分 2.5% 以上 　を含む
ミルクチョコレート[b]	カカオ製品，糖，乳あるいは乳製品から得られる製品を指す．その種類に"バーミセリ"，"フレーク"，"ジャンドゥーヤ"あるいは"クーベルチュール"（以下を参照）チョコレートを含める	総カカオ乾物固形分 25% 以上 乳乾物固形分 14% 以上 無脂カカオ乾物固形分 2.5% 以上 総油脂分（CB+MF）25% 以上で， その中で 　乳脂 3.5% 以上
ミルクチョコレートクーベルチュール	カカオ製品，糖，乳あるいは乳製品から得られる製品を指す	総カカオ乾物固形分 25% 以上 乳乾物固形分 14% 以上 無脂カカオ乾物固形分 2.5% 以上 総油脂分（CB+MF）31% 以上 その中で 　乳脂 3.5% 以上
ファミリーミルクチョコレート[b]	カカオ製品，糖，乳あるいは乳製品から得られる製品を指す	総カカオ乾物固形分 20% 以上 乳乾物固形分 20% 以上 無脂カカオ乾物固形分 2.5% 以上 総油脂分（CB+MF） 25% 以上で， その中で 　乳脂 5% 以上
ホワイトチョコレート	ココアバター，乳あるいは乳製品，糖から得られる製品を指す	ココアバター[a] 20% 以上 乳乾物固形分 14% 以上で， その中で 　乳脂 3.5% 以上

a　全製品で，ココアバター以外の植物性油脂は最終製品の 5% まで使って良い．その場合，最低限量のココアバターあるいは総カカオ乾物固形分を減らさないこと．使用が許可されている植物性油脂は表 5.15 にある 5 つのエキゾチック油脂である．b　英国とアイルランドでは，"ファミリーミルクチョコレート"を"ミルクチョコレート"と表示しても良い．

"条項（Article）2.1

付帯項（Annex）II で定義され［すなわち，表 5.15 にあるとおり］，その中に掲げられたようなココアバター以外の植物性油脂は，付帯項 I A(3)，(4)，(5)，(6)，

(8) および (9) ［すなわち，**表 10.1** にあるとおり］で定義されたチョコレート製品に添加して良い．この添加量は，付帯項 I (B) のとおりに使われる他の可食物の総重量を差し引き，ココアバターの最低限の含量，あるいは，総乾物固形分を差し引くことなしに，最終製品の 5％を越えてはいけない．"

付帯項 I (B) と (C) は次のように述べている：
"B. 正式に認可された任意な原料
可食物の添加
1. 条項 2 と B(2) 項を侵害せず，他の可食物も，A(3)，(4)，(5)，(6)，(8) および (9) 項で定義されたチョコレート製品に添加して良い．
しかし，その添加は：
・乳のみに由来しない動物性油脂やその調製品は禁止される．
・穀粉，穀粒，あるいは，デンプン粉末は，A(8) および (9) 項で決められた定義に一致する場合にだけ，その添加が認められる．
添加されるこうした可食物の量は完成した製品の全重量の 40％を越えてはいけない．

2. チョコレートあるいは乳脂の風味を模倣しないフレーバー物質だけは A(3)，(4)，(5)，(6)，(8) および (9) 項で定義される製品に添加して良い．

C. パーセントの計算
A(3)，(4)，(5)，(6)，(8) および (9) 項で定められた製品の最低限の含量は，B...項で規定された原料の重量を差し引いた後に計算される．"

したがって，どれだけ非カカオ植物性油脂が添加されて良いかについて明快に示された一覧表の代わりに，私たちは難解な説明書を手にしている．つまり，この説明書は原料としてチョコレートから非カカオ植物性油脂を分けているが，添加物量のパーセントを計算するのに非カカオ植物性油脂をチョコレートに含めているようである．その結果，配合に対するチョコレート規格の真意について，欧州のチョコレート製造企業，製菓用油脂製造企業，そして，国の立法者との間で果てしない論争が続いている．鍵となる質問は，"非カカオ植物性油脂は (a) チョコレートの原料なのか，(b) チョコレートへの添加なのか，あるいは，(c) 可食物としての添加（上記の条項 I (B) にあるようなナッツと同じ）なのか？" である．(c) なら，5％よりもっと大量に添加されても良いはずである．なぜなら，動物性油脂だけが禁止されているのだから．しかし，(c) の解釈は最優先効力の条項 2.1 があるために妥当でないとみなされている．

B節 規 格

　実際のところ，この規格はその本文中の別々の箇所で非カカオ植物性油脂をチョコレートの原料(a)やチョコレートへの添加(b)として扱っており，これが混乱を引き起こしている．**表 10.1** にあるとおりにチョコレート組成を記述している条項Ⅰでは非カカオ植物性油脂は言及されておらず，それが原料ではなくチョコレートへの添加と暗示されている．実際，上記の条項2.1は"*その添加は5％を越えてはいけない…*"［斜体は筆者］と言明している．しかし，次に"ココアバターの最低限の含量，あるいは，総乾物固形分を差し引くことなしに"の注意事項が加えられており，この注意事項は，条項Ⅱでの最低限量のパーセントを計算するのに，非カカオ植物性油脂をチョコレートの原料として含めなければならないことをほのめかしているように思える．この後者が法務当局に支持されている唯一の解釈であるようだ．それが正しいなら，それは5％の非カカオ植物性油脂が長年にわたって使われているEU加盟諸国のチョコレート企業に強い影響を及ぼす．この場合，多くの製造企業は非カカオ植物性油脂をまるまる5％添加することが不可能となり，チョコレートの配合を変えねばならなくなる．これは意図された趣旨，つまり，異なる加盟諸国に現存する慣行を調和させることに確実に反するように思われる．この問題は具体的な事例で非常に分かりやすく説明される．

　表 10.2 は，総油脂分30％以上でナッツ（"その他の可食物"）を含むチョコレートの非カカオ植物性油脂量を間違いなく計算する方法の説明である．基本的に，非カカオ植物性油脂の5％は，ナッツのような明らかな非チョコレート成分だけでなく香料やレシチンも除いて，製品の"真の"チョコレート部分をベースにしている．これから分かるとおり，レシチンを除外することは**表 8.6** の5.00％の非カカオ植物性油脂が**表 10.2** の計算により，5.03％になることを意味している．この差は無視できると考えて良い．同様に，**表 10.1** の必要条件を確実に遵守するための組成パーセントの計算は，**表 8.6** にあるパーセントの単純な変換だけでは済まない．その理由は，"B項で規定された原料"が差し引かれねばならないし，それらの原料には非カカオ植物性油脂が含まれないからである．

　表 10.3 は，総油脂分30％以下のチョコレートでの非カカオ植物性油脂量の確かな計算方法を説明している．この事例では，非カカオ植物性油脂をチョコレートの一部として含める計算をするなら，ココアバターと乳脂の総量を少なくとも25％にするため，3.3％だけの非カカオ植物性油脂を添加できることが分かる．プレーンチョコレートの場合，ココアバターの最低限量をたった18％と指定した以前からある特有な決定のために，こうした面倒な計算は必要ない．

　とは言え，非カカオ植物性油脂量を計算する方法の問題が，この表中で説明されているように解決されるとしても，ココアバターの最低限量に違いが設けられているこの法律は比較的単純な必要条件をあいまいにし，また，施行庁やその分析官の仕事を

表10.2 チョコレート規格 2000/36/EC [a] に基づいたナッツを含有する板ミルクチョコレート 100g 中の非カカオ植物性油脂量の計算事例

原料	重量 (g)	非カカオ植物性油脂の計算
砂糖	38.99	製品のチョコレート部分は，チョコレート以外の原料（レシチン，ナッツ，バニリン）を差し引き，80gと算出される．
乳固形分 [b]	16.08	
カカオ固形分 [b]	20.90	
非カカオ植物性油脂	4.02	
レシチン	0.4	したがって，チョコレート中の非カカオ植物性油脂のパーセントは $100 \times 4.02/80 = 5.03\%$ である．
バニリン	0.1	
ナッツ	19.5	
計	100.0	

a チョコレートの配合表は表8.6にある"全脂粉乳を含有するミルクチョコレート"に基づいている． b この規格中で，"乾燥カカオ固形分"や"乾燥乳固形分"の用語が使われている．例えば，粉乳中の水分のほとんどはチョコレート製造中に失われるはずなので，仕上げられたチョコレート中の乾燥固形分にどのような数字を使うかは明確になっていない．それは，添加された原料の量なのか，あるいは，原料中の実際の乾物量なのか？ 単純には前者であり，添加された原料の総量がこの表では使われている．こうしたことから，この表のデータと第8章の表に記載された乾燥固形分の数字との間に若干の相違がある．

表10.3 チョコレート規格 2000/36/EC 基づいて，総油脂分30％以下の（ファミリー）ミルクチョコレート 100g 中の非カカオ植物性油脂，乳固形分および総油脂分の計算事例

原料	重量 (g)	非カカオ植物性油脂の計算
ココアリカー	12.0	製品のチョコレート部分は，チョコレート以外の原料（レシチン，ナッツ，バニリン）を差し引き，99.5gと算出される．
添加ココアバター	12.7	
非カカオ植物性油脂	3.3	
全脂粉乳	21.0	
砂糖	50.5	したがって，チョコレート中の非カカオ植物性油脂のパーセントは $100 \times 3.3/99.5 = 3.32\%$ である．
レシチン	0.5	
計	100.0	
チョコレート中の油脂の％		
ココアバター	19.3	
植物性油脂	3.3	
乳脂	5.7	
総油脂分	28.3	
総ココアバター＋乳脂	25.0	
チョコレート中の固形分の％		
カカオ固形分	24.7	
乳固形分	21.0	

より難しくもしている．分析の目的で，標準溶剤抽出法で総油脂分が測定される場合，レシチンは油脂分の一部である．だが，立法の趣旨から，レシチンは除かれねばならないものである．したがって，第9章で考察された実際の分析的な課題に加えて，私たちは付加的な問題に直面している．なぜならば，非カカオ植物性油脂量を正確に計算するためには，どれだけレシチンが添加されているかを知る必要があるからであ

る．さらにやっかいなのは，0.5%のレシチンの約0.2%が非カカオ植物性油脂の大豆油によるものであることである．

コンパウンドチョコレートにEUの規格はない．

2. コーデックス・アリメンタリウス

長い間，コーデックス・アリメンタリウス委員会は，FAO/WHO（国際連合食糧農業機関／世界保健機関）合同の食品規格プログラムの下でチョコレートやチョコレート製品の規格を検討している．この規格は現在コーデックス手順でのステップ8にある．2003年6月30日から7月5日までローマで開催される第25回会議で，コーデックス・アリメンタリウス委員会によってその規格が採択される．この規格の草案にある条項が**表10.4**に要約されている．この規格は，非カカオ植物性油脂を5%まで許可しているEU規格に倣っている．また，この規格は栄養価のない甘味料や非炭水化物の甘味料，増量剤のポリデキストロースの使用も許可している．EU規格と同様に，使用可能な非カカオ植物性油脂の量は他の全ての原料のように表中で明確に説明されていない．その代わり，非カカオ植物性油脂の添加は別の声明書中に含まれている．

> "ココアバター以外の植物性油脂の添加は，他の全ての添加された食品成分の総重量を差し引いた後，最低限量のカカオ材料を下回ることなく仕上げられた製品の5%を越えてはならない．管轄権を持つ当局が必要とするなら，この目的で許可される植物性油脂の性質を当該の法律中に規定して良い．"

この文の最後や表にあるように，条項はそれぞれの諸国が規格を少し変更することを認めている．したがって，この表はEUチョコレート規格の下で求められる最低限の乳脂分3.5%より低い数値を許している．

コーデックス規格はWTO（世界貿易機関）の下で国際的な論争を解決するのに利用される参照規格（reference standard）である．EUチョコレート規格のように，この規格はこれから数年間にわたって他の諸国の組成規格に影響を与えそうだ．

3. 米　　国

チョコレートは連邦同一性規格（Federal Register, Title 21, Chapter 163）の下で定義されている．この連邦同一性規格には，ホワイトチョコレートの規格が今もってないものの，全てのチョコレート製品を網羅している．組成的な必要条件を**表10.5**に要約した．米国の法律はココアバター以外の植物性油脂の使用を許していないが，コンパウンドチョコレートの規格を設けており，コンパウンドチョコレートの場合，油脂は全て非カカオ植物性油脂でも良い．プレーンチョコレートやミルクチョコレートの表現に使える数多くの名称は，消費者を混乱させ騙す可能性を排除するためのものであるとす

第10章 法律と規制

表 10.4 コーデックス・アリメンタリウス規格草案（手順のステップ 8）で許可されるチョコレートとチョコレート製品の組成的な必要事項の要約（Codex Alimentarius, 2001 より）

製品	組成物 (%)[a]						
	ココアバター	無脂カカオ固形分	総カカオ固形分	乳脂	総乳固形分[b]	デンプン/穀粉	粉砕ヘーゼルナッツ
チョコレートの種類（組成）:							
チョコレート	≧18	≧14	≧35				
ドリンク用チョコレート (Chocolate a la taza)	≧18	≧14	≧35			<8	
スイートチョコレート	≧18	≧12	≧30				
ドリンク用チョコレート群 (Chocolate familiar a la taza)	≧18	≧12	≧30			<18	
クーベルチュールチョコレート	≧31	≧2.5	≧35				
ミルクチョコレート		≧2.5	≧25	≧2.5〜3.5	≧12〜14		
ファミリーミルクチョコレート		≧2.5	≧20	≧5	≧20		
ミルクチョコレートクーベルチュール		≧2.5	≧25	≧3.5	≧14		
その他のチョコレート製品:							
ホワイトチョコレート	≧20			≧2.5〜3.5	≧14		
ジャンドゥーヤチョコレート		≧8	≧32				≧20, ≦40
ジャンドゥーヤミルクチョコレート		≧2.5	≧25	≧2.5〜3.5	≧10		≧15, ≦40
料理用チョコレート (Chocolate para mesa)	≧11	≧9	≧20				
料理用セミビターチョコレート (Semi-bitter chocolate para mesa)	≧15	≧14	≧30				
料理用ビターチョコレート (Bitter chocolate para mesa)	≧22	≧18	≧40				
チョコレートの種類（形態）:							
チョコレートバーミセリ／チョコレートフレーク	≧12	≧14	≧32				
ミルクチョコレートバーミセリ／ミルクチョコレートフレーク		≧2.5	≧20	≧3	≧12		
センター入りチョコレート，チョコレート，あるいは，プラリネ	チョコレートの成分は製品総重量の少なくとも 25%以上でなければならない．詳細は規格を参照．						

[a] %は製品中の乾物に基づき，また，規格草案の2項で許可された他の食品重量を差し引いた後に計算される． [b] "乳固形分"は，乳脂が添加されても除かれても良いことを別にして，乳の自然における成分比率に乳原料を添加したものを言う．

B節 規格

る垂直的な規格／同一性規格に共通する正統性と少し矛盾している．

米国の法律の特殊性は，ココアバターの最低限量を定義していないが，その代わり，チョコレートリカーの最低限量を規定して分析者や規制力を持つ当局を悩ませている．チョコレートリカー自体は，ココアニブ由来の唯一のものであるココアリカーと定義されておらず，添加されるココアパウダーあるいはココアバターを含めても良い．**表10.5** の脚注(c)にあるように，事実上，油脂分54.5％（100％－100％/2.2）に標準化したココアリカーの量を計算する公式が与えられている．

ミルクチョコレートで必要とされる乳脂の最低限量3.39％は，EU規格の3.5％よりいくぶん低い．この差は機能上と分析上の側面から無視できるものである．

ホワイトチョコレート規格案（US Food and Drug Administration, 1997）についての長年の検討の後に，米国食品医薬品局（FDA）は現在この規格の制定に同意しており，2004年1月1日から施行される．この規格は**表10.1** のEUや**表10.4** のコーデックスの規

表10.5 2001年4月1日現在で改訂された連邦規則集（Code of Federal Regulations）の Title 21-Food and Drugs の下，米国で許可されているチョコレートの組成的な必要条件の要約（US Food and Drug Administration より）

製品名称	その他の名称	説明	必要事項
チョコレートリカー (Chocolate liquor)	チョコレート (Chocolate) アンスイーテンドチョコレート (Unsweetened chocolate) ビターチョコレート (Bitter chocolate) ベーキングチョコレート (Baking chocolate) クッキングチョコレート (Cooking chocolate) チョコレートコーティング (Chocolate coating) アンスイーテンドチョコレートコーティング (Unsweetened chocolate coating)	微細に粉砕されたココアニブで調製される固体ないしは半可塑性の食品．添加して良い任意の原料にココアバター，ココアパウダー，そして，乳脂を含める．	ココアバター $\geq 50\%$, $\leq 60\%$
スイートチョコレート (Sweet chocolate)	スイートチョコレートコーティング (Sweet chocolate coating) セミスイートチョコレート (Semisweet chocolate) セミスイートチョコレートコーティング (Semisweet chocolate coating) ビタースイートチョコレート (Bittersweet chocolate) ビタースイートチョコレートコーティング (Bittersweet chocolate coating)	1つ，あるいは，それ以上の任意の栄養価のある炭水化物の甘味料とチョコレートリカーをねんごろに混ぜ，粉砕して調製される固体ないしは半可塑性の食品；これは，1つ，あるいは，それ以上の，規格で特定されているような，任意の原料を含有して良い．	スイートチョコレート： チョコレートリカー$\geq 15\%$ 総乳固形分[a] $< 12\%$ セミスイートチョコレート： チョコレートリカー$\geq 35\%$ 総乳固形分[a] $< 12\%$

（つづく）

第 10 章　法律と規制

ミルクチョコレート (Milk chocolate)	ミルクチョコレートコーティング (Milk chocolate coating)	チョコレートリカーと1つ，あるいは，それ以上の任意の乳製品原料[b]や1つ，あるいは，それ以上の任意の栄養価のある炭水化物の甘味料を一緒にねんごろに混ぜ，粉砕して調製される固体ないし半可塑性の食品；これは，1つ，あるいは，それ以上の，規格で特定されているような，任意の原料を含有して良い．	チョコレートリカー[c] ≧10% 総乳固形分[d] ≧12% 乳脂 ≧3.39%
バターミルクチョコレート (Buttermilk chocolate)	バターミルクチョコレートコーティング (Buttermilk chocolate coating) スイートバターミルクチョコレート (Sweet buttermilk chocolate) スイートバターミルクチョコレートコーティング (Sweet buttermilk chocolate coating) スイートクリームバターミルクチョコレート (Sweet cream buttermilk chocolate) スイートクリームバターミルクチョコレートコーティング (Sweet cream buttermilk chocolate coating)	ミルクチョコレートだが，ただし，任意な乳製品原料がスイートクリームバターミルク，濃縮されたスイートクリームバターミルク，および，これら素材を組み合わせたものに限定される．	チョコレートリカー[c] ≧10% 総加糖クリーム： 　バターミルク固形分≧12% 乳脂 <3.39%
スキムミルクチョコレート (Skim milk chocolate)	スキムミルクチョコレートコーティング (Skim milk chocolate coating) スイートスキムミルクチョコレート (Sweet skim milk chocolate) スイートスキムミルクチョコレートコーティング (Sweet skim milk chocolate coating)	ミルクチョコレートだが，ただし，任意な乳製品原料が脱脂乳，無糖脱脂練乳，加糖脱脂練乳，無脂粉乳，および，これら素材を組み合わせたものに限定される．	チョコレートリカー[c] ≧10% 総脱脂乳： 　固形分 ≧12% 乳脂 <3.39%
	スイートココア・アンド・ベジタブルファットコーティング (Sweet cocoa and vegetable fat coating) スイートチョコレート・アンド・ベジタブルファットコーティング (Sweet chocolate and vegetable fat coating) ミルクチョコレート・アンド・ベジタブルファットコーティング (Milk chocolate and vegetable fat coating)	こうしたカテゴリーの規格も定められている．このカテゴリーのものは，特定されている最低限量のココアバター，あるいは，ココアリカー（カカオマス）を含有しないあらゆる種類のコンパウンドチョコレートである	

a 総乳固形分の由来：次のbにあるリストに濃縮バターミルク，乾燥バターミルク，および，麦芽粉乳を加える． b 任意の乳製品原料：クリーム，乳脂，バター；濃縮乳，無糖練乳，加糖練乳，粉乳；脱脂乳，濃縮脱乳，無糖脱脂練乳，加糖脱脂練乳，無脂粉乳． c 使われたチョコレートリカーの重量から，その中のカカオ脂（ココアバター）の重量と，アルカリ剤，中和剤，および，味付け材料の重量を差し引き，その残りの数字に2.2を掛け，仕上げられたミルクチョコレートの重量で割り，その商に100を掛けて計算された値． d 上のbにあるリストに由来する総乳固形分．

格と本質的に同じであり，乳脂の最低限量が3.5％で，ココアバターの最低限量は20％，乳固形分の最低限量が14％である．

EUやコーデックス・アリメンタリウスの規格に現在起きようとしている変化は，同じように米国においても起こりつつある．(米国)チョコレート製造者協会の会員8社の内，変更に賛成なのが2社で態度保留が2社なので，4社は明らかに今の規格の維持に賛成している (Seguine, 2002)．コーデックス規格に変更をもたらすものが米国市場にもあるかも知れないとの議論の中で，ボダー (Bodor, 2002) は次のように述べている．"今すぐではなく，これからの2〜3年のことだ"，しかし，承認の後に，"米国規格は修正されねばならない．多分，成功するのにチョコレート工業の支持が不可欠だろうし，最短でも1〜2年はかかるだろう．現在，チョコレート工業はこの規格とは異なる見解を持っており，そのことがこの作業を遅らせているようである．"ホワイトチョコレートの規格での非常に遅い進行から判断すると，彼の言っていることはおそらく控え目な表現だろう．

4. 日　　本

日本の規格は，今まで考察した規格とは異なっている．公式な法的規格がないが，公正取引協定があり，それが基本的に**表10.6**に要約されたようなチョコレート製品のガイドラインを定めている (Ebihara, 1997; Koyano, 2002)．

日本は"純チョコレート"の規格をもっており，それは非カカオ植物性油脂を含有してはならないが，"チョコレート"はかなりの量の非カカオ植物性油脂を含有して良い．例えば，この表を精査すれば，プレーンチョコレートの総油脂分が30％なら，非カカオ植物性油脂を最大12％まで含有させて良く，必然的に，この量の添加はSOS型製菓用油脂になる．総油脂分30％のミルクチョコレートの場合，乳脂の最低限量の3％を満たせば，非カカオ植物性油脂を9％添加することができる．この比較的進歩的な法律は間違いなく日本での製菓用油脂技術の開発を加速し，日本企業を新たなTAGを合成する酵素の利用のような技術開発やBOB油脂のような製品開発の先頭に立たせている．

日本はSOS型コンパウンドチョコレートの規格も持っており，これは準チョコレートと呼ばれている (時折，セミ-チョコレート (semi-chocolate) と翻訳されるが，準チョコレート (quasi-chocolate) が現在好まれている翻訳である)．

5. その他の国々

カナダでは，最近，チョコレート法規が技術開発を考慮して大幅に改訂されている．しかし，カナダは今もってチョコレートへの非カカオ植物性油脂の使用を許可していない．カナダには，現在，ダーク，ミルク，ホワイト，スイートの4種類のチョコ

表 10.6 国家公正取引委員会のチョコレート製造に関わる規約にある日本のチョコレート規格の要約（Ebihara, 1997; Koyano, 2002 より）

製品名称	解　　説	必要条件
チョコレート	非カカオ植物性油脂を使えるが，"純チョコレート"と呼べない．純チョコレートの規定は 1. 非カカオ植物性油脂を使わない． 2. 砂糖（＜55％）以外の糖を使わない． 3. バニラ以外の香料を使わない．	カカオ固形分　≧35％ ココアバター　≧18％ 水分　＜3％
ミルクチョコレート	非カカオ植物性油脂を使えるが，"純チョコレート"と呼べない．純チョコレートの規定は 1. 非カカオ植物性油脂を使わない． 2. 砂糖（＜55％）以外の糖を使わない． 3. バニラ以外の香料を使わない．	カカオ固形分　≧21％ ココアバター　≧8％ 乳固形分　≧14％ 乳脂　≧3％ 水分　＜3％
準チョコレート	これは SOS 型コンパウンドプレーンチョコレートの規格である．	カカオ固形分　≧5％ ココアバター　≧3％ 総油脂分　≧18％ 水分　＜3％
準ミルクチョコレート	これは SOS 型コンパウンドミルクチョコレートの規格である．	乳固形分　≧12.5％ カカオ固形分　≧7％ ココアバター　≧3％ 乳脂　≧2％ 総油脂分　≧18％ 水分　＜3％

レートがある (Smith, 1999)．

　マレーシアの法規は，英国法規に類似し，チョコレートに 5％まで代替用の植物性油脂の使用が許されている．EU やコーデックス・アリメンタリウスで起こる変化でマレーシアは未来に向かう法律を持つことになりそうだ．しかし，コーデックス規格は種々の国々のニーズを盛り込むべく時間をかけて念入りにつくられているし，また，マレーシアの法律は既にコーデックスの草案と同じなので，近い将来に変更する計画は現在ない (Sudin, 2002)．

　南アフリカやシンガポールは英国やマレーシアと似ており，チョコレートに 5％の非カカオ植物性油脂の使用を許可している．

　インドはチョコレートに非カカオ植物性油脂の使用を許可していない．しかし，インドの評論家らによれば，インド政府は変えることを嫌がっておらず，チョコレート製造企業が質と量の測定法を示せば，原則として，非カカオ植物性油脂の使用に合意する姿勢である．変更は 2003 年になされると期待して良い．現在の法律はミルクチョコレートで最低限 25％の総油脂分，最低限 2.5％の無脂カカオ固形分量，また，プレーンチョコレートで最低限 12％の無脂カカオ固形分量を求めている．インドでは，ミルクチョコレートに必要な最低限の乳脂量が 2.5％と低い．

垂直的な規格よりもむしろ水平的な規格を志向する現代の食品法律思想にしたがって，オーストラリア・ニュージーランド食品局 (ANZFA)，これは現在，オーストラリア・ニュージーランド食品基準機関 (FSANZ) に代わっているが，これが初めてチョコレートに組成規格を定めず，むしろ，受け入れられる品質とコストとの妥協を市場に決めさせることを選んだ．しかし，オーストラリア菓子製造者協会で代表される多くの製造企業は異議を唱え，そして代わりに，ココアバターだけでなく他の植物性油脂の5%使用を許可し，また，組成規格を明確に規定した今度のEUチョコレート規格やコーデックス規格の草案に類似する法律を支持した (Webster, 2000)．ANZFA/FSANZ は，現在，チョコレートへの非カカオ植物性油脂の使用を5%まで許可する新たな法律を採用したが，この新たな食品基準は今もってANZFAの独自の好みに偏っており，次のような最小限の規格 (ANZFA Standard 1.1.2 Supplementary Definitions for Food) を定めている．

　　"**チョコレート**はカカオ豆の派生物の存在で特徴付けられる菓子製品を意味する—
　　(a)　最低限200g/kgのカカオ豆の派生物から調製される．
　　そして，
　　(b)　ココアバター，あるいは，乳脂以外の食用油を50g/kg以上含有しないこと．"

したがって，オーストラリアとニュージーランドでの非カカオ植物性油脂はEUのように5種類のエキゾチック油脂に限られておらず，両国のチョコレート製造企業は入手可能な全ての製菓用油脂の利点を十分に享受できる．

C節　表　　示

　ほとんどの国は一般的な食品の法律，つまり，水平的な規格を持っており，それは食品への表示の方法を規定しているので，消費者は惑わされず，かつ，道理にかなった買いものをするのに必要な情報を持っている．考察したチョコレート製品の垂直的な規格もまた，通常，付加された表示の必要条件を明記している．

　シェイクスピアのジュリエットは"名前に一体何があるの？　バラを別の呼び名にしたって甘く薫るのに変わりはないのに"と言い切ったものの，現代の消費者や製造企業はこの前提を認めていない．ソフトドリンクのように見分けのつかない製品を別のやり方で目立たせるため，大金がブランド名に注ぎ込まれている．同様に，製品のラベルにノン-ブランド名の"チョコレート"を使用することについて，とりわけ，"チョコレート"と表示された製品が非カカオ植物性油脂を含有していることの告知について，EU内で盛んに論争されている．

　論理的で一貫性のある提案は，"植物性油脂"がチョコレート製造に使われる原料の一覧表にあるべきということであろうし，その表示はトフィーのような砂糖菓子製品で正に実施されているのである．この提案は"純チョコレート"党に受け入れられなかった．彼らは非カカオ植物性油脂を使わないチョコレートと非カカオ植物性油脂を使ったチョコレートを明確に分けたかった人たちであり，おそらく，他のやり方では消費者がその違いを見分けられないかも知れないと思っていた．彼らの逆提案は"植物性油脂などを含有"と包装容器の正面に表示することであった（Eagle, 2000）．今度は"5％非カカオ植物性油脂"党がこの申し出を蹴ったのだが，この逆提案は EU の表示法規とも相いれなかったはずである．規格で成立した妥協は，表示規格に"「ココアバターに加うるに植物性油脂を含有」を目立つように，しかも，はっきりと判読しやすく表示すること"との規定を補足することだった．この表示文は原料の一覧表と同じ見える場所にあり，少なくとも大きく太字で書き，商品名の近くに原料一覧表とは明らかに分けて表示されること．しかし，この必要条件にもかかわらず，商品名は一覧表以外の場所にあっても良いのである．"製品は"カカオ固形分は最小量##％"のように，総乾燥カカオ固形分量を示す表示もしなければならない．英国とアイルランドだけ，ファミリーミルクチョコレートをミルクチョコレートの名称で販売して良いのだが，はっきりと乾燥乳固形分の最小量も示すことが求められている．品質に関係するその他の情報も表示して良いが，それは強制ではない．

　コーデックス規格の草案は非カカオ植物性油脂の含有の表示を求めているが，その告知の方法を各国の法律に委ねている．

　最後に，次の3つの国の板チョコレートに表記されている現在の情報を比較して

みると，それぞれ特徴があって面白い．米国ではチョコレートと表記される製品に非カカオ植物性油脂は許可されていない．ドイツでは2003年8月3日から非カカオ植物性油脂が許可され，英国では5%までの非カカオ植物性油脂が許可されている．

　米国の場合，チョコレートの組成に関する情報はほとんどなく，カカオ固形分のパーセントさえもない．大量の栄養学的な情報が表示されている．したがって，消費者は製品の品質を栄養素として判断できるが，それを食べた時の品質，つまり，チョコレートらしい風味，あるいは，豊かなミルク風味を簡単に判断できない．

　ドイツの場合，カカオ固形分の最小量パーセントは表示されるので，消費者はいろいろな製品中のチョコレートらしい風味の程度をいくつかのやり方で見分けている．しかし，栄養学的な情報は表示されていない．

　英国においては，栄養学的な情報ばかりか，非カカオ植物性油脂の存在，そして，カカオ固形分や乳固形分の量を含めて，もっと詳細なチョコレートの組成情報が表示されている．それ故，英国の消費者は快い食品としての品質，つまり，チョコレートらしい風味と豊かなミルク風味，そして，栄養素の特性に基づいて道理にかなった判断をすることができる．したがって，英国市場は米国あるいはドイツよりもっと自由なチョコレート市場である．というのは，国内製品だけでなく，ドイツや米国の消費者が手にできる製品の全ては英国で自由に販売して良いからである．ただし，その逆の場合は英国のチョコレートが自由に販売されていない．英国のチョコレートが提供する情報は消費者に真の情報に基づく選択（インフォームド・チョイス）を可能にしているので，その意味で，消費者にとってもより良い市場である．かくして，英国人はチョコレートをたくさん食べるのだ！

第11章　油脂改質技術の新たな潮流とその応用

1. 緒　　言

　この章は，日本語版出版にあたり，英国版元の The Oily Press 社の Mr. Peter Barnes と著者 Dr. Timms の助言により，監修者と翻訳者に与えられた特別な章である．このご厚意に心から感謝し，私たちは世界の中でも油脂改質技術で先端に立っている日本の企業や大学での研究開発の比較的新しい動向を中心に，その基礎から応用までを論じてみることとした．

　研究開発，とりわけ競争の激しい企業での研究開発では，まず特異的な現象を見つけることが重要であり，それが差別性のある製品化の可能性があるなら，製法や製品開発と平行してその現象の基礎的な解明が行われるのが通常である．したがって，これから取り上げるテーマの中には，学術的に十分検討が進んでいないものも含まれている．ただし，油脂の場合，基礎的な解明といっても，多成分系に由来する研究の難しさが常につきまとうことも事実である．一方，開発した製品の市場性は科学とは異質の食文化や政治的，宗教的な規制との兼ね合いで評価される側面をもっている．それ故，市場分析も含めた製品開発でのグランドデザインが重要であるが，その中核となるのは製品特性を左右する技術開発である．研究は広がりであるが，開発は絞り込みであり，ヒト，モノ，資金，時間を集中して開発競争に勝つことが求められる．したがって，技術開発での方向性を決める考え方が大事になってくる．本章で概説するテーマについては，可能な限り技術開発での考え方も併せて紹介してみたい．また，リアリティを持たせるために会社名と商品名も明記することとした．

　日本における油脂改質技術の飛躍的な発展は，酵素を利用した生化学的な改質分野がその推進力になっていることは論をまたない．日本の各企業はこの分野で素晴らしい技術的な成果を積み重ね，それが現実の商品に応用されて消費者に提供されている世界でも例を見ない国である．本書でも酵素による油脂改質技術は，第4章E節を中心に随所で説明されているが，工程費がかさみ事業的な成功例があまりないとされている．しかし，日本では比較的価格の高いココアバター代用脂（CBE）だけでなく，一般家庭で使う食用油の分野でも酵素改質油脂が利用されている．もちろん，これまでの食用油の単なる代替油ではなく，健康を付加した"トクホ（特定保健用食品）"印の食用油なので，付加価値もあり，通常のものよりは高い．しかし，家庭用食用油のカテゴリーに入る以上，その価格は自ずと制限される．それでも事業として成り立っ

第11章　油脂改質技術の新たな潮流とその応用

ているのは，従来の酵素改質工程費を大幅に削減する技術開発があったからである．

　日本が酵素改質技術で成功している要因は，味噌，醬油，酒をはじめ，数多くの発酵食品が古くから我が国の食文化に定着していたことによる．つまり，その洗練された発酵技術の伝承があり，また，発酵的な改質食品に対する国民の受容性が高く，いわばお家芸的な環境がそれを可能にしていると思われる．もちろん，海外の国々にも発酵食品はある．とりわけ，中国，韓国をはじめ，東南アジアの国々には種類も多いが，その技術はサイエンスの次元までに集大成されていないようだ．一方，欧米にもワイン，チーズ，ビネガー，ヨーグルトなど食文化の中心を占める発酵食品があるものの，そのバリエーションは日本に比べれば著しく少ない．加えて，オリーブ油が自国産業の要となっている国では，オリーブ油産業保護のため，油脂の酵素改質技術を一切認めていない政治的な障害もある．残念ながら油脂原料もほとんど海外からの輸入に頼らざるをえない日本には，こうした技術発展を阻害する政治的な制約がないことは幸いだった．制約といえば，食材に対する宗教的な規定の存在，つまりコーシャやハラルも発酵技術の進展のブレーキになっていたことは否めないと思われる．この問題では，2001年にインドネシアで起きた味の素(株)のハラル認証事件を思い出す読者も多いと思われる．海外への技術や製品の展開をはかる上では，この科学的論理を越えた宗教的な規定の壁をクリヤーすることがまず求められる．

　酵素改質技術には天然に少なく機能性の高いTAGや，全く新規な脂肪酸の組合せを有するTAGなどを自在に創造できる夢がある．しかし，一方，こうして創造されるTAGが実際の製品に応用できるかは，製造工程でのライン適性，保存性，製品の風味・食感を中心とする嗜好性，市場での差別性，価格などのハードルが控えている．とりわけ，まず確認せねばならないことは，開発された油脂が開発のねらいに合致した物性を発揮するかということである．チョコレート用油脂を例にとれば，テンパリング適性，粘度，耐熱性，耐ブルーム性，口どけなどの物性を評価することが重要となる．この場合，チョコレートにはココアバターや乳脂が含有されるので，これらの油脂と開発されたチョコレート用油脂とがつくる油脂相は予想外の物性を示すこともある．その最も典型的な例は後述するOStOをチョコレートに使った場合だった．すなわちSOS型TAG/OStOの分子間化合物の形成である．また，油脂単体での物性改善も物理的な現象を巧みに利用して実施されている．例えば，従来法では実現が困難だった微細なβ'結晶化でのテクスチャーの良いショートニングやシートマーガリンの製造が，高圧を利用した晶析で可能になったのはその好例である．油脂製造における物理的な精製での改質と次元は異なるものの，油脂製品やチョコレート菓子などの製造過程で実施される物理的な方法での新たな物性の発現も広い意味で油脂の改質技術に含まれて良いものであり，私たちはこれらの技術を物理的改質技術と呼ぶことにする．この分野でも日本は恐らく世界の最先端に立っていると思われる．

以下，酵素を利用する生化学的な改質技術での新規な油脂の創造，そして，油脂製品の新たな物性を発現させる物理的な改質技術に焦点を絞って，その基礎から応用までを論じてみたい．

2. 生化学的な改質技術とその応用

2.1 固定化リパーゼ法

リパーゼ (lipase) は多くの生物の細胞で脂質の代謝に関与する消化酵素であり，脂質を構成するエステル結合を加水分解する酵素群である．そして，通常，脂質の中でも TAG を分解するリパーゼを指し，これはグリセロール骨格の特定の位置，とりわけ 1-位と 3-位を分解するものが多く，また，分解だけでなく，エステル合成にも働くことから，油脂工業分野で酵素的なエステル交換反応による油脂の改質に利用される．したがって，リパーゼの 1,3-位置特異性が高いほど，副反応が少なく（エラー率が低く）目的の選択的なエステル交換反応が可能となるので，酵素の選択が重要となる．

一般的に，食品工業で利用される酵素反応のほとんどは水系で行うため，反応系から酵素だけを回収することができず，やむなく高温で反応を止め酵素を失活させる酵素の使い捨てであった．高価な酵素のこうした経済的に非効率な使い方を改善するために開発されたのが，酵素，あるいは，酵素を含有する微生物の固定化技術である．固定化された酵素は繰り返し使えるバイオリアクターとして，エタノールや有機酸の連続発酵に応用されるようになった．リパーゼにもこの技術が導入された．そして，不二製油㈱は世界に先駆けて酵素法による商業的な高濃度の StOSt 脂の生産技術を開発し（生産フローの概要は第 4 章 E 節の図 4.14），1980 年代中頃からこれを CBE に利用して製品化している．

リパーゼは水がないと反応を起こさず，また，分解と合成の平衡関係は水の存在量に規定されるので，エステル交換を行う条件はかなりデリケートな水分制御が必要となる．ただし，その水分濃度は原著本文でも紹介されているが，不二製油㈱の場合 0.18% と極端に少ない．恐らく，先行していたユニリーバ社の特許に抵触しない低水分で活性のあるリパーゼを開発したというのが真相だろう．いずれにしても，適正水分以下では酵素が働かず，水分が多いと，副反応が進み DAG や遊離脂肪酸が増えるので，水分濃度は工程管理上非常に重要である．

バイオリアクターとして繰り返し連続生産に使える固定化リパーゼにも 2 つの泣き所がある．その 1 つは比活性が低くなるので，それを補うためにはリアクターを大型化するか，リアクターの数を増やさざるを得ない．2 つ目は活性の低下である．各企業がそれぞれ独自のノウハウで活性回復の処置を行っていると思われるが，延命にはなるものの，永遠に利用可能ということではないようだ．これらは，酵素改質工程のコストを押し上げる大きな要因である．課題はあるものの，現在の生化学的な改

質技術の中心は依然として固定化リパーゼであることに変わりはなく，我が国の新規な油脂の創生で不可欠の技術として定着している．

2.2 粉末リパーゼ法

固定化リパーゼ法の欠点を解消するため開発されたのが粉末リパーゼ法である．根岸ら[1]は，リパーゼがもともと油に不溶なので固定化処理をしなくとも回収再利用が可能である特性を工業的に活用する手段を検討し，反応系が非常に単純化された粉末リパーゼ法を開発した．この方法の場合でも，最大のネックとなるのは粉末リパーゼの活性を最大限に維持し，かつ，副反応を最小限に抑える水分の管理である．数トン〜数十トンにもなる反応槽中で微量な水分を均一に分散・維持することは不可能である．そこで彼らは，反応させる油脂に加水せず，酵素（菌体）自体に必要最小限の水分を保持させる方法でこの問題を解決した．リパーゼ粉末に対する水分量を指標として，エステル交換活性が最大となる水分量と温度を図 11.1 に示した．リパーゼの種類で必要最小限の水分量には相当な開きがあるが，図中のリパーゼ QL (*Alcaligenes* sp.) やリパーゼ PL (*Alcaligenes* sp.) は実質的に水を添加しなくても活性が発現している．

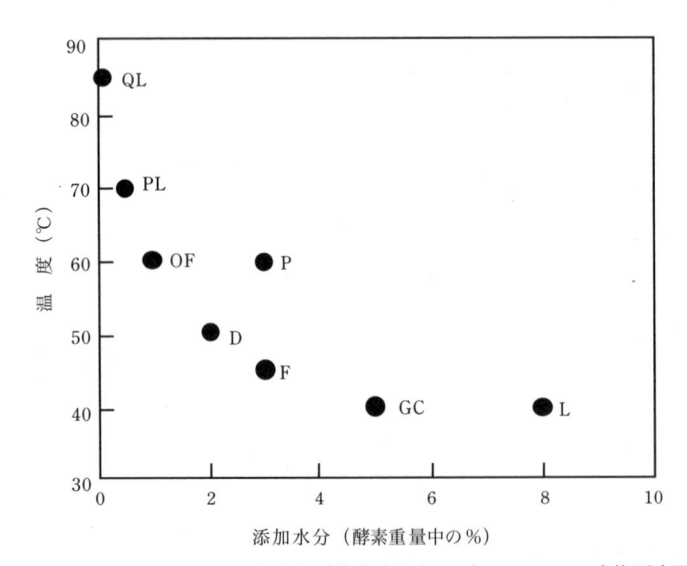

図 11.1 各種のリパーゼに対する添加水分（酵素重量中の%）とエステル交換反応至適温度．使われた酵素は次のとおり：リパーゼ OF (*Candida cylindracea*; 名糖産業（株）)，リパーゼ PL (*Alcaligenes* sp.; 名糖産業（株）)，リパーゼ QL (*Alcaligenes* sp.; 名糖産業（株）)，リパーゼ D (*Rhizopus delemar*; 天野エンザイム（株）)，リパーゼ F (*Rhizopus javanicus*; 天野エンザイム（株）)，リパーゼ GC (*Geotorichum candidum*; 天野エンザイム（株）)，リパーゼ L (*Candida lipolytica*; 天野エンザイム（株）)，リパーゼ P (*Pseudomonas* sp.; 長瀬産業（株）)[1]．

彼らは粉末リパーゼ QL の連続エステル交換を 1,000 時間実施し，その間反応率は 95％以上で維持されることを確認して，商業的な実用化へと進んでいった．こうしたタイプのリパーゼが発見されたことで粉末リパーゼ法が完成したと言っても過言ではないだろう．彼らはこうした見かけ上無水状態でリパーゼのエステル交換活性が発現するのは，油中に溶け込んでいる極微量の水，それも比較的自由度の高いクラスター状の水をリパーゼが利用していると推定している．ちなみに，石油由来のガソリンに溶解する水の量は約 100～200wtppm [2] とされている．油脂に溶解する水の量もこの数値に近い極微量と推定される．

粉末リパーゼ法は，固定化リパーゼを利用するバイオリアクターの連続式と異なり，バッチ式である．つまり，反応槽に呼び込んだ反応基質融液に適量の粉末酵素を分散させ，反応温度を維持しながらゆっくりと撹拌し，所定の反応時間経過後，反応系からフィルターを通して分散している粉末リパーゼが分離される．回収された酵素は，ほぐされて次の反応に使われる．この方法の優れている点は，装置の単純性と簡便性がもたらす生産における高い柔軟性のみならず，固定化の担体がない分，比活性が高く，その分高価な酵素の量が少なくて済むことである．彼らは粉末リパーゼの重量当たりのエステル交換活性は固定化した時に比べて数十倍から数百倍であると推定している．

2.2.1　健康食用油

酵素的な油脂改質技術の意外な分野での応用が始まった．健康志向の大きな流れが，油脂分野でサプリメントの領域を越えた一般食用油での健康油脂，つまり，体脂肪になりにくい食用油の登場を促したのである．そして，この分野で世界のさきがけとなったのは，花王(株)が 1999 年に発売した「エコナ(特定保健用食品)」である．エコナは 80％以上の 1,3-DAG および 1,2-DAG と 20％に満たない TAG からなる．そして，摂取しても肥満になりにくいのは DAG の生体内での代謝経路に由来するといわれている[3]．このエコナの製造は，トリオレインと脂肪酸の混合物を固定化リパーゼのバイオリアクターに通して連続的に 1,3-DAG を製造することが主体になっているとされている．発売後，ブランド展開も含めて順調に市場で拡大してきたエコナだが，2009 年 9 月 16 日に同社は，エコナのグリシドール脂肪酸エステル含有量が通常の食用油に比べて 10～182 倍高かったとして，その関連商品も含めて一時販売自粛を発表した．グリシドール脂肪酸エステルは脂肪酸がはずれると国際がん研究機関 (IARC) がグループ 2A (ヒトに対して恐らく発がん性がある) と評価したグリシドール (glycidol) になるため，2009 年 7 月に厚生労働省から，体内でのその懸念が指摘されていた．グリシドール脂肪酸エステルは油脂の精製過程の高温による油脂の化学変化で生成するといわれるが，その生成メカニズムから考えると TAG よりも DAG から

の生成が主流であることは容易に推測される．同社はこの問題でエコナの特定保健用食品認定を自主返上し，精製工程の改善に取り組み，早期にグリシドール脂肪酸エステルの濃度を一般油脂程度に低減するとしている．そこで新しい精製技術が開発され，日本の油脂加工レベルが一段と飛躍することを期待したい．

さて，この健康食用油に二番手として登場したのが，日清オイリオグループ(株)である．この企業は従来から幼児や消化吸収の弱い人々のエネルギー用油脂として，MCT (中鎖 TAG) を製造・販売していた．乳児用の粉乳の栄養強化や臨床面で経管経腸用脂肪製剤に利用されている MCT の栄養学的な特性は，その分子量が小さいことに由来して吸収が早く，遊離した脂肪酸は門脈を経て肝臓に運ばれて速やかにエネルギーに変換されることである．したがって，通常の食用油脂の主体である長鎖脂肪酸の TAG とは全く異なる代謝経路なのである．この MCT を体脂肪になりにくい食用油に利用することが，製法と栄養学的な両面から検討された[4]．この開発での品質的課題は加熱調理適性を付与することであった．一般の食用油はテンプラなどをつくる際の加熱調理適性が良くないと主婦に支持されない．MCT は加熱調理で発煙するので，分子量を大きくするため MCT と一般の食用油脂とのブレンドをエステル交換する必要があった．しかし，ランダムにエステル交換した場合，発煙は解消されるものの，非常に泡立ちやすく吹きこぼれなどの危険性があった．その原因が構成 TAG の分子量のばらつきが大きいことと相関していることが確認され，分子量を揃える目的で，粉末リパーゼ法によるエステル交換が導入された．こうして開発された新規な油脂は特定保健用食品の認可を得て，2003年の初めより「ヘルシーリセッタ」のブランド名で健康オイル市場に参入した．ちなみに，リセッタの TAG 組成は，$C_{8:0}$-$C_{18:1}$-$C_{8:0}$ が 43.2%，$C_{8:0}$-$C_{8:0}$-$C_{18:1}$ が 17.0%，その他の TAG が 39.8% である．同社はこの粉末リパーゼ法をさらに応用し，植物ステロールと植物油とをエステル交換して，植物ステロールをグリセロールに組み込んだ「ヘルシーコレステ (特定保健用食品)」も 2004 年 3 月に発売している．植物ステロールは高融点で食用油中での溶解度が小さく，また，低温で固化して沈殿してしまう扱いにくい素材であるが，トリオレインのような融点の極端に低い TAG とエステル交換すると，植物ステロールの含量を高くしても低温での固化・沈殿が防げる[1]．

これまで，酵素改質技術を利用した健康油脂の分野で世界的に知られている商品は，母乳の主要 TAG である OPO を酵素的エステル交換で製造した，ロダース・クロックラーン社の「ベタポール (Betapol)」であった．しかし，この製品は一般家庭で調理に使われることを目的にしておらず，その消化吸収の良さから主として育児用粉乳などの栄養強化油脂として使われている．したがって，エコナ，リセッタ，コレステは酵素改質技術を利用した実質的に世界で最初の加熱調理適性を有する健康食用油であり，世界的な商品への道を歩み始めている．

2.2.2　ココアバター改善脂（CBI）

　国内でチョコレートの原料として使われるココアバター代用脂（CBE）は年間1.2万トン程度と推定されている．CBEはココアバターの国際相場に準じて変動はするものの，食用油脂の中では最も単価が高い部類の製品であり，油脂製造企業にとっては魅力的な市場である．この分野での日本企業各社の活躍はめざましい．供給量が不安定なシア脂やサル脂へのSOS脂依存を脱却した上述のバイオリアクターでのSOS脂の製法開発や，チョコレート製造企業との連係で開発されるテーラーメイド的なCBEの提供などの努力もあり，安定した高い品質のCBEで日本は他国企業の参入をほとんど阻止している．

　夏が暑い日本では，チョコレート製品の形状の崩れや製品の付着，あるいは，油のしみ出しやファットブルームのリスクを低減するため，暑い時期向けのチョコレートはCBEの一部をカカオバター改善脂（CBI）に置き換えて製造されることが多い．この場合のCBIはSOS脂の比率がCBEより高く配合され，ココアバターよりもSFC値が高くされている．ココアバターでは得られない耐熱性を付与できることから，価格もココアバター以上で取引されている．したがって，CBIといえば，すなわち耐熱型のCBEというのが常識だったが，2008年の夏に，これまでとは全く訴求ポイントの異なるCBIが「ビエンタ（Vienta）」のブランド名で日清オイリオグループ(株)から発売された．

　このCBIはチョコレート用油脂の舌に残る油っぽさの解消を意図し，高濃度のPOP脂（POP含量が70%以上）にされている．チョコレートを食べた後の舌に残る油っぽさはコク味としておいしさに寄与している部分もあるが，日本人には概して嫌われる．昔から，チョコレートをもっと食べてもらうための方法を検討する中で必ず話題になったのが，油っぽさの後残りの問題だった．この高濃度のPOP脂の油っぽさ低減効果はチョコレートに5%程度配合すると，顕著に実感される．同時にこのCBIのSFCは非常にシャープなので口どけも向上し，この両効果から風味が口中で素早く広がる．とりわけ，微妙な風味を楽しむ各種のフルーツや抹茶味などのホワイト系では，にごりのない切れの良い味わいとなる．油っぽさが低減するのは，チョコレート油脂相中の主要TAG中で，最も分子量の小さいPOP濃度が高くなることに由来すると思われる．

　実は，このタイプのCBIは花王(株)より既に1990年代の早い時期に「ルネCBI」のブランド名で市場に登場していた．製造方法は基本的にパーム油の酵素的な改質と分画であった．このCBIの評価は高かったが，結果として市場に定着できなかったのは高価格に原因があったように思われる．今回，日清オイリオグループ(株)で開発された同タイプのCBIもパーム油の酵素的な改質を基本にしているが，出発原料のパーム油の違い，また，粉末酵素法の利用などで工程の簡略化がなされ，リーズナブ

ルな価格で発売されている．現在，和風チョコレートをはじめ，各種のカカオ豆や使用素材の風味の違いを競う市場トレンドもあり，このタイプの CBI が受け入れられる環境が整いつつあるように思われる．

この CBI はチョコレートに 5%程度配合されると，油っぽさ低減効果による風味の改良だけでなく，テンパリング後のチョコレートの粘度上昇を抑制する効果もある．その 1 例を図 11.2 に示す．

いうまでもないことだが，テンパリング後の経時的な粘度上昇は，チョコレートの融点以下の保持温度で進行する油脂結晶の増加，つまり液状脂の減少で生じる．図 11.2 から明らかなように，油脂相がココアバター/乳脂だけのミルクチョコレート(A)は，撹拌時間の経過で 2 次関数的に粘度が上昇しており，通常体験している粘度上昇曲線になっている．一方，ココアバターの 5%を高濃度 POP 脂（Vienta880）で置き換えたミルクチョコレート(B)の場合は，粘度上昇が非常に緩やかであり，長時間，適正なレベルで粘度が維持される．この理由は明らかではないが，A に比べて B の耐熱限界温度（レオメーター（プランジャー 3.0mm ϕ，テーブル移動速度 20mm/分，定深度 3.0mm）で最大応力 300g を示す温度とした）が 0.5℃程度低くなることから，チョコレートの融点と保持温度（31.0℃）との差，つまり過冷却度が対照より少し小さくなっている

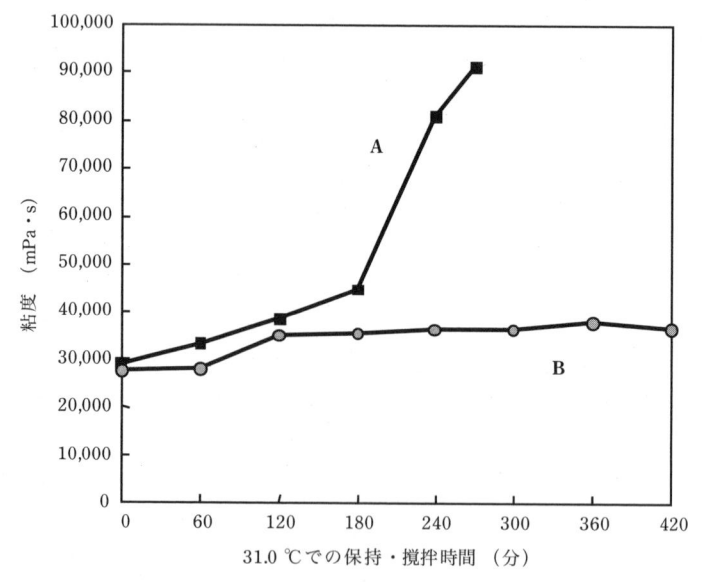

図 11.2　型成形用ミルクチョコレート（総油脂分 34.0%）のテンパリング後の 31.0℃での保持・撹拌における経時的な粘度推移．A：ココアバター/乳脂＝86.8/13.2，B：ココアバター/CBI（Vienta880）/乳脂＝72.1/14.7/13.2，テンパリング条件（A, B 共通）：45.0℃（3 分保持）→28.5℃（1 分保持）→31.0℃（3 分保持），31.0℃での撹拌：63rpm，粘度測定：BH 型粘度計，ローター#6，4rpm.

ことに起因するのかも知れない．いずれにしても，長時間，テンパリング後の粘度を適正に維持できることは，チョコレートの成形工程，とりわけ被覆工程での作業性向上が期待できる．なお，結晶成長が遅いために粘度上昇が緩慢だとすると，この生地の冷却の固化速度も遅いのではと懸念される読者もあると思われるので念のため記しておくが，通常のチョコレートの冷却条件下では，A，Bの両ミルクチョコレートの冷却・固化速度は全く同等である．

3. 物理的な改質技術とその応用

3.1 分子間化合物結晶

1990年代の初め，明治製菓(株)ではBOBシーディング法（本書，第7章参照）に続く，チョコレート用油脂の新たな物性発現の可能性を模索していた．そうした研究開発の過程でOStOのアイデアが浮上した．つまり，図11.3に示すように，StOStとOStOの安定多形を比較すると，どちらも長面間隔が65Åで3鎖なので，ココアバターと固溶体を形成し，OStOの低融点の効果で自在なレベルの口どけの良いチョコレートが開発できるかもしれないという発想であった．

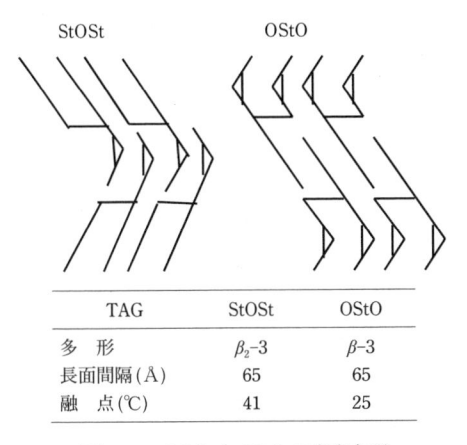

TAG	StOSt	OStO
多 形	β_2-3	β-3
長面間隔(Å)	65	65
融 点(℃)	41	25

図 11.3 StOStとOStOの安定多形

高濃度のOStOを含む油脂を油脂メーカーに調製してもらい，試してみたがうまくいかなかった．そこで仮説の検証をStOSt/OStOの2成分系に単純化し，広島大学との共同研究で詳細にその結晶化挙動を検討した．その結果，全く予想もしなかったことが起きていた．その結果の要約を図11.4に示す[5]．

まず，StOSt/OStOの2成分系で，長面間隔と融点が1つだけ観察された組成は，StOSt 100%，StOSt/OStO＝50：50，OStO 100%の組成だけだった．そして，これ以外の組成領域では共晶状態を示す2つの長面間隔と2つの融点が観察された．長面

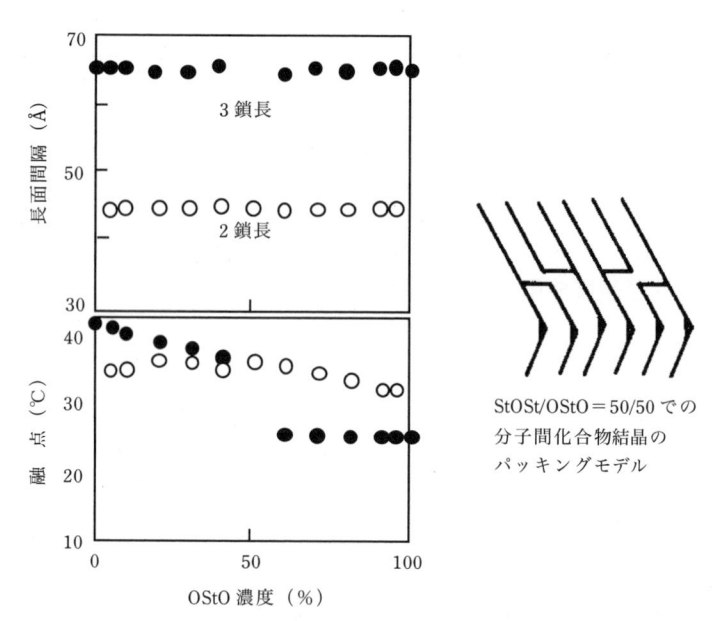

第11章　油脂改質技術の新たな潮流とその応用

図11.4 StOStとOStO混合系での融点と長面間隔，および，StOStとOStOで形成する分子間化合物結晶のパッキングモデル[5]

間隔では，StOSt 100％とOStO 100％の場合だけ3鎖長の65Åを示したが，StOSt/OStO＝50：50の場合は2鎖長を示す44.7Åであった．こうした結果から，StOSt/OStOは等モルで分子間化合物結晶をつくると結論された（StOStとOStOの分子量はほぼ等しいので，重量比がそのままモル比になっている）．この分子間化合物結晶の推定されるパッキングモデルも図11.4に示した．

こうした知見をもとに，OStOとココアバターとの分子間化合物をチョコレートに応用してみた[6]．すると，これまでにない2つの特性が見つかった．1つは，β-2への転移が非常に速いので，通常のチョコレートのようなテンパリングは必要なく，単純冷却だけで安定結晶になったことであり，2つ目は，通常のチョコレートと同等の融点なのに，噛むと柔らかい独特の食感になったことである．ユニークな特性なのだが，OStO脂のコストやラインでのブレンド率の管理・維持，市場性など課題から，商品化は実現しなかった．

こうした事情でOStOのテーマを忘れかけていた頃，2000年の春に突然，旭電化工業㈱（現ADEKA）からStOSt/OStOの分子間化合物結晶を利用したベーカリー用の可塑性油脂（ショートニングやマーガリン）が「オリンピアプレミアム」のブランド名で製品化されたニュースが報道された[7]．その技術的な詳細は同社の特許申請書[8]を参照してもらいたいが，要約すると，可塑性油脂中に5％以上のStOSt/OStO＝50：50

混合物を配合し，急冷すると，超微細な（3μm 以下）β-2 の分子間化合物結晶を形成してテクスチャーの良い可塑性油脂となる．これで例えばパンを製造すると，従来の可塑性油脂に比べてパン製造工程で油脂の物性変化が少なく，ふっくらしてなめらかな感触のパンになる．また，通常の可塑性油脂はβ'の結晶マトリックスなので，経時的に最安定のβへと移行して硬くなり，可塑性が低下しやすいが，StOSt/OStO＝50：50 の化合物結晶はもともとβなので，長期間硬さが変化せず安定した可塑性を保持できるとしている．

　チョコレートを噛むと柔らかい独特の食感になったことを上述したが，それはショートニングやマーガリンに類似した伸展性を発揮する分子間化合物の結晶ネットワークを形成していたのかも知れない．いずれにしても，チョコレートで頓挫したテーマだったが，別な分野でその技術思想を製品にまで完成させた努力と熱意に敬意を表したい．

3.2　圧力晶析マーガリン

　通常のショートニングやマーガリンはβ'の結晶であり，洋菓子の，例えばクロワッサンやパイなどの製造に使われる折り込み用（ロールイン）マーガリンは，β'結晶のサイズを可能な限り微細にして伸展性を高め，製造での工程適性を良くすると同時に，焼き上げた時の製品の浮きの改善（体積増加）が競われている．この分野での技術的なイノベーションは㈱カネカが2003年から「パプレ」のブランド名で発売した圧力晶析マーガリン[9]であり，深海5,000m（500気圧）に相当する高い圧力を利用して結晶化させるとうたわれている．

　ポイントを要約すると，マーガリン製造時に急冷すると形成する結晶は微細になる．しかし工業的な製造の場合，冷凍機，ブライン，そして，ボテーターなどを含めた熱交換装置の性能はほぼ決まっている．となると，より急速な冷却を実現するには，特別仕様の冷却装置を開発するか，それとも，加圧下での融点の上昇[10]を利用して，従来の冷却装置で過冷却度を大きくして急冷する方法となる．同社は後者の圧力晶析を選択したのである．

　図11.5は，60℃で融解した硬化大豆油に圧力を加えて，5℃で冷却した時の冷却曲線から求められた結晶化開始温度[11]をプロットした図である．この硬化大豆油はβ'での結晶化と考えられるから，図11.5は硬化大豆油のβ'の圧力と融点との関係と見て良いだろう．50MPaまではβ'の融点が圧力で直線的に増加している．

　常圧と比べて，50MPaでの融点は15℃以上高くなり，冷却温度が同じなら，常圧時より格段に大きな過冷却度になる．こうして微細結晶で製造されたシート状のマーガリンは曲げても折れない優れた可塑性を示し，高い評価を得ている．結晶の微細化でテクスチャーが改善されたマーガリンはホイップ性も大きく向上する[11]．図11.6

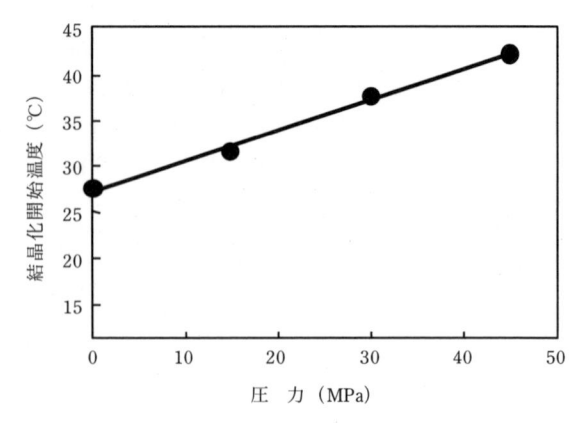

第 11 章　油脂改質技術の新たな潮流とその応用

図 11.5　60℃で融解した硬化大豆油に圧力を加えて 5℃で冷却した時の結晶化開始温度 [10].
1MPa は約 10 気圧に相当する（納庄康晴, 2002 からの複製）

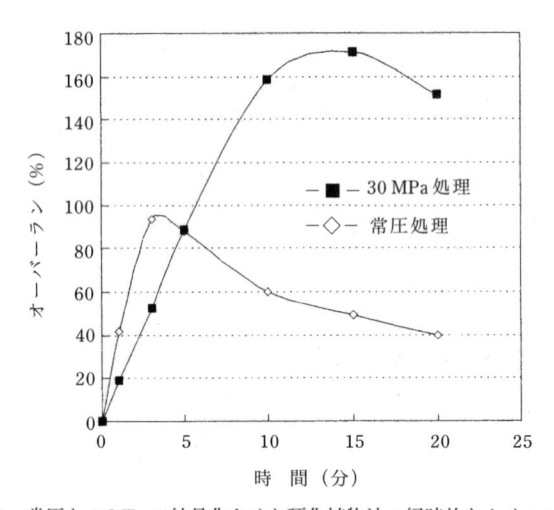

図 11.6　常圧と 30MPa で結晶化させた硬化植物油の経時的なホイップ曲線 [11]

は常圧と 30MPa で結晶化させた硬化植物油をホバートミキサーで撹拌した時の経時的なオーバーラン値（over run：取り込まれた空気の体積/油脂だけの体積）×100）の測定で得られたホイップ曲線である．

　可塑性油脂をホイップさせた場合，取り込まれた気泡の表面に結晶が配列し，いわば油脂結晶の殻をまとった気泡となって液状脂中に安定して分散すると考えられている．したがって，油脂結晶が微細なほど，ホイップ性が向上することは理解できるし，また，ホイップ性の向上は，ベーカリー製品の品質改善をも促す．事実，クロワッサ

ンやパイでの焼成比較で，圧力晶析で得られたマーガリンの場合に，製品の焼き上げ体積が大きくなった．

3.3 トランス酸フリーの可塑性油脂

　日本では古来より脂ののった魚を賞味してきた．とりわけ秋から冬の魚はおいしい．油脂は高分子なので風味的には無味無臭だが，油脂の存在が食べもののおいしさを引き立ててくれる．それ故，菓子でもたっぷりと油脂が配合されているものが多い．最初はバターが利用されていたが，バターに代わる安価なマーガリンやショートニングが開発されてからは，これらが大衆菓子の油脂の主役となった．マーガリンやショートニングは本書の第4章D節や第6章D節で詳説されているように，基本的には，不飽和脂肪酸の多い液状脂を部分的に水素添加し，その反応中に二重結合の立体配置をシス型からトランス型にして融点を高めてバターのような可塑性を付与している．

　物資の不足した時代は貴重なカロリー源であったが，飽食の時代になり，トランス酸の栄養学的な欠点が忌避されるようになり，欧米各国での法的な規制が始まった．日本では欧米にくらべてトランス酸の摂取量が少ないので法規制に向かう話はまだでていないが，日本の各企業はこのグローバルなトレンドに敏感に反応し，トランス酸フリー化を進めている．

　トランス酸フリーの可塑性油脂をつくる方法としては，①植物性液状脂の完全水素添加＋植物性油脂とのエステル交換，②天然の半固体油脂の分画，③天然の半固体油脂のエステル交換，④高融点乳化剤やワックスの利用があげられる．そして，こうした方法を適用できる豊富で比較的価格の安い原料油脂として最も注目されているのが，半固体油脂のパーム油やパーム核油である．いろいろな意味で利用価値の高いパーム油やパーム核油であるが，とりわけパーム油の利用では，結晶化速度が遅いことと，結晶化後の保存中に粗大結晶の凝集が生じることがまだ課題として残っている．その原因は，①パーム油に含まれるDAGが結晶化を遅延することと，②パーム油中の高融点TAGであるPOPとPPOの安定な結晶多形の結晶化する速度が遅くなるため，と考えられている[12]．DAGの低減化は可能であり，その場合，パーム油の結晶化は著しく改善されている．一方，パーム油をマーガリンにブレンドすれば必ず結晶の粗大化が起こるとは限らないが，何らかの要因で粗大化が発生することが多い．この粗大化の原因は，融点の高いPOPが多形βへ転移しながら偏析[A]するためとされている．

　トランス酸フリー化の問題はチョコレート用油脂でもかなり早くから進んでいた．とりわけ，パーム油を利用したセンタークリーム用油脂が商業的に開発されている．1995年に，デュールランドとスミス (Frans Duurland & Kevin Smith) は，POPの多形βへの転移をPPOの濃度を高くしてβ'で抑え，β'で安定なノン-テンパー型のフィリン

A：1つの相から別の相が分離し，成分の組成分布が不均一になる現象．

グ油脂に関する総説を発表している[13]．こうした考え方，つまり POP＋PPO で設計されたセンタークリーム用油脂は，日本の企業でも 2000 年頃には製品化されており，トランス酸フリーに加えて，ココアバターとの相溶性の良さも強調されている．しかし，チョコレート生地に利用されている従来からのトランス酸型ノン-テンパー脂であるココアバター代替脂（CBR）に代わるトランス酸フリーの CBR は現在でも製品化されていない．現在の CBR は，SFC 融解曲線がココアバターと比べて許容できる範囲であり，また，比較的ココアバターとの相溶性が良く，しかも安価なので，これを満足できるトランス酸フリーの CBR はコスト的に現状では無理なのかも知れない．いずれにしても，ベーカリー用の可塑性油脂，チョコレートのセンタークリーム用油脂の改質は，POP を β' で安定化させる多形制御が鍵となる技術であると思われる．これには乳化剤の活用も含めて，新たな技術展開を期待したい．

3.4　高融点油脂のゲル化と乳化能

　製菓用油脂の場合の高融点油脂とは，一般的に融点が体温以上でも融けないもの，とりわけ融点が 40℃以上になる油脂を意味している．口どけや食感の問題でこれらが主体として利用されることはないが，マーガリンやショートニング，センタークリーム用油脂，あるいは，ココアバター代用脂などにも，物性調整の目的で少量配合される場合も多く，特にベーカリー用の可塑性油脂製品には不可欠の素材である．

　この高融点油脂をセンタークリーム入りチョコレート製品の耐熱保形性の改善に利用する試みが検討された．特に，小粒の中空の焼き菓子にセンタークリームを充填した菓子は夏向きの菓子として人気が高いが，高温にさらされると，クリームを充填した孔からともすれば溶融したセンタークリームが漏れ出してしまう事故が多発する．したがって，このテーマの目的はセンタークリームの漏れを防止することであった．液状脂中の溶解度以上の濃度で高融点油脂を添加し，高温でも溶解せずに残る少量の高融点油脂結晶のネットワーク構造中に液状脂を押さえ込み流動性を著しく低下させる考え方である．こうして，各種の高融点油脂と液状脂との組合せを試みた中で，高ベヘン酸型極度硬化ナタネ油（2%）/サル脂オレイン（98%）の混合系の場合に良好な結果が得られた．この組合せの混合油脂を 70℃で完全融解した後，各温度で処理をして，最終的に 38℃で 60 分保持した後，45°に傾斜させた時の様子を図 11.7 に写真で示した[14]．写真からも明らかなように，図 11.7(C) の場合に液状脂のゲル化が観察された．

　高ベヘン酸型極度硬化ナタネ油（FHR-B）の融点は 65.8℃で，サル脂オレインは 12.0℃であり，図 11.7 の結果はある種のテンパリングが FHR-B のゲル化能に関連していることを示している．そこで，この温度処理中に生じている FHR-B の多形変化を XRD で測定した．

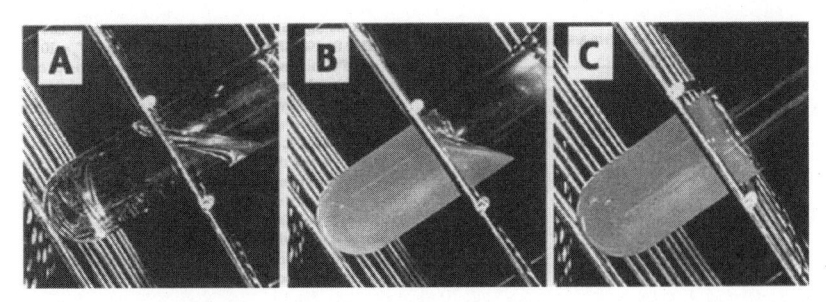

図 11.7 高ベヘン酸型極度硬化ナタネ油（2%）/サル脂オレイン（98%）の混合系でのゾルおよびゲル様挙動を示す光学写真 [13]．A：70℃→38℃，B：70℃→20℃→38℃，冷却速度 1.5℃/分，C：70℃→20℃→38℃，冷却速度 10℃/分．

Aの70℃から単純冷却で直接38℃にした場合，FHR-Bの結晶化は遅く，180分後に粗大なβの結晶が析出して沈殿した．Bの場合は，20℃までの緩慢冷却（冷却速度1.5℃/分）で，FHR-Bは$\beta'+\beta$となり（結晶サイズは15μm程度），その後の38℃への昇温でβ'がβへ転移した．この混合系中にはβ結晶の分散と同時に，試験管底へのβ結晶の沈殿も見られる．結果として，強固なβの結晶マトリックスが形成せず，ゲルにならなかった．一方，Cでは20℃まで急冷却（冷却速度10℃/分）したところ，FHR-Bはαで結晶化（結晶サイズは2μm程度と微細）し，それが38℃への昇温過程でαが融解しその直後にβに転移（再結晶化）した．この場合のβ結晶は微細なため，強固なβの結晶マトリックスを形成してゲル化したのである．こうした結果は多形制御と同時に，結晶の形態の重要性も示唆している．

ところで，サル脂オレイン（SFO）に高ステアリン酸型極度硬化ナタネ油（融点68.0℃），トリステアリン（融点73.5℃），トリアラキジン（融点78.1℃），そして，トリベヘン（融点82.5℃）をFHR-Bと同一の添加量（2%）で組み合わせ，同一のテンパリングでゲル化能を比較してみたが，トリアラキジンとトリベヘンだけが弱い部分的なゲルを形成するだけであった．一方，液状脂として，サル脂オレイン以外に，FHR-Bとゲルを形成したのはココアバターだけで，パーム油スーパーオレインやオリーブ油は液状のままであった．恐らく，高融点油脂と液状脂のTAG組成の組合せが高融点油脂の結晶の架橋構造形成に重要な役割を演じているものと推定される．

高融点油脂／液状脂の混合系でのゲル化を検討中，ゲル化能を示さない油脂も含めて，高融点油脂がホイップ性と乳化安定性を示すことが見出された．その典型的な例を，FHR-B（1%）/市販サラダ油（49%）/水（50%）で概説する．

まず，①FHR-B（2%）/市販サラダ油（98%）を融解・混合し，氷水中で急冷後，38℃雰囲気下で60分間等温保持する．②次いで，①のテンパリングが完了した混合油脂を室温で撹拌しながら放冷し，等量の30℃の水を撹拌しながら添加する．③約

第11章 油脂改質技術の新たな潮流とその応用

10分間の連続撹拌を実施する．これで，安定した乳化油脂（W/O）となる（図11.8(B)）．

乳化剤を使わないサラダ油（50%）/水（50%）の系では，撹拌を止めると解乳化が一気に進み大きな油滴に合一し（図11.8(A)），やがてサラダ油と水の2層に完全分離する．しかし，サラダ油に予めFHR-Bを2%添加混合し，これを上述のテンパリングで微細なβ結晶にした後，等量の水を添加し撹拌すると，図11.8(B)のように，サラダ油は乳化され，かつ，気泡も取り込まれて体積が増加した（約30%以上の体積増）．そして，この場合，室温に数時間放置しても分離は認められなかったが，やがて経時的に少しずつ離水を始めた．この含気乳化物の構造を形成し，安定化する要因は微細なβ結晶であると思われる．その微細構造の推定モデルを図11.9に示す．

FHR-B（2%）/市販サラダ油（98%）の混合油＋水の系に限れば，混合油／水＝90/10〜30/70の範囲で良好なW/Oエマルションを形成し，乳化剤にも勝る魅力的な乳化能を示す．しかし応用に際しては，室温以上での耐熱安定性の付与などの検討課

図11.8 市販サラダ油と水の乳化状態．A：サラダ油（50%）＋水（50%）を10分間撹拌混合，B：FHR-B（2%）/市販サラダ油（98%）の混合油脂を氷水中で急冷後，38℃に保持し，しかる後，この混合油脂（50%）＋水（50%）を10分間撹拌混合．横バーはAの液面位置の目安．

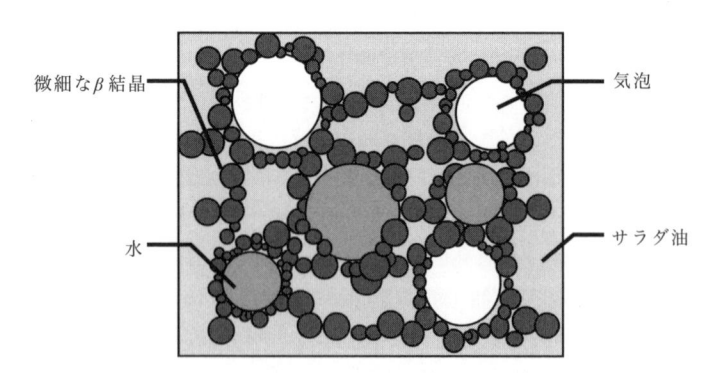

図11.9 FHR-B（1%）/市販サラダ油（49%）/水（50%）での含気乳化物の微細構造の推定モデル

題も残っている．いずれにしても，高融点油脂のゲル化能や乳化能の詳細なメカニズムはまだ十分に解明されていないのが現状であり，今後の研究開発に期待するものである．

4. 終わりに

これまで概説したように，物理的な方法は比較的単純な操作であり，設備的にも現有の工程内で実施可能なものがほとんどである．したがって，油脂の新たな性能の発現を検討する場合には，物理的な方法の可能性についても十分留意されることを望むものである．

参照文献

1) 根岸　聡，粉末リパーゼを用いたエステル交換による食用油脂の工業生産，オレオサイエンス，**4**(10), 417-423 (2004).
2) 第2回再生可能燃料利用推進会議(環境省) 資料1，平成15年9月4日．
3) 板倉弘重，ジアシルグリセロール油の食事療法への応用，栄養―評価と治療―，**19**, 504-511 (2002).
4) 竹内弘幸，食餌脂肪の分子種と体脂肪蓄積に関する研究，日本栄養・食糧学会誌，**57** (1), 51-58 (2004).
5) T. Koyano, I. Hachiya and K. Sato, Phase Behavior of Mixed Systems of SOS and OSO, *J. Phys. Chem.*, **96**(25), 10514-10520 (1992).
6) 古谷野哲夫，蜂屋　巌，佐藤清隆，1,3-ジオレオイル-2-ステアロイルグリセリン(OSO)/カカオ脂等量混合系，及びOSO含有チョコレートの物理的性質，油化学，**42**(3), 184-189 (1993).
7) 日経産業新聞 2000年3月27日．
8) 旭電化工業株式会社，特開 2002-69484.
9) 株式会社カネカ，特開 2007-60912.
10) Handbook of Lipid Research 4, by Donald M. Small, Plenum Press, New York, 1986, Chapter 7, pp. 209-210.
11) 納庄康晴，圧力晶析による油脂の結晶化，油脂物性研究会会報，No. 19, 2002年11月5日, pp. 1-10.
12) 佐藤清隆，4 コロイド分散系における油脂の構造と物性，食品ハイドロコロイドの開発と応用，西成勝好監修，シーエムシー出版 (2007), 第2章, pp. 89-111.
13) Frans Duurland & Kevin Smith, Novel non-temper confectionery filling fats using asymmetric triglycerides, *Lipid Technology*, Jan., 6-9 (1995).
14) K. Higaki, Y. Sasakura, T. Koyano, I. Hachiya and K. Sato, Physical Analyses of Gel-like Behavior of Binary Mixtures of High- and Low-Melting Fats, *J. Am. Oil Chem. Soc.*, **80**(3), 263-270 (2003).

（佐藤清隆・蜂屋　巌）

参 照 文 献

Abrahamsson S, B Dahlén, H Löfgren & I Pascher (1978) Lateral packing of hydrocarbon chains. *Progress Chem Fats other Lipids*, **16**, 125-143.

Ackman R G (1993) Application of thin layer chromatography to lipid separation: Neutral lipids, Chapter 3. In: *Analyses of Fats, Oils and Derivatives* (E G Perkins, ed), AOCS Press, Champaign, Illinois, USA, pp60-82. ISBN 0-935315-48-9.

Ackman R G & J C Sipos (1964) Application of specific response factors in the gas chromatographic analysis of methyl esters of fatty acids with flame ionization detectors. *J Amer Oil Chem Soc*, **41**, 377-378.

Adenier H, H Chaveron & M Ollivon (1984) Control of chocolate tempering with the aid of simplified differential thermal analysis. *Sciences des Aliments*, **4**, 213-231.

Adenier H, M Ollivon, R Perron & H Chaveron (1975) Bloom — observation and comments. *Chocolaterie Confiserie de France*, **315**, 7-14.

Adhikari S & J Adhikari (Das Gupta) (1989) Sal olein and mahua olein for direct edible use. *J Amer Oil Chem Soc*, **66**, 1625-1630.

Aebi M (1999) Chocolate panning, Chapter 15. In: *Industrial Chocolate Manufacture and Use* (S T Beckett, ed), 3rd edition, Blackwell Science, Oxford, UK, pp287-301. ISBN 0-632-05433-6.

Afico SA, Switzerland (1970) (U Bracco) Antibloom chocolate composition and method for producing it. US Patent 3,491,677.

Agrawal M H & B V Mehta (1999) India's outlook for cocoa/cocoa butter with special reference to cocoa butter equivalents offered by India in world markets. Presented at Cocoa & Chocolate Markets 99 Conference, 20-21 May 1999, Phuket,Thailand.

Akoh C C (1997) Making new structured fats by chemical reaction and enzymatic modification. *Lipid Technology*, May, 61-66.

Alander J, P George & L Sandström (1994) Prevention of oil migration in confectionery products. *International Food Ingredients*, **4**, 27-36.

Alderliesten L, J C van den Enden & H J Human (1989) Determination of the solid phase content of fats independent of the crystal modification, Poster paper given at AOCS meeting, Maastricht, The Netherlands.

Ali A R Md, M S Embong & F C H Oh (1992) Interaction of cocoa butter equivalent fats in ternary blends. *Elaeis*, **4**, 21-26.

Allen J C & R J Hamilton (eds) (1994) *Rancidity in Foods*, 3rd edition, Blackie Academic & Professional, Glasgow, UK. ISBN 0-7514-0219-2.

Allen P G (1995) Chocolate temper measurement. *Manufacturing Confectioner*, **85**, 91-95.

Andersen B & T Roslund (1987) Low temperature hydrolysis of triglycerides. Paper presented at the LIPID FORUM conference, Mora, Sweden, June 1987.

Andersson W (1963) Fat bloom and phase changes. *Rev Int Choc (RIC)*, **18**, 92-98.

Anklam E, M Lipp & B Wagner (1996) HPLC with light scatter detector and chemometric data evaluation for the analysis of cocoa butter and vegetable fats. *Fett/Lipid*, **98**, 55-59.

参 照 文 献

Anon. (1993) Caprenin—A reduced calorie confectionery fat. *International Food Ingredients*, **3**, 46.
Anon. (1995) Calgene marks planting of transgenic canola. *INFORM*, **6**, 82-83.
Anon. (1998a) Sugar and health: Perception still at odds with the evidence. *Chocolate & Confectionery International*, **1**, 2-5.
Anon. (1998b) Cocoa, chocolate and confectionery, Chapter 10. In: *Microorganisms in Foods. Vol 6. Microbial Ecology of Food Commodities, International Committee on Microbial Specifications for Foods*, Blackie, London, UK, pp379-389. ISBN 0-7514-0430-6
Anon. (2001) High-laurate canola sold for use as boiler fuel. *INFORM*, **12**, 101 9-1020.
AOAC International (1996) Official Method 963.5. Fat in cacao products, Soxhlet extraction method, final action 1972. In: *Official Methods of AOAC International*, Vol II, 16th edition, 1996.
Applewhite T H (ed) (1994) *Proceedings of the World Conference on Lauric Oils: Sources, Processing and Applications*, AOCS Press, Champaign, Illinois, USA. ISBN 0-935315-56-X.
Arakawa H, T Kasai, Y Okumura & S Maruzeni (1998) Polymorphism of SOA triglycerol prepared from sal fat. *J Japan Oil Chem Soc*, **47**, 19-24.
Arishima T & T McBrayer (2002) Applications of speciality fats and oils. *Manufacturing Confectioner*, **82**, 65-76.
Arishima T, N Sagi, H Mori & K Sato (1991) Polymorphism of POS. I. Occurrence and polymorphic transformation. *J Amer Oil Chem Soc*, **68**, 710-715.
Arishima T, N Sagi, H Mori & K Sato (1995) Density measurement of the polymorphic forms of POP, POS and SOS. *J Japan Oil Chem Soc (Yukagaku)*, **44**, 431-437.
Arishima T, K Sugimoto, R Kiwata, H Mori & K Sato (1996) ^{13}C cross-polarization and magic-angle spinning NMR of polymorphic forms of three TAGs. *J Amer Oil Chem Soc*, **73**, 1231-1236.
Arruda D H & P S Dimick (1991) Phospholipid composition of lipid seed crystal isolates from Ivory Coast cocoa butter. *J Amer Oil Chem Soc*, **68**, 385-390.
Asahi Denka Kogyo KK (1977) Cocoa butter substitutes and their preparation. US Patent 4,157,405.
Asahi Denka Kogyo KK (1994) (Y Okumura) Chocolate composition. US Patent 5,279,846.
Asahi Denka Kogyo KK (2001) Fractionated palm oil and process for producing the same. European Patent Application 1 120 455 A1.
Auerbach M H, L P Klemann & J A Heydinger (2001) Reduced-energy lipids, Chapter 18. In: *Structured and Modified Lipids* (F D Gunstone, ed), Marcel Dekker, New York, USA, pp485-510. ISBN 0-8247-0253-0.
Auerbach M H, P W Chang, S L Coleman, J J O'Neill & J C Philips (1997) Salatrim reduced-calorie triacylglycerols. *Lipid Technology*, November, 137-140.
Augustin M (2001) Dairy ingredients in chocolate—chemistry and ingredient interactions. *Food Australia*, **53**, 389-391.
Baenitz W (1977) Studies on the solidification properties of fats and fat products using the TRG procedure. *Fette Seifen Anstrichmittel*, **79**, 476-480.
Baigrie B D & S J Rumbelow (1987) Investigation of flavour defects in Asian cocoa liquors. *J Sci Food Agric*, **39**, 357-368.
Baliga B P & A D Shitole (1981) Cocoa butter substitutes from mango fat. *J Amer Oil Chem Soc*, **58**, 110-114.
Banks W, J L Clapperton & M E Ferrie (1976) The physical properties of milk fats of different chemical

compositions. *J Soc Dairy Technol*, **29**, 86–90.

Banks W, J L Clapperton & M E Kelly (1980) Effect of oil-enriched diets on the milk yield and composition, and on the composition and physical properties of the milk fat of cows receiving a basal ration of grass silage. *J Dairy Research*, **47**, 277–285.

Banks W, J L Clapperton, M E Kelly, A G Wilson & R J M Crawford (1980) The yield, fatty acid composition and physical properties of milk fat obtained by feeding soyabean oil to dairy cows. *J Sci Food Agric*, **31**, 368–374.

Barcarolo R & E Anklam (2001) Development of a rapid method for the detection of cocoa butter equivalents in mixtures with cocoa butter. *J AOAC International*, **84**, 1485–1489.

Barcarolo R & E Anklam (2002) Investigation of a threshold for a limit of detection of individual vegetable fats in mixtures with cocoa butter. *Deutsche Lebensmittel Rundschau*, **98**, 44–49.

Battelle Memorial Institute (1992) (C Giddey & G Dove) Process for modification of the crystal structure of cocoa butter and use in chocolate. European Patent Application 0 496 310 A1.

Baum A (1994) The development and commercialization of high-lauric rapeseed oil. In: *Proceedings of the World Conference on Lauric Oils: Sources, Processing and Applications* (T H Applewhite, ed), AOCS Press, Champaign, Illinois, USA, pp51–55. ISBN 0-935315-56-X.

Baur F J, F L Jackson, D G Kolp & E S Lutton (1949) The polymorphism of saturated 1,3-diglycerides. *J Amer Chem Soc*, **71**, 3363–3366.

Becker K (1974) New knowledge about the connection between chocolate tempering and fat bloom. Lecture given at *1st International Congress on Cocoa and Chocolate Research*, pp257–262.

Beckett S T (ed) (1999a) *Industrial Chocolate Manufacture and Use*, 3rd edition, Blackwell Science, Oxford, UK. ISBN 0-632-05433-6.

Beckett S T (1999b) Conching, Chapter 9. In: *Industrial Chocolate Manufacture and Use* (S T Beckett, ed), 3rd edition, Blackwell Science, Oxford, UK, pp152–181. ISBN 0-632-05433-6.

Beckett S T (2000) *The Science of Chocolate*, The Royal Society of Chemistry, Cambridge, UK. ISBN 0-85404-600-3

Beierl P, H Hornik & G Ziegleder (2000) Indication of fat migration in chocolate. *Zucker u. Süsswaren Wirtschaft*, **53**, 20–27.

Bell C & A Kyriakides (2001) Industry focus: Control of salmonella in chocolate. In: *Salmonella: A Practical Approach to the Organism and its Control in Foods*, Blackwell Science, Oxford, UK, pp158–170. ISBN 0-632-05519-7.

Bemer G G & G Smits (1982) Industrial crystallisation of edible fats: levels of liquid occlusion in crystal agglomerates. In: *Industrial Crystallization 81* (S J Jancic & E J de Jong, eds), North-Holland Publishing, pp369–371.

Bennema P, F F A Hollander, S X M Boerrigter, R F P Grimbergen, J van de Streek & H Meekes (2001) Morphological connected net-roughening transition theory, Chapter 3. In: *Crystallization Processes in Fats and Lipid Systems* (Garti N & K Sato, eds), Marcel Dekker, New York, USA, pp99–150. ISBN 0-8247-0551-3.

Berg T G O & U I Brimberg (1983) The kinetics of fat crystallisation. *Fette Seifen Anstrichmittel*, **85**, 142–149.

Berger K G (1983) Production of palm oil from fruit. *J Amer Oil Chem Soc*, **60**, 206–210.

Berger K G (1994) Practical measures to minimise rancidity in processing and storage, Chapter 4. In:

参 照 文 献

Rancidity in Foods (J C Allen & R J Hamilton, eds), 3rd edition, Blackie Academic & Professional, Glasgow, UK, pp68–83. ISBN 0-7514-0219-2.

Berger K G (2000) Palm Oil. Britannia Food Ingredients web site [www.britanniafood.com].

Berger K G, G G Jewell & R J M Pollitt (1979) Oils and fats, Chapter 12. In: *Food Microscopy* (J Vaughan, ed), Academic Press, London, UK, pp445–497.

Berger K G, R J Hamilton & B K Tan (1978) Triglyceride structure of *Elaeis guineensis* var *Tenera* and a hybrid of *E. guineensis* × *E. melanococca*. *Chemistry & Industry*, 3 June, 383–384.

Berger K G & S M Martin (2000) Palm oil, Part I.E.3. Staple foods: Domesticated plants and animals. In: *The Cambridge World History of Food, Volume 1* (K F Kiple & K C Omelas, eds), Cambridge University Press, Cambridge, UK, pp397–411. ISBN 0-521-40214-X.

Bertini A (1996) Beta-trace device innovates on-line measurement of tempering. *Candy Industry*, **161**, 38–41.

Bezard J A (1971) The component triglycerides of palm kernel oil. *Lipids*, **6**, 630–634.

Bhattacharyya D K (1987) Mango (*Mangifera indica*) kernel fat, Chapter 3. In: *Non-traditional Oilseeds and Oils of India* (N V Bringi, ed), Oxford & IBH Publishing, New Delhi, India, pp73–96. ISBN 81-204-0190-5

Bindrich U & K Franke (2002) Fat bloom and sugar bloom certainly distinguished. *Zucker u. Süsswaren Wirtschaft*, **55**, 27–28.

Birkett J (1997) Chocolate fats, Chapter 4. In: *Production and Application of Confectionery Fats* (W Hamm & R E Timms, eds), P J Barnes & Associates, Bridgwater, UK. ISBN 0-9526542-7-X.

Blaurock A (1999) Fundamental understanding of the crystallization of oils and fats, Chapter 1. In: *Physical Properties of Fats, Oils and Emulsifiers* (N Widlak, ed), AOCS Press, Champaign, Illinois, USA, pp1–32. ISBN 0-935315-95-0.

Bockisch M (1998) *Fats and Oils Handbook*, AOCS Press, Champaign, Illinois, USA. ISBN 0-935315-82-9.

Bodor A R (2002) Regulatory and food policy update 2002. *Manufacturing Confectioner*, **82**, 93–104.

Boistelle R (1988) Fundamentals of nucleation and crystal growth, Chapter 5. In: *Crystallization and Polymorphism of Fats and Fatty Acids* (N Garti & K Sato, eds), Marcel Dekker Inc, New York, USA, pp189–226. ISBN 0-8247-7875-8.

Bolliger S, Y Zeng & E J Windhab (1999) In-line measurement of tempered cocoa butter and chocolate by means of near-infrared spectroscopy. *J Amer Oil Chem Soc*, **76**, 659–667.

Bosin W A & R A Marmor (1968) The determination of the solids content of fats and oils by nuclear magnetic resonance. *J Amer Oil Chem Soc*, **45**, 335–337.

Bouwman-Timmermans M & A Siebenga (1995) Chocolate crumb — dairy ingredient for milk chocolate. *Manufacturing Confectioner*, **75**, 74–79.

Brake N C & O R Fennema (1993) Edible coatings to inhibit lipid migration in a confectionery product. *J Food Science*, **58**, 1422–1425.

Braun P, Y Zeng & E J Windhab (2002a) Controlled precrystallization: 'A revolutionary process'. *Zucker u. Süsswaren Wirtschaft*, **55**(4), 12–15.

Braun P, Y Zeng & E J Windhab (2002b) Selective precrystallisation: 'A revolutionary process'. *Zucker u. Süsswaren Wirtschaft*, **55**(9), 19–21.

Bricknell J & R W Hartel (1998) Relation of fat bloom in chocolate to polymorphic transition of cocoa butter. *J Amer Oil Chem Soc*, **75**, 1609–1615.

Brimberg U (1985) The kinetics of melting and crystallisation of cocoa butter. *Fette Seifen Anstrichmittel*, **87**, 795–301.

Bringi N V (ed) (1987) *Non-traditional Oilseeds and Oils of India*, Oxford & IBH Publishing, New Delhi, India. ISBN 81-204-0190-5

Bringi N V & D T Mehta (1987a) *Madhuca indica* seed fat—Mowrah, Chapter 2. In: *Non-traditional Oilseeds and Oils of India* (N V Bringi, ed). Oxford & IBH Publishing, New Delhi, India, pp56–72. ISBN 81-204-0190-5.

Bringi N V & D T Mehta (1987b) *Garcinia indica* choisy (Kokum), *Vateria indica* (Dhupa) and *Bassia butyracea* (Phulwara) seed fats, Chapter 4. In: *Non-traditional Oilseeds and Oils of India* (N V Bringi, ed), Oxford & IBH Publishing, New Delhi, India, pp97–117. ISBN 81-204-0190-5.

Bringi N V, F B Padley & R E Timms (1972) Fatty acid and triglyceride compostions of *Shorea robusta* fat: occurrence of *cis*-9,10-epoxystearic acid and *threo*-9,10-dihydroxystearic acid. *Chemistry & Industry*, 21 October, 805–806.

Brosio E, F Conti, A di Nola & S Sykora (1980) A pulsed low resolution NMR study on crystallization and melting processes of cocoa butter. *J Amer Oil Chem Soc.*, **57**, 78–82.

Brown J S (1994) *Trans* fatty acid analytical information. *INFORM*, **5**, 722–723.

Buchgraber M, F Ulberth, M Lipp & E Anklam (2001) Intercomparison of methods for the determination of the triglyceride profile of cocoa butter—report on the first intercomparison study, European Commission, DG JRC, Institute for Health and Consumer Protection, Ispra, Italy.

Buchheim W & A M Abou el-Nour (1992) Induction of milkfat crystallization in the emulsified state by high hydrostatic pressure. *Fat Sci Technol*, **94**, 369–373.

Bueb M, K Becker & R Heiss (1972) Dependence of bloom formation in chocolate on the technical operation of pre-crystallisation and solidification. *Fette Seifen Anstrichmittel*, **74**, 101–111.

Bugaut M & J Bezard (1979) A comparison of the triglyceride structure of coconut and palm kernel oils. III. Types of triglyceride. *Oléagineux*, **34**. 77–87.

Bushell W J & T P Hilditch (1938) The fatty acids and glycerides of solid seed fats. VI. Borneo tallow. *J Soc Chem Ind*, **57**, 447–449.

Bystrom C E & R W Hartel (1994) Evaluation of milk fat fractionation and modification techniques for creating cocoa butter replacers. *Lebensm Wiss Technol*, **27**, 142–156.

Campbell L B, D A Andersen & P G Keeney (1969) Hydrogenated milk fat as an inhibitor of the fat bloom defect in dark chocolate. *J Dairy Science*, **52**, 976–979.

Cargill Inc. (1998) Reducing levels of sterol(s) especially cholesterol, from fats and oils—by stirring with aqueous mixture of phospholipid aggregate, especially soybean lecithin, World Patent WO 9833875-A1.

Cargill Inc. (2001) (D R Kodali) Removal of sterols from oils and fats. US Patent 6,303,803.

Carthew P, P Baldrick & P A Hepburn (2001) An assessment of the carcinogenic potential of shea oleine in the rat. *Food & Chemical Toxicology*, **39**, 807–815.

Cavanagh G C (1990) Neutralization II: Theory and practice of non-conventional caustic refining by miscella refining & by the Zenith process. In: *World Conference Proceedings: Edible Fats & Oils Processing* (D R Erickson, ed). AOCS Press, Champaign, Illinois, USA, pp101–106.

Cebula D J, K M Dilley & K W Smith (1991) Continuous tempering studies on model confectionery systems. *Manufacturing Confectioner*, **71**, 131-136.

Cebula D J, D J McClements & M J W Povey (1990) Small angle neutron scattering from voids in crystalline trilaurin. *J Amer Oil Chem Soc*, **67**, 76-78.

Cebula D J, D J McClements, M J W Povey & P R Smith (1992) Neutron diffraction studies of liquid and crystalline trilaurin. *J Amer Oil Chem Soc*, **69**, 130-136.

Cebula D J, K W Smith & G Talbot (1992) DSC of confectionery fats, pure triglycerides. *Manufacturing Confectioner*, **72**, 135-139.

Cebula D J & G Ziegleder (1993) Studies of bloom formation using X-ray diffraction from chocolates after long-term storage. *Fat Sci Technol*, **95**, 340-343.

Chaiseri S & P S Dimick (1987) Cocoa butter—its composition and properties. *Manufacturing Confectioner*, **67**, 115-122.

Chaiseri S & P S Dimick (1989) Lipid and hardness characteristics of cocoa butters from different regions. *J Amer Oil Chem Soc*, **66**, 1771-1776.

Chaiseri S & P S Dimick (1995a) Dynamic crystallisation of cocoa butter. I. Characterisation of simple lipids in rapid and slow-nucleating cocoa butters and their seed crystals. *J Amer Oil Chem Soc*, **72**, 1491-1496.

Chaiseri S & P S Dimick (1995b) Dynamic crystallisation of cocoa butter. II. Morphological, thermal & chemical characteristics during crystal growth. *J Amer Oil Chem. Soc*, **72**, 1497-1504.

Chakrabarty M M (1994) Some exotic oils of Indian origin. *Malaysian Oil Science & Technology*, **3**, 58-63.

Chapman D (1962) The polymorphism of glycerides. *Chem Rev*, **62**, 433-456.

Chapman G M, E E Akehurst & W B Wright (1971) Cocoa butter and confectionery fats. Studies using programmed temperature X-ray diffraction and differential scanning calorimetry. *J Amer Oil Chem Soc*, **48**, 824-830.

Chapman D, A Crossley & A C Davies (1957) The structure of the major component glyceride of cocoa butter, and of the major oleodisaturated glyceride of lard. *J Chem Soc*, 1502-1509.

Chaveron H, M Ollivon & H Adenier (1976) Fat bloom: Migration of fats in the composite products. *Chocolaterie Confiserie de France*, **328**, 3-11.

Chevalley J (1999) Chocolate flow properties, Chapter 10. In: *Industrial Chocolate Manufacture and Use* (S T Beckett, ed), 3rd edition, Blackwell Science, Oxford, UK, pp182-200. ISBN 0-632-05433-6.

Christie W W (1989a) *Gas Chromatography and Lipids—A Practical Guide*, The Oily Press, Dundee, UK. ISBN 0-9514171-0-X.

Christie W W (1989b) Silver ion chromatography. *Lipid Technology*, **1**, 50-52.

Christopoulou C N & E G Perkins (1986) High performance size exclusion chromatography of fatty acids, mono-, di- and triglyceride mixtures. *J Amer Oil Chem Soc*, **63**, 679-684.

Clay J W & C R Clement (1993) Selected species and strategies to enhance income generation from Amazonian forests, FAO, Rome, May 1993. [Available from www.fao.org/docrep/v0784e/v0784e00.htm, particularly .../v0784e0p.htm.]

Codex Alimentarius (2001) Report of the 19th session of the Codex committee on cocoa products and chocolate. *ALINORM* 03/14, October 2001.

Coleman M H (1965) The pancreatic hydrolysis of natural fats. IV. Some exotic seed fats. *J Amer Oil*

Chem Soc, **42**, 751–754.

Cook R (2002) Thermally induced isomerism by deodorization. *INFORM*, **13**, 71–76.

Corradi C & F Rizzello (1982) Gas chromatographic determination of the fatty acid composition of cocoa butter extracted from the seeds of different origins. *Boll Chim Lab Prov*, **33**(S4/S5), 559–571.

Cox R, J Lebrasseur, E Michiels, H Buijs, H Li, F R van de Voort, A A Ismail & J Sedman (2000) Determination of IV with a FT–NIR based global calibration using disposable vials: An international collaborative study. *J Amer Oil Chem Soc*, **77**, 1229–1234.

CPC International Inc. (1977) (C M Gooding) Preparation of confectioners' fats. US Patent 4,006,264.

Craske J D & C D Bannon (1987) Gas liquid chromatography analysis of the fatty acid composition of fats and oils: A total system for high accuracy. *J Amer Oil Chem Soc*, **64**, 1413–1417.

Crews C, R Calvet-Sarret & P Brereton (1997) The analysis of sterol degradation products to detect vegetable fats in chocolate. *J Amer Oil Chem Soc*, **74**, 1273–1280.

Cruickshank D (2002) *Personal communication*, Cadbury Trebor Bassett, Birmingham B30 2LU, UK.

Cullinane N, S Aherne, J F Connolly & J A Phelan (1984) Seasonal variation in the triglyceride and fatty acid composition of Irish butter. *Irish J Food Sci Technol*, **8**, 1–12.

Cullinane N, D Condon, D Eason & J A Phelan (1984) Influence of season and processing parameters on the physical properties of Irish butter. *Irish J Food Sci Technol*, **8**, 13–25.

D'Aoust J Y (1977) Salmonella and the chocolate industry. A review. *J Food Protection*, **40**, 718–727.

Davies R J (1992) Advances in lipid processing in New Zealand. *Lipid Technology*, **4**, 6–13.

Davies R J & J E Holdsworth (1992) Synthesis of lipids in yeasts: biochemistry, physiology, production. *Adv Appl Lipid Res*, **1**, 119–159.

Davis T R & P S Dimick (1989a) Isolation and thermal characterisation of high-melting seed crystals formed during cocoa butter solidification. *J Amer Oil Chem Soc*, **66**, 1488–1493.

Davis T R & P S Dimick (1989b) Lipid composition of high-melting seed crystals formed during cocoa butter solidification. *J Amer Oil Chem Soc*, **66**, 1494–1498.

de Brito E S, N Narain, N H P Garcia, A L P Valente & G F Pini (2002) Effect of glucose and glycine addition to cocoa mass before roasting on Maillard precursor consumption and pyrazine formation. *J Sci Food Agric*, **82**, 531–537.

Deffense E (1985) Fractionation of palm oil. *J Amer Oil Chem Soc*, **62**, 376–385.

Deffense E (1987) Multi-step butteroil fractionation and spreadable butter. *Fett Wiss Technol*, **89**, 502–507.

Deffense E (1993a) New method of analysis for separating, via HPLC, 1,2 and 1,3 positional isomers of monounsaturated triglycerides. *Revue Francaise Corps Gras*, **40**, 33–39.

Deffense E (1993b) Milk fat fractionation today: A review. *J Amer Oil Chem Soc*, **70**, 1193–1201.

Deffense E (1995) Dry multiple fractionation: trends in products and applications. *Lipid Technology*, **7**, 34–38.

de Jong S (1980) Triacylglycerol crystal structures and fatty acid conformations—a theoretical approach. PhD thesis, University of Utrecht, The Netherlands.

de Jong S & Th J R de Jonge (1991) Computer assisted fat blend recognition using regression analysis and mathematical programming. *Fat Sci Technol*, **93**, 532–536.

de Jong S, T C van Soest & M A van Schaick (1991) Crystal structures and melting points of unsaturated triacylglycerols in the β phase. *J Amer Oil Chem Soc*, **68**, 371–378.

参 照 文 献

Derbesy M & M T Richert (1979) Detection of shea butter in cocoa butter. *Oléagineux*, **34**, 405–409.

Deroanne C (1977) Differential scanning calorimetry, its practical interest for the fractionation of palm oil and the determination of solid fat index. *Lebensm Wiss Technol*, **10**, 251–266.

Desmedt A, C Culot, C Deroanne, F Durant & V Gibon (1990) Influence of *cis* and *trans* double bonds on the thermal and structural properties of monoacid triglycerides. *J Amer Oil Chem Soc*, **67**, 653–660.

Desmedt A, G Lognay, D Trisman, M Severin, C Deroanne, F Durant & V Gibon (1990) Synthesis, polymorphic characterization and intersolubility behavior of 2-elaidodipalmitin: PEP. Poster paper, AOCS Annual Meeting, Baltimore, Maryland, USA, April 1990.

Dieffenbacher A & W D Pocklington (1992) *IUPAC Standard Methods for the Analysis of Oils, Fat and Derivatives*, 1st supplement, 7th edition, Blackwell Science, Oxford, UK. ISBN 0-6320-3337-1.

Diks R M M (2002) Lipase stability in oil. *Lipid Technology*, January, 10–14.

Dimick P S, G R Ziegler, N A Full & S Yella Reddy (1996) Formulation of milk chocolate using milkfat fractions. *Aust J Dairy Technol*, **51**, 123–127.

Doyne T H & J T Gordon (1968) The crystal structure of a diacid triglyceride. *J Amer Oil Chem Soc*, **46**, 333–334.

Duce S L, T A Carpenter & L D Hall (1990) Nuclear magnetic resonance imaging of chocolate confectionery and the spatial detection of polymorphic states of cocoa butter in chocolate. *Lebensmittel Wiss Technol*, **23**, 545–549.

Duchateau G S M J E, H J van Oosten & M A Vasconcellos (1996) Analysis of *cis*- and *trans*-fatty acid isomers in hydrogenated and refined vegetable oils by capillary gas–liquid chromatography. *J Amer Oil Chem Soc*, **73**, 275–282.

Duffy P (1853) On certain isomeric transformations of fats. *J Chem Soc*, **5**, 197–210.

Duurland F & K Smith (1995) Novel non-temper confectionery filling fats using asymmetric triglycerides. *Lipid Technology*, January, 6–9.

Eagle R (2000) The Chocolate Directive, Britannia Food Ingredients Ltd. [Available from www.britanniafood.com].

Ebihara Y (1997) Confectionery fats in Japan, Chapter 5. In: *Production and Application of Confectionery Fats* (W Hamm & R E Timms, eds), P J Barnes & Associates, Bridgwater, UK. ISBN 0-9526542-7-X.

Eckert W R (1973) Gas chromatographic analysis of triglycerides. *Fette Seifen Anstrichmittel*, **75**, 150–152.

Eder S R (1982) The formation of artefacts during deodorisation of oils & fats. *Fette Seifen Anstrichmittel*, **84**, 136–141.

Edmondson E M S & J P Lambert (1995) Sugar confectionery in the diet, Chapter 18. In: *Sugar Confectionery Manufacture* (E B Jackson, ed), 2nd edition, Blackie Academic & Professional, Glasgow, UK. pp369–395. ISBN 0-7514-0197-8.

Edmondson L F, R A Yoncoskie, N H Rainey, F W Douglas & J Bitman (1974) Feeding encapsulated oils to increase polyunsaturated fatty acids in milk and meat fat. *J Amer Oil Chem Soc*, **51**, 72–76.

Edwards W P (2000) *The Science of Sugar Confectionery*, The Royal Society of Chemistry, Cambridge, UK. ISBN 0-85404-593-7

Engström L (1992) Triglyceride systems forming molecular compounds. *Fat Sci Technol*, **94**, 173–181.

European Commission (1984) Commission of the European Communities, Directorate General for Internal Market and Industrial Affairs. Working Group on Methods of Analysis for Foodstuffs (Cocoa and Chocolate). Proposal by UK Delegation III/A/3. EU Working Paper, 1984. [Cited by Padley, 1997].

European Union (2000) Directive 2000/36/EC of the European Parliament and of the Council of 23 June 2000 relating to cocoa and chocolate products intended for human consumption. *Off. J. European Communities*, **L197**, 19–25.

Evans C D, D G McConnell, G R List & C R Scholfield (1969) Structure of unsaturated vegetable oil glycerides: Direct calculation from fatty acid composition. *J Amer Oil Chem Soc*, **46**, 421–424.

Eyres L (1979) GLC analysis of oils and fats. *Chemistry in New Zealand*, December, 237–240.

Feuge R O, W Landmann, D Mitcham & N V Lovegren (1962) Tempering triglycerides by mechanical working. *J Amer Oil Chem Soc*, **39**, 310–313.

Fincke A (1965) *Handbuch der Kakaoerzeugnisse*, Springer Verlag, Berlin, Germany, p357.

Fincke A (1976) Investigation of the fatty acid composition of cocoa butter. *Gordian*, **76**, 324–327.

Fincke A (1977) Synthetic cocoa butter from Procter and Gamble. *Süsswaren Technik Wirtschaft*, **21**, 440–441.

Fincke A (1980a) Possibilities and limits of GC triglyceride analysis in the detection of foreign fats in cocoa butter and chocolate fats. Part 1. Distribution of triglycerides by carbon number in cocoa butter. *Deutsche Lebensmittel-Rundschau*, **76**, 162–167.

Fincke A (1980b) Possibilities and limits of GC triglyceride analysis in the detection of foreign fats in cocoa butter and chocolate fats. Part 2. Distribution of triglycerides in cocoa butter replacer and other fats. *Deutsche Lebensmittel-Rundschau*, **76**, 187–192.

Fincke A (1980c) Possibilities and limits of GC triglyceride analysis in the detection of foreign fats in cocoa butter and chocolate fats. Part 3. Interpretation of the GC triglyceride analysis of cocoa butter. *Deutsche Lebensmittel-Rundschau*, **76**, 384–389.

Fincke A (1982) Investigation of the diglyceride content of cocoa butter. *Gordian*, **82**, 246 & 249.

Fincke A & H Sacher (1963) Investigations into testing the purity of cocoa butter and chocolate fats. Part 6: Quantitative evaluation of the colour reaction with p-dimethylaminobenzaldehyde for evidence of cocoa shell fat. *Süsswaren*, **7**, 428–431.

Fine J (2002) *Personal communication*, Kraft Foods, USA.

Firestone D (1994) Gas chromatographic determination of mono- and diglycerides in fats and oils: Summary of collaborative study. *J AOAC International*, **77**, 677–680.

Flack E (1997) Butter, margarine, spreads, and baking fats. In: *Lipid Technologies and Applications* (F D Gunstone & F B Padley, eds), Marcel Dekker, New York, USA, pp305–328. ISBN 0-8247-9838-4.

Försterling G, U Löser, K Kleinstück & H-D Tscheuschner (1981) New understandings about the crystal structure of cocoa butter. *Fette Seifen Anstrichmittel*, **83**, 249–254.

Fowler M S (1999) Cocoa beans: from tree to factory, Chapter 2. In: *Industrial Chocolate Manufacture and Use* (S T Beckett, ed), 3rd edition. Blackwell Science, Oxford, UK, pp8–35. ISBN 0-632-05433-6.

Franke K, K Heinzelmann & H-D Tscheuschner (2001) Critical—the solid sugar. *Zucker u. Süsswaren Wirtschaft*, **54**, 18–22.

Fryer P (2002) Modeling solidification of chocolate. Presented at 4th International Symposium on

参 照 文 献

Confectionery Science, 10-11 April 2002, Hershey, Pennsylvania, USA.

Fuji Oil Co. Ltd (1976) Method for producing a hard butter fraction from shea fat. British Patent 1, 511, 617.

Fuji Oil Co. Ltd (1978) Method for producing improved shea fat. US Patent 4, 103, 039.

Fuji Oil Co. Ltd (1994) Plastic fat for chocolate preparation. European Patent 674836-B1.

Fuji Oil Co. Ltd (2001) Hard butter composition and its production. US Patent 6,258, 398.

Fukazawa T, T Tsutsumi, S Tokairin, H Ehara, T Maruyama, I Niiya (1999) Behavior of organophosphorus pesticides obtained from oils by refining treatment. *J Japan Oil Chemists' Society*, **48**, 247-251.

Fulk W K & M S Shorb (1970) Production of an artifact during methanolysis of lipids by boron trifluoride-methanol. *J Lipid Research*, **11**, 276-277.

Full N A, S Yella Reddy, P S Dimick & G R Ziegler (1996) Physical and sensory properties of milk chocolate formulated with anhydrous milk fractions. *J Foocl Sci*, **61**, 1068-1072 & 1084.

Garside J (1987) General principles of crystallization, Chapter 3. In: *Food Structure and Behaviour* (J M V Blanshard & P Lillford, eds), Academic Press, London, UK, pp35-49. ISBN 0-12-104230-8.

Garti N (1988) Effects of surfactants on crystallization and polymorphic transformation of fats and fatty acids, Chapter 7. In: *Crystallization and Polymorphism of Fats and Fatty Acids* (Garti N & K Sato, eds), Marcel Dekker Inc, New York, pp267-303 . ISBN 0-8247-7875-8.

Garti N & J Yano (2001) The role of emulsifiers in fat crystallisation, Chapter 6. In: *Crystallization Processes in Fats and Lipid Systems* (Garti N & K Sato, eds), Marcel Dekker, New York, USA, pp211-250. ISBN 0-8247-0551-3.

Geeraert E & P Sandra (1987) Capillary GC of triglycerides in fats and oils using a high temperature phenylmethylsilicone stationary phase. Part II. The analysis of chocolate fats. *J Amer Oil Chem Soc*, **65**, 100-105.

Gegiou D & K Staphylakis (1985) Detection of cocoa butter equivalents in chocolate. *J Amer Oil Chem Soc*, **62**, 1047-1051.

Ghoshchaudhuri P (1981) PhD thesis, Calcutta University, India. [Cited by Wong Soon, 1991]

Gibon V, P Blanpain, F Durant & C Deroanne (1985) Application of X-ray diffraction, nuclear magnetic resonance and differential scanning calorimetry to the study of polymorphism and intersolubility of the triglycerides PPP, PSP & POP. *Belgian J Food Chemistry & Biotechnology*, **40**, 119-134.

Gibon V & A Tirtiaux (2002) Latest trends in dry fractionation. *Lipid Technology*, March, 33-36.

Gilabert-Escriva M V, L A G Gonçalves, C R S Silva & A Figueira (2002) Fatty acid and triacylglycerol composition and thermal behaviour of fats from seeds of Brazilian Amazonian *Theobroma* species. *J Sci Food Agric*, **82**, 1425-1431.

Given P, E Wheeler, G Noll & J Finley (1989) Physical-chemical behavior of confectionery fats. *J Dispersion Sci Technol*, **10**, 505-530.

Goad L J & T Akihisa (1997) *Analysis of Sterols*, Blackie Academic & Professional, London, UK. ISBN 0-7514-0230-3.

Goenka S (1997) Exotic fats. In: *Production and Application of Confectionery Fats* (W Hamm & R E Timms, eds), P J Barnes & Associates, Bridgwater, UK. ISBN 0-9526542-7-X.

Goh E M & T H Ker (1991) Relationship between slip melting point and pulsed NMR data of palm kernel oil. *J Amer Oil Chem Soc*, **68**, 144-146.

Goh E M & R E Timms (1983) Automatic determination of cooling curves. Poster paper, International Conference on Oils, Fats & Waxes, Auckland, New Zealand, 13–17 February 1983.

Goh E M & R E Timms (1985) Determination of mono- and diglycerides in palm oil, olein and stearin. *J Amer Oil Chem Soc*, **62**, 730–734.

Goh E M & R E Timms (1988) Characteristics and potential uses of palm oil and palm kernel oil from *E. oleifera* × *E. guineensis* hybrid. In: *Proceedings of the 1987 International Oil Palm/Palm Oil Conferences*, Palm Oil Research Institute, Kuala Lumpur, Malaysia, pp348–356. ISBN 967-961-021-7.

Goodacre R & E Anklam (2001) Fourier transform infrared spectroscopy and chemometrics as a tool for the rapid detection of other vegetable fats mixed in cocoa butter. *J Amer Oil Chem Soc*, **78**, 993–1000.

Gordon M H, F B Padley & R E Timms (1979) Factors influencing the use of vegetable fats in chocolate. *Fette Seifen Anstrichmittel*, **81**, 116–121.

Graham S A (1989) Cuphea: a new plant source of medium-chain fatty acids. *CRC Critical Reviews in Food Science and Nutrition*, **28**, 139–173.

Gray I K (1973) Seasonal variation in the composition and thermal properties of New Zealand milk fat. I . Fatty acid composition. *J Dairy Research*, **40**, 207–214.

Gray M S & N V Lovegren (1978) Polymorphism of saturated triglycerides: I. 1,3-dipalmito triglycerides. *J Amer Oil Chem Soc*, **55**, 601–606,

Gresti J, M Bugaut, C Maniongui & J Bezard (1993) Composition of molecular species of triacylglycerols in bovine milk fat. *J Dairy Science*, **76**, 1850–1869.

Gribnau M C M (1992) Determination of solid/liquid ratios of fats and oils by low-resolution pulsed NMR. *Trends in Food Science & Technology*, **3**, 186–190.

Grob K (1993) The detection of adulterated edible oils and fats. *Lipid Technology*, November/December, 144–147.

Grob K & C Mariani (1994) LC–GC methods for the determination of adulterated edible oils and fats. In: *Developments in the Analysis of Lipids* (J H P Tyman & M H Gordon, eds), The Royal Society of Chemistry, Cambridge, UK, pp73–81. ISBN 0-85186-971-8.

Guiheneuf T M, P J Couzens, H-J Wille & L D Hall (1997) Visualisation of liquid triacylglycerol migration in chocolate by magnetic resonance imaging. *J Sci Food Agric*, **73**, 265–273.

Gunstone F D (1999) What else besides commodity oils and fats? *Fett/Lipid*, **101**, 124–131.

Gunstone F D, J L Harwood & F B Padley (1994) *The Lipid Handbook*, Chapman & Hall, London, UK. ISBN 0-412-43320-6.

Gunstone F D & F B Padley (eds) (1997) *Lipid Technologies and Applications*, Marcel Dekker, New York, USA. ISBN 0-8247-9838-4.

Gunstone F D & M R Pollard (2001) Vegetable oils with fatty acid composition changed by plant breeding or genetic modification, Chapter 6. In: *Structured and Modified Lipids* (F D Gunstone, ed), Marcel Dekker, New York, USA, pp155–184. ISBN 0-8247-0253-0.

Gutshall-Zakis A & P S Dimick (1993) Influence of various refining treatments on the crystallization behavior of hard and soft cocoa butters and formulated dark chocolate. *Manufacturing Confectioner*, **73**, 117–123.

Hachiya I, T Koyano & K Sato (1989a) Seeding effects on crystallization behavior of cocoa butter. *Agric*

参 照 文 献

Biol Chem, **53**, 327–332.

Hachiya I, T Koyano & K Sato (1989b) Seeding effects on solidification behavior of cocoa butter and dark chocolate. I Kinetics of solidification. II Physical properties of dark chocolate. *J Amer Oil Chem Soc*, **66**, 1757–1762 & 1763–1770.

Hagemann J W (1988) Thermal behavior and polymorphism of acylglycerols, Chapter 2. In: *Crystallization and Polymorphism of Fats and Fatty Acids* (N Garti & K Sato, eds), Marcel Dekker Inc, New York, USA, pp9–95. ISBN 0-8247-7875-8.

Hagemann J W, W H Tallent, J A Barve, I A Ismail & F D Gunstone (1975) Polymorphism in single-acid triglycerides of positional and geometric isomers of octadecenoic acid. *J Amer Oil Chem Soc*, **52**, 204–207.

Hall G & H Lingnert (1984) Flavor changes in whole milk powder during storage. I . Odor and flavor profiles of dry milk with additions of antioxidants and stored under air or nitrogen. *J Food Quality*, **7**, 131–151.

Hall G, J Andersson, H Lingnert & B Olofsson (1985) Flavor changes in whole milk powder during storage. II. The kinetics of the formation of volatile fat oxidation products and other volatile compounds. *J Food Quality*, **7**, 153–190.

Hamilton R J (1994) The chemistry of rancidity in foods, Chapter 1. In: *Rancidity in Foods* (J C Allen & R J Hamilton, eds), 3rd edition, Blackie Academic & Professional, Glasgow, UK, pp1–21. ISBN 0-7514-0219-2

Hamm W (1986) Fractionation—with or without solvent. *Fette Seifen Anstrichmittel*, **88**, 533–537.

Hamm W (1992) Liquid-liquid extraction in food processing, Chapter 4. In: *Science and Practice of Liquid-Liquid Extraction* (J D Thornton, ed), Volume 2, Oxford University Press, Oxford, UK, pp309–351. ISBN 0-19-856237-3.

Hamm W & R J Hamilton (2000) *Edible Oil Processing*, Sheffield Academic Press, Sheffield, UK. ISBN 1-84127-038-5.

Hammerstone J F, S A Lazarus, A E Mitchell, R Rucker & H H Schmitz (1999) Identification of procyanidins in cocoa (*Theobroma cacao*) and chocolate using high performance liquid chromatography/mass spectrometry. *J Agric Food Chem*, **47**, 490–496.

Hammond E W (1994) Physical, chemical & chromatographic methods for the analysis of symmetrical TAGs. In: *Developments in the Analysis of Lipids* (J H P Tyman & M H Gordon, eds), The Royal Society of Chemistry, Cambridge, UK, pp82–93. ISBN 0-85186-971-8.

Hancock J N S, R Early & P D Whitehead (1995) Oils and fats: milk and milk products, Chapter 4. In: *Sugar Confectionery Manufacture* (E B Jackson, ed), 2nd edition, Blackie Academic & Professional, Glasgow, UK, pp62–90. ISBN 0-7514-0197-8.

Hanneman E (2000) The complex world of cocoa butter. *Manufacturing Confectioner*, **80**, 107–112.

Hannewijk J, A J Haighton & P W Hendrikse (1964) Dilatometry of fats. In: *Analysis and Characterization of Oils, Fats and Fat Products* (H A Boekenoogen, ed), Volume 1, Interscience, London, UK, pp119–182.

Harris T L (1968) Surface-active lipids in chocolate. In: *Surface-active Lipids in Foods*, SCI Monograph No. 32, Society of Chemical Industry, London, UK, pp108–122.

Hartel R W (1996) Applications of milk-fat fractions in confectionery products. *J Amer Oil Chem Soc*, **73**, 945–953,

Hartel R W (1999) Chocolate: fat bloom during storage. *Manufacturing Confectioner,* **79**, 89–99.

Hartel R W & K E Kaylegian (2001) Advances in milk fat fractionation, Chapter 11. In: *Crystallization Processes in Fats and Lipid Systems* (N Garti & K Sato, eds), Marcel Dekker, New York, USA, pp381–427. ISBN 0-8247-0551-3.

Hartman L & R C A Lago (1973) Rapid preparation of fatty acid methyl esters from lipids. *Laboratory Practice,* July, 475–477.

Harzer G (1999) Nutritional aspects of chocolate. *Manufacturing Confectioner,* **79**, 60–63.

Hashim L, S Hudiyono & H Chaveron (1997) Volatile compounds of oxidized cocoa butter. *Food Research International,* **30**, 163–169.

Hashimoto S, T Nezu, H Arakawa, T Ito & S Maruzeni (2001) Preparation of sharp-melting hard palm midfraction and its use as hard butter in chocolate. *J Amer Oil Chem Soc,* **78**, 455–460.

Hausmann A, H-D Tscheuschner & I Tralles (1993) Influence of the cooling conditions on the quality characteristics of chocolate (II). *Zucker u. Süsswarenschaft,* **46**, 492–498.

Hausmann A, H-D Tscheuschner & I Tralles (1994) Influence of the storage conditions on the quality characteristics of chocolate (III). *Zucker u. Süsswarenschaft,* **47**, 118–123.

Haylock S J (1995) Dried dairy ingredients for confectionery, *49th PMCA Production Conference,* pp21–29.

Heemskerk M F M (1985a) Friwessa's tests on conching of chocolate flavoured compounds and coatings. *Confectionery Production,* **51**, 432 & 436.

Heemskerk R (1985b) The relationship between methods of conching and shelflife. *Confectionery Manufacture & Marketing,* **22**, 13 & 16.

Heemskerk R F M (1999) Cleaning, roasting and winnowing, Chapter 5. In: *Industrial Chocolate Manufacture and Use* (S T Beckett, ed), 3rd edition, Blackwell Science, Oxford, UK, pp78–100. ISBN 0-632-05433-6.

Heintz W (communicated by H Rose) (1849) Concerning the melting of stearin from mutton tallow. *J für Praktische Chemie,* **XLVIII**, 382–383.

Hendrickx H, H de Moor, A Hughebaert & G Janssen (1971) Manufacture of chocolate containing hydrogenated butterfat. *Rev Int Choc (RIC),* **26**, 190–193.

Hernqvist L (1984) On the stucture of triglycerides in the liquid state and fat crystallization. *Fette Seifen Anstrichmittel,* **86**, 297–300.

Hernqvist L (1988) Crystal structures of fats and fatty acids, Chapter 3. In: *Crystallization and Polymorphism of Fats and Fatty Acids* (N Garti & K Sato, eds), Marcel Dekker Inc, New York, USA, pp97–138. ISBN 0-8247-7875-8.

Hernqvist L & K Anjou (1983) Diglycerides as a stabilizer of the β'-crystal form in margarines and fats. *Fette Seifen Anstrichmittel,* **85**, 64–66.

Hernqvist L, B Herslöf & M Herslöf (1984) Polymorphism of interesterified triglycerides and triglyceride mixtures. *Fette Seifen Anstrichmittel,* **86**, 393–397.

Hernqvist L & K Larsson (1982) On the crystal stucture of the β' form of triglycerides and structural changes at the phase transitions LIQ$\rightarrow \alpha \rightarrow \beta' \rightarrow \beta$. *Fette Selfen Anstrichmittel,* **84**, 349–354.

Hicklin J D, G G Jewell & J F Heathcock (1985) Combining microscopy and physical techniques in the study of cocoa butter polymorphs and vegetable fat blends. *Food Microstructure,* **4**, 241–248.

Higaki K, S Ueno, T Koyano & K Sato (2001) Effects of ultrasonic irradiation on crystallization behavior of tripalmitoylglycerol and cocoa butter. *J Amer Oil Chem Soc*, **78**, 513-518.

Higgins A C & M K Keogh (1986) Anhydrous milk fat 1. Hydrolytic aspects. *Irish J Food Sci Technol*, **10**, 23-34.

Hilder M H (1997) Oil storage, transport and handling, Chapter 7. In: *Lipid Technologies and Applications* (F D Gunstone & F B Padley, eds), Marcel Dekker, New York, USA, pp169-198. ISBN 0-8247-9838-4.

Hilditch T P & P N Williams (1964) *The Chemical Constitution of Natural Fats*, 4th edition, Chapman & Hall, London, UK.

Hilditch T P & Y A H Zaky (1942) The fatty acids and glycerides of solid seed fats. XI. *Shorea robusta* kernel fat. *J Soc Chem Ind*, **61**, 34-36.

Hodge S M & D Rousseau (2002) Fat bloom formation and characterization in milk chocolate observed by atomic force microscopy. *J Amer Oil Chem Soc*, **79**, 1115-1121.

Hoerr C W & F R Paulicka (1967) The role of X-ray diffraction in studies of the crystallography of monoacid saturated triglycerides . *J Amer Oil Chem Soc*, **45**, 793-797.

Hogenbirk G (1987) Saponification of fats. *Manufacturing Confectioner*, **67**, 59-64.

Hogenbirk G (1988) Viscosity and yield value for chocolate and coatings. What they mean and how to influence them. 35th Technology Conference, The Biscuit, Cake, Chocolate & Confectionery Alliance, London, UK.

Holm C S, J W Aston & K Douglas (1993) The effects of the organic acids in cocoa on the flavour of chocolate. *J Sci Food Agric*, **61**, 65-71.

Homberg E & B Bielefeld (1982) Sterols and methylsterols in cocoa butter and cocoa butter. *Deutsche Lebensmittel Rundschau*, **78**, 73-77.

Hopia A I, V I Piironen, P E Koivistoinen & L E T Hyvönen (1992) Analysis of lipid classes by solid-phase extraction and high-performance size-exclusion chromatography. *J Amer Oil Chem Soc*, **69**, 772-778.

Hui Y H (ed) (1996) *Bailey's Industrial Oil and Fat Products*, 5th Edition, John Wiley & Sons, Inc., New York, USA. ISBN 0-471-59424-5.

Huyghebaert A & H Hendrickx (1971) Polymorphism of cocoa butter shown by differential scanning calorimetry. *Lebensmittel Wiss Technol*, **4**, 59-63.

Hvolby A (1974) Expansion of solidifying saturated fats. *J Amer Oil Chem Soc*, **51**, 50-54.

Illingworth D & T G Bissell (1994) Anhydrous milkfat products and applicatlons in recombination, Chapter 4. In: *Fats in Food Products* (D P J Moran & K K Rajah, eds), Blackie Academic & Professional, Glasgow, UK, pp111-154. ISBN 0-7514-0177-3.

International Commission on Microbiological Specifcations for Foods (1998) pp379-389. ISBN 0-7514-0430-6

International Trade Centre UNCTAD/WTO (2001) *Cocoa—A Guide to Trade Practices*, International Trade Centre UNCTAD/WTO, Geneva, Switzerland. ISBN 92-9137-163-7.

Iverson J L (1972) Gas-liquid chromatographic detection of palm kernel and coconut oils in cacao butter. *J Assoc Offic Anal Chemists*, **55**, 1319-1322.

Iwahashi M, M Suzuki, M A Czarnecki, Y Liu & Y Ozaki (1995) Near-IR molar absorption coefficient for the OH-stretching mode of *cis* -9-octadecenoic acid and dissociation of the acid dimers in the pure liquid state. *J Chem Soc Faraday Trans*, **91**, 697-701.

Jackson E B (ed) (1995) *Sugar Confectionery Manufacture*, 2nd edition, Blackie Academic & Professional, Glasgow, UK. ISBN 0-7514-0197-8.

Jackson K (1999) Recipes, Chapter 18. In: *Industrial Chocolate Manufacture and Use* (S T Beckett, ed), 3rd edition, Blackwell Science, Oxford, UK, pp323-346. ISBN 0-632-05433-6.

Janssen K & R Matissek (2002) Fatty acid tryptamides as shell indicators for cocoa products and as quality parameters for cocoa butter. *European Food Res Technol*, **214**, 259-264.

Jason H (1995) Use of non-cocoa vegetable fats in chocolate. *Manufacturing Confectioner*, September, 77-84.

Jayaraman G & T Thiagarajan (2001) Speciality fats from lauric oils. In: *Proceedings of the World Conference on Oilseed Processing and Utilization* (R F Wilson, ed), AOCS Press, Champaign, Illinois, USA, pp67-73. ISBN 1-893997-20-0.

Jee M (ed) (2002) *Oils and Fats Authentication*. Sheffield Academic Press, Sheffield, UK. ISBN 1-84127-330-9.

Jeffrey B S J (1991a) Silver-complexation liquid chromatography for fast, high-resolution, separations of triacylglycerols. *J Amer Oil Chem Soc*, **68**, 289-293.

Jeffrey M S (1991b) The effect of cocoa butter origin, milk fat and lecithin levels on the temperability of cocoa butter systems. *Manufacturing Confectioner*, **71**, 76-82.

Jensen L H & A J Mabis (1966) Refinement of the structure of β-caprin. *Acta Cryst*, **21**, 770-781.

Jeyarani T & S Yella Reddy (1999) Heat-resistant cocoa butter extenders from Mahua and Kokum fats. *J Amer Oil Chem Soc*, **76**, 1431-1436.

Jeyarani T & S Yella Reddy (2001) Cocoa butter extender from *Simarouba glauca* fat. *J Amer Oil Chem Soc*, **78**, 271-276.

Jones L (1981) Chocolate flavoured coatings for the confectionery industry. *Confectionery Manufacture & Marketing*, **18**, 3-5.

Jones L H (1984) Novel palm oils from cloned palms. *J Amer Oil Chem Soc*, **61**, 1717-1719.

Jovanovic O, D J Karlovic & J Jakovljevic (1995) Chocolate pre-crystallization: A review. *Acta Alimentaria*, **24**, 225-239.

Jovanovic O, D J Karlovic & B Pajin (1998) Tempering seed method for chocolate mass: Precrystallization with tristearate and sorbitan tristearate. In: *Proceedings of World Conference on Oilseeds & Edible Fats* (S S Koseoglu, K C Rhee & R F Wilson, eds), AOCS Press, Champaign, Illinois, USA, pp135-140. ISBN 0-935315-84-5.

Jurriens G & A C J Kroesen (1965) Determination of glyceride composition of several solid and liquid fats. *J Amer Oil Chem Soc*, **42**, 9-14.

Kamm W, F Dionisi, C Hischenhuber & K-H Engel (2001) Authenticity assessment of fats and oils. *Food Reviews International*, **17**, 249-290.

Kao Corporation (1989) (Y Tanaka, H Omura, Y Irinatsu, T Kobayashi & A Noguchi) Cacao butter substitute composition. US Patent 4,873,109.

Katsuragi T & K Sato (2001) Effects of emulsifiers on fat bloom stability of cocoa butter. *J Oleo Science*, **50**, 243-248.

Kattenberg H R (1995) The application of cocoa powders in chocolate confectionery. *49th PMCA Production Conference*, pp105-113.

Kattenberg H R (1997) Functional properties of cocoa butter in relation to the origin of the cocoa beans

参 照 文 献

and processing, Chapter 2. In: *Production and Application of Confectionery Fats* (W Hamm & R E Timms, eds), P J Barnes & Associates, Bridgwater, UK. ISBN 0-9526542-7-X.

Kattenberg H (2001) Cocoa butter: How it performs in chocolate. *International Food Ingredients*, **3**, 9-13.

Kawahara Y (1993) Progress in fats, oils food technology. *INFORM*, **4**, 663-667.

Kawamura K (1979) The DSC thermal analysis of crystallization behavior in palm oil. *J Amer Oil Chem Soc*, **56**, 753-758.

Kawamura K (1980) The DSC thermal analysis of crystallization behavior in palm oil, II. *J Amer Oil Chem Soc*, **57**, 48-52.

Kaylegian K E, R W Hartel & R C Lindsay (1993) Applications of modified milk fat in food products. *J Dairy Science*, **76**, 1782-1796.

Kellens M (1994) Developments in fat fractionation technology. Paper presented at Fractional Crystallisation of Fats Symposium, London, UK, 9 March 1994, SCI Lecture Paper Series, Paper No. 0042, Society of Chemical Industry, London, UK. [Available from www.soci.org].

Kellens M (2000) Oil modification processes, Chapter 5. In: *Edible Oil Processing* (W Hamm & R J Hamilton, eds), Sheffield Academic Press, Sheffield, UK, pp129-173. ISBN 1-84127-038-5.

Kellens M & H Reynaers (1992) Study of the polymorphism of saturated monoacid triglycerides II: Polymorphic behaviour of a 50/50 mixture of tripalmitin and tristearin. *Fat Sci Technol*, **94**, 286-293.

Kellens M, W Meeussen & H Reynaers (1992) Study of the polymorphism and crystallization kinetics of tripalmitin: A microscopic approach. *J Amer Oil Chem Soc*, **69**, 906-911.

Keogh M K & A C Higgins (1986) Anhydrous milk fat 1. Oxidative stability aspects. *Irish J Food Sci Technol*, **10**, 11-22.

Kershaw S J & E Hardwick (1981) Heterogeneity within commercial contract analysis samples of shea-nut kernels. *J Amer Oil Chem Soc*, **58**, 706-710.

Kheiri M S A & Mohd. Nordin bin Mohd. Som (1980) Physico-chemical characteristics of rambutan kernel fat. *MARDI Report No. 186*, Serdang, Selangor, Malaysia.

Kieseker F G, L A Hammond & J G Zadow (1974) Commercial scale manufacture of dairy products from milk containing high levels of linoleic acid. *Aust J Dairy Tech*, **29**, 51-53.

Kinderlerer J L (1992) Biotransformations of lauric acid oils by fungi. *J Chemical Technology Biotechnology*, **55**, 400-402.

Kinney A J & S Knowlton (1998) Designer oils: the high oleic acid soybean, Chapter 10. In: *Genetic Modification in the Food Industry: A Strategy for Food Quality Improvement* (S Roller & S Harlander, eds), Blackie, London, UK, pp193-213. ISBN 0-7514-0399-7.

Kleinert J (1978) Thermo-rheometrie—measuring the flow properties of pre-crystallised chocolate and sugar fondant masses. *CCB Rev Choc Conf Bakery*, 3(2), 21-26; 3(3), 11-18; 3(4), 7-11.

Kleinert J (1994) Cleaning, roasting and winnowing, Chapter 5. In: *Industrial Chocolate Manufacture and Use* (S T Beckett, ed), 2nd edition, Blackie Academic & Professional, Glasgow, UK, pp55-69. ISBN 0-7514-0012-2.

Kleinert-Zollinger J (1991) Tempering: Pre-crystallisation of chocolate melt masses. *Zucker u. Süsswaren Wirtschaft*, **44**, 96-103.

Kleinert-Zollinger J (1994) Cocoa butter provenance and technical working properties. *Zucker u.*

Süsswaren Wirtschaft, **47**, 448-454.

Kleinert-Zollinger J (1997a) Technology of cocoa production: Part 1. Production of cocoa mass. *Zucker u. Süsswaren Wirtschaft*, **50**, 198-201.

Kleinert-Zollinger J (1997b) Technology of cocoa production: Part 3. Production of cocoa butter—hygiene forbids expeller cocoa fat. *Zucker u. Süsswaren Wirtschaft*, **50**, 290-294.

Kleinert-Zollinger J (1997c) Technology of cocoa production: Part 4. Chocolate and couverture production. The many aspects of conching. *Zucker u. Süsswaren Wirtschaft*, **50**, 351-354.

Kleinert-Zollinger J (1997d) Technology of cocoa production: Part 5. Tempering. The details of the pre-crystallisation. *Zucker u. Süsswaren Wirtschaft*, **50**, 405-409.

Kleinert-Zollinger J (1997e) Technology of cocoa production: Part 6. Processing the melted chocolate mass. The technique of moulding. *Zucker u. Süsswaren Wirtschaft*, **50**, 481-483.

Knehr E (1997) The changing faces of chocolate. *Food Product Design*, **7**, 1-14.

Knoester M, P de Bruijne & M van den Tempel (1972) The solid-liquid equilibrium of binary mixtures of triglycerides with palmitic and stearic chains. *Chem Phys Lipids*, **9**, 309-319.

Knowlton S (1999) Functional properties of high saturate soybean oils. Paper given at AOCS Annual Meeting, Orlando, Florida, USA, 10 May 1999.

Koch J (1973) The natural rate of solidification of chocolate. *Confectionery Production*, **39**, 67-70.

Kochhar S P & M L Meara (1974) *Lipolytic Rancidity in Foodstuffs (Leatherhead Food RA Research Report No. 208)*, Leatherhead Food RA, Leatherhead, UK.

Kodali D R, D Atkinson, T G Redgrave & D M Small (1984) Synthesis and polymorphism of 1,2-dipalmitoyl-3-acyl-*sn*-glycerols. *J Amer Oil Chem Soc*, **61**, 1078-1084.

Komen G A (1992) Measuring chocolate gloss. *Food Marketing & Technology*, **6**, 32 & 34-36.

Koyano T (2002) *Personal communication*, Meiji Seika Kaisha Ltd, Saitama 350-0289, Japan. [www.meiji.co.jp].

Koyano T, I Hachiya, T Arishima, K Sato & N Sagi (1989) Polymorphism of POP and SOS. II. Kinetics of melt crystallization. *J Amer Oil Chem Soc*, **66**, 675-689.

Koyano T, I Hachiya & K Sato (1990) Fat polymorphism and crystal seeding effects on fat bloom stability of dark chocolate. *Food Structure*, **9**, 231-240.

Koyano T, Y Kato, I Hachiya, T Umemura, K Tamura & N Taguchi (1993) Crystallization behavior of ternary mixtures of POP/POS/SOS. *J Japan Oil Chem Soc (Yukagaku)*, **42**, 453-457.

Kristott J (2000) Fats and oils, Chapter 12. In: *The Stability and Shelf-life of Food* (D Kilcast and P Subramaniam, eds), Woodhead Publishing Ltd. Cambridge, UK, pp279-309. ISBN 1-85573-500-8.

Kristott J U & J B Rossell (1994) *Fate of Pesticides in Edible Oils and Fats Processing (Leatherhead Food RA Research Report No. 712)*, Leatherhead Food RA, Leatherhead, UK.

Krug M & G Ziegleder (1998a) Light sensitivity of white chocolate. Part I : Problem and causes. *Zucker u. Süsswaren Wirtschaft*, **51**, 24-27.

Krug M & G Ziegleder (1998b) Light sensitivity of white chocolate, Part II : First trials to solve the problem—better keepability with protective gas packing. *Zucker u. Süsswaren Wirtschaft*, **51**, 102-104.

Kuksis A & W C Breckenridge (1966) Improved conditions for gas-liquid chromatography of triglycerides. *J Lipid Research*, **7**, 576-579.

Kuksis A & M J McCarthy (1962) Gas chromatography of butter triglycerides. *Can J Biochem Physiol*,

参 照 文 献

40, 679.

Kunutsor S, M Ollivon & M Chaveron (1977) Rapid detection method for cocoa butter replacement fats in chocolate. *Chocolaterie Confiserie de France*, **330**, 2-5.

Kurvinen J-P, O Sjövall, R Tahvonen, E Anklam & H Kallio (2002) Rapid MS method for analysis of cocoa butter TAG. *J Amer Oil Chem Soc*, **79**, 621-626.

Lambelet P (1983) Comparison of NMR and DSC methods for determining solid fat content of fats. Application to milk fat and its fractions. *Lebensm Wiss Technol*, **16**, 90-95.

Lambelet P, C Desarzens & A Raemy (1986) Comparison of NMR and DSC methods for determining solid fat content of fats. III Protons transverse relaxation times in cocoa butter and edible oils. *Lebensm Wiss Technol*, **19**, 77-81.

Landfeld A, P Novotna, J Strohalm, M Houska & K Kyhos (2000) Viscosity of cocoa butter. *Intl J Food Properties*, **3**, 165-169.

Laning S J (1981) Lauric fats for the confectionery industry. *Manufacturing Confectioner*, **61**, 52-53 & 56.

Lannes S C S (2002) Cupuassu fat. *Personal communication*, University of São Paulo, Brazil.

Lannes S C S (2003) Cupuassu—a new confectionery fat from Amazonia. *INFORM*, **14**, 40-41.

Lanzani A, P Bonioli, C Mariani, L Folegatti, S Venturini, E Fedeli & P Barretau (1994) A new short-path distillation system applied to the reduction of cholesterol in butter and lard. *J Amer Oil Chem Soc*, **71**, 609-614.

Larsson B K, A T Eriksson & M Cervenka (1987) Polycyclic aromatic hydrocarbons in crude and deodorized vegetable oils. *J Amer Oil Chem Soc*. **64**, 365-370.

Larsson K (1965) Solid state behaviour of glycerides. *Arkiv för Kemi*, **23**, 35-56.

Larsson K (1972) Molecular arrangement in glycerides. *Fette Seifen Anstrichmittel*, **74**, 136-142.

Larsson K (1994) *Lipids—Molecular Organization, Physical Functions and Technical Applications*, The Oily Press, Dundee, UK. ISBN 0-9514171-4-2.

Lassner M (1997) Transgenic oilseed crops: a transition from basic research to product development. *Lipid Technology*, January, 5-9.

Laustsen K (1991) The nature of fat bloom in molded coatings. *Manufacturing Confectioner*, **71**, 137-144.

Lees M (1998) Vegetable oils. In: *Food Authenticity —Issues and Methodologies*, Eurofins Scientific, Nantes, France, pp219-269. ISBN 2-9512051-0-4.

Lehrian D W, P G Keeney & D R Butler (1980) Triglyceride characteristics of cocoa butter from cacao fruits matured in a microclimate of elevated temperature. *J Amer Oil Chem Soc*, **57**, 66-69.

Leissner R & B Petersson (1991) *Cocoa Butter Alternatives*, Karlshamns AB, Karlshamn, Sweden.

Leong W L & T L Ooi (1992) New non-lauric cocoa butter substitutes from palm oleins. *Elaeis*, **4**, 65-71.

Leung H K, G R Anderson & P J Norr (1985) Rapid determination of total and solid fat contents in chocolate products by pulsed nuclear magnetic resonance. *J Food Sci*, **50**, 942-950.

Lever Brothers Co. (1981) (F B Padley, C N Paulussen, C Soeters & D Tresser) Chocolate having defined hard fat. US Patent 4,276,322.

Li S & S Hartland (1996) A new industrial process for extracting cocoa butter and xanthines with supercritical carbon dioxide. *J Amer Oil Chem Soc*, **73**, 423-429.

Liendo R, F C Padilla & A Quintana (1997) Characterization of cocoa butter extracted from Criollo cultivars of *Theobroma cacao* L. *Food Research International*, **30**, 727–731.

Lipp M & E Anklam (1998) Review of cocoa butter and alternative fats for use in chocolate: Part A. Compositional data, Part B. Analytical approaches for identifcation and determination. *Food Chemistry*, **62**, 73–97 & 99–108.

Lipp M, C Simoneau, F Ulberth, E Anklam, C Crews, P Brereton, W de Greyt, W Schwack & C Wiedmaier (2001) Composition of genuine cocoa butter and cocoa butter equivalents. *J Food Composition Analysis*, **14**, 1–10.

Lister C (1997a) Calling names: Compositional definitions and non-brand names. *World Food Regulation Review*, **6**, 19–23.

Lister C (1997b) Chocolate soldiers: Regulatory policy and the great chocolate war. *World Food Regulation Review*, **6**, 24–28.

Litchfield C (1972) *Analysis of Triglycerides*, Academic Press, New York, USA.

Liu J, T Lee, E Bobik Jr, M Guzman-Harty & C Hastilow (1993) Quantitative determination of monoglycerides and diglycerides by high-performance liquid chromatography and evaporative light-scattering detection. *J Amer Oil Chem Soc*, **70**, 343–347.

Loders Croklaan BV (1993) (F W Cain, A D Hughes & W Dekker) Improved chocolate compositions based on hardstock fat additives. European Patent Application 0 560 425 A1.

Loders Croklaan BV (1994) (A D Hughes & K W Smith) Fats rich in *trans* acids. International Patent WO 94/24882.

Loders Croklaan BV (1996) (F W Cain, N G Hargreaves & A D Hughes) Bloom-inhibiting fat blends. US Patent 5,554,408.

Lohman M Y & R W Hartel (1994) Effect of milk fat fractions on fat bloom in dark chocolate. *J Amer Oil Chem Soc*, **71**, 267–276.

Loisel C, G Keller, G Lecq, C Bourgaux & M Ollivon (1998) Phase transitions and polymorphism of cocoa butter. *J Amer Oil Chem Soc*, **75**, 425–439.

Lovegren N V & R O Feuge (1963) Solidification of cocoa butter. *J Amer Oil Chem Soc*, **42**, 308–312.

Lovegren N V & M S Gray (1978) Polymorphism of saturated triglycerides: I. 1,3-distearo triglycerides. *J Amer Oil Chem Soc*, **55**, 310–316.

Lovegren N V, M S Gray & R O Feuge (1971) Properties of 2-oleodipalmitin, 2-elaidodipalmitin and some of their mixtures. *J Amer Oil Chem Soc*, **48**, 116–120.

Lovegren N V, M S Gray & R O Feuge (1976) Effect of liquid fat on melting point and polymorphic behavior of cocoa butter and a cocoa butter fraction. *J Amer Oil Chem Soc*, **53**, 108–112.

Luddy F E, J W Hampson, S F Herb & H L Rothbart (1973) Development of edible tallow fractions for speciality fat uses. *J Amer Oil Chem Soc*, **50**, 240–244.

Lutton E S (1948) Triple chain-length structures of saturated triglycerides. *J Amer Chem Soc*, **70**, 248–254.

Lutton E S (1950) Review of the polymorphism of saturated even glycerides. *J Amer Oil Chem Soc*, **27**, 276–281.

Lutton E S (1951) The polymorphism of the disaturated triglycerides—OSS, OPP, POS, OPS and OSP. *J Amer Chem Soc*, **73**, 5595–5598.

Lutton E S (1972) Lipid structures. *J Amer Oil Chem Soc*, **49**, 1–9.

参 照 文 献

Maarsen J W & M G N van Overbeek (1982) Raw materials vs CBE. *Süsswaren*, **5**, 150-155.

Macarthur R, C Crews & P Brereton (2000) An improved method for the measurement of added vegetable fats in chocolate. *Food Additives & Contaminants*, **17**, 653-664.

MacGibbon A K H (2002) New Zealand milk fat data. *Personal communication*, Fonterra Research, Palmerston North, New Zealand.

MacGibbon A K H & W D McLennan (1987) Hardness of New Zealand patted butter: Seasonal and regional variations. *NZ J Dairy Sci Technol*, **22**, 143-156.

MacMillan S D, K J Roberts, A Rossi, M Wells, M Polgreen & I Smith (1998) Quantifying the effects of shear on crystallisation of confectionery fats using on-line synchrotron radiation SAXS/WAXS techniques. In: *The Proceedings of World Congress on Particle Technology*, Brighton, UK, pp96-103.

Madison B L & R C Hill (1978) Determination of the solid fat content of commercial fats by pulsed nuclear magnetic resonance. *J Amer Oil Chem Soc*, **55**, 328-331.

Manning D N & P S Dimick (1985) Crystal morphology of cocoa butter. *Food Microstructure*, **4**, 249-265.

Marangoni A M (2001) β' crystal structure unveiled at last. *INFORM*, **12**, 479-481.

Marangoni A G & R W Lencki (1998) Ternary phase behaviour of milk fat fractions. *J Agric Food Chem*, **46**, 3879-3884.

Mars (UK) Ltd (1978) Tempering chocolate with cocoa powder. British Patent Application 2,339,381A.

Mars Inc. (1998) (N A Willcocks, T M Collins, F W Earis, R D Lee, A V Shastry, K L Rabinovitch & W Harding) Methods of producing chocolates with seeding agents and products produced by the same. International Patent WO 98/30108. (Appl. No. PCT/US98/00360).

Martin R A (1987) Chocolate. *Advances in Food Research*, **31**, 211-342.

Martini S & M L Herrera (2002) Xray diffraction and crystal size. *J Amer Oil Chem Soc*, **79**, 315-316.

Matheson A R (1994) Automation of NMR milkfat assay using a Zymate robot. In: *ISLAR '94 Proceedings*, pp701-716.

Matissek R (2000) Vegetable fats in chocolate—regulatory and analytical aspects. *Lebensmittelchemie*, **54**, 25-30.

Matissek R (2001) Current developments in the law and in analytic methods. *Zucker u. Süsswaren Wirtschaft*, **54**, 19-22.

Matissek R & K Janssen (2002) Shell content of cocoa products using fatty acid tryptamides as indicator. Part 1: Characterisation and analysis of fatty acid tryptamides. Part 2: Fatty acid tryptamide content of cocoa nibs/liquor and shells. *Zucker u. Süsswaren Wirtschaft*, **55** (Suppl.).

Matsui N (1988) Material design for hard butter from vegetable fats, Chapter 10. In: *Crystallization and Polymorphism of Fats and Fatty Acids* (N Garti & K Sato, eds), Marcel Dekker Inc, New York, USA, pp395-422. ISBN 0-8247-7875-8.

Maycock J H (1990) Innovations in palm oil mill processing and refining. In: *SCI Symposium Proceedings: New Developments in Palm Oil, London, 19 December 1989* (K G Berger, ed), Palm Oil Research Institute of Malaysia, pp23-37. ISBN 967-961-035-7.

McCarthy M, J Walton & K McCarthy (2000) Magnetic Resonance Imaging. *54th PMCA Production Conference*, pp69-77.

Mensier P H (1957) *Dictionnaire des Huiles Végétales,* Editions Pauls Lechavalier, Paris, France .

Merken G V & S V Vaeck (1980) Study of polymorphism of cocoa butter by DSC calorimetry.

Lebensmittel Wiss Technol, **13**, 314–317.

Merken G V, S V Vaeck & D Dewulf (1982) Determination of the technological properties of cocoa butter by means of differential scanning calorimetry. *Lebensm Wiss Technol*, **15**, 195–198.

Min D B & H-O Lee (1999) Chemistry of lipid oxidation, Chapter 16. In: *Flavor Chemistry: Thirty Years of Progress* (R Teranishi, E L Wick & I Hornstein, eds), Kluwer Academic/Plenum Publishers, New York, USA, pp175–187. ISBN 0-306-46199-4.

Minato A, S Ueno, J Yano, K Smith, H Seto, Y Amemiya & K Sato (1997) Thermal and structural properties of POP and OPO binary mixtures examined with synchrotron radiation X-ray diffraction. *J Amer Oil Chem Soc*, **74**, 1213–1220.

Minato A, S Ueno, J Yano, Z H Wang, H Seto, Y Amemiya & K Sato (1996) Synchrotron radiation X-ray diffraction study on phase behaviour of PPP-POP binary mixtures. *J Amer Oil Chem Soc*, **73**, 1567–1572.

Minault M H (1978) Low temperature storage of chocolate and confectionery articles. *Revue Generale du Froid*, **69**, 91–93.

Minifie B W (1974) The manufacture of crumb milk chocolate and other methods of incorporation of milk in chocolate. *Manufacturing Confectioner*, **54**, 19–26.

Minifie B W (1989) *Chocolate, Cocoa, and Confectionery: Science & Technology*, 3rd edition, Chapman & Hall, New York, USA. ISBN 0-442-26521-2.

Minim V P R & H M Cecchi (1998) Evaluation of fatty acid composition in milk chocolate bars. *Ciencia e Tecnologia de Alimentos*, **18**, 111–115. [Food Science & Technology Abstracts 1999-03-K0050].

Minim V P R, H M Cecchi & L A Minim (1999a) Determination of cocoa butter substitutes in coating chocolate by analysis of the triacylglycerol composition. *Ciencia e Tecnologia de Alimentos*, **19**, 277–281. [Food Science & Technology Abstracts 2000-11-K0314].

Minim V P R, H M Cecchi & L A Minim (1999b) Determination of cocoa butter substitutes in Easter eggs by analysis of the triacylglycerol composition. *Alimentos e Nutricao*, **10**, 55–68. [Leatherhead Food RA Abstracts 0000501076].

Mishra D (1978) Studies on sal seed oil and its nutrititive value. In: *Fats & Oils in Relation to Food Products and their Preparations. A Symposium, Mysore, June 1976, AFST, India*, pp87–88.

Mohr E, G Wichmann & G Roche (1987) Influence of fermentation on the properties of cocoa butter. *Gordian*, **87**, 77–82.

Mooren M (1995) Interpretation of NMR data for speciality fats. *Magazine for Business Partners of Loders-Croklaan*, May (16), 10–13.

Moran D P J (1963) Phase behaviour of some palmito-oleo triglyceride systems. *J Applied Chem*, **13**, 91–100.

Mossaba M M, M P Yurawecz & R E McDonald (1996) Rapid determination of the total *trans* content of neat hydrogenated oils by attenuated total reflection spectroscopy. *J Amer Oil Chem Soc*, **73**, 1003–1009.

Mulder H (1953) Melting and solidification of milk fat. *Neth Milk Dairy J*, **7**, 149–174.

Muller-Mulot W (1976) Rapid method for the quantitative determination of individual tocopherols in oils and fats. *J Amer Oil Chem Soc*, **53**, 732–736.

Munro D S, P A E Cant, A K H MacGibbon, D Illingworth & P Nicholas (1998) Concentrated milk fat products, Chapter 6. In: *The Technology of Dairy Products* (R Early, ed), 2nd edition, Blackie,

参 照 文 献

London, UK, pp198-227. ISBN 0-4514-0344-X.

Narine S S & A J Marangoni (1999) The difference between cocoa butter and Salatrim lies in the microstructure of the fat crystal network. *J Amer Oil Chem Soc*, **76**, 7-13.

Nelson R B (1999a) Tempering, Chapter 13. In: *Industrial Chocolate Manufacture and Use* (S T Beckett, ed), 3rd edition, Blackwell Science, Oxford, UK, pp231-258. ISBN 0-632-05433-6.

Nelson R B (1999b) Enrobers, moulding equipment and coolers, Chapter 14. In: *Industrial Chocolate Manufacture and Use* (S T Beckett, ed), 3rd editlon, Blackwell Science, Oxford, UK, pp258-286. ISBN 0-632-05433-6.

Nestlé (1988) (H Traitler, A Dieffenbacher & P Duret) Process for treatment of cocoa butter. Swiss Patent Application 666,160 A5.

Nestlé S A (2000) (E Windhab & Y Zeng) Method of producing seed crystal suspensions based on melted fat. European Patent 1,180,941; World Patent Application WO 00/7295.

Ng W L (1989) Nucleation behaviour of tripalmitin from a triolein solution. *J Amer Oil Chem Soc*, **66**, 1103-1106.

Niediek E A (1991) Amorphous sugar, its formation and effect on chocolate quality. *Manufacturing Confectioner*, **71**, 91-95.

Noorden A C (1982) Fat bloom—causes and prevention when using lauric hard butters. *Süsswaren Technik Wirtschaft*, **26**, 318-322.

Norris G E, I K Gray & R M Dolby (1973) Seasonal variation in the composition and thermal properties of New Zealand milk fat. II. Thermal properties. *J Dairy Research*, **40**, 311-321.

Norris R & M W Taylor (1977) Comparison of NMR and DSC methods for the estimation of solid fat content. *New Zealand J Dairy Sci Technol*, **12**, 160-165.

Offem J O & R K Dart (1985) Individual variation in Nigerian palm kernel oil. *Food Chemistry*, **16**, 141-145.

Oh F C H & Z Kamaruddin (1989) Comparison of palm kernel stearin SFC measurements at 30°C by wideline and pulse NMR. *Elaeis*, **1**, 103-108.

Oil World Annual 2002, ISTA Mielke GmbH, Hamburg, Germany.

Okawachi T, N Sagi & H Mori (1985) Confectionery fats from palm oil. *J Amer Oil Chem Soc*, **62**, 421-425.

Ollivon M, C Loisel, C Lopez, P Lesieur, F Artzner & G Keller (2001) Simultaneous examination of structural & thermal behaviors of fats by coupled XRD and DSC techniques: application to cocoa butter polymorphism, Chapter 3. In : *Crystallization and Solidification Properties of Lipids* (N Widlak, R Hartel & S Narine, eds), AOCS Press, Champaign, Illinois, USA, pp34-41. ISBN 1-893997-21-9.

Ong A S H, Y M Choo & C K Ooi (1995) Developments in palm oil, Chapter 6. In: *Developments in Oils and Fats* (R J Hamilton, ed), Blackie Academic & Professional, Glasgow, UK, pp153-191. ISBN 0-7514-0205-2.

Owusu-Ansah Y J (1994) Enzymes in lipid technology and cocoa butter substitutes, Chapter 12. In: *Technological Advances in Improved and Alternative Sources of Lipids* (B S Kamel & Y Kakuda, eds), Blackie Academic & Professional, Glasgow, UK, pp360-389. ISBN 0-7514-0001-7.

Padley F B (1994) The control of rancidity in confectionery products, Chapter 14. In: *Rancidity in Foods* (J C Allen & R J Hamilton, eds), 3rd edition. Blackie Academic & Professional, Glasgow, UK, pp230–255. ISBN 0-7514-0219-2.

Padley F B (1997) Chocolate and confectionery fats, Chapter 15. In: *Lipid Technologies and Applications* (F D Gunstone & F B Padley, eds), Marcel Dekker, New York, USA, pp391–432. ISBN 0-8247-9838-4.

Padley F B & M S J Dallas (1978) Analysis of confectionery fats. I. Separation of triglycerides by silver nitrate thin-layer chromatography. *Lebensm Wiss Technol*, **11**, 328–331.

Padley F B, C N Paulussen, C J Soeters & D Tresser (1972) The improvement of chocolate using the mono-unsaturated triglycerides SOS and POS. *Rev Int Choc (RIC)*, **27**, 226–229.

Padley F B & R E Timms (1978a) Analysis of confectionery fats. II. Gas–liquid chromatography of triglycerides. *Lebensm Wiss Technol*, **11**, 319–322.

Padley F B & R E Timms (1978b) Determination of cocoa butter equivalents in chocolate. *Chemistry & Industry*, 2 December, 918–919.

Padley F B & R E Timms (1980) The determination of cocoa butter equivalents in chocolate. *J Amer Oil Chem Soc*, **57**, 286–293.

Pansard J (1950) Unsaponifiable matter in shea butter. *Oléagineux*, **5**, 234.

Papalois M, F Leach, S Dungey, Y Yep & K Versteeg (1996) Australian milk fat survey—Part I. Physical properties. Milkfat Update Conference, 27–28 February 1996, AFISC, Werribee, Victoria, Australia.

Paquot C (1952a) Unsaponifiable matter in shea butter. *Oléagineux*, **7**, 195.

Paquot C (1952b) Unsaponifiable matter in shea butter. *Oléagineux*, **7**, 397.

Paquot C & Hautfenne A (1987) *IUPAC Standard Methods for the Analysis of Oils, Fats and Derivatives (7th edition)*, Blackwell Scientific Publications, Oxford, UK. ISBN 0-632-01586-1.

Parker R (2000) Chewing the fat. *Confection*, June, 18–20.

Parodi P W (1970) Fatty acid composition of Australian butter and milk fats. *Aust J Dairy Technol*, **25**, 200–205.

Paulicka F R (1970) Phase behavior of fats in confectionery coatings. *Manufacturing Confectioner*, **50**, 73–74 & 76 & 78.

Paulicka F B (1973) Phase behaviour of cocoa butter extenders. *Chemistry & Industry*, **17**, 835–839.

Paulicka F R (1976) Specialty fats. *J Amer Oil Chem Soc*, **53**, 421–424.

Paulicka F R (1981) Non-lauric substitute and replacer confectionery coating fats. *Manufacturing Confectioner*, **41**, 59–64.

Peers K E (1977) The non-glyceride saponifiables of shea butter. *J Sci Food Agric*, **28**, 1000–1009.

Peksa V (2002) *Personal communication*, Mintec Ltd, Wooburn Green, Bucks HP10 0EU, UK.

Petersen U (1994) Emulsifiers for speciality fats. *Malaysian Oil Science & Technology*, **3**, 69–74.

Petersson B (1986) Pulsed NMR method for solid fat content determination in tempering fats, Part II: Cocoa butters and equivalents in blends with milk fat. *Fette Seifen Anstrichmittel*, **88**, 128–136.

Petersson B, K Anjou & L Sandström (1985) Pulsed NMR method for solid fat content determination in tempering fats, Part I: Cocoa butters and equivalents. *Fette Seifen Anstrichmittel*, **87**, 225–230.

Petrauskaite V, W F de Greyt and M J Kellens (2000) Physical refining of coconut oil: Effect of crude oil quality and deodorization conditions on neutral oil loss. *J Amer Oil Chem Soc*, **77**, 581–586.

Pichard M (1923) *Compt Rend*, **176**, 1224. [Cited by Vaeck, 1960].

Pocklington W D & A Hautfenne (1985) Determination of triglycerides in fats and oils. *Pure & Applied*

参 照 文 献

Chem, **57**, 1515-1522.

Podlaha O, B Töregård & B Püschl (1984) TG-type composition of 28 cocoa butters and correlation between some of the TG-type components. *Lebensmittel Wiss Technol*, **17**, 77-81.

Podmore J (2002) Bakery fats, Chapter 2. In: *Fats & Food Technology* (K K Rajah, ed), Sheffield Academic Press, Sheffield, UK, pp30-68. ISBN 0-8493-9784-7.

Pontillon J (1995) Determination of milk fat in chocolates by GLC of triglycerides and fatty acids. *J Amer Oil Chem Soc*, **72**, 861-866.

Precht D & K Heine (1986) Detection of modified milk fat by means of triglyceride analysis. 2. Detection of foreign fat in milk fat with the help of triglyceride combinations. *Milchwissenschaft*, **41**, 406-410.

Procter & Gamble (1980) (R A Volpenheim) Diglyceride manufacture and use in making confectioner's butter or the like. European Patent 0,010,333.

Procter & Gamble Co. (1991) (A M Ehrman, P Seiden, R M Weitzel & R L White) Process for tempering flavored confectionery compositions containing reduced calorie fats and resulting tempered products. US Patent 5,066,510.

Purr A (1962) Test paper for detection of esterases in animal and plant materials and microorganisms. *Revue Int Choc (RIC)*, **17**, 561 & 567-571.

Purr A (1966) The course of chemical changes in low moisture foods. I. The enzymatic degradation of fats at low potential water vapour pressure. *Fette Seifen Anstrichmittel*, **68**, 145-150.

Quinlan P & S Moore (1993) Modification of triglycerides by lipases: process technology and its application to the production of nutritionally improved fats. *INFORM*, **4**, 580-585.

Rahim Md A A, L P Kuen, A Fisal, R Nazaruddin & S Sabariah (1998) Fat interactions and physical changes in melt-away alike chocolate during storage. In: *Proceedings of Conference on Oilseed & Edible Oils, Istanbul*, Volume 2 (S S Koseoglu, K C Rhee & R F Wilson, eds), AOCS Press, Champaign, Illinois, USA, pp141-143. ISBN 0-935315-84-5.

Rajah K K (1991) Anhydrous milk fat and fractionated products, Chapter 5. In: *Milk Fat: Production, Technology and Utilization* (K K Rajah & K J Burgess, eds), Society of Dairy Technology, Huntingdon, UK, pp37-43. ISBN 0-900681-10-1.

Ransom-Painter K L, S D Williams & R W Hartel (1997) Incorporation of milk fat and milk fat fractions into compound coatings made from palm kernel oil. *J Dairy Sci*, **80**, 2237-2248.

Ratledge C (1994) Yeasts, moulds, algae and bacteria as sources of lipids, Chapter 9. In: *Technological Advances in Improved and Alternative Sources of Lipids* (B S Kamel & Y Kakuda, eds), Blackie Academic & Professional, Glasgow, UK, pp235-291. ISBN 0-7514-0001-7.

Rattray J B M (1997) Genetic approaches for tailor-made fats, Chapter 2. In: *Fats, Oleochemicals and Surfactants: Challenges in the 21st Century, Proceedings of a Seminar, December 1995* (V V S Mani, ed), Oxford & IBH Publishers, New Delhi, India, pp11-29. ISBN 81 -204-1192-7.

Reade M G (1985) The natural rate of solidification of chocolate. *Manufacturing Confectioner*, **65**, 59-65.

Richardson T (2000) Back to basics—chocolate tempering. *54th PMCA Production Conference*, pp30-41.

Riiner U (1970) Investigation of the polymorphism of fats and oils by temperature programmed X-ray diffraction. *Lebensmittel Wiss Technol*, **3**, 101-106.

Riiner U (1971) The effect of hydrolysis on the solidification of fats. *Lebensm Wiss Technol*, **4**, 76-80.

Röbbelen G (1988) Development of new industrial oil crops. In: *Proceedings of World Conference on Biotechnology for the Fats and Oils Industry* (T H Applewhite, ed), AOCS Press, Champaign, Illinois, USA, pp79-86. ISBN 0-935315-21-7.

Robinson N P & A K H MacGibbon (1998) Separation of milk fat triacylglycerols by argentation thin-layer chromatography. *J Amer Oil Chem Soc*, **75**, 783-788.

Rossell J B (1967) Phase diagrams of triglyceride systems. *Advances in Lipid Research*, **5**, 353-408.

Rossell J B (1973) Interactions of triglycerides and of fats containing them. *Chemistry & Industry*, 1 September, 832-835.

Rossell J B (1975) Differential scanning calorimetry of palm kernel oil products. *J Amer Oil Chem Soc*, **52**, 505-511.

Rossell J B (1985) Fractionation of lauric oils. *J Amer Oil Chem Soc*, **62**, 385-390.

Rossell J B (1992) Vegetable fats for chocolate, couvertures and coatings. *Lipid Technology*, September/October, 106-113.

Rossell J B (1994a) Measurement of rancidity, Chapter 2. In: *Rancidity in Foods* (J C Allen & R J Hamilton, eds), 3rd edition, Blackie Academic & Professional, Glasgow, UK, pp22-53. ISBN 0-7514-0219-2.

Rossell J B (1994b) Purity criteria in edible oils and fats. In: *Developments in the analysis of lipids* (J H P Tyman & M H Gordon, eds), The Royal Society of Chemistry, Cambridge, UK, pp79-202. ISBN 0-85186-971-8.

Rossell J B, B King & M J Downes (1985) Composition of oil. *J Amer Oil Chem Soc*, **62**, 221-230.

Rossi M (1996) Supercritical fluid extraction of cocoa and cocoa products. In: *Supercritical Fluid Technology & Lipid Chemistry* (J W King & G R List, eds), AOCS Press, Champaign, Illinois, USA, pp220-229. ISBN 0-935315-71-3.

Rostagno W, D Reymond & R Viani (1970) Characterisation of deodorised cocoa butter. *Rev Int Choc (RIC)*, **10**, 346-353.

Rousset Ph & M Rappaz (1996) Crystallization kinetics of the pure TAGs POP, POSt and StOSt. *J Amer Oil Chem Soc*, **73**, 1051-1057.

Rousset Ph, M Rappaz & E Minner (1998) Polymorphism and solidification kinetics of the binary system POS-SOS. *J Amer Oil Chem Soc*, **75**, 857-864.

Rozendaal A & A R Macrae (1997) Interesterification of oils and fats, Chapter 9. In: *Lipid Technologies and Applications* (F D Gunstone & F B Padley, eds), Marcel Dekker, New York, USA, pp223-263. ISBN 0-8247-9838-4.

Sabariah, A R Md Ali & C L Chong (1998) Chemical and physical characteristics of cocoa butter substitutes, milk fat and Malaysian cocoa butter. *J Amer Oil Chem Soc*, **75**, 905-910.

Sagredos A N, D Sinha-Roy & A Thomas (1988) On the occurrence, determination and composition of polycyclic aromatic hydrocarbons in crude oils and fats. *Fat Sci Technol*, **90**, 76-81.

Sampugna J & R G Jensen (1969) *Lipids*, **4**, 444. [Cited by Takagi & Ando (1995)].

Sassano G J & B S J Jeffrey (1993) Gas chromatography of triacylglycerols in palm oil fractions with medium-polarity wide-bore columns. *J Amer Oil Chem Soc*, **70**, 1111-1114.

Sato K (1996) Polymorphism of pure triacylglycerols and natural fats. In: *Advances in Applied Lipid Research, Volume 2* (F B Padley, ed), JAI Press Inc, London, UK, pp213-268. ISBN 1-55938-534-0.

Sato K (1997) Physical properties of confectionery fats. In: *Confectionery Science —Proceedings of an*

参 照 文 献

International Symposium 11-12 April 1997, PennState University, USA.
Sato K (1999) Solidification and phase transformation behaviour of food fats—a review. *Fett/Lipid*, **101**, 467-474.
Sato K (2001a) Uncovering the structures of β' fat crystals: what do the molecules tell us? *Lipid Technology*, March, 36-40.
Sato K (2001b) Crystallization behaviour of fats and lipids—a review. *Chemical Engineering Science*, **56**, 2255-2265.
Sato K, T Arishima, Z H Wang, K Ojima, N Sagi & H Mori (1989) Polymorphism of POP and SOS. I. Occurrence and polymorphic transformation. *J Amer Oil Chem Soc*, **66**, 664-674.
Sato K, M Goto, J Yano, K Honda, D R Kodali & D M Small (2001) Atomic resolution structure analysis of β' polymorph crystal of a TAG: 1,2-dipalmitoyl-3-myristoyl –*sn* -glycerol. *J Lipid Research*, **42**, 338-345.
Sato K & T Koyano (2001) Crystallization properties of cocoa butter, Chapter 12. In: *Crystallization Processes in Fats and Lipid Systems* (N Garti & K Sato, eds), Marcel Dekker, New York, USA, pp429-456. ISBN 0-8247-0551-3.
Sato K, S Ueno & J Yano (1999) Molecular interactions and kinetic properties of fats. *Progress Lipid Research*, **38**, 91-116.
Savage C M & P S Dimick (1995) Influence of phospholipids during crystallization of hard and soft cocoa butters. *Manufacturing Confectioner*, **75**, 127-132.
Sawadogo K & J Bezard (1982) Study of the triglyceride structure of karité butter. *Oléagineux*, **37**, 69-74.
Sawamura N (1988) Transesterification of fats and oils. In: *Enzyme Engineering 9. Annals of the New York Academy of Sciences* (H W Blanch & A M Klibanov, eds), New York, USA, pp266-269.
Sawitzki P (1987) Cooling requirements of chocolate, lauric and non-lauric coatings. *Manufacturing Confectioner*, **67**, 77-79.
Sawitzki P (1997) Correct cooling of chocolate: The four process steps in enrobing units. *Süsswaren*, **41**, 30-31.
Schantz B & L Linke (2001a) Measurement methods for solidification and contraction. The influence of emulsifiers on chocolate. *Zucker u. Süsswaren Wirtschaft*, **54**, 15-17.
Schantz B & L Linke (2001b) The influence of emulsifiers on crystallisation behaviour. Flow properties of chocolate alter. *Zucker u. Süsswaren Wirtschaft*, **54**, 20-22.
Schenker S (2000) The nutritional and physiological properties of chocolate. *British Nutrition Foundation Nutrition Bulletin*, **25**, 303-313.
Schieberle P & P Pfnuer (1999) Characterization of key odorants in chocolate, Chapter 13. In: *Flavor Chemistry: Thirty Years of Progress* (R Teranishi, E L Wick & I Hornstein, eds), Kluwer Academic/Plenum Publishers, New York, USA, pp147-153. ISBN 0-306-46199-4.
Schlenk W (1965) *J Amer Oil Chem Soc*, **42**, 945. [Cited by Takagi & Ando (1995)].
Schlichter-Aronhime J & N Garti (1988) Solidification and polymorphism in cocoa butter and the blooming problems, Chapter 9. In: *Crystallization and Polymorphism of Fats and Fatty Acids* (N Garti & K Sato, eds), Marcel Dekker Inc, New York, USA, pp363-393. ISBN 0-8247-7875-8.
Schlimme E E (1990) Removal of cholesterol from milk fat. *European Dairy Magazine*, **4**, 12-13 & 16-21.

Schmelzer J M & R W Hartel (2001) Interactions of milk fat and milk fat fractions with confectionery fats. *J Dairy Science*, **84**, 332-344.

Schmulinzon C, A Yaron & A Letan (1971) Directed transesterification of hardened coconut oil with several saturated fatty-acid methyl esters. *Rivista Italiana Sostanze Grasse*, **48**, 430-436.

Schremmer H (1980) Portable control unit for measuring the degree of temper in chocolate, review for chocolate. *Confectionery & Bakery*, **5**, 19-21 .

Schuster-Salas C & G Ziegleder (1992) DSC measurement of the degree of tempering of mobile, pre-crystallised, chocolate masses under production conditions. *Zucker u. Süsswaren Wirtschaft*, **45**, 324-326.

Sedman J, F R van de Voort, A A Ismail & P Maes (1998) Industrial validation of Fourier transform infrared trans and IV analyses of fats and oils. *J Amer Oil Chem Soc*, **75**, 33-39.

Seguine E S (1991) Tempering—the inside story. *Manufacturing Confectioner*, **71**, 117-125.

Seguine E (2001) Diagnosing chocolate bloom. *Manufacturing Confectioner*, **81**, 45-50.

Seguine E S (2002) *Personal communication*, Guittard Chocolate Company, Burlingame; CA 94010, USA. [www.guittard.com].

Shannon R J, J Fenerty, R J Hamilton & F B Padley (1992) The polymorphism of diglycerides. *J Sci Food Agric*, **60**, 405-417.

Shaughnessy W J (1992) Cocoa beans — planting through fermentation — its effect on flavour. *Manufacturing Confectioner*, **72**, 51-58.

Shen Z, A Birkett, M A Augustin, S Dungey & C Versteeg (2001) Melting behavior of milk fat with hydrogenated coconut and cottonseed oils. *J Amer Oil Chem Soc*, **78**, 387-394.

Sherbon J W & S T Coulter (1966) Solid solutions and the hardness of fatty mixtures. *J Dairy Science*, **49**, 1126-1131.

Shukla V K S (1983) Studies on the crystallization behaviour of the cocoa butter equivalents by pulse nuclear magnetic resonance—Part I. *Fette Seifen Anstrichmittel*, **85**, 467-471.

Shukla V K S (1995) Cocoa butter properties and quality. *Lipid Technology*, **7**, 54-57.

Shukla V K S, W Schiotz Nielsen & W Batsberg (1983) A simple and direct procedure for the evaluation of triglyceride composition of cocoa butters by HPLC—a comparison with the existing TLC-GC method. *Fette Seifen Anstrichmittel*, **85**, 274-278.

Siew W L (2001) Crystallisation and melting behaviour of palm kernel oil and related products by differential scanning calorimetry. *Eur J Lipid Sci Technol*, **103**, 729-734.

Siew W L & K G Berger (1981) Malaysian palm kernel oil—Chemical and physical characteristics, *PORIM Technology No. 6*, Malaysian Palm Oil Board.

Siew W L, C L Chong, Y A Tan, T S Tang & C H Oh (1992) Identity characteristics of Malaysian palm oil products. *Elaeis*, **4**, 79-85.

Siew W L & W L Ng (1995a) Partition coefficient of diglycerides in crystallisation of palm oil. *J Amer Oil Chem Soc*, **72**, 591-595.

Siew W L & W-L Ng (1995b) Diglyceride content & composition as indicators of palm oil quality. *J Sci Food Agric*, **69**, 73-79.

Siew W-L & W-L Ng (1996) Effect of diglycerides on the crystallisation of palm oleins. *J Sci Food Agric*, **71**, 496-500.

Siew W-L & W-L Ng (1999) Influence of diglycerides on crystallisation of palm oil. *J Sci Food Agric*, **79**,

参 照 文 献

722-726.

Siew W L & W L Ng (2000) Differential scanning thermograms of palm oil triglycerides in the presence of diglycerides. *J Palm Oil Research*, **12**, 1-7.

Siew W L, T S Tang, F C H Oh, C L Chong & Y A Tan (1993) Identity characteristics of Malaysian palm oil products: Fatty acid and triglyceride composition and solid fat content. *Elaeis*, **5**, 38-46.

Simoneau C, P Hannaert & E Anklam (1999) Detection and quantification of cocoa butter equivalents in chocolate model systems: analysis of triglyceride profiles by high resolution GC. *Food Chemistry*, **65**, 111-116.

Simoneau C, C Naudin, P Hannaert & E Anklam (2000) Comparison of classical and alternative extraction methods for the quantitative extraction of fat from plain chocolate and the subsequent application to the detection of added foreign fats to plain chocolate. *Food Research International*, **33**, 733-741.

Skene L (2000) The role of dairy ingredients in chocolate manufacture. *Aust Dairy Foods*, **22**, 34-35.

Smit H (1997) Manufacture of CBR and CBS, Chapter 8. In: *Production and Application of Confectionery Fats* (W Hamm & R E Timms, eds), P J Barnes & Associates, Bridgwater, UK. ISBN 0-9526542-7-X.

Smith J A (1999) Legislative aspects of chocolate, Chapter 23. In: *Industrial Chocolate Manufacture and Use* (S T Beckett, ed), 3rd edition, Blackwell Science, Oxford, UK, pp429-438. ISBN 0-632-05433-6.

Smith K (1998) The fundamentals of fat migration. *Chocolate Technology 98, Cologne*, ZDS Proceedings.

Smith K W (2001a) Crystallization of palm oil and its fractions, Chapter 10. In: *Crystallization Processes in Fats and Lipid Systems* (N Garti & K Sato, eds), Marcel Dekker, New York, USA, pp357-427. ISBN 0-8247-0551-3.

Smith K W (2001b) Cocoa butter and cocoa butter equivalents, Chapter 14. In: *Structured and Modified Lipids* (F D Gunstone, ed), Marcel Dekker, New York, USA, pp401-422. ISBN 0-8247-0253-0.

Smith R E, J W Finley & G A Leveille (1994) Overview of SALATRIM, a family of low-calorie fats. *J Agric Food Chem*, **42**, 432-434.

Smith P, N Haghshenas & B Bergenståhl (2001) Development and use of a novel technique to measure exchange between lipid crystals and oils, Chapter 14. In: *Crystallization and Solidification Properties of Lipids* (N Widlak, R Hartel & S Narine, eds), AOCS Press, Champaign, Illinois, USA, pp160-167. ISBN 1-893997-21-9.

Smith P R & M J W Povey (1997) The effect of partial glycerides on trilaurin crystallization. *J Amer Oil Chem Soc*, **74**, 169-171.

Societé des Produits Nestlé (2000) (S T Beckett) Processing of fats or fat containing foods. British Patent Application 2,344,988 A.

Som M N M & M S A Kheiri (1982) Malaysian cocoa butter. *Manufacturing Confectioner*, **62**, 42-49.

Spangenberg J E & F Dionisi (2001) Characterization of cocoa butter and cocoa butter equivalents by bulk and molecular carbon isotope analyses: Implications for vegetable fat quantification in chocolate. *J Agric Food Chem*, **49**, 4271-4277.

Sreenivasan B (1978) Interesterification of fats. *J Amer Oil Chem Soc*, **55**, 796-805.

Sridhar R & G Lakshminarayana (1991) The composition of some vegetable fats with potential for preparation of cocoa butter equivalents by high performance liquid chromatography. *J Oil Technol*

Assocn India, **23**, 42–43.

Stansell D (1995) Caramel, toffee and fudge, Chapter 8. In: *Sugar Confectionery Manufacture* (E B Jackson, ed), 2nd edition, Blackie Academic & Professional, Glasgow, UK, pp170–188. ISBN 0-7514-0197-8.

Stapley A G F, H Tewkesbury & P J Fryer (1999) The effects of shear and temperature history on the crystallization of chocolate. *J Amer Oil Chem Soc*, **76**, 677–685.

Stenberg O & P Sjöberg (1996) Thin-film deodorizing of edible oils. *INFORM*, **7**, 1296–1304.

Stewart I M (1999) *Internal communication*, Britannia Food Ingredients Ltd, Goole DN 14 6ES, UK.

Stewart I M & R E Timms (2002) Fats for chocolate and sugar confectionery, Chapter 5. In: *Fats and Food Technology* (K K Rajah, ed), Sheffield Academic Press, Sheffield, UK, pp159–191. ISBN 0-8493-9784-7,

Subramaniam P J (2000) Confectionery products, Chapter 10. In: *The Stability and Shelf-life of Food* (D Kilcast and P Subramaniam, eds), Woodhead Publishing Ltd, Cambridge, UK, pp221–248. ISBN 1-85573-500-8.

Subramaniam P J, R A Curtis, M E Saunders & O C Murphy (1999) A Study of Fat Bloom and Antibloom Agents (*Leatherhead Food RA Research Reports No. 759*), Leatherhead Food RA, Leatherhead, UK.

Subramaniam P & O Murphy (2001) Contraction of milk chocolate. *Manufacturing Confectioner*, **81**, 61–66.

Sudin N (2002) *Personal communication*, Technical Advisory Service, Malaysian Palm Oil Board.

Swetman T, S Head & D Evans (1999) Contamination of coconut oil by PAH. *INFORM*, **10**, 706–712.

Szelag H & W Zwierzykowski (1988) Evaluation of behenic acid tryptamide in cocoa fat on the basis of Blue Value determinations. *Nahrung*, **32**, 285–290.

Takagi T & Y Ando (1995) Stereospecific analysis of monounsaturated triacylglycerols in cocoa butter. *J Amer Oil Chem Soc*, **72**, 1203–1206.

Takeuchi M, S Ueno, J Yano, E Flöter & K Sato (2000) Polymorphic transformation of 1,3-distearoyl-sn-2-linoleoyl-glycerol, *J Amer Oil Chem Soc*, **77**, 1243–1249.

Talbot G (1990) Fat migration in biscuits and confectionery systems. *Confectionery Production*, **56**, 265–272.

Talbot G (1991) A new generation of cocoa butter equivalents. *Confectionery Manufacture & Marketing*, **28**, 30 & 34–35.

Talbot G (1994) Minimisation of moisture migration in food systems. In: *Food Ingredients Europe Conference Proceedings 1994*, Process Press Europe, Maarsen, The Netherlands, pp241–245.

Talbot G (1995a) Fat eutectics and crystallisation, Chapter 7. In: *Physico-chemical Aspects of Food Processing* (S T Beckett, ed), Blackie Academic & Professional, Glasgow, UK, pp142–166. ISBN 0-7514-0240-0.

Talbot G (1995b) Chocolate fat bloom—the cause and the cure. *International Food Ingredients*, January/February, pp40–45.

Talbot G (1996) The washer test—a method for monitoring fat migration. *Manufacturing Confectioner*, **76**, 87–90.

Talbot G (1999) Vegetable fats, Chapter 17. In: *Industrial Chocolate Manufacture and Use* (S T Beckett, ed), 3rd edition, Blackwell Science, Oxford, UK, pp307–322. ISBN 0-632-05433-6.

参 照 文 献

Talbot G (2001) Cocoa butter variability. *International Food Ingredients*, **3**, 15-18.

Tan B K & K G Berger (1982) Characteristics of kernel oils from *Elaeis oleifera*, F1 hybrids and backcross with *Elaeis guineensis. J Sci Food Agric*, **33**, 204-208.

Tan B K & F C H Oh (1981a) Malaysian palm oil—chemical and physical characteristics. *PORIM Technology No. 3*, Malysian Palm Oil Board.

Tan B K & F C H Oh (1981b) Oleins and stearins from Malaysian palm oil—chemical and physical characteristics. *PORIM Technology No. 4*, Malysian Palm Oil Board.

Tanaka M, T Itoh & H Kaneko (1980) Quantitative determination of isomeric glycerides, free fatty acids and triglycerides by TLC-FID system. *Lipids*, **15**, 872-875.

Tang T S & F C H Oh (1994) Characteristics and properties of Malaysian palm kernel-based speciality fats. In: *Proceedings of the World Conference on Lauric Oils: Sources, Processing and Applications* (T H Applewhite, ed), AOCS Press, Champaign, Illinois, USA, pp84-97. ISBN 0-9353 15-56-X.

Taylor H H, F E Luddy, J W Hampson & H L Rothbart (1976) Substitutability of fractionated beef tallow for other fats and oils in the food and confectionery industries: An economic evaluation. *J Amer Oil Chem Soc*, **53**, 491-495.

ten Grotenhuis E, G A van Aken, K E van Malssen & H Schenk (1999) Polymorphism of milk fat studied by differential scanning calorimetry and real-time X-ray powder diffraction. *J Amer Oil Chem Soc*, **76**, 1031-1039.

Thomas L & M Rowney (1996) Australian milk fat survey—Part 2. Fatty acid composition. Milkfat Update Conference, 27-28 February 1996, AFISC, Werribee, Victoria, Australia.

Thorz M S & A Schmitt (1984) Thin film liquor roasting and pre-treatment technology. *Manufacturing Confectioner*, **64**, 65-70.

Timms R E (1974) Rapid analytical method for the detection of cocoa butter replacers in milk and plain chocolate. *Internal communication*, Unilever Research Colworth/Welwyn, UK.

Timms R E (1978) The solubility of milk fat, fully hardened milk fat and milk fat hard fraction in liquid oils. *Aust J Dairy Tech*, **33**, 130-135.

Timms R E (1979a) Computer program to construct isosolid diagrams for fat blends. *Chemistry & Industry*, 7 April, 257-258.

Timms R E (1979b) The physical properties of blends of milk fat with beef tallow and beef tallow fractions. *Aust J Dairy Technol*, **34**, 60-65.

Timms R E (1980a) The phase behaviour of mixtures of cocoa butter and milk fat. *Lebensm Wiss Technol*, **13**, 61-65.

Timms R E (1980b) The phase behaviour and polymorphism of milk fat, milk fat fractions and fully hardened milk fat. *Aust J Daily Technol*, **35**, 47-53.

Timms R E (1980c) Detection and quantification of non-milk fat in mixtures of milk and non-milk fats. *J Dairy Research*, **47**, 295-303.

Timms R E (1983a) Choice of solvent for fractional crystallisation of palm oil. In: *Palm Oil Product Technology in the Eighties* (E Pushparajah & M Rajadurai, eds), Incorporated Society of Planters, Kuala Lumpur, pp277-290.

Timms R E (1983b) Speciality fats from palm and palm kernel oils. In: *Fats for the future, Proceedings of the International Conference on Oils, Fats & Waxes*, Auckland, pp25-28.

Timms R E (1984) Phase behaviour of fats and their mixtures. *Progress Lipid Res*, **23**, 1-38.

Timms R E (1985) Physical properties of oils and mixtures of oils. *J Amer Oil Chem Soc*, **62**, 241–249.

Timms R E (1986) Processing of palm kernel oil. *Fette Seifen Anstrichmittel*, **88**, 294–300.

Timms R E (1991a) Crystallisation of fats. *Chemistry & Industry*, 20 May, 342–345.

Timms R E (1991b) The solid fat index—a critical appraisal. Paper given at AOCS Annual Meeting, Chicago, Illinois, USA, 12–15 May 1991.

Timms R E (1994) Principles of fat fractionation. Paper presented at Fractional Crystallisation of Fats Symposium, London, UK, 9 March 1994. *SCI Lecture Paper Series, Paper No. 0039*, Society of Chemical Industry, London, UK. [Available from www.soci.org].

Timms R E (1995) Crystallisation of fats, Chapter 8. In: *Developments in Oils and Fats* (R J Hamilton, ed), Blackie Academic & Professional, Glasgow, UK, pp204–223. ISBN 0-7514-0205-2.

Timms R E (1997a) Fractionation, Chapter 8. In: *Lipid Technologies and Applications* (F D Gunstone & F B Padley, eds), Marcel Dekker, New York, USA, pp199–222. ISBN 0-8247-9838-4.

Timms R E (1997b) Cocoa butter equivalents and other SOS-type fats, Chapter 7. In: *Production and Application of Confectionery Fats* (W Hamm & R E Timms, eds), P J Barnes & Associates, Bridgwater, UK. ISBN 0-9526542-7-X.

Timms R E (1998) Quality and safety in oils and fats processing—HACCP, ISO9002 and all that. *Lipid Technology*, November, 125–128.

Timms R E (1999) Study of the variability of solid fat content measurement. *Internal communication*, Britannia Food Ingredients, Goole, UK.

Timms R E (2000) Use of Indian exotic fats to formulate cocoa butter equivalents, Chapter 10.3. In: *Modern Technology in the Oils & Fats Industry* (S C Singhal & J R M Rattray, eds), Oil Technologists' Association of India, New Delhi, India.

Timms R E (2001) Chocolate fats. *Food Ingredients & Analysis International*, August, 15–19.

Timms R E, C Carlton-Smith & A Hilliard (1976) Phase behaviour of cocoa butter replacers. *Internal communication*, Unilever Research Colworth/Welwyn, UK.

Timms R E & E M Goh (1986) Comparison of determination of solid fat content by NMR and by dilatometry (SFI). Paper given at AOCS Annual Meeting, Honolulu, Hawaii, 14–18 May 1986.

Timms R E & D J Munns (1976) *Internal communication*, Unilever Research Colworth/Welwyn, UK.

Timms R E, F B Padley & M S J Dallas (1973) *Internal communication*, Unilever Research Colworth/Welwyn, UK.

Timms R E & J V Parekh (1980) The possibilities for using hydrogenated, fractionated or interesterified milk fat in chocolate. *Lebensm Wiss Technol*, **13**, 177–181.

Timms R E, P Roupas & W P Rogers (1982) The content of dissolved oxygen in air-saturated liquid and crystallized anhydrous milk fat. *Aust J Dairy Technol*, **37**, 39–40.

Timms R E & I M Stewart (1999) Cocoa butter, a unique vegetable fat. *Lipid Technology Newsletter*, **5**, 101–107.

Timms R E, D Whittingham & S Darvell (2000) An automatic cooling curve apparatus for evaluation of cocoa butter and cocoa butter equivalents. Paper presented at OFIC 2000, Kuala Lumpur, 4–8 September 2000. [Available from www.britanniafood.com].

Tirtiaux A & V Gibon (1998) Dry fractionation: The boost goes on. In: *Proceedings of Conference on Oilseed & Edible Oils, Istanbul*, Volume 2. (S S Koseoglu, K C Rhee & R F Wilson, eds), AOCS Press, Champaign, Illinois, USA, pp92–98. ISBN 0-935315-84-5.

参 照 文 献

Toro-Vazquez J F, E Dibildox-Alvarado, V Herrera-Coronado & M A Charó-Alonso (2001) Triglyceride crystallization in vegetable oil, Chapter 5. In: *Crystallization and Solidification Properties of Lipids* (N Widlak, R Hartel & S Narine, eds), AOCS Press, Champaign, Illinois, USA, pp53-78. ISBN 1-893997-21-9.

Trout R (2000) Manufacturing lowfat cocoa. *Manufacturing Confectioner*, **80**, 75-82.

Tscheuschner H D (1993) Mass with class—working properties of pre-crystallised chocolate masses, *Süsswaren*, **37**, 28-35.

Twomey M & K Keogh (1998) Milk powder in chocolate. *Farm & Food*, **8**, 9-11.

Ueno S, A Minato, H Seto. Y Amemiya & K Sato (1997) Synchrotron radiation X-ray diffraction study of liquid crystal formation and polymorphic crystallization of SOS. *J Phys Chem B*, **101**, 6847-6854.

Ueno S, A Minato, J Yano & K Sato (1999) Synchrotron radiation X-ray diffraction study of polymorphic crystallization of SOS from liquid phase. *J Crystal Growth*, **198/199**, 1326-1329.

Ueno S, J Yano, H Seto, Y Amemiya & K Sato (1999) Synchrotron radiation X-ray diffraction study of polymorphic crystallization in triacylglycerols, Chapter 4. In: *Physical Properties of Fats, Oils and Emulsifiers* (N Widlak, ed), AOCS Press, Champaign, Illinois, USA, pp64-78. ISBN 0-935315-95-0.

Uhnák J, M Veningerová & I Horváthová (1983) Chlorinated pesticide residues in the production of edible oils. *Lebensm Wiss Technol*, **16**, 323-325.

Ulberth F & M Buchgraber (2003) Analytical platforms to assess the authenticity of cocoa butter—a review. *European J Lipid Science Technology*, **105**, in press.

Ulberth F, R C Gabernig & F Schrammel (1999) Flame-ionization detector response to methyl, ethyl, propyl and butyl esters of fatty acids. *J Amer Oil Chem Soc*, **76**, 263-266.

Unilever Ltd (1960) Improvements in or relating to Cocoa-Butter-Substitutes. British Patent 827,172.

Unilever Ltd (1975) (N V Bringi & F B Padley) Mango kernel fat. British Patent 1,497,165.

Unilever PLC (1993a) (F W Cain, A D Hughes, J Paska & N Zwikstra) *Trans*-hardened fats with good gloss. International Patent Application WO 93/22934.

Unilever PLC (1993b) (F W Cain, N G Hargreaves & A D Hughes) Bloom-inhibiting fat blends. International Patent Application WO 93/24017.

Unilever NV & PLC (1993c) (F W Cain, A D Hughes, B Schmidl & D J Cebula) Non-temper confectionery fats. European Patent Application 0,536,824 A1.

Unilever PLC (1994) (Cain F W, A D Hughes & J H Pierce) Anti-bloom triglyceride compositions. European Patent Application 0,671,886 A1; International Patent Application WO 94/12045.

Unilever NV & PLC (1996) (P van Dam, W Hoger Vorst & F Kamp) Fractionation of triglyceride oils. International Patent Application WO 96/3 1580.

Uragami A, T Tateishi, K Murase, H Kubota, Y Iwanaga & H Mori (1986) *J Japan Oil Chem Soc*, **35**, 995. [Cited in Matsui, 1988].

US Food and Drug Administration (1997) White chocolate standard of identity. *Manufacturing Confectioner*, **77**, 83-89.

Vaeck S V (1960) Cacao butter and fat bloom. *Manufacturing Confectioner*, **40**, 35-36 & 71-74.

van Aken G A, E ten Grotenhuis, A J van Langevelde & H Schenk (1999) Composition and crystallization of milk fat fractions. *J Amer Oil Chem Soc*, **76**, 1323-1331.

van Boekel M A J S (1981) Estimation of solid-liquid ratios in bulk fats and emulsions by pulsed nuclear magnetic resonance. *J Amer Oil Chem Soc*, **58**, 768-772.

van Bruggen P C, G S M J E Duchateau, M M W Mooren & H J van Oosten (1998) Precision of low *trans* fatty acid level determination in refined oils. Results of a collaborative capillary gas-liquid chromatography study. *J Amer Oil Chem Soc*, **75**, 483-493.

van den Enden J C, A J Haighton, K van Putte, L F Vermaas & D Waddington (1978) A method for determination of the solid phase content of fats using pulse nuclear magnetic resonance. *Fette Seifen Anstrichmittel*, **80**, 180-186.

van den Enden J C, J B Rossell, L F Vermaas & D Waddington (1982) Determination of the solid fat content of hard confectionery butters. *J Amer Oil Chem Soc*, **59**, 433-439.

van den Tempel M (1968) Effects of emulsifiers on the crystallisation of triglycerides. In: *Surface-active Lipids in Foods* (*SCI Monograph No. 32*), Society of Chemical Industry, London, UK, pp22-36.

Vander Wal R J (1960a) Calculation of the distribution of the saturated and unsaturated acyl groups in fats from pancreatic lipase hydrolysis data. *J Amer Oil Chem Soc*, **37**, 18-20.

Vander Wal R J (1960b) The glyceride structure of fats and oils. *J Amer Oil Chem Soc*, **37**, 595-598.

van Duynhoven J, I Dubourg, G-J Goudappel & E Roijers (2002) Determination of MG and TG phase composition by time-domain NMR. *J Amer Oil Chem Soc*, **79**, 383-388.

van Duynhouven J, G-J Goudappel, M C M Gribnau & V K S Shukla (1999) Solid fat content determination by NMR. *INFORM*, **10**, 479-484.

van Gelder P N M R, N Hodgson, K J Roberts, A Rossi, M Wells, M Polgreen & I Smith (1996) Crystallization and polymorphism in cocoa butter fat: In-situ studies using synchrotron radiation X-ray diffraction. In: *Crystal Growth of Organic Materials* (S Myerson, D A Green & P Meenanet, eds), American Chemical Society, Washington, DC, USA, pp209-215.

van Langevelde A, R Driessen, W Molleman, R Peschar & H Schenk (2001) Cocoa-butter long spacings and the memory effect. *J Amer Oil Chem Soc*, **78**, 911-918.

van Langevelde A, K van Malssen, R Driessen, K Goubits, F Hollander, R Peschar, P Zwart & H Schenk (2000) Structure of $C_nC_{n+2}C_n$ -type (n = even) β'-triacylglycerols. *Acta Crystallogr B*, **56**, 1103-1111.

van Langevelde A, K van Malssen, R Peschar & H Schenk (2001) Effect of temperature on recrystallization behvior of cocoa butter. *J Amer Oil Chem Soc*, **78**, 919-925.

van Langevelde A, K van Malssen, E Sonneveld, R Peschar & H Schenk (1999) Crystal packing of homologous series β'-stable triacylglycerols. *J Amer Oil Chem Soc*, **76**, 603-609.

van Malssen K, R Peschar, C Brito & H Schenk (1996) Real-time X-ray powder diffraction investigations on cocoa butter. III. Direct β-crystallization of cocoa butter: Occurrence of a memory effect. *J Amer Oil Chem. Soc*, **73**, 1225-1230.

van Malssen K, R Peschar & H Schenk (1996a) Real-time X-ray powder diffraction investigations on cocoa butter. I. Temperature-dependent crystallization behaviour. *J Amer Oil Chem Soc*, **73**, 1209-1215.

van Malssen K, R Peschar & H Schenk (1996b) Real-time X-ray powder diffraction investigations on cocoa butter. II. The relationship between melting behaviour and composition of β-cocoa butter. *J Amer Oil Chem Soc*, **73**, 1217-1223.

van Malssen K, A van Langevelde, R Peschar & H Schenk (1999) Phase behavior and extended phase scheme of static cocoa butter investigated with real-time X-ray powder diffraction. *J Amer Oil Chem Soc*, **76**, 669–676.

van Putte K P A M & B H Bakker (1987) Crystallization kinetics of palm oil. *J Amer Oil Chem Soc*, **64**, 1138–1143.

van Putte K & J van den Enden (1974) Fully automated determination of solid fat content by pulsed NMR. *J Amer Oil Chem Soc*, **51**, 316–320.

van Putte K, L Vermaas, J van den Enden & C den Hollander (1975) Relations between pulsed NMR, wide-line NMR and dilatometry. *J Amer Oil Chem Soc*, **52**, 179–181.

van Wijngaarden D (1968) Fatty acid composition of cocoa butter. *Z Lebensm Untersuchung Forsch*, **137**, 171.

Verdoia–Dermont C & C C Young (1985) New interpretation of the triglyceride analysis of vegetable fats for the partial replacement of cocoa butter in chocolate. *Ann Fals Exp Chim*, **78**, 119–130.

Versteeg C, Y L Yep, M Papalois & P S Dimick (1994) New fractionated milkfat products. *Aust J Dairy Technol*, **49**, 57–61.

Waddington D (1980) Some applications of wide-line NMR in the oils and fats industry, Chapter 2. In: *Fats and Oils: Chemistry & Technology* (R J Hamilton & A Bhati, eds), Applied Science Publishers, London, UK, pp25–45.

Wähnelt S, D Meusel & M Tülsner (1991) Review of influence of diglycerides on the phase behaviour of edible fats. *Fat Sci Technol*, **93**, 117–121.

Wainwright R E (1996) Oils and Fats in confections, Chapter 9. In: *Bailey's Industrial Oil and Fat Products*, 5th Edition, Volume 3 (Y H Hui, ed), John Wiley & Sons Inc., New York, USA, pp353–407. ISBN 0-471-59427-X.

Walker R C & W A Bosin (1971) Comparison of SFI, DSC and NMR methods for determining solid-liquid ratios in fats. *J Amer Oil Chem Soc*, **48**, 50–53.

Walstra P (1987) Fat crystallization, Chapter 5. In: *Food Structure and Behaviour* (J M V Blanshard & P Lillford, eds), Academic Press, London, UK, pp67–85. ISBN 0-12-104230-8.

Walstra P & R Jenness (1984) Lipids, Chapter 5. In: *Dairy Chemistry and Physics*, John Wiley & Sons, New York, USA, pp59–97. ISBN 0-471-09779-9.

Walter P & P Cornillon (2001) Influence of thermal conditions and presence of additives on fat bloom in chocolate. *J Amer Oil Chem Soc*, **78**, 927–932.

Walter P & P Cornillon (2002) Lipid migration in two-phase chocolate systems investigated by NMR and DSC. *Food Research International*, **35**, 761–767.

Wang Z H, K Sato, N Sagi, T Izumi & H Mori (1987) Polymorphism of 1,3-di(saturated acyl)-2-oleylglycerols: POS, SOS, AOA and BOB. *J Japan Oil Chem Soc*, **36**, 671–679.

Warner K (1995) Sensory evaluation of oils and fat-containing foods, Chapter 4. In: *Methods to Assess Quality and Stability of Oils and Fat-containing Foods* (K Warner & N A M Eskin, eds), AOCS Press, Champaign, Illinois, USA, pp49–75. ISBN 0-935315-58-6.

Waterhouse A L, J R Shirley & J L Donovan (1996) Antioxidants in chocolate, *Lancet*, **348**, 834.

Webster G (2000) *Personal communication*, Food Chem Associates Ltd, Auckland, New Zealand.

Wennermark B (1983) *Tempering of cocoa butter and CBE fats*. Paper No. 15 presented at the Karlshamns 1993 International Speciality Fats Seminar, Schevingen, The Netherlands. [Quoted by Wainwright, 1996].

Wernimont G T & W Spendley (eds) (1993) *Use of Statistics to Develop and Evaluate Analytical Methods*, AOAC International, Arlington, Virginia, USA. ISBN 0-935584-31-5.

Wesdorp L H (1990) Liquid-multiple solid phase equilibria in fats—theory and experiments. PhD thesis, Technical University of Delft, The Netherlands.

Weyland M (1992) Cocoa butter fractions: A novel way of optimizing chocolate performance. *Manufacturing Confectioner*, **72**, 53-57.

Widder S & W Grosch (1994) Study on cardboard off-flavour formed in butter oil. *Z Lebensmittel Unters Forsch*, **198**, 297-301.

Wille R L & E S Lutton (1966) Polymorphism of cocoa butter. *J Amer Oil Chem Soc*, **43**, 491-496.

Willems M G A & F B Padley (1985) Palm oil: Quality requirements from a customer's point of view. *J Amer Oil Chem Soc*, **62**, 454-459.

Willner T (1994) High-pressure dry fractionation of fats. Paper presented at Fractional Crystallisation of Fats Symposium, London, UK, 9 March 1994. *SCI Lecture Paper Series, Paper No. 0038*, Society of Chemical Industry, London, UK. [Available from www.soci.org].

Willner T & K Weber (1994) High-pressure dry fractionation for confectionery fat production. *Lipid Technology*, May/June, 57-60.

Wilton I & G Wode (1963) Quick and simple methods for studying crystallization behevior of fats. *J Amer Oil Chem Soc*, **40**, 707-711.

Woidich H & H Gnauer (1970) Fatty acid compositon of cocoa butter samples from the 1967/68 crop. *Z Lebensmittel Unters Forsch*, **143**, 104-105.

Woidich H, H Gnauer, O Riedl & E Galinowsky (1964) Concerning the composition of cocoa butter. *Z Lebensmittel Unters Forsch*, **125**, 91-105.

Wolff R L & C C Bayard (1995) Improvement in the resolution of individual *trans*-18:1 isomers by capillary GLC: Use of 100-m CP-Sil 88 column. *J Amer Oil Chem Soc*, **72**, 1197-1201.

Wong Soon (1988) *The Chocolate Fat from the Borneo Illipe Trees*, Atlanto Sdn Bhd, Petaling Jaya, Malaysia.

Wong Soon (1991) *Speciality Fats Versus Cocoa Butter*, Atlanto Sdn Bhd, Petaling Jaya, Malaysia.

Woodrow I L & J M deMan (1968) Polymorphism in milk fat shown by X-ray diffraction and infrared spectroscopy. *J Dairy Sci*, **51**, 996-1000.

Wootton M, D Weeden & N Munk (1970) Mechanism of fat migration in chocolate enrobed goods. *Chemistry & Industry*, 8 August, 1052-1053.

Wootton M, D Weeden & N Munk (1972) A study of fat migration in chocolate enrobed biscuits. *Gordian*, **3**, 95-100.

Xu X, A Skands & J Adler-Nissen (2001) Purification of specific structured lipids by distillation: Effects on acyl migration. *J Amer Oil Chem Soc*, **78**, 715-718.

Yano J & H Sato (1999) FT-IR studies on polymorphism of fats: molecular structures and interactions. *Food Research International*, **32**, 249-259.

Yano J, K Sato, F Kaneko, D M Small & D R Kodali (1999) Structural analyses of polymorphic transitions of SOS and OSO: assessment on steric hindrance of unsaturated and saturated chain intractions. *J Lipid Research*, **40**, 140-151.

Yella Reddy S & J V Prabhakar (1985) Effect of triglycerides containing 9,10-dihydroxystearic acid on the solidification properties of sal (*Shorea robusta*) fat. *J Amer Oil Chem Soc*, **62**, 1126-1130.

参 照 文 献

Yella Reddy S & J V Prabhakar (1986) Study on the polymorphism of normal triglycerides of sal (*Shorea robusta*) fat by DSC. I. Effect of diglycerides. *J Amer Oil Chem Soc*, **63**, 672-676.

Yella Reddy S & J V Prabhakar (1987a) Isolation of 9,10-dihydroxystearlc acid from sal (*Shorea robusta*) fat. *J Amer Oil Chem Soc*, **64**, 97-99.

Yella Reddy S & J V Prabhakar (1987b) Effect of diglycerides on the solidification properties of sal (*Shorea robusta*) fat. *Fat Sci Technol*, **89**, 394-397.

Yella Reddy S & J V Prabhakar (1989) Effect of triglycerides containing 9,10-dihydroxystearic acid on polymorphism of sal (*Shorea robusta*) fat. *J Amer Oil Chem Soc*, **66**, 805-808.

Yella Reddy S & J V Prabhakar (1994a) Confectionery fat from phulwara (*Madhuca butyracea*) butter. *Fett Wiss Technol*, **96**, 387-390.

Yella Reddy S & J V Prabhakar (1994b) Cocoa butter extenders from kokum (*Garcinia indica*) and phulwara (*Madhuca butyracea*) butter. *J Amer Oil Chem. Soc*, **71**, 217-219.

Youden W J & E H Steiner (1975) *Statistical Manual of the Association of Official Analytical Chemists*, AOAC International, Arlington, Virginia, USA. ISBN 0-935584-15-3.

Young C C (1984) The interpretation of GLC triacylglycerol data for the determination of cocoa butter equivalents in chocolate: a new approach. *J Amer Oil Chem Soc*, **61**, 576-581.

Ziegleder G (1985a) Improved crystallisation behaviour of cocoa butter under shearing. *Int Z Lebensmittel Technologie Verfarhrenstechnik*, **36**, 412-416.

Ziegleder G (1985b) The isothermal DSC method—measurement of the crystallisation properties of cocoa butter. *Zucker u. Süsswaren Wirtschaft*, **38**, 258-263.

Ziegleder G (1992) Crystallisation of cocoa butter and chocolate. In: *Proceedings of 2nd International Congress on Cocoa & Chocolate, Munich 1991*, Behrs Verlag, Hamburg, Germany.

Ziegleder G (1993a) Milk fat fractionation Part I : Mixing properties with cocoa butter. *Süsswaren Technik Wirtschaft*, **37**(11), 24-29.

Ziegleder G (1993b) Milk fat fractionation Part II : The recipe must be right. *Süsswaren Technik Wirtschaft*, **37**(12), 22-27.

Ziegleder G & H Mikle (1995a) Fat bloom (Part 1). *Süsswaren Technik Wirtschaft*, **39**(9), 28-32.

Ziegleder G & H Mikle (1995b) Fat bloom (Part 2). *Süsswaren Technik Wirtschajt*, **39**(10), 23-25.

Ziegleder G & H Mikle (1995c) Fat bloorn (Part 3). *Süsswaren Technik Wirtschaft*, **39**(11), 26-28.

Ziegleder G, A Petz & H Mikle (2001) Fat migration in filled chocolates: The dominant influences. *Zucker u. Süsswaren Wirtschaft*, **54**, 23-25.

Ziegleder G, C Moser & J Geier-Greguska (1996a) Kinetics of fat migration within chocolate products. Part 1: Principles and analytical aspects. *Fett/Lipid*, **98**, 196-199.

Ziegleder G, C Moser & J Geier-Greguska (1996b) Kinetics of fat migration within chocolate products Part 2: Influence of storage temperature, diffusion coefficient, solid fat content. *Fett/Lipid*, **98**, 253-256.

Ziegleder G & I Schwingshandl (1998) Kinetics of fat migration within chocolate products Part 3: Fat bloom. *Fett/Lipid*, **100**, 411-415.

Ziegleder G & I Schwingshandl (1999) Fat bloom—a question of the storage temperature. *Süsswaren Technik Wirtschaft*, **43**(4), 36-38.

Ziegler G (1999) Research spurs new conching process. *Candy Industry*, **164**, 50-54.

Ziegler G R (2001) Solidification processes in chocolate confectionery, Chapter 19. In: *Crystallization and Solidification Properties of Lipids* (N Widlak, R Hartel & S Narine, eds), AOCS Press, Champaign, Illinois, USA, pp215–224. ISBN 1-893997-21-9.

補遺1

用 語 解 説

イタリック体（斜体）の用語はこの補遺の他の箇所で定義されている．

AMF	Anhydrous milk fat：無水乳脂
AOAC	Association of Official Analytical Chemists：米国公認分析化学者協会
AOCS	American Oil Chemists' Society：アメリカ油化学会
Application blend	アプリケーションブレンド．チョコレート製品の油脂相をシミュレートするための油脂（*NCVF*，*ココアバター*，*乳脂*，*レシチン*，*ヘーゼルナッツ油*など）のブレンド
BS	British Standard：英国規格
BSI	British Standards Institution：英国規格協会
Carbon number	炭素数．脂肪酸鎖の炭素原子数，あるいは，TAG の3つの脂肪酸鎖にある炭素原子の総数．CN##と省略される．したがって，ステアリン酸の炭素数は18（CN18）；StOSt の炭素数は54（CN54）；PPP の炭素数は48（CN48）．
CB	*Cocoa butter*：ココアバター
CBA	*Cocoa butter alternative*：ココアバター代用油脂
CBC	*Cocoa butter compatible fat*：ココアバター相溶脂
CBE	*Cocoa butter equivalent*：ココアバター代用脂
CBI	*Cocoa butter improver*：ココアバター改善脂
CBR	*Cocoa butter replacer*：ココアバター代替脂
CBS	*Cocoa butter substitute*：ココアバター置換脂
CBX	*Cocoa butter extender*：ココアバター増量脂
CL	Confidence limit：信頼限界（特に断らない限り，95%の信頼限界，$P=0.05$ が用いられる）．平均値の両側にある限界で，データが正規分布すると仮定すれば，この範囲内に可能な全ての値の95%があると予測される．
CN	Coconut：ヤシ（本訳書中では使用していない）
CN##	炭素数 ## の TAG
Cocoa butter	ココアバター（カカオ脂）．一般的にココアリカーを圧搾することで，カカオニブから採油される油脂．

431

補遺 1

Cocoa butter alternative	ココアバター代用油脂．ココアバターを置き換えるために使われる全ての油脂．表 1.1 を参照．
Cocoa butter compatible fat	ココアバター相溶脂．表 1.1 を参照．
Cocoa butter equivalent	ココアバター代用脂．表 1.1 を参照．
Cocoa butter extender	ココアバター増量脂．表 1.1 を参照．
Cocoa butter improver	ココアバター改善脂．表 1.1 を参照．
Cocoa butter replacer	ココアバター代替脂．表 1.1 を参照．
Cocoa butter substitute	ココアバター置換脂．表 1.1 を参照．
Cocoa liquor	ココアリカー．油脂を遊離させるため微細に粉砕されたカカオニブ．
Cocoa mass	カカオマス．ココアリカー．
Cocoa nib	カカオニブ．シェル（外皮）とジャーム（胚芽）を除いた後の，カカオ豆の内部（核）．
Cocoa powder	ココアパウダー．ココアリカーからココアバターが採油された時に残る残渣．
Compatible	相溶性がある．2 種の油脂が使われる全ての条件において，固相および液相中で完全な混和性を示すなら，この 2 種の油脂は相溶性がある（第 7 章 A 節を参照）．
Compound chocolate	コンパウンドチョコレート．主要な油脂がココアバターでないチョコレート．
CS	Cottonseed oil：綿実油
DGF	Deutsche Gesellschaft für Fettwissenschaft (German Society for Fat Science)：ドイツ脂質科学会
Dhs	Threo-9,10-dihydroxystearic acid：threo-9,10-ジヒドロキシステアリン酸
Diglyceride	ジグリセリド．ジアシルグリセロール（DAG と略す）
DPT	Diffraction pattern versus temperature (camera)：回折パターン対温度（カメラ）
DSC	Differential scanning calorimeter/calorimetry：示差走査熱量計/熱量分析
DTA	Differential thermal analysis：示差熱分析
Eps	9,10-epoxystearic acid：9,10-エポキシステアリン酸
EU Five	EU チョコレート規格の下で製菓用油脂の配合に許可されている 5 つのエキゾチック油脂．表 5.15 と第 5 章 E.1 項を参照．

Eutectic	共晶．2つの TAG あるいは油脂の混合物において，混合物の融点がそれぞれの成分の融点より低くなる場合で，したがって共晶的な*相図*になる．
FAME	Fatty acid methyl ester：脂肪酸メチルエステル
Fatty acid nomenclature	脂肪酸の命名法．各脂肪酸は頭文字1つ，または，場合により，明確にする必要から別な小文字1つ，2つ，あるいは，CN：Dで省略される．ちなみに CN は*炭素数*，D は二重結合の数である．Ac（酢酸）2:0, Bu（酪酸）4:0, H（カプロン酸）6:0, Y（カプリル酸）8:0, C（カプリン酸）10:0, L（ラウリン酸）12:0, M（ミリスチン酸）14:0, P（パルミチン酸）16:0, St（ステアリン酸）18:0, A（アラキジン酸）20:0, B（ベヘン酸）22:0, O（オレイン酸）18:1, Lin（リノール酸）18:2, Ln（リノレン酸）18:3, E（エライジン酸）*trans*-18:1（9, 10 異性体．しかし，文章の前後関係によって他の異性体を指しているかも知れない），U 全不飽和脂肪酸，S 全飽和脂肪酸，M 中鎖飽和脂肪酸，L 長鎖飽和脂肪酸．正確な定義は必要により本文中に載せている．
FFA	Free fatty acids：遊離脂肪酸（本訳書中では使用していない）
FOSFA	Federation of Oil Seeds and Fats Associations：英国油脂連合会
FTIR	Fourier transform infrared（spectroscopy）：フーリエ変換赤外（分光光度計）
GLC	Gas-liquid chromatograpy：ガス-液体クロマトグラフィー
Habit	晶癖．結晶の形状
HMF	High melting fraction（particularly of milk fat）：高融点画分（特に乳脂の画分）
HPLC	High-performance（or high-pressure）liquid chromatography：高速（あるいは，高圧）液体クロマトグラフィー
ICCO	International Cocoa Organization：国際ココア機関
Ideal solution	理想溶液．溶解度が溶媒と無関係で溶質の融点と融解熱にだけ影響されることを意味する理想的溶解度式に従う溶質と溶媒の混合．
IOCCC	International Office of Cocoa Chocolate and sugar Confectionery：ココア，チョコレート，砂糖菓子国際事務局
ISO	International Standards Organisation：国際標準化機構
Isosolid diagram	等固体図．x 軸に2成分（油脂）の混合物組成，y 軸に温度をとった一定の *SFC* 値の線を示す図．

補遺 1

Isosolid phase diagram	等固体相図．*相図*と*等固体図*の重ね合わせ．
IUPAC	International Union of Pure and Applied Chemistry：国際純正・応用化学連合
IV	Iodine Value：ヨウ素価
JCC	Jensen cooling curve：イェンセン冷却曲線
Liquidus	液相線．固相領域，あるいは，固相と液相の混合領域と液相領域を分ける*相図*上の線．
LMF	Low melting fraction（particularly of milk fat）：低融点画分（特に乳脂の画分）
Melting point	融点．油脂が完全な液相になるために変化する温度．融点測定の方法は経験に基づいたもので，例えばワイリー融点，上昇融点（開放管キャピラリー融点），落下融点，透明融点であり，その全てが違う結果になる．特に断らない限り，融点は標準法（AOCS Cc 3-25, O6321:1991/BS684: Section 1.3/AOCS Cc 3b-92）にあるとおりの上昇融点を意味する．
MF	Milk fat：乳脂
MFR	Milk fat replacer：乳脂代替脂
MMF	Middle melting fraction（particularly of milk fat）：中融点画分（特に乳脂の画分）
Monoglyceride	モノグリセリド．モノアシルグリセロール（MAG と略す）
NCVF	Non-cocoa vegetable fat：非カカオ植物性油脂．チョコレートに使われる全ての植物性油脂の中でカカオ豆に由来しないもの，つまりココアバターでないもの．
NMR	Nuclear magnetic resonance（spectrometer/spectroscopy）：核磁気共鳴（分光器/分光法）
PGPR	Polyglycerol polyricinoleate：ポリグリセリン縮合リシノール酸エステル．乳化剤．
Phase	相．均質で，明確に限定された物理的な境界でもう1つの相から分離される物質（例えば TAG 混合物のような）の状態．相は組成，温度，圧力で完全に定義される．
Phase diagram	相図．x 軸に2つの成分（油脂あるいは TAG）の混合物，y 軸に温度をとって，*相*と相間の境界を示す図．
PK	Palm kernel oil：パーム核油
PKL	Palm kernel olein：パーム核オレイン
PKS	Palm kernel stearin：パーム核ステアリン

PL	Palm olein：パームオレインで後添の数字はヨウ素価を示す．
PMF，PM	Palm mid-fraction：パーム油中融点画分
PO	Palm oil：パーム油
Polymorphism	多形現象．物質が1つ以上の結晶型あるいは多形を持てば，それは多形現象を示す．例えば，ダイヤモンドとグラファイト（黒鉛）は炭素の多形である．
ppb	Parts per billion（μg/kg）：10億分の1を示す単位
ppm	Parts per million（mg/kg）：100万分の1を示す単位
PS	Palm stearin：パームステアリン
RBD	Refined, bleached, deodorized：精製，脱色，脱臭
RP	Rapeseed oil（zero-erucic-acid）：ナタネ油（ゼロ-エルカ酸）
SB	Soyabean oil：大豆油
SCC	Shukoff cooling curve：シュコッフ冷却曲線
SD	Standard deviation：標準偏差
SF	Sunflower oil：ヒマワリ油
SFC	Solid fat content：固体脂含量
SFI	Solid Fat Index：固体脂指数．AOCS法 Cd 10-57で定義されているとおりの固体脂指数．第3章A.1項を参照．
Slip（melting）Point	上昇融点．*融点*を参照．
SMP	Skim milk powder：脱脂粉乳
Solid solution	固溶体．2つの固体の混合物で，その特性が組成で連続的に変化し，個々の成分が，分子レベルでの場合を例外として，区別できない．液体溶液に似ている
Solidus	固相線．液相領域，あるいは，固相と液相の混合領域と固相領域を分ける*相図*上の線．
Solindex	ソリンデックス線．固相と液相の混合領域と固溶体領域を分ける*相図*上の線．
Solvus	ソルバス線．2つの固溶体領域から1つの固溶体領域を分ける*相図*上の線．
SOS	1-位と3-位に飽和脂肪酸，2-位にオレイン酸を持つTAG．*TAG命名法*を参照．
SRXRD	Synchrotron radiation X-ray diffraction/diffractometry/diffractometer：放射光X線回折/回折法/回折装置
STS	Sorbitan tristearate：ソルビタントリステアレート

補遺 1

Subcell	副格子．炭化水素鎖の配列を説明する*単位胞*の一部．副格子は炭化水素鎖の範囲内と近接鎖中にある等価な位置間の平衡移動を示している．副格子の水平方向の繰り返しで，炭化水素／脂肪酸鎖の全体構造が得られる．
Supercooling	過冷却．通常，結晶化温度以下の温度として測定される過剰な冷却であり，溶液の結晶化を引き起こすのに必要とされる．したがって，過冷却された溶液は，まだ結晶化していない結晶化温度以下の溶液である．*過飽和*と第2章C.2項を参照．
Supersaturation, supersaturated solution	過飽和，過飽和溶液．溶質濃度が飽和濃度，つまり，一定温度の最大溶解度を越えた状態だが，未だ結晶化していない（準安定な）溶液．*過冷却*と第2章C.2項を参照
SUS	1-位と3-位に飽和脂肪酸，2-位に不飽和脂肪酸を持つTAG．*TAG命名法*を参照．
Tempering	テンパリング．以前のいかなる*熱履歴*とも無関係に，定められた再現性のある方法で油脂の結晶化や平衡化を生じさせるために，油脂に定められた温度と時間の処理を適用すること．SFCの測定やチョコレート製造への応用．
Thermal history	熱履歴．油脂またはTAGに特別な多形，あるいは，相平衡の発現を促す予備的に実施される全ての*テンパリング*，加熱あるいは冷却．熱履歴の痕跡は，通常，油脂またはTAGの融点より少なくとも20℃高い温度で加熱して消去される．
TLC	Thin-layer chromatography：薄層クロマトグラフィー
TRG	Thermo-rheography：サーモ-レオグラフィー
Triglyceride	トリグリセリド：トリアシルグリセロール（TAGと略す）
Triglyceride nomenclature	TAG命名法．*脂肪酸命名法*の下で説明されるような脂肪酸の記号文字を使い，TAGはXYZと書かれる．Xはグリセロール骨格の1-位，Yは2-位，Zは3-位の脂肪酸を示す．ほとんどの場合，1-位と3-位を区別しない．したがって，1-パルミトイル-2-オレオイル-3-ステアロイル-グリセロールや1-パルミトイル-2,3-ジオレオイル-グリセロールは，通常POStやPOOと書かれるが，StOPやOOPと書いても同じになる．SUSは1-位と3-位に飽和脂肪酸を，2-位に不飽和脂肪酸を有するTAGを示す．
Unit cell	単位胞．結晶内の繰り返し可能な最小単位．単位胞の繰り返しで，あらゆるサイズの結晶が得られる．TAGの場合，単位胞は少なくとも2つの分子で構成される．
Wiley Point	ワイリー融点．*融点*を参照．

WMP	Whole milk powder：全脂粉乳
XRD	X-ray diffraction/diffractometry/diffractometer：X線回折/回折法/回折装置
YN	synthetic phospholipid emulsifier：合成リン脂質乳化剤．レシチンに似ている．

補遺 2

製菓用油脂と原材料供給企業

これは完全な一覧表ではないが，主要な供給企業は網羅されている．ウェブサイトは補遺 4 に載せてある．

企業名	連絡先	本社の所在地[a]と主要な子会社	供給される主要な製菓用油脂と原材料
Aarhus Oliefabrik A/S（オーフス・オリーファブリク社）（現 Aarhus Karlshamn AB；オーフスカールスハムン）	M P Bruuns Gade 27 8000 Aarhus C Denmark Tel: +45-8730-6000 Fax: +45-8730-6012 E-mail: aarhus@aarhus.com	Denmark, Ghana, Ivory Coast, Malaysia, Mexico, Norway, Russia, UK, USA	CBE，その他の SOS 型 CBS，その他のラウリン酸型 CBR，その他の高トランス酸型 フィリング用油脂とあらゆる種類の製菓用油脂
Asahi Denka Co. Ltd（旭電化工業）（現 ADEKA）	3-14, Nihonbashi-Muromachi 2-chome Chuo-ku Tokyo 103-8311 Japan Tel: +81-3-5255-9015 E-mail: somu@adk.co.jp	Japan, China, France, Germany, Malaysia, South Korea, Singapore, Taiwan, Thailand, USA	CBE，その他の SOS 型 CBS，その他のラウリン酸型
Britannia Food Ingredients Ltd（ブリタニア・フード・イングリーディエンツ）	Britannia Way Goole DNl4 6ES UK Tel: +44-1405-767776 Fax: +44-1405-765111 E-mail: office@britanniafood.com	UK	ココアバター CBE，その他の SOS 型 CBS，その他のラウリン酸型 CBR，その他の高トランス酸型 フィリング用油脂
Cahaya Kalbar Group（カハヤ・カルバー・グループ）	Jl. Pluit Raya Selatan Block S No. 6 Jakarta 14440 Indonesia Tel: +62-21-669-1746 Fax: +62-21-669-5430	Indonesia（Pontianak and Jakarta）	CBE，その他の SOS 型 パーム油画分 イリッペ脂
Cargill Refined Oils（カーギル・リファインド・オイルズ）	7110 Forest Avenue, Suite 200 Richmond VA 23226 USA Tel: +1-800-284-6457 Fax: +1-804-285-9170 E-mail: bob_wainwright@cargill.com	USA, Malaysia, The Netherlands	CBS，その他のラウリン酸型 CBR，その他の高トランス酸型

Food Fats & Fertilisers Ltd （フード・ファッツ ＆ ファーティライ ザーズ）	Post Box 15 Tadepalligudem Andhrapradesh 53401 India Tel:+91-8818-22525 Fax:+91-8818-22172 E-mail: fff@vsnl.com or sushilgoenka@vsnl.net	India	サル脂，そのステアリン コクム脂 シアステアリン マンゴーステアリン イリッペ脂 パーム油中融点画分
Fuji Oil Co. Ltd （不二製油）	Fuji Oil Europe Kuhlmannlaan 36 9042 Gent Belgium Tel:+32-9-343-0202 Fax:+32-9-343-0256 E-mail: info@fujioileurope.com or CCD@so.fujioil.co.jp	Japan, Belgium, China, Indonesia, Malaysia, Philippines, Singapore	CBE，その他の SOS 型 CBS，その他のラウリン酸 型 CBR，その他の高トランス 酸型 フィリング用油脂とあらゆ る種類の製菓用油脂
Hanuman Vitamin Foods Ltd （ハヌマ ン・ビタミン・フー ズ）	904 Dalamal Tower 211 Narimanpoint Mumbai 4000 21 India Tel:+91-22-287-4456 Fax:+91-22-285-3327 E-mail: hanumanl@vsnl.com	India	サル脂，そのステアリン マンゴー油，そのステアリ ン コクム脂 ドゥーパ脂 モーラ脂，そのステアリン
Intercontinental Specialty Fats Berhad（インターコ ンチネンタル・スペ シャリティ・ファッ ツ）	PO Box 207 42009 Port Klang Selangor Darul Ehsan Malaysia Tel:+60-3-3176-4928 Fax:+60-3-3176-5933 E-mail: isf@net.my or ylk@isfpk.com.my	Malaysia	CBE，その他の SOS 型 CBS，その他のラウリン酸 型 CBR，その他の高トランス 酸型 フィリング用油脂とあらゆ る種類の製菓用油脂
Karlshamns AB （カールスハムン） （現 Aarhus Karlshamn AB；オーフスカー ルスハムン）	Vastra Kajen SE-374 82 Karlshamn Sweden Tel:+46-454-82000 Fax:+46-454-82810 E-mail: info@karlshamns.se	Sweden, Czech Republic, The Netherlands, UK	CBE，その他の SOS 型 CBS，その他のラウリン酸 型 CBR，その他の高トランス 酸型 フィリング用油脂とあらゆ る種類の製菓用油脂
Keck Seng (Malaysia) Berhad （ケック・セン（マ レーシア））	111 North Bridge Road #28-01 Peninsular Plaza Singapore 179098 Tel:+65-6338-2828 Fax:+65-6339-8503 E-mail: hoss@keckseng.org or tansonny@keckseng.org	Malaysia, Singapore	CBS，その他のラウリン酸 型 CBR，その他の高トランス 酸型 パーム油画分 パーム核油画分

補遺 2

会社名	住所	所在地	製品
Kempas Edible Oil Sendirian Berhad （ケンパス・エディブル・オイル）	PLO 79 Pasir Gudang Industrial Estate 81700 Pasir Gudang Johor Malaysia Tel:+60-7-251-1206 Fax:+60-7-251-3121 E-mail: hockeng@sime-epl.com.sg	Malaysia, Singapore	CBE, その他の SOS 型 CBS, その他のラウリン酸型 CBR, その他の高トランス酸型 パーム油画分
K N Oil Industries Ltd（KN オイル・インダストリーズ）	Ashram Road Mahasamund Pin 493445（Chhattisgarh） India Tel:+91-7723-22037/22966 Fax:+91-7723-22317 E-mail: prime@producin.com or jaindc@sancharnet.in	India	サル脂, そのステアリン マンゴー油, そのステアリン コクム脂
Loders Croklaan BV （ロダース・クロックラーン）	Hogeweg 1 PO Box 4 1520 AA Wormerveer The Netherlands Tel:+31-75-629-2911 Fax:+31-75-628-9455 E-mail: fats.lc@croklaan.com	The Netherlands, Canada, Egypt, USA	CBE, その他の SOS 型 CBS, その他のラウリン酸型 CBR, その他の高トランス酸型 フィリング用油脂とあらゆる種類の製菓用油脂
Premium Vegetable Oils Berhad （プレミアム・ベジタブル・オイルズ）	PLO 66 Jalan Timah Dua Pasir Gudang Industrial Estate 81700 Pasir Gudang Johor Darul Takzim Malaysia Tel:+60-3-2273-5033 Fax:+60-3-2273-4340 E-mail: dg@pvo.po.my	Malaysia	CBS, その他のラウリン酸型 CBR, その他の高トランス酸型 パーム核油画分 パーム油画分 ヤシ油
Soctek Sendirian Berhad （ソクテック）	PLO 8 & 9 Jalan Timah Pasir Gudang Industrial Estate 81700 Pasir Gudang Johor Malaysia Tel:+60-7-251-1716 Fax:+60-7-251-1798 E-mail: factory@soctek.com or hq@soctek.com	Malaysia	CBE とその他の SOS 型 CBS とその他のラウリン酸型 CBR とその他の高トランス酸型 パーム油画分 パーム核油画分
Wilmar Holdings Pte Ltd （ウィルマー・ホールディングス）	56 Neil Road Singapore 088830 Tel: +65-323-5900 Fax: +65-323-5936 E-mail: info@wilmar.com.sg	Indonesia, Malaysia, Singapore	CBS とその他のラウリン酸型 パーム油画分 パーム核油画分 ヤシ油

a 最初に載せた国が本社の所在地。

補遺3

製菓用油脂のブランド名と特性

　データは製造企業から提供されたものだが，依頼した全ての情報の提供を受けた訳ではない．タイプと準タイプは本書で使われた分類に基づき，著者が設定したものである．非常に広い範囲の油脂が入手可能であり，類似した特性の油脂も多い．ここに記載したのはその中のほんの限られた数にすぎない．この情報は入手可能な油脂の名称，タイプ，そして，特性の手引きになればと思っている．さらなる情報が欲しい場合は，製造企業に相談されたい．

オーフス社（Aarhus Oliefabrik A/S）（現オーフスカールスハムン社；Aarhus Karlshamn AB）

ブランド名	タイプ	準タイプ	SFC					その他の詳細，コメント
			20℃	25℃	30℃	35℃	40℃	
Cebao 44-08	高トランス酸型	CBR	89~94	72~80	42~51	0~5		ノンテンパー脂．一群の Cebao 姉妹品もある．これはほんの1例
Cebes 30-08	ラウリン酸型	CBS	94~97	87~91	40~8	0~5		成形と被覆用の最上品質．一群の Cebes 姉妹品もある．これはほんの1例
Confao	高トランス酸型	フィリング						
Confao BR	高トランス酸型	フィリング						耐ブルーム性付与
Contex	SOS型	フィリング						
Extao	SOS型	CBE						留型製品
Filcao	SOS型＋ラウリン酸型	フィリング						
Illexao 40-05	SOS型	CBE	74	57	23	2		乳脂4.5%まで配合可能．一群の Illexao 姉妹品もある．これはほんの1例
Illexao BR	SOS型	CBE/CBI						耐ブルーム性付与
Palex	ラウリン酸型	CBS						主にケーキ被覆用

補遺3

ブランド名	タイプ	準タイプ					その他の詳細，コメント
Polawar E31	ラウリン酸型	フィリング	60	30	10	4		特に酪農製品用
Shokao 95	SOS型	フィリング	80~86	65~73	44~53	1~7		テンパリングが必要．CBEに類似
Silkao	ラウリン酸型	CBS						成形と高品質の被覆用

旭電化工業（株）（Asahi Denka Co. Ltd）（現 ADEKA）

ブランド名	タイプ	準タイプ	SFC					その他の詳細，コメント
			20℃	25℃	30℃	35℃	40℃	
Fantom #884	SOS型	CBI	83	82	75	44	0	強力な耐高温ブルーム性
Fantom #910	SOS型	CBE	71	59	32	0		ココアバターに非常に似ている
Fantom #950	SOS型	CBE	70	60	37	0		良好な耐高温ブルーム性
Fantom AB	SOS型	CBI	71	60	37	0		良好な耐低温ブルーム性
Jemini DX	SOS型	フィリング	42	20	5	0		シャープで冷感のある口どけ
New Fantom #100	SOS型	CBE	63	51	32	0		基本的な機能を有する多目的CBE
Shario #100 (M)	高トランス酸型	CBR	66	56	40	14	2	高融点，低融点も揃っている
Shario #500 (M)	高トランス酸型	CBR	85	76	55	17	0	最上質．高融点，低融点も揃っている

ブリタニア・フード・イングリーディエンツ社（Britannia Food Ingredients Ltd）

ブランド名	タイプ	準タイプ	SFC					その他の詳細，コメント
			20℃	25℃	30℃	35℃	40℃	
RN100 group RN100	SOS型	フィリング	80	65	38	3		テンパリングとノンテンパー．一群のRN100姉妹品もある．これはほんの1例
RN200 group RN201	SOS型	CBE	70	64	45	5		伝統的なCBEでCBと同じ．一群のRN200姉妹品もある．これはほんの1例

ブランド名	タイプ	準タイプ	20℃	25℃	30℃	35℃	40℃	その他の詳細，コメント
RN300 group RN355	SOS 型	CBE	35	18	12	3		CB との完全な適合を必要としない場合の"近代的な"CBE．一群の RN300 姉妹品もある．これはほんの1例
RN400 group RN425	SOS 型	MFR	16	5	3	1	0	例えば5％と，相当な乳脂量の置き換え用．一群の RN400 姉妹品もある．これはほんの1例
RN600 group RN612	SOS 型	MFR	49	28	7	2	0	例えば2％と，少ない乳脂量の置き換え用．一群の RN600 姉妹品もある．これはほんの1例
RN700 group RN755	ラウリン酸型	CBS	87	73	35	1	0	ノンテンパー脂．一群の RN700 姉妹品もある．これはほんの1例
RN800 group RN801	SOS 型	CBI	70	65	55	10	2	CB の変動を補い，耐ブルーム性の付与に使用．一群の RN800 姉妹品もある．これはほんの1例
RN900 group	SOS 型	CB	78	68	45	2	0	天然の脱臭 CB

不二製油（株）（Fuji Oil Co. Ltd）

ブランド名	タイプ	準タイプ	SFC					その他の詳細，コメント
			20℃	25℃	30℃	35℃	40℃	
Erticoat P11	高トランス酸型	CBR	83	67	37	1		一群の Erticoat 姉妹品もある．これはほんの1例．
Ertifil Plus 30	高トランス酸型	フィリング	31	17	9	2		一群の Ertifil 姉妹品もある．これはほんの1例．Ertifil S は耐ブルーム性を改善し，低トランス酸含量

補遺 3

ブランド名	タイプ	準タイプ	20℃	25℃	30℃	35℃	40℃	その他の詳細、コメント
Ertifresh 60	ラウリン酸型	フィリング	59	24	12	2		一群の Ertifresh 姉妹品もある．これらはほんの2例
Ertifresh Cool 45	ラウリン酸型	フィリング	60	28	1	0		
Ertilac	SOS 型	MFR	65	42	22	4		乳脂、あるいは、チョコレート中の乳脂/CB を代替
Ertilor H51	ラウリン酸型	CBS	93	84	36	2		一群の Ertilor 姉妹品もある．これらはほんの2例
Ertilor P360	ラウリン酸型	CBS	81	43	22	5.5		
Ertina 20	SOS 型	CBE	75	61	39	1		一群の Ertina 姉妹品もある．これらはほんの2例
Ertina 200		CBI	74	70	59	31		
Ertina ABM 50	SOS 型	耐ブルーム性油脂	36	22	2	0.5		油脂移行でのブルームに効果．Ertina ABF も多形変化でのブルームに効果．Bisco IS 200 はビスケット生地用の耐ブルーム脂

インターコンチネンタル・スペシャリティ・ファッツ社（Intercontinental Specialty Fats Berhad）

ブランド名	タイプ	準タイプ	SFC					その他の詳細、コメント
			20℃	25℃	30℃	35℃	40℃	
Chocomate 3100	SOS 型	CBE	79	67	46	4		SFC 値のより高い Chocomate 3200 もある
Hard PMF	SOS 型	CBE	91	80	48	0		
Hisofat 300M	高トランス酸型	CBR	92	75	42	3		
Hisomel 200M	高トランス酸型	CBR	87	73	49	18	0	一群の Hisomel 姉妹品もある．これらはほんの2例
Hisomel 500	高トランス酸型	CBR	86	69	38	0		
Isfat H2100 EM	ラウリン酸型	CBS	96	89	47	0		一群の Isfat 姉妹品もある．これらはほんの2例
Isfat H3000DY	ラウリン酸型	CBS	79	56	28	4		

カールスハムン社（Karlshamns AB）（現オーフスカールスハムン；Aarhus Karlshamn AB）

ブランド名	タイプ	準タイプ	SFC					その他の詳細，コメント
			20℃	25℃	30℃	35℃	40℃	
Akoimp E	SOS型	CBI	83	78	68	28	1	30〜35℃で高いSFC値を持つCBE．典型的なCBI
Akomax R	SOS型	CBE	74	63	46	3	0	CBと100％等価．いかなる比率ででもCBを代替できる
Akonord E	SOS型	CBE	74	62	40	2	0	チョコレートの5％までAkomaxで代替できる経済的なCBE
Akocent F	SOS型	フィリング	59	35	7	2	0	冷感のある口どけでテンパリングが必要．一群のAkocent姉妹品もある．これはほんの1例
Akofill M	SOS型	フィリング	53	25	5.5	0		優れた口どけのプレミアムフィリング用油脂．よりソフトなAkofill Kもある
Akomic 2000	SOS型	フィリング	46	29	12	1	0	ブルーム遅延で優れたブルーム安定性．一群のAkomic姉妹品もある．これはほんの1例
Akocote RT	高トランス酸型	被覆	70	59	39	16	3	
Akopol E	高トランス酸型	CBR	85	74	47	6	0	多少SFC値の低いAkoprime，Akomelもある
Akodel XT	ラウリン酸型	CBS	81	58	27	1	0	
Akowesco SE4	ラウリン酸型	CBS	93	83	40	2	0	

補遺3

ケンパス・エディブル・オイル社 (Kempas Edible Oil Sendirian Berhad)

ブランド名	タイプ	準タイプ	SFC					その他の詳細, コメント
			20℃	25℃	30℃	35℃	40℃	
Kemcoa Special 35	ラウリン酸型	CBS	≧90	80~90	40~50	≦6	≦1	寒い季節向けにより低い SFC 値の Kemcoa Special 35 E もある
Kemfat KF550	高トランス酸型	被覆	>70	50~60	32~40	12~18	≦3	被覆だけの用途
Kemfat CF40	ラウリン酸型	被覆	>80	60~70	30~38	10~16	≦8	一群の Kemkote と Kemfat 姉妹品もある. これらはほんの2例
Kemkote KK35	ラウリン酸型	被覆	65~75	38~48	15~22	≦10	≦3	
Kokokem	SOS 型	CBE						

ロダース・クロックラーン社 (Loders Croklaan BV)

ブランド名	タイプ	準タイプ	SFC					その他の詳細, コメント
			20℃	25℃	30℃	35℃	40℃	
Calverine	SOS 型	CBE						CB と乳脂の両方を一部 CBE で代替され得る場合に使うソフト型の CBE
Centremelt	SOS 型	フィリング						
Choclin	SOS 型	CBE						主としてチョコレート中5%までの CB 代替用の経済的な CBE
CLSP 555 & 499	ラウリン酸型	CBS						
Coberine	SOS 型	CBE						本来の CBE. CB との相溶性は完全で, 乳脂の影響を受けにくい. Coberine Plus はより高い SFC の CBI 版
Couva	高トランス酸型	CBR						H, P, R シリーズがある
Crokcool	SOS 型	フィリング						
Prestine		耐ブルーム性油脂						

プレミアム・ベジタブル・オイルズ社 (Premium Vegetable Oils Berhad)

ブランド名	タイプ	準タイプ	SFC					その他の詳細, コメント
			20℃	25℃	30℃	35℃	40℃	
Cocorex 806S	高トランス酸型	CBR	78~84	62~68	35~40	4~10		一群の Cocorex 姉妹品もある. これはほんの1例
N'Chox 355S	ラウリン酸型	CBS	92~98	89~93	50~56	2~4	0	一群の N'Chox 姉妹品もある. これらはほんの2例
N'Chox 375E	ラウリン酸型	CBS	85~95	69~77	30~36	3~7	0~1	
N'Cote 313	ラウリン酸型	被覆, または, フィリング	60~70	30~36	9~14	2~5	0	一群の N'Cote と P'Cote 姉妹品もある. これらはほんの2例
P'Cote 380			≧85	≧60	28~35	10~14	≦5	

ソクテック社 (Soctek Sendirian Berhad)

ブランド名	タイプ	準タイプ	SFC					その他の詳細, コメント
			20℃	25℃	30℃	35℃	40℃	
Tekcoko ESP	ラウリン酸型	CBS	96	91	51	3	0	Tekcoko E もある
Tekfa P37	高トランス酸型	被覆	79	64	40	16	≦1	
Tekfat 010	SOS 型	CBE	74	65	41	1		Tekfat 040 と 050 もある
Tekorit 800	高トランス酸型	CBR	91	77	48	7		Tekorit 100 と 500 もある

ウィルマー・ホールディングス社 (Wilmar Holdings Pte Ltd)

ブランド名	タイプ	準タイプ	SFC					その他の詳細, コメント
			20℃	25℃	30℃	35℃	40℃	
Wilkote 360	ラウリン酸型	被覆, または, フィリング						一群の Wilkote 姉妹品もある. これはほんの1例
Special Choco	ラウリン酸型	CBS						異なる SFC 値を持つ Ultra Choco と Primax Choco もある
Wilfil	ラウリン酸型	被覆, または, フィリング						一群の Wilfil 姉妹品もある. これはほんの1例
Palnfil 336	高トランス酸型	フィリング						

補遺 3

カーギル・リファインド・オイルズ (Cargill Refined Oils)

ブランド名	タイプ	準タイプ		SFI または SFC[a]					その他の詳細, コメント
				10℃ (50°F)	21.1℃ (70°F)	26.7℃ (80°F)	33.3℃ (92°F)	37.8℃ (100°F)	
Encore 200	ラウリン酸型	CBS	SFC	90~95	79~85	50~55	≦1		一群の Encore 姉妹品もある．これらはほんの2例
			SFI	66~70	60~64	45~49	≦1		
Encore 800	ラウリン酸型	CBS	SFC	93~97	90~96	70~77	7~12	≦1.5	
			SFI	70~76	70~76	62~68	8~13	≦3	
Olympic 300	高トランス酸型	被覆	SFC						一群の Olympic 姉妹品もある．これはほんの1例
			SFI	60~65	50~56	43~49	22~30	8~13	
Regal HB-E-95	ラウリン酸型	被覆	SFC	85~91	65~71	45~51	5~10	0	一群の Regal 姉妹品もある．これらはほんの2例
			SFI	64~69	53~57	36~40	8~12	0	
Regal HB-K-112	ラウリン酸型	被覆	SFC	≧93	74~84	44~54	14~19	7~11	
			SFI	≧70	59~65	41~47	14~19	7~13	
Ultimate 92	ラウリン酸型	フィリング	SFC	86~92	45~53	8~14	≦4		一群の Ultimate 姉妹品もある．これはほんの1例
			SFI	61~67	37~43	9~15	≦4		

a　0℃で60分間テンパリングし，各測定温度に45分間保持．パラレル測定．

補遺 4

さらなる情報入手に役立つウェブサイト

チョコレート製造企業

バリー・カルボー Barry Callebaut	www.barry-callebaut.com
キャドバリー・トレバー・バセット Cadbury Trebor Bassett	www.cadbury.co.uk
ハーシー Hershey's	www.hersheys.com
リンツ＆シュプルングリー Lindt & Sprüngli	www.lindt.com
マース Mars	www.mars.com
ネスレ Nestlé	www.nestle.com
ピーターズ・チョコレート Peter's Chocolate	www.peterschocolate.com
ヴァローナ Valrhona	www.valrhona.fr

商品取引

ブルームバーグ LP（Bloomberg LP）	www.bloomberg.com
コーヒー，砂糖，および，カカオ商品取引所（ニューヨーク商品取引所）→国際商品取引所（2007年より） Coffee, Sugar and Cocoa Exchange（New York Board of Trade）	www.theice.com/homepage.jhtml
ED & F Man ココア ED & F Man Cocoa	www.edfman.com/cocoa/main.html
ロンドン国際金融先物取引所 London International Financial Futures and Options Exchange（LIFFE）	www.liffe.com
ミンテック Mintec	www.mintec.co.uk

国家および準国家機関

英国規格協会（BSI） British Standards Institute	www.bsi-global.com
ブラジル農業省 CEPLAC（Ministry of Agriculture, Brazil）	www.ceplac.gov.br

補遺 4

コーデックス委員会 Codex Alimentarius Commission	www.codexalimentarius.net
欧州委員会 European Commission	http://ec.europa.eu/
欧州特許庁 European Patent Office (EPO)	www.epo.org/
欧州連合 European Union (EU) (central web site)	http://europa.eu.int/
米国食品医薬品局 Food & Drug Administration (FDA) (USA)	www.fda.gov
国連食糧農業機関 Food and Agriculture Organization (FAO)	www.fao.org
英国食品安全管理局 Food Standards Agency (FSA) (UK)	www.foodstandards.gov.uk
オーストラリア・ニュージーランド食品基準機関（正式にはオーストラリア・ニュージーランド食品局） Food Standards Australia New Zealand (FSANZ, formerly Australia New Zealand Food Authority, ANZFA)	www.foodstandards.gov.au
国際貿易センター International Trade Centre UNCTAD/WTO	www.intracen.org
米国特許商標庁 US Patent & Trademark Office	www.uspto.gov
米国農務省外国農業サービス US Department of Agriculture, Foreign Agricultural Service	www.fas.usda.gov

菓子用油脂製造企業

オーフス・オリー（現オーフスカールスハムン） Aarhus Olie	www.aak.com/
ADM ココア ADM Cocoa	www.adm.com/en-US/Pages/default.aspx
旭電化（現 ADEKA） Asahi Denka	www.adk.co.jp
バリー・カルボー Barry Callebaut	www.barry-callebaut.com
ブリタニア・フード・イングリーディエンツ Britannia Food Ingredients	www.britanniafood.com
カーギル・フーズ（チョコレート，カカオ，菓子） Cargill Foods (chocolate, cocoa & confectionery)	www.cargill.com/food/ap/en/products/fats-and-oils/specialty-fats-and-oils/index.jsp
フード・ファッツ＆ファーティライザーズ Food Fats & Fertilisers	www.3f-group.com

不二製油 Fuji Oil	www.fujioil.co.jp
フジオイルヨーロッパ Fuji Oil Europe	www.fujioileurope.com
ハヌマン・ビタミン・フーズ Hanuman Vitamin Foods	www.hvfl.com
カールスハムン（現オーフスカールスハムン） Karlshamns	www.aak.com/
ロダース・クロックラーン Loders Croklaan	www.croklaan.com
プレミアム・ベジタブル・オイルズ Premium Vegetable Oils	www.premiumveg.com
ウィルマー Wilmar	http://www.wilmar-international.com/business_merchandising-processing.htm

学会やその他の協会

アメリカ油化学会 American Oil Chemists' Society	www.aocs.org
サイバーリピッドセンター：脂質研究の情報源サイト Cyberlipid Center—resource site for lipid studies	www.go.to/cyberlipid
ドイツ脂質科学会 Deutsche Gesellschaft für Fettwissenschaft（DGF）	www.dgfett.de
脂質科学・技術欧州連合 European Federation for the Science and Technology of Lipids	www.eurofedlipid.org
国際標準化機構 International Organization for Standardization（ISO）	www.iso.ch
国際純正・応用化学連合 International Union of Pure and Applied Chemistry（IUPAC）	www.iupac.org
英国化学工業油脂部門学会 Oils and Fats Group of the Society of Chemical Industry（UK）	www.soci.org/Membership-and-Networks/Technical-Groups/Lipids-Group

貿易機関

欧州チョコレート・ビスケット・菓子工業協会 Association of the Chocolate, Biscuit & Confectionery Industries of the EU（CAOBISCO）	www.caobisco.com
英国ビスケット・ケーキ・チョコレート・菓子連合 Biscuit, Cake, Chocolate and Confectionery Alliance（UK）	www.bccca.org.uk
英国チョコレート工業の公式サイト Chocolate and Cocoa.org（official site for US chocolate industry）	www.chocolateandcocoa.org

補遺 4

米国カカオ交易商協会 Cocoa Merchants' Association of America	www.cocoamerchants.com
オーストラレーシア菓子製造業協会 Confectionery Manufacturers of Australasia	www.candy.net.au
カカオ商業連合 Federation of Cocoa Commerce	www.cocoafederation.com/education/produce.jsp
FEDIOL（EU 植物性油脂工業を代表する連合） FEDIOL（federation that represents the vegetable oils and fats industry in the European Union）	www.fediol.be/
英国油糧種子及び油脂連合会 Federation of Oil, Seeds and Fats Associations（FOSFA）	www.fosfa.org
ドイツ・カカオ貿易協会（ハンブルグ卸業輸出入協会経由で） German Cocoa Trade Association（via the Association of Wholesale, Import and Export Trade Hamburg）	www.wga-hh.de
ガーナ・カカオ公社 Ghana Cocoa Board（COCOBOD）	www.cocobod.gh/
インドネシア・カカオ協会 Indonesian Cocoa Association（ASKINDO）	www.askindo.or.id/
国際ココア機関 International Cocoa Organization（ICCO）	www.icco.org
ココア，チョコレート，砂糖菓子国際事務局（オーストラレーシア菓子製造業協会経由で） International Office of Cocoa, Chocolate and Sugar Confectionery Industries（IOCCC）（via Confectionery Manufacturers of Australasia）	www.candy.net.au/IOCCC/main.htm
マレーシア・カカオ公社 Malaysian Cocoa Board	www.koko.gov.my
全エクアドル・カカオ輸出業者協会 National Association of Exporters of Cocoa, Ecuador（ANECACAO）	www.anecacao.com

監修者あとがき

　著者の Timms 博士（ファーストネームのラルフとさせて頂く）とは長年の友人です．3年前には，奥様と日本に来られ，油脂物性研究会での講演や広島訪問をされました．その前後に，私もイギリスの学会に出席した後に，イングランドの古都 Lincoln 市郊外にあるラルフさんのお宅に宿泊させていただきました．その頃にはラルフさんは，この本の出版も終えて第一線を退き，自ら起業したブリタニア・フード・イングリーディエンツ社の経営は後輩に任せ，もっぱらイギリスのナショナル・トラスト運動の一環である野鳥観察と，ご自宅で雨水をため，堆肥を作り，畑を四季ごとに区画して野菜や花を作るガーデニングに精を出しておられました．その一方で，招聘があれば世界中の学会に出かけ，マレーシアのパーム油研究機構 (Malaysian Palm Oil Board) の研究評価委員会の栄養・機能部会長を長く勤められております．私は 2008 年からその委員となったため，毎年 4 月には常夏のマレーシアで共同作業をしていますが，常にラルフさんの明晰な素晴らしい統率力に感銘を受けている次第です．

　ラルフさんに初めてお会いした正確な日付は記憶にありませんが，おそらくどこかの国際会議だったと思います．しかしお会いするはるかに前から，私が脂肪酸の研究からトリアシルグリセロール (TAG) の研究に踏み込んだ 1984 年頃には，油脂の物性に関してラルフさんのお書きになった原著論文や総説は私の研究の指針となりました．その後に私は，この本の訳者の蜂屋巖さんや同僚の古谷野哲夫さんたちと，チョコレートの物性やココアバターの構成 TAG の研究に没頭するわけですが，その間も我々の間ではラルフさんたちの業績を常に意識しながら研究をしてきました．誤解を恐れずに言えば，TAG の相挙動に関する彼らの現象論的な研究を，分子論的なレベルまで深めたいという意識がありました．これらの成果の一部は，2001 年に New York の Marcel Dekker 社から出版された Crystallization Processes of Fats and Lipid Systems (N. Garti, K. Sato 編著) にまとめました．この本の出版が一段落した頃に，ラルフさんから「チョコレートに関する本を出すので，チェックしてくれないか」との依頼があり，二つ返事でお引き受けしました．私が関連する 2 つの章の原稿をラルフさんから受け取って拝読しましたが，TAG の構造と物性に関する歴史的な命題やその当時の最新の情報を網羅してあるのを見て，感嘆しました．必要なコメントをつけて返却してしばらくすると，完成した本著が送られてきました．そこで初めて本著の全体像を知ったわけですが，製菓用油脂の基礎から実用まで完璧にまとめられており，これはまさしくラルフさんのライフワークだと直感しました．

　この度，本著の和訳の監修をしましたが，実際は，蜂屋さんの和訳にほんの少しお

監修者あとがき

手伝いをしただけです．しかし，尊敬するラルフさんのライフワークを日本の読者に読み易い形で紹介できること，しかもその仕事を，本著の中でもラルフさんが大きく引用している「チョコレート結晶化に及ぼす種結晶添加効果」について共同研究を行った蜂屋さんとご一緒にできたことは，この上ない生涯の喜びです．

佐藤清隆

訳者あとがき

　原著者の Dr. Ralph E. Timms の経歴は序文にあるので改めての紹介はしませんが，彼はこれまでの数多くの研究業績やブリタニア・フード・イングリーディエンツ社の経営を通して油脂業界をリードしてきており，業界では知らぬ人のいない世界的に高名な科学者であり，実業家です．

　私が初めて Dr. Timms にお会いしたのは，2006年4月中旬，東京で開催された油脂物性研究会の講演会でした．彼は少々早口で「Fractionation of Palm Oil」を講演しましたが，そのときは正直なところ，講演内容よりも長身で折り目正しいおだやかな英国紳士との印象しか残りませんでした．その2年後，ご縁があって製菓用油脂のチョコレートでの評価で定期的なおつき合いをしている日清オイリオグループ中央研究所の若手の研究員に彼の著書『Confectionery Fats Handbook』を紹介されました．最初はそのボリュームに圧倒されましたが，読み進むうちに引き込まれてしまいました．この本の最大の魅力は，まず，一般の学術専門書にはない具体的な現実の事象が全章にわたって豊富に紹介されており，事象の考察にとどまらず，現実的な品質管理の手法までも展開されていることです．そして，適切に配置された豊富な図と表がその理解を一層助けてくれます．第二は，引用紹介の扱いが非常に公平なことです．通常の洋書にありがちな欧米人中心ではなく，世界中の研究業績や企業の技術開発を丹念に調べ，適切に引用しています．本書には日本の研究と技術も数多く引用され，高く評価されています．これは私たちに自信と励みを与えてくれます．

　私は通読後，この良著に出会ったことの幸福と同時に，お世話になっている菓子業界と油脂業界にささやかなおかえしとして，これを翻訳出版することが自分の使命だと強く感じました．そして，幸書房の夏野雅博氏にその趣旨をご理解していただき，氏のご尽力でこの願いが現実になりました．厚くお礼を申し上げます．また，Dr. Timms と懇意な広島大学佐藤清隆教授に監修をお願いし，数々の助言とご指導をいただきました．より正確で分かりやすい内容に仕上げられたのは，ひとえに佐藤先生のおかげであり，心より感謝を申し上げます．さらに，文献や資料などの便宜をはかっていただいた日清オイリオグループ中央研究所の皆様にお礼を申し上げます．そして，英国版元 The Oily Press 社の Mr. Peter Barnes と著者 Dr. Timms の助言により，特別に監修者と翻訳者に特別な章を与えていただいたことは望外の喜びでした．お二人のご厚意に深く感謝申し上げます．

　最後に，本書は研究機関，製菓関係，製油関係の研究者や専門家だけでなく，初心者，営業関係，原料購入部署などの方々にも力強い支えになる内容です．読者の皆様が本書から原石（ヒント）を得て，素晴らしい宝石（技術，理論，ビジネスチャンス）にし

訳者あとがき

ていただければ，訳者としてこれに勝る幸せはありません．
　読者の皆様のますますのご多幸とご活躍を心よりお祈り申し上げます．

蜂屋　巖

索　引

【ア　行】

アセイツーノ油	Aceituno oil	170, 175
アランブラキア脂	Allanblackia fat	170, 175
アロマインデックス	Aroma Index	201
安定な炭素同位体分析	Stable carbon isotope analysis	327
イェンセン冷却曲線	Jensen cooling curve	99–100, 199
EUチョコレート規格	Chocolate Directive, European Union	360–365
イリッペ脂	Illipe butter	174, 177–179
ウェブサイト	Web sites	449–452
栄養学	Nutrition	
サル脂	sal	184
シア脂	shea	186
チョコレート	chocolate	6, 373
液状油の捕捉	Entrainment	
添加物，影響	additives, effect	116–117
分別中の捕捉	of during fractionation	116–119
エキゾチック油脂と画分	Exotic fats and fractions	169–186
液体状態	Liquid state	36–38
SOS型油脂	SOS-type fat	
酵素触媒	enzymic catalyst	126–128
コンパウンドチョコレート中の	in compound chocolate	311–313
製造と品質特性	production and properties	224–231, 247–248
ココアバター代用脂，ココアバター相溶脂も参照	see also cocoa butter equivalent, cocoa butter compatible fat	
定義	definition	6
エステル交換	Interesterification	
酵素を使う	using enzymes	124, 126–128
乳脂の	of milk fat	217–219
非ランダム/ディレクテッド	non-random/directed	125–128
ランダム	random	124–125
X線回折	X-ray diffraction	
TAG構造決定	to determine triglyceride structure	17–18
放射光	synchrotron	94–95
方法論	methodology	93–95
エポキシステアリン酸	Epoxystearic acid	182

【カ　行】

改質(遺伝子組換えやその他)	Modification (genetic and other)	188–189
カカオマス，ココアリカーを参照	Cocoa mass see cocoa liquor	
カカオ豆	Cocoa bean	

索　引

生産と加工	production and processing	3, 141-145
焙炒	roasting	143-145
発酵	fermentation	142-143
核形成	Nucleation	
1次，2次核形成	primary and secondary	40, 294
メカニズム	mechanism	39-41
菓子，いろいろなタイプ	Confectionery, different types	1-2
カフェイン	Caffeine	7
カプレニン	Caprenin	242
過飽和	Supersaturation	38-39
過冷却	Supercooling	39-40
感度係数	Response factor	79-80
ガンボージ脂	Gamboge butter	171
規制，法律を参照	Regulation *see* legislation	
牛脂	Beef tallow	227
球晶	Spherulite, spherulitic crystals	
液状油捕捉への影響	entrainment, effect on	116-117
凝集	agglomeration	46
定義	definition	43-44
キュプアス脂	Cupuassu fat	171, 176
供給企業の詳細，製菓用油脂と原材料	Supplier details, confectionery fats and raw materials	438-440
凝集	Agglomeration	46, 116, 290
共晶	Eutectic	29, 248
クフェア種	*Cuphea* species	189
グリセロール立体配座	Glycerol conformation	14-16
結晶	Crystal	
サイズ	size	43
熟成	ripening	46
晶癖	habit	43
成長	growth	41-44, 301-302
結晶化	Crystallisation	
エステル交換での利用	use in interesterification	126
結晶化の熱	heat of	42-43
ココアバター	cocoa butter	201, 207-210, 301-302
シェルの形成	shell formation	43
磁場の影響	magnetic field, effect of	49
剪断作用の影響	shearing, effect of	49
促進剤	accelerator	114, 241
超音波の影響	ultrasound, effect of	49
乳化剤の影響	emulsifiers, effect of	49
分別	fractionation	111-112
メカニズム	mechanism	36-49
ラフニング	roughening	43-44
高トランス酸型油脂	High-*trans*-type fat	

コンパウンドチョコレート中の	in compound chocolate	312–314
製造と品質特性	production and properties	232–236, 248
多形現象	polymorphism	236
定義	definition	6
コクム脂	Kokum butter	174, 179, 181–182
ココアパウダー	Cocoa powder	3, 148
ココアバター	Cocoa butter	
液状油との混合物	mixtures with liquid oils	253–255
SFCへの発酵の影響	fermentation, effect on solid fat content (SFC)	143
オレインとステアリン	olein and stearin	202–203
結晶化	crystallization	201, 207–210
ココアバターの融解	melting	210–211
固体脂含量(SFC)	solid fat content (SFC)	195
自然変動	natural variability	333–335
脂肪酸組成	fatty acid composition	191–195
製菓用油脂との相図	phase diagrams with confectionery fats	249–252
精製，焙炒，アルカリ処理の影響	effect of refining, roasting or alkalization	201–202
製造	production	3, 146–147
多形現象	polymorphism	203–207
脱臭ココアバター	deodorized	198–202, 311
DAG	diglycerides	197
TAG組成	triglyceride composition	195–197
乳脂との相図	phase diagram with milk fat	253
粘度	viscosity	198
分別ココアバター	fractionated	202–203
メモリー効果	memory effect	210
リン脂質	phospholipids	197, 283
ココアバター改善脂(CBI)	Cocoa butter improver (CBI)	5, 225
ココアバター増量脂(CBX)	Cocoa butter extender (CBX)	5
ココアバター相溶脂(CBC)	Cocoa butter compatible fat (CBC)	
製造と品質特性	production and properties	229–231
多形現象	polymorphism	231
定義	definition	5
ココアバター代替脂(CBR)	Cocoa butter replacer (CBR)	
定義	definition	5
高トランス酸型油脂も参照	see also high-*trans*-type fat	
ココアバター代用脂(CBE)	Cocoa butter equivalent (CBE)	
化学的な製造工程	chemical production process	228
酵素的な製造工程	enzymic production process	228
製造と品質特性	production and properties	224–228
多形現象	polymorphism	228
定義	definition	5
ココアバター代用油脂，定義	Cocoa butter alternative, definition	5
ココアバター置換脂(CBS)	Cocoa butter substitute (CBS)	
定義	definition	5
ラウリン酸型油脂も参照	see also lauric-type fat	
ココアリカー	Cocoa liquor	3, 145–146
固体脂含量(SFC)	Solid fat content (SFC)	

索　引

f ファクターの決定	determination of f factor	66–67
間接法での測定	determination by Indirect Method	63
実験誤差	experimental errors	70–73
自動化	automation	73
測定法	measurement procedures	66–70
中和/精製の影響	neutralisation/refining, effect of	107–108
直接法での測定	determination by Direct Method	63
チョコレートでの測定	determination in chocolate	75
DSC での測定	determination by DSC	90–92
テンパリング	tempering	64–66, 235
"True Direct"，あるいはソリッド−エコー法での測定	determination by 'True Direct' or solid-echo method	67
非晶質相の影響	amorphous phase, effect of	92
方法論	methodology	61–64
固体脂指数(SFI)	Solid fat index (SFI)	62
固体脂含量(SFC)も参照	see also solid fat content	
固溶体	Solid solution	26
混晶，固溶体を参照	Mixed crystal see solid solution	
コンパウンドチョコレート	Compound chocolate	
SOS 型	SOS-type	311–313
高トランス酸型	high-*trans*-type	312–314
定義	Definition	2
ラウリン酸型	lauric-type	313–315

【サ 行】

サイアク脂	Siak tallow	173
採油(圧搾や抽出での)	Extraction	
原材料からの油脂	fats from raw materials	105–106
チョコレートからの油脂	fat from chocolate	327–328
鎖長構造	Chain length structure	16
殺虫剤	Pesticides	
ココアバター中の	in cocoa butter	200
精製の効果	refining, effect of	110
サーモ−レオグラフィー	Thermo-rheography (TRG)	101–102, 202
サラトリム	Salatrim	243–244
サル脂とステアリン	Sal fat and stearin	174, 180–184
サルモネラ	*Salmonella*	143, 198
酸化	Oxidation	281–284
酸素	Oxygen	282
シア脂中のガム質（樹脂）	Gum in shea butter	185
シア脂とステアリン	Shea butter and stearin	174, 184–186
ジアシルグリセロール(DAG)，ジグリセリドを参照	Diacylglycerol see diglyceride	
シェル形成	Shell formation	43
シェル脂	Shell fat	
製造と品質特性	production and properties	148–149
ブルーバリューでの測定	determination by Blue Value	103
ジグリセリド(DAG)	Diglyceride	

ココアバター	cocoa butter	197
サル脂	sal fat	182–184
シア脂	shea butter	185
測定	determination	86–88
パーム油	palm oil	158–159
油脂	fats	2
示差走査熱量分析(DSC)	Differential scanning calorimetry (DSC)	
固体脂の測定	measurement of solid fat	92
パーム油の DSC	of palm oil	90–91
POP の DSC	of POP	90–91
方法論	methodology	89–92
示差熱分析(DTA),示差走査熱量分析を参照	Differential thermal analysis (DTA) see differential scanning calorimetry	
シーディング	Seeding	
ココアバター	cocoa butter	207–210
チョコレート	chocolate	299
定義	definition	40
パーム核油	palm kernel oil	114
粉乳	milk powder	152
ジヒドロキシステアリン酸	Dihydroxystearic acid	182–183
脂肪酸鎖のパッキング	Chain packing	10–13
脂肪酸組成	Fatty acid composition	
測定	determination	76–78
トランス酸の分析	analysis of *trans* acids	78–79
分析の精度	accuracy of analysis	79–80
シュコッフ冷却曲線	Shukoff cooling curve	97–99, 182–183, 185, 198–199
準チョコレート	Quasi-chocolate	
規格	standards	369–370
配合	formulation	311, 313
信憑性	Authenticity	322–324
新品種の栽培化	Domestication of new species	189
水素添加	Hydrogenation	
高トランス酸型油脂の生産用	for production of high-*trans*-type fats	120–122
ラウリン酸型油脂の生産用	for production of lauric-type fats	121, 123
ステレン	Sterenes	
形成	formation	348–349
分析	analysis	352
ステロール	Sterols	
種類	types	348–349
除去	removal	347
植物性油脂,組成	vegetable oils, composition	349–352
スーパーコーティング	Supercoating	311
相挙動	Phase behaviour	
基礎	fundamentals	24–35
TAG の混合物	mixtures of triglycerides	55–57
相図	Phase diagram	
OOO と StStSt 混合物の	of mixtures of StStSt in OOO	25

461

索　引

概念	concept	27-29
ココアバターと製菓用油脂の	of cocoa butter and confectionery fats	250-252
ココアバターと乳脂の	of cocoa butter and milk fat	253
作成	construction	33-35
実際の油脂の	of real fats	29-31
種類	types	29
POP，POSt，StOSt の	of POP, POSt and StOSt	226-227
PPP と POP の	of PPP and POP	28
ブルーム，メカニズム	bloom, mechanism	268
相の定義	Phase, definition	27
ソルビタントリステアレート(STS)	Sorbitan tristearate (STS)	
高トランス酸型油脂中の	in high-*trans*-type fat	233
ブルーム阻害剤として	as bloom inhibitor	276-277
ラウリン酸型油脂中の	in lauric-type fat	238

【タ　行】

大豆油	Soyabean oil	187
タイプ1と2のパラメーター	Type 1 and Type 2 parameters	130-131
タイライン	Tie line	28, 32
多環芳香族炭化水素(PAH)	Polycyclic aromatic hydrocarbons (PAH)	161
多形	Polymorph	
sub-α	sub-α form	19
転移	transitions	46-48
トリステアリン，α, β', β	tristearin, α, β' and β	18
命名法	nomenclature	17
多形現象	Polymorphism	
基礎	fundamentals	9-23
DAG の	of diglycerides	57-59
トランス不飽和酸を有する TAG の	of triglycerides containing a *trans* unsaturated acid	57
乳脂の	of milk fat	221-223
PLinP, StLinSt の	of PLinP, StLinSt	55
POP，POSt，StOSt，StOA，AOA, BOB の	of POP, POSt, StOSt, StOA, AOA, BOB	52-54
飽和酸だけを有する TAG の	of triglycerides containing only saturated acids	50-52
飽和と不飽和酸を有する TAG の	of triglycerides containing saturated and unsaturated acids	52-57
脱ガム	Degumming	107, 180, 185
脱臭	Deodorisation	
TAG の再配列	re-arrangement of triglycerides	108-110
方法論	Methodology	108-110
脱色	Bleaching	107, 180, 186
中和	Neutralisation	106-108
チョコレート	Chocolate	
型成形	moulding	300
釜掛け	panning	300
規格	standards	360-371

基本原理	basic principles	287-288
コンチング	conching	289-291
シーディング	seeding	299
収縮	contraction	44-46, 294, 302
定義	definitions	1-2
テンパリング	tempering	293-299
乳化剤の効果	emulsifiers, effect of	292-293
配合	formulations	307-315
被覆	enrobing	300
表示	labeling	372-373
粉砕	milling/grinding	288-289
水(分)の影響	water, effect of	292
冷却と固化	cooling and solidification	301-306
レオロジー	rheology	291-293
チョコレート中の油脂分析	Analysis of fats in chocolate	
一般的な原則と方法	general principles and procedures	321-328
脂肪酸組成の測定	fatty acid composition, determination of	329-331
信憑性	authenticity	322-324
ステレン	sterenes	352
ステロール	sterols	347-352
TAG 組成の測定	triglyceride composition, determination of	332-346
標識化合物	marker compounds	325
ミルクチョコレートと乳脂	milk chocolate and milk fat	339, 345-346
油脂の抽出	extraction of fat	327-328
チョコレートの規格	Standards for chocolate	
EU（欧州連合）	European Union	360-365
インド	India	370
オーストラリア	Australia	371
カナダ	Canada	369
コーデックス・アリメンタリウス	Codex Alimentarius	365
シンガポール	Singapore	370
日本	Japan	369-370
ニュージーランド	New Zealand	371
米国	USA	365-369
マレーシア	Malaysia	370
南アフリカ	South Africa	370
チョコレートの収縮	Contraction of chocolate	44-46, 294, 302
チョコレートの粒子サイズ	Particle size of chocolate	288
チョコレートリカー	Chocolate liquor	3, 367
TAG 組成の測定	Triglyceride composition, determination	
ガス-液体クロマトグラフィーで	by gas-liquid chromatography	82-85
計算で	by calculation	81
高速液体クロマトグラフィー(HPLC)で	by high-performance liquid chromatography (HPLC)	82
薄層クロマトグラフィー(TLC)で	by thin-layer chromatography (TLC)	81-82
TAG の構造	Triglyceride structure	

索　引

LLL	LLL	19–20
CLC	CLC	19–21
COC	COC	14–15
CCC	CCC	19–21
PPM	PPM	20, 22
低カロリー油脂	Reduced-calorie fats	242–244
テオブロミン	Theobromine	7
デジャブ脂	Djave butter	171
テンパーメーター	Temper meter	296–297
テンパリング	Tempering	
固体脂含量(SFC)の測定	solid fat content (SFC) determination	64–66, 235
チョコレート	chocolate	277–278, 293–299
等固体図	Isosolid diagram	
相溶性の高い油脂	compatible fats	248
定義	definition	32
POP，POSt，StOStの	POP, POSt and StOSt	55–56
等固体相図	Isosolid phase diagram	
ココアバターと製菓用油脂	cocoa butter and confectionery fats	249
作成	construction	33–35
定義	definition	32
ドゥーパ脂	Dhupa fat	171, 175
トコフェロールとトコトリエノール	Tocopherols and tocotrienols	108, 200–201, 282–283
トフィー	Toffee	316–317
トラッフル	Truffles	319–320
トランス脂肪酸の測定	*Trans* fatty acids, determination	78–79, 326, 329
トリアシルグリセロール(TAG)，TAGを参照	Triacylglycerol *see* triglyceride (TAG)	
トリステアリン	Tristearin	
配列(パッキング)と多形	packing and polymorphs	17–18
融点	melting points	9

【ナ　行】

ナタネ油	Rapeseed oil	187
南京ハゼ脂	Chinese vegetable tallow	170
二重結合の立体配置	Configuration of double bond, double bond configuration	13–14
乳脂	Milk fat	
エステル交換	interesterification	217–219
改質	modified	217–221
脂肪酸とTAG組成	fatty acid and triglyceride composition	212–217
水素添加	hydrogenation	217–219
製造	production	4, 150–151
多形現象	polymorphism	221–223
物性	physical properties	221–223
分別	fractionation	219–221, 245
乳脂代替脂の定義	Milk fat replacer, definition	5

【ハ　行】

配合	Formulations	
SOS 型コンパウンドチョコレート	SOS-type compound chocolate	311-313
高トランス酸型コンパウンドチョコレート	high-*trans*-type compound chocolate	312-314
砂糖	sugar	316-317
トフィー	toffee	316-317
トラッフル	truffles	319-320
フィリング	fillings	318-320
ホワイトチョコレート	white chocolate	310-311
ラウリン酸型コンパウンドチョコレート	lauric-type compound chocolate	313-315
リーガル・チョコレート	legal chocolate	307-311
バクリー脂	Bacury fat	170
バターミルクパウダー	Buttermilk powder	151
ハードバター，定義	Hard butter, definition	5
パドレー-ティムス法	Padley-Timms method	332-346
パームオレイン，脂肪酸組成	Palm oleins, fatty acid composition	187
パーム核油	Palm kernel oil	
TAG 組成	triglyceride composition	162-163
ラウリン酸型油脂と画分も参照	see also lauric oils and fractions	
パーム油と画分	Palm oil and fractions	
製造と特性	production and properties	154-159
中融点画分	mid-fractions	157-158
DAG	diglycerides	158-159
BOB	BOB	228, 277
非晶質相	Amorphous phase	
砂糖	sugar	270, 288, 290
油脂	fat	92
比熱	Specific heat	42
ヒマワリ油	Sunflower oil	187, 254
表示	Labelling	372-373
法律も参照	see also legislation	
フィリング(クリームなどの充填物)	Fillings	318-320
不快臭，変敗を参照	Off-flavours see rancidity	
副格子構造	Subcell structure	
原理	principles	10-13
三斜晶系	triclinic	11-12
斜方晶系	orthorhombic	11-12
単斜晶系	monoclinic	11
六方晶系	hexagonal	11
フーリエ変換赤外線(分光器)	FTIR	326, 329
ブルーバリュー	Blue Value	103, 149
ブルーム	Bloom	
シュガーブルーム	sugar	266-267

索　　引

ファットブルームの防止	fat, preventing	273–279
ファットブルームのメカニズム	fat, mechanism of	267–273
ブルーム阻害剤	inhibitor	275–277, 346
ブルーム防止油脂	anti-bloom fats	244–245
プルワラ脂	Phulwara butter	172, 175
プレスチン	Prestine	245
ブレンディング	Blending	
タイプ1と2のパラメーター	Type 1 and Type 2 parameters	130–131
ブレンド組成の計算	blend composition, calculating	131–137
ブレンド組成の修正	blend composition, adjusting	137–140
方法論と原理	methodology and principles	129–131
分子間化合物	Molecular compound	29, 55–57
粉乳	Milk powders	151–152
分別	Fractionation	
ドライ分別	dry	112–114
乳化剤/リポフラク	detergent/Lipofrac	112
分別中の液状油の捕捉	entrainment during	116–119
方法論	methodology	111–119
溶剤分別	solvent	115–116
ベネファット	Benefat	243–244
ベヘン酸トリプタミド	Behenic acid tryptamide	103
偏晶	Monotectic	29, 248
ペンタデスマ脂	Pentadesma fat	172, 175
変敗	Rancidity	
加水分解型	hydrolytic	284–285
ケトン型	ketonic	285–286
抗酸化剤の効果	antioxidants, effect of	283
酸化型	oxidative	281–284
酸素の影響	oxygen, effect of	282
ソーピー(せっけん臭)	soapy	284–285, 290
タイプ	types of	281
レシチンの効果	lecithin, effect of	285
包晶	Peritectic	28
膨張とディラトメトリー	Dilatation and dilatometry	61–62
法律	Legislation	
原理	principles of	355–359
表示や規格も参照	see also labelling, standards	
ホエーパウダー	Whey powders	151
ボヘニン，BOBを参照	Bohenin see BOB	
ポリグリセリン縮合リシノール酸エステル(PGPR)	PGPR	292
ポリフェノール	Polyphenols	7
ホワイトクラム	White crumb	308, 310
ホワイトチョコレート	White chocolate	
規格	standards	361, 366–367
酸化	oxidation	283
配合	formulation	310–311

【マ 行】

末端メチル基配列	Methyl end group stacking	15-16
マンゴー核油とステアリン	Mango kernel fat and stearin	174, 179-180
マンゴスチン脂	Mangosteen fat	171
ミルククラム	Milk crumb	
酸化耐性	resistance to oxidation	283
製造と品質特性	production and properties	152
組成	composition	308
チョコレート加工への影響	effects on chocolate processing	290
粒子サイズ	particle size	288
メチルエステルの調製	Methyl esters, preparation of	76-78
メチルテラス	Methyl terrace	16
面間隔	Spacing	
長面または短面間隔	long or short	17-18
2 鎖長または 3 鎖長	double or triple	16
綿実油	Cottonseed oil	187
モノアシルグリセロール(MAG)、モノグリセリドを参照	Monoacylglycerol see monoglyceride	
モノグリセリド(MAG)	Monoglyceride	2, 86
モーラ脂(マフア脂)	Mahua or mowrah fat	172, 175

【ヤ 行】

ヤシ油	Coconut oil	
アイスクリーム用チョコレート	chocolate for ice cream	360
多環芳香族炭化水素(PAH)	polycyclic aromatic hydrocarbons (PAH)	161
TAG 組成	triglyceride composition	162-163
ラウリン酸型油脂と画分も参照	see also lauric oils and fractions	
融点	Melting point	30
油脂移行	Migration	
原理	principles	256-265
防止	preventing	262-265
モニタリング	monitoring	259-262
油脂中の TAG	Triglycerides in fats	2
油脂の精製	Refining of fats	107-110
油脂の微生物的合成	Microbial synthesis of fats	188
油脂のブランド名と特性	Brand names and properties of fats	441-448
油脂の類似と相溶性	Comparison and compatibility of fats	247-255
溶解度	Solubility	
StStSt の	of StStSt	24-25
PPP の	of PPP	24-26
理想的な	ideal	24

索　引

| 用語解説 | Glossary | 431–437 |
| 羊脂 | Mutton fat | 9 |

【ラ 行】

ラウリカル	Laurical	189
ラウリン酸型油脂	Lauric-type fat	
結晶化促進剤の利用	use of crystallisation accelerator	241
コンパウンドチョコレート中の	in compound chocolate	313–315
製造と品質特性	production and properties	237–241, 247
定義	Definition	6
ディレクテッドなエステル交換/蒸留での製造	production by directed interesterification/distillation	126
ラウリン酸型油脂と画分	Lauric oils and fractions	160–168
ラフニング，熱的と速度論的	Roughening, thermal and kinetical	44
ランブータン脂	Rambutan tallow	173, 176
理想混合と溶解度	Ideal mixing and solubility	24–25
立体配座	Conformation	
オレイン酸	oleic acid	14
グリセロール	glycerol	14–16
脂肪酸鎖	chain	13
リポフラク分別	Lipofrac fractionation	112
冷却曲線	Cooling curve	
イェンセン	Jensen	99–100, 199
NMR での SFC	SFC by NMR	96–97
シュコッフ	Shukoff	96–99, 182–183, 185, 198–199
レシチン	Lecithin	
加水分解型変敗への影響	effect on hydrolytic rancidity	285, 290
チョコレートのレオロジーへの影響	effect on chocolate rheology	292–293
練乳	Condensed milk	151

英和対訳索引

[A]

Aceituno oil	アセイツーノ油	170, 175
Agglomeration	凝集	46, 116, 290
Allanblackia fat	アランブラキア脂	170, 175
Amorphous phase	非晶質相	
fat	油脂	92
sugar	砂糖	270, 288, 290
Analysis of fats in chocolate	チョコレート中の油脂分析	
Authenticity	信憑性	322-324
extraction of fat	油脂の抽出	327-328
fatty acid composition, determination of	脂肪酸組成の測定	329-331
general principles and procedures	一般的な原則と方法	321-328
marker compounds	標識化合物	325
milk chocolate and milk fat	ミルクチョコレートと乳脂	339, 345-346
sterenes	ステレン	352
sterols	ステロール	347-352
triglyceride composition, determination of	TAG 組成の測定	332-346
Aroma Index	アロマインデックス	201
Authenticity	信憑性	322-324

[B]

Bacury fat	バクリー脂	170
Beef tallow	牛脂	227
Behenic acid tryptamide	ベヘン酸トリプタミド	103
Benefat	ベネファット	243-244
Bleaching	脱色	107, 180, 186
Blending	ブレンディング	
blend composition, adjusting	ブレンド組成の修正	137-140
blend composition, calculating	ブレンド組成の計算	131-137
methodology and principles	方法論と原理	129-131
Type 1 and Type 2 parameters	タイプ1と2のパラメーター	130-131
Bloom	ブルーム	
anti-bloom fats	ブルーム防止油脂	244-245
fat, mechanism of	ファットブルームのメカニズム	267-273
fat, preventing	ファットブルームの防止	273-279
inhibitor	ブルーム阻害剤	275-277, 346
sugar	シュガーブルーム	266-267
Blue Value	ブルーバリュー	103, 149
BOB	BOB	228, 277
Bohenin *see* BOB	ボヘニン，BOB を参照	
Brand names and properties of fats	油脂のブランド名と特性	441-448

469

英和対訳索引

| Buttermilk powder | バターミルクパウダー | 151 |

[C]

Caffeine	カフェイン	7
Caprenin	カプレニン	242
Chain length structure	鎖長構造	16
Chain packing	脂肪酸鎖のパッキング	10–13
Chinese vegetable tallow	南京ハゼ脂	170
Chocolate	チョコレート	
basic principles	基本原理	287–288
conching	コンチング	289–291
contraction	収縮	44–46, 294, 302
cooling and solidification	冷却と固化	301–306
definitions	定義	1–2
emulsifiers, effect of	乳化剤の効果	292–293
enrobing	被覆	300
formulations	配合	307–315
labeling	表示	372–373
milling/grinding	粉砕	288–289
moulding	型成形	300
panning	釜掛け	300
rheology	レオロジー	291–293
seeding	シーディング	299
standards	規格	360–371
tempering	テンパリング	293–299
water, effect of	水(分)の影響	292
Chocolate Directive, European Union	EUチョコレート規格	360–365
Chocolate liquor	チョコレートリカー	3, 367
Cocoa bean	カカオ豆	
fermentation	発酵	142–143
production and processing	生産と加工	3, 141–145
roasting	焙炒	143–145
Cocoa butter	ココアバター	
crystallization	結晶化	201, 207–210
deodorized	脱臭ココアバター	198–202, 311
diglycerides	ジグリセリド(DAG)	197
effect of refining, roasting or alkalization	精製，焙炒，アルカリ処理の影響	201–202
fatty acid composition	脂肪酸組成	191–195
fermentation, effect on solid fat content (SFC)	SFCへの発酵の影響	143
fractionated	分別ココアバター	202–203
melting	ココアバターの融解	210–211
memory effect	メモリー効果	210
mixtures with liquid oils	液状油との混合物	253–255
natural variability	自然変動	333–335
olein and stearin	オレインとステアリン	202–203
phase diagram with milk fat	乳脂との相図	253
phase diagrams with confectionery fats	製菓用油脂との相図	249–252

phospholipids	リン脂質	197, 283
polymorphism	多形現象	203–207
production	製造	3, 146–147
solid fat content (SFC)	固体脂含量(SFC)	195
triglyceride composition	TAG 組成	195–197
viscosity	粘度	198
Cocoa butter alternative, definition	ココアバター代用油脂，定義	5
Cocoa butter compatible fat (CBC)	ココアバター相溶脂(CBC)	
definition	定義	5
polymorphism	多形現象	231
production and properties	製造と品質特性	229–231
Cocoa butter equivalent (CBE)	ココアバター代用脂(CBE)	
chemical production process	化学的な製造工程	228
definition	定義	5
enzymic production process	酵素的な製造工程	228
polymorphism	多形現象	228
production and properties	製造と品質特性	224–228
Cocoa butter extender (CBX)	ココアバター増量脂(CBX)	5
Cocoa butter improver (CBI)	ココアバター改善脂(CBI)	5, 225
Cocoa butter replacer (CBR)	ココアバター代替脂(CBR)	
definition	定義	5
see also high-*trans*-type fat	高トランス酸型油脂も参照	
Cocoa butter substitute (CBS)	ココアバター置換脂(CBS)	
definition	定義	5
see also lauric-type fat	ラウリン酸型油脂も参照	
Cocoa liquor	ココアリカー	3, 145–146
Cocoa mass see cocoa liquor	カカオマス，ココアリカーを参照	
Cocoa powder	ココアパウダー	3, 148
Coconut oil	ヤシ油	
chocolate for ice cream	アイスクリーム用チョコレート	360
polycyclic aromatic hydrocarbons (PAH)	多環芳香族炭化水素(PAH)	161
triglyceride composition	TAG 組成	162–163
see also lauric oils and fractions	ラウリン酸型油脂と画分も参照	
Comparison and compatibility of fats	油脂の類似と相溶性	247–255
Compound chocolate	コンパウンドチョコレート	
definition	定義	2
SOS-type	SOS 型	311–313
high-*trans*-type	高トランス酸型	312–314
lauric-type	ラウリン酸型	313–315
Condensed milk	練乳	151
Confectionery, different types	菓子，いろいろなタイプ	1–2
Configuration of double bond	二重結合の立体配置	13–14
Conformation	立体配座	
chain	脂肪酸鎖	13
glycerol	グリセロール	14–16
oleic acid	オレイン酸	14
Contraction of chocolate	チョコレートの収縮	44–46, 294, 302
Cooling curve	冷却曲線	
Jensen	イェンセン	99–100, 199

471

英和対訳索引

SFC by NMR	NMR での SFC	96-97
Shukoff	シュコッフ	96-99, 182-183, 185, 198-199
Cottonseed oil	綿実油	187
Crystal	結晶	
growth	成長	41-44, 301-302
habit	晶癖	43
ripening	熟成	46
size	サイズ	43
Crystallisation	結晶化	
accelerator	促進剤	114, 241
cocoa butter	ココアバター	201, 207-210, 301-302
emulsifiers, effect of	乳化剤の影響	49
fractionation	分別	111-112
heat of	結晶化の熱	42-43
magnetic field, effect of	磁場の影響	49
mechanism	メカニズム	36-49
roughening	ラフニング	43-44
shearing, effect of	剪断作用の影響	49
shell formation	シェルの形成	43
ultrasound, effect of	超音波の影響	49
use in interesterification	エステル交換での利用	126
Cuphea species	クフェア種	189
Cupuassu fat	キュプアス脂	171, 176

[D]

Degumming	脱ガム	107, 180, 185
Deodorisation	脱臭	
methodology	方法論	108-110
re-arrangement of triglycerides	TAG の再配列	108-110
Dhupa fat	ドゥーパ脂	171, 175
Diacylglycerol *see* diglyceride	ジアシルグリセロール(DAG), ジグリセリドを参照	
Differential scanning calorimetry (DSC)	示差走査熱量分析(DSC)	
measurement of solid fat	固体脂の測定	92
methodology	方法論	89-92
of palm oil	パーム油の DSC	90-91
of POP	POP の DSC	90-91
Differential thermal analysis (DTA) *see* differential scanning calorimetry	示差熱分析(DTA), DSC を参照	
Diglyceride	ジグリセリド(DAG)	
cocoa butter	ココアバター	197
determination	測定	86-88
fats	油脂	2
palm oil	パーム油	158-159
sal fat	サル脂	182-184
shea butter	シア脂	185
Dihydroxystearic acid	ジヒドロキシステアリン酸	182-183

Dilatation and dilatometry	膨張とディラトメトリー	61–62
Djave butter	デジャブ脂	171
Domestication of new species	新品種の栽培化	189
Double bond configuration	二重結合立体配置	13–14

[E]

Entrainment	液状油の捕捉	
additives, effect	添加物，影響	116–117
of during fractionation	分別中の捕捉	116–119
Epoxystearic acid	エポキシステアリン酸	182
Eutectic	共晶	29, 248
Exotic fats and fractions	エキゾチック油脂と画分	169–186
Extraction	採油(圧搾や抽出での)	
fat from chocolate	チョコレートからの油脂	327–328
fats from raw materials	原材料からの油脂	105–106

[F]

Fatty acid composition	脂肪酸組成	
accuracy of analysis	分析の精度	79–80
analysis of *trans* acids	トランス酸の分析	78–79
determination	測定	76–78
Fillings	フィリング(クリームなどの充填物)	318–320
Formulations	配合	
fillings	フィリング	318–320
high-*trans*-type compound chocolate	高トランス酸型コンパウンドチョコレート	312–314
lauric-type compound chocolate	ラウリン酸型コンパウンドチョコレート	313–315
legal chocolate	リーガル・チョコレート	307–311
SOS-type compound chocolate	SOS型コンパウンドチョコレート	311–313
sugar	砂糖	316–317
toffee	トフィー	316–317
truffles	トラッフル	319–320
white chocolate	ホワイトチョコレート	310–311
Fractionation	分別	
detergent/Lipofrac	乳化剤/リポフラク	112
dry	ドライ分別	112–114
entrainment during	分別中の液状油の捕捉	116–119
methodology	方法論	111–119
solvent	溶剤分別	115–116
FTIR	フーリエ変換赤外線(分光器)	326, 329

[G]

Gamboge butter	ガンボージ脂	171
Glossary	用語解説	431–437
Glycerol conformation	グリセロール立体配座	14–16
Gum in shea butter	シア脂中のガム質(樹脂)	185

英和対訳索引

[H]

Hard butter, definition	ハードバター，定義	5
High-*trans*-type fat	高トランス酸型油脂	
definition	定義	6
in compound chocolate	コンパウンドチョコレート中の	312–314
polymorphism	多形現象	236
production and properties	製造と品質特性	232–236, 248
Hydrogenation	水素添加	
for production of high-*trans*-type fats	高トランス酸型油脂の生産用	120–122
for production of lauric-type fats	ラウリン酸型油脂の生産用	121, 123

[I]

Ideal mixing and solubility	理想混合と溶解度	24–25
Illipe butter	イリッペ脂	174, 177–179
Interesterification	エステル交換	
non-random/directed	非ランダム/ディレクテッド	125–128
of milk fat	乳脂の	217–219
random	ランダム	124–125
using enzymes	酵素を使う	124, 126–128
Isosolid diagram	等固体図	
compatible fats	相溶性の高い油脂	248
definition	定義	32
POP, POSt and StOSt	POP，POSt，StOSt の	55–56
Isosolid phase diagram	等固体相図	
cocoa butter and confectionery fats	ココアバターと製菓用油脂	249
construction	作成	33–35
definition	定義	32

[J]

Jensen cooling curve	イェンセン冷却曲線	99–100, 199

[K]

Kokum butter	コクム脂	174, 179, 181–182

[L]

Labelling	表示	372–373
see also legislation	法律も参照	
Lauric oils and fractions	ラウリン酸型油脂と画分	160–168
Laurical	ラウリカル	189
Lauric-type fat	ラウリン型油脂	
definition	定義	6
in compound chocolate	コンパウンドチョコレート中の	313–315
production and properties	製造と品質特性	237–241, 247
production by directed interesteri-	ディレクテッドなエステル交換/	126

fication/distillation	蒸留での製造	
use of crystallisation accelerator	結晶化促進剤の利用	241
Lecithin	レシチン	
effect on chocolate rheology	チョコレートのレオロジーへの影響	292–293
effect on hydrolytic rancidity	加水分解型変敗への影響	285, 290
Legislation	法律	
principles of	原理	355–359
see also labelling, standards	表示や規格も参照	
Liquid state	液体状態	36–38
Lipofrac fractionation	リポフラク分別	112

[M]

Mahua or mowrah fat	マフア脂(モーラ脂)	172, 175
Mango kernel fat and stearin	マンゴー核油とステアリン	174, 179–180
Mangosteen fat	マンゴスチン脂	171
Melting point	融点	30
Methyl end group stacking	末端メチル基配列	15–16
Methyl esters, preparation of	メチルエステルの調製	76–78
Methyl terrace	メチルテラス	16
Microbial synthesis of fats	油脂の微生物的合成	188
Migration	油脂移行	
monitoring	モニタリング	259–262
preventing	防止	262–265
principles	原理	256–265
Milk crumb	ミルククラム	
composition	組成	308
effects on chocolate processing	チョコレート加工への影響	290
particle size	粒子サイズ	288
production and properties	製造と品質特性	152
resistance to oxidation	酸化耐性	283
Milk fat	乳脂	
fatty acid and triglyceride composition	脂肪酸とTAG組成	212–217
fractionation	分別	219–221, 245
hydrogenation	水素添加	217–219
interesterification	エステル交換	217–219
modified	改質	217–221
physical properties	物性	221–223
polymorphism	多形現象	221–223
production	製造	4, 150–151
Milk fat replacer, definition	乳脂代替脂の定義	5
Milk powders	粉乳	151–152
Milk, condensed	練乳	151
Mixed crystal see solid solution	混晶，固溶体を参照	
Modification (genetic and other)	改質(遺伝子組換えやその他)	188–189
Molecular compound	分子間化合物	29, 55–57
Monoacylglycerol see monoglyceride	モノアシルグリセロール(MAG)，モノグリセリドを参照	
Monoglyceride	モノグリセリド(MAG)	2, 86

英和対訳索引

Monotectic	偏晶	29, 248
Mowrah or mahua fat	モーラ脂(マフア脂)	172, 175
Mutton fat	羊脂	9

[N]

Neutralisation	中和	106–108
Nucleation	核形成	
mechanism	メカニズム	39–41
primary and secondary	1次，2次核形成	40, 294
Nutrition	栄養学	
chocolate	チョコレート	6, 373
sal	サル脂	184
shea	シア脂	186

[O]

Off-flavours *see* rancidity	不快臭，変敗を参照	
Oxidation	酸化	281–284
Oxygen	酸素	282

[P]

Padley-Timms method	パドレー–ティムス法	332–346
Palm kernel oil	パーム核油	
triglyceride composition	TAG 組成	162–163
see also lauric oils and fractions	ラウリン酸型油脂と画分も参照	
Palm oil and fractions	パーム油と画分	
diglycerides	DAG	158–159
mid-fractions	中融点画分	157–158
production and properties	製造と特性	154–159
Palm oleins, fatty acid composition	パームオレイン，脂肪酸組成	187
Particle size of chocolate	チョコレートの粒子サイズ	288
Pentadesma fat	ペンタデスマ脂	172, 175
Peritectic	包晶	28
Pesticides	殺虫剤	
in cocoa butter	ココアバター中の	200
refining, effect of	精製の効果	110
PGPR	ポリグリセリン縮合リシノール酸エステル(PGPR)	292
Phase, definition	相の定義	27
Phase behaviour	相挙動	
fundamentals	基礎	24–35
mixtures of triglycerides	TAG の混合物	55–57
Phase diagram	相図	
bloom, mechanism	ブルーム，メカニズム	268
concept	概念	27–29
construction	作成	33–35
of cocoa butter and confectionery fats	ココアバターと製菓用油脂の	250–252
of cocoa butter and milk fat	ココアバターと乳脂の	253

of mixtures of StStSt in OOO	OOO と StStSt 混合物の	25
of POP, POSt and StOSt	POP, POSt, StOSt の	226–227
of PPP and POP	PPP と POP の	28
of real fats	実際の油脂の	29–31
types	種類	29
Phulwara butter	プルワラ脂	172, 175
Polycyclic aromatic hydrocarbons (PAH)	多環芳香族炭化水素(PAH)	161
Polymorph	多形	
nomenclature	命名法	17
sub-α form	sub-α	19
transitions	転移	46–48
tristearin, α, β' and β	トリステアリン, α, β', β	18
Polymorphism	多形現象	
fundamentals	基礎	9–23
of diglycerides	DAG の	57–59
of milk fat	乳脂の	221–223
of PLinP, StLinSt	PLinP, StLinSt の	55
of POP, POSt, StOSt, StOA, AOA, BOB	POP, POSt, StOSt, StOA, AOA, BOB の	52–54
of triglycerides containing a *trans* unsaturated acid	トランス不飽和酸を有する TAG の	57
of triglycerides containing only saturated acids	飽和酸だけを有する TAG の	50–52
of triglycerides containing saturated and unsaturated acids	飽和と不飽和酸を有する TAG の	52–57
Polyphenols	ポリフェノール	7
Prestine	プレスチン	245

[Q]

Quasi-chocolate	準チョコレート	
formulation	配合	311, 313
standards	規格	369–370

[R]

Rambutan tallow	ランブータン脂	173, 176
Rancidity	変敗	
antioxidants, effect of	抗酸化剤の効果	283
hydrolytic	加水分解型	284–285
ketonic	ケトン型	285–286
lecithin, effect of	レシチンの効果	285
oxidative	酸化型	281–284
oxygen, effect of	酸素の影響	282
soapy	ソーピー(せっけん臭)	284–285, 290
types of	タイプ	281
Rapeseed oil	ナタネ油	187
Reduced-calorie fats	低カロリー油脂	242–244
Refining of fats	油脂の精製	107–110
Regulation *see* legislation	規制, 法律を参照	

Response factor	感度係数	79–80
Roughening. thermal and kinetical	ラフニング，熱的と速度論的	44

[S]

Sal fat and stearin	サル脂とステアリン	174, 180–184
Salatrim	サラトリム	243–244
Salmonella	サルモネラ	143, 198
Seeding	シーディング	
chocolate	チョコレート	299
cocoa butter	ココアバター	207–210
definition	定義	40
milk powder	粉乳	152
palm kernel oil	パーム核油	114
Shea butter and stearin	シア脂とステアリン	174, 184–186
Shell fat	シェル脂	
determination by Blue Value	ブルーバリューでの測定	103
production and properties	製造と品質特性	148–149
Shell formation	シェル形成	43
Shukoff cooling curve	シュコッフ冷却曲線	97–99, 182–183, 185, 198–199
Siak tallow	サイアク脂	173
Solid fat content (SFC)	固体脂含量(SFC)	
amorphous phase, effect of	非晶質相の影響	92
automation	自動化	73
determination by 'True Direct' or solid-echo method	"True Direct"，あるいはソリッド−エコー法での測定	67
determination by Direct Method	直接法での測定	63
determination by DSC	DSCでの測定	90–92
determination by Indirect Method	間接法での測定	63
determination in chocolate	チョコレートでの測定	75
determination of f factor	fファクターの決定	66–67
experimental errors	実験誤差	70–73
measurement procedures	測定法	66–70
methodology	方法論	61–64
neutralisation/refining, effect of	中和/精製の影響	107–108
tempering	テンパリング	64–66, 235
Solid fat index (SFI)	固体脂指数(SFI)	62
see also solid fat content	固体脂含量(SFC)も参照	
Solid solution	固溶体	26
Solubility	溶解度	
ideal	理想的な	24
of PPP	PPPの	24–26
of StStSt	StStStの	24–25
Sorbitan tristearate (STS)	ソルビタントリステアレート(STS)	
as bloom inhibitor	ブルーム阻害剤として	276–277
in high-*trans*-type fat	高トランス酸型油脂中の	233
in lauric-type fat	ラウリン酸型油脂中の	238
SOS-type fat	SOS型油脂	
definition	定義	6

enzymic catalyst	酵素触媒	126–128
in compound chocolate	コンパウンドチョコレート中の	311–313
production and properties	製造と品質特性	224–231, 247–248
see also cocoa butter equivalent, cocoa butter compatible fat	CBE，CBC も参照	
Soyabean oil	大豆油	187
Spacing	面間隔	
double or triple	2鎖長または3鎖長	16
long or short	長面または短面間隔	17–18
Specific heat	比熱	42
Spherulite, spherulitic crystals	球晶	
agglomeration	凝集	46
definition	定義	43–44
entrainment, effect on	液状油捕捉への影響	116–117
Stable carbon isotope analysis	安定な炭素同位体分析	327
Standards for chocolate	チョコレートの規格	
Australia	オーストラリア	371
Canada	カナダ	369
Codex Alimentarius	コーデックス・アリメンタリウス	365
European Union	EU(欧州連合)	360–365
India	インド	370
Japan	日本	369–370
Malaysia	マレーシア	370
New Zealand	ニュージーランド	371
Singapore	シンガポール	370
South Africa	南アフリカ	370
USA	米国	365–369
Sterenes	ステレン	
analysis	分析	352
formation	形成	348–349
Sterols	ステロール	
removal	除去	347
types	種類	348–349
vegetable oils, composition	植物性油脂，組成	349–352
Subcell structure	副格子構造	
hexagonal	六方晶系	11
monoclinic	単斜晶系	11
orthorhombic	斜方晶系	11–12
principles	原理	10–13
triclinic	三斜晶系	11–12
Sunflower oil	ヒマワリ油	187, 254
Supercoating	スーパーコーティング	311
Supercooling	過冷却	39–40
Supersaturation	過飽和	38–39
Supplier details, confectionery fats and raw materials	供給企業の詳細，製菓用油脂と原材料	438–440

[T]

Temper meter	テンパーメーター	296–297

英和対訳索引

Tempering	テンパリング	
chocolate	チョコレート	277–278, 293–299
solid fat content (SFC) determination	固体脂含量(SFC)の測定	64–66, 235
Theobromine	テオブロミン	7
Thermo-rheography (TRG)	サーモ-レオグラフィー	101–102, 202
Tie line	タイライン	28, 32
Tocopherols and tocotrienols	トコフェロールとトコトリエノール	108, 200–201, 282–283
Toffee	トフィー	316–317
Trans fatty acids, determination	トランス脂肪酸の測定	78–79, 326, 329
Triacylglycerol *see* triglyceride	トリアシルグリセロール(TAG), トリグリセリドを参照	
Triglyceride composition, determination	TAG 組成の測定	
by calculation	計算で	81
by gas-liquid chromatography	ガス-液体クロマトグラフィーで	82–85
by high-performance liquid chromatography (HPLC)	高速液体クロマトグラフィー(HPLC)で	82
by thin-layer chromatography (TLC)	薄層クロマトグラフィー(TLC)で	81–82
Triglyceride structure	TAG の構造	
CCC	CCC	19–21
CLC	CLC	19–21
COC	COC	14–15
LLL	LLL	19–20
PPM	PPM	20, 22
Triglycerides in fats	油脂中の TAG	2
Tristearin	トリステアリン	
melting points	融点	9
packing and polymorphs	配列(パッキング)と多形	17–18
Truffles	トラッフル	319–320
Type 1 and Type 2 parameters	タイプ 1 と 2 のパラメーター	130–131

[W]

Web sites	ウェブサイト	449–452
Whey powders	ホエーパウダー	151
White chocolate	ホワイトチョコレート	
formulation	配合	310–311
oxidation	酸化	283
standards	規格	361, 366–367
White crumb	ホワイトクラム	308, 310

[X]

X-ray diffraction	X 線回折	
methodology	方法論	93–95
synchrotron	放射光	94–95
to determine triglyceride structure	TAG 構造決定	17–18

■監修者・翻訳者　紹介
●監修者
佐藤清隆（さとう・きよたか）
広島大学大学院生物圏科学研究科生物機能開発学専攻，食品物理学研究室教授．
1974年名古屋大学工学研究科応用物理学専攻博士課程を終えて広島大学水畜産学部（現在の大学院生物圏科学研究科の前身）助手となり，助教授を経て1991年教授，現在に至る．一貫して脂質の構造と物性の基礎と応用に関する教育研究に従事し，「脂質の構造のダイナミックス」（1992年）や Crystallization Processes in Fats and Lipid Systems」（2001年）など著書多数．2005年アメリカ油化学会 Stephane S. Chang 賞，2007年世界油脂会議 H. P. Kaufmann Memorial Lecture 賞，2008年アメリカ油化学会 Alton E. Bailey 賞などを受賞．チョコレート油脂に関しては1986年頃から研究を続けており，現在はせん断力効果やガナッシュの性質について関心を持っている．

●翻訳者
蜂屋　巖（はちや・いわお）
東北大学農学部食糧化学科での修士課程を1970年に修了し，同年，明治製菓株式会社に入社．同社研究所にて主にチョコレート関係の研究開発に従事し，数々の新商品と技術を開発した．1989年に BOB 脂を用いたチョコレートのファットブルーム関係の研究により広島大学で学位（農学博士）を取得．現在，日清オイリオグループ株式会社中央研究所のテクニカルアドバイザーとして製菓用油脂の技術開発に参加している．また，仙台白百合女子大学の非常勤講師として菓子の食文化と科学を教えている．著書は「チョコレートの科学」（講談社ブルーバックス）他，論文と総説多数あり．

製菓用油脂ハンドブック

2010年2月14日　初版第1刷　発行

著　者　Ralph E. Timms
監修者　佐藤清隆
翻訳者　蜂屋　巖
発行者　桑野知章
発行所　株式会社　幸書房
〒101-0051　東京都千代田区神田神保町3-17
TEL03-3512-0165　FAX03-3512-0166
URL　http://www.saiwaishobo.co.jp

組版：デジプロ
印刷/製本：平文社

Printed in Japan.　Copyright © 2010 by Kyotaka Sato and Iwao Hachiya
無断転載を禁ずる．

ISBN978-4-7821-0339-5　C3058